普通高等教育"十一五"国家级规划教材

微生物工程工艺原理

(第四版)

周世水　姚汝华　主编

·广州·

内 容 简 介

本书第一版被轻工总会全国高校发酵工程专业教材委员会评定为全国高校发酵工程、生物工程专业通用教材,第二版被评为普通高等教育"十一五"国家级规划教材。该书将发酵工程工艺学的各种共性理论按单元操作归纳成一个崭新体系,系统地介绍了微生物工程工艺原理和发酵生产技术。全书共四篇十三章,主要内容包括微生物工业菌种与培养基、微生物发酵机制、发酵工艺过程控制、发酵产物的提取与精制等。

本书适合于高等院校生物、发酵、食品等专业的师生以及科研、设计部门和生产企业的工程技术人员学习参考使用。

图书在版编目(CIP)数据

微生物工程工艺原理/周世水,姚汝华主编. —4 版. —广州:华南理工大学出版社,2024.6
ISBN 978-7-5623-7638-5

Ⅰ.①微… Ⅱ.①周… ②姚… Ⅲ.①微生物-生物工程-工艺学-教材 Ⅳ.①TQ920.6

中国国家版本馆 CIP 数据核字(2024)第 094272 号

微生物工程工艺原理(第四版)
周世水　姚汝华　主编

出 版 人:柯　宁
出版发行:华南理工大学出版社
　　　　　(广州五山华南理工大学 17 号楼,邮编 510640)
　　　　　http://hg.cb.scut.edu.cn　E-mail:scutc13@scut.edu.cn
　　　　　营销部电话:020-87113487　87111048(传真)
责任编辑:张　颖
责任校对:盛美珍
印 刷 者:佛山市浩文彩色印刷有限公司
开　　本:787mm×1092mm　1/16　印张:22.25　字数:584 千
版　　次:2024 年 6 月第 4 版　印次:2024 年 6 月第 1 次印刷
定　　价:68.00 元

版权所有　盗版必究　　印装差错　负责调换

第四版前言

2005年《微生物工程工艺原理》(第二版)、2013年《微生物工程工艺原理》(第三版)的出版,得到全国高等院校微生物工程、发酵工程、生物工程等专业的师生和企业工程技术人员的认可,被轻工总会全国高校发酵工程专业教材委员会评定为高校发酵工程、生物工程专业通用教材,并被评为普通高等教育"十一五"国家级规划教材。

《微生物工程工艺原理》(第四版)结合微生物工程工艺的最新理论、技术和仪器设备的应用进行编写,有针对性地补充新内容,将理论技术与生产实践紧密结合,力求能够反映本学科的最新进展和工业应用,以增强本书的理论性和实用性。

本书是华南理工大学微生物工程、发酵工程专业40多年来的教学和科研经验总结,结合当前学科发展,并根据发酵工程、生物工程专业课程体系改革的精髓,将微生物工程工艺所涉及的共性理论技术按单元操作进行分类,重点介绍了微生物工程工艺原理、发酵技术等内容。全书主要分为微生物工业菌种与培养基、微生物发酵机制、发酵工艺过程控制、发酵产物提取与精制等内容。

《微生物工程工艺原理》(第四版)的修订主旨是:突出重点内容及其应用,以发酵机制、发酵工艺过程控制为重点章节,并系统阐述了发酵原料处理、发酵菌种选育保藏和扩大培养、发酵动力学、发酵产物提取精制等内容,并根据学时情况删除了微生物固定化技术、污水生物处理技术和发酵工程经济学等关联内容。

由于编者水平有限,难免会出现疏漏和不足之处,恳请读者提出宝贵意见,以利于今后改版时的完善和提高。

编 者
2024年3月于广州华南理工大学

前 言

《微生物工程工艺原理》原是一本供华南理工大学生物化工专业试用,并供从事微生物工业生产的科研人员参考的材料,自1980年使用以来,已有15年,反映较好。编者根据当前这门学科的发展对原材料进行了改编,并被轻工总会全国高校发酵工程专业教材委员会评定为全国高校发酵工程、生物工程专业通用教材。

本书根据发酵工程专业课程体系改革的精神,将各种工艺学的共性理论按单元操作归纳组成新体系,系统地介绍了微生物工程的工艺原理和生产技术。全书共有六篇(二十章),主要内容包括绪论、微生物工业菌种与培养基、发酵机制、发酵工艺过程的控制、工业发酵染菌的防治和灭菌、发酵产物的提取与精制以及与微生物工程相关的技术与经济学等内容。

本书由姚汝华教授主编,云逢霖副教授参与编写。其中第二、第四篇为云逢霖副教授编写,其余各篇、章及绪论由姚汝华教授编写。在改编过程中,编者结合15年来微生物工业的理论和应用的新进展,对原试用教材进行了修改,补充了新内容,力求反映新的进展。

陈连就教授参与了本教材的审阅并提供了许多宝贵意见,在此特表示衷心感谢和深切缅怀。

另外,苏正定、梁杰和路福平等同志在协助本书的出版方面做了不少工作,在此也一并致以谢意。

由于编者水平所限,一定存在不足之处,恳切希望读者提出宝贵意见,以便今后进一步修正提高。

编 者

目 录

绪 论 …………………………… (1)
　一、微生物工程发展简史 ………… (1)
　二、微生物工业概况 ……………… (2)
　三、"微生物工程工艺原理"课程的
　　　任务与内容 …………………… (4)

第一篇　微生物工业菌种与培养基

第一章　菌种与种子扩大培养 …… (5)
　第一节　微生物工业菌种 ………… (5)
　　一、微生物工业常用菌种 ………… (5)
　　二、菌种保藏 ……………………… (7)
　　三、菌种选育与防止退化 ………… (9)
　第二节　种子扩大培养 …………… (10)
　　一、种子扩大培养类型 …………… (10)
　　二、影响种子质量的因素 ………… (11)

第二章　培养基的制备与灭菌 …… (15)
　第一节　培养基的原材料 ………… (15)
　　一、培养基的营养成分 …………… (15)
　　二、培养基的选择 ………………… (16)
　　三、原料转换及意义 ……………… (17)
　第二节　淀粉水解糖的制备 ……… (18)
　　一、淀粉水解糖的制备方法 ……… (18)
　　二、淀粉酸水解的理论基础 ……… (20)
　第三节　糖蜜预处理 ……………… (27)
　　一、糖蜜来源 ……………………… (27)
　　二、糖蜜预处理方法 ……………… (28)
　　三、谷氨酸发酵的糖蜜预处理 …… (29)
　第四节　纤维素代粮发酵 ………… (30)
　　一、纤维素结构 …………………… (31)
　　二、纤维素水解特性 ……………… (31)
　第五节　培养基灭菌 ……………… (32)
　　一、培养基灭菌方法 ……………… (32)
　　二、加热灭菌原理 ………………… (35)
　　三、培养基灭菌 …………………… (40)

第二篇　微生物发酵机制

第三章　糖嫌气性发酵机制 ……… (44)
　第一节　糖酵解机制 ……………… (44)
　　一、糖酵解途径 …………………… (44)
　　二、糖酵解调节机制 ……………… (47)
　第二节　酒精发酵机制 …………… (48)
　　一、酒精发酵机制 ………………… (48)
　　二、酒精发酵副产物 ……………… (49)
　第三节　甘油发酵机制 …………… (51)
　第四节　乳酸发酵机制 …………… (53)
　　一、同型乳酸发酵机制 …………… (53)
　　二、异型乳酸发酵机制 …………… (54)

第四章　柠檬酸发酵机制 ………… (56)
　　一、柠檬酸生物合成途径 ………… (56)
　　二、柠檬酸生物合成调节 ………… (57)
　　三、乙醛酸循环调节 ……………… (61)

第五章　氨基酸发酵机制 ………… (63)
　第一节　氨基酸发酵调控机制 …… (63)
　第二节　谷氨酸发酵机制 ………… (67)
　　一、谷氨酸生物合成机制 ………… (67)
　　二、细胞膜通透性调控 …………… (72)
　　三、菌种选育 ……………………… (73)
　第三节　赖氨酸发酵机制 ………… (76)
　　一、赖氨酸生物合成途径 ………… (76)
　　二、细菌的赖氨酸发酵机制 ……… (77)
　　三、酵母和霉菌的赖氨酸发酵机制
　　　 ……………………………………(79)
　　四、菌种选育 ……………………… (80)
　第四节　色氨酸发酵机制 ………… (86)
　　一、色氨酸生物合成途径 ………… (86)
　　二、色氨酸生物合成机制 ………… (88)
　　三、菌种选育 ……………………… (89)
　第五节　精氨酸发酵机制 ………… (90)

一、精氨酸生物合成途径 ……… (90)
二、精氨酸生物合成机制 ……… (91)
三、精氨酸产生菌的选育 ……… (92)
第六章 核苷酸发酵机制 ……… (93)
第一节 核苷酸生物合成途径
……………………………… (93)
一、嘌呤核苷酸生物合成途径 … (93)
二、嘌呤核苷酸生物合成 ……… (96)
三、嘧啶核苷酸全合成途径 …… (97)
第二节 嘌呤核苷酸发酵机制 …… (98)
一、嘌呤核苷酸发酵机制 ……… (98)
二、细胞膜通透性调节 ……… (101)
三、菌种选育 ……………… (102)
第七章 抗生素发酵机制 ……… (107)
第一节 抗生素发酵机制 ……… (107)
一、微生物的次级代谢 ……… (107)
二、抗生素种类及其发酵机制
……………………………… (109)
第二节 抗生素发酵调控 ……… (116)
一、细胞生长到抗生素合成 … (116)
二、酶的诱导 ……………… (117)
三、分解代谢产物的调控 …… (117)
四、磷酸盐与 NH_4^+ 的调控 … (119)
五、初级代谢对次级代谢的调控
……………………………… (119)
六、次级代谢的反馈抑制与能荷
调节 …………………… (121)
七、前体物与促进剂的调控 …… (122)

第三篇 发酵工艺过程控制

第八章 发酵动力学 ……… (124)
第一节 微生物生长代谢的质量平衡
……………………………… (124)
一、微生物生长代谢的碳平衡
……………………………… (124)
二、微生物生长代谢的 ATP 循环与
氧平衡 ………………… (128)
三、物料平衡的应用 ……… (132)
第二节 微生物发酵动力学 …… (133)

一、分批培养 ……………… (133)
二、补料分批培养 ………… (137)
三、连续培养 ……………… (140)
第三节 微生物生长代谢动力学模型
……………………………… (144)
一、连续培养时微生物生长动力学
模型 …………………… (144)
二、分批培养时微生物生长动力学
模型 …………………… (147)
三、谷氨酸发酵动力学模型 … (148)
四、动力学模型与优化控制 … (152)
第九章 发酵供氧理论与控制 …… (153)
第一节 微生物需氧和溶解氧的控制
……………………………… (153)
一、供氧与微生物呼吸及代谢产物的
关系 …………………… (153)
二、微生物的临界氧浓度 …… (154)
三、发酵溶氧变化与调控 …… (155)
五、供氧与高密度培养酵母 … (157)
第二节 氧传质理论 ……… (158)
一、氧传质途径与阻力 …… (158)
二、气体溶解的双膜理论 …… (159)
三、氧传质方程 ………… (161)
第三节 氧传递速率的影响因素
……………………………… (162)
一、搅拌与空气线速度 …… (162)
二、空气分布管与氧分压 …… (164)
三、发酵罐体积与液高 …… (165)
第四节 溶氧系数的测定 …… (166)
一、亚硫酸盐氧化法 ……… (166)
二、复膜电极测定 $K_L\alpha$ 和氧分析
仪测定 $K_G\alpha$ ……… (166)
三、溶氧系数的换算 ……… (167)
第五节 空气除菌 ………… (168)
一、空气除菌方法 ………… (168)
二、介质过滤除菌 ………… (170)
三、空气过滤器 ………… (174)
四、空气预处理流程 ……… (176)

第十章 发酵过程控制 ……(179)
第一节 温度控制 ……(180)
一、发酵热……(180)
二、温度对微生物生长的影响……(184)
三、温度对发酵的影响……(184)
第二节 pH 值的控制……(185)
一、pH 值对菌体生长和发酵产物合成的影响……(185)
二、pH 值的影响因素及其调控……(186)
第三节 泡沫的控制……(188)
一、泡沫对发酵的影响……(188)
二、化学消泡……(189)
三、机械消泡……(190)
第四节 补料的控制……(194)
一、FBC 的作用……(194)
二、补料内容与原则……(195)
三、补糖的控制……(196)
四、补氮的控制……(197)
第五节 菌体浓度与基质对发酵的影响……(197)
一、菌体浓度对发酵的影响……(197)
二、基质对发酵的影响……(198)
第六节 二氧化碳和呼吸商……(200)
一、CO_2 对菌体生长和产物合成的影响……(200)
二、呼吸商对发酵的影响……(201)
第七节 发酵终点的判断……(202)

第十一章 工业发酵染菌的防治……(204)
第一节 工业发酵染菌的危害……(204)
第二节 发酵染菌的检测与防治……(206)
一、种子培养和发酵异常……(206)
二、染菌的检测与原因分析……(207)
三、染菌途径与防治……(210)

第四篇 发酵产物的提取与精制

第十二章 发酵产物的提取与精制概论……(215)
第一节 发酵产物的提取与精制概述……(215)
第二节 发酵醪的预处理……(217)
一、发酵醪的特征与预处理……(217)
二、菌体的分离……(219)
三、细胞破碎……(225)

第十三章 发酵产物的提取与精制技术……(231)
第一节 萃取……(231)
一、溶媒萃取的原理……(231)
二、溶媒萃取的工艺……(232)
三、溶媒萃取影响因素……(235)
四、新颖萃取技术……(238)
第二节 吸附……(243)
一、吸附原理与吸附平衡……(243)
二、吸附剂种类与吸附脱色……(244)
三、吸附操作工艺……(246)
第三节 离子交换法……(251)
一、离子交换原理……(252)
二、离子交换剂的结构与种类……(255)
三、离子交换树脂的理化性能……(261)
四、影响离子交换速度的因素……(265)
五、离子交换法提取谷氨酸……(266)
第四节 膜分离……(269)
一、膜分离原理与操作特性……(269)
二、膜的种类及特性……(275)
三、膜分离设备……(279)
四、影响膜分离速度的因素……(280)
五、膜分离的应用……(283)
六、电渗析分离……(289)
七、膜生物反应器……(292)
第五节 层析……(294)

一、各种层析法原理……（294）
二、凝胶层析……（299）
三、凝胶层析的应用……（308）
第六节 浓缩……（309）
一、蒸发浓缩……（309）
二、冰冻浓缩……（314）
三、吸收浓缩……（314）
四、超滤浓缩……（315）
第七节 沉淀法……（316）
一、等电点沉淀法……（317）
二、盐析沉淀法……（319）
三、有机溶剂沉淀法……（321）
四、热沉淀……（322）
第八节 结晶……（323）
一、结晶生成原理……（323）
二、影响结晶生成的因素……（324）

三、重结晶……（327）
四、结晶器……（328）
五、工业发酵常用结晶法的应用……（331）
第九节 干燥……（331）
一、干燥原理……（331）
二、常用干燥方法与干燥速度影响因素……（332）
三、工业发酵常用干燥方法的应用……（333）
第十节 蒸馏……（343）
一、蒸馏原理……（343）
二、蒸馏方法与蒸馏流程……（344）
三、蒸馏方法的应用……（344）

参考文献……（347）

绪　　论

一、微生物工程发展简史

微生物工程是运用微生物为工业化大规模生产服务的一门工程技术，它通过控制微生物生长和代谢的发酵工艺条件来获取人们需要的物质，或为人类提供服务的技术。因此，微生物工程直接建立在微生物工业基础上，并随着微生物工业和化学工业的发展而快速发展。

为了更好地了解微生物工程的发展现状和未来，需要了解其发展史，并结合微生物学、生物化学、化学工程、发酵工程和微生物工业的关系进行探讨。

(1) 自然发酵时期

早在2500多年前，我国劳动人民就懂得酿酒、酿醋、酱油等，其中酿酒工业是最古老的微生物工业，当时人们只是靠口传身授，在实践中使用微生物，却不知道酿酒与微生物的关系，例如，微生物厌氧发酵酿造酒，好氧发酵酿造醋。这一时期称为自然发酵时期。

(2) 微生物纯培养技术时期

1667年荷兰人列文霍克(Anoty Van Leowen Hock)发明了显微镜，从此发现了微生物。150年后法国人通过实验发现了发酵是由微生物活动产生的，开始了人为控制微生物的纯培养发酵新时代。由于杀菌操作发明了简便的密闭式发酵罐等设备，这大大减少了发酵失败现象(如腐败)，人工控制环境条件使发酵效率迅速提高。微生物厌氧发酵由此兴起，如酒精、丙酮、乳酸等的生产。在世界范围内利用微生物分解代谢进行规模化工业生产经历了100多年的历史。因此，微生物纯种技术的建立是微生物工程技术发展的第一个转折时期。

(3) 好氧发酵工程技术时期

1929年英国细菌学家傅莱明(Fleming)发现了青霉素。青霉素大规模生产是好氧发酵的成功例子，实验室采用摇瓶通风培养以及空气纤维过滤方法的高效除菌，在20世纪40年代创立了好氧发酵的通气搅拌工程技术。抗生素工业的兴起不仅使微生物技术应用到医药工业，而且大大促进了好氧发酵工业的发展。微生物工程已经从分解代谢转为生物合成代谢，如各种有机酸、酶制剂、维生素、激素等。

这是超越微生物正常代谢的发酵生产时期，即通气搅拌的好氧发酵工程技术是微生物工程技术发展的第二个转折时期。

(4) 人工诱变育种与代谢控制发酵工程技术时期

随着微生物遗传学、生物化学和分子生物学的发展，促进了20世纪60年代氨基酸、核苷酸和抗生素等微生物工业的建立，这是遗传水平上控制微生物代谢的结果。日本于1956年用发酵法生产谷氨酸获得成功后，用发酵法生产了22种氨基酸。氨基酸发酵工业应用了人工诱变育种与人工代谢控制发酵的新技术，从而实现了大量生产人们所需要的物质。因此，代谢控制发酵工程技术的创立是微生物工程发酵技术发展的第三个转折时期。

(5) 发酵动力学和连续化、自动化发酵工程技术时期

随着微生物工业应用大型发酵罐及其自动化控制，以数学、动力学、化工原理与计算机

结合,实现发酵过程自动化控制,导致发酵工艺控制更合理,新工艺、新设备层出不穷。例如,日本的塔式连续发酵设备适用于各种连续通风发酵。法国 LM 型单级连续发酵槽用于酵母菌连续培养,其结构简单且效率相当高效。目前,发酵过程的基本参数,包括温度、pH值、罐压、溶解氧、氧化还原电位、通气流量 CO_2 含量等,均可自动在线检测和控制。因此,连续化、自动化发酵工程技术的创立是微生物工程发酵技术发展的第四个转折时期。

(6) 微生物酶反应合成与化学合成相结合工程技术时期

随着微生物合成工程技术与化学合成工程技术的不断应用,采用化学合成法可生产一些低分子的有机化合物,如酒精、丙酮、丁醇、葡萄糖酸、谷氨酸、乳酸等。对于化学合成法不能生产的一些复杂化合物,采用微生物发酵法可直接生产。但是,发酵法也存在目的代谢产物浓度较低、分离困难、生产周期长等不足。因此,微生物酶反应生物合成与化学合成工程技术的结合,可生产许多过去不能生产的物质。例如,维生素 C 是最早成功的例子,即先利用微生物将山梨醇发酵转变为山梨糖,再通过化学合成法生产维生素 C。或者先用化学合成法生产廉价的前体,再用发酵法生产贵重的产物,如激素、核苷酸、新抗生素(如半合成头孢霉素、卡那霉素、氯霉素)等。因此,微生物酶反应合成与化学合成相结合的工程技术是微生物工程发酵技术发展的第五个转折时期。

(7) 基因工程技术时期

基因工程自 20 世纪 70 年代开始已取得巨大发展,在农业、医药、工业等领域都得到广泛应用,特别是运用工业微生物生产酶制剂,例如利用基因工程菌发酵生产耐高温 α-淀粉酶、植酸酶等工业化产品。基因工程对微生物菌种的改造技术包括从单个基因的蛋白质工程改造、多基因改造的代谢途径工程、合成生物学的快速发展,将选育生产出更多蛋白物质、非蛋白物质、药物等的微生物工程菌,如氨基酸类工程菌、抗生素类工程菌以及辅酶、活性多肽、激素等复杂化合物的新型工程菌,这将引起微生物工业的巨大进步与发展。因此,基因工程菌与发酵工程结合技术的创立是微生物工程发酵技术发展的第六个转折时期。

二、微生物工业概况

微生物工业有着悠久的历史,与人民生活与国民经济密切相关的产品有酒精、抗生素、有机酸、氨基酸、酶制剂、激素、维生素、核苷酸、氨肽类大分子药物等,特别是在微生物发酵多个领域我国都居领先地位且大规模生产,如氨基酸、核酸发酵、维生素、抗生素等。微生物工业产品种类繁多,大致可分为 16 类:

1. 酿酒工业,如啤酒、白酒、葡萄酒、黄酒等;
2. 食品工业,如豆豉酱、酱油、食醋、面包等;
3. 有机溶剂发酵工业,如酒精、丙酮、甘油、丁醇等;
4. 抗生素发酵工业,如青霉素、链霉素、红霉素、土霉素等;
5. 有机酸发酵工业,如柠檬酸、葡萄糖酸、苹果酸等;
6. 酶制剂发酵工业,如淀粉酶、蛋白酶、脂肪酶等;
7. 氨基酸发酵工业,如谷氨酸、赖氨酸、亮氨酸等;
8. 维生素发酵工业,如维生素 B_2、维生素 B_{12} 等;
9. 核苷酸类物质发酵工业,如肌苷酸、肌苷等;
10. 生理活性物质发酵工业,如激素、赤霉素等;

11. 名贵医药产品发酵工业,如干扰素、白介素等;
12. 益生菌医药工业,如肠道活菌剂、活菌酸奶等;
13. 微生物菌体蛋白发酵工业,如酵母、单细胞蛋白等;
14. 微生物环境净化工业,如利用微生物处理废水、污水等;
15. 微生物冶金工业,如利用微生物探矿、冶金、石油脱硫等;
16. 生物能源工业,如纤维素、沼气等天然原料发酵生产酒精、甲烷等。

根据上述微生物工业产品的发酵生产特点,微生物工程可分为相关联的三部分:①微生物工程"上游"是微生物培养技术,核心是优良发酵菌株的选育、鉴定和保藏,而空气除菌、培养基灭菌等是微生物工程所特有的。②微生物工程的"中游"是从原料发酵成产物,包括碳源、氮源、空气、水等的预处理,菌种的扩大培养,发酵工艺控制等。微生物工业生产的关键是发酵,而发酵的基础是菌种、培养基、发酵工艺与控制。目标是提高原料利用率与产物所得率,以及了解发酵机制。目前,温度、pH 值、溶解氧、溶解二氧化碳、流量、基质浓度、产物浓度、消泡等参数的测量已经能够在线进行,使发酵工艺过程得到精准控制。③微生物工程的"下游"是目的产物的提取纯化和发酵副产品的综合利用。产物提取精制约占生产成本的50%,原因是发酵液中含有细胞、菌丝体等固相以及多种成分液相,其流体力学性质属于非牛顿流体。提纯工程(又称后处理)包括细胞分离与破碎、发酵液预处理、产物提取与精制(如萃取、层析、离子交换、结晶等单元操作)。

提取精制工艺、设备要与菌体发酵产物的特点相适应。例如,发酵液中的菌体、残糖、蛋白质等物质会导致过滤困难,通过调节 pH 值、加热凝聚杂质、添加助滤剂等可提高过滤效果。对热敏性物质(如酶类、活性蛋白、生物药物等),短时间加热就会发生钝化或失活,进行加热干燥等操作时要避免过热或添加保护剂。

微生物工业具有以下几个特点:

(1) 近代微生物工业已由糖分解生产简单化合物阶段转入复杂化合物的生物合成阶段,从自然发酵转为人工控制的突变型发酵、代谢控制发酵、基因工程菌种发酵。这意味着新的发酵工艺开发进入到有理论根据的科学研发阶段,强调发酵中代谢控制机理应用的重要性。

(2) 近代微生物工业的发展,使越来越多的化学合成产品全部或部分转为微生物发酵生产,特别是微生物酶反应合成和化学合成相结合,使发酵产物通过化学修饰及化学结构改造生产更多精细化合物。

(3) 近代微生物工业向大型发酵罐和连续化、自动化方向发展。发酵工厂已发展成为规模庞大的现代化企业,常用 50~200 m^3 的发酵罐,其中啤酒、酒精发酵罐甚至达到 1000 m^3。

(4) 近年来基因工程、合成生物学技术取得飞速发展,发酵生产出一些临床上紧俏创新药品,如人胰岛素、干扰素、白介素、促红细胞生长素、肿瘤坏死因子、靶向药物等,并由此建立起技术密集型的新兴生物技术产业。

(5) 近代微生物工业发展规模的日益扩大,面临自然资源匮乏的现状,这需要开辟原料新来源应对,如利用纤维素代粮发酵取得了成功。随着对纤维素水解研究的深入,人们发现取之不尽的纤维素资源代粮发酵可以生产各种产品和能源物质,如发酵生产酒精、乙烯等能源物质已取得成功。目前利用 CO_2、O_2、氮源、无机盐和水来制造微生物菌体蛋白和淀粉已取得初步成果,有些细菌可以固定大气中的氮、CO_2、空气等来生成蛋白质。这些研究为人类未来粮食新来源有重大意义。

可见,微生物工业有着广阔的发展前景,它是既具古老传统又具年轻新技术的极富生命力的产业。

三、"微生物工程工艺原理"课程的任务与内容

"微生物工程工艺原理"是微生物工程、生物工程、发酵工程等专业必修的一门专业主干课程,它从微生物工程的范畴来阐明嫌气性发酵和好气性发酵的过程、发酵机制。"微生物工程工艺原理"课程的目的是使学生在微生物学、生物化学、物理化学、化工原理和生化技术等课程基础上,进一步深入理解发酵工艺原理,懂得运用这些基本理论去分析和解决微生物工业生产中的具体问题,使学生初步具备育种、调控代谢途径、控制发酵工艺、菌种扩大培养、生产连续化与自动化,以及从事微生物工程研究与设计的能力。

微生物工业生产中发酵的好坏是整个企业生产的关键。因此,"微生物工程工艺原理"课程内容侧重发酵机制和代谢控制等理论技术的论述,而研究内容包括从原料投入到获得最终产品的整个过程,即菌种特性、保藏与扩大培养、培养基特性与灭菌、通气、发酵工艺控制、产品提取精制等单元操作。在学习方法上,要求学生结合生产实际掌握发酵工艺原理的规律性及发酵工艺的特异性,以加强工程技术和单元操作方面的学习与实验训练,能将理论联系实际运用到分析和解决微生物工程的具体问题中,以提高科学研究、工程设计、生产应用的能力。

第一篇　微生物工业菌种与培养基

第一章　菌种与种子扩大培养

菌种是微生物工业实现从原料到目的产物生产过程的关键,它直接决定着发酵生产效率、产品生产成本和产品质量,可以说菌种是微生物工业的生命。因此,对菌种的选育、改良、保藏和防止退化等是企业能否连续、稳定生产的前提,而对种子的方便、高效、无污染的扩大培养则是生产过程的必需环节,是规模化生产的基本保障。所以,微生物工程工艺首先强调在微生物学基础上掌握工业菌种的保藏、菌种退化的检测与防止以及菌种扩大培养等基本技术内容。

第一节　微生物工业菌种

一、微生物工业常用菌种

微生物广泛分布于土壤、水和空气等自然界中,资源非常丰富。目前认为,人类能够培养和研究的微生物不足总数的10%。从自然界中分离出来的菌株有的可直接利用,有的则需要进行人工诱变后得到突变体才能利用,特别是随着育种新技术的应用开发出新产品和原料转换需要的新菌种的需求。微生物工业用菌种应满足下列要求:

(1) 菌种能在廉价原料制成的培养基上迅速生长和大量合成高附加价值的目的产物。

(2) 菌种能在要求不高、易控制的培养条件(糖浓度、温度、pH值、溶解氧、渗透压等)下迅速生长和发酵,以缩短发酵周期,降低生产成本,如在天气炎热地区应选择耐高温菌种。

(3) 根据代谢调控要求选择高产菌株,如营养缺陷型菌株或调节突变型菌株。

(4) 菌种抗噬菌体能力强,以防止感染噬菌体而造成"倒罐"现象的发生。

(5) 菌种纯粹,不易退化,可保证发酵生产和产品质量的稳定性。

(6) 菌种是安全工业菌种,而不是病原菌,不产生任何有害的物质和毒素,以保证生产产品的安全。

目前,微生物代谢产物的开发应用越来越多,已大规模工业化生产的有上百种。工业上常用的微生物如表1-1所示。

表 1-1 工业上常用的微生物

微生物类别	微生物名称	产物	用途
细菌	短杆菌	味精谷氨酸	食用、医药
	枯草杆菌	淀粉酶	酒精浓醪发酵、啤酒酿造、葡萄糖制造、糊精制造、糖浆制造、纺织品退浆、铜版纸加工、洗衣业、香料加工（除去淀粉）
	枯草杆菌	蛋白酶	皮革脱毛柔化、丝绸脱胶、酱油速酿、水解蛋白、饲料、明胶制造、洗衣业
	梭状杆菌	丙酮丁醇	工业有机溶剂
	巨大芽孢杆菌	葡萄糖异构酶	由葡萄糖制造果糖
	大肠杆菌	酰胺酶	制造新型青霉素
	短杆菌	肌苷酸	医药、食用
	节杆菌	强的松	医药
	蜡状芽孢杆菌	青霉素酶	青霉素的检定、抵抗青霉素敏感症
酵母菌	酒精酵母	酒精	工业、医药
	酵母	甘油	医药、军工
	假丝酵母	石油及蛋白	制造低凝固点石油及酵母菌体蛋白等
	假丝酵母	环烷酸	工业
	啤酒酵母	细胞色素	医药
	啤酒酵母	辅酶甲	医药
	啤酒酵母	酵母片	医药
	啤酒酵母	凝血质	医药
	类酵母	脂肪酶	医药、纺织脱蜡、洗衣业
	阿氏假囊酵母	核黄素	医药
	脆壁酵母	乳糖酶	食品工业
霉菌	黑曲霉	柠檬酸	工业、食用、医药
	黑曲霉	柚苷酶	柑橘罐头脱除苦味
	黑曲霉	酸性蛋白酶	啤酒防浊剂、消化剂、饲料
	黑曲霉	单宁酶	分解单宁、制造没食子酸、酶的精制
	黑曲霉	糖化酶	酒精发酵工业
	栖土曲霉	蛋白酶	用途与枯草杆菌蛋白酶同
	根霉	根霉糖化酶	葡萄糖制造，酒精厂、啤酒厂淀粉的糖化
	根霉	甾体激素	医药

续表 1-1

微生物类别	微生物名称	产物	用途
霉菌	土曲霉	甲叉丁二酸	工业
	赤霉菌	赤霉素	农业（植物生长刺激素）
	梨头霉	甾体激素	医药
	青霉菌	青霉素	医药
	青霉菌	葡萄糖氧化酶	蛋白除去葡萄糖、脱氧，食品罐头储存，医药
	灰黄霉菌	灰黄霉素	医药
	木霉菌	纤维素酶	淀粉和食品加工、饲料
	黄曲霉菌	淀粉酶	医药、工业
	红曲霉	红曲霉糖化酶	葡萄糖制造、酒精厂糖化用
放线菌	各类放线菌	链霉素	医药
		氯霉素	医药
		土霉素	医药
		金霉素	医药
		红霉素	医药
		新生霉素	医药
		卡那霉素	医药
	小单孢菌	庆大霉素	医药
	灰色放线菌	蛋白酶	用途与枯草杆菌蛋白酶同
	球孢放线菌	甾体激素	医药

二、菌种保藏

微生物工业生产与纯种培养、菌种质量密切相关，而菌种质量又与菌种的制备和保藏直接相关，所以说，菌种保藏是微生物工业生产的重要环节。菌种保藏的目的是保证菌种在长时间内尽可能保持原有菌株优良的生产性能，提高菌种的存活率，减少菌种的变异以及不被杂菌污染，以利于生产上长期使用。

菌种保藏的基本原理是根据菌种的生理、生化特点，创造条件，使菌种的代谢活动处于不活泼状态。在长期保藏菌种的实践中人们采用了多种方法，以适应不同的微生物。虽然不同菌种的保藏方法各有优缺点，但其基本原则相同：选用优良纯种和创造一个最有利于菌种休眠的环境，即微生物生长繁殖和代谢受抑且不易突变的环境。这种环境要求干燥、低温、缺氧、缺营养、添加保护剂等。下面介绍微生物工业菌种常用的保藏方法。

1. 定期移植低温保藏法

将菌种接种到培养基斜面进行斜面培养或穿刺培养,也可进行液体培养,待长成健壮的菌体(对数期细胞、有性孢子、无性孢子等)后,置于4℃冰箱保存,间隔一定时间需要重新进行移植培养。例如,细菌通常1个月移种一次,芽孢杆菌3～6个月移种一次,放线菌3个月移种一次,酵母菌4~6个月移种一次,丝状真菌4个月移种一次。

定期移植保藏法在工厂和实验室中普遍使用,具有简单易行、代价小、且可随时观察保藏菌种的死亡、变异、退化或染菌情况等优点,但因微生物在保藏期间仍有活动,所以存在保藏时间偏短、菌种易退化等不足。不过,酒精酵母经过数十年的移植,人们没有发现变异或衰退现象。如果用灭菌的橡皮塞代替棉塞,则由于避免了水分的散失且隔绝氧气而能适当延长保藏期。采用石蜡液封菌体表面(液封面高出菌种表面1cm),同样能延长保藏期,这就是所谓的液体石蜡保藏法。

2. 液氮超低温保藏法

此法被公认为是最有效和适用范围最广的菌种长期保藏技术之一,需要液氮罐或液氮冰箱、圆底安瓿管或塑料液氮保藏管。由于保藏采用低温-196～-150℃,所以必须按照"先慢后快"的原则进行操作。具体操作步骤如下:

(1)将10%甘油或二甲亚砜作为保护剂分装于安瓿瓶中;

(2)将长有菌落的琼脂悬浮于已灭菌的保护剂中;

(3)熔封安瓿瓶口;

(4)以1min下降1℃的速度降至-35℃,使瓶内悬浮液体冻结,然后将安瓿瓶置于液氮冰箱中,于-130℃以下储藏;

(5)恢复培养时,从液氮中取出安瓿瓶,立即于38～40℃水浴中摇动,至瓶内的冰全部融化,按常法进行培养。

3. 甘油低温保藏法

与液氮超低温保藏法类似,采用含10%～30%甘油的蒸馏水悬浮菌种,置于-80～-70℃温度下保藏,因此需要超低温冰箱。该法保藏期一般在1年以上,特别适于基因工程菌株的保藏。

4. 沙土保藏法

此法适用于芽孢杆菌、放线菌、曲霉菌等的保藏,保藏方法简单,主要过程如下:土壤(河沙需要用10%～20% HCl溶液洗去有机质)经风干、过24目筛、分装灭菌后,加入10滴制备好的细胞或孢子悬液,然后在干燥器中吸干水分,再用火焰熔封管口,在室温或低温下可保藏数年。

5. 麸皮保藏法

麸皮保藏法又称为曲法保藏,常用于放线菌、霉菌等的保藏。将麸皮与其他谷物的培养基与水按一定比例(一般质量比为1:1)拌匀,分装、灭菌后加入菌种培养,至长出菌丝,用干燥器干燥后在温度20℃条件下可长期保藏而不退化,故工厂经常采用。

6. 蒸馏水保藏法

此法是20世纪50年代开始采用的最简单的菌种保藏法,适用于酵母、真菌等。其原理是创造一个无营养的环境,在4～10℃下可较长时间保藏菌种。

7. 冷冻干燥保藏法

冷冻干燥保藏法是非常有效的菌种保藏法,采用干燥、低温、缺氧的条件保藏菌种,但需要冷冻干燥机等设备,操作复杂,影响菌种存活率的因素多,故其应用受限,主要在专业菌种保存单位采用。

三、菌种选育与防止退化

菌种选育就是按照生产的要求,以微生物遗传变异理论为依据,采用人工方法使菌种发生变异,再用各种筛选方法筛选出符合要求的目的菌种。菌种选育的目的包括改善菌种特性,以提高产量、改进质量、降低成本、改革工艺、方便管理及综合利用。菌种选育的基本方法包括自然选育、抗噬菌体选育、诱变育种、代谢控制育种、基因定向育种等一系列方法。

诱变育种是采用物理、化学诱变因素使微生物 DNA 上的碱基发生改变,而排列错误的 DNA 模板形成异常的遗传信息,造成某些蛋白结构变异,导致细胞功能的改变。

代谢调控育种主要包括改变代谢通路的育种、改变自我代谢调节系统的育种。

基因定向育种主要是通过转化、转导、转染、杂交等手段有目的地增加、增强或取消、减弱某个或某些基因,从而改变代谢途径的关键酶,得到需要的工程菌株。

有关育种具体方法在微生物学中已介绍,这里主要介绍防止菌种退化。

菌种退化是指整个菌体在多次接种传代过程中逐渐造成菌种发酵力(如糖、氮的消耗)或繁殖力(如孢子的产生)下降或发酵产物所得率降低的现象。对此,首先要鉴定是否由于染菌引起产量下降或菌种生长延缓,可直接镜检判断或画线分离来确定是染菌还是菌种退化;其次要判断是否因培养条件变化而引起暂时性变化,可通过培养几批菌种观察生长代谢来确定。

菌种退化原因:一是菌种保藏不妥;二是菌种生长的要求没有得到满足,例如,遇到某些不利的条件,或失去某些需要的条件,或诱变型菌株发生回复突变而丧失新特性。

如果发现菌株已经发生退化,发酵产物的产量下降,则要进行分离复壮。因为在菌种发生衰退的时候,并不是所有的菌体都衰退。因此,采用单细胞菌株分离的方法,即用稀释平板法或平板画线法,以取得单细胞长成的菌落,再通过菌落和菌体的特征分析和性能测定,可获得具有原来性状的菌株,甚至更好性状的菌株。对芽孢杆菌,可先将菌液用沸水处理数分钟,再用平板进行分离,从孢子中挑选出最优的菌体来。

如果遇到单细胞分离仍不能达到复壮的菌种,即选育不出具有原性状的菌株,则可改变培养条件,以达到选育和复壮菌株的目的。例如,AT3.942 栖土曲霉的产孢子能力下降,可适当提高培养温度,恢复其能力。同时,通过实验选择一种有利于高产菌株而不利于低产菌株的培养条件,能够得到产量较高的菌株。将单菌落分离和培养条件相结合进行复壮,则更为高效。

此外,产生退化现象的原因多为基因突变,所以使用诱变剂处理,对退化类型的菌株具有杀伤力,则经诱变剂处理后再进行单菌落分离,就可得到复壮的菌株。同样道理,其他不具诱变作用的物理和化学因素也可用于复壮处理,但需针对具体菌种进行具体分析,以采用最佳的复壮方法。

第二节 种子扩大培养

一、种子扩大培养类型

菌种扩大培养的目的就是为每次发酵罐的投料提供相当数量的、代谢旺盛的种子。因为发酵时间的长短和接种量的大小有关，接种量大，发酵时间短。将较多数量的成熟菌体接入发酵罐中，有利于缩短发酵时间，提高发酵罐利用率，也有利于减少染菌的机会。对于不同产品的发酵过程来说，必须根据菌种生长繁殖速度的快慢决定种子扩大培养的级数。例如，抗生素生产中，放线菌的细胞生长繁殖速度较慢，常用三级种子扩大培养，即将种子罐中的菌丝移植到较大的种子罐中扩大培养后，再移入发酵罐中，这种流程称为三级发酵。一般50t 发酵罐多采用三级发酵，有的甚至采用四级发酵，如链霉素生产。三级发酵的流程如下：

斜面菌种→ 一级种子摇床培养→二级种子罐培养→三级种子罐扩大培养→发酵罐

根据工业微生物的培养方法分为静置培养法和通气培养法两大类型。

静置培养法是接种菌种后，不通空气进行发酵，又称为嫌气性发酵。例如，酒精、丙酮、丁醇、乳酸等的发酵均属于此类型。

通气培养法以需氧菌和兼性需氧菌居多，它们的生长需供氧维持在一定的溶解氧水平，菌体才能迅速生长和发酵，又称为好气性发酵。例如，谷氨酸、核苷酸、有机酸和酶制剂等的发酵均属此类型。用作种子扩大培养的方法可分为：

（1）液体培养法可分为三角瓶摇床振荡式和回转式两种。摇瓶通气量的大小与摇床转数、三角瓶装液量比、液体特性等有关。例如，摇床转数越高，通气量越大，而三角瓶装液量比越小，即三角瓶容量越大、装液量越少的溶解氧水平越高。

（2）表面培养法需克氏瓶、瓷盘等，菌体生长于培养基表面。

（3）固态培养法需三角瓶、蘑菇瓶、克氏瓶、培养皿等装填固体培养基进行培养。

大规模工业生产常用的培养方法包括固体培养、液体深层培养、载体培养、两步法液体深层培养等。

1. 固体培养

固体培养又分为浅盘固体培养和深层固体培养，统称曲法培养，它来源于我国酿造生产特有的传统制曲技术。固体培养的最大特点是固体曲的酶活力高，但存在劳动强度大的缺点。目前，深层固体通风制曲可在曲房周围使用循环的、冷却增湿的无菌空气控制温度和湿度，并且能根据菌种在不同生理时期的需要灵活调节，曲层的翻动全盘自动化。

2. 液体深层培养

浅盘液体培养法曾用于生产柠檬酸，但由于占地面积大、技术管理不便，随着柠檬酸发酵生产规模的扩大，浅盘液体培养很快被液体深层培养所代替。例如，青霉素发酵初期阶段曾采用玻璃瓶培养法，到了 1946 年改用深层液体培养法大量生产。随后，液体曲、柠檬酸、谷氨酸、肌苷酸及其他发酵工业先后采用此法进行生产。液体深层培养的特点是容易按照生产菌种对代谢的营养需求以及不同生理时期对通气、搅拌、温度与培养基中氢离子浓度等的要求，选择最佳培养条件。因此，目前几乎所有好气性发酵都采取液体深层培养法。目前大容积发酵罐（体积在 $500 \sim 1000 m^3$）的溶解氧、温度、pH 值等发酵工艺参数均由自控仪表控制。但是，液体深层培养容易感染杂菌，无菌操作要求高，在生产上防止杂菌污染是一个需要严格控制的因素。

3. 载体培养

载体培养源于曲法培养，同时又吸收了液体培养的优点，是一种较新的培养方法。其特征是以天然或人工合成的多孔材料代替麸皮之类的固态基质作为微生物生长的载体，营养成分可以严格控制。发酵结束后只需将菌体和培养液挤压出来进行抽提，载体又可以重新使用。据报道，载体培养的霉菌、酵母、放线菌可以提取多种产物，如色素、肌苷酸、酶等。

载体的取材必须经得起蒸汽加热或药物灭菌，具有多孔结构以保证足够的表面积，又能允许空气流通。对其几何形状无特殊要求，但形体大小应有适当范围。关于载体种类，目前以脲烷泡沫塑料块用得较多，石棉已很少采用。以泡沫塑料块为例，每块的平均质量1.5g，边长5～20mm，吸水率(指载体体积与吸收的培养基体积之比)应保持较大的变化范围(30%～90%)，便于灵活掌握控制。

4. 两步法液体深层培养

两步法液体深层培养在酶制剂生产和氨基酸生产方面应用较多。酶制剂生物合成的两步法液体深层培养，其每一步菌体相同而培养条件不同，因为微生物生长与产酶的最适条件往往有很大差异。例如，往培养基中添加葡萄糖能大大增加菌体或菌丝的生长，却严重阻碍许多酶的合成。加强培养液的通气虽能促进微生物生长，但在多数场合反而抑制酶的合成。为了取得最大量的活性酶，必须确定一种调节方法，既要求细胞的单位酶活性高，又要求细胞的数量多，也就是说，给菌种在各个生理时期创造不同的条件。两步法液体深层培养就是实现这种调节方法的具体措施之一，该法已在葡萄糖异构酶、α-甘露糖苷酶的微生物合成方面收到成效。酶制剂生产两步法的特点是将菌体生长条件(营养期)与产酶条件(自我繁殖期)区分开来，因而更容易控制各个生理时期的最适条件。菌种先在营养丰富的培养基上大量繁殖，然后收集菌体浓缩物，洗涤后转入添加诱导物的产酶培养基，或直接改变条件，进入产酶阶段。在此期间，菌体积累了大量的酶，一般不再繁殖，营养成分或诱导物可得到充分利用。

氨基酸生物合成的两步法液体深层培养，其每一步的菌种和培养基均不相同。第一步是有机酸发酵或氨基酸发酵，第二步是在微生物产生的某种酶作用下把第一步产物转化为所需的氨基酸。所以，这种氨基酸发酵生产方法又称为酶转化法。许多种氨基酸均可以通过两步法液体深层培养制得，但由于两步法工艺繁杂，目前谷氨酸、赖氨酸、丙氨酸等大多数是直接发酵生产。尽管如此，两步法液体深层培养仍有其实用价值，事实上有些氨基酸的生产还没能选育到适合直接发酵所需的菌种，而必须采用两步法生产。同时，这种方法对于研究微生物细胞内的酶系统和氨基酸的生物合成途径具有一定的作用和意义。

二、影响种子质量的因素

菌种扩大培养的关键就是搞好种子罐的扩大培养，影响种子罐培养的主要因素包括营养条件、培养条件、染菌的控制、种子罐的级数和接种量控制等。种子罐培养除了根据菌种特性或生产条件恰当选择外，还应为菌种的生长创造一个最合理的培养条件。

1. 培养基

培养基是微生物获得生存的营养来源，对微生物生长繁殖、酶的活性与产量都有直接的影响。不同微生物对营养要求不一样,但它们所需的基本营养大体上是一致的,其中以碳源、氮源、无机盐、生长素和金属离子等为主。不同类型的微生物所需要的培养基成分与浓度配比并不完全相同,必须按照实际情况加以选择。提高产量是选择培养基的一个重要标准,但同时还应当要求培养基组成简单、来源丰富、价格便宜、取材方便等。一般来说,种子罐是培养菌体的,培养基的糖分要少而对微生物生长起主导作用的氮源要多,且其中无机氮源所占的比例要大些。但是,种子罐和发酵罐的培养基成分相同,使处于对数生长期的菌种移植在适宜的环境中发酵,可以大大缩短其生长延滞期。其原因是执行代谢活动的酶系已经形成,可立即实施代谢功能,不需花费时间另建适宜新环境的酶系。因此,种子罐和发酵罐的培养基成分趋于一致较好,但各成分的数量(即原料配比)需根据不同的培养目的各自确定。任何生产所用培养基都没有一个可完全确定的配比,对于某一菌种和具体设备条件来说,最适宜的配比应进行多因素的优选,通过对比实验来确定。如果菌种的特性或设备条件(如罐型、搅拌的形式和转速等)变化较大,则培养基的配比应通过实验相应变更。只有培养基各成分的关系选得比较恰当,才能最大限度地发挥菌种的发酵特性,提高发酵罐产率和产品产量。

2. 种龄与接种量

种子培养期应选取对数生长期的菌种。种龄过嫩或过老,不但延长发酵周期,而且会降低产量。因此,种子的种龄必须严格掌握,以免贻误时机。接种量的大小直接影响发酵周期。大量地接入成熟的菌种,可以缩短生长过程的缓慢期,因而缩短了发酵周期,节约了发酵培养的动力消耗,提高了设备利用率,并有利于减少染菌机会。所以,一般都将菌种扩大培养,进行两级发酵或三级发酵。接种量影响缓慢期的原因,是由于在大量移种过程中把微生物生长和分裂所必需的代谢物(一般是RNA,即核糖核酸)一起带进去,从而有利于微生物立即进入对数生长阶段。但是,如果培养基内的营养物和气体张力对菌体生长适宜,则接种量的影响较小。一般来说,接种量和培养物的生长过程的缓慢期长短呈反比。接种量过多也没有必要,因种子培养费时,且过多地移入菌种会带入与发酵无关的代谢废物,反而会影响正常发酵和发酵产物的生成。

3. 温度

温度对微生物的影响,不仅表现在对菌体表面的作用,而且因热平衡的关系,热传递至菌体内,对菌体内部所有的物质都有作用。由于生物体的生命活动可以看作是相互连续进行的酶反应的表现,任何化学反应又都和温度有关,通常在生物学范围内每升高10℃,生长速度就加快1倍,所以,温度直接影响酶反应,进而影响着生物体的生命活动。对于微生物来说,温度直接影响其生长和合成酶活性。

任何微生物的生长都需要有适宜的生长温度,在此温度范围内,微生物生长、繁殖最快。大多数微生物的最适生长温度在25~37℃范围内,细菌的最适生长温度大多比霉菌高些。如果所培养的微生物能承受稍高一些的温度进行生长、繁殖,则可减少污染杂菌的机会,减少夏季培养所需降温的辅助设备,对工业生产有很大的好处。

温度和微生物生长的关系,一方面在其最适温度范围内,生长速度随温度升高而增加;另一方面,不同生长阶段的微生物对温度的反应不同。处于缓慢期的细菌对于温度的影响十分敏感,将其置于最适生长温度附近,可以缩短其生长的缓慢期;将其置于较低的温度,则会延长其缓慢期;而且孢子萌发的时间在一定温度范围内也随温度的上升而缩短。处于对数生长期的细菌,如果在略低于最适温度的条件下培养,即使在发酵过程中升温,其升温的破坏作用也显得较弱。因为在最适生长温度范围内,组成菌体的蛋白质很少变性,所以在最适温度范围内适当提高对数生长期的培养温度,既有利于菌体的生长,又能避免热作用的破坏。处于生长后期的细菌,一般来说其生长速度主要取决于溶解氧而不是温度,因此在培养后期可适当提高通气量。此外,不管微生物处于哪种生长阶段,每种微生物都有自己的最适生长温度和最高与最低生长温度。为了使种子罐培养温度控制在最适生长温度范围,生产上常在种子罐上安装热交换设备,如夹套、排管或蛇管等进行种子罐的温度调节,冬季进风时还要加热。

4. pH值

培养基的氢离子浓度对微生物的生命活动有显著影响。各种微生物都有自己生长与合成酶的最适pH值。同一菌种合成酶的类型与酶系组成可随pH值的改变而产生不同程度的变化。例如,黑曲霉合成柚苷酶时,培养基在pH值为6.0以上的环境中,果胶酶活性受到抑制,pH值改变到6.0以下就形成果胶酶,且酶系组成由pH值决定。泡盛酒曲霉突变株在pH=6.0培养时以产生α-淀粉酶为主,糖化型淀粉酶与麦芽糖酶产生极少;在pH=2.4条件下培养,转向糖化型淀粉酶与麦芽糖酶的合成,α-淀粉酶受到抑制。

由此可见,培养基的pH值与微生物生命活动和酶系组成关系十分密切。培养基pH值在发酵过程中能被菌体代谢所改变,阴离子(如醋酸根、磷酸根)被吸收或氮源被利用后NH_3的产生,使pH值上升;阳离子(如NH_4^+、K^+)被吸收或有机酸的积累,使pH值下降。一般来说,高碳源培养基发酵倾向于向酸性pH值转移,高氮源培养基发酵倾向于向碱性pH值转移,这都跟碳氮比有直接关系。因此,培养基必须保持适当的pH值,而调节pH值的方法有三种,即外加酸碱溶液、缓冲液以及各种生理缓冲剂(如生理酸性与生理碱性的盐类),需根据微生物菌种、发酵产物的酸碱特性等因素进行选择。

5. 通气和搅拌

需氧菌或兼性需氧菌的生长合成酶与产品生成都需要供给氧气。不同微生物要求的通气量不同,即使是同一菌种,在不同生理时期对通气量的要求也不相同。因此,在控制通气条件时,必须考虑到既能满足菌种生长与合成酶的不同要求,又要节省能耗,以提高经济效益。通气可以供给大量的氧,而搅拌则能使通气的效果更好,加速氧溶解,并且搅拌有利于热交换,使培养液的温度较一致,有利于营养物质和代谢物的分散。此外,罐内使用挡板可使搅拌效果更好。

通气量与菌种、培养基的性质以及培养阶段有关。在培养阶段的各个时期究竟如何选择通气量,要根据菌种的特性、罐的结构、培养基的性质等许多因素,通过试验确定。

通气量的多少,最好按氧溶解的多少决定。只有氧溶解的速度大于菌体的吸氧量时,菌体才能正常地生长和合成酶,否则氧的溶解比消耗少,氧的浓度降低,降到某一浓度(称溶解氧的临界点)时,菌体生长就减慢。因此,随着菌体的繁殖,呼吸增强,必须按菌体的吸氧量加大通气量,以增加溶解氧的量。一般来说,培养罐深、搅拌转速大、通气管开孔小或多,气泡在培养液内停留时间就长,氧的溶解速度也就越大,且在这些因素确定的条件下,培养基的黏度越小,氧的溶解速度也越大。因此,根据罐的结构考虑培养液的黏度,增加一定通气量,可以达到菌体所需的溶解氧,满足菌体呼吸的需要。

搅拌可以提高通气效果,促进微生物的生长繁殖,但是剧烈搅拌会导致培养液大量涌泡,液膜表层的酶容易氧化变性,且可能会损伤微生物细胞。同时,泡沫过多容易"跑出"而会增加污染杂菌的机会。

6. 泡沫

菌种培养过程中产生的泡沫与微生物的生长和合成酶有关。泡沫的持久存在影响微生物对氧的吸收,妨碍二氧化碳的排除,因而破坏其生理代谢的正常进行,不利于发酵。此外,由于泡沫大量地产生,致使培养液的容量一般只是种子罐容量的一半左右,大大影响了设备的利用率,甚至发生跑料现象,导致染菌,使损失更大。

在菌种培养过程中泡沫产生的原因是很多的。通气、机械搅拌使液体分散共同促进形成气泡,培养基中某些成分的变化或微生物的代谢活动都会产生气泡,如培养基中含有丰富的蛋白质、胶体物质等,不仅易形成气泡,而且在气泡表面排列形成坚固的薄膜,使气泡不易破裂,聚成泡沫层。

关于菌种培养过程的消泡措施,主要偏重于化学消泡和机械消泡,并取得了一定的进展。微生物工业目前使用的消泡剂,有各种天然的动植物油以及来自石油化工生产的矿物油、改性油、表面活性剂等,这类消泡剂往往因培养液的 pH 值、温度、成分、离子浓度以及表面性质的改变,在消泡能力上呈现很大的差别,在培养液内残留量也高,给净化处理造成不同程度的困难。而新型的有机硅聚合物如硅油、硅酮树脂等,则具有效率高、用量省、无毒性、无代谢性,同时兼有提高微生物合成酶等多种优良特性。泡沫的控制除了添加消泡剂外,改进培养基成分也是相辅相成的一个重要方面。例如,在培养基配料中增加磷酸盐已在某些场合收到实效,可使消泡剂添加量成倍地降低。

7. 染菌的控制

染菌是微生物发酵生产的大敌,一旦发现染菌,应及时进行处理,以免造成更大的损失。染菌的原因,如果不是设备本身结构存在"死角",归纳起来主要包括设备、管道、阀门漏损,灭菌不彻底,空气净化不好,无菌操作不严或菌种不纯等问题。因此,要控制染菌继续发展,必须及时找出染菌的原因,采取措施,杜绝染菌事故再现。菌种发生染菌会使各个发酵罐都染菌,因此,必须加强接种室的消毒管理工作,定期检查消毒效果,严格规范无菌操作技术。如果新菌种不纯,则需反复分离,直至完全纯粹为止。对于已出现杂菌菌落或噬菌体噬斑的试管斜面菌种,应予以废弃。在平时应经常分离试管菌种,以防菌种衰退、变异和污染杂菌。对于菌种扩大培养的工艺条件要严格控制,对种子质量更要严格掌握,必要时可将种子罐冷却,取样做纯菌实验,确认种子无杂菌存在,才能向发酵培养基中接种。

8. 种子罐级数的确定

种子罐的级数愈少,愈有利于简化工艺,便于控制。级数少可减少种子罐污染杂菌的机会,减少消毒、值班工作量以及减少因种子罐生长异常而造成发酵的波动。但是,也应当考虑到如何才能最大限度地降低发酵罐中非合成代谢产物的生成。所以,种子罐级数的确定取决于菌种的性质(如菌种传代后的稳定性)、孢子瓶中的孢子数、孢子发芽、菌丝繁殖速度以及发酵罐中种子培养液的最低接种量和种子罐与发酵罐的容积比。如果孢子瓶中的孢子数量较多,孢子在种子罐中发育较快,且对发酵罐的最低接种量的要求亦较小,显然可采用二级发酵流程。种子罐的级数由产物的品种及生产规模而定,也随着工艺条件的改变作适当的调整。例如,改变种子罐的培养条件、加速孢子的发育或改进孢子瓶的培养工艺后可大大增加孢子数量等,在此基础上均有可能使三级发酵简化为二级发酵。

第二章　培养基的制备与灭菌

培养基是微生物纯种培养的基础,它直接影响菌体的生长、代谢以及产物的合成和纯化。因此,在学习掌握培养基各种营养成分的基础上,合理优化生产用培养基,配制有效而经济的培养基是微生物工程的一项基本任务。此外,还要确定哪种灭菌方式对培养基灭菌最有效,既能保证灭菌彻底,又能最大限度地保持营养成分不受破坏;同时,不要过度灭菌,以节约能源。

第一节　培养基的原材料

一、培养基的营养成分

微生物为了生长、繁殖,需要从外界不断地吸收营养物质,从中获得能量并合成新的细胞物质和排出废物。研究微生物的营养成分,主要是为了了解微生物的营养特性和培养条件,从而更好地为工业生产服务。微生物的营养活动,是依靠向外界分泌大量的酶,将环境中大分子的蛋白质、糖类、脂肪等营养物质分解成小分子化合物,再借助细胞膜的渗透作用吸收营养成分来实现的。因此,培养基的营养成分对微生物的生长、合成酶系及代谢途径的影响极大。根据微生物生长、繁殖和发酵的不同要求,培养基的成分和含量也有所不同,所以培养基的种类很多。但是,无论哪一种培养基,都应满足微生物生长、繁殖和发酵方面所需要的各种营养物质,如表2-1所示,包括碳源、氮源、无机盐、特殊生长因子等物质。

表2-1　微生物的营养来源

Ⅰ.碳源	碳酸气 淀粉水解糖、糖蜜、亚硫酸盐纸浆废液等 石油、正构石蜡、天然气 醋酸、甲醇、乙醇等石油化工产品
Ⅱ.氮源	豆饼或蚕蛹水解液、味精废液、玉米浆、酒糟水等有机氮 尿素、硫酸铵、氨水、硝酸盐等无机氮、气态氮
Ⅲ.无机盐	磷酸盐、钾盐、镁盐、钙盐等其他矿盐 铁、锰、钴等微量元素 其他特殊微量元素
Ⅳ.特殊生长因子:硫胺素、生物素、对氨基苯甲酸、肌醇等	

(1)碳源。碳源主要用来供给菌种生命活动所需的能量和构成菌体细胞以及代谢产物的物质基础。通常用作碳源的物质主要是糖类、脂肪及某些有机酸。霉菌和放线菌均可利用脂肪和某些有机酸作为碳源。

(2）氮源。氮源主要用来构成菌体细胞物质和代谢产物,即蛋白质及氨基酸之类的含氮代谢物。通常所用的氮源可分为有机氮源和无机氮源两类。有机氮源如黄豆饼粉、花生饼粉、棉籽饼粉、玉米浆、蛋白胨、酵母粉、鱼粉、蚕蛹粉、发酵菌丝体和酒糟等;无机氮源如氨水、硫酸铵、尿素、硝酸钠、硝酸铵和磷酸氢二铵等。

(3）无机盐。无机盐类是微生物生命活动所不可缺少的物质,其主要功能是构成菌体的成分,作为酶的组成部分或维持酶的活性,调节渗透压、pH 值、氧化还原电位等。微生物的生长发育和生物合成过程需要钙、镁、硫、磷、铁、钾、钠、氯、锌、钴、锰等无机盐类与微量元素,一般它们在各种培养基原料中已有足够含量,无须再加,但是菌种不同,需要的各种无机盐类和微量元素的浓度也不同,必须根据具体情况予以控制。

(4）特殊生长因子。特殊生长因子的主要功能是构成辅酶的组成部分,促进生命活动进行。微生物所需的特殊生长因子包括生物素、硫胺素、对氨基苯甲酸等,但需要量极少。某些微生物自己可以合成所需的生长因子,甚至在体内积累,而不需要外界供给。

(5）水。水是微生物生长所必需的,微生物所需的营养物及代谢产物必须溶解于水中,才能通过细胞膜而被吸收或排出。体内各种生化反应也必须在水溶液中进行,同时,水还涉及营养物浓度、产物浓度、抑制物浓度等。

发酵微生物多为异养菌,培养基的碳源多为淀粉、淀粉水解糖等碳水化合物,糖蜜,亚硫酸盐纸浆废液,石油、正构石蜡、天然气、醋酸、甲醇、乙醇等石油化工产品。

近年关于利用氢细菌由碳酸气、氢和氮生产单细胞蛋白质,微藻类利用光能和无机盐合成有机物的研究,正在开展之中,因此自养菌在发酵工业中的应用亦受到重视。

二、培养基的选择

将各种营养物质配制成用来培养微生物的基质称为培养基。培养基根据营养物质的来源分为自然培养基、合成培养基和半合成培养基,根据培养基制成的形式分为液体培养基和固体培养基,根据培养基的主要成分或使用目的分为基础培养基、完全培养基、鉴别培养基和选择培养基,根据生产工艺的要求分为孢子培养基、种子培养基和发酵培养基等。

培养基有筛选菌种、保藏菌种、检验杂菌、培养种子和发酵生产等多方面用途。微生物工业生产和实验研究中广泛使用的培养基是半合成培养基,它是采用一部分天然有机物作碳源、氮源和特殊生长因子,再适当加入一些化学药品配成。其特点是使用含有丰富营养成分的天然物质,再补充适量的无机盐分,便能充分满足微生物的营养需要,因此,大多数微生物能够在此种培养基上生长繁殖和合成代谢产物。

在微生物工业中液体培养基被广泛用于种子扩大培养和发酵,也用于摇瓶培养菌种的选育工作。而固体培养基一般是在液体培养基中加入凝固剂,如琼脂,主要用于菌种的分离、保藏、菌落特征的观察、活菌计数和鉴定菌种等方面。

因此,培养基成分和配比的恰当与否对生产菌的生长发育、代谢产物的浓度与提炼工艺及最终成品的质量和产量都产生相当大的影响。良好的培养基配比可充分发挥生产菌种的生物合成能力,获得最大的生产效益,提高发酵效率,因此,必须重视培养基组成。一个良好的发酵培养基的确定,往往需要经过长期生产实践的检验,并不断予以改进。培养基的配比绝不是一成不变的东西,它随着实践的不断深入、菌种的不断更新、发酵条件的不断改进而进行着有机的调整。发酵培养基是供生产菌生长和合成代谢产物用的,因此要求营养适当丰富而完备，菌体才能迅速生长且健壮。在整个代谢过程中 pH 值要适当而稳定，糖、氮代谢要完全符合代谢产物合成的要求，才能充分发挥生产菌种合成代谢产物的能力。此外，还要求发酵培养基组成简单、来源丰富且成本低。

发酵培养基的成分和配比是由菌种的生理生化特性和生物合成的要求及设备的通气搅拌性能决定的。发酵过程中的 pH 值变化可以改变培养基的配比使其自行调节，也可以用人工方法补加酸碱溶液进行控制。生产用培养基需满足工艺要求以及各种原料的节约，即利用率高，且有可代用原料。

不同的微生物所需要的培养基成分不同，发酵生产所要求的原料也不同。要确定一个适合工业规模生产的发酵培养基，首先，要了解生产菌种的来源、生理生化特性和营养要求；其次，对生产菌种的培养条件，生物合成的代谢途径，代谢产物的化学性质、分子结构，提炼方法和产品质量要求等也需要有所了解。最好先选择一些较好的化学合成培养基做基础，先做摇瓶实验，然后进一步做小型发酵罐培养，摸索生产菌种对各种主要有机碳源和氮源的利用情况和产生代谢产物的能力。在培养过程中要注意 pH 值的变化，观察适于菌体生长繁殖和适于代谢产物形成的不同 pH 值，不断调整配比以适应上述各种情况和要求，注意每次只限变动一个条件。有了初步结果之后，先确定一个培养基配比，再做各种重要的金属和非金属离子的影响实验，即对各种无机盐的营养要求，试验其最高、最低和最合适的用量。在合成培养基得出一定结果之后，再做复合培养的实验，探讨各种发酵条件和培养基的关系。培养基内 pH 值的调节一般可通过添加碳酸钙、硝酸钠、硫酸铵、氨水等。

有些发酵产物如抗生素等的中间补料方法：一方面对碳及氨的代谢予以适当控制，一方面间歇添加各种养料和前体一类物质，引导发酵走向合成抗生素的途径。生产上所用的培养基必须通过发酵生产的具体实践不断调整，使其能够达到不断提高发酵单位、降低成本和单耗、缩短周期和提高产品质量的目的。

三、原料转换及意义

发酵培养基所用的原材料，大部分属于粮食、油脂、蛋白质和农用肥料，其中山芋粉、玉米粉、淀粉、糊精、麦芽糖、葡萄糖和豆油等都是可供人畜食用的，还可选用黄豆饼粉、花生饼粉、酵母粉、蛋白胨、氨基酸等农、副、畜、渔产品的加工产物。我国人口众多，发酵产品的品种和产量与日俱增，每年都要消耗大量粮食、油料和蛋白质原料。因此，节约用粮或以其他原材料代替粮食是当前微生物工业生产研究的主要课题。

目前，在发酵上节约用粮比较有效的办法是抓发酵的高产，使产成品的单耗降低是节约用粮的关键。

碳源的节约和代用，应该从多方面着手。例如，严格控制放罐时残糖浓度；改用废糖蜜、葡萄糖废母液和工业用葡萄糖来代替淀粉、糊精和食用葡萄糖等；提高生产菌种的发酵单位等，其中选育菌种的作用更大。碳源代用的关键是原料的转换，即开拓新的原料资源和微生物资源，目前多产的木薯淀粉、野生植物淀粉、植物纤维、醋酸、乙醇等代粮发酵正在展开。

随着原料的转换，要选育与原料转换相适应的菌种和发酵控制方法。例如，谷氨酸发酵原料的转换，最初使用葡萄糖，后改用淀粉水解糖液或薯粉水解糖液，产糖地区则采用价格低廉的糖蜜。由于不同原料的营养组成成分不同，所以需要相应的菌种和发酵控制技术。

第二节 淀粉水解糖的制备

微生物工业中大多数生产菌都很难直接利用淀粉、糊精为碳源。因此,发酵生产必须将淀粉质原料水解为葡萄糖,才能供发酵使用。

目前,由淀粉经水解制备葡萄糖(或葡萄糖液)广泛应用于微生物工业中的谷氨酸发酵、氨基酸发酵、抗生素发酵等方面。在工业生产上将淀粉水解为葡萄糖的过程称为淀粉的糖化,制得的水解糖液叫淀粉糖,主要是葡萄糖及少量麦芽糖、低聚糖、复合糖类和蛋白质、脂肪等分解产物。这些易被生产菌利用,而一些低聚糖类及复合糖类等杂质并不能被利用,且降低淀粉的利用率,降低糖液可发酵的营养成分。如何提高淀粉的出糖率,保证水解糖液的质量,满足发酵的要求,是一个重要环节,例如酵母发酵只能利用还原性糖,即淀粉要充分水解。

一、淀粉水解糖的制备方法

制备淀粉水解糖的原料很多,主要有薯类(木薯、甘薯)淀粉、玉米淀粉、小麦淀粉、大米淀粉等。根据原料淀粉的性质及水解催化剂的不同,水解淀粉转化为葡萄糖有以下方法。

1. 酸解法

酸解法又称为酸糖化法,是以酸(无机酸或有机酸)为催化剂,在高温高压下将淀粉水解转化为葡萄糖的方法。

用酸解法生产葡萄糖具有如下优点:生产方法简单易行,对设备要求简单,由淀粉逐步水解转化为葡萄糖的整个化学反应过程仅仅在一个高压容器里进行,水解时间短(如采用质量分数为10%的淀粉,在0.294MPa(表压)压力下需20min左右,在0.343MPa(表压)压力下仅需7~10min,即可将淀粉转化为葡萄糖),设备生产能力大。但是,由于水解作用是在高温、高压及一定酸浓度条件下进行的,因此,酸解法要求耐腐蚀、耐高温高压的设备,同时淀粉在酸水解过程中所发生的化学变化是很复杂的,有副反应发生,这将造成葡萄糖的损失而使淀粉转化率降低。酸解法对淀粉原料要求严格,淀粉颗粒不宜过大,颗粒大易造成水解不透彻,颗粒大小要均匀;淀粉浓度也不宜过高,浓度过高使淀粉转化率降低。这些都是酸解法尚待解决的问题。

2. 酶解法

酶解法是用淀粉酶将淀粉水解转化为葡萄糖的方法。酶解法制葡萄糖分为两步:第一步是利用α-淀粉酶将淀粉液化转化为糊精及低聚糖,使淀粉的可溶性增加,这个过程称为"液化"。第二步是利用糖化酶将糊精或低聚糖进一步水解,转变为葡萄糖等单糖或双糖,这一过程在生产上称为"糖化"。淀粉的"液化"和"糖化"都是在微生物所产生酶的作用下进行的,故又称为双酶水解法。

双酶水解法制葡萄糖的优点:

(1)淀粉水解是在酶的作用下进行的,酶解反应条件较温和。如果采用BF7658细菌α-淀粉酶,反应温度在85~95℃,pH为6.0~7.0;用糖化酶,反应温度仅为50~60℃,pH为3.5~5.0。因此,不需耐高温高压、耐酸的设备,便于就地取材,容易上马。

(2)微生物酶的专一性强,淀粉的水解副反应少,因而水解糖液纯度高,淀粉的转化率

（出糖率）高。

（3）可在较高淀粉浓度下水解。酸解法一般采用含淀粉18%～20%的原料；酶解法采用含淀粉34%～40%的原料，且可采用粗原料。

（4）由于微生物酶制剂中菌体细胞的自溶，使糖液的营养物质较丰富，可简化发酵培养基的组成。

（5）用酶法制得的糖液颜色浅、较纯净、无苦味、质量高，有利于糖液的精制。

双酶水解法制葡萄糖的缺点是：酶解反应时间较长（从投料到糖化完毕需2～3天），要求的设备较多，需具备专门培养酶的条件，且由于酶本身是蛋白质，易造成糖液过滤困难。但是，随着酶制剂生产规模的扩大，其应用技术不断提高，酶法制糖逐渐取代酸法制糖，已成为淀粉水解制糖的一个发展趋势。

3. 酸酶结合水解法

酸酶结合水解法是集酸法及酶法制糖的优点于一身的生产工艺。根据原料淀粉性质又可分为酸酶法和酶酸法。

（1）酸酶法。酸酶法即事先将淀粉酸水解成糊精或低聚糖，然后再用糖化酶将其水解为葡萄糖的工艺。有些淀粉如玉米、小麦等谷类淀粉，淀粉颗粒坚实，如用α-淀粉酶液化，在短时间内作用，液化反应往往不彻底。因此，有些企业针对这种情况，采用酸（盐酸）将淀粉先水解至葡萄糖值（DE值[①]）为10%～15%，再将水解液降温、中和，然后再加入糖化酶进行糖化。

用酸酶法水解淀粉制糖，酸液化速度快，且糖化是由酶来进行的，对液化液要求不高，可采用较高浓度的淀粉乳，以提高生产效率。如某厂采用酸酶法水解淀粉制葡萄糖，其生产条件如下：淀粉乳质量分数33%～36%，盐酸用量为淀粉用量的0.2%～0.22%，pH 2.5，0.245～0.265MPa（表压）压力下水解25～30min（以0.5%稀碘液检定，直到出现棕色或深棕色为止），然后加糖化酶在55℃、pH 4.8的条件下糖化40～48h，即可将淀粉水解完毕。此法用酸量较少，产品颜色浅，糖液质量高。

（2）酶酸法。酶酸法是将淀粉乳先用α-淀粉酶液化到一定程度，然后用酸水解成葡萄糖的工艺。有些淀粉原料颗粒大小不一（如碎米淀粉等），如果用酸法水解，则常使水解不均匀，出糖率低，故先用α-淀粉酶液化、过滤除杂质后，再用酸法水解制成葡萄糖。在生产上运用此法，可采用粗原料淀粉，淀粉浓度较酸法水解高，且酸水解pH值稍高，可减少淀粉水解副反应的发生，使糖液色泽较浅。例如，某厂以大米为原料制备水解糖液的方法是，将大米用水浸泡2～3h，磨成60～80目细粉，然后在下列条件下水解：淀粉乳质量分数27%，pH 5.8，80℃下每克淀粉中加入8～10U的α-淀粉酶，$CaCl_2$ 0.3%，加热至88℃时保温30min（以碘液检验液化终点）；液化完毕，升温至100℃灭酶10min，过滤后每100L糖液加浓盐酸3kg，pH 2.0～2.5，0.1～0.294MPa（表压）压力下水解20～30min，可糖化完毕。

总之，采用不同的水解制糖工艺，各有其优缺点，但从水解糖液的质量及降低糖耗、提高原料利用率方面来考虑，则以酶解法最好，其次是酸酶法，酸解法最差（见表2-2）。从淀粉水解整个过程所需的时间来看，则是酸法最短，酶解法最长。

[①] DE值：也称葡萄糖值，用于表示淀粉水解程度及糖化程度，指的是葡萄糖（所有测定的还原糖都当作葡萄糖来计算）占干物质的百分率。

表2-2 不同糖化工艺所得糖化液质量比较

项 目	酸解法	酸酶法	酶解法
DE值(%)	91	95	98
葡萄糖(对干基,%)	86	93	97
灰分(%)	1.6	0.4	0.1
蛋白质(%)	0.08	0.08	0.10
羟甲基糠醛(%)	0.30	0.008	0.003
色度(°Be′)	10.0	0.3	0.2
葡萄糖得率(%)	86	93	97

注:100%淀粉水解葡萄糖(含果糖)的理论葡萄糖得率为$\frac{180}{162}\times 100\% = 111\%$,但淀粉中含有水分和其他物质,故葡萄糖得率实际上小于110%,一般为100%。

从表2-2可以看出,酶解法水解的糖化程度最高,水解液的葡萄糖含量高,相对来说,淀粉的出糖率较高,原料单耗较小。

酶解法水解的糖液杂质(灰分、羟甲基糠醛、色素等)最少,水解液葡萄糖纯度高(DE值在98%以上),糖化液质量高,糖的精制容易。

酶解法制葡萄糖采用较高淀粉浓度,可提高设备生产能力,节省酸、碱的消耗。

目前,随着耐高温α-淀粉酶、糖化酶的成本降低,酶解法应用更加广泛。

二、淀粉酸水解的理论基础

淀粉是由数目众多的脱水葡萄糖单位$[(C_6H_{10}O_5)_n]$,经由糖苷键缩合而成的多糖。很早以前,人们就采用无机酸(通常用盐酸)为催化剂,由淀粉质原料生产葡萄糖,在高温条件下使淀粉发生水解反应,转变为葡萄糖。

淀粉经水解反应生成葡萄糖,在整个水解过程中,由于受酸和热的作用,一部分葡萄糖发生复合反应和分解反应。复合反应是葡萄糖分子经1,6键结合成龙胆二糖、异麦芽糖和其他低聚糖。分解反应是葡萄糖分解为羟甲基糠醛、有机酸和有色物质等非糖产物。在淀粉糖化过程中,这三种反应同时发生,淀粉的水解反应是主要的,葡萄糖的复合反应和分解反应是次要的。复合反应和分解反应对葡萄糖的生产是不利的,它影响葡萄糖的产率,增加糖液精制的困难。因此在生产中,如何判断淀粉糖化过程所发生的化学变化,合理控制水解条件,尽可能降低复合反应和分解反应发生的程度,则是糖化过程中需要加以解决的问题。

在淀粉糖化过程中,这三种化学反应的关系如下:

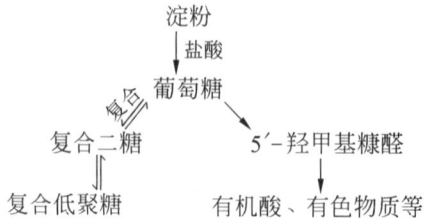

(一)淀粉的水解反应

淀粉通常以颗粒状态存在。商品淀粉大多呈粉状颗粒结晶,其颗粒大小随不同淀粉而异。谷类淀粉颗粒较小,如大米淀粉颗粒直径为 $3\sim 8\mu m$;薯类淀粉颗粒较大,如木薯淀粉颗粒直径为 $5\sim 35\mu m$。一般商品精制淀粉,淀粉纯度在84%左右;粗制淀粉,淀粉纯度在78%左右。淀粉相对密度在1.6左右。

淀粉颗粒含有直链淀粉和支链淀粉两种分子,它们的含量因淀粉品种不同而异。普通谷类和薯类淀粉含直链淀粉17%~27%,其余为支链淀粉,而粘玉米、粘高粱和糯米等则不含直链淀粉,全部为支链淀粉。直链淀粉是直链分子,葡萄糖单位经由 $\alpha-1,4$ 键缩聚而成,聚合度为100~60 000。支链淀粉是支叉分子,支叉位置为 $\alpha-1,6$ 糖苷键,其余位置为 $\alpha-1,4$ 糖苷键,它的分子比较大,聚合度在1 000~3 000 000之间,一般都在6 000以上。

1. 淀粉水解过程的变化

在水解过程中,淀粉的颗粒结构被破坏,$\alpha-1,4$ 糖苷键及 $\alpha-1,6$ 糖苷键被切断,这种作用是在酸的催化下进行的。淀粉分子中糖苷键的加水分解过程、酸的催化作用,经由示踪同位素原子 O^{18} 研究结果表明,酸催化剂的氢离子(H^+)先与水分子(H_2O)结合生成 H_3O^+(阳离子),H_3O^+ 能与糖苷键的氧原子结合生成不稳定化合物(称共轭酸)(Ⅰ),随后 C_1—O 键断裂生成 C_1 正碳离子(Ⅱ),水分子与具正电荷的 C_1 结合,再使 C_1 失去 H^+,完成糖苷键的水解过程。其反应式如下:

注:R_1、R_2 代表多个葡萄糖单位组成的糖苷键。

淀粉分子中糖苷键的裂解是逐步进行的,随着糖苷键的断开,其相对分子质量逐渐变小,先变为糊精、低聚糖、麦芽糖,最后才生成葡萄糖。

淀粉水解中间产物——糊精,是若干种分子大于低聚糖的碳水化合物的总称。糊精具有旋光性、还原性,能溶于水,不溶于酒精。若加酒精于糊精遇碘可呈不同的颜色,一般聚合度(葡萄糖单位)为30~35时遇碘才能呈蓝色,随着聚合度的降低,颜色变成暗紫、紫、红褐、暗红、红和浅红。

随着淀粉水解程度的增加,糖化液的还原性不断增加。这是由于生成的葡萄糖、麦芽糖及低聚糖等具有还原性。糖液的甜味也越来越浓,当 DE 值超过 60% 时,由于葡萄糖的复合分解反应,产生其他有味物质(如龙胆二糖有苦味),且色泽加深。

在工业生产中,淀粉酸水解反应过程的变化是复杂的,糖苷键在酸作用下的断裂也不是有规律的,由于受糖化进出料时间的影响及淀粉结构的大小不同,所以不同淀粉键水解的速度不完全相同。因此,淀粉水解反应产物是复杂的,不仅有葡萄糖,还有二糖、三糖、四糖等,只是水解反应的总趋势是由大分子向小分子转化,即由淀粉→糊精→低聚糖→葡萄糖,在这个转化过程中,单糖(葡萄糖)的量随水解程度的增加而增加。由淀粉水解转化为葡萄糖的化学反应可用化学式简单表示如下:

$$(C_6H_{10}O_5)_n + nH_2O \longrightarrow n(C_6H_{12}O_6)$$

相对分子质量　　162.14　　　18.02　　　180.16
　　　　　　　　（淀粉）　　（水）　　（葡萄糖）

从化学反应式可知,由淀粉生成葡萄糖的过程中水参与反应,反应结果发生化学增重。理论上,1mol 淀粉完全转化为葡萄糖时其质量将增加 $\left(\dfrac{180.16}{162.14} - 1\right) \times 100\% = 11.1\%$。

2. 淀粉酸解反应动力学

参与淀粉水解反应的物质,除淀粉本身外,还有水和无机酸,其反应速度取决于这三种物质的浓度。无机酸是催化剂,其氢离子对反应具有催化作用,但在反应过程中并不消耗,酸的浓度不变化。由水解反应式可知,水解实际上是淀粉分子与水分子间的双分子反应,反应速度取决于淀粉浓度和水的浓度。但在水解的情况下,淀粉乳浓度一般较低,水量较大,虽有一部分水参与反应而有所减少,但减少的量与总量相比仅是很少的一部分,浓度可以说没有变化(近似),不影响反应速度。故水解的速度只决定于淀粉的浓度,其水解反应应属于单分子反应的一级化学反应类型。

一级化学反应的反应速度与反应物质的浓度成正比例关系。用 c 表示淀粉浓度,则浓度的降低 $\left(-\dfrac{dc}{dt}\right)$ 与 c 呈下列关系

$$\dfrac{dc}{dt} \propto c$$

或

$$-\dfrac{dc}{dt} = kc \tag{2-1}$$

式中,k 称为反应速度常数,其值由反应条件(如温度、酸度等)而定。k 值愈高,表示反应速度愈快。

若将水解开始时的淀粉浓度定为 a,经过 t 时间后,起反应的淀粉浓度为 x,则所剩下的未起反应的淀粉浓度为 $(a-x)$,代入式(2-1)得

$$\dfrac{-d(a-x)}{dt} = k(a-x)$$

或

$$\dfrac{dx}{dt} = k(a-x) \tag{2-2}$$

式中,$\frac{dx}{dt}$是淀粉水解反应速度。式(2-2)表示任何时间水解速度等于反应速度常数 k 与浓度($a-x$)的乘积。将式(2-2)积分可得

$$\int_0^x \frac{dx}{a-x} = \int_0^t k dt$$

即

$$k = \frac{1}{t}\ln\frac{a}{a-x} = \frac{2.303}{t}\lg\frac{a}{a-t} \qquad (2-3)$$

经实验测定 a,将($a-x$)和 t 的数值代入式(2-3);即可求得反应速度常数 k 值。

据研究,水解反应速度常数 k 与下列几个因素有关,其形成关系式为

$$k = \alpha \cdot c_A \cdot \delta \cdot \lambda \qquad (2-4)$$

式中,α 为催化剂的活性常数,随不同酸类其 H^+ 游离程度的不同而不同。由实验测定,HCl(盐酸)的 H^+ 能够全部离解,将它的 α 值定为1,则各种酸类的 α 值如表2-3所示。

表2-3 各种酸类的 α 值

催化剂名称	HCl	H_2SO_4	H_3PO_4	HAc	HBr	HI
α 值	1	0.50~0.52	0.3	0.025	1.7	2.5

由表2-3可知,HCl 是一种良好的催化剂,其催化动力比 H_2SO_4 大1倍(因为 HCl 的 H^+ 全部游离,而 H_2SO_4 的 H^+ 只游离一半)。氢溴酸(HBr)和氢碘酸(HI)的 H^+ 也是全部游离,且 Br^-、I^- 也能发生催化作用,它们的催化动力分别是 HCl 的1.7倍、2.5倍,但它们价格昂贵,且会带入不必要的 Br^-、I^-,因而缺乏工业用途。

c_A 为酸的物质的量浓度(简称浓度)。由式(2-4)可知,催化剂浓度愈大,k 值愈大,但实际上酸的浓度也不可能过大。一是酸的耗用量太大,中和消耗碱过多;二是当酸的浓度过高时,会阻碍淀粉水解时还原性基团的形成。因此,水解工艺常采用稀酸水解。

δ 是多糖的水解性常数,可以衡量多种多糖之间水解的难易程度。如果以棉花为1,其他多糖与之比较,经实验得出结果见表2-4。

表2-4 多种多糖的水解性常数

多糖的原料种类	棉花	淀粉	木材、稻草	半纤维素	蔗糖
δ	1	400	20~25	10~400	100 000

λ 为温度对水解速度的影响常数,即在水解过程中,温度可加速水解淀粉的完成,这个数值可由实验测定。有人曾以0.1% HCl 于不同温度水解淀粉,计算反应速度常数 k 值,列于表2-5中,结果发现温度每升高10℃,反应速度(也即反应速度常数)相应提高1~2倍。

表2-5 不同温度的淀粉水解反应速度常数

温度(℃)	k 值	温度(℃)	k 值
119	0.125	138	0.770
133	0.470	143	1.200

从上述情况可以看出,淀粉水解所用的催化剂种类、浓度,反应温度均对水解反应速度有着很大的影响,是水解中必须注意的主要因素,也要考虑葡萄糖的复合分解反应,以减少副产物,提高糖液品质。

(二)葡萄糖的复合反应

在淀粉的酸糖化过程中,水解生成的葡萄糖受酸和热的催化影响能通过糖苷键相聚合,失掉水分子,生成二糖、三糖和其他较高的低聚糖等,这种反应称为复合反应。用下面的化学式可表示两个葡萄糖分子复合成二糖的变化:

$$2C_6H_{12}O_6 \rightleftharpoons C_{12}H_{22}O_{11} + H_2O$$
(葡萄糖) (复合二糖) (水)

两个葡萄糖分子通过复合反应相聚合,并不是再经过 α - 1,4 键聚合成麦芽糖,而是主要经由 α - 1,6 键聚合成异麦芽糖和经由 β - 1,6 键聚合成龙胆二糖,且复合反应是可逆的,如上面化学式所示。复合二糖可再经水解转变为葡萄糖。工业生产葡萄糖,则是利用这种性质,将葡萄糖蜜(葡萄糖结晶后的废糖液,主要为复合糖,不能被微生物利用)再用酸水解一次,将复合糖水解成葡萄糖,以提高糖产率。

葡萄糖复合反应进行的程度及生成复合糖的种类因反应条件(如糖浓度、酸种类、酸浓度、温度等)不同而异。一般而言,在较高的糖浓度、酸浓度和较高的温度下,复合反应进行的程度高,复合糖的生成量多,聚合度高。在淀粉糖的制备中,使用的淀粉浓度和酸度都不高,葡萄糖的复合量约为7%,所生成的复合糖主要是二糖,其中异麦芽糖(α - 1,6 键)质量分数占68% ~ 70%,龙胆二糖(β - 1,6 键)质量分数占17% ~ 18%,另外还有12% ~ 15%的复合二糖及较少高聚合度的复合糖。复合糖生成量随淀粉酸糖化程度的增加而增加,其变化如表2-6所示。

表2-6 不同糖化程度的复合糖生成量

复合糖生成量(%)	淀粉DE值(%)						
	11.0	15.0	28.0	33.0	68.0	82.0	90.0
异麦芽糖*	0	0	0	0.02	0.26	1.64	2.0
龙胆二糖	0	0	0	0.02	0.26	1.64	2.0
海藻糖	0	0	0	0	0.08	0.18	0.46
曲二糖	0	0	0	0	0.10	0.62	0.76
槐糖、纤维二糖	0	0	0	0	0.15	0.59	0.79
皂角糖	0	0	0.04	0.15	0.70	1.09	1.00
昆布糖	0	0	0	0	0.10	0.24	0.36
总计	0	0	0.04	0.19	1.65	6.00	7.37

注:异麦芽糖主要为复合反应生成,也有一小部分是支链淀粉水解遗留下支叉位置 α - 1,6 键产生的异麦芽糖。

淀粉水解的反应条件,如淀粉浓度、酸浓度、温度、时间等都与复合反应有关。现将淀粉浓度与酸浓度对复合反应的影响介绍如下。

由于复合糖的存在使发酵残糖量增加,造成发酵产物提取、精制困难,所以必须控制复合糖的生成。而复合糖为复合反应的产物,与淀粉水解的反应条件有关,下面具体分析淀粉浓度、酸浓度、反应时间对复合反应的影响。

1. 淀粉浓度的影响

葡萄糖的浓度(与DE值相关)与复合反应关系密切。由表2-6可知DE值在28%以下,几乎没有复合糖生成,而随着 DE 值的增加,复合糖的生成量也增加。大量的实验证明,低浓度葡萄糖不发生复合反应,浓度增高时才发生复合反应;浓度愈高,复合反应进行的程度愈大。为了验证淀粉水解过程复合糖的产生,曾用淀粉乳进行糖化实验,与由葡萄糖实验的结果进行比较,结果如图 2-1 所示。

从图 2-1 可知,两种实验的结果颇为一致。淀粉乳浓度高,水解所得的葡萄糖浓度也高,致使复合反应进行强烈,糖化液的葡萄糖纯度相应下降。例如,采用 13.5% 淀粉乳水解,所得糖化液纯度为 94%,复合糖占 6%;而在相同条件下,用 22.5% 淀粉乳水解,所得糖化液纯度仅为 89.6%,复合糖占 10.4%。这样,因复合糖而损失

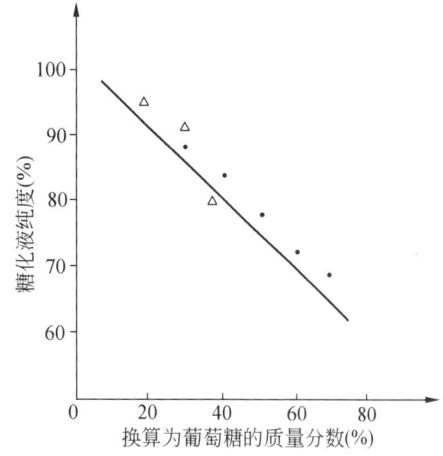

图 2-1　淀粉乳浓度与糖化液纯度的关系
△—葡萄糖复合实验数据;·—淀粉糖化实验数据

于糖蜜中的葡萄糖各为 18.0% 及 31.2%(1 份复合糖阻止 2 份葡萄糖结晶)。据统计,由于复合反应的存在,葡萄糖的得率前者比后者提高 13.2%。由此可知,淀粉乳浓度对葡萄糖复合反应影响较大,其浓度越低,糖化后的纯度越高,如表 2-7 所示,以 DE 值表示纯度。

$$DE 值 = \frac{还原糖}{干物质} \times 100\%$$

表 2-7　淀粉乳浓度与糖液纯度的关系　　　　　　　　　　　　　　　　　　(%)

淀粉乳(相当于干淀粉)浓度	葡萄糖浓度	糖的最终纯度
4.5	5	98.1
9.5	10	96.0
13.5	15	94.0
18.5	20	91.8
22.5	25	89.6
27.0	30	87.4

但是,淀粉乳浓度过低,生成葡萄糖量少,设备生产能力也低。因此,在工业生产中,一般采用质量分数 18%~22% 的淀粉乳,pH 1.5,浓 HCl 的添加量与干淀粉的比为 5mL/kg,压力为 0.294MPa(表压),水解 20~25min,此时糖化液纯度在 90%~92%,复合糖占比约 7%。如果时间过长,DE 值并不增高,反而因复合分解而降低,色泽也变深,如表 2-8 所示。

表 2-8　水解时间与糖化液纯度、色值之间的关系

时间(min)	DE 值(%)	葡萄糖(%)	色值
15	88.5	82.6	10.2
20	91.2	87.4	12.9
25	92.1	89.7	16.9
30	92.1	89.5	26.5

2. 酸与复合反应的关系

不同种类的酸对葡萄糖复合反应的催化作用不同。采用不同浓度的盐酸、硫酸、草酸混于 50% 的葡萄糖溶液中,于 98℃ 加热 10h,测定复合糖量,结果如图 2-2 所示。从图 2-2 可见,对葡萄糖复合反应的催化作用,盐酸最强,其次是硫酸、草酸,且随着酸浓度的增加,复合糖的量不断增加。

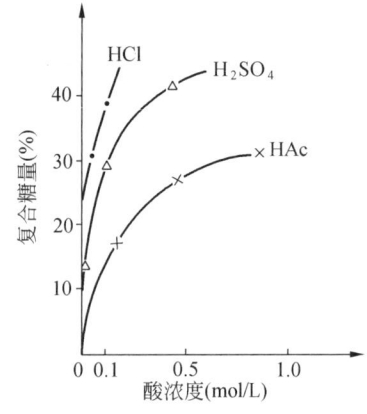

图 2-2 不同种类的酸与复合糖量的关系

(三) 葡萄糖的分解反应

葡萄糖受酸和热的影响发生分解反应,生成 5′-羟甲基糠醛,其性质不稳定,又进一步分解成乙酰丙酸、蚁酸和有色物质等,这些分解物又能聚合成其他物质,反应是很复杂的。葡萄糖分解的化学反应式如下:

$$C_6H_{12}O_6 \xrightarrow{-3H_2O} HOH_2C-\underset{O}{\overset{CH=CH}{\underset{}{C}-C}}-CHO \quad [5'-羟甲基糠醛]（简写为5'-HMF)$$

$$+ NH_2RCOOH \text{（氨基酸）} \downarrow$$

$$HOH_2C-\underset{O}{\overset{CH=CH}{\underset{}{C}-C}}-CH=NRCOOH \quad CH_3COCH_2CH_2COOH + HCOOH$$
$$\text{腐殖质(色素)} \qquad \text{乙酰丙酸} \qquad \text{蚁酸}$$

在淀粉的酸糖化过程中,葡萄糖因分解反应所损失的量并不多,在 1% 以下,但所生成的 5′-羟甲基糠醛是产生色素的前体,有色物质的存在将增加糖化液精制的困难。

葡萄糖的分解反应与浓度、反应时间、酸度(pH 值)的关系,分别见表 2-9、表 2-10 和表 2-11。

表 2-9 浓度与葡萄糖分解反应的关系

葡萄糖溶液(质量分数,%)	每100g葡萄糖溶液中5′-羟甲基糠醛生成量(g)	色值
1	0.003 9	0.32
5	0.017 0	2.17
10	0.036 0	3.91
16	0.065 0	5.59

注:实验条件:0.03mol/L HCl,145℃,水解 30min。5′-羟甲基糠醛含量用紫外线吸收光谱方法测定,色值为拉维邦得(Lovibond)比色计的颜色单位。

表 2-10 反应时间与葡萄糖分解反应的关系

时间(min)	每100g葡萄糖溶液中 5′-羟甲基糠醛生成量(g)	色值
2	—	无色
6	0.001 9	无色
10	0.007 5	0.6
14	0.018 7	1.5
20	0.033 2	3.2
30	0.063 5	5.6

注：实验条件：16%葡萄糖溶液，0.03mol/L HCl，145℃下水解。

表 2-11 pH 值与葡萄糖分解反应的关系

pH 值		每100g葡萄糖溶液中 5′-羟甲基糠醛生成量(g)	色值
加热前	加热后		
1.60	1.60	0.036 0	3.91
1.95	1.95	0.029 6	1.17
2.55	2.60	0.009 7	0.46
3.00	2.90	0.007 1	0.30
3.53	3.58	0.007 2	0.39
3.80	3.78	0.010 5	0.61
4.93	4.30	0.014 8	1.56
6.10	4.30	0.015 6	2.02

注：实验条件：10%葡萄糖溶液，145℃，水解30min。

从表 2-9 和表 2-10 结果可以看出，5′-羟甲基糠醛和有色物质的生成规律是一致的，它们的生成量随葡萄糖浓度的增加而增加，随反应时间的延长而增加。由表 2-11 可知，在 pH 3.0 时，5′-羟甲基糠醛及色素的生成量最小，分别约为 pH 1.6 时的 1/5 和 1/13。

第三节 糖蜜预处理

一、糖蜜来源

糖蜜是甘蔗或甜菜糖厂的一种副产物，其含糖量很高，已不能或不宜用结晶方法进行回收。糖蜜是一种非结晶糖分，可发酵生产酒精、甘油、丙酮、丁醇、柠檬酸、谷氨酸、食用酵母及液态饲料等。

糖蜜可分为甘蔗糖蜜和甜菜糖蜜。甘蔗糖蜜是以甘蔗为原料的糖厂的副产物。我国南方各省如广东、广西、福建、四川和台湾等省均盛产甘蔗，甘蔗糖蜜的产量为原料甘蔗的 2.5%～3%，含有 30%～36% 的蔗糖与 20% 的转化糖。甜菜以东北、西北、华北等地区为主,甜菜糖蜜为甜菜糖厂的一种副产物,它的产量为甜菜的3%~4%。从表2-12可知,糖蜜中干物质的浓度很大,在80~85°Bx,含糖分50%以上,含5%~10%的胶体物质以及10%~12%的灰分,如果不进行预处理,则微生物无法生长和发酵,故糖蜜发酵前的处理非常重要。

表2-12 甘蔗糖蜜与甜菜糖蜜的成分

糖蜜名称 成分	甘蔗糖蜜		甜菜糖蜜
	亚硫酸法	碳酸法	
糖度(°Bx)	83.83	82.00	79.6
总糖(%)	49.77	54.80	49.4
蔗糖(%)	29.77	35.80	49.27
转化糖(%)	20.00	19.00	0.13
纯度(%)	59.38	59.00	62.0
pH值	6.0	6.2	7.4
胶体(%)	5.87	7.5	10.00
硫酸灰分(%)	10.45	11.1	10.00
总氮量(%)	0.465	0.54	2.16
总磷量(%)	0.595	0.12	0.035

二、糖蜜预处理方法

糖蜜干物质浓度大糖分高,胶体物质与灰分多,产酸细菌多,因此发酵前必须预处理,包括稀释、酸化、灭菌及澄清等过程,常用以下方法。

1. 冷酸通风处理法

冷酸通风处理法是将糖蜜加水稀释至50°Bx左右,加入0.2%~0.3%浓硫酸,通入压缩空气1h,静止澄清8h,取出上清液用于制备糖液。通风可除去SO_2或NO_2等有害气体以及挥发性物质,并可增加糖液的含氧量,以利于微生物的生长和繁殖。

2. 热酸处理法

热酸处理法是在较高的温度和酸度下进行,可起到灭菌和澄清沉淀的作用,胶体物质、灰分杂质的沉降、澄清作用均较强。采用热酸处理法,通常是酸化、灭菌和澄清同时进行,工艺上在稀释原糖蜜时采用阶段稀释法,第一阶段先用60℃温水将糖蜜稀释至55~58°Bx,同时添加浓硫酸调pH值到4~5,进行酸化,然后静止5~6h;第二阶段则将已酸化的糖液再稀释到发酵所需的浓度。

此外,我国某厂采用热酸通风处理法,其过程如下:糖蜜加水稀释到40%,然后加入一定量的硫酸,将pH值调节到4~4.5,放入澄清槽加热至80~90℃,通风30min;通风后保温70~80℃,静止澄清8~12h,然后取出表面清液冷却,以后处理可按发酵工艺要求进行;对所得沉淀物可加4~5倍水稀释搅拌,然后静止澄清4~5h,所得澄清液可用作下次稀释糖蜜用水,残渣则弃去。从提纯效果来看,这个方法比冷酸通风处理法好,但其缺点是澄清时间很长,同时需要很多澄清槽,占地面积较大,设备利用率低。从减少设备腐蚀、缩短生产周期、大规模生产上看,采用冷酸通风处理法较适宜。

3. 添加絮凝剂澄清处理法

添加聚丙烯酰胺(PAM)絮凝剂进行稀糖液的澄清处理,可大大缩短澄清时间。聚丙烯酰胺是由约4万个丙烯酰胺($CH_2=CH-CONH_2$)组成的,化学结构式为

$$\begin{bmatrix} & CONH_3^+ & & CONH_3^+ & & CONH_3^+ & \\ & | & & | & & | & \\ -CH-CH_2- & CH-CH_2- & CH- \end{bmatrix}_n$$

PAM是无色无臭的粘性液体,可作为絮凝剂加速糖蜜中胶体物质、灰分和悬浮物的絮凝,缩短澄清时间,提高糖液纯度。添加絮凝剂的澄清工艺如下:先将糖蜜加水稀释至糖度为30~40°Bx,再加一定硫酸调pH至3~3.8,加热至90℃,添加$8×10^{-6}$PAM,搅拌均匀,澄清静止1h,取清液制备稀糖液。但是要注意PAM纯度,防止有毒丙烯酰胺危害食品安全。

国内糖蜜酒精厂对用作酵母的稀糖液进行澄清处理,而对基本糖液不经澄清处理,这样可提高效率,酒精发酵也不受影响。

三、谷氨酸发酵的糖蜜预处理

一般谷氨酸发酵培养基含生物素 1~5μg/L 为宜,而糖蜜中的生物素含量为 0.04~10μg/g,一般甘蔗糖蜜的生物素含量为 1~10μg/g,甜菜糖蜜的生物素含量为 0.04~0.06μg/g,如配成含糖10%的培养基,每升培养基的生物素含量将达 8~2 000μg,显然不适于谷氨酸的发酵。解决这个问题的主要方法包括糖蜜预处理法、添加化学药剂法、追加糖蜜法及营养缺陷型变异株法等四种方法。

1. 糖蜜预处理法

此种方法是在发酵前将糖蜜先经过处理,以除去其中过量的生物素,处理方法有活性炭处理法、树脂处理法及亚硝酸处理法等。

(1)活性炭处理法。先将糖蜜适当稀释,用漂白粉处理(或通入氯气)后,用碱调pH至3.0,加入活性炭,60℃条件下加热1h,进行过滤,即得精制糖蜜。

(2)树脂处理法。甜菜糖蜜可用非离子型脱色树脂处理,以吸附生物素。即先将糖蜜稀释到一定的浓度,加酸调pH至2.5,在120℃下灭菌20min,用NaOH调pH至4.0,将此糖液通过脱色树脂柱(树脂与糖液体积比为1∶0.67),流出的糖液调pH至7.0后,用于制备发酵培养基,活性炭用量为糖蜜的10%~20%。

(3)亚硝酸处理法。此法是用亚硝酸处理糖蜜以破坏生物素。先将糖蜜稀释至含糖10%~30%,再加入亚硝酸盐和矿酸,亚硝酸盐加入量一般为糖分的0.5%~1.0%,矿酸浓度为 0.03~0.5mol/L,调pH在1.5~4.0之间,一般置于0~10℃(不超过50℃)条件下静置30min至24h,但在酸性条件下时间过长生物素可能复活,因此,适当放置后,用碱调pH至5.5~6.0,以NH_3为中和剂较好。

2. 添加化学药剂法

生物素主要影响菌体细胞对谷氨酸的渗透性,当生物素丰富时,菌体的细胞膜形成完整,使谷氨酸不能渗透出菌体外。因此,可以采用化学药剂改变细胞膜的结构,增加细胞膜对谷氨酸的渗透性,而不必控制生物素的含量。

(1)添加青霉素法。在培养初期加入少量青霉素,在培养基中生物素丰富的条件下,能

大大提高谷氨酸产量。例如,使用谷氨酸小球菌 No.560 进行转化糖蜜的发酵,1L 发酵液中加入无菌青霉素 G 钾盐 400 单位,经过 48h 发酵,产酸量达 4%,而不加青霉素的对照发酵,产酸量仅为 0.4%。

(2) 添加表面活性剂法。近年来,添加表面活性剂于糖蜜原料发酵生产谷氨酸的研究进展很快。例如,嗜氨小杆菌 ATCC 15354 接种于含有 3.5% 甘蔗糖蜜(以全糖计)的培养基中,于 30℃ 通气培养 36h。接种后,通氨保持培养基 pH 7。当培养开始后 4.5h(对数生长期的初期),吸光率(OD 值)达 0.3 时,添加预先灭菌的以聚氧乙烯单棕榈酸酯为主要成分的非离子化表面活性剂 Nonion P-6,每 100mL 培养液用量为 0.1g。约 1h 后,培养液的吸光率达 0.65,添加以月桂基胺醋酸盐为主要成分的表面活性剂,每 100mL 的开始培养基用量为 0.03g。当培养液的糖量降至每 100mL 1.5g 时,添加甜菜糖蜜每 100mL 25g(以总糖量计算)和葡萄糖每 100mL 25g 的混合糖液。发酵液中的谷氨酸含量为 84.3g/L。仅用第一种树脂发酵,谷氨酸生成量为 27.3g/L,仅用第二种树脂发酵,谷氨酸生成量为 25.4g/L。使用的甜菜糖蜜的生物素含量每 100g 为 6.6μg,总糖量每 100g 为 52g,因此开始时培养基中的生物素含量为 54.4μg/L。

(3) 添加抗氧化剂法。抗氧化剂可保证谷氨酸的生产能力。例如,使用乳糖发酵短杆菌 No.2256 进行甘蔗糖蜜发酵时,培养 5h 后,添加 0.05mg/mL 的硫二甘胆酸(Thiodiglycocholic acid),发酵 20~30h,谷氨酸对糖产率为 51.2%,而对照组仅为 45.0%。

3. 追加糖蜜法

上述糖蜜预处理法和添加化学药剂法虽然可以提高谷氨酸生成量,但在工艺和经济核算上当然以不预先处理、也不添加药剂最为理想。1965 年,人们发现谷氨酸产生菌细胞生长达到最大值,谷氨酸生成酶系统完全形成时,纵然添加过量生物素也无碍于发酵。因此,可以先采用含有葡萄糖或经处理的糖蜜的培养基进行培养,当菌体生长达到最大值时,再加入生物素含量多的糖蜜进行发酵,就可以提高谷氨酸的生成量。

4. 营养缺陷型变异株法

目前所用的糖质原料发酵的谷氨酸产生菌以生物素缺陷型为主,必须在生物素限量的条件下才能积累谷氨酸。根据生物素对谷氨酸发酵影响原因的分析,采用人工诱变的方法,可使生物素缺陷型菌株转变为油酸缺陷型或其他营养缺陷型,如组氨酸缺陷型、精氨酸缺陷型等,可以在生物素过量的培养基中发酵,形成大量谷氨酸。

第四节 纤维素代粮发酵

微生物工业用粮很多,每生产 1t 纯酒精,耗粮 3t 左右,每生产 1t 有机酸,耗粮 3~8t,抗生素、酶制剂等的生产用粮量更大。随着微生物工业的日益发展,原料供应问题促使人们开辟新的原料,如利用纤维素、石油等。

石油代粮发酵研究从 20 世纪中、后期开始,已取得大量成果,但是由于石油储量和开采量的限制导致石油价格持续攀升,严重阻碍了石油代粮发酵的产业化。因此,人们不得不重新寻找新的代粮发酵原料——纤维素。它是自然界最丰富的可再生资源,每年通过光合作用合成 10^{12}t 以上,是世界粮食产量的几百倍。所以,开发纤维素代粮发酵的前景广阔,特别是 20 世纪 80 年代后,随着各国对环境问题的关注,各国在加快开发利用能够生物降解、环境协调良好且取之不尽、用之不竭的纤维素。但是纤维素结构紧密,难水解是利用纤维素的限制因素。

一、纤维素结构

纤维素是由 D-吡喃葡萄糖环经 $\beta-1,4$ 糖苷键组成的直链多糖(见图 2-3),它来源于棉花、木材、麻类、草类、某些海洋生物的外膜及各种农产品。

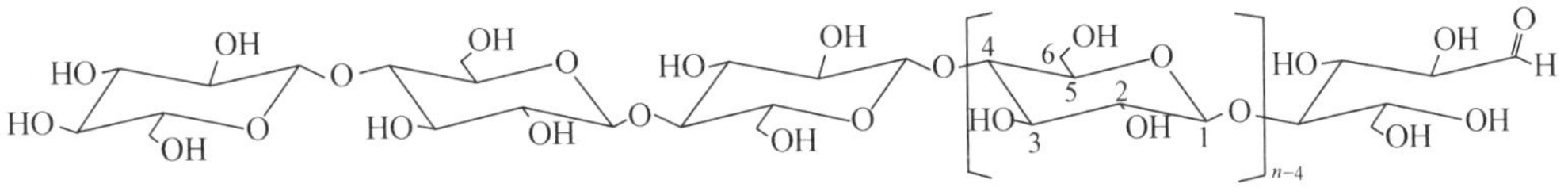

图 2-3 纤维素的化学结构(n 指聚合度)

纤维素分子链上大量反应性强的羟基的存在,十分有利于形成分子内和分子间的氢键,使得纤维素分子链易于聚集在一起,趋于平行排列而形成结晶性的纤维素结构。纤维素分子内氢键和分子间氢键对纤维素链形态和反应性有着深远的影响,尤其是 C_3—羟基与邻近分子环上的氧所形成的分子间氢键,不仅增强了纤维素分子链的线性完整性和刚性,而且使分子链紧密排列而形成高侧序的结晶区,其中也存在着分子链疏松堆砌的无定形区。这便是纤维素形态结构研究中最流行的两相共存学说。两相结构的存在严重地影响着纤维素的物理化学性质和反应性能。

二、纤维素水解特性

人们普遍认为,大多数反应试剂只能穿透纤维素的无定形区,而不能进入紧密的结晶区。由于结晶区和非结晶区(无定形区)共存的复杂形态结构,以及分子内和分子间氢键的影响,纤维素很难溶于普通的溶剂,这就决定了纤维素多数的化学反应都是在多相介质中进行的,很难进行均匀的化学改性。此外,纤维素链中葡萄糖基环上三个羟基的反应能力也不一样。为了克服多相反应的非均匀性和提高纤维素的反应性能,在进行反应之前,纤维素材料通常都经过溶胀或活化处理。最近的研究发现,蒸汽爆破(Steam Explosion,SE)处理对纤维素分子内和分子间氢键的断裂、纤维素化学反应性的提高非常有效。由于 SE 具有处理时间短、化学品用量少、能耗低等优点而引起人们的关注。而利用低成本的工程菌发酵生产的纤维素酶对纤维素进行水解,具有很好的应用前景。

随着生物技术的发展,纤维素的酶催化降解成为研究的重点,特别是以单糖降解为最终产物的纤维素酶促水解。酶解成本较高是纤维素代粮发酵的主要障碍,美国已投入上千万美元进行降低纤维素酶解成本的研究,一旦纤维素酶解成本降低到可经济生产的应用阶段,开发利用纤维素就进入产业化的实质阶段。由于酶解后的单糖非常容易被多种生物利用,所以可进行多种发酵产品的开发应用。但是,纤维素(木质素)的水解液不仅含六碳糖,还有五碳糖,其应用时需要考虑到这一点,如酵母酒精发酵难以利用五碳糖。另外,最简单有效的办法是利用基因工程构建超级菌株,可直接利用纤维素获得酒精等产品。

因此,开发纤维素代粮发酵将成为发酵工业的重要研究领域,具有重要的社会效益和经济效益。

第五节 培养基灭菌

一、培养基灭菌方法

消毒是用物理或化学的方法杀死物料、容器、器皿内外的病源微生物，一般只能杀死营养细胞而不能杀死细菌芽孢。例如，用于牛奶、啤酒、酿酒原汁等的巴氏消毒法是将物料加热到60℃，维持30min或高温短时或超高温瞬时，以杀死不耐高温的微生物营养细胞。灭菌是用物理或化学的方法杀死或除去环境中的所有微生物，包括营养细胞、细菌芽孢、孢子等一切微生物。消毒不一定能达到灭菌要求，而灭菌则可达到消毒的目的。为了保证纯种培养，在生产菌接种培养之前，要对培养基、空气系统、消泡剂、添加料、设备、管道等进行灭菌，还要对生产环境进行消毒，防止杂菌和噬菌体大量繁殖而增加染菌机会。只有不受杂菌污染，发酵才能正常进行。

灭菌方法主要有干热灭菌法、湿热灭菌法、射线灭菌法、化学药品灭菌法等，还有过滤除菌法。根据灭菌的对象和要求选用不同的灭菌方法。

（一）干热灭菌法

最简单的干热灭菌法是将金属或其他耐热材料制成的器物放在火焰上灼烧，称为灼烧灭菌法，在接种操作时常用这种方法。大多数干热灭菌法是利用电热或红外线在某设备内加热到一定温度，将微生物杀灭。干热对微生物有氧化、蛋白质变性和电解质浓缩引起中毒等作用。干热灭菌的主要根据是氧化作用导致微生物死亡。由于微生物对干热的耐受力比湿热强得多，所以干热灭菌所需温度要高、时间要长，见表2-13。干热灭菌主要用于要求灭菌后保持干燥的物料、器具等。

表2-13 干热灭菌需要的温度和时间

灭菌温度(℃)	170	160	150	140	121
灭菌时间(min)	60	120	150	180	600~720

（二）湿热灭菌法

湿热灭菌法是借助蒸汽释放的热能使微生物细胞中的蛋白质、酶和核酸分子内部的化学键，特别是氢键受到破坏，引起不可逆的变性，使微生物死亡。在有水分存在的情况下，蛋白质更易受热而凝固变性，这就是湿热灭菌的原理。湿热灭菌的温度和时间根据灭菌的对象和要求而定。表2-14为卵蛋白含水量与凝固温度的关系。从表可见，含水量增加，则蛋白质凝固变性温度显著降低。

表2-14 卵蛋白含水量与凝固温度的关系

卵蛋白含水量(%)	50	25	15	5	0
凝固温度(℃)	56	76	96	149	165

湿热灭菌法有以下优点：
(1)蒸汽来源容易,操作费用低廉,本身无毒；
(2)蒸汽具有很强的穿透力,灭菌更彻底；
(3)蒸汽具有很大的潜热,蒸汽冷凝放出 2 093kJ/kg 热量,冷凝水利于湿热灭菌；
(4)蒸汽输送可借助本身的压强,调节方便,技术管理容易。
湿热灭菌法的缺点是：
(1)设备费用高；
(2)不能用于怕受潮的物料灭菌。

(三)射线灭菌法

通常用紫外线、高速电子流的阴极射线、X射线和γ射线等进行灭菌,以紫外线最常用。紫外线对芽孢和营养细胞都能起作用,但是细菌芽孢和霉菌孢子对紫外线的抵抗力强。且紫外线的穿透力低,只能用于表面灭菌,对固体物料灭菌不彻底,也不能用于液体物料灭菌,一般用于无菌室、培养间等空间灭菌。波长在250～270nm之间的射线灭菌效率高,以波长260nm左右的射线灭菌效率最高。射线灭菌一般用30W紫外线灯照射30min,例如,少量物体可在超净工作台中进行灭菌,不要开风机。射线灭菌法的特点是：温度高,灭菌效率高；湿度大,灯的使用寿命长；空气中悬浮杂质多,灭菌效率低。

(四)化学药品灭菌法

发酵工业不能采用以上方法灭菌的如生产车间环境、接种操作的双手等,都必须采用化学药品灭菌。根据灭菌对象的不同,有浸泡、添加、擦拭、喷洒、气态熏蒸等方法。常用的化学药品灭菌剂如下：

1. 第一大类——表面消毒剂

(1)高锰酸钾溶液。高锰酸钾溶液的灭菌作用是使蛋白质、氨基酸氧化,使微生物死亡,常用质量分数为0.1%～0.25%。

(2)漂白粉。即次氯酸盐(次氯酸钠 NaClO),它是强氧化剂,也是廉价易得的灭菌剂。漂白粉溶液在碱性、无其他金属离子、避光的条件下稳定,加入次氯酸钙可增加其稳定性。其灭菌作用是次氯酸钠分解为次亚氯酸,后者不稳定,在水溶液中分解为新生态氧和氯,使细菌受强烈氧化作用而死亡,对杀死细菌和噬菌体均有效。灭菌用的漂白粉有低标准漂白粉(含30%有效氯)、高标准漂白粉(含70%有效氯)和商业用次氯酸钠溶液(含15%有效氯)。使用时配制成质量分数为5%的溶液,用于喷洒生产场地,其灭菌效果取决于喷洒的细度,极细的雾沫比粗大的雾沫效果提高10倍。

(3)75%vol 酒精溶液。75%vol 酒精溶液的灭菌作用在于使细胞脱水,引起蛋白质凝固变性。无水酒精灭菌能力很低,因为高浓度酒精使细胞表面形成一层膜,使酒精不能进入细胞内部,达不到灭菌作用。75%vol 酒精溶液对营养细胞、病毒、霉菌孢子均有杀灭作用,但对细菌芽孢的杀灭能力较差。常用于皮肤和器具表面的灭菌。

(4)新洁尔灭和杜灭芬。新洁尔灭(十二烷基二甲基苯甲基溴化铵)和杜灭芬(十二烷基二甲基乙苯氧乙基溴化铵)是表面活性剂类洁净消毒剂。它在水溶液中以阳离子形式与菌体表面结合,引起菌体外膜损伤和蛋白质变性。作用10min后能杀灭营养细胞,但对细菌芽孢几乎没有杀灭作用。一般用于器具和生产环境消毒,不能与合成洗涤剂合用,不能接触铝制品。使用时其体积分数为0.25%。

(5)甲醛。甲醛(HCHO)是强还原剂,能与蛋白质的氨基结合,使蛋白质变性,对氨基酸和蛋白质的变性有较强活性,这是用甲醛作为灭菌剂的依据。商品甲醛为37%(质量分数,下同)的水溶液,以水合物状态存在。甲醛溶液中加入8%~15%甲醇,可增加其稳定性,防止甲醛发生聚合。

气态甲醛与甲醛水溶液所产生的甲醛蒸汽的灭菌效果基本相同。将多聚甲醛气化,或以2份37%甲醛溶液与1份$KMnO_4$溶液混合,或将37%甲醛溶液直接加热,都可以产生气态甲醛,用于灭菌。也可将37%甲醛溶液喷雾,用于杀灭空气中的微生物。在容器中,$1m^3$需用37%甲醛溶液18mL,1~2h内可杀灭营养细胞,但对细菌芽孢的杀灭需要12h,甚至更长时间。甲醛灭菌的缺点是穿透力差。

(6)戊二醛。戊二醛[$CHO(CH_2)_3CHO$]是近年来广泛使用的一种广谱、高效、速效灭菌剂,其使用范围正在逐渐扩大。戊二醛在酸性条件下不具有杀死细菌芽孢的能力,只有在碱性条件(加入碳酸氢钠或碳酸钠)下才具有杀死细菌芽孢的能力,常用的体积分数为2%,灭菌时间见表2-15。戊二醛常用于器皿、仪器和工具等的灭菌。

表2-15 2%戊二醛碱性水溶液的灭菌时间

微生物种类	营养细胞	真菌	病毒	细菌芽孢
灭菌时间(min)	<2	<5	<10	<180

(7)过氧乙酸。过氧乙酸($CH_3C\begin{smallmatrix}O\\\parallel\\OH\end{smallmatrix}$)是强氧化剂,沸点110℃,温度高于沸点时具有爆炸性,温度较低时分解生成乙酸和1/2分子氧。它是广谱、高效、速效的化学灭菌剂,对营养细胞、细菌芽孢、真菌孢子和病毒都有杀灭作用。过氧乙酸的水溶液、喷洒的雾沫及蒸汽都有灭菌作用,使用的体积分数为0.02%~0.2%,亦有用1%~2%的。表2-16为过氧乙酸杀灭细菌芽孢的体积分数和时间。

表2-16 过氧乙酸杀灭细菌芽孢的体积分数和时间

细菌芽孢名称	过氧乙酸(%)	杀灭时间(min)	细菌芽孢名称	过氧乙酸(%)	杀灭时间(min)
硬脂嗜热芽孢杆菌	0.05 0.1~0.5	15 1~5	蜡状芽孢杆菌	0.01~0.04 0.3	1~90 3
凝结芽孢杆菌	0.05 0.1~0.2	5~10 1~5	膜系膜芽孢杆菌	0.005 0.01~0.02	8 1~4
枯草芽孢杆菌	0.1~0.5 1.0	15~30 1~15	炭疽芽孢杆菌 (TN疫苗菌株)	1.0	5
			类炭疽芽孢杆菌	1.0	30

注:所用芽孢被20%蛋白质保护。

过氧乙酸作灭菌剂的优点是：①体积分数低至0.01%,几分钟内可杀灭营养细胞；②温度低至-40℃仍有灭菌作用；③0.2%过氧乙酸对人体无害,亦无公害；④使用方便；⑤应用范围广泛。过氧乙酸作灭菌剂的缺点是：①有腐蚀性；②储存过程易分解而失效。

（8）焦碳酸二乙酯。焦碳酸二乙酯的商品名为 BAYCOVIN,分子式 $CH_3CH_2O-\overset{O}{\underset{\parallel}{C}}-O-\overset{O}{\underset{\parallel}{C}}-OCH_2CH_3$,相对分子质量162,可溶于水和有机溶剂。在pH=8的水溶液中,杀死细菌和真菌的质量分数为0.01%~0.1%,pH=4.5或以下,灭菌能力更强,是比较理想的培养基灭菌剂。能杀灭噬菌体,切断噬菌体单链DNA,抑制噬菌体DNA和蛋白质合成,并抑制寄生细胞自溶,是有效杀灭噬菌体的化学药剂。

（9）酚类。苯酚（二元酚或多元酚）作为消毒剂和灭菌剂已有百年历史,但苯酚的毒性较大,易污染环境,且水溶性差,使应用受到限制,而酚类衍生物的使用扩大了其作为消毒剂的使用范围。如甲酚经磺化得到甲酚磺酸,其水溶性有所提高,且毒性降低,使用浓度0.1%~0.15%,作用10~15min可杀灭大肠杆菌。

2. 第二大类——抗代谢药物

抗代谢药物在化学结构上与微生物所必需的代谢物类似,能够竞争性地与特定酶结合而阻碍酶的活性作用,通过干扰正常代谢来抑制或杀死正常细胞。例如,磺胺类化合物取代对氨基苯甲酸而对病原性球菌、痢疾杆菌起作用,抗硫胺素取代硫胺素而对金黄色葡萄球菌起作用,异烟肼取代吡哆醇而对结核杆菌起作用。总之,能够针对部分细菌起作用的抗代谢药物很多,在实际生产中可针对性地选择使用。

3. 第三大类——抗生素

抗生素是一类重要的抑制或杀死细菌的化学治疗剂。自从青霉素问世以来,人类已经找到了9 000多种新的抗生素,并合成超过70 000多种半合成抗生素,其中有几十种抗生素可在实验或生产中使用。例如,青霉素抑制细胞壁合成而作用于革兰氏阳性菌G(+)和部分革兰氏阴性菌G(-),链霉素、卡那霉素等干扰蛋白质合成而作用于G(+)、G(-)、结核分支杆菌,制霉菌素损害细胞膜而作用于酵母、白色念球菌,创新霉素抑制RNA合成而作用于大肠杆菌,等等。总之,抗生素种类繁多,生产上可针对性地选用,保证灭菌效果。

二、加热灭菌原理

1. 微生物的热阻

每一种微生物都有一定的适宜的生长温度范围。当温度超过最高限度时,细胞中原生质体和酶的基本成分——蛋白质就发生不可逆的凝固变性,使微生物在很短时间内死亡。加热灭菌就是根据微生物的这一特性灭菌的。

一般微生物的营养细胞在60℃下加热10min会全部死亡。但细菌芽孢能耐较高的温度,在100℃下需要几分钟,甚至几小时才能被杀灭。某些嗜热菌的芽孢在120℃下需30min,甚至更长时间才能被杀灭,不过,这种细菌在培养基中为数极少。

杀死微生物的极限温度称为致死温度。在致死温度下,杀死全部微生物所需的时间称为致死时间。在致死温度以上,温度愈高,致死时间愈短。不同种类的微生物对热的抵抗力不同,微生物对热的抵抗力称为热阻。表2-17是几种微生物对湿热的热阻,由表2-17

可见,细菌芽孢是大肠杆菌对湿热的抵抗力的 300 万倍。

表 2 - 17　微生物对湿热的热阻

微生物名称	大肠杆菌	细菌芽孢	霉菌孢子	病毒
热阻	1	3 000 000	2～10	1～5

2. 微生物的热死规律——对数残留定律

微生物的热死是指微生物受热失活,但其物理性质,即细胞本身性状不变。微生物是一个复杂的高分子体系,受热死亡是由于蛋白质变性所致。在一定温度下,微生物热死遵循分子反应速度理论。在微生物受热失活的过程中,微生物不断地被杀死,活菌数不断减少,其减少速度随活菌残留量的减少而降低,见表 2 - 18。活菌的死亡速率 $-\dfrac{\mathrm{d}N}{\mathrm{d}\theta}$ 与瞬间残留的活菌数 N 成正比。

表 2 - 18　100℃时不同时间活菌的存活数

时间(min)	存活数(个/mL)	时间(min)	存活数(个/mL)
0	9×10^7	15	1×10^6
6	1.2×10^7	20	2×10^5
7	8×10^6	25	2×10^4
9	5×10^6	30	≈0
11	3×10^6		

即

$$-\frac{\mathrm{d}N}{\mathrm{d}\theta} = kN \tag{2-5}$$

式中,N 为残留活菌数,个;θ 为受热时间,min;k 为速度常数,min^{-1}。将式(2-5)积分得

$$\int_{N_0}^{N_\theta} -\frac{\mathrm{d}N}{N} = k\int_0^\theta \mathrm{d}\theta$$

$$N_\theta = N_0 \mathrm{e}^{-k\theta} \tag{2-6}$$

两边取对数得

$$\theta = \frac{1}{k}\ln\frac{N_0}{N_\theta} \quad 或 \quad \theta = \frac{2.303}{k}\lg\frac{N_0}{N_\theta} \tag{2-7}$$

式中,N_0 为开始灭菌时原有活菌数,个;N_θ 为经过 θ 时间灭菌后的残留活菌数,个。

从式(2-7)可见,灭菌时间取决于污染程度(N_0)、灭菌程度(残留活菌数 N_θ)和 k 值。在培养基中有各种各样的微生物,不可能逐一加以考虑,如果将全部微生物均作为耐热的细菌芽孢来计算灭菌的温度和时间,就得延长加热时间和提高温度。因此,一般按照细菌和细菌的芽孢数之和来计算。另一个问题是灭菌程度,即残留活菌数,如果要求完全彻底灭菌,即 $N_\theta = 0$,则 θ 为 ∞,事实上不可能。一般采用 $N_\theta = 0.001$ 个,即 1 000 次灭菌中允许有 1 次灭菌失败,即 1 次染菌导致发酵失败。

3. 反应速度常数 k

反应速度常数 k 是微生物耐热性的一个特征,它随微生物种类(图2-4)和灭菌温度(图2-5)而异。相同温度下,k 值愈小,则此微生物愈耐热。在121℃下,细菌芽孢的 k 值约为 1min^{-1},而营养细胞的 k 值为 $10 \sim 10^{10}\text{min}^{-1}$。可见,细菌芽孢的 k 值比营养细胞小得多,即细菌芽孢的耐热性比营养细胞大。某些细菌芽孢在121℃时的 k 值见表2-19。同一种微生物在不同的灭菌温度下其 k 值不同。一般灭菌温度愈低,k 值愈小;灭菌温度愈高,k 值愈大。例如,硬脂嗜热芽孢杆菌 FS 1518 在 104℃ 时 k 值为

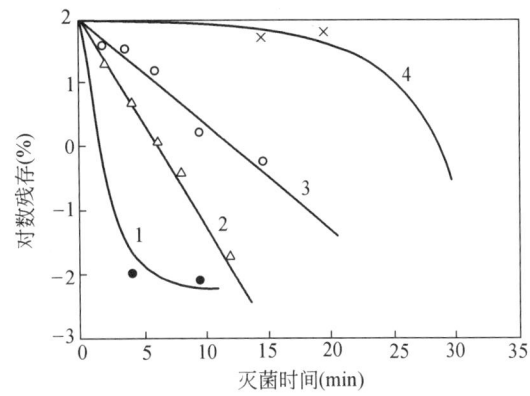

图2-4 某些微生物的残留曲线

1—子囊青霉(Ascospores of Penicillium),81℃;2—腐化嫌气菌(Putrefactive anaerobe),115℃;3—大肠杆菌(E. Coli),51.7℃;4—菌核青霉(Sclerotia of Penicillium),90.5℃

$0.034\ 2\text{min}^{-1}$,在121℃时 k 值为 0.77min^{-1},在131℃时 k 值为 15min^{-1}。因此,提高灭菌温度,k 值增大,灭菌时间显著缩短。当 $\dfrac{N_0}{N_\theta}$ 比值不变时,硬脂嗜热芽孢杆菌 FS 1518 在131℃灭菌时间仅为104℃灭菌时间的 $0.034\ 2/15 = 0.23\%$。

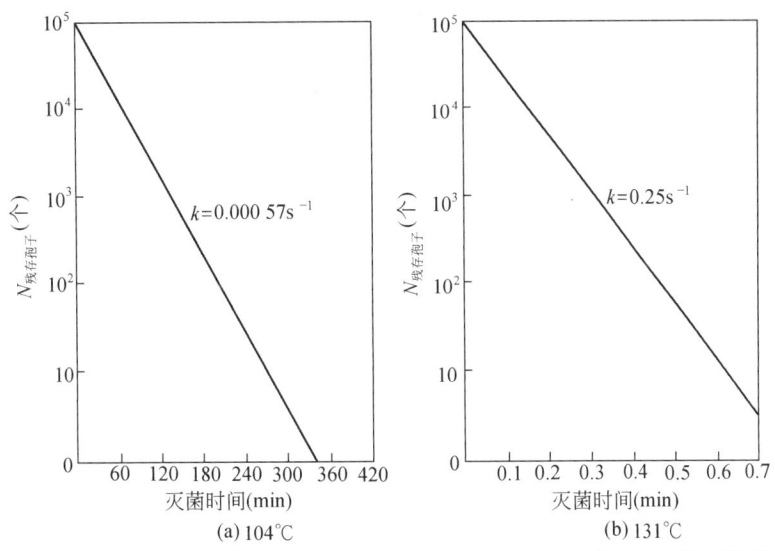

图2-5 硬脂嗜热芽孢杆菌 FS(B. stearothermophilus 1518)在104℃和131℃时的残留曲线

表2-19 121℃下某些细菌芽孢的 k 值

细菌芽孢名称	k 值(min^{-1})	细菌芽孢名称	k 值(min^{-1})
枯草芽孢杆菌 FS 5230	3.8~2.6	硬脂嗜热芽孢杆菌 FS 1518	0.77
硬脂嗜热芽孢杆菌 FS 617	2.9	产气梭状芽孢杆菌 PA 3679	1.8

4. 杀灭细菌芽孢的温度和时间

表2-20为某些细菌芽孢湿热灭菌时的杀灭温度和时间。在相同温度下杀灭细菌芽孢所

需时间不同,这是因为各种细菌芽孢对热的耐受性不同。同时,培养条件不同,耐热性也有差别。所以,杀灭细菌芽孢的温度和时间一般根据实验确定,也可通过实验数据推算得到。例如,Rahn 计算 100～135℃范围内大多数细菌芽孢的温度系数 Q_{10}(温度升高 10℃时,速度常数与原速度常数之比)为 8～10,以此为基准推算不同温度下的灭菌时间,结果见表 2-21。

表 2-20 某些细菌芽孢湿热灭菌时的杀灭温度和时间

芽孢名称	时间							
	100℃	105℃	110℃	115℃	120℃	125℃	130℃	134℃
炭疽杆菌	2～5	5～10						
枯草杆菌	数小时			40				
腐化嫌气菌	780	170	41	15	5.6			
破伤风梭菌	5～90	5～25						
韦氏梭菌	5～45	5～27	10～15	4	1			
肉毒梭菌	300～530	40～120	32～90	10～40	4～20			
土壤细菌	数小时	420	120	15	6～30	4		1.5～10
嗜热细菌		400	100～300	4～110	11～35	3.9～8.0	3.5	1
生孢梭菌	150	45	12					

表 2-21 大多数细菌芽孢的杀灭温度和时间

温度(℃)	100	110	115	121	125	130
时间(min)	1 200	150	51	15	6.4	2.4

5. 培养基灭菌温度的选择

培养基在灭菌过程中,除微生物被杀死外,还伴随着培养基成分被破坏,在加热条件下氨基酸及维生素等受到破坏。在生产中必须选择既能达到灭菌目的,又能使对培养基成分的破坏减至最小的条件。

灭菌过程中微生物的死亡属于一级反应动力学类型(见式(2-5))。在其他条件不变时,反应速度常数与温度的关系可用阿累尼乌斯方程式表示

$$k = Ae^{-\frac{E}{RT}} \quad (2-8)$$

式中,A 为比例常数;E 为杀死细菌所需的活化能,×4.18J/mol;R 为气体常数,1.987×4.18J/(mol·K);T 为绝对温度,K。

式(2-8)也可写成

$$\lg k = \frac{-E}{2.303RT} + \lg A \quad (2-9)$$

以 $\lg k$ 对 $1/T$ 作图得一直线,其斜率为 $\frac{-E}{2.303R}$,截距为 $\lg A$,从斜率和截距可求得 A 和 E 值(见图 2-6)。

培养基成分受热破坏是化学分解反应,为一级动力学反应,可用下式表示

$$-\frac{dc}{d\theta} = k'c \quad (2-10)$$

式中,c 为反应物浓度,mol/L;θ 为反应时间,min;k' 为化学反应速度常数,min^{-1},随温度和反应物种类不同

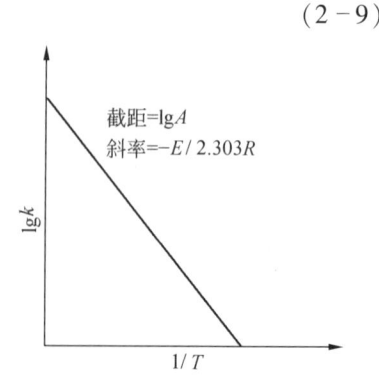

图 2-6 温度与速度常数的关系

而不同。

在化学反应中，当其他条件不变时，反应速度常数与温度的关系也可用阿累尼乌斯方程式表示

$$k = Ae^{\frac{-E}{RT}}$$

在灭菌过程中，当温度变化时，活菌死亡速度常数 k 和培养基成分破坏速度常数 k' 都变化。温度由 T_1 升高到 T_2，k 值分别为

$$k_1 = Ae^{\frac{-E}{RT_1}}$$

$$k_2 = Ae^{\frac{-E}{RT_2}}$$

将上述两式相除并取对数得

$$\ln\frac{k_2}{k_1} = \frac{E}{R}\left(\frac{1}{T_1} - \frac{1}{T_2}\right) \qquad (2-11)$$

同样，灭菌时，培养基成分的破坏也可得类似关系

$$\ln\frac{k_2'}{k_1'} = \frac{E'}{R}\left(\frac{1}{T_1} - \frac{1}{T_2}\right) \qquad (2-12)$$

将式(2-11)和式(2-12)相除得

$$\frac{\ln\frac{k_2}{k_1}}{\ln\frac{k_2'}{k_1'}} = \frac{E}{E'}$$

杀灭细菌芽孢的活化能 E 大于培养基中 B 族维生素破坏的活化能 E'（见表 2-22）。因此，$\ln\frac{k_2}{k_1}$ 大于 $\ln\frac{k_2'}{k_1'}$，即随着温度上升，灭菌速率常数增加倍数大于培养基成分分解的速度常数的增加倍数。也就是说，温度越高，活菌死亡速率大于培养基成分破坏的速率，故高温瞬时(短时)灭菌非常适合热敏性物质。

表 2-22 培养基中 B 族维生素和细菌芽孢的活化能

维生素名称	活化能(×4.18J/mol)	细菌芽孢名称	活化能(×4.18J/mol)
维生素 B_6	16 800	嗜热芽孢杆菌 1518	67 000
泛酸	21 000	腐化嫌气菌	72 000
维生素 B_{12}	23 000	肉毒梭状芽孢杆菌	82 100
维生素 B_1	26 000		

要达到相同的灭菌效果，提高灭菌温度可明显缩短灭菌时间，减少培养基因受热时间长导致营养成分遭到破坏。不同温度下灭菌时间及培养基营养成分的破坏情况见表 2-23。从表可知，基于设备、原料特性，尽可能采用高的灭菌温度，以提高发酵效率和原料利用率。

表 2-23　不同温度下灭菌时间及培养基营养成分破坏情况

温度(℃)	灭菌时间(min)	营养成分破坏(%)	温度(℃)	灭菌时间(min)	营养成分破坏(%)
100	400	99.3	130	0.5	8
110	30	67	140	0.08	2
115	15	50	150	0.01	<1
120	4	27			

三、培养基灭菌

培养基灭菌效果的影响因素除污染杂菌的种类、数量及灭菌温度和时间外，培养基成分、pH 值、培养基颗粒、泡沫等也有影响。

（1）培养基成分。油脂、糖类及一定浓度的蛋白质可增加微生物的耐热性，高浓度有机物会在细胞的周围形成一层薄膜，影响热的传入，所以灭菌温度要高些。例如，大肠杆菌在水中 60～65℃加热 30min 便死亡；在 10% 糖液中，需在 70℃下加热 4～6min 才死亡；在 30% 糖液中，需在 70℃下加热 30min 才死亡。

10～20g/L 的 NaCl 溶液对微生物有保护作用，随着浓度的增加，保护作用减弱，而 80～100g/L 的 NaCl 溶液则减弱了微生物的耐热性。

（2）pH 值。pH 值对微生物的耐热性影响很大。pH 为 6.0～8.0，微生物最耐热；pH < 6.0，氢离子易渗入微生物细胞内，从而改变细胞的生理反应，促使其死亡。所以，培养基 pH 值愈低，灭菌所需的时间愈短，如表 2-24 所示。

表 2-24　pH 值对灭菌时间的影响

温度(℃)	孢子数(个/mL)	灭菌时间 (min)				
		pH 6.1	pH 5.3	pH 5.0	pH 4.7	pH 4.5
120	10 000	8	7	5	3	3
115	10 000	25	25	12	13	13
110	10 000	70	65	35	30	24
100	10 000	740	720	180	150	150

（3）培养基颗粒。培养基颗粒小，灭菌容易；颗粒大，灭菌难。一般含有小于 1mm 的颗粒对培养基灭菌影响不大，但颗粒过大时，影响灭菌效果，应过滤除去。

（4）泡沫。培养基形成泡沫对灭菌极为不利，因为泡沫中的空气形成隔热层，使传热困难，难以杀灭空气中的微生物。对易产生泡沫的培养基在灭菌时，可加入少量消泡剂。对有泡沫的培养基进行连续灭菌时更应注意。因此，具体培养基灭菌条件如下：

（1）灭菌锅内灭菌。固体培养基灭菌蒸汽压力为 0.098MPa，维持 20～30min；液体培养基灭菌蒸汽压力为 0.098MPa，维持 15～20min。

（2）种子培养基实罐灭菌。从夹层通入蒸汽间接加热至 80℃，再从取样管、进风管、接种管进蒸汽，进行直接加热。同时，关闭夹层蒸汽进口阀门，升温至 121℃，维持 30min。谷氨酸发酵的种子培养基实罐灭菌温度为 110℃，维持 10min。

（3）发酵培养基实罐灭菌。从夹层或盘管进入蒸汽，间接加热至 90℃，关闭夹层蒸汽，从取样管、进风管、放料管三路进蒸汽,直接加热至121℃,维持30min。谷氨酸发酵培养基实罐灭菌温度为105℃,维持5min。

(4)发酵培养基连续灭菌。一般培养基灭菌温度为130℃,维持5min。谷氨酸发酵培养基连续灭菌温度为115℃,维持6~8min。

(5)消泡剂灭菌。直接加热至121℃,维持30min。

(6)补料实罐灭菌。根据料液不同而异,淀粉料液灭菌温度为121℃,维持5min。

(7)尿素溶液灭菌。灭菌温度为105℃,维持5min。

1. 分批灭菌(实罐灭菌)

如果不计升温阶段所杀灭的菌数,把培养基中所有的菌均视为在保温阶段(灭菌温度)被杀灭,这样可以简单地利用式(2-5),粗略地求得灭菌所需的时间。

〔例2-1〕 有一发酵罐内装40m³培养基,在394K温度下进行实罐灭菌。原污染程度为每1mL有2×10^5个耐热细菌芽孢,394K时灭菌速度常数为1.8min^{-1}。求灭菌失败几率为0.001时所需要的灭菌时间。

解
$$N_0 = 40\times10^6\times2\times10^5 = 8\times10^{12}(\text{个})$$
$$N_\theta = 0.001\text{个}, k = 1.8\text{min}^{-1}$$

灭菌时间:
$$\theta = \frac{2.303}{k}\lg\frac{N_0}{N_\theta} = \frac{2.303}{1.8}\lg(8\times10^{15}) = 20.35(\text{min})$$

实际上,培养基在加热升温时(即升温阶段)就有部分菌被杀灭,特别是当培养基加热至373K以上时,这个作用较为显著。因此,保温灭菌时间实际上比上述计算的要短。严格地说,在降温阶段也有灭菌作用,但降温时间较短,在计算时一般不考虑。

在升温阶段,培养基温度不断升高,活菌死亡速度常数也不断增大,速度常数与温度的关系见式(2-8)或式(2-9)。当以某耐热杆菌的芽孢为灭菌对象时,此时$A = 1.34\times10^{36}$ s^{-1},$E = 67\,930\times4.18$J/mol,因此式(2-9)可写为

$$\lg k = \frac{-14\,845}{T} + 36.13 \tag{2-13}$$

利用式(2-13)可求得不同温度下的灭菌速度常数。若欲计算升温阶段(如温度从T_1升至T_2)活菌平均死亡速度常数,可用下式求得

$$k_m = \frac{\int_{T_1}^{T_2} k\mathrm{d}T}{T_2 - T_1} \tag{2-14}$$

式(2-14)中的积分值可利用图解积分法求得,见例2-2。

若培养基加热时间(一般以从373K至保温的升温时间为准)θ_p已知,k_m已求得,则升温阶段结束时,培养基中残留活菌数(N_p)可从下式求得

$$N_p = \frac{N_0}{\mathrm{e}^{k_m \theta_p}} \tag{2-15}$$

再由下式求得保温阶段所需时间

$$\theta = \frac{2.303}{k}\lg\frac{N_p}{N_\theta} \tag{2-16}$$

〔例2-2〕 例2-1中,在灭菌过程的升温阶段,培养基从373K上升至394K共需

15min。求升温阶段结束时,培养基中芽孢数和保温所需时间。

解 $T_1 = 373K$ $T_2 = 394K$

根据式(2-13)求得373~394K之间若干k值,$k-T$关系如下:

$T(K)$	373	376	379	382	385	388	391	394
$k(s^{-1})$	2.35×10^{-4}	4.57×10^{-4}	1.03×10^{-3}	2.09×10^{-3}	4.08×10^{-3}	8.14×10^{-3}	1.62×10^{-2}	2.87×10^{-2}

以k对T作图,见图2-7。在$k-T$曲线图中,若以横坐标2K及纵坐标0.002s^{-1}组成一小方格,其值为$2 \times 0.002 = 0.004$(K·s^{-1})。现用计数法求得$k-T$曲线下方与373~394K范围内的小方格约32个,则总面积$\int_{373}^{394} k dT$为$32 \times 0.004 = 0.128$(K·s^{-1})。

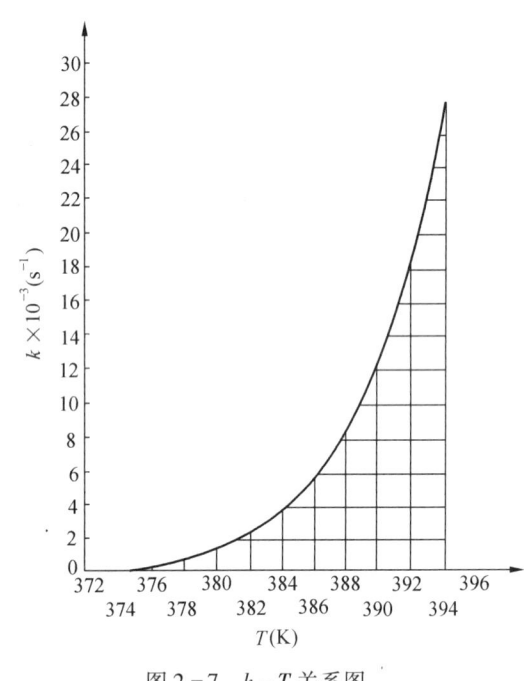

图2-7 $k-T$关系图

由此可得 $$k_m = \frac{\int_{T_1}^{T_2} k dT}{T_2 - T_1} = \frac{0.128}{394 - 373} = 0.006\ 1(s^{-1})$$

根据式(2-15),求得升温阶段结束时培养基中残留的芽孢数为

$$N_p = \frac{N_0}{e^{k_m \theta_p}} = \frac{8 \times 10^{12}}{e^{0.006\ 1 \times 15 \times 60}} = \frac{8 \times 10^{12}}{e^{5.49}} = 3.3 \times 10^{10}(个)$$

根据式(2-16),求得保温所需的时间

$$\theta = \frac{2.303}{k} \lg \frac{N_p}{N_\theta}$$

$$= \frac{2.303}{1.8} \lg \frac{3.3 \times 10^{10}}{10^{-3}} = 17.3(\min)$$

2. 连续灭菌

连续灭菌的灭菌时间仍可用式(2-5)计算,但培养基中的含菌数应改为每1mL培养基的含菌数,则式(2-5)变换为

$$\theta = \frac{2.303}{k} \lg \frac{c_0}{c_\theta} \quad (2-17)$$

式中,c_0及c_θ分别为单位体积培养基灭菌前和灭菌后的含菌数,个/mL。

〔**例2-3**〕 若将例2-1中的培养基采用图2-8的连续灭菌流程,灭菌温度为404K,此温度下灭菌速度常数为15$\min^{-1}$,求灭菌所需时间。

解 $c_0 = 2 \times 10^5$ 个/mL

$$c_\theta = \frac{1}{40 \times 10^6 \times 10^3} = 2.5 \times 10^{-11}(个/mL)$$

$$\theta = \frac{2.303}{15}\lg\frac{2\times10^5}{2.5\times10^{-11}} = 0.15\times15.6 = 2.34(\min)$$

连续灭菌的流程见图 2-8,此流程的能量利用较合理。

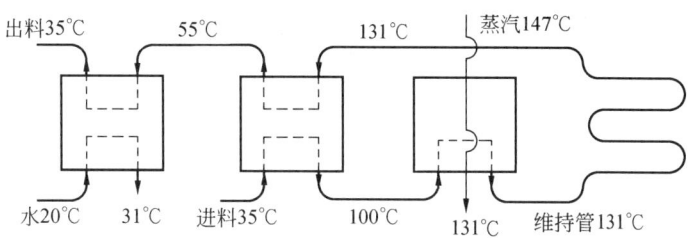

图 2-8 利用板式换热器进行连续灭菌的流程图

连续灭菌与分批灭菌相比具有很多优点,尤其在大规模生产中,主要体现在以下几方面:①可采用高温短时灭菌,培养基受热时间短,营养成分破坏少,有利于提高发酵产率;②发酵罐利用率高;③蒸汽负荷均衡;④采用板式换热器时(见图2-8),可节约大量能源;⑤适宜自动控制。对于容积小的发酵罐,分批灭菌则比较方便、操作简单。

当培养基中含有固体颗料或培养基有较多泡沫时,采用分批灭菌可更好地控制灭菌,而连续灭菌则容易发生灭菌不彻底。

第二篇 微生物发酵机制

发酵机制是指微生物通过其代谢活动,利用基质合成人们所需要的产物的内在规律。由于微生物的种类、遗传性状和环境条件不同,微生物所积累的产物不同,主要有微生物菌体、微生物酶和代谢产物。微生物的代谢产物很多,主要有酒精、丙酮、丁醇、有机酸、氨基酸、核苷酸、蛋白质、抗生素、维生素、脂肪、多糖等。这些产物中有些是某种微生物在一定的环境条件下生成的,如酒精、乳酸等;也有许多产物是生理正常的微生物不能过量积累的,必须是具有特异生理特征的微生物才能积累,如谷氨酸、赖氨酸的过量积累。人为地改变微生物的代谢调控机制,使有用的中间代谢产物过量积累,这种发酵称为代谢控制发酵。微生物积累某种产物,取决于微生物的遗传性状和环境条件,要控制微生物发酵的方向和质量,首先要研究微生物的生理代谢规律,即生物合成各种代谢产物的途径和代谢调节机制,其次是环境因素对代谢方向的影响以及改变微生物代谢方向的调控措施,这些都是发酵机制的研究内容。

近年来,随着基因工程的发展,某些物质本来在微生物体内是不能合成的,当由人工合成某种基因,或者由动植物的基因通过载体移入微生物体内,得到表达后,合成该物质,例如人工胰岛素等,这类微生物工程菌属于基因工程内容,本篇不予介绍。

第三章 糖嫌气性发酵机制

第一节 糖酵解机制

糖酵解途径的全过程已于1940年完全弄清楚。它是葡萄糖经酵解途径即EMP途径(Embden – Meyerhof – Parnas Pathway)分解成丙酮酸,总的反应如图3 – 1所示。

$$C_6H_{12}O_6 + 2ADP + 2Pi + 2NAD \longrightarrow 2CH_3COCOOH + 2ATP + 2NADH_2$$

所生成的丙酮酸在不同微生物体内、不同条件下生成不同的代谢产物。

一、糖酵解途径

糖酵解途径归纳起来有以下特点:
(1)糖酵解途径广泛存在于各种细胞内,其反应均不需要氧。
(2)糖酵解可分为以下两个阶段:
①准备阶段。从葡萄糖生成6 – 磷酸葡萄糖至1,6 – 二磷酸果糖,再变成3 – 磷酸甘油

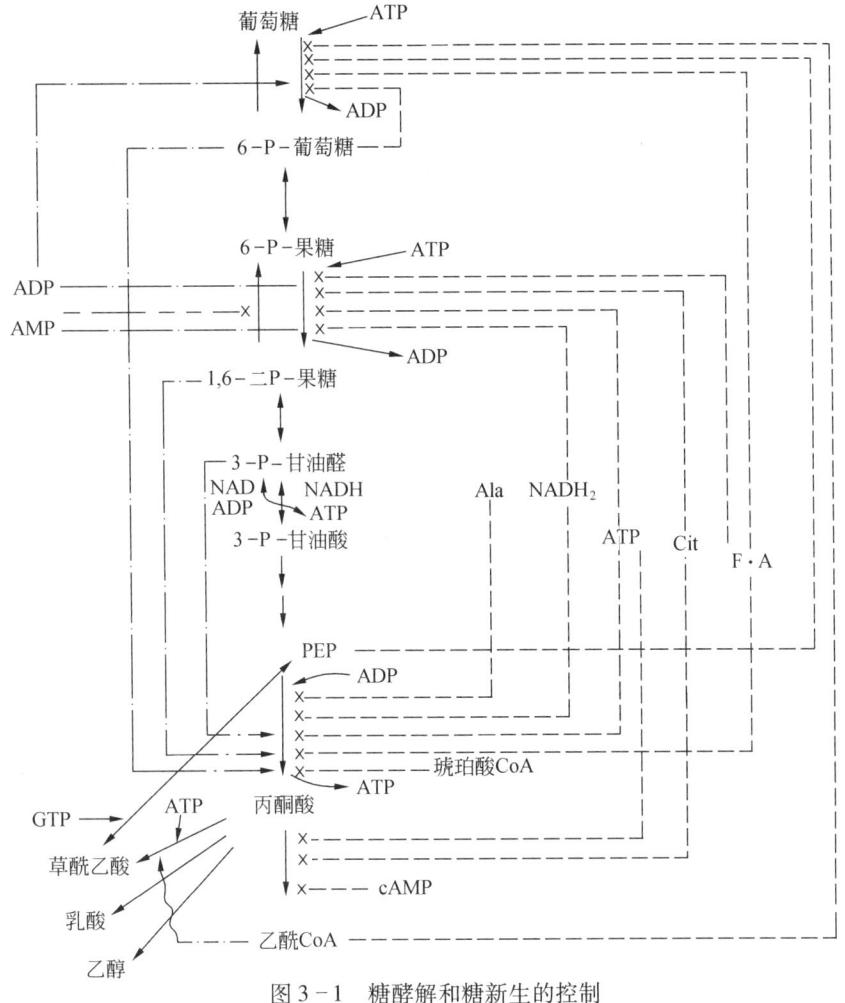

图 3-1 糖酵解和糖新生的控制

注：-----×抑制；—·—·→激活；PEP：磷酸烯醇丙酮酸；Ala：丙氨酸；F·A：脂肪酸；Cit：柠檬酸

醛，即由 6 碳糖变成 3 碳糖，消耗 2 个 ATP。

②第二阶段。从碳糖开始生成丙酮酸，产生 4 个 ATP，而丙酮酸的去路则因不同有机体和不同环境条件而不同。

（3）糖酵解过程有十几步反应，每一步都由酶催化进行，这些酶除烯醇化酶和丙酮酸脱羧酶外，可分为激酶（kinases）、变位酶（mutates）、异构酶（isomerases）和脱氢酶（dehydrogenase）四类。

（4）其他糖类作为碳源和能源时，先通过少数几步反应转化为葡萄糖或糖酵解的中间产物，这和从葡萄糖合成细胞基体的标准反应序列是同样有效的，不必修改。

（5）辅酶与丙酮酸的不同去路。在糖酵解中，3-磷酸甘油醛受 3-磷酸甘油醛脱氢酶作用，氧化生成 1,3-二磷酸甘油酸时，脱下的氢被 NAD^+ 接受生成 $NADH+H^+$，而要使反应继续下去，就要使 $NADH+H^+$ 再氧化成 $NADH^+$。在不同的机体和不同条件下，H_2 的受体不同，丙酮酸去路也不同。

糖代谢生成丙酮酸还有 HMP 途径、ED 途径（多多罗夫途径）、PPK 途径（磷酸戊糖酮解途径）、磷酸己糖酮解途径等 EMP 变异途径，这些途径是自然界进化过程中生物为适应不同环境进化而来,这形成了自然界生物多样性。

(1) HMP 途径。如图 3-2 所示,葡萄糖经过 3 碳、4 碳、5 碳、6 碳、7 碳中间化合物,最终生成丙酮酸。整个 HMP 途径结果相当于 1 个葡萄糖代谢生成 3 个 CO_2 和 1 个丙酮酸。

(2) ED 途径。如图 3-3 所示,葡萄糖经过 ED 途径生成 3-磷酸甘油醛和丙酮酸。

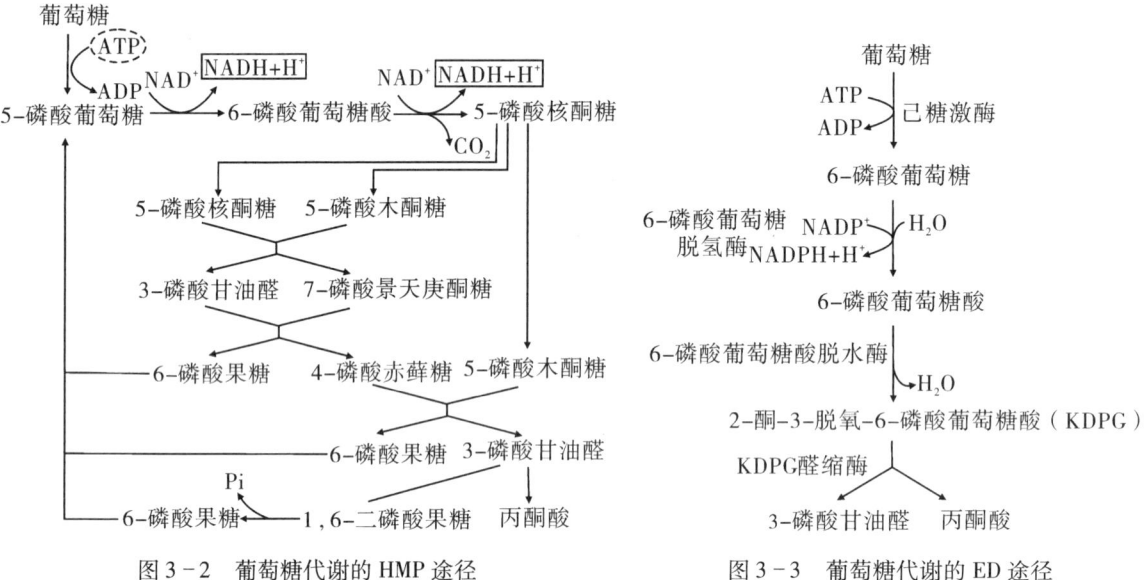

图 3-2 葡萄糖代谢的 HMP 途径　　　　图 3-3 葡萄糖代谢的 ED 途径

(3) PPK 途径。如图 3-4 所示,葡萄糖经过 PPK 途径生成丙酮酸和乙酰 CoA。

(4) PHK 途径。如图 3-5 所示,葡萄糖经过 PHK 途径生成 3-磷酸甘油酸和乙酰 CoA。

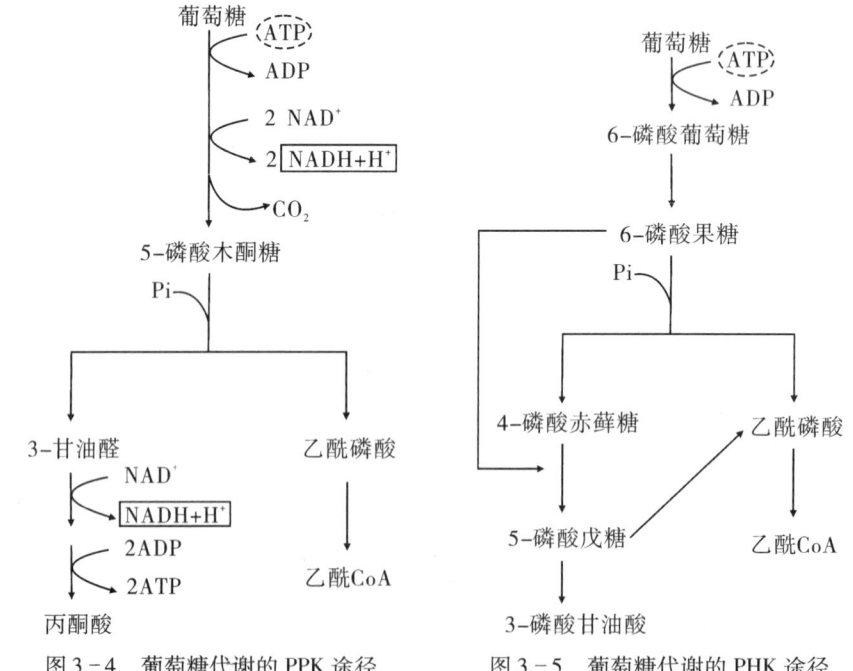

图 3-4 葡萄糖代谢的 PPK 途径　　　　图 3-5 葡萄糖代谢的 PHK 途径

在无氧条件下,丙酮酸主要发生如下变化:①在乳酸菌中,受乳酸脱氢酶的作用,丙酮酸作为受氢体而被还原为乳酸,即为同型乳酸发酵;②在酵母中,在丙酮酸脱羧酶作用下,丙酮酸脱羧生成乙醛,乙醛在乙醇脱氢酶的作用下,作为受氢体而被还原成乙醇,即酒精发酵;③在梭状芽孢杆菌中,丙酮酸脱羧生成乙酰CoA,之后经一系列变化生成丁酰CoA、丁醛,两者作为受氢体被还原为丁醇,生成物还有丙酮、乙醇,称为丙酮丁醇发酵。具体见图3-6。

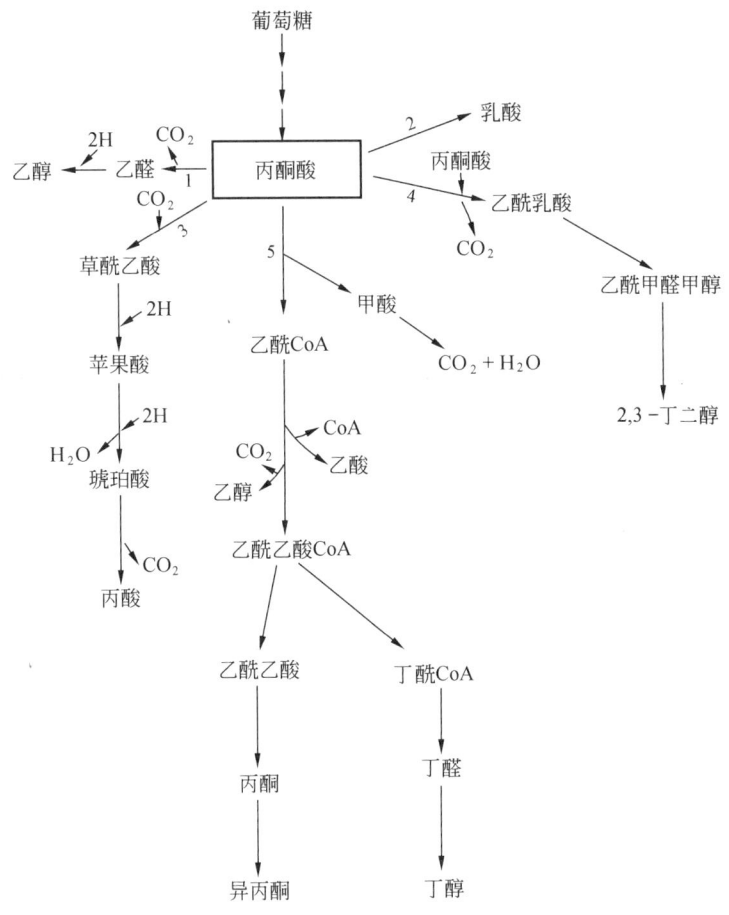

图3-6 微生物嫌气性发酵类型及主要产物
1—乙醇发酵(酵母);2—乳酸发酵(乳酸、链球菌、乳酸杆菌);3—丙酸发酵(丙酸菌);
4—混合酸发酵(大肠杆菌);5—丁酸发酵(梭状芽孢杆菌)

二、糖酵解调节机制

图3-1总结了糖酵解和糖新生的主要调节作用,调节点主要在三个激酶,即已糖激酶、磷酸果糖激酶和丙酮酸激酶。它们是糖酵解途径中的关键酶,是糖酵解途径的三个不可逆步骤,只参与糖酵解,不参与糖新生,在糖新生中由别的酶起催化作用。这些酶有它们的调控因子,它们的作用是将糖酵解途径组成一个整体,以维持有机体的功能。

糖代谢的调节主要是能荷的调节,就是受细胞内能量水平的控制,即ATP和ADP存在一定比例,在细胞内维持相应能荷:

$$\left[(ATP)+\frac{1}{2}(ADP)\right]/[(ATP)+(ADP)+(AMP)]$$

当体系中 ATP 含量高时,ATP 抑制磷酸果糖激酶和丙酮酸激酶的活性,使酵解速度变慢,酵解产物减少。当需能反应加强时,ATP 分解为 ADP 和 AMP,ATP 减少,ADP、AMP 增加,ATP 的抑制作用被解除,同时 ADP、AMP 激活己糖激酶和磷酸果糖激酶,使6-磷酸葡萄糖、1,6-二磷酸果糖、3-磷酸甘油醛含量增加,它们都是丙酮酸激酶的激活剂,使糖酵解速度加快。无机磷也是糖酵解的调节者,它解除6-磷酸葡萄糖对己糖激酶的抑制,使更多的葡萄糖酵解。

柠檬酸、脂肪酸和乙酰 CoA 对糖酵解系统也有调控作用。

第二节 酒精发酵机制

一、酒精发酵机制

在酵母体内,葡萄糖经酵解途径生成丙酮酸,在无氧条件下,由丙酮酸脱羧酶催化使丙酮酸脱羧生成乙醛,反应如下:

$$丙酮酸 \xrightarrow{丙酮酸脱羧酶} 乙醛 + CO_2$$

丙酮酸脱羧酶需要焦磷酸琉胺素为辅酶,并需要 Mg^{2+},所生成的乙醛在乙醇脱氢酶的作用下成为受氢体,被还原成乙醇,反应如下:

$$乙醛 \xrightarrow{NADH + H^+ \longrightarrow NADH^+} 乙醇$$

由葡萄糖生成乙醇的总反应式为

$$C_6H_{12}O_6 + 2ADP + 2H_3PO_4 \longrightarrow 2CH_3CH_2OH + 2CO_2 + 2ATP + 104.600kJ$$

由 1 mol 葡萄糖生成 2 mol 乙醇的理论转化率为

$$\frac{2 \times 46.05}{180.1} \times 100\% = 51.1\%$$

式中 46.05 为乙醇的相对分子质量,180.1 为葡萄糖的相对分子质量。实际生产中约有 5% 的葡萄糖用于合成酵母细胞和副产物,即乙醇生成量约为理论值的 95%,则转化率约为 48.5%。

在好气条件下酵母发酵能力降低的现象,称为巴斯德效应,是细胞内糖代谢降低的结果。这种现象不仅在酵母中,在具有呼吸和发酵能力的细胞中一般普遍存在。

巴斯德效应的第一个调节点是磷酸果糖激酶,此酶是变构酶,它受 ATP、柠檬酸及其他高能化合物抑制,被 AMP、ADP 激活。在好气条件下,糖代谢进入三羧酸循环,产生柠檬酸等,并通过氧化磷酸化生成大量 ATP,细胞内柠檬酸生成量增加,反馈阻遏磷酸果糖激酶的合成,这种阻遏作用由于 ATP 的存在而加强,同时 ATP 反馈抑制此酶的活性。由于磷酸果糖激酶受抑制,导致6-磷酸果糖积累,当反应6-磷酸葡萄糖⇌6-磷酸果糖达平衡时,醛糖与酮糖的物质的量之比为7:3,导致6-磷酸葡萄糖积累。在酵母中,6-磷酸葡萄糖反馈抑制己糖激酶,抑制葡萄糖进入细胞内,最终导致葡萄糖利用率降低。

同时,在好气条件下,丙酮酸激酶的活性降低,此酶受磷酸果糖激酶催化生成的1,6-二磷酸果糖的激活,因此丙酮酸激酶活性降低也是由于磷酸果糖激酶活性降低所致。丙酮酸激酶活性降低,导致磷酸烯醇丙酮酸积累,后者反馈抑制己糖激酶的活性,从而也降低了糖的醇解速度。

二、酒精发酵副产物

在酒精发酵中,主要产物是乙醇和 CO_2,但也伴随着生成 40 多种副产物,主要是醇、醛、酸和酯等副产物。

(一)杂醇油的生成

杂醇油又称为高级醇,是碳原子数大于 2 的脂肪族醇类的统称,主要由正丙醇、异丁醇(2-甲基-1-丙醇)、异戊醇(3-甲基-1-丁醇)和活性戊醇(2-甲基-1-丁醇)组成。这些高级醇是构成酒类风味的重要组成物质之一,量少影响大,当其过量时,会影响产品质量,降低乙醇的生成率,因而应控制。

1. 酒精发酵中高级醇形成的途径

(1)氨基酸氧化脱氨作用。根据对啤酒酵母细胞提取液的研究,氨基酸形成高级醇的机理如下途径:

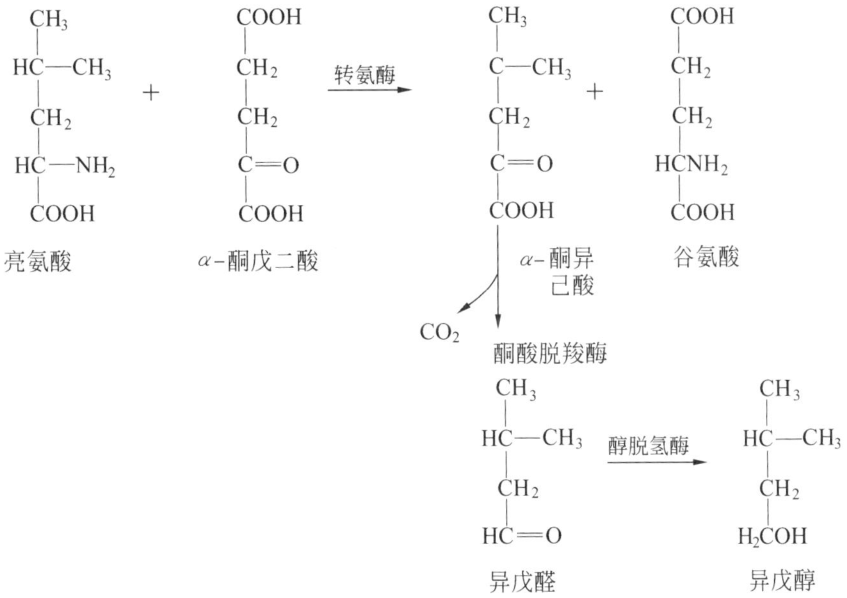

亮氨酸 + α-酮戊二酸 —转氨酶→ α-酮异己酸 + 谷氨酸

α-酮异己酸 —酮酸脱羧酶→ 异戊醛 + CO_2

异戊醛 —醇脱氢酶→ 异戊醇

转氨基在 α-酮戊二酸间进行,以及在天冬氨酸、异亮氨酸、缬氨酸、蛋氨酸、苯丙氨酸、色氨酸、酪氨酸等均有,如由缬氨酸产生异丁醇,由异亮氨酸产生活性戊醇,由酪氨酸产生酪醇,由苯丙氨酸产生苯乙醇,等等。

(2)由葡萄糖直接生成。酵母通过糖代谢生成的中间产物 α-酮酸(碳原子较低的)与活性乙醛缩合,再经过还原、异构、脱水作用形成相应的 α-酮酸(碳原子较高的),此 α-酮酸脱羧形成少一个碳原子的高级醇,或者此 α-酮酸经加氨形成缬氨酸、亮氨酸和异亮氨酸等,再进一步生成相应的醇。

由糖代谢生成的合成代谢途径：

$$\text{糖代谢} \longrightarrow \text{酮酸} \xrightarrow{\text{酮酸脱羧酶}} \text{醛} \xrightarrow{\text{脱氢酶}} \text{高级醇}$$

$$NH_2 \updownarrow \text{转氨酶}$$

$$\text{氨基酸}$$

例如，啤酒发酵中高级醇75%来自糖代谢，25%来自氨基酸脱羧还原。正丙醇、异丁醇、异戊醇生成的糖代谢途径和氨基酸代谢途径如图3-7所示，其中异戊醇含量通常占啤酒总高级醇的50%。

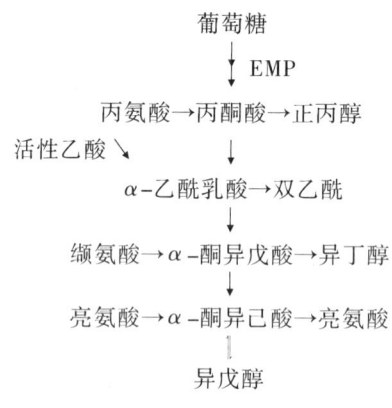

图3-7 高级醇生成途径简图

(3) 正丙醇的形成。正丙醇的形成是由苏氨酸在苏氨酸脱水酶的作用下生成α-氨基-2-丁烯酸，经脱氨生成α-丁酮酸，经脱羧生成醛，再还原生成正丙醇。

2. 影响杂醇油形成的条件

在酿酒过程中，影响杂醇油生成的因素主要是酵母菌种、培养基组成和发酵条件。

(1) 菌种。在相同条件下，不同菌种的杂醇油生成量相差很大。如啤酒酵母，有些杂醇油生成量为40mg/L，有些则高达200mg/L。酵母的杂醇油生成量与醇脱氢酶的活性关系密切，该酶活力高，杂醇油生成量大。但采用缺少支链氨基酸的含氨基酸转移酶基因的工程菌株或者选育支链氨基酸（亮氨酸或异亮氨酸）营养缺陷型突变菌株都可显著降低总高级醇的产量。

(2) 培养基组成。培养基中由于支链氨基酸（亮氨酸、异亮氨酸、缬氨酸）的存在，通过埃利希反应会增加相应的高级醇（异戊醇、活性戊醇和异丁醇）的生成量。

有实验发现，培养基中氮水平高，则形成杂醇油少，杂醇油总形成量因氮水平高而降低。因为杂醇油的形成与酮酸溢流机理有关，酵母为了自身的生长而将葡萄糖降解为酮酸，在缺少氮源的条件下，酮酸无法转变成氨基酸而积累，过量的酮酸经脱羧、还原而生成少一个碳原子的高级醇；当无机氮源丰富时，所生成的酮酸就转变成相应的氨基酸，用于合成蛋白质，使酮酸的量减少。杂醇油的形成也与原料中蛋白质的氨基酸组成有关。例如，玉米蛋白质中异亮氨酸、亮氨酸含量高，因此玉米醪的异戊醇和活性戊醇含量比麦芽醪高。可见，原料组成不同，对发酵产品质量有影响。

(3) 发酵条件。高级醇的生成与乙醇的生成是平行的，一般发酵温度高时，乙醇生成快，高级醇的生成量多。

(二)琥珀酸的生成

琥珀酸的生成与谷氨酸有关,发酵醪中加入谷氨酸可增加琥珀酸的产量。总反应式如下:

$$C_6H_{12}O_6 + HOOC(CH_2)_2\underset{\underset{NH_2}{|}}{CH}COOH + 2H_2O \longrightarrow$$

$$HOOC(CH_2)_2COOH + 2CH_2OH\underset{\underset{OH}{|}}{CH}CH_2OH + CO_2 + NH_3$$

此反应的受氢体是磷酸甘油醛,对应产物是琥珀酸和甘油。

(三)酯类的生成

发酵产物中有醇类和酸类,以及醇与酸经酯化反应生成酯类,如中国白酒总酯含量达2g/L,包括乙酸乙酯、乳酸乙酯、己酸己酯等。

(四)糠醛、甲醇等的生成

糠醛是采用淀粉原料在高压高温下蒸煮时,由糖脱水生成的。

甲醇是原料中的果胶质在果胶酯酶的作用下水解生成甲醇和果胶酸,随着加压、加热也能使果胶分解出甲醇。另外,甘氨酸随酵母代谢也生成甲醇。

(1)甘氨酸(Gly)可经代谢脱氨、脱羧直接生成甲醇,反应式为

$$NH_2CH_2-COOH + H_2O \longrightarrow CH_3OH + NH_3 + CO_2$$

(2)甘氨酸(Gly)也可经甘氨酸脱羧酶的作用生成甲胺,甲胺再与亚硝酸反应生成甲醇,反应式为

$$H_2N-CH_2-COOH \xrightarrow{\text{甘氨酸脱羧酶}} CH_2NH_2 + CO_2$$

$$CH_2NH_2 + HNO_2 \longrightarrow CH_3OH + N_2 + H_2O$$

第三节 甘油发酵机制

在一定条件下培养酵母,可以利用糖分生成甘油。这是磷酸二羟丙酮在 α-磷酸甘油脱氢酶(需要辅酶 I)的催化下,作为受氢体而被还原为 α-磷酸甘油,后者在 α-磷酸甘油磷酸酯酶的催化下生成甘油。

在酵母中,乙醇脱氢酶活力很强,在该酶作用下,乙醛作为受氢体而被还原成乙醇。因此,在乙醇发酵中,甘油生成量很少。如果改变发酵条件或者加入某种抑制剂,阻止乙醛作为受氢体,就可以积累大量甘油。例如,在发酵醪中加入亚硫酸氢钠,与乙醛起加成反应,生成难溶的乙醛亚硫酸氢钠加成物,其反应式如下:

$$\underset{\text{乙醛}}{\underset{CH_3}{\overset{O}{\underset{\|}{C}}}-H} + \underset{\text{亚硫酸氢钠}}{NaHSO_3} \longrightarrow \underset{\text{乙醛亚硫酸氢钠加成物}}{\underset{CH_3}{\overset{OH}{\underset{|}{C}}-OH}}$$

这样使乙醛不能作为受氢体,必须由磷酸二羟丙酮作为受氢体,生成大量甘油,即转为甘油发酵,也叫作酵母的第二型发酵。其反应过程如下:

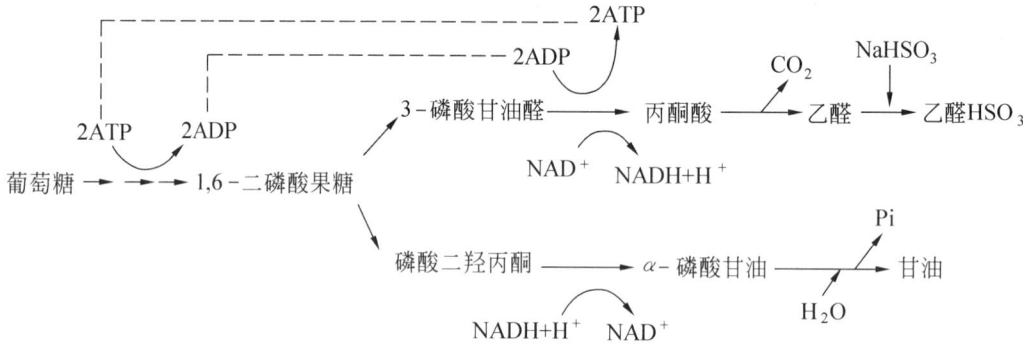

而其反应式如下:

$$C_6H_{12}O_6 + NaHSO_3 \longrightarrow \underset{CH_2OH}{\overset{CH_2OH}{\underset{|}{CHOH}}} + CH_3\overset{OH}{\underset{|}{CHOSO_2Na}} + CO_2$$

实际上在甘油发酵过程中,仍有一些乙醇生成,因为亚硫酸氢钠不能加入太多,否则会使酵母中毒而导致发酵中止。因此,未被亚硫酸氢钠结合的部分乙醛还可以转化为乙醇。同时,酵母进行第二类型发酵未能获得能量,必须依靠部分乙醇发酵以获得能量。

当酵母在碱性(pH 7.6)条件下进行发酵,所生成的乙醛也不能作为受氢体,两个乙醛分子起歧化反应,相互氧化还原,生成等量的乙醇和乙酸。这时,磷酸二羟丙酮又成为$NADH+H^+$的受氢体,总的产物为甘油、乙醇、乙酸和CO_2。其反应过程如下:

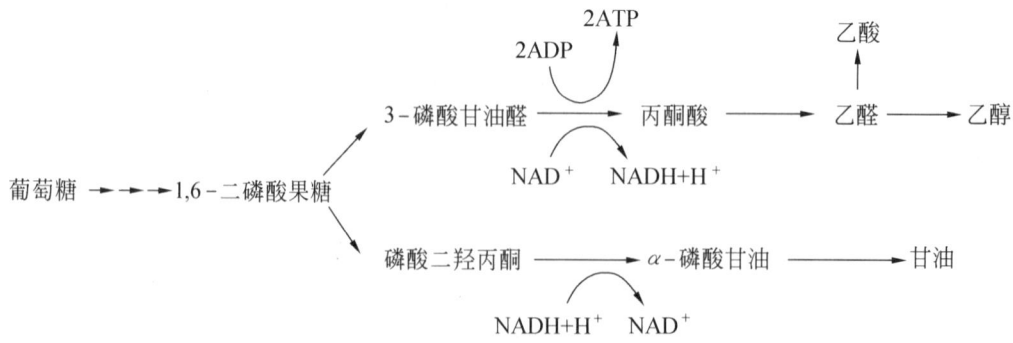

而其反应式如下:

$$2C_6H_{12}O_6 + H_2O \longrightarrow 2\begin{matrix}CH_2OH\\|\\CHOH\\|\\CH_2OH\end{matrix} + C_2H_5OH + CH_3COOH + 2CO_2$$

这种发酵称为酵母第三型发酵。

第四节 乳酸发酵机制

乳酸发酵有同型乳酸发酵和异型乳酸发酵两种类型。前者的发酵产物只有乳酸,后者的产物中除乳酸外,还有乙醇和 CO_2。两者的发酵菌种不同,发酵机制也不同。

一、同型乳酸发酵机制

同型乳酸发酵是乳酸菌利用葡萄糖经酵解途径生成丙酮酸。由于大多数乳酸菌不具有脱羧酶,因此,丙酮酸不能脱羧生成乙醛,而在乳酸脱氢酶的催化下(需要还原型辅酶 I),丙酮酸作为受氢体被还原为乳酸,如图 3-8 所示。

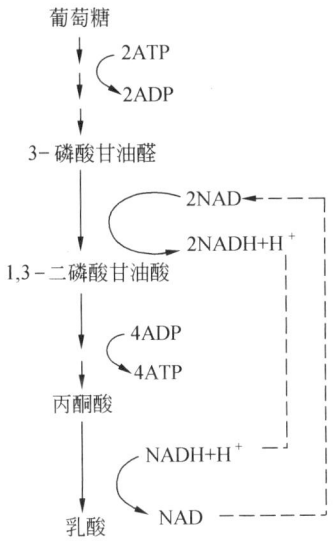

图 3-8 同型乳酸发酵

根据这一途径,由葡萄糖合成乳酸的总反应式为

$$C_6H_{12}O_6 + 2ADP + 2H_3PO_4 \longrightarrow 2CH_3CHOHCOOH + 2ATP + 135.56kJ$$

则 1mol 葡萄糖生成 2mol 乳酸的理论转化率为

$$\frac{90 \times 2}{180} \times 100\% = 100\%$$

进行同型乳酸发酵的细菌主要有乳酸链球菌(*Streptococcus Lactis*)、酪乳杆菌(*Lac. Casei*)、保加利亚乳杆菌(*Lac. bulgaricus*)、德氏乳杆菌(*Lac. delbrueckii*)等。

二、异型乳酸发酵机制

异型乳酸发酵除生成乳酸外,还生成 CO_2 和乙醇或乙酸,其生物合成途径有两种。

1. 6-磷酸葡萄糖酸途径

葡萄糖经 6-磷酸葡萄糖酸生成 5-磷酸核酮糖,再经差向异构作用生成 5-磷酸木酮糖。后者经磷酸酮解酶催化,分解为 3-磷酸甘油醛和乙酰磷酸。乙酰磷酸经磷酸转乙酰酶作用变为乙酰 CoA,再经乙醛脱氢酶和醇脱氢酶的作用生成乙醇。而 3-磷酸甘油醛经 EMP 途径生成丙酮酸。后者经乳酸脱氢酶催化还原为乳酸。上述转化过程如图 3-9 所示。

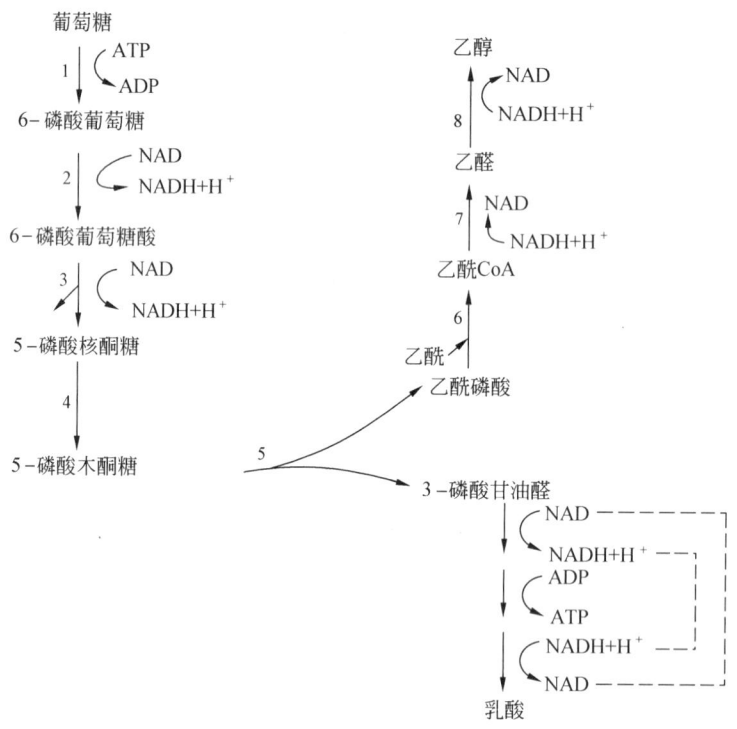

图 3-9 6-磷酸葡萄糖酸生成乳酸和乙醇

1—己糖激酶;2—6-磷酸葡萄糖脱氢酶;3—6-磷酸葡萄糖酸脱氢酶;4—5-磷酸核酮糖-3-差向异构酶;
5—磷酸酮解酶;6—磷酸转乙酰酶;7—乙醛脱氢酶;8—醇脱氢酶

这是一条磷酸酮解途径,1mol 葡萄糖生成 1mol 乳酸和 1mol 乙醇。乳酸对糖的理论转化率是 50%。肠膜明串珠菌(*Leuconostoc mesenteroides*)和葡聚糖明串珠菌(*L. dextranicum*)等通过该途径进行异型乳酸发酵。

2. 双歧(Bifidus)途径

图 3-10 为双歧杆菌(*Bifidobacterium bifidum*)分解葡萄糖生成乳酸的途径,这也是一条磷酸酮解途径。该途径的特点是:①有两个磷酸酮解酶参与;②在没有氧化作用和脱氢作用下,2 分子葡萄糖分解为 3 分子乙酸和 2 分子 3-磷酸甘油醛。接着,在 3-磷酸甘油醛脱氢酶和乳酸脱氢酶的参与下,3-磷酸甘油醛转变为乳酸。1mol 葡萄糖生成 1mol 乳酸和 1mol 乙酸。

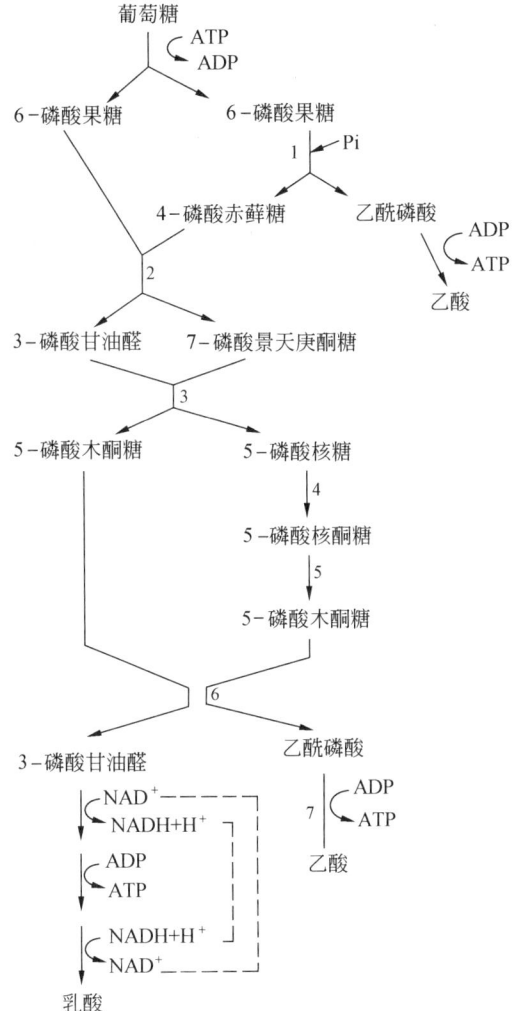

图 3-10　葡萄糖经双歧途径发酵生成乳酸和乙酸

1—6-磷酸果糖酮解酶；2—转二羟基丙酮基酶；3—转羟乙醛基酶；4—5-磷酸核糖异构酶；
5—5-磷酸核酮糖-3-差向异构酶；6—5-磷酸木酮糖磷酸酮解酶；7—乙酸激酶

第四章 柠檬酸发酵机制

一、柠檬酸生物合成途径

柠檬酸作为一种有重要应用价值的有机酸,其合成机制是在阐明酵母酒精发酵机制和Krebs在1940年提出三羧酸循环学说的基础上才逐渐弄清楚的。现已被许多学者研究证实的柠檬酸的合成途径是:葡萄糖经过EMP途径生成丙酮酸,一方面丙酮酸氧化脱羧生成乙酰CoA,另一方面丙酮酸羧化生成草酰乙酸,而草酰乙酸与乙酰CoA缩合生成柠檬酸。

1953年,Jagnnathan等证实了黑曲霉中存在EMP途径的所有酶。

1954年,Shu经过研究提出葡萄糖分解代谢中约80%走EMP途径。

1958年,MeDonough等发现黑曲霉在柠檬酸生成的条件下,也存在磷酸己糖途径(HMP)的酶,但是HMP途径主要存在于孢子形成阶段,因为此时提供了合成核酸所需的前提物质。

1954—1955年,Ramakrishman和Martin研究发现黑曲霉中存在三羧酸循环的酶,证明了三羧酸循环,如图4-1所示。

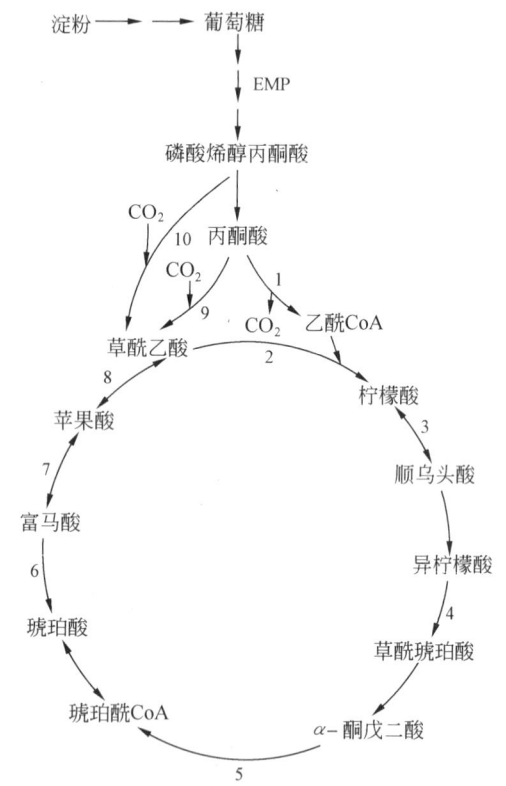

图4-1 柠檬酸生物合成途径
1—丙酮酸脱氢酶;2—柠檬酸合成酶;3—乌头酸水合酶;4—异柠檬酸脱氢酶;5—α-酮戊二酸脱氢酶;6—琥珀酸脱氢酶;7—富马酸酶;8—苹果酸脱氢酶;9—丙酮酸羧化酶;10—磷酸烯醇丙酮酸羧激酶

在柠檬酸积累的条件下,三羧酸循环被阻断,不能提供合成柠檬酸所需的草酰乙酸。草酰乙酸是由丙酮酸(PYR)或磷酸烯醇丙酮酸(PEP)羧化生成的,而CO_2的固定作用对柠檬酸的积累有生理学上的重要意义。Johnson等在研究黑曲霉的CO_2固定作用时,发现有两个CO_2固定系统。一是PYR在丙酮酸羧化酶的作用下羧化,生成草酰乙酸,反应平衡常数$K_{ep}=0.818$,催化反应如下:

$$PYR + CO_2 + ATP \longrightarrow 草酰乙酸 + ADP + Pi$$

二是PEP在PEP羧激酶的作用下羧化,反应平衡常数K_{eq}为0.049,反应式如下:

$$PEP + CO_2 + ADP \longrightarrow 草酰乙酸 + ATP$$

可见,丙酮酸羧化酶对CO_2的固定作用更大。在黑曲霉中不存在苹果酸酶催化的丙酮酸还原羧化生成苹果酸。

根据上述生物合成途径,由葡萄糖生成柠檬酸的全部历程中碳原子没有损失,在乙酰CoA与草酰乙酸缩合时,还从水中引进一原子氧(见图4-2),总反应式如下:

$$2C_6H_{12}O_6 + 3O_2 \longrightarrow 2C_6H_8O_7 + 4H_2O$$

可见,柠檬酸发酵对糖的理论转化率为106.7%,以含1个结晶水的柠檬酸计,其理论转化率为116.7%。

在能量平衡方面,在EMP途径中由底物水平磷酸化产生2个ATP,由氧化磷酸化可产生9个ATP,但部分经侧系呼吸链而没有产生ATP,实际产生ATP数少于此数,所生成的ATP可供菌体维持渗透功能等的需要,不必经TCA循环通过消耗碳源产生能量。图4-2为由葡萄糖生成柠檬酸的碳平衡和能量平衡。

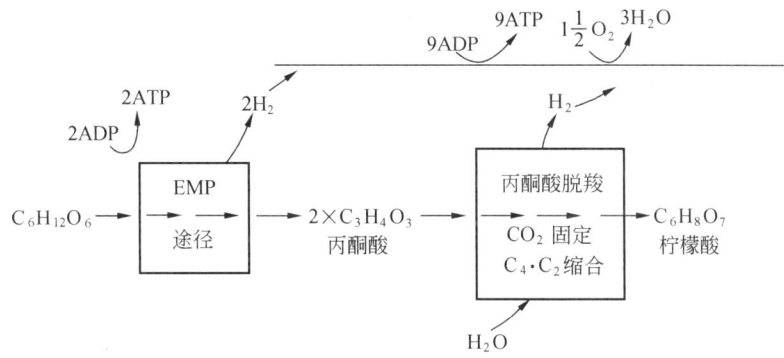

图4-2 由葡萄糖生成柠檬酸的碳平衡和能量平衡

二、柠檬酸生物合成调节

正常生长的细胞所合成的柠檬酸,在三羧酸循环中可进一步合成其他有机酸,以提供合成细胞物质的中间体,或彻底氧化产生能量,为细胞活动和需能的合成代谢提供能量。由于正常细胞具有自我代谢调节机能,柠檬酸是多种组织和微生物的一个重要的代谢调节因子,因此,正常细胞中柠檬酸是不过量积累的。那么,为什么黑曲霉能够过量积累柠檬酸呢?要解释这一问题必然涉及:①柠檬酸引起的反馈调节是如何进行的?而且最终被克服;②什么机制造成柠檬酸积累?这就必须了解柠檬酸发酵过程中黑曲霉的代谢调节,如图4-3所示。

(一)糖酵解及丙酮酸代谢的调节

磷酸果糖激酶能调节酵解途径的第一调节酶。Habison研究黑曲霉B_{60}时发现,EMP途径的磷酸果糖激酶(PEK)是一种调节酶,1981年RÖhr等通过比较糖酵解中间代谢物浓度和各种酶的热力学平衡常数,确认产柠檬酸黑曲霉的PFK也是调节酶,在正常生理浓度范围内的柠檬酸和ATP对酶有抑制作用,AMP、无机磷和NH_4^+对酶有活化作用,NH_4^+还能有效地解除柠檬酸和ATP对酶的抑制。由表4-2可知,NH_4^+在细胞内的生理浓度水平下,PFK对柠檬酸不敏感,而NH_4^+浓度与柠檬酸生产速度有密切关系,正是细胞内NH_4^+浓度升高,使细胞内积累大量柠檬酸。

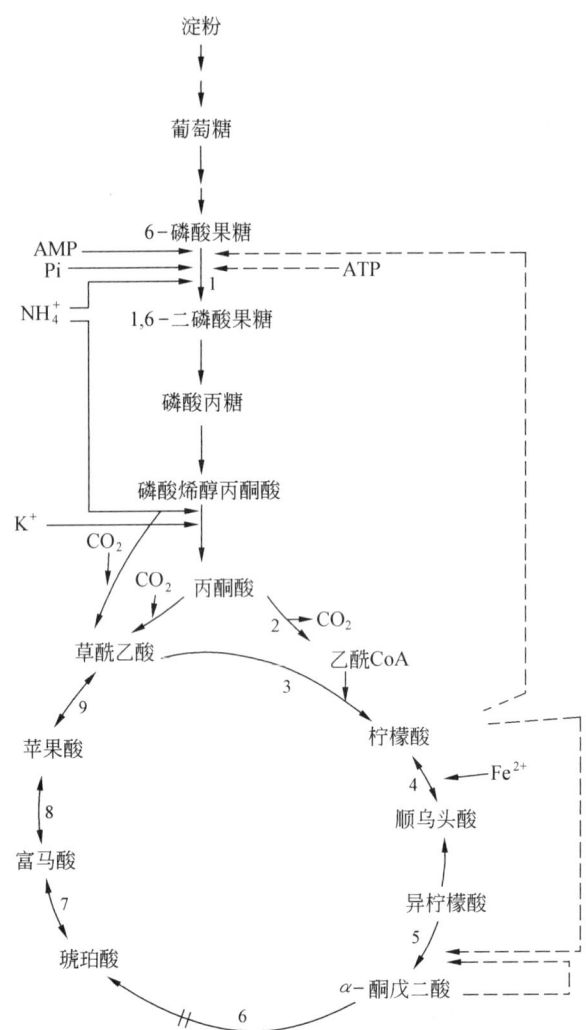

图4-3 黑曲霉柠檬酸积累的代谢调节
──→ 激活；----→ 抑制

表4-1 有关柠檬酸合成酶的调节性质

酶	底物亲和力	激活剂	抑制剂
磷酸果糖激酶	$F-6-P: K_m = 1.7 \text{mmol/L}$ $n = 4$	NH_4^+ AMP Pi	柠檬酸：$K_i = 0.25 \text{mmol/L}$ PEP：$K_i = 0.25 \text{mmol/L}$ ATP（浓度较高时）
丙酮酸激酶	$ATP: K_m = 0.05 \text{mmol/L}$ $PEP: K_m = 0.026 \text{mmol/L}$	$NH_4^+: K_m = 26 \text{mmol/L}$ $K^+: K_m = 20 \text{mmol/L}$	
丙酮酸羧化酶	$ADP: K_m = 0.07 \text{mmol/L}$ $PYR: K_m = 0.28 \text{mmol/L}$ $CO_2: K_m = 1.33 \text{mmol/L}$ $ATP: K_m = 0.28 \text{mmol/L}$	K^+	天冬氨酸：$K_i = 1.9 \text{mmol/L}$ Pi：$K_i = 40 \sim 140 \text{mmol/L}$

续表 4-1

酶	底物亲和力	激活剂	抑制剂
柠檬酸合成酶	乙酰 CoA：$K_m = 0.01$ mmol/L 草酰乙酸：$K_m = 0.0045$ mmol/L	K^+ NH_4^+	CoA：$K_i = 0.15$ mmol/L ATP-Mg：$K_i \approx 6$ mmol/L
异柠檬酸脱氢酶	异柠檬酸：$K_m = 0.05$ mmol/L NADP：$K_m = 0.05$ mmol/L		柠檬酸：$K_i = 0.15$ mmol/L NADPH：$K_i = 0.04$ mmol/L α-酮戊二酸：$K_m = 1$ mmol/L
琥珀酸脱氢酶			草酰乙酸：$K_i = 0.001$ mmol/L

注：K_m 为酶促反应亲和常数，K_i 为酶促反应抑制常数。

表 4-2 Mn^{2+} 充足和 Mn^{2+} 缺乏下黑曲霉 PFK 的活性

因 子	柠檬酸浓度（mmol/L）	NH_4^+ 浓度（mmol/L）	活力（Arbitrary 单位）
Mn^{2+} 缺乏	4	15	1.1
Mn^{2+} 充足	1	3	1.0

当黑曲霉在缺 Mn^{2+} 的产柠檬酸培养基中，菌体的组成代谢（戊糖磷酸途径、生成葡萄糖途径）酶和三羧酸循环的脱氢酶的活力显著降低，α-酮戊二酸脱氢酶和乙醛酸支路酶几乎无活力。而 HMP 和 TCA 循环酶水平低，生长期菌丝体的蛋白质、核酸和脂肪含量明显减少，氨基酸和 NH_4^+ 水平升高，丙酮酸和草酰乙酸水平升高。糖酵解和三羧酸循环中间代谢物含量增高（见表 4-3）。可见，Mn^{2+} 缺乏时黑曲霉的组成代谢受损伤，NH_4^+ 水平升高使蛋白质和核酸合成受阻，减少柠檬酸对 PDK 的抑制，从而积累柠檬酸。

表 4-3 Mn^{2+} 充足（+）和缺乏（-）时黑曲霉菌丝体大分子物质含量和中间代谢物的量

化合物	培养 40h		培养 120h		化合物	培养 40h		培养 120h	
	(+)	(-)	(+)	(-)		(+)	(-)	(+)	(-)
蛋白质（%）*	21.9	15.3	20.3	9.2	草酰乙酸（μmol/g）	0.002	0.07	0.02	0.06
核酸（%）*	6.5	5.3	4.9	4.1	苹果酸（μmol/g）	20	29	7.5	16
脂类（%）*	17	3.8	12	4.1	富马酸（μmol/g）	9	11	2.8	3
总氨基酸（μmol/g）	1.9	1.4	0.5	5.3	柠檬酸（μmol/g）	210	80	180	1 800
6-磷酸葡萄糖（μmol/g）	0.4	0.8	0.1	0.3	异柠檬酸（μmol/g）	1.3	3.1	1.2	1.5
磷酸果糖（μmol/g）	0.7	1.6	0.25	0.4	α-酮戊二酸（μmol/g）	3	0.3	13	1.2
丙酮酸（μmol/g）	0.2	0.13	0.3	0.7	谷氨酸+谷酰胺（μmol/g）	19.5	40.3	3.5	73.3

注：* 为菌体干重的质量分数。

丙酮酸激酶是酵解过程的第二个调节酶，但是关于黑曲霉尚未得到证实。测定柠檬酸发酵时酵解中间代谢物的量可推断流经丙酮酸激酶的量增加。

丙酮酸是真菌糖代谢的一个重要分叉点，由丙酮酸脱氢酶催化氧化脱羧生成乙酰 CoA，或由丙酮酸羧化酶催化经 CO_2 固定生成草酰乙酸。保持丙酮酸这两个反应的平衡是获得柠檬酸高产率的一个重要条件。黑曲霉的丙酮酸羧化酶为组成型酶,与其他真菌相反,此酶不被乙酰 CoA 抑制,α-酮戊二酸对其只有微弱的抑制作用。

(二)三羧酸循环的调节

在许多细胞中三羧酸循环起始酶——柠檬酸合成酶是一种调节酶。此酶仅对 CoA 和 ATP 敏感,而 ATP - Mg 络合物只是一种弱抑制剂,其他有调节作用的化合物不起作用。它对乙酰 CoA 的亲和力取决于草酰乙酸的浓度,在柠檬酸积累的情况下,草酰乙酸浓度可提高此酶对乙酰 CoA 的亲和力。

顺乌头酸水合酶失活,TCA 循环阻断是积累柠檬酸的必要条件,在积累柠檬酸时,顺乌头酸水合酶和异柠檬酸脱氢酶活性降低。顺乌头酸水合酶是含铁的非血红素蛋白,以 Fe_4S_4 作为辅基,添加亚铁氰化钾等络合剂可使铁离子生成 Fe^{2+} 络合物,使反应液中的 Fe^{2+} 减少,从而使该酶活性降低甚至失活,或者通过诱变等方法获得顺乌头酸水合酶缺失或活力降低的菌种而积累柠檬酸。随着柠檬酸的积累,发酵液 pH 值快速下降,当 pH 值在 2.0 以下时,可进一步造成顺乌头酸水合酶、NAD 和 NADP -异柠檬酸脱氢酶失活。但当柠檬酸发酵开始时,需要少量铁(质量分数 0.1×10^{-6})的存在,以促进菌体生长和为合成柠檬酸做准备,随后要控制 Fe^{2+} 的存在,才能够大量合成柠檬酸。

研究表明,黑曲霉中位于线粒体上的顺乌头酸水合酶催化建立下面平衡(物质的量之比,以下同):

$$n(柠檬酸):n(顺乌头酸):n(异柠檬酸) = 90:3:7$$

黑曲霉中 NAD -异柠檬酸脱氢酶只有一种,且活性很低。NADP -异柠檬酸脱氢酶有两种:一种在细胞质中,不受柠檬酸抑制;另一种在线粒体中,与 TCA 循环有关,它们受生理浓度的柠檬酸抑制。可以推测,一旦柠檬酸积累到一定水平,就能抑制其自身的进一步分解,从而促进自身的积累。柠檬酸对 NADP -异柠檬酸脱氢酶的抑制作用在碱性条件和 Mn^{2+} 浓度达 30mmol/L 时被消除,这可能是 Mn^{2+} 不利于柠檬酸积累的原因。

黑曲霉中 TCA 循环的另一个特点是 α-酮戊二酸脱氢酶被葡萄糖和 NH_4^+ 抑制。在柠檬酸生成期,菌体内不存在 α-酮戊二酸脱氢酶,或其活力很低,在乙酸为碳源时,有 α-酮戊二酸脱氢酶活力存在。α-酮戊二酸脱氢酶是 TCA 循环中唯一不可逆的反应步骤。这时的苹果酸、富马酸、琥珀酸由草酰乙酸生成,这种现象称为 TCA 循环的马蹄形表达形式。

氧和 pH 值对柠檬酸发酵有很大的影响。从图 4-4 可知,氧是发酵过程(EMP 途径和丙酮酸脱氢)生成的 $NADH_2$ 重新氧化时所需。黑曲霉不仅有一条标准呼吸链,还有一条侧系呼吸链,后者对水杨酰异羟肟酸(SHAM)敏感。柠檬酸发酵产酸期受 SHAM 强烈抑制,而生长期不受它抑制。在生产中发现,只要很短时间中断供氧,就会导致柠檬酸产率的急剧下降,但对菌体生长并无影响,这种现象可解释为 $NADH_2$ 通过标准呼吸链氧化时产生 ATP,会抑制 PFK,而通过侧系呼吸链不产生 ATP,缺氧会导致侧系呼吸链的不可逆失活,从而导致产酸下降,但不影响菌体生长。

TCA 循环在柠檬酸积累中所起的作用可归纳如下:

(1)大量生成草酰乙酸是积累柠檬酸的关键。

(2)丙酮酸羧化酶和柠檬酸合成酶基本上不受代谢调节的控制或受极微弱控制,而且

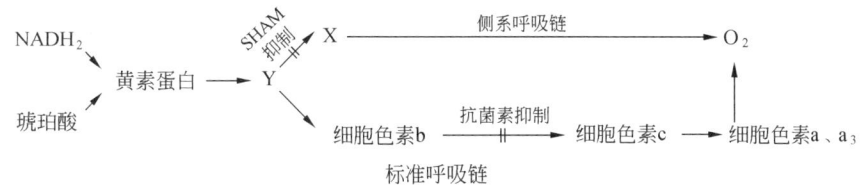

图 4-4 黑曲霉的标准呼吸链和侧系呼吸链

这两个反应的平衡保证了草酰乙酸的提供,增加了柠檬酸的合成能力。

(3) TCA 循环的阻断作用微弱(即顺乌头酸水合酶、异柠檬酸脱氢酶和 α-酮戊二酸脱氢酶活力降低),导致循环中间代谢物积累。由于各种酶处于平衡状态,使柠檬酸积累,当柠檬酸浓度超过一定水平时,就通过抑制异柠檬酸脱氢酶活力来提高柠檬酸的积累。

综上所述,柠檬酸的积累机制可归纳为:①由于锰离子缺乏抑制了蛋白质合成,导致细胞内 NH_4^+ 浓度升高和形成一条呼吸活力强的、不产生 ATP 的侧系呼吸链,这两方面的原因分别解除了对 PFK 的代谢调节,促进了 EMP 途径的畅通。②由于丙酮酸羧化酶是组成型,不被调节控制,会源源不断地提供草酰乙酸。③丙酮酸氧化脱羧生成乙酰 CoA,再和 CO_2 固定反应,以及柠檬酸合成酶不被调节,这些都增强了合成柠檬酸的能力。④由于顺乌头酸水合酶在催化时建立以下平衡:

$$n(柠檬酸):n(顺乌头酸):n(异柠檬酸)=90:3:7$$

同时在控制 Fe^{2+} 含量时,顺乌头酸水合酶活力低,使柠檬酸开始积累。⑤当柠檬酸浓度升高到某一水平,就会抑制异柠檬酸脱氢酶的活力,从而进一步促进柠檬酸的积累。柠檬酸的积累使 pH 值下降,到 pH 为 2.0 时,顺乌头酸水合酶和异柠檬酸脱氢酶失活,这样更有利于柠檬酸的积累和排出体外。

三、乙醛酸循环调节

上述理论能够解释由糖生成柠檬酸,却不能解释乙醇和醋酸或烃类发酵生成柠檬酸。由于丙酮酸氧化脱羧反应是不可逆的,因此草酰乙酸的供给只能由乙醛酸循环来完成。由于黑曲霉中存在异柠檬酸裂解酶,此酶催化异柠檬酸裂解为乙醛酸和琥珀酸,而由醋酸(或乙醇,或烃类物质)合成柠檬酸的途径(图 4-5)可看出,在理论上 3mol 醋酸可以合成 1mol 柠檬酸,在此过程中没有碳原子损失。由于合成柠檬酸的 C_4 二羧酸只能由乙醛酸循环来提供,即柠檬酸向异柠檬酸的转化和异柠檬酸裂解为乙醛酸和琥珀酸。但理想的情况是柠檬酸转化的量应为生成量的 1/2。循环中的中间体都必须存在,使发酵产物不仅仅是柠檬酸。例如,酵母的烃类发酵产物中

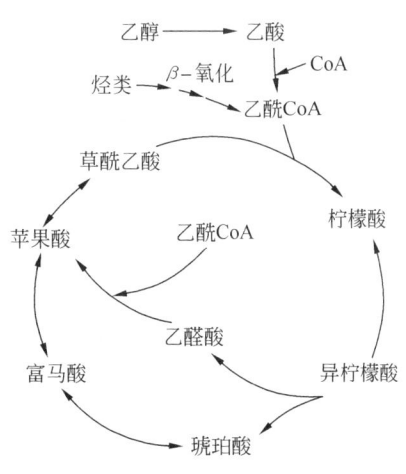

图 4-5 乙醛酸循环

除柠檬酸外,还含有较多的异柠檬酸,有时高达总酸的 50%,而酵母的烷烃发酵、柠檬酸的

积累是在培养基中氮源耗尽以后开始的,即细胞内 AMP 浓度陡然下降,这就抑制了 NAD-异柠檬酸脱氢酶的活性,这时柠檬酸的合成远大于分解,从而积累起来。

在酵母柠檬酸发酵中,异柠檬酸的积累量很高,但顺乌头酸水合酶催化反应平衡为:
$$n(柠檬酸):n(异柠檬酸):n(顺乌头酸) = 90:7:3$$
对于这种现象的解释是,这几种三羧酸在细胞中存在于不同位点,柠檬酸完全存在于线粒体中,异柠檬酸在线粒体、细胞质和过氧化物酶体中均存在。由于细胞质中无顺乌头酸水合酶,异柠檬酸可以在此高度积累,因此异柠檬酸可以比顺乌头酸水合酶催化的平衡式高得多的比例分泌出体外。

第五章 氨基酸发酵机制

目前我国已能生产氨基酸20种,是全球氨基酸生产大国,其中谷氨酸年产量达百万吨,而作为营养强化剂的赖氨酸、色氨酸,作为保鲜剂的甘氨酸、精氨酸等都具有广阔的消费市场。因此,探讨氨基酸的发酵机制,选育氨基酸高产菌株及进行氨基酸代谢调控,对于氨基酸的工业生产有巨大的经济价值。

第一节 氨基酸发酵调控机制

氨基酸发酵是典型的代谢控制发酵,所生成的氨基酸是微生物的中间代谢产物,正常情况下不能过量积累氨基酸。因此,必须打破微生物的正常代谢调节途径,解除氨基酸的代谢控制机制,使微生物大量合成和积累氨基酸,实现氨基酸的工业化生产。

氨基酸作为微生物发酵的一大类代谢中间产物,常用以下方法对生产菌种进行代谢调控以大量合成氨基酸。

1. 控制旁路代谢

有些氨基酸发酵需要控制旁路代谢来实现。例如,L-异亮氨酸的生物合成是通过L-苏氨酸完成的,但是L-苏氨酸脱氢酶受异亮氨酸的抑制,当异亮氨酸积累到某种程度时反应即停止。为了打破此调节机制,使之积累异亮氨酸,可采用粘质赛杆菌以D-苏氨酸为底物进行发酵,如图5-1所示,D-苏氨酸脱氢酶不受异亮氨酸的抑制,故反应能顺利进行,并可大量积累异亮氨酸。

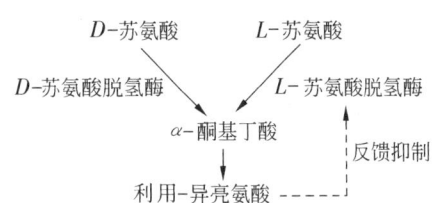

图5-1 利用粘质赛杆菌由D-苏氨酸生成L-异亮氨酸的代谢机制

2. 降低反馈作用物的浓度

控制反馈作用物浓度能解除反馈抑制和阻遏,使氨基酸的生物合成反应顺利进行。大部分营养缺陷型突变株的氨基酸发酵就是通过这种方法来进行的。利用营养缺陷型突变株进行氨基酸发酵必须限制所要求的氨基酸量,这样就将反馈作用物浓度控制在反馈机制要求的浓度之下。

例如,利用谷氨酸棒状杆菌(*Corynebacterium glutamicum*,瓜氨酸缺陷型)进行的鸟氨酸发酵,由于此菌缺乏将鸟氨酸变为瓜氨酸的酶,从而限制了培养液中的精氨酸浓度,可通过解除精氨酸的反馈抑制,实现鸟氨酸的生物合成和大量积累,如图5-2所示。

3. 消除终产物的反馈抑制与反馈阻遏

消除终产物的反馈抑制与反馈阻遏作用,是通过使用抗氨基酸结构类似物突变株的方法来进行的。许多氨基酸发酵采用这种方法,都获得了较好的效果。

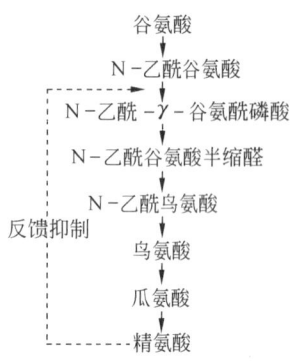
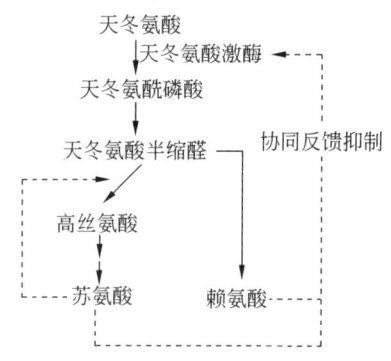

图5-2 利用谷氨酸棒状杆菌(瓜氨酸缺陷型)进行的鸟氨酸发酵代谢控制机制

图5-3 谷氨酸棒状杆菌(高丝氨酸缺陷型)的 L-赖氨酸发酵代谢控制机制

例如,S-(β-氨基乙基)-L-半胱氨酸(即 AEC)是赖氨酸的结构类似物,当它单独存在时,不抑制菌的生长,但是当其与 L-苏氨酸共存时,则强烈抑制菌的生长,而 L-赖氨酸可解除其抑制作用。根据图5-3中 L-赖氨酸发酵代谢控制机制,可以设想 AEC 抗性株可大量积累 L-赖氨酸。实际上通过亚硝基胍处理,含 AEC 和 L-苏氨酸各 1~5mg/mL 的平板分离抗性株,具有较强的赖氨酸生产能力。当从突变株中分离出天冬氨酸激酶,并研究 L-赖氨酸和 L-苏氨酸的协同抑制效果时,发现突变株的酶不比原菌株敏感。因此,采用抗氨基酸结构类似物突变株的方法,也是改变酶或酶的生物合成的方法。

(1)抗反馈抑制突变的机制。如图5-4所示,正常酶存在于底物结合催化部位和抑制物结合部位。无抑制物时,酶的催化部位可结合底物进行催化作用;有抑制物时,酶的催化部位空间结构发生改变而无法结合底物,从而不能对底物进行催化反应。筛选得到的抗反馈抑制突变的酶,其抑制物结合部位空间结构发生改变,从而无法与抑制物结合,而酶的催化部位未改变,仍能够结合底物完成催化反应,即抑制物无法抑制该步酶反应,从而消除终产物的反馈抑制。

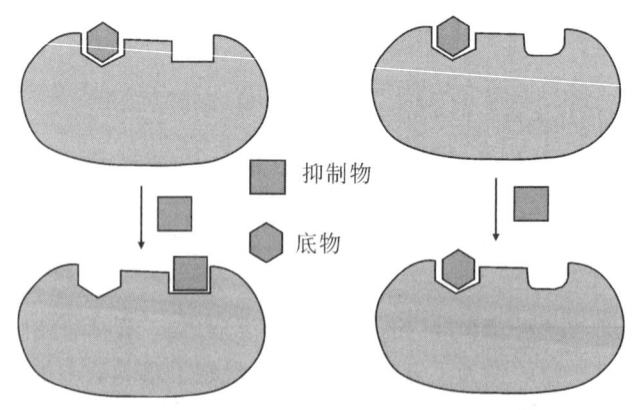

图5-4 抗反馈抑制对应酶的突变

(2)抗反馈阻遏突变的机制。如图5-5所示,正常基因表达的阻遏物没有活性,它与反馈阻遏物(又称协同阻遏物)结合后,就能够与操纵子 DNA 结合,使途径反应酶的基因无法转录,也就无法翻译成催化活性酶。当突变使阻遏物的空间结构改变时,阻遏物无法与反馈阻遏物结合,从而也就无法结合到操纵子 DNA 上,启动子能够顺利转录酶的基因和翻译出对应的酶,这就解除了终产物的反馈阻遏。

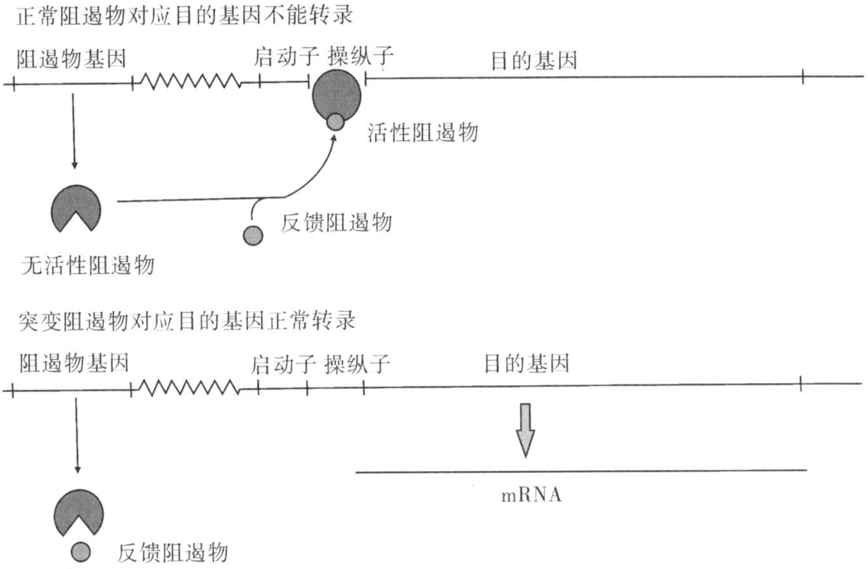

图 5-5　抗反馈阻遏对应阻遏物的突变

可见,反馈抑制的对象是酶,属于生物体的一种快速高效但不经济的反馈控制;反馈阻遏的对象是基因,属于生物体的一种经济但不快速高效的反馈控制。

4. 控制细胞渗透性

细胞渗透性是氨基酸发酵必须考虑的重要因素。谷氨酸发酵是一个典型的例子。生物素是谷氨酸发酵的关键物质,当细胞内的生物素水平高时,谷氨酸不能透过细胞膜,因而得不到谷氨酸。要使菌体大量积累谷氨酸,必须通过加表面活性剂或青霉素等来增进细胞膜通透性,使细胞内的谷氨酸渗透到细胞外。生物素是油酸生物合成所必需的物质,它使细胞膜通透性变化是在合成油酸以后才起作用的。

5. 控制发酵的环境

氨基酸发酵受菌种的生理特征和环境的影响,对专性需氧菌来说后者的影响更大。例如,谷氨酸发酵必须严格控制菌体生长的环境,否则就几乎不积累谷氨酸。表 5-1 为谷氨酸产生菌因环境改变而引起的发酵转换,即琥珀酸、α-酮戊二酸、谷氨酰胺、N-乙酰谷酰胺、缬氨酸和脯氨酸等的发酵。也就是说,氨基酸发酵是人为控制环境的结果。

表 5-1　谷氨酸产生菌因环境改变引起的发酵转换

环境因子	发酵产物转换
溶解氧	乳酸或琥珀酸 ←→ 谷氨酸 ←→ α-酮戊二酸 （通气不足）　（通气适中）　（通气过量,转速过快）
NH_4^+	α-酮戊二酸 ←→ 谷氨酸 ←→ 谷氨酰胺 （缺乏）　　（适量）　　（过量）
pH 值	谷氨酰胺,N-乙酰谷酰胺 ←→ 谷氨酸 （pH 值 5~8,NH_4^+ 过多）　（中性或微碱性）

续表 5-1

环境因子	发酵产物转换
磷酸	缬氨酸⟷谷氨酸 （高浓度磷酸盐）（磷酸盐适中）
生物素	乳酸或琥珀酸⟷谷氨酸 （过量）（限量）
醇类、NH_4Cl	脯氨酸⟷谷氨酸 （生物素 $50\sim100\mu g/L$）（正常条件生物素亚适量） NH_4Cl 6% 乙醇 $1.5\%\sim2\%$

6. 促进 ATP 的积累以利氨基酸的生物合成

氨基酸的生物合成需要能量，ATP 的积累可促进氨基酸的生物合成。例如，黄色短杆菌 No.2247 的异亮氨酸缺陷型变异株 No.14-15 的 L-脯氨酸发酵，如图 5-6 所示。

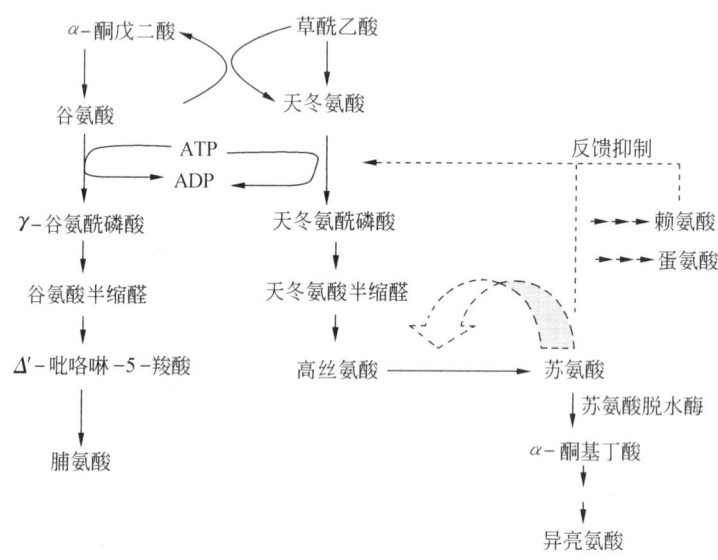

图 5-6 黄色短杆菌（*Brev. flavum*）（异亮氨酸缺陷型）的 L-脯氨酸发酵机制

该菌株用由 10% 葡萄糖、5.5% $(NH_4)_2SO_4$ 和 $450\mu g/L$ 生物素等组成的培养基，培养 72h，可积累脯氨酸 $1.2\%\sim1.5\%$。该菌株是缺失苏氨酸脱水酶基因，菌体内的苏氨酸含量增加，且蛋氨酸、天冬氨酸的含量也比原株高。蛋氨酸的增加是由于苏氨酸抑制高丝氨酸激酶，天冬氨酸的增加是由于受苏氨酸和赖氨酸的抑制。同时，脯氨酸的生物合成是借助谷氨酸激酶由谷氨酸生成 γ-谷氨酰磷酸的途径来进行的，由于存在高含量的生物素，故无法生成谷氨酸而排出细胞。又由于上述天冬氨酸激酶、高丝氨酸激酶的抑制，以及过剩 ATP 和高浓度谷氨酸的存在，所以促进谷氨酸激酶所催化的反应，合成易分泌的脯氨酸。

7. 前体物质促进氨基酸合成

有些氨基酸添加前体物质才能获得较高的产率。例如，丝氨酸、色氨酸、异亮氨酸、苏氨酸发酵时，培养基中需分别添加各种氨基酸的前体物质，如甘氨酸、氨茴酸、吲哚、2-羟基-4

-甲基-硫代丁酸、α-氨基丁酸及高丝氨酸等,如表 5-2 所示,这样可避免氨基酸合成途径的反馈抑制作用,从而获得较高的产率。目前,运用添加前体物质的方法大规模发酵生产丝氨酸在日本已经实现。

表 5-2 氨基酸发酵的前体物质

氨基酸	菌 株	前体物质	产率(%)
丝氨酸	嗜甘油棒状杆菌	甘氨酸	1.6
色氨酸	异常汉逊酵母	氨茴酸	0.8
色氨酸	麦角菌	吲哚	1.3
蛋氨酸	脱氮极毛杆菌	2-羟基-4-甲基-硫代丁酸	1.1
异亮氨酸	粘质赛氏杆菌	α-氨基丁酸	0.8
异亮氨酸	阿氏棒状杆菌	D-苏氨酸	1.5
苏氨酸	谷氨酸小球菌	高丝氨酸	2.0

上述代谢控制方法是氨基酸发酵工艺控制和选育氨基酸高产菌株的依据。

第二节 谷氨酸发酵机制

在谷氨酸产生菌发现的同时,科学家就已广泛开展谷氨酸发酵机制的研究。正常代谢的微生物是不会大量积累谷氨酸的,而谷氨酸产生菌,如谷氨酸棒状杆菌、纯齿棒状菌、乳糖发酵短杆菌、散枝短杆菌、黄色短杆菌、嗜氨短杆菌等,在体外积累谷氨酸的质量浓度可达到 120~150g/L,如谷氨酸产生菌 S9114 在 50m^3 发酵罐的产量可达 148g/L,为菌体最大生长需要量(0.3g/L)的近 500 倍。这是菌体代谢调节控制和细胞膜通透性的特异调节以及优化发酵条件的结果。

一、谷氨酸生物合成机制

谷氨酸产生菌的谷氨酸生物合成途径就是糖经过酵解途径(EMP)和单磷酸己糖途径(HMP)生成丙酮酸。一方面丙酮酸氧化脱羧生成乙酰 CoA,另一方面经 CO_2 固定作用生成草酰乙酸,两者合成柠檬酸进入三羧酸循环(TCA 循环),由三羧酸循环的中间产物 α-酮戊二酸在谷氨酸脱氢酶的催化下,还原氨基化合成谷氨酸。

图 5-7 为谷氨酸棒杆菌的谷氨酸生物合成途径示意图。谷氨酸的生物合成途径包括 EMP、HMP、TCA 循环、乙醛酸循环(DCA)和 CO_2 固定作用等。由葡萄糖生成谷氨酸的总反应式为

$$C_6H_{12}O_6 + NH_3 + \frac{3}{2}O_2 \longrightarrow C_5H_9O_4N + CO_2 + 3H_2O$$

则 1mol 葡萄糖可以生成 1mol 谷氨酸,谷氨酸对糖的理论转化率为

$$\frac{147}{180} \times 100\% = 81.7\%$$

实际生产中由于菌体生长、副产物生成和生物合成的耗能等消耗部分糖,故实际转化率一般

在60%～70%。因此，必须合理地控制发酵，使糖最大限度地合成谷氨酸。

（一）EMP 途径和 HMP 途径

EMP 途径是糖酵解生成丙酮酸，而丙酮酸在不同条件下生成不同的产物。HMP 途径是 6-磷酸葡萄糖在 6-磷酸葡萄糖脱氢酶的作用下氧化生成 6-磷酸葡萄糖酸，再生成 5-磷酸戊糖，通过戊糖代谢分解成三碳化合物和二碳化合物，三碳化合物与 EMP 途径联系，二碳化合物进入三羧酸循环。

许多研究结果证明，在谷氨酸产生菌中存在上述两个代谢途径。例如，1960 年对黄色短杆菌（*Brev. flavum*）No. 2247 菌株和 1961 年对扩展短杆菌（*Brev. Linens*）的研究，都发现了 EMP 途径和 HMP 途径中的酶，如己糖激酶、己糖磷酸异构酶、磷酸己糖激酶、醇醛缩酶、3-磷酸甘油醛脱氢酶、葡萄糖-6-磷酸脱氢酶和 6-磷酸葡萄糖酸脱氢酶等。

关于 EMP 和 HMP 两个途径在糖酵解中所占的比例，以黄色短杆菌的完整细胞添加亚砷酸作为抑制剂，通气培养时，由葡萄糖-6-^{14}C 和葡萄糖-尿苷酸-^{14}C 生成丙酮酸，结果得到走 EMP 途径和走 HMP 途径的比例是 9∶1。生物素对产氨短杆菌（*Brev. ammoniagenes*）发酵研究的结果表明，生物素充足时 HMP 途径所占比例为 38%，生物素亚适量时，HMP 途径所占比例为 26%，并且添加亚砷酸抑制丙酮酸以后的代谢，这两个值不变，故生物素参与糖代谢的作用是增加糖代谢的速度。

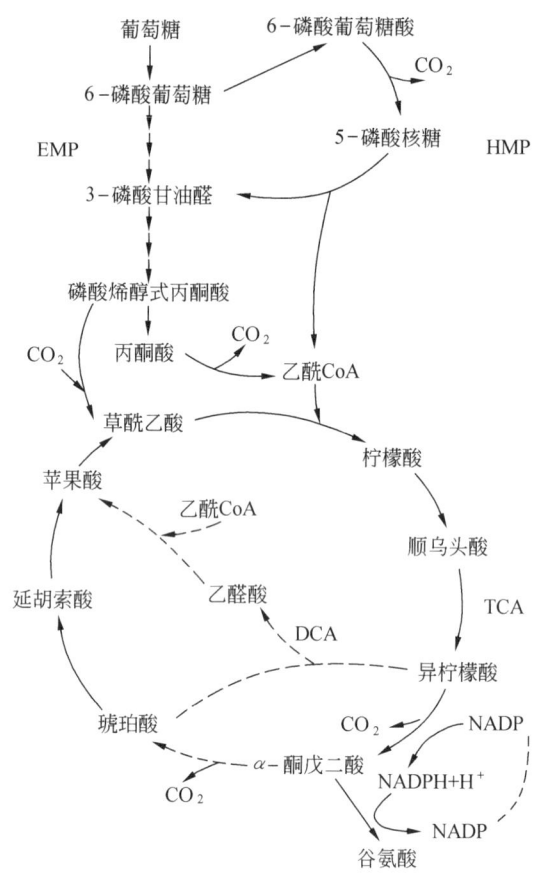

图 5-7 谷氨酸棒杆菌的谷氨酸生物合成途径示意图

（二）TCA、DCA 和 CO_2 固定作用

1. TCA 循环

糖经过 EMP、HMP 途径生成的丙酮酸，在有氧条件下，氧化脱羧生成乙酰 CoA，同时经 CO_2 固定生成草酰乙酸，两者在柠檬酸合成酶催化下生成柠檬酸，进入 TCA 循环。

谷氨酸棒杆菌的谷氨酸发酵与三羧酸循环关系的研究结果，见表 5-3。柠檬酸、顺乌头酸、异柠檬酸几乎定量地生成谷氨酸，证明谷氨酸的生成与 TCA 循环有关。

表 5-3 由二羧酸和三羧酸生成谷氨酸

基 质	谷氨酸生成量($\mu mol/L$)	
	嫌 气	好 气
NH_4^+ + 葡萄糖	0.0	55.0
NH_4^+ + 葡萄糖 + α-酮戊二酸	14.2	64.4
NH_4^+ + 葡萄糖-6-磷酸	0.0	0.0
NH_4^+ + 葡萄糖-6-磷酸 + α-酮戊二酸	27.2	4.4
NH_4^+ + 葡萄糖酸	0.0	0.0
NH_4^+ + 葡萄糖酸 + α-酮戊二酸	10.4	6.8
NH_4^+ + 延胡索酸	0.0	7.5
NH_4^+ + 延胡索酸 + α-酮戊二酸	21.0	10.4
NH_4^+ + 琥珀酸 + α-酮戊二酸	6.8	0.0
NH_4^+ + 琥珀酸	0.0	0.0
NH_4^+ + 苹果酸	0.0	5.4
NH_4^+ + 苹果酸 + α-酮戊二酸	9.0	6.8
NH_4^+ + 柠檬酸	85.0	49.0
NH_4^+ + 柠檬酸 + α-酮戊二酸	88.0	53.0
NH_4^+ + 顺乌头酸	81.0	48.5
NH_4^+ + 顺乌头酸 + α-酮戊二酸	85.0	49.0
NH_4^+ + 异柠檬酸	89.0	51.0
NH_4^+ + 异柠檬酸 + α-酮戊二酸	91.0	56.0
NH_4^+ + α-酮戊二酸	9.0	0.0

实验条件:磨碎细胞 100mg,NH_4Cl 200μmol,基质 100μmol,磷酸缓冲溶液 350μmol(pH = 7.8),定容 5.0mL,37℃下反应 8h。嫌气条件:顿堡管(真空),好气条件:振荡。

合成谷氨酸时,TCA 循环中的某些酶,如柠檬酸合成酶、乌头酸酶、异柠檬酸脱氢酶等是必需的。在黄色短杆菌中柠檬酸合成酶是谷氨酸生物合成途径中的最初酶,但它不受谷氨酸和 α-酮戊二酸抑制,顺乌头酸有特异的抑制作用,5mmol/L 顺乌头酸在 pH = 7.0 时抑制酶活力的 90%。草酰乙酸对顺乌头酸的抑制有拮抗作用,5mmol/L ATP 抑制酶活力的 50%,在低浓度时与顺乌头酸显示协同作用。乙酰 CoA 对 ATP 的抑制作用有部分拮抗,异柠檬酸脱氢酶不仅催化 α-酮戊二酸的合成,而且提供 α-酮戊二酸还原氨基化生成谷氨酸所必需的 NADPH + H^+,此酶受乙醛酸或草酰乙酸的微弱抑制,而两者都在低浓度下表现强烈的抑制作用。

α-酮戊二酸脱氢酶在谷氨酸生物合成中是非常重要的。该酶的活力很弱,使糖代谢流进入 TCA 循环后受阻在 α-酮戊二酸处,在有 NH_4^+ 存在下,由谷氨酸脱氢酶催化还原氨基化生成谷氨酸。

2. DCA 循环

在谷氨酸发酵中,DCA 循环一方面可以作为 TCA 循环有缺陷时 C_4 二羧酸的补充,特别是以醋酸和乙醇为原料的谷氨酸发酵,它是 C_4 二羧酸的唯一补充来源,另一方面也作为能量供给来源的末端氧化系。但是,在糖质原料的谷氨酸发酵中,在谷氨酸生成期,如果葡萄糖先转化为醋酸,再由 DCA 循环提供 C_4 二羧酸合成谷氨酸,则谷氨酸对糖的转化率就大为

减少,其反应如下:

$$3C_6H_{12}O_6 \longrightarrow 6\text{ 丙酮酸} \longrightarrow 6\text{ 醋酸} + 6CO_2$$
$$6\text{ 醋酸} + 2NH_3 + 3O_2 \longrightarrow 2C_5H_9O_4N + 2CO_2 + 6H_2O$$

则 3mol 葡萄糖生成 2mol 谷氨酸,谷氨酸对糖的理论转化率仅为 54.4%,因此,在以葡萄糖为原料的谷氨酸发酵时应关闭 DCA 循环。

黄色短杆菌的异柠檬酸脱氢酶和异柠檬酸裂解酶的 K_m 值分别为 0.01mmol/L 和 0.8mmol/L,当菌体内异柠檬酸浓度低时,异柠檬酸代谢进入 TCA 循环。以醋酸为唯一碳源的菌体实验,有机酸浓度低到需要 DCA 循环运转的时候,由异柠檬酸裂解酶催化生成的乙醛酸与细胞内的草酰乙酸共同抑制异柠檬酸脱氢酶,代谢由 TCA 循环转为 DCA 循环。而 DCA 循环的运转导致有机酸过剩,异柠檬酸裂解酶被抑制,乙醛酸浓度下降,解除对异柠檬脱氢酶的抑制,TCA 循环运转,DCA 循环停止运转。

3. CO_2 固定作用

在谷氨酸发酵培养基中供给 $NaH^{14}CO_3$ 时,可发现标记 $^{14}CO_2$ 掺入到谷氨酸的 α-羧基,说明草酰乙酸的补充是通过 CO_2 固定反应来完成的。在谷氨酸产生菌中已检出两种 CO_2 固定反应酶:磷酸烯醇丙酮酸(PEP)羧化酶和苹果酸酶。

$$PEP + CO_2 + GDP \xrightleftharpoons{PEP\text{ 羧化酶}} \text{草酰乙酸} + GTP$$

$$\text{丙酮酸} \xrightleftharpoons[\pm CO_2]{\text{苹果酸酶}} \text{苹果酸} \xrightleftharpoons[NAD^+ \quad NADH+H^+]{\text{苹果酸脱氢酶}} \text{草酰乙酸}$$

当黄色短杆菌以葡萄糖为唯一碳源时,葡萄糖生成的 PEP 分别经分解途径和 CO_2 固定生成乙酰 CoA 和草酰乙酸。PEP 羧化酶对 PEP 的表观亲和力约是丙酮酸激酶的 1/10,当 PEP 的浓度低时,PEP 羧化酶不被乙酰 CoA 和二磷酸果糖激活,PEP 进入分解途径;当乙酰 CoA 浓度增加时,与二磷酸果糖共同将 PEP 羧化酶激活,代谢转向 CO_2 固定。另外,增加 TCA 循环的中间产物浓度,可认为与其保持平衡的天冬氨酸浓度增加,反馈抑制 PEP 羧化酶,代谢又转向分解途径,防止了草酰乙酸的过剩。当乙酰 CoA 被氧化,则使 ATP 水平提高,结果是丙酮酸激酶受 ATP 抑制,PEP 又转向 CO_2 固定。当生物合成和需能反应使 ATP 浓度降低时,则 ATP 对丙酮酸激酶的抑制被解除,此酶被 AMP 激活,使乙酰 CoA 生成量增加。

因此,在谷氨酸合成中,糖的分解代谢途径与 CO_2 固定的适当比例是提高谷氨酸产率的关键,有人选育丙酮酸脱氢酶活力低的菌株来提高谷氨酸产率。

(三)氨的导入

谷氨酸发酵是氮素同化发酵。氨的导入是氨基酸发酵最基本的过程:

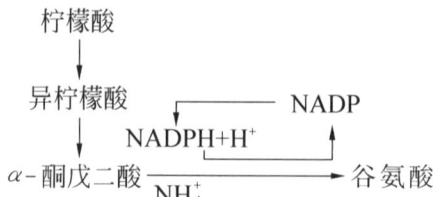

从谷氨酸生物合成途径可知,氨的导入有三种方式:一是糖代谢中间体α-酮戊二酸还原氨基化生成谷氨酸;二是由天冬氨酸或丙氨酸通过氨基转移作用将氨基转给α-酮戊二酸而生成;三是谷氨酸合成酶途径。但是,谷氨酸产生菌中天冬氨酸酶和丙氨酸脱氢酶活力很低,转氨途径并不重要。

谷氨酸产生菌的无细胞提取液在不供应外源 $NADPH+H^+$ 的条件下,可以将柠檬酸、乌头酸和异柠檬酸几乎完全转化为谷氨酸,但不能把α-酮戊二酸转化为谷氨酸,这是因为需要 NADP 为辅酶的异柠檬酸脱氢酶和需要 $NADPH+H^+$ 为辅酶的谷氨酸脱氢酶形成了前述共轭反应:异柠檬酸脱氢酶不仅催化了α-酮戊二酸的生成,提供了合成谷氨酸的前体物质,且为催化α-酮戊二酸还原氨基化的谷氨酸脱氢酶提供了所必需的辅酶 $NADPH+H^+$。在活细胞中,异柠檬酸脱氢酶活性总比谷氨酸脱氢酶低,所以 NADP 和 $NADPH+H^+$ 两者之中,NADP 浓度是实际上的限速因子,决定了谷氨酸的产量。

在黄色短杆菌中,谷氨酸脱氢酶对α-酮戊二酸和谷氨酸表现出同促相互作用,低浓度的α-酮戊二酸和谷氨酸对此酶有显著的激活作用。谷氨酸的生成反应被反应产物谷氨酸所抑制,而逆反应又被 NH_4^+ 和α-酮戊二酸所抑制,不受其他 TCA 循环中间产物和氨基酸的影响。当谷氨酸浓度为 100mmol/L 时,抑制酶活力为 65%,浓度为 400mmol/L 时,抑制酶活力为 90%,这比其他反馈抑制要弱,因而在谷氨酸发酵中从菌体内游离出来的谷氨酸浓度要高,可以认为这个调节机制对谷氨酸生产起重要作用。

在谷氨酸发酵中,糖代谢除受生物素控制外,也受 NH_4^+ 的影响。使用生物素缺乏菌,当 NH_4^+ 存在时,葡萄糖很快的消耗而生成谷氨酸;当 NH_4^+ 不存在时,糖的消耗速度很慢,生成物是α-酮戊二酸、丙酮酸、醋酸和琥珀酸。研究表明,在 NH_4^+ 存在下,葡萄糖消耗量和氧吸收量之比约为 1∶1,但 NH_4^+ 不存在时,此比值一开始就为 2∶1,而且两种情况下的呼吸熵(RQ)也不同。而在生物素充足时,NH_4^+ 几乎不影响糖代谢。

细菌谷氨酸合成酶途径,如图 5-8 所示。这一途径合成谷氨酸需多耗费 1 分子 ATP,该酶的 $K_m^{NH_4^+}$ 只有谷氨酸脱氢酶的 1/10,即该酶对 NH_4^+ 的亲和力比谷氨酸脱氢酶强得多。当环境中 NH_4^+ 含量很低时,可由该途径合成谷氨酸。当细胞内的谷氨酸浓度较高时,反馈抑制谷氨酸脱氢酶活性(50mmol/L 谷氨酸抑制酶活力 50%),但不抑制谷氨酸合成酶的活性,从而继续合成谷氨酸。

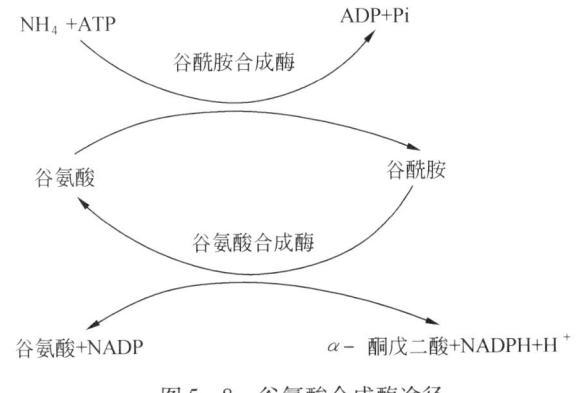

图 5-8 谷氨酸合成酶途径

二、细胞膜通透性调控

综上所述,谷氨酸生物合成过程畅通和酶活性调节适当对谷氨酸发酵是很重要的,但是细胞膜的谷氨酸通透性似乎更为重要。

表 5-4 为黄色短杆菌 No.2247 分别在生物素贫乏(3μg/L)和生物素充足(30μg/L)的培养基中培养,然后分析培养基和菌体内氨基酸的含量。从表 5-4 可知:①在生物素贫乏的培养基中积累大量谷氨酸,而在生物素充足的培养基中几乎不积累谷氨酸;②在生物素贫乏的细胞内谷氨酸含量少,且容易被洗出,在生物素充足的细胞内含有大量谷氨酸,且不易被洗出,只有用表面活性剂处理才能洗出。其实,不产谷氨酸菌株和产谷氨酸突变株的无细胞抽提液酶活力没有明显差别。在生物素充足时,添加聚氧乙烯山梨糖醇酐棕榈酸酯等表面活性剂可以促进谷氨酸分泌。用溶菌酶消化细胞壁得到的类原生质体仍不能分泌谷氨酸,在低渗溶液中胀破自溶才能排出谷氨酸。这说明了谷氨酸的分泌是由细胞膜控制的。

表 5-4 黄色短杆菌体在不同生物素的培养基中生长时的氨基酸组成分析

氨 基 酸	每10mL培养基中氨基酸量 (μmol)		每100mg菌体氮中氨基酸量(μmol)			
			生物素贫乏		生物素充足	
	生物素贫乏	生物素充足	洗净前	洗净后	洗净前	洗净后
天冬氨酸	26.7	0.5	0.7	0.2	3.6	3.6
谷氨酸	580	3.0	84.4	4.1	179	170
甘氨酸	3.7	1.7	2.3	0.8	2.9	1.9
丙氨酸	24.6	30.3	11.2	0.1	6.0	18.6
缬氨酸	0.4	1.1	3.8	1.6	19.2	6.8
亮氨酸	0.9	1.3	0.6	0.3	1.5	1.2
异亮氨酸	0.6	0.6	0.4	0.2	1.2	0.8
脯氨酸	0	0	3.0	0.1	1.8	1.1
苯丙氨酸	0	0	0.9	0.3	0.4	0.5
酪氨酸	0	0	0.3	0	0.3	0.2
色氨酸	0	0	0	0	0	0
丝氨酸	0	0	7.5	0.8	6.3	3.6
苏氨酸	0.2	0.1	1.3	0.3	1.4	1.1
蛋氨酸	0	0	0.4	0	0.5	0.5
胱氨酸	0	0	0	0	0	0
精氨酸	0	0	1.7	0.2	1.5	1.6
组氨酸	0	0	0.6	0.2	1.0	0.3
赖氨酸	0.5	0.4	1.3	0.6	14.8	13.2

利用甘油缺陷型菌株以正十六烷生产谷氨酸时,发现在积累谷氨酸的细胞内油酸或不饱和脂肪酸总量比不积累谷氨酸的细胞多,这与用糖或醋酸原料生产谷氨酸时细胞内油酸或不饱和脂肪酸少于饱和脂肪酸刚好相反,说明了谷氨酸的通透性并非都是受不饱和脂肪酸含量控制。当添加聚氧乙烯山梨糖醇酐脂肪酸酯于糖蜜培养基中,积累大量谷氨酸,发现在中性类脂中饱和脂肪酸增加,而磷脂和不饱和脂肪酸减少。细胞膜的谷氨酸通透性受细

胞膜的磷脂含量控制，如表5-5所示。饱和脂肪酸对谷氨酸的影响是由于不饱和脂肪酸比例降低，导致磷脂含量减少，细胞分泌谷氨酸的能力增强。细菌细胞的谷氨酸排出控制机制如图5-9所示。

表5-5 细胞膜脂质组成与谷氨酸积累的关系

碳 源	发酵控制法	谷氨酸 (mg/mL)		每克干菌体的脂肪酸酯含量（mg）				饱和脂肪酸/不饱和脂肪酸	每克干菌体脂肪酸酯含量（mg）
		12h	最终	C_{16}	C_{16}^-	C_{18}	C_{18}^-		
葡萄糖	生物素(2.5μg/L)	16.3	66.3	5.01	0.45	0.28	4.76	1.1	13.1
	生物素(20μg/L)	3.9	5.2	7.11	1.03	0.311	11.20	0.66	22.2
糖 蜜	对 照	3.8	5.2	7.37	1.21	0.45	8.79	0.85	24.5
	POEFE (0.15g/mL)	20.5	73.7	5.85	0.75	1.06	4.61	1.37	14.6
	青霉素 (5.00单位/mL)	23.6	69.2	6.55	微	微	8.11	0.89	23.3

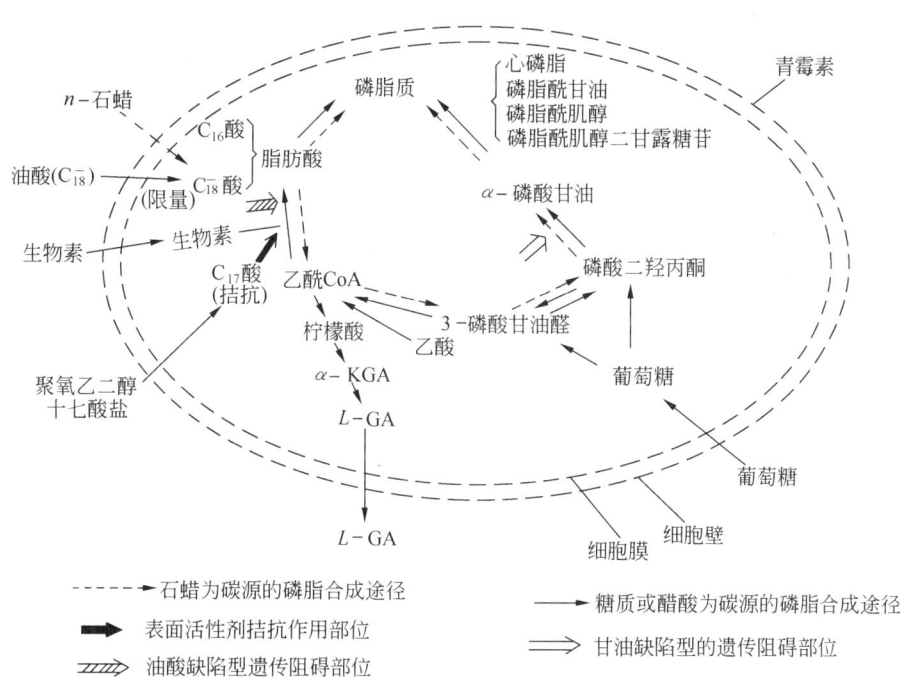

图5-9 细菌细胞的谷氨酸排出控制机制

三、菌种选育

谷氨酸的分泌受细胞膜控制，其主要原因是受细胞膜磷脂含量的影响。因此，提高细胞膜的谷氨酸通透性，必须从控制磷脂的合成着手或者使细胞膜受损伤。磷脂由不饱和脂肪酸、甘油、磷酸和侧链组成,其结构见图5-10。控制磷脂含量可以通过控制油酸的合成、甘油的合成或磷脂的合成来实现。谷氨酸产生菌的选育可从以下几方面进行。

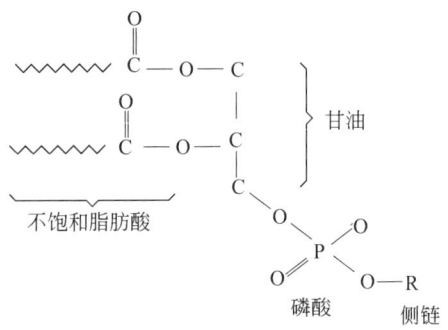

R＝乙醇胺或丝氨酸肌醇或胆碱

图5-10　磷脂的结构

1. 选育生物素缺陷型突变株

生物素是脂肪酸生物合成中乙酰CoA羧化酶的辅酶,该酶催化乙酰CoA合成丙二酰CoA。生物素促进脂肪酸合成,再由脂肪酸合成磷脂,选育生物素缺陷型突变株,阻断生物素合成,限制外源生物素供应量,抑制不饱和脂肪酸合成,使磷脂含量减少,导致细胞膜结构不完整,这样提高了细胞膜的谷氨酸通透性。脂肪酸生物合成途径如图5-11所示。

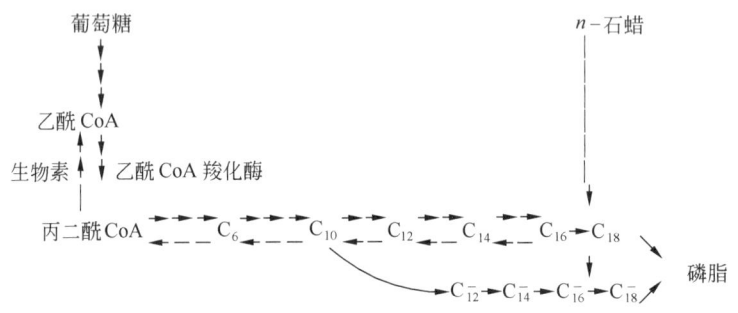

图5-11　脂肪酸生物合成途径

当原料中生物素充足时,可在发酵的适当时间添加饱和脂肪酸的表面活性剂或者添加青霉素,也能大量生成谷氨酸。饱和脂肪酸和它的表面活性剂对生物素有拮抗作用,能阻断不饱和脂肪酸的合成,使磷脂合成受阻,提高了细胞膜的谷氨酸通透性。

添加青霉素也可促进谷氨酸分泌,青霉素的直接作用在于抑制细胞壁的合成。但添加青霉素引起磷脂和UDP-N-乙酰己糖分泌,由此推断谷氨酸分泌增强是由于细胞壁被破坏后,细胞膜失去细胞壁的保护而发生继发性变化。

2. 选育油酸缺陷型突变株

不饱和脂肪酸是磷脂的组成成分。选育油酸缺陷型突变株,阻断不饱和脂肪酸的合成,并限制外源供给量,就可限制磷脂的合成。现已得到许多株油酸缺陷型突变株,应用到高含量生物素培养基中产谷氨酸达90g/L。

3. 选育甘油缺陷型突变株

甘油也是磷脂的组成成分。选育甘油缺陷型突变株,阻断甘油的合成,并限制外源供给量,就可限制磷脂的合成。Kukuhi等从溶烷棒杆菌选育得一株甘油缺陷型G-21,以葡萄糖、醋酸、乙醇或$C_{12}\sim C_{15}$烷为碳源,分别生成谷氨酸18.6g/L、30g/L、32.5g/L和72g/L。该菌株缺失甘油-3-磷酸NAD(P)氧化还原酶,由磷酸二羟丙酮合成α-甘油磷酸的途径被阻断。

4. 选育温度敏感突变株

当磷脂本身的合成发生障碍,磷脂的含量就会降低。由于磷脂结构复杂,又是细胞膜的必要组成成分,所以磷脂合成障碍必须是条件性突变型,如温度敏感型突变株才可能存活,反之,从温度敏感型突变株中可找到细胞膜合成有缺损的突变株。根据这一设想,Momonse 从大量温度敏感型突变体中得到若干株,先在较低温度下培养若干小时,再转至较高温度下培养几十小时,则即使在生物素丰富的培养基也能分泌谷氨酸。

5. 选育其他突变株

近年来,有许多关于营养缺陷型、抗药性突变株和敏感性突变株的谷氨酸产量比亲株高的报道,如表5-6和表5-7所示。

表5-6 抗药性突变株的谷氨酸生产

药 物	菌 种	碳 源	转化率(%)	
			亲株	突变株
氟乙酸 丙二酸	乳糖发酵短杆菌	葡萄糖 糖 蜜 乙 酸 乙 醇	48 58 45 60	54 63 50 64
氟乙酸 丙二酸	谷氨酸棒杆菌	葡萄糖 糖 蜜 乙 酸	45 54 40	48 57 43
苯丙氨酸类似物	大肠杆菌	葡萄糖		1.65
S-2-氨乙基-L-胱氨酸(AEC)	乳糖发酵短杆菌	葡萄糖		56
2,6-吡啶二羧酸	乳糖发酵短杆菌	葡萄糖	50	54
赖氨酸羟肟	大肠杆菌	葡萄糖		0.78
三甲黄嘌呤 NaF 氮杂丝氨酸	谷氨酸棒杆菌	葡萄糖	4.2	5.1
双香豆素	黄色短杆菌	葡萄糖		32
谷氨酸类似物	乳糖发酵短杆菌	葡萄糖	52	55
胍	谷氨酸棒杆菌	葡萄糖		1.75
青霉素	解烃棒杆菌	正烷烃	1.2	4.0

表5-7 其他突变株的谷氨酸生产

突变株特点	菌 种	碳 源	产量或转化率(%)	
			亲 株	突变株
乙酸缺陷型	谷氨酸缺陷型	葡萄糖		61
二氨基庚二酸缺陷型	巨大芽孢杆菌	葡萄糖	0.1	0.5
溶菌酶敏感	KY9015			1.4
丙酮酸脱氢酶活力低	乳糖发酵短杆菌	葡萄糖	52	55
棕榈酰谷氨酸敏感	乳糖发酵短杆菌	葡萄糖		56

第三节 赖氨酸发酵机制

一、赖氨酸生物合成途径

赖氨酸作为重要的氨基酸,其合成与蛋氨酸、异亮氨酸、苏氨酸、胱氨酸等一样,都是经过天冬氨酸进一步合成的,因此将它们归类为天冬氨酸族氨基酸。它们具有相关的合成途径,其在细菌中的生物合成途径是在 1950 年以后逐渐被阐明的。细菌中的赖氨酸生物合成途径如图 5-12 所示。它是葡萄糖经酵解途径生成丙酮酸,丙酮酸经 CO_2 固定和氧化脱羧进入三羧酸循环,生成草酰乙酸,再经氨基化反应生成天冬氨酸。天冬氨酸在天冬氨酸激酶和天冬氨酸-β-半醛脱氢酶催化下生成天冬氨酸-β-半醛,然后分成两路,一方面在二氢吡啶二羧酸(DDP)合成酶等一系列酶催化下生成赖氨酸,另一方面在高丝氨酸脱氢酶催化下生成高丝氨酸,又分为两路:一路在琥珀酰高丝氨酸合成酶等一系列酶催化下生成蛋氨酸,另一路在高丝氨酸激酶等酶催化下生成苏氨酸,苏氨酸又在苏氨酸脱氨酶等催化下生成异亮氨酸。

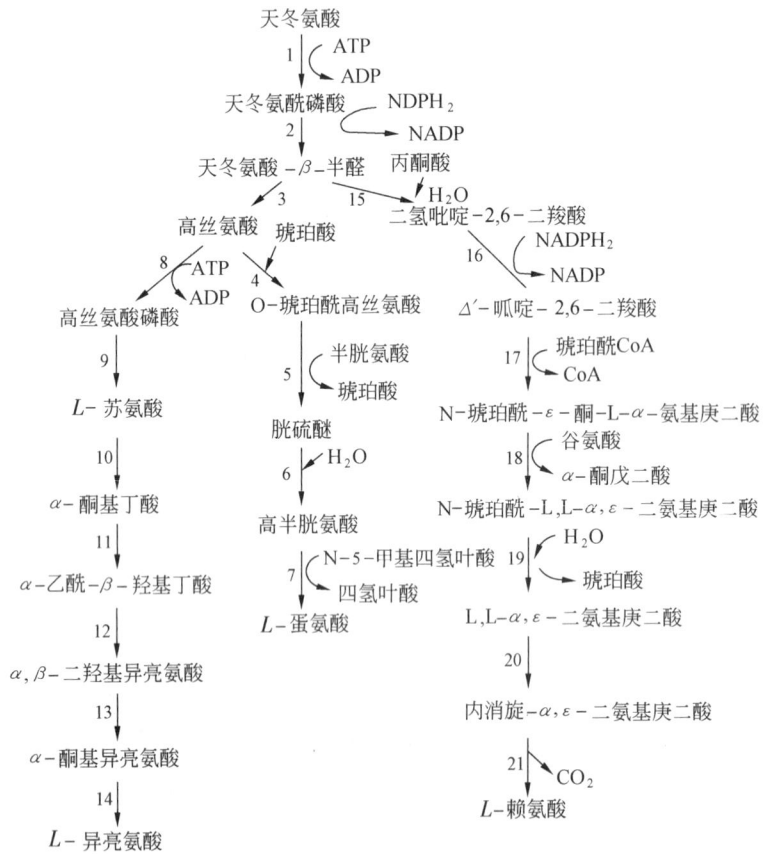

图 5-12 细菌中的赖氨酸生物合成途径

1—天冬氨酸激酶;2—天冬氨酸-β-半醛脱氢酶;3—高丝氨酸脱氢酶;4—琥珀酰高丝氨酸合成酶;5—胱硫醚合成酶;6—胱硫醚酶;7—蛋氨酸合成酶;8—高丝氨酸激酶;9—苏氨酸合成酶;10—苏氨酸脱氨酶;11—乙酰羟基合成酶;12—二羟基酸还原异构酶;13—二羟基酸脱水酶;14—转氨酶 B;15—二氢吡啶二羧酸合成酶;16—二氢吡啶二羧酸还原酶;17—N-琥珀酰-ε-酮-L-α-氨基庚二酸合成酶;18—琥珀酰二氨基庚二酸转氨酶;19—琥珀酰二氨基庚二酸脱酰酶;20—二氨基庚二酸差向异构酶;21—二氨基庚二酸脱羧酶

二、细菌的赖氨酸发酵机制

细菌中天冬氨酸族氨基酸生物合成途径是相同的,但其调节机制是多种多样的。下面主要讲述天冬氨酸族氨基酸中具有代表性的赖氨酸的调节机制。

大肠杆菌K12中天冬氨酸族氨基酸生物合成调节机制如图5-13所示。途径中第一个酶——天冬氨酸激酶(AK)是一个关键酶,它由三种同功酶组成,其中一种(AKⅠ)的相对分子质量为360 000,以具有相对分子质量86 000的亚基的四聚体形式存在,它专一性地受苏氨酸和异亮氨酸的多价抑制和阻遏。第二种(AKⅡ)的相对分子质量为170 000,以具有相对分子质量43 000的亚基的四聚体形式存在,此酶的合成受蛋氨酸专一性阻遏。第三种(AKⅢ)的相对分子质量为127 000,它不是复合酶,受赖氨酸专一性抑制和阻遏。天冬氨酸-β-半醛(ASA)脱氢酶虽无变构调节作用,但它专一性地受赖氨酸不完全抑制。通向赖氨酸合成分支途径的第一个酶——DDP合成酶受赖氨酸反馈抑制,二氨基庚二酸(DAP)脱羧酶的合成受赖氨酸阻遏。通向苏氨酸和蛋氨酸合成途径的第一个酶——高丝氨酸脱氢酶(HD)也有两种同功酶,其中一种(HDⅠ)受苏氨酸反馈抑制,另一种(HDⅡ)受蛋氨酸阻遏,已发现AKⅠ与HDⅠ、AKⅡ与HDⅡ分别为同一蛋白质携带的双功酶。

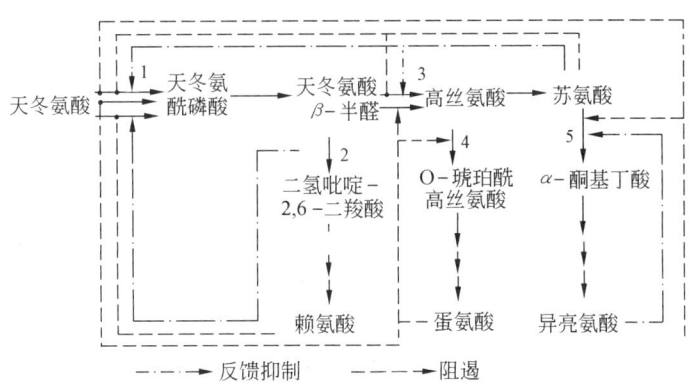

图5-13 大肠杆菌K12中天冬氨酸族氨基酸生物合成调节机制
1—天冬氨酸激酶;2—二氢吡啶-3,6-二羧酸;
3—高丝氨酸脱氢酶;4—琥珀酰高丝氨酸合成酶;5—苏氨酸脱氨酶

黄色短杆菌、谷氨酸棒杆菌和乳糖发酵短杆菌等的赖氨酸生物合成调节机制比大肠杆菌简单得多。这些细菌只有一种天冬氨酸激酶。在黄色短杆菌和谷氨酸棒杆菌中,AK是变构酶,具有两个变构部位,可以与终产物结合,受终产物影响。当只有一种终产物(赖氨酸或苏氨酸)与酶变构部位结合时,酶活性不受影响;当有两种终产物(赖氨酸和苏氨酸)同时过量存在,即两种终产物同时与酶两个变构部位结合时,酶的活性受到抑制,如表5-8所示。这种终产物的反馈抑制称为协同反馈抑制,如图5-14所示。在代谢途径第一个分支点,由于高丝氨酸脱氢酶活性比DDP合成酶高约15倍,所以代谢优先向合成高丝氨酸方向进行。在第二个分支点,由于琥珀酰高丝氨酸合成酶活性比高丝氨酸激酶高,代谢优先向合成蛋氨酸方向进行。当蛋氨酸过剩时,阻遏琥珀酰高丝氨酸合成酶的合成,代谢流转向合成苏氨酸方向进行。当异亮氨酸过剩时,反馈抑制苏氨酸脱氨酶的活性,就积累苏氨酸。由于苏氨酸过剩,反馈抑制高丝氨酸脱氢酶的活性,使代谢流转向合成赖氨酸。赖氨酸和苏氨酸同时过剩,协同反馈抑制天冬氨酸激酶的活性,使整个生物合成停止。这两种菌的赖氨酸生物合成分支途径第一个酶(DDP 合成酶)和第二个酶(DDP 还原酶)均不受赖氨酸反馈抑制和阻遏。据报道，黄色短杆菌的磷酸烯醇丙酮酸羧化酶的活性受天冬氨酸抑制，这种抑制作用因 α-酮戊二酸的存在而增强，为乙酰 CoA 所逆转，如图 5-15 所示，同时，天冬氨酸-β-半醛脱氢酶的活性受丝氨酸抑制，10mmol 丝氨酸抑制酶活性 40%。

表 5-8 黄色短杆菌的 AK 受赖氨酸和苏氨酸的抑制情况

添加物	添加量(mmol)	酶活性比(%)
无		100
赖氨酸	1	80
赖氨酸	5	45
苏氨酸	1	88
苏氨酸	5	65
赖氨酸 + 苏氨酸	各 1	6
赖氨酸 + 苏氨酸	各 5	1

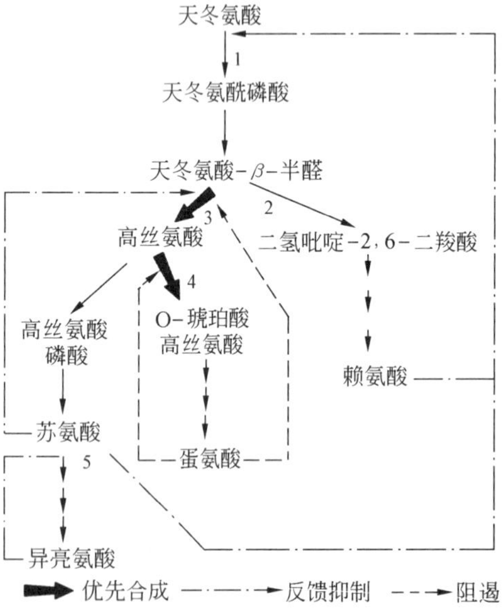

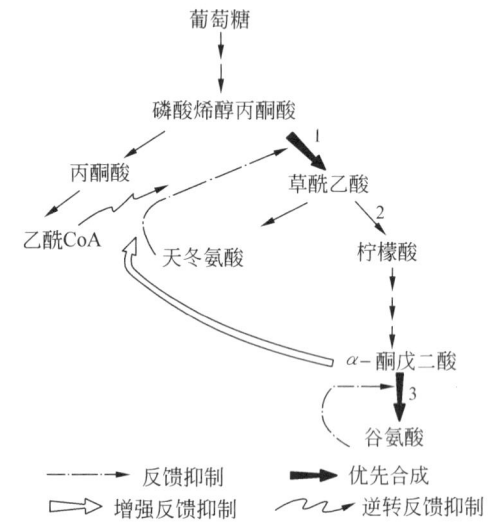

图 5-14 黄色短杆菌赖氨酸生物合成调节机制
1—天冬氨酸激酶；2—DDP 合成酶；3—高丝氨酸脱氢酶；4—琥珀酰高丝氨酸合成酶；5—苏氨酸脱氢酶

图 5-15 黄色短杆菌中谷氨酸、天冬氨酸生物合成调节机制
1—磷酸烯醇丙酮酸羧化酶；2—柠檬酸合成酶；3—谷氨酸脱氢酶

图 5-16 表示乳糖发酵短杆菌的赖氨酸生物合成调节机制。在合成途径的第一分支点，由于 HD 对天冬氨酸-β-半醛的亲和力比 DDP 合成酶大 4～8 倍，因此代谢也优先向苏氨酸和蛋氨酸方向进行，而以下几方面与黄色短杆菌是不同的。

(1) AK 受赖氨酸或赖氨酸 + 苏氨酸的反馈抑制。1mmol 苏氨酸抑制酶活力 41%，1mmol 赖氨酸抑制酶活力 45%，两者均存在 1mmol 时，则抑制酶活力 82%。

(2) 存在代谢互锁。DDP 合成酶的合成受亮氨酸阻遏，10mmol 亮氨酸完全抑制酶的合成。DDP 还原酶的活性受半胱氨酸和丙氨酸抑制，例如 10mmol 半胱氨酸抑制酶活力 56%，10mmol 丙氨酸抑制酶活力 47%。

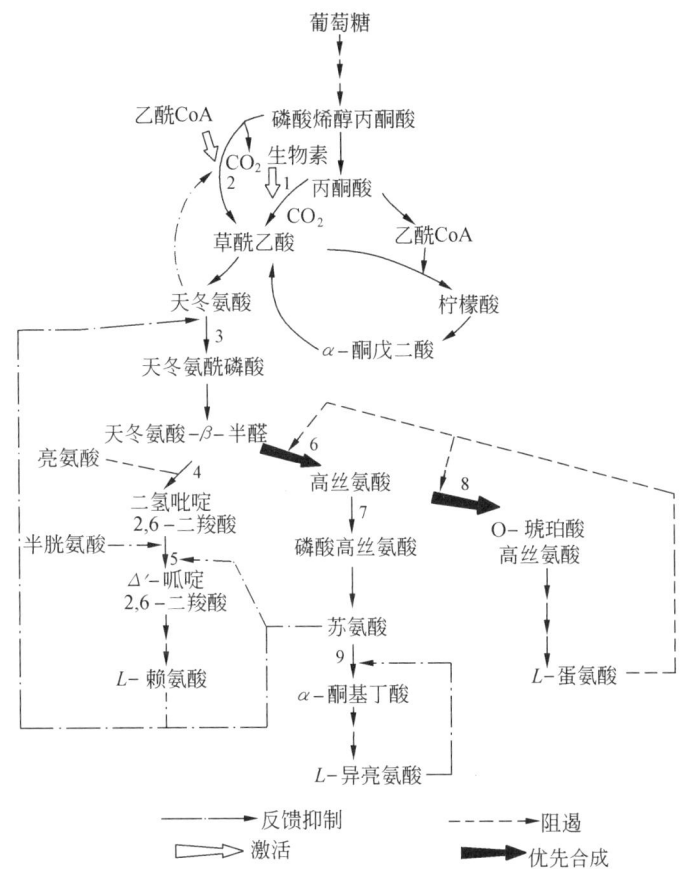

图5-16 乳糖发酵短杆菌的赖氨酸生物合成调节机制

1—丙酮酸羧化酶;2—磷酸烯醇丙酮酸羧化酶;3—天冬氨酸激酶;4—DDP合成酶;5—DDP还原酶;6—高丝氨酸脱氢酶;7—高丝氨酸激酶;8—琥珀酰高丝氨酸合成酶;9—苏氨酸脱氨酶

三、酵母和霉菌的赖氨酸发酵机制

酵母和霉菌合成赖氨酸是经 α-氨基己二酸途径。首先,由 α-酮戊二酸和乙酰 CoA 缩合生成同型柠檬酸,如图 5-17 所示。此后,生成 α-氨基己二酸的一连串反应类似于三羧酸循环(TCA),可以说是以所谓同型 TCA 循环途径进行的,只是它们生物合成赖氨酸的酶和 TCA 循环中的酶完全两样,已经证实是同型柠檬酸合成酶和同型顺乌头酸酶。α-氨基己二酸是由 α-酮戊二酸和谷氨酸进行氨基转移生成的。α-氨基己二酸先被 ATP 活化成 δ-腺嘌呤衍生物,在 $NADH_2$ 存在情况下,再还原成 α-氨基己二酸-β-半醛,再转变成酵母氨酸,酵母氨酸在以 NAD 为辅酶的酵母氨酸脱氢酶的作用下,转变成赖氨酸和 α-酮戊二酸。在此途径中,通过最终反应生成赖氨酸和起始反应底物 α-酮戊二酸,推断是以循环方式进行的。

α-氨基己二酸途径中的调节机制如表 5-9 所示。在酿酒酵母中,同型柠檬酸合成酶存在两种同功酶(HS Ⅰ、HS Ⅱ),它们都受赖氨酸相同程度的抑制,而 HS Ⅰ 较易受赖氨酸阻遏。薄膜假丝酵母的同型柠檬酸合成酶也存在两种同功酶,但是只有 HS Ⅱ 受赖氨酸反馈抑制。在解脂复膜孢酵母中没有发现这种同功酶,它的同型柠檬酸合成酶强烈地被赖氨酸反

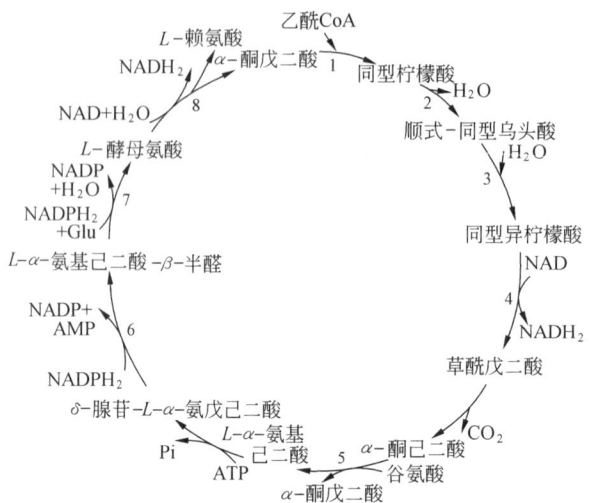

图 5-17 酵母、霉菌中的赖氨酸生物合成途径

1—同型柠檬酸合成酶;2—同型顺乌头酸水解酶;3—同型顺乌头酸酶;4—同型异柠檬酸脱氢酶;
5—α-氨基己二酸转氨酶;6—α-氨基己二酸还原酶;7—α-氨基己二酸半醛-谷氨酸还原酶;8—
酵母氨酸脱氢酶

馈抑制。产黄青霉菌的同型柠檬酸合成酶受赖氨酸和青霉素 G 协同反馈抑制。

表 5-9 酵母、霉菌中的赖氨酸生物合成酶系的调节

酶	微生物	阻遏物	抑制物
同型柠檬酸合成酶	粗糙脉孢菌	赖氨酸	赖氨酸
	酿酒酵母		
	解脂复膜孢酵母		赖氨酸
	薄膜假丝酵母		
	产黄青霉菌		赖氨酸 + 青霉素 G

采用酵母的赖氨酸直接发酵法生产饲料用酵母,由于赖氨酸生物合成体系中没有分支途径,也就不存在其他代谢产物的控制。以薄膜假丝酵母为出发菌株,通过亚硝基胍和 5 次紫外线处理,获得抗 AEC 突变株 SR-V-1263,其赖氨酸产量为 3.2g/L。经同样方法处理酿酒酵母获得抗 AEC 突变株 AEC 45-12,其赖氨酸产量为 45mg/L。

四、菌种选育

首先是出发菌株的选择,应该选择代谢调节机制比较简单的细菌作为出发菌株,如黄色短杆菌、谷氨酸棒杆菌和乳糖发酵短杆菌等。然后根据菌株特性,从以下几方面选育赖氨酸产生菌。

1. 优先合成的转换——渗漏缺陷型的选育

在黄色短杆菌野生型中,赖氨酸生物合成途径第一分支处,由于高丝氨酸脱氢酶的活性比 DDP 合成酶高 15 倍,代谢流优先转向合成苏氨酸方向。如果降低高丝氨酸脱氢酶的活性,代谢流就会转向优先合成赖氨酸。当高丝氨酸脱氢酶活性很低,所合成的苏氨酸就少,不足以与赖氨酸共同对天冬氨酸激酶活性产生协同反馈抑制作用,这样就会过量积累赖氨酸。

日本椎尾等将黄色短杆菌 No.2247 经亚硝胍处理,获得一批苏氨酸或蛋氨酸敏感突变

株,能积累赖氨酸 25g/L。此突变株的高丝氨酸脱氢酶活性仅为野生株的 1/30,即为高丝氨酸脱氢酶渗漏缺陷型。当培养液中苏氨酸或蛋氨酸质量浓度超过 100μg/mL 时,该菌种生长就被抑制。这是因为活性很低的高丝氨酸脱氢酶容易受苏氨酸抑制或蛋氨酸阻遏,相应地造成苏氨酸或蛋氨酸缺乏,从而抑制生长。

2. 切断支路代谢——营养缺陷型的选育

由于赖氨酸单独对自身合成途径中的酶没有调节作用的细菌,如黄色短杆菌和谷氨酸棒杆菌,对天冬氨酸激酶的反馈抑制是赖氨酸+苏氨酸的协同反馈抑制作用。通过诱变使高丝氨酸脱氢酶缺失,切断通向苏氨酸、蛋氨酸的代谢流,控制培养液中高丝氨酸(或苏氨酸+蛋氨酸)的量,降低苏氨酸质量浓度,解除赖氨酸+苏氨酸对天冬氨酸激酶的协同反馈抑制作用,因而能够过量积累赖氨酸。谷氨酸棒杆菌的高丝氨酸缺陷型菌株在培养基中控制高丝氨酸量为 0.4mg/mL 时,可积累赖氨酸盐 13g/L。Shiio 等将黄色短杆菌 No.2247 经 X 射线和 MNNG 处理获得高丝氨酸缺陷型,菌株的赖氨酸盐产量达 42g/L。

由于应用营养缺陷型或渗漏缺陷型菌种培养时受物质浓度的影响很大,如图 5-18 为苏氨酸质量浓度对各种突变株的赖氨酸盐生成量的影响,从图 5-18 可知采用代谢调节突变株时,赖氨酸生成受苏氨酸显著影响。

3. 抗结构类似物突变株的选育

选育抗结构类似物突变株,可以遗传性地解除终产物对自身合成途径酶的调节控制,不受培养基中所要求物质的浓度影响,生产比较稳定。赖氨酸发酵育种中所使用的结构类似物如表 5-10 所示,其中 S-(2-氨基乙基)-L-半胱氨酸(AEC)的效果最佳。

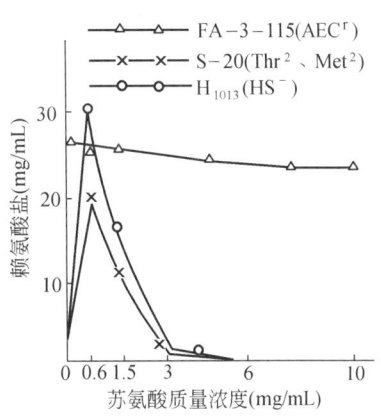

图 5-18 苏氨酸质量浓度对赖氨酸盐生成量的影响

表 5-10 赖氨酸发酵育种中所使用的结构类似物

类　　别	类　似　物　名　称	缩　写
赖氨酸结构类似物	S-(2-氨基乙基)-L-半胱氨酸	AEC
	γ-甲基赖氨酸	ML
	苯酯基赖氨酸	CBL
	α-氯己内酰胺	CCL
	α-氟己内酰胺	FCL
	α-氨基月桂基内酰胺	ALL
	L-赖氨酸氧肟酸	LysHx
苏氨酸结构类似物	α-氨基-β-羟基戊酸	AHV
	邻甲基苏氨酸	OMT
	苏氨酸氧肟酸	ThrHx
亮氨酸结构类似物	α-噻唑丙氨酸	α-TA
	亮氨酸氧肟酸	LeuHx
	α-噻唑亮氨酸	α-TL
	β-羟基亮氨酸	β-HL

赖氨酸结构类似物起假反馈抑制作用。因为赖氨酸结构类似物的结构与赖氨酸相似（见表 5-10），为天冬氨酸激酶所误认，与苏氨酸在天冬氨酸激酶的变构部位上结合，协同抑制酶的活性。田中等研究了 AEC 对大肠杆菌 A-19、产气杆菌、棒杆菌和该菌的抗 AEC 突变株的生长抑制情况，当培养基中 AEC 质量浓度为 2mg/mL 时，大肠杆菌的生长几乎完全被抑制，而棒杆菌的野生株在 AEC 质量浓度为 5mg/mL 时只有 30% 生长受到抑制，当有等量苏氨酸共存时，抑制作用骤然增大，这种抑制现象可因添加 0.2mg/mL 的赖氨酸而得到解除。如果通过诱变使天冬氨酸激酶对赖氨酸及其结构类似物不敏感，即使有过量苏氨酸存在，该酶也不与赖氨酸及其结构类似物结合，但酶的活性中心不变。图 5-19 为苏氨酸和赖氨酸对 AEC 抗性菌株和原菌株的 AK 活性的抑制情况。例如，黄色短杆菌的抗 AEC 突变株 FA-I-23 的赖氨酸盐产量为 32g/L，乳糖发酵短杆菌的抗 AEC+AHV 突变株产赖氨酸盐 29g/L，而具有抗性的营养缺陷型突变株，其赖氨酸产量显著提高，见表 5-11。

L-赖氨酸：$CH_2(NH_2)-CH_2-CH_2-CH_2-CH(NH_2)COOH$

AEC：$CH_2(NH_2)-CH_2-S-CH_2-CH(NH_2)COOH$

表 5-11 某些赖氨酸产生菌及其产酸能力

菌 种	遗传特征	产量 (g/L)	转化率 (%)	研究者	时间(年)
谷氨酸棒杆菌	Hse$^-$	13	12	K. Nakyama	1961
黄色短杆菌	Thr$^-$、Met$^-$	34	34	K. Sano	1967
黄色短杆菌	Thr^s、Met^s	25	25	I. Shiio	1969
黄色短杆菌	AEC^r	32	32	K. Sano	1970
乳糖发酵短杆菌	AEC^r、AHV^r	29	29	O. Tosaka	1978
黄色短杆菌 A111	AEC^r、Hse$^-$	50~55	30~35	徐所维	1981
钝齿棒杆菌 PI-3-2	AEC^r、Hse$^-$	50	31~35	陈琦	1982
黄色短杆菌	AEC^r、Ileu$^-$	35		久保田浩	1974
乳糖发酵短杆菌	AEC^r、Ala$^-$、Val$^-$	44		久保田浩	1974
乳糖发酵短杆菌	AEC^r、Ala$^-$、CCl^r、ML^r	43	43	久保田浩	1976
乳糖发酵短杆菌	AEC^r、Ala$^-$、CCl^r、ML^r、Eps	48	48	户坂修	1979
乳糖发酵短杆菌	AEC^r、CCl^r、Ala$^-$、tem^s	45	45	户坂修	1981
黄色短杆菌	Cs^l、AEC^r、Hse$^-$、Fp^s	51		I. Shiio	1983
谷氨酸棒杆菌	AEC^r、Hse$^-$、Leu$^-$、Pant$^-$	42	42	中山清	1981
乳糖发酵短杆菌	AEC^r、ML^r、Ala$^-$、Fp^s	70	50	O. Tosaka	1985

注：Hse：高丝氨酸；Thr：苏氨酸；Met：蛋氨酸；AEC：S-(2-氨基-乙基)-L-半胱氨酸；AHV：α-氨基-β-羟基戊酸；CCl：α-氯己内酰胺；ML：γ-甲基赖氨酸；tem：温度；Leu：亮氨酸；Ileu：异亮氨酸；Ala：丙氨酸；Val：缬氨酸；Fp：β-氟代丙酮酸；Pant：泛酸；Cs：柠檬酸合成酶；r：抗性；s：敏感性；-：营养缺陷；l：酶活力。

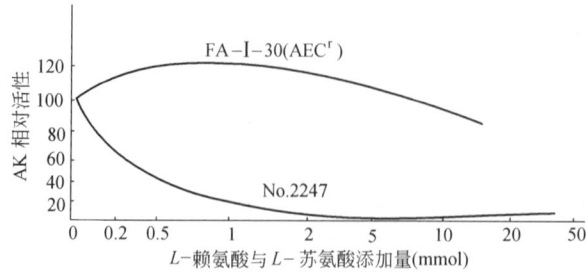

图 5-19 赖氨酸+苏氨酸对黄色短杆菌抗 AEC 株和原株的 AK 活性的影响

4. 解除代谢互锁

在乳糖发酵短杆菌中,赖氨酸的生物合成与亮氨酸之间存在代谢互锁。赖氨酸生物合成分支途径的第一个酶——DDP 合成酶的合成受亮氨酸阻遏,见图 5-19,使丙酮酸通向赖氨酸的代谢受阻,而流向副产物丙氨酸、缬氨酸,使其生成量显著增加,见表 5-12。

解除代谢互锁的方法如下:

(1) 选育亮氨酸缺陷型菌株。选育亮氨酸缺陷型,在培养基中限制亮氨酸浓度,可以解除亮氨酸对 DDP 合成酶的阻遏。例如,以抗 AEC 的赖氨酸产生菌为出发菌株,经诱变得抗 AEC 兼亮氨酸缺陷型,其赖氨酸盐产量为 41g/L,而亲株仅 18g/L。

表 5-12 亮氨酸对 DDP 合成酶的阻遏和氨基酸生成的变化

培 养 基	DDP 合成酶活性[①]	活细胞的氨基酸生成量 (g/L)[②]		
		赖氨酸	缬氨酸	丙氨酸
合成培养基	0.098	8.9	0.4	0.1
合成培养基+亮氨酸(10mmol/L)	0.006	3.7	1.5	0.9

注:①以 1mg 酶蛋白 1min 内丙酮酸消耗量 [mmol/(min·mg)] 表示;
②反应液组成:葡萄糖 20g/L,硫酸铵 10g/L,KH_2PO_4 1g/L,硫酸镁 0.4g/L,氯霉素 200mg/L,$CaCO_3$ 20g/L,pH7.2,32℃下振荡 16h。

(2) 选育抗亮氨酸结构类似物突变株。这从遗传上可解除亮氨酸对 DDP 合成酶的阻遏。例如,由乳糖发酵短杆菌的抗 AEC 兼丙氨酸缺陷型菌株诱变得到抗 AEC 兼丙氨酸缺陷型和抗 2-噻唑丙氨酸(亮氨酸结构类似物)突变株,在葡萄糖和醋酸混合碳源培养基中生成赖氨酸盐 110g/L,而亲株为 70g/L。

(3) 选育苯醌或喹啉衍生物敏感突变株。这是一种寻找亮氨酸渗漏缺陷型菌株的育种方法。醌类衍生物[如 6′-(S)-羧基-3′-硫-7-氮-2,3-环庚酸萘-4,4-苯醌(PX)]、喹啉衍生物[如 5,8-二氧化-6-氨基-7-喹啉(PY)]的赖氨酸敏感突变菌[如 AJ11041(AEC[r] + CCL[r] + ALa[-] + PX[s])、AJ11092(AEC[r] + CCL[r] + PY[s])、AJ11097(AEC[r] + ALa[-] + PX[s]) 和 AJ11098(AEC[r] + ALa[-] + PY[s])] 等在 10% 葡萄糖培养基上产赖氨酸盐的量分别为 47g/L、45g/L、42g/L 和 41g/L。

5. 增加前体物的合成和阻遏副产物的生成

丙酮酸、草酰乙酸和天冬氨酸是赖氨酸合成的前体物,特别是天冬氨酸,其关键酶——天冬氨酸激酶的反应速度与底物天冬氨酸浓度之间呈 S 形曲线关系。随着天冬氨酸浓度的提高,酶与底物的亲和力协同性增强,这一方面可消除变构抑制剂的影响,另一方面使基质用于合成这些前体物而合成赖氨酸。以下为增加前体物合成的方法。

(1) 选育丙氨酸缺陷型。丙酮酸和天冬氨酸是丙氨酸和赖氨酸的共同前体物。选育丙氨酸缺陷型,切断丙酮酸通向丙氨酸的代谢流,使丙酮酸充分地被用于合成天冬氨酸,进而合成赖氨酸,增加产量。

(2) 选育抗天冬氨酸结构类似物突变株。在黄色短杆菌中,天冬氨酸对磷酸烯醇丙酮酸羧化酶有反馈抑制作用,这种抑制作用因 α-酮戊二酸的存在而增强(见图 5-15)。选育抗天冬氨酸结构类似物突变株,可解除天冬氨酸对自身合成途径中酶的反馈抑制。例如,谷氨酸棒杆菌的抗天冬氨酸氧肟酸(ASPHX)突变株可产赖氨酸盐 33g/L,而亲株仅为 25g/L。

(3)选育 CO_2 固定酶/TCA 循环酶活性突变株。草酰乙酸是赖氨酸合成的前体物,草酰乙酸可由三羧酸循环生成,也可由磷酸烯醇丙酮酸或丙酮酸经 CO_2 固定生成。赖氨酸合成中间代谢有以下两条途径。

①通过 TCA 循环:

$$\text{葡萄糖} \longrightarrow \text{丙酮酸} \longrightarrow \text{草酰乙酸} \longrightarrow \text{天冬氨酸} \longrightarrow \text{赖氨酸}$$

②通过磷酸烯醇丙酮酸羧化反应:

$$\text{葡萄糖} \longrightarrow \text{磷酸烯醇丙酮酸} \longrightarrow \text{草酰乙酸} \longrightarrow \text{天冬氨酸} \longrightarrow \text{丙酮酸} \longrightarrow \text{赖氨酸}$$

两条途径的反应平衡方程式:

① $2C_6H_{12}O_6 + 2NH_3 + 1.5O_2 + 7NAD + 2ADP \longrightarrow C_6H_{14}O_2N_2 + H_2O + 6CO_2 + 2ATP + 7NADH_2$

② $C_6H_{12}O_6 + 2NH_3 + 2NADH_2 + 2ATP \longrightarrow C_6H_{14}O_2N_2 + 4H_2O + 2NAD + 2ADP$

途径①每消耗 2mol 葡萄糖生成 1mol 赖氨酸,途径②每消耗 1mol 葡萄糖生成 1mol 赖氨酸。显然,途径②的赖氨酸产率比途径①高得多,但是不能缺失途径①,因为途径②是耗能过程,必须通过途径①供给能量才能进行;TCA 循环中 α-酮戊二酸脱氢酶和柠檬酸合成酶催化的反应是不可逆的,许多中间代谢产物需要 TCA 循环来提供。若能使菌体的碳代谢以途径②为主、以途径①为辅,保持适宜的②/①途径比,则赖氨酸的产率会大大提高。此时,反应平衡方程式为

$$1.21C_6H_{12}O_6 + 2NH_3 + 0.26O_2 \longrightarrow C_6H_{14}O_2N_2 + 3.26H_2O + 1.26CO_2$$

赖氨酸对糖的理论转化率为 67%。

Tosaka 等研究得到丙酮酸脱氢酶活性为野生株 25% 的赖氨酸高产菌,见图 5-20。乳糖发酵短杆菌 AJ3445(AEC^r + ML^r + Ala$^-$) 经诱变得氟基丙酮酸敏感突变株 AJ 11204 (AEC^r + ML^r + Ala$^-$ + FP^s)。在过量生物素存在情况下,保持适宜的丙酮酸脱氢酶和丙酮酸羧化酶的活性比,赖氨酸盐产量为 70g/L,而亲株仅为 43g/L。

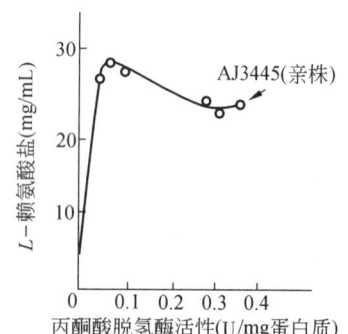

图 5-20 乳糖发酵短杆菌的丙酮酸脱氢酶活性与 L-赖氨酸盐之间的关系

6. 改善细胞膜的透过机能

Tosaka 等对乳糖发酵短杆菌的抗 AEC 赖氨酸产生菌进行研究,发现赖氨酸排出是主动运输,但是,酵母和大肠杆菌赖氨酸的积累取决于细胞膜的通透性。例如,酿酒酵母和

产朊球拟酵母添加α-氨基己二酸后,所产生的赖氨酸不分泌到菌体外,无法得到高产菌株。

7. 选育温度敏感突变株

温度敏感突变株的突变位置多数发生在某酶的肽键结构编码的顺反子中,产生碱基转换,使翻译出的酶对温度敏感,容易受热失活。如果突变位置发生在亮氨酸合成酶系编码的基因中,高温时就不能合成亮氨酸,即成为亮氨酸缺陷型。户坂修等为解除代谢互锁,选育在30℃生长良好而在34℃不能生长的温度敏感突变株,如乳糖发酵短杆菌 AJ-11093（AEC^r+CCL^r+Ala$^-$+tem^s）和 AJ1099（AEC^r+Ala$^-$+tem^s）在29~33℃发酵24~48h后升温到34℃以上,可抑制菌体繁殖,解除亮氨酸对DDP合成酶的阻遏,分别积累赖氨酸盐45g/L 和39g/L。

综上所述,为了高效生产赖氨酸,可采取顺次解除各种调节机制的诱变育种法,获得多重标记的突变株。例如,乳糖发酵短杆菌 AJ11274 的改造育种见表5-13,赖氨酸高产菌株多为营养缺陷、敏感型、结构类似物抗性等性状的双重、三重或多重标记的突变株,见表5-11。

表5-13 乳糖发酵短杆菌 AJ11274 的改造育种

菌名	改造标记	赖氨酸产量(g/L)
乳糖发酵短杆菌 AJ1511	野生型（未改造）	—
AJ3445	AEC^r	16
AJ3424	AEC^r + Ala$^-$	33
AJ3796	AEC^r + Ala$^-$ + CCL^r	39
AJ3991	AEC^r + Ala$^-$ + ML^r	43
AJ11274	AEC^r + Ala$^-$ + CCL^r + ML^r + FP^s	48

8. 运用细胞工程和遗传工程育种

随着细胞工程和遗传工程的迅速发展,细胞基因重组技术和优良特性强化技术结合起来的重组DNA技术已得到广泛应用。

Tosaka 等由乳糖发酵短杆菌野生株经多次诱变得到以葡萄糖为碳源的高产赖氨酸菌株,但这些菌株的赖氨酸产率与耗糖速度成反比关系。将赖氨酸产率高、耗糖速度慢、具有AEC 抗性的产生菌与耗糖速度快、不产赖氨酸、具有德夸菌素抗性（Dec^r）和酮丙二酸抗性（KM^r）的双重突变株进行细胞融合获得具有 AEC^r + Dec^r + KM^r 特性的融合体,耗糖速度由0.13g/(g·h)提高到0.4g/(g·h),发酵时间缩短1/3,赖氨酸产量保持不变。

如果将微生物的氨基酸合成酶的基因转化而使酶量增多,从而可提高氨基酸生产效率。由DDP合成酶催化的、由天冬氨酸-β-半醛生成二氢吡啶-2,6 二羧酸是 TOCR 21 菌株的赖氨酸生物合成的限速步骤,基因扩增该酶能够获得高产赖氨酸菌株。

9. 防止高产菌株回复突变

赖氨酸高产菌株具有多种遗传标记,如 hom$^-$、len$^-$、Ala$^-$、AEC^r、TA^r、EP^s 等。在生产过程中经多次传代而经常发生回复突变,丧失积累赖氨酸所必须具备的遗传标记,回变成原营养型或原敏感型。细菌发生自然回复突变的概率约为 $1/10^6$。

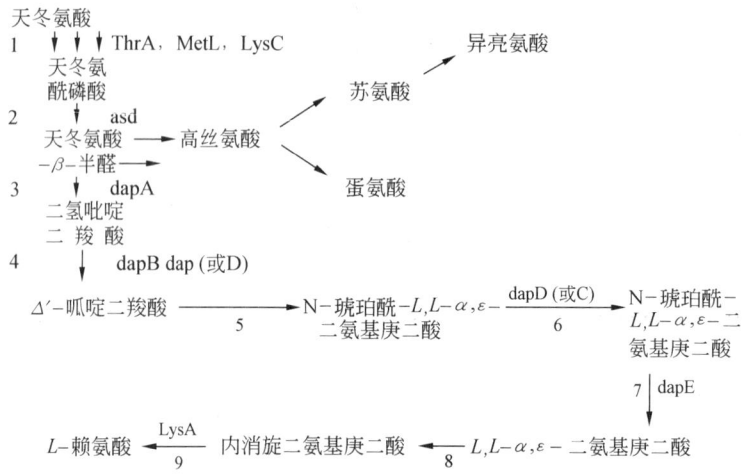

图 5-21 赖氨酸生物合成的酶系及相对基因

注:1,2,3,4,5,6,7,8,9 与图 5-12 中的图注相同。

在赖氨酸发酵中,防止菌种回复突变的方法除了经常进行菌种纯化、检查遗传标记、减少传代次数、不用发酵液作为种子外,还可采用以下方法。

(1) 选育遗传性稳定的菌株。将菌种在易出现回复突变的培养基中多次传代,选取不发生回复突变的菌株。

(2) 定向赋加产生菌多个遗传标记。如 hom⁻增加 Thr⁻,Leu⁻增加 NAA⁻(烟酰胺缺陷型),选育双缺或多缺菌株。抗性菌株应选育多重抗性,增加抗回复突变,使生产性能稳定。

(3) 菌种培养和保藏时,培养基要丰富,尤其要有足够的营养物。对抗性菌株,应添加所耐的类似物。

(4) 利用某些抗生素对生产菌株最小生成抑制浓度比原株高的特性,在培养时添加抗生素(如红霉素、氯霉素),抑制回复突变株生长。

第四节 色氨酸发酵机制

一、色氨酸生物合成途径

色氨酸、苯丙氨酸和酪氨酸的生物合成途径都是经过分枝酸进一步合成,所以统一称为芳香族氨基酸,其合成途径如图 5-22 所示,它们的分子结构如下:

氨基酸	苯丙氨酸	酪氨酸	色氨酸
缩写	Phe	Tyr	Trp
分子结构	C₆H₅—CH₂—CH(NH₂)COOH	HO—C₆H₄—CH₂—CH(NH₂)COOH	(吲哚)—CH₂—CH(NH₂)COOH
相对分子质量	165.19	181.19	204.23

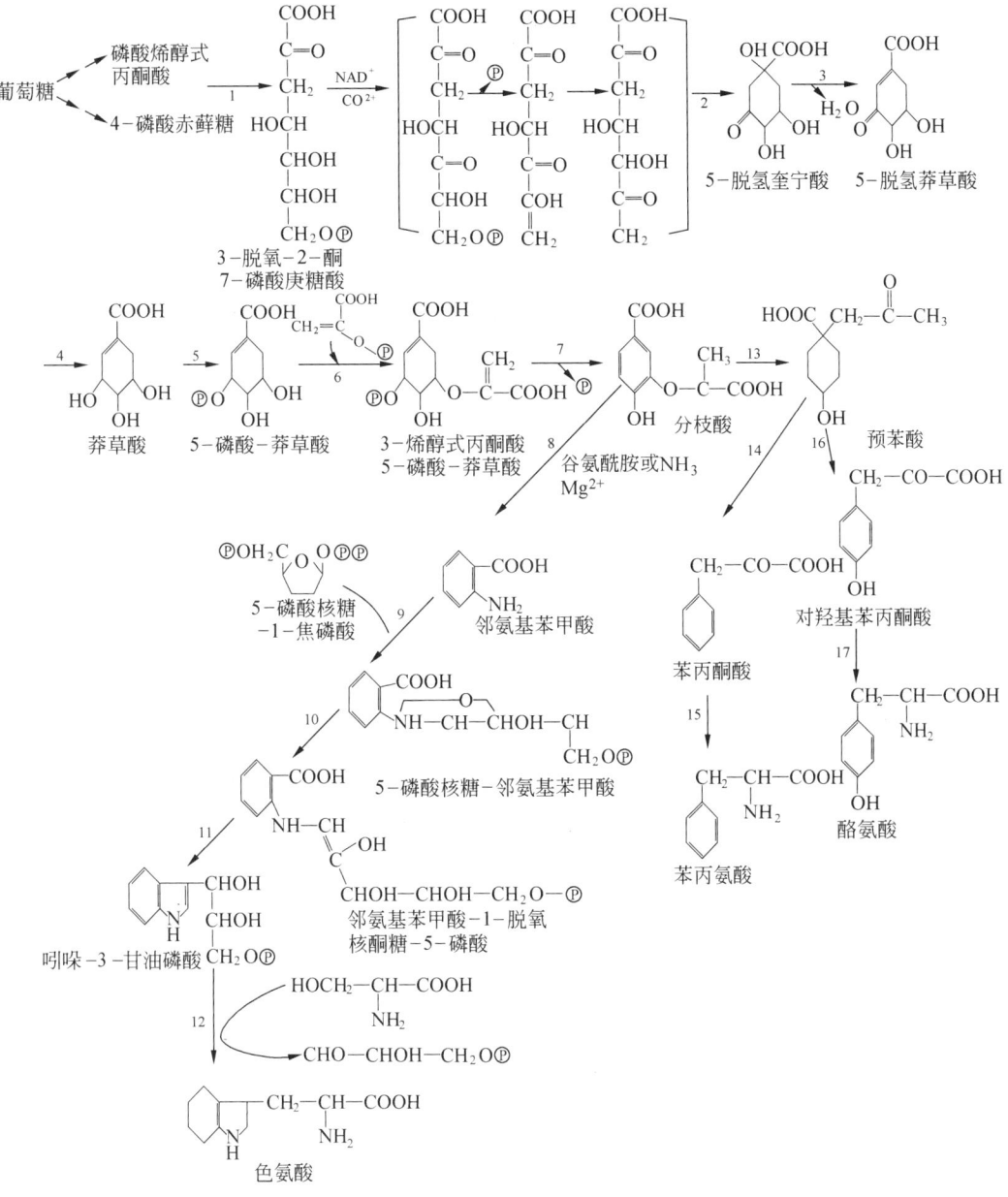

图 5-22 大肠杆菌芳香族氨基酸生物合成途径

途径中的酶：
1—3-脱氧-2-酮-7-磷酸庚糖合成酶(DS)；2—5-脱氢奎宁酸合成酶(DQS)；3—5-脱氢奎宁酸脱水酶(DQD)；4—莽草酸脱氢酶(SDH)；5—莽草酸激酶(SK)；6—3-烯醇式丙酮酸-5-磷酸-莽草酸合成酶(ES)；7—3-烯醇式丙酮酸-对羟基苯甲酸合成酶(CAS)；8—邻氨基苯甲酸合成酶(AS)；9—邻氨基苯甲酸磷酸核糖焦磷酸转移酶(PRT)；10—邻氨基苯甲酸异构酶(AI)；11—吲哚甘油-3-磷酸合成酶(InGPS)；12—色氨酸合成酶(TS)；13—3-烯醇式丙酮酸-对羟基苯甲酸变位酶(CM)；14—预苯酸脱水酶(PD)；15—苯丙氨酸转氨酶(TP)；16—预苯酸脱氢酶(PAD)；17—对羟基苯丙酮酸转氨酶(PPT)

以色氨酸为代表的芳香族氨基酸微生物发酵法分为微生物直接发酵法、添加中间体（吲哚、氨茴酸等）的微生物转化法和微生物酶转化法（将吲哚、丝氨酸转化而成）。

二、色氨酸生物合成机制

在许多微生物中,芳香族氨基酸生物合成途径是相同的,但有关详细的酶学、基因支配情况等则各种各样,因此代谢调节机制是不同的。

在大肠菌中,以 DAHP 为前体的芳香族氨基酸生物合成的调节控制与该菌的天冬氨酸族氨基酸相类似。共同途径中催化第一步反应的 DAHP 合成酶(DS)有三种同功酶:DSⅠ受苯丙氨酸反馈控制,DSⅡ受色氨酸反馈阻遏,DSⅢ受酪氨酸反馈抑制。催化苯丙氨酸和酪氨酸生物合成的分支途径第一步反应的酶——分枝酸变位酶(CM),也有两个同功酶:CMⅠ受苯丙氨酸反馈抑制,CMⅡ受酪氨酸反馈抑制。色氨酸生物合成分支途径中催化第一步反应的酶——邻氨基苯甲酸合成酶受色氨酸反馈抑制,同时色氨酸对自身合成途径中的酶的合成有阻遏作用,如图 5-23 所示。图中的酶系与图 5-22 相同。

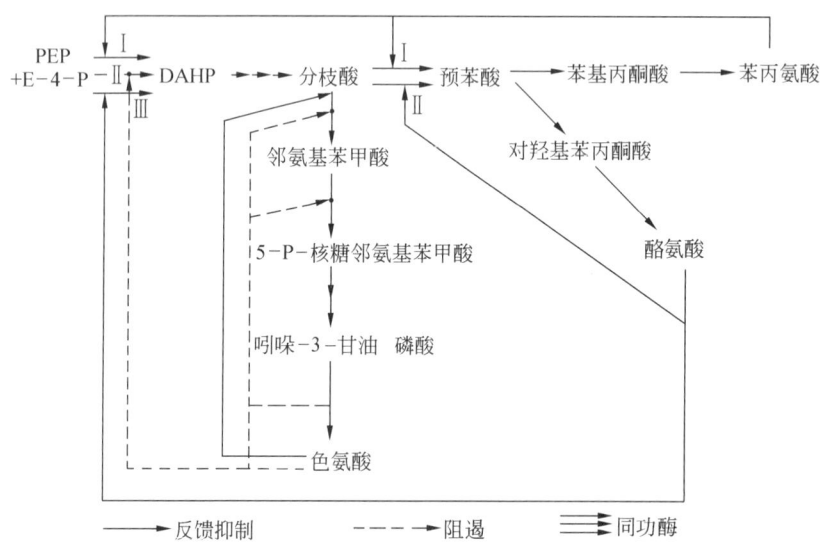

图 5-23 大肠杆菌芳香族氨基酸生物合成调节机制

谷氨酸棒杆菌的芳香族氨基酸的调节机制如图 5-24 所示。DAHP 合成酶(DS)只有一种,此酶受苯丙氨酸和酪氨酸协同反馈抑制,色氨酸增强这种抑制作用,三种氨基酸同时存在时,最大抑制酶活力 90%。色氨酸生物合成分支途径中的第一个酶——邻氨基苯甲酸合成酶(AS)受色氨酸强烈抑制及阻遏该酶的合成。在苯丙氨酸和酪氨酸的共同途径中,这两种氨基酸部分地抑制分枝酸变位酶(CM),而色氨酸激活分枝酸变位酶,且能使被苯丙氨酸和酪氨酸所抑制的酶活力增加。苯丙氨酸对分枝酸变位酶的合成有阻遏作用,对自身合成途径中的预苯酸脱水酶有反馈抑制作用,当浓度达 0.05mmol/L 时,抑制作用达 100%。而酪氨酸对此酶有激活作用,酪氨酸轻微抑制自身合成途径中的预苯酸脱氢酶。

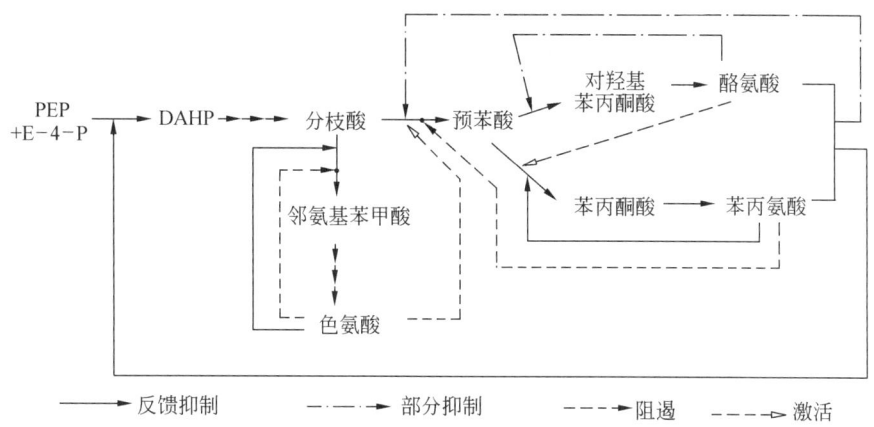

图 5-24　谷氨酸棒杆菌芳香族氨基酸生物合成调节机制

黄色短杆菌芳香族氨基酸生物合成调节机制如图 5-25 所示,存在优先合成机制。对于分枝酸(CA)的亲和性,AS 方向大上百倍,计算出色氨酸优先合成 61 倍,当色氨酸积累过量,会对 AS 反馈抑制和阻遏,使代谢流转向合成苯丙氨酸和酪氨酸。在第二个分支点预苯酸也有优先合成机制。对预苯酸的亲和性,PD 方向大 10 倍,PAD 方向优先合成 5 倍。随着酪氨酸的积累,酪氨酸激活预苯酸脱水酶,使代谢流转向合成苯丙氨酸。最后代谢平衡是由于 DS 受到反馈调节而被控制。

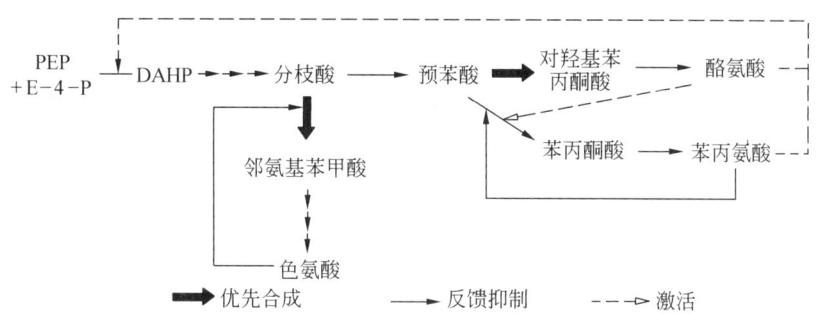

图 5-25　黄色短杆菌芳香族氨基酸生物合成调节机制

三、菌种选育

根据色氨酸的生物合成途径和调节机制,如谷氨酸棒杆菌(见图 5-25),采用苯丙氨酸和酪氨酸缺陷型(Phe^-、Tyr^-),切断通向苯丙氨酸和酪氨酸的代谢支路,采用调节突变株,即选育抗色氨酸结构类似物,如 5-甲基色氨酸(5MT)、色氨酸氧肟酸(TrpHx)、6-氟色氨酸(6FT)等;结合选育抗苯丙氨酸结构类似物,如对氟苯丙氨酸(PFP)、对氨基苯丙氨酸(PAP)、苯丙氨酸氧肟酸(PheHx)、酪氨酸氧肟酸(TyrHx)等突变株,使色氨酸产量提高,如谷氨酸棒杆菌(Px-115-9)在 10% 糖蜜培养基中产色氨酸 12g/L。该菌育种图谱见表 5-14。表 5-15 是国外的一些色氨酸产生菌选育情况。

表5-14 色氨酸产生菌谷氨酸棒杆菌 Px-115-97 的育种图谱

菌 名	生 理 特 征	色氨酸产量(g/L)
KY9456	Phe⁻、Tyr⁻	0.15
4MT-11	5MT^r、TryHx^r、6FT^r、4MT^r	4.9
PFP-2-32	PFP^r	5.7
Tx-49	TyrHx^r	10.0
Px-115-97	PheHx^r	12.0

表5-15 国外某些色氨酸产生菌的选育情况

发表年份	微 生 物	Trp 生产量(g/L)	培养基消耗糖的质量浓度(g/L)	培养时间(h)	第一作者
1972	黄色短杆菌(突变株)	1.9	19(葡萄糖)	72	I. Shiio
1973	枯草杆菌(突变株)	6.2	78(葡萄糖)	48	I. Shiio
1975	黄色短杆菌(突变株)	4.2	62(葡萄糖)	72	I. Shiio
1975	谷氨酸棒杆菌(突变株)	12	120(甘蔗糖蜜)	96	H. Hagino
1979	大肠杆菌(重组株)	1.35	67.5(葡萄糖)	24	D. E. Tribe
1982	黄色短杆菌(突变株)	10.3	105(蔗糖)	72	I. Shiio
1982	大肠杆菌(重组株)	4.0	80(葡萄糖)	27	S. Aiba
1984	黄色短杆菌(突变株)	19	146(葡萄糖)	72	I. Shiio
1985	乳糖发酵短杆菌(重组株)	4.2	—	—	松井和彦
1986	大肠杆菌(重组株)	9.3	—	—	小谷恭弘
1986	谷氨酸棒杆菌(重组株)	3.7	—	—	尾崎明夫
1986	枯草杆菌(重组株)	17.2	—	—	仓桥修
1999	谷氨酸棒杆菌 KY9218(重组株)	58			Ikeda M.

第五节 精氨酸发酵机制

一、精氨酸生物合成途径

精氨酸族氨基酸包括精氨酸、鸟氨酸和瓜氨酸,它们的生物合成是以谷氨酸为前体物,由谷氨酸逐次合成鸟氨酸、瓜氨酸和精氨酸,从而组成以精氨酸为最终产物的代谢途径。在整个合成途径中有8个酶催化反应,如图5-26(Ⅰ型)和图5-27(Ⅱ型)所示,Ⅰ型途径的第五步 N-乙酰鸟氨酸生成鸟氨酸,由 N-乙酰鸟氨酸酶催化;Ⅱ型途径的第五步 N-乙酰鸟氨酸生成鸟氨酸,由 N-乙酰谷氨酸-乙酰鸟氨酸乙酰基转移酶的共轭反应催化。大肠杆菌、枯草杆菌、埃希氏杆菌等微生物由Ⅰ型途径合成精氨酸,而棒杆菌、假单孢菌、酵母等由Ⅱ型途径合成精氨酸。

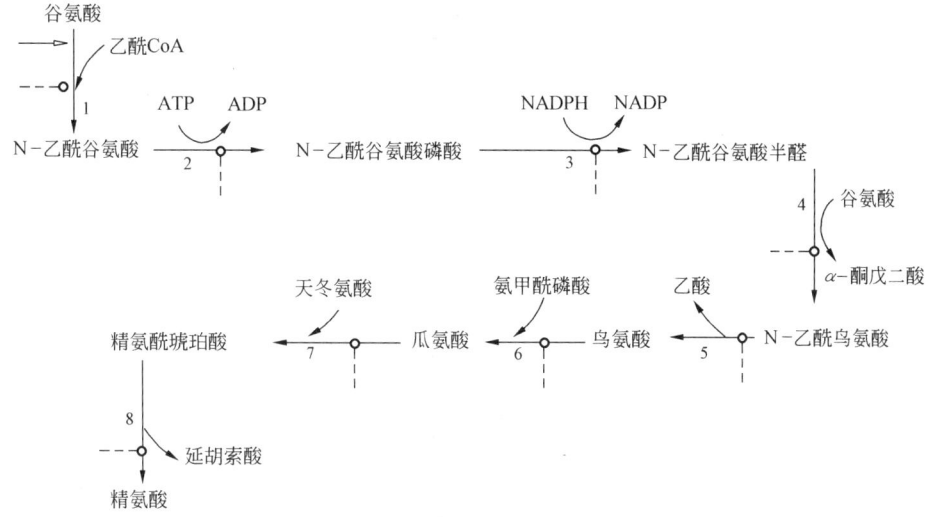

图 5-26 大肠杆菌精氨酸生物合成途径及调节机制

——→精氨酸反馈抑制　---○精氨酸反馈阻遏

1—N-乙酰谷氨酸合成酶;2—N-乙酰谷氨酸激酶;3—N-乙酰谷氨酸半醛脱氢酶;4—N-乙酰鸟氨酸-δ-氨基转移酶;
5—N-乙酰鸟氨酸酶;6—鸟氨酸氨甲酰基转移酶;7—精氨酰琥珀酸合成酶;8—精氨酰琥珀酸酶

精氨酸发生分解生成鸟氨酸并放出尿素,使精氨酸与鸟氨酸相衔接,形成循环,称为鸟氨酸环或尿素环。

二、精氨酸生物合成机制

Ⅰ型合成途径中第一个酶——N-乙酰谷氨酸合成酶受精氨酸反馈抑制,且途径中催化八个反应的酶的合成均受精氨酸反馈阻遏。

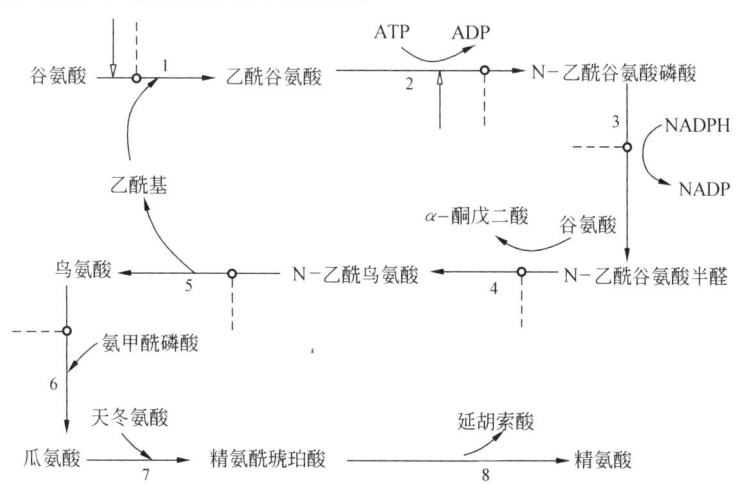

图 5-27 谷氨酸棒杆菌精氨酸生物合成途径及调节机制

——→精氨酸反馈抑制　---○精氨酸反馈阻遏

1—N-乙酰谷氨酸合成酶;2—N-乙酰谷氨酸激酶;3—N-乙酰谷氨酸半醛脱氢酶;4—N-乙酰鸟氨酸-δ-氨基转移酶;
5—N-乙酰谷氨酸-乙酰鸟氨酸乙酰基转移酶;6—鸟氨酸氨甲酰基转移酶;7—精氨酰琥珀酸合成酶;8—精氨酰琥珀酸酶

Ⅱ型途径中的第二个酶——N-乙酰谷氨酸激酶受精氨酸反馈抑制,当精氨酸浓度在 10^{-3} mol/L 以上时,该酶受到强烈抑制,且途径中的大部分酶的合成受精氨酸阻遏。在谷氨酸棒杆菌和铜绿色假单孢菌中,第一个酶和第二个酶都受精氨酸抑制。

三、精氨酸产生菌的选育

由于精氨酸生物合成途径中无其他分支途径,所以精氨酸的过量合成积累不能通过选育阻断代谢流的营养缺陷型来实现,而必须采用结构类似物抗性株来解除反馈调节。例如,好田等从 KY10025 中经过一系列诱变得到对 D-丝氨酸、D-精氨酸、精氨酸氧肟酸和 2-噻唑丙氨酸均具有抗性的异亮氨酸回复突变株 KY10577,能在 15% 葡萄糖培养基中生产精氨酸 25mg/mL。比较亲株和诱变过程各阶段菌株的精氨酸生物合成酶系的性质(见表 5-16),结果表明,精氨酸生产量取决于精氨酸生物合成调节机制的解除程度。

表 5-16 精氨酸产生菌的生物合成精氨酸的调节机制的解除

菌 株	遗传特性	酶2	酶4	酶5'	酶6	酶2的反馈抑制敏感性	Arg产量 (mg/mL)
KY10025		1.0	1.0	1.0	—	敏感性	0
KY10150	+Ile⁻	—	—	—	1.0	—	0
DSS-8	+D-Ser^s	19.9	4.6	4.1	11.5	敏感性	1.5
KY10479	+D-Arg^r	19.1	—	—		抗性	6.8
KY10480	+ArgHx^r	18.2	—	—		抗性	16.6
KY10508	+Ile⁺	18.2	—	—		抗性	19.9
KY10577	+2-TA^r	18.7	7.0	6.9	19.3	抗性	25.0

注:酶2:N-乙酰谷氨酸激酶;酶4:N-乙酰鸟氨酸-δ-氨基转移酶;酶5':N-乙酰谷氨酸-乙酰鸟氨酸乙酰基转移酶;酶6:鸟氨酸氨甲酰基转移酶;ArgHx:精氨酸氧肟酸;2-TA:2-噻唑丙氨酸;-:营养缺陷型;+:营养缺陷型的回复突变株型;s:敏感性;r:抗性。

第六章 核苷酸发酵机制

直接发酵法生产核苷酸类物质的成功是运用代谢控制发酵技术取得的,在利用微生物直接发酵生产核苷酸类物质研究中,从一开始就以代谢控制理论为依据,从遗传角度解除了菌株原有正常代谢控制的突变株。本章阐述核苷和核苷酸的生物合成途径及其调节机制。

第一节 核苷酸生物合成途径

核苷酸的生物合成有两条不同的途径:①利用葡萄糖等碳源和氮源,由磷酸戊糖与未完成的嘌呤或嘧啶环结合,逐步加上必要的部分,再闭合成环,称为全合成途径;②从培养基中吸取嘌呤或嘧啶碱基、戊糖、磷酸,再进一步合成核苷酸,称为补救途径或分段合成。

一、嘌呤核苷酸生物合成途径

哺乳动物、微生物等不同生物的嘌呤核苷酸生物合成途径及有关酶系,如图6-1和图6-2所示。它是葡萄糖经HMP途径生成5-磷酸核糖(5-PR),再经过11步反应合成,反应过程为:5-PR与ATP作用生成磷酸核糖焦磷酸(PRPP);再加进谷酰胺的酰胺基生成5-磷酸核糖胺(PRA);后导入甘氨酸生成甘氨酰胺核苷酸(GAR);GAR与N^5,N^{10}-脱水甲酰四氢叶酸(N^5,N^{10}-甲酰-THFA)作用,将甲酰基转移到GAR上生成甲酰甘氨酰胺核苷酸(FGAR);接着加入谷酰胺的酰胺基生成甲酰甘氨脒核苷酸(FGAM);FGAM闭环生成5-氨基咪唑核苷酸(AIR);AIR羧化生成5-氨基-4-羧基咪唑核苷酸(CAIR);再与天冬氨酸作用生成5-氨基-4-(N-琥珀酰基)-氨甲酰咪唑核苷酸(SAICAR);SAICAR脱去反丁烯二酸生成5-氨基-4-氨甲酰咪唑核苷酸(AICAR);再与N^{10}-甲酰THFA作用,导入甲酰基生成5-甲酰胺-4-氨甲酰咪唑核苷酸(FAICAR);后者闭环生成5'-肌苷酸(5'-IMP)(本章中的核苷酸除特别说明外,均指5'-核苷酸)。

IMP是其他嘌呤核苷酸的前体物,一条是IMP在IMP脱氢酶催化下生成黄苷酸(XMP),XMP在氨化酶催化下接受谷酰胺的酰胺基生成鸟苷酸(GMP);另一条是IMP在琥珀酸腺苷酸(SAMP)合成酶催化下生成SAMP,再经过SAMP裂解酶作用生成AMP。SAMP裂解酶是双功酶(bifunctional),也催化由SAICAR生成AICAR的反应。

微生物合成IMP的途径是一致的,但是从IMP分别生成AMP和GMP的途径是不同的。在枯草杆菌中,IMP是嘌呤核苷酸的中心,分出两条环行路线,一条是经过SAMP合成AMP,而AMP在其AMP脱氢酶作用下又生成IMP;另一条是经过XMP合成GMP,而GMP在其GMP还原酶作用下也生成IMP,在这里AMP与GMP是可以互相转换的,如图6-3所示。产氨短杆菌合成途径与枯草杆菌不同,从IMP开始分出的两条路线不是环行,而是单向分支,AMP与GMP不能互相转换,如图6-3b所示。

这样合成的AMP和GMP经进一步磷酸化作用生成ATP、GTP,然后被利用合成RNA、DNA。再者,AMP经过ATP合成1-(5'-磷酸核糖基)-三磷酸腺苷(PR-ATP),也与组氨酸

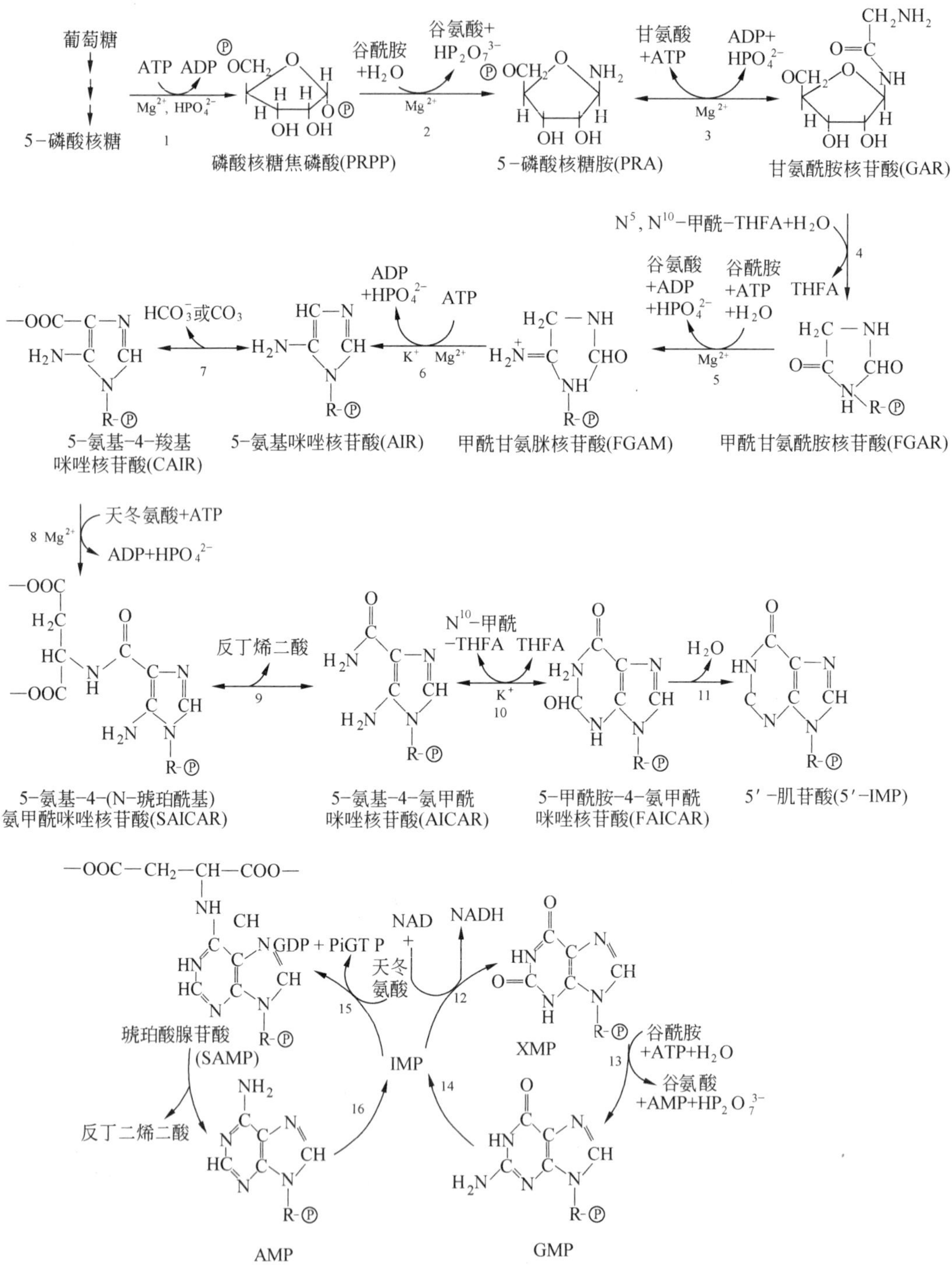

图 6-1 嘌呤核苷酸生物合成途径的有关酶(THFA:四氢叶酸)

1—PRPP 合成酶;2—PRPP 转酰胺酶;3—磷酸核糖甘氨酰胺合成酶(GAR 合成酶);4—磷酸核糖甘氨酰胺转甲酰酶;5—磷酸核糖甲酰甘氨脒合成酶;6—磷酸核糖氨基咪唑合成酶;7—磷酸核糖氨基咪唑羧化酶(AIR 羧化酶);8—SAICAR 合成酶;9—腺苷酸琥珀酸裂解酶;10—AICAR 转甲酰酶;11—IMP 环化脱水酶;12—IMP 脱氢酶;13—XMP 氨化酶;14—GMP 还原酶;15—SAMP 合成酶;16—AMP 脱氨酶

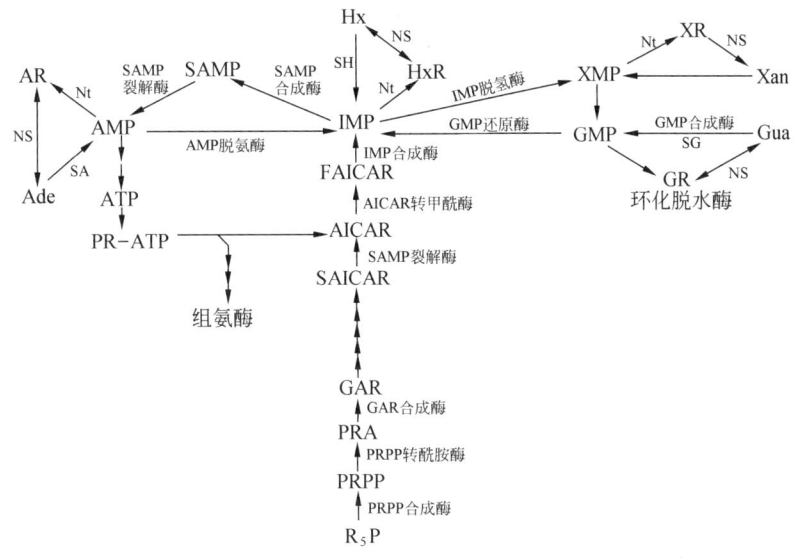

图 6-2 嘌呤核苷酸的生物合成途径

R_5P:5-磷酸核糖;PRA:5′-磷酸核糖胺;GAR:甘氨酰胺核苷酸;FAICAR:5-甲酰胺-4-氨甲酰咪唑核苷酸;SAMP:琥珀酸腺苷酸;PR-ATP:1-(5′-磷酸核糖基)-ATP;Nt:核苷酸磷酸酯酶;NS:核苷磷酸化酶;SH:IMP 焦磷酸化酶;SG:GMP 焦磷酸化酶;SA:AMP 焦磷酸化酶

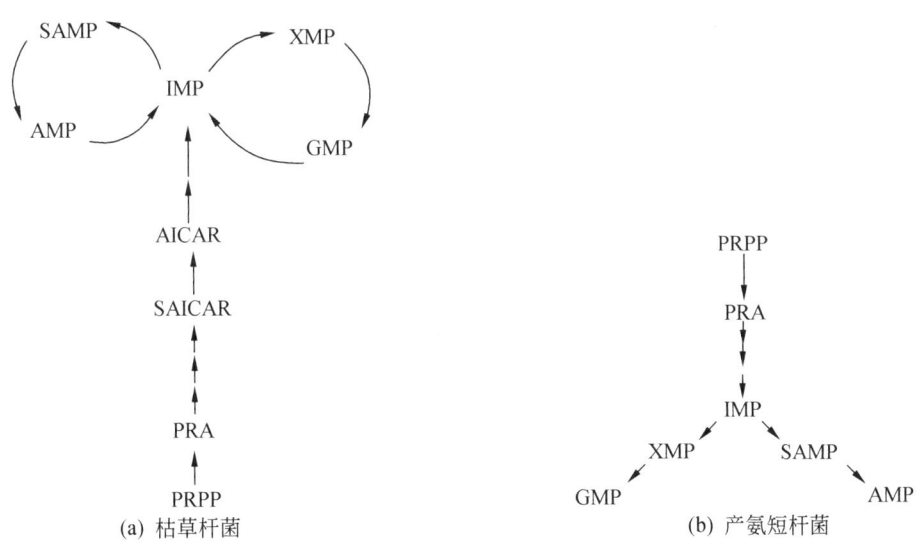

(a) 枯草杆菌　　　　　　　　　　(b) 产氨短杆菌

图 6-3 嘌呤核苷酸的不同生物合成途径

的生物合成有关。可通过 AMP 和 GMP 的相互转换来调节这些供给关系,即 AMP 经 AMP 脱氨酶催化作用生成 IMP;GMP 经 GMP 还原酶催化作用也可生成 IMP;AMP 通过 AMP→ATP→PR-ATP→AICAR 循环,也能转变成 IMP,如图 6-4 所示。

嘌呤环的前体物,如图 6-5 所示,其中合成嘌呤各碳、氮原子的来源分别为:C_4、C_5、N_7 来自甘氨酸,C_6 来自 CO_2,C_2、C_8 来自甲酸,N_1 来自天冬氨酸的 α-氨基,N_3、N_9 来自谷酰胺的酰胺 N。可见,合成 1 分子 IMP 需要 1 分子 PRPP、1 分子天冬氨酸、1 分子甘氨酸、2 分子甲酸、1 分子 CO_2、2 分子 NH_3(来自谷酰胺)以及消耗 8 个 ATP。

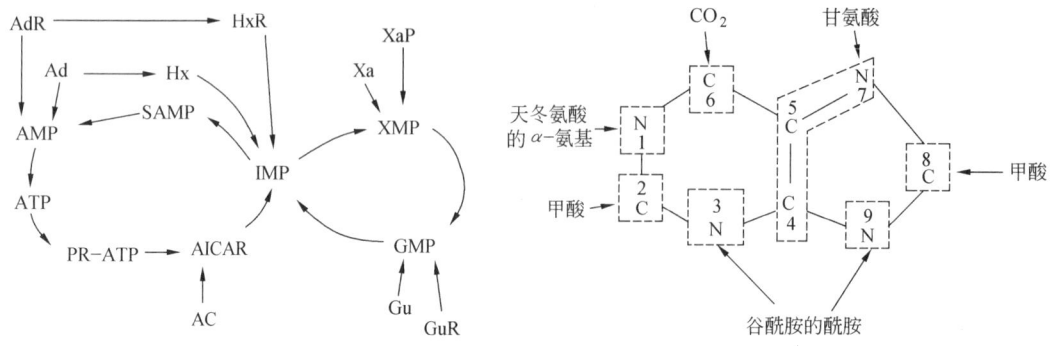

图 6-4 嘌呤碱基、核苷、核苷酸的相互转换
AC:5-氨基-4-氨甲酰咪唑,其他符号见"本章缩写与代号"说明

图 6-5 嘌呤环的前体物

二、嘌呤核苷酸生物合成

嘌呤核苷酸生物合成分类如图 6-6 所示。

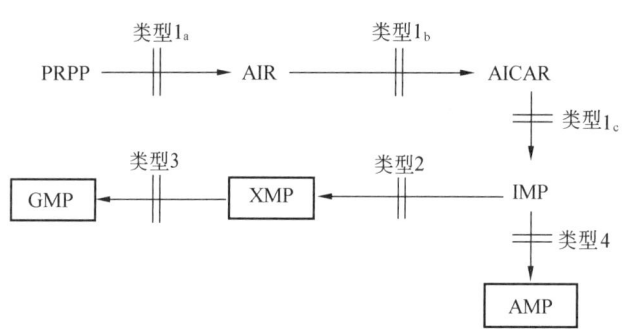

图 6-6 嘌呤核苷酸生物合成分类

属于类型 1 的突变株是非精确性嘌呤缺陷型(nonexacting purineless auxotroph),是保持 AMP 与 GMP 的相互转换能力但丧失 IMP 合成能力的突变株,能通过添加 Ade、Gu、Xa、Hx 而增殖。这组突变株按丧失 IMP 合成途径中必要酶的位置分成 3 类:1_a 为要求嘌呤类、前体物和维生素 B_1;1_b 为要求嘌呤类和 AICAR,能积累 AIR;1_c 为不要求 AICAR,能积累 AICAR 或其核糖苷,即阻断 AICAR→IMP 的突变株。

类型 2 是丧失 IMP 脱氢酶,其生长要求添加 Xan 或 Gu。

类型 3 是丧失 XMP 氨化酶,其生长要求添加 Gu,能积累黄苷或黄苷酸。

类型 2、类型 3 的突变株能合成 AMP,但不能合成 GMP。

类型 4 的突变株保持 GMP 合成能力,但不能合成 AMP,生长要求 Ade。在这组突变株中,丧失 SAMP 合成酶的突变株能够积累肌苷或肌苷酸。若丧失 SAMP 裂解酶,就积累 SAICAR,因 SAMP 裂解酶是双功酶,所以既催化 SAMP→AMP,也催化 SAICAR→AICAR。

三、嘧啶核苷酸全合成途径

嘧啶核苷酸的生物合成途径与有关酶如图6-7所示。一方面,糖经过 EMP、TCA 途径生成天冬氨酸;另一方面,NH_3、CO_2 与 ATP 生成氨甲酰磷酸,后者与天冬氨酸结合,生成氨甲酰天冬氨酸,然后闭环生成二氢乳清酸,就形成了嘧啶环。接着,二氢乳清酸被氧化脱氢生成乳清酸,乳清酸又与 PRPP 反应生成乳清核苷酸,再脱羧生成 UMP,后者经磷酸化生成 UTP。UTP 再与谷酰胺反应,加入谷酰胺的酰胺 N 生成 CTP。由于有 ATP 存在,也可以由 UTP 和 NH_3 生成 CTP。

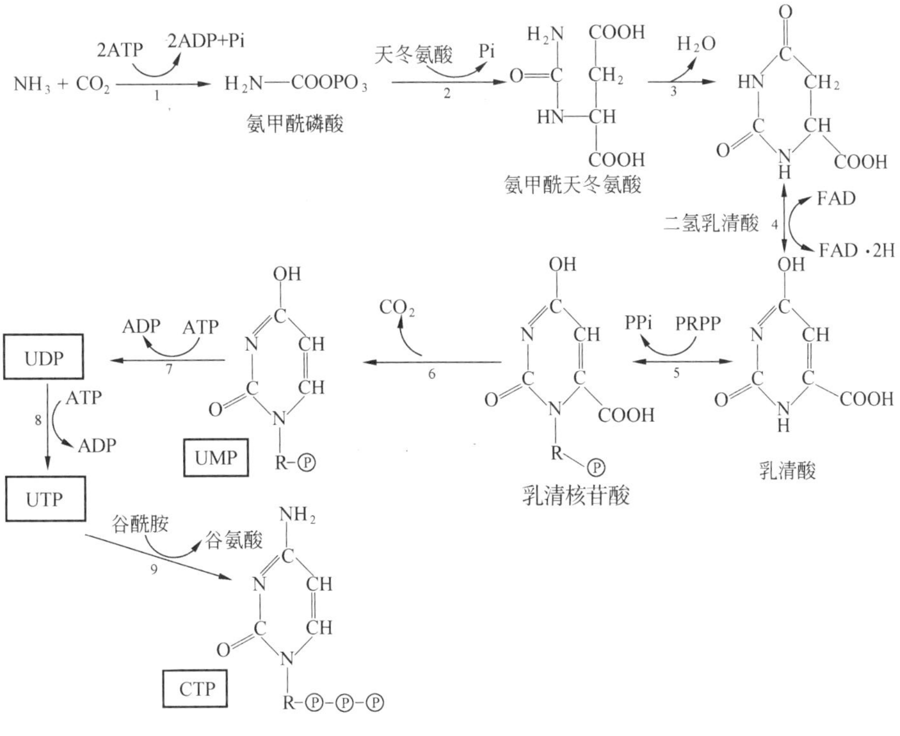

图 6-7 嘧啶核苷酸的生物合成途径与有关酶

1—氨甲酰磷酸合成酶;2—天冬氨酸转氨甲酰酶;3—二氢乳清酸酶;4—二氢乳清酸脱氢酶;5—乳清酸转磷酸核糖酶;6—乳清核苷酸脱羧酶;7—一磷酸核苷激酶;8—二磷酸核苷激酶;9—胞苷酸合成酶

以乳清酸表示的嘧啶环的前体物如图6-8所示。

嘌呤、嘧啶核苷酸的合成除上述全合成外,还可由嘌呤环或嘧啶环(外加的碱基)来合成,称为补救途径。嘌呤碱基、核苷和核苷酸之间通过补救途径的相互转换见图6-9。已知参与补救途径的酶有下面三种:

(1)核苷酸磷酸化酶

$$\text{碱基} + 1\text{-磷酸核糖} \rightleftharpoons \text{核苷} + \text{Pi}$$

(2)核苷酸焦磷酸化酶

$$\text{碱基} + \text{PRPP} \rightleftharpoons 5'\text{-核苷酸} + \text{焦磷酸}$$

(3)核苷酸磷酸激酶

$$\text{核苷} + \text{ATP} \rightleftharpoons 5'\text{-核苷酸} + \text{ADP}$$

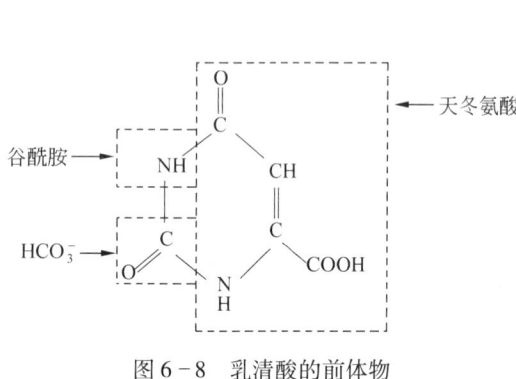

图6-8 乳清酸的前体物

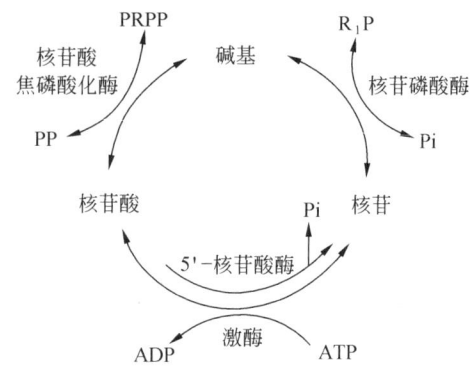

图6-9 嘌呤碱基、核苷和核苷酸的相互转换

这三种反应中,最重要的是第二种,即核苷酸焦磷酸化酶所催化的反应。在 Hx、Gu、Ade 等的嘌呤碱基与核苷酸、ATP 的存在下,生成各自相应的嘌呤核苷酸 IMP、GMP、AMP,PRPP 是活性中间体。即

酶1　5-磷酸核糖焦磷酸激酶

$$5\text{-磷酸核糖} + ATP \xrightarrow[HPO_4^{2-}]{Mg^{2+}} 5\text{-磷酸核糖焦磷酸} + AMP$$

$$(PRPP)$$

酶2　核苷酸焦磷酸化酶

$$\text{嘌呤碱基} + 5\text{-磷酸核糖焦磷酸} \xrightarrow[HPO_4^{2-}]{Mg^{2+}} 5'\text{-嘌呤核苷酸} + PPi$$

(Hx、Gu、Ade、Xan)　(PRPP)　(IMP、GMP、AMP、XMP)

酶1 + 酶2

$$5\text{-磷酸核糖} + ATP + \text{嘌呤碱基} \xrightarrow[HPO_4^{2-}]{Mg^{2+}} 5'\text{-嘌呤核苷酸} + AMP + PPi$$

利用该补救途径,在培养基中添加碱基或其衍生物生产核苷酸已实现工业化生产。

第二节　嘌呤核苷酸发酵机制

核苷酸是核酸的组成成分,具有合成 DNA、RNA 生物前体物的功能,核苷酸代谢控制是极为复杂的,这里介绍发酵生产核苷酸类物质。

一、嘌呤核苷酸发酵机制

嘌呤核苷酸生物合成的调节机制随微生物种类的不同而异。例如,沙门氏菌属的 PRPP 合成酶受 ADP、ATP、GTP、UTP 及色氨酸(由 PRPP 生成的氨基酸)的反馈抑制;在大肠杆菌中,PRPP 合成酶受 ADP 的强烈抑制,而 GDP、CDP 及色氨酸的抑制作用较小,主要的调节因子是 ADP/ATP 的比值。在限制能量(ADP/ATP 比值大)条件下,PRPP 合成及由此出发的生物合成速率降低。

PRPP 转酰胺酶受 GMP、GDP、IMP 等 6-羟基嘌呤核苷酸和 AMP、ADP、ATP 等 6-氨基

嘌呤核苷酸的抑制。对于 AMP 表观上的 K_i 符合正常的米夏里-门屯（Michaeli-Menten）动力学。抑制对于 PRPP 来说是拮抗性的，抑制作用能被 PRPP 解除。同时，添加多种属于同类型的嘌呤核苷酸，其抑制作用并不超过同类核苷酸单独抑制作用的总和。但是，同时添加不同类型的核苷酸（如 GMP + AMP 或 IMP + ADP 等），其抑制作用会产生相乘效应，这种现象称为合作终产物抑制（cooperative end-product inhibition），可以理解为两类抑制物质分别在酶的不同变构部位上与酶结合。在产气肠杆菌中，PRPP 转酰胺酶受 GMP 和 AMP 的强烈抑制，其抑制作用对 PRPP 是拮抗性的，GTP、ADP、IMP 对该酶的抑制较差，ATP、腺嘌呤对该酶不起抑制作用。同时添加 AMP 和 GMP，对酶的抑制有协同作用，该酶的合成受 AMP、GMP 阻遏。

在由 IMP 合成 AMP 和 GMP 的两条途径中，IMP 脱氢酶受 GMP 反馈抑制和阻遏，GMP 还原酶受 ATP 抑制，SAMP 合成酶受 AMP 抑制，AMP 脱氢酶受 GTP 抑制。此外还发现，GTP 是 SAMP→AMP 反应的供能体，ATP 是 XMP→GMP 反应的供能体。根据上述机制，当细胞中 GMP 水平高时，从 IMP 开始的代谢流就会自动地转向合成 AMP 方面；相反，当 AMP 水平高时，从 IMP 开始的代谢流就会转向合成 GMP 方面。

核苷酸的代谢还与组氨酸生物合成有关。在 AICAR→IMP→ATP→PR-ATP→AICAR 形成的循环中，PR-ATP 可经过咪唑甘油磷酸合成组氨酸，ATP→PR-ATP 的反应受组氨酸抑制。具体见图 6-10。

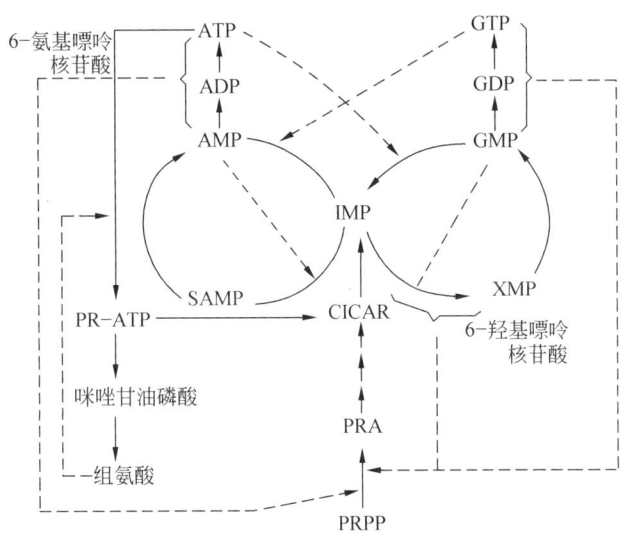

图 6-10 嘌呤核苷酸生物合成的代谢控制
---→调节位点

枯草杆菌马保菌株（*Bacillus Subtilis Marburg*）和枯草杆菌 K 的嘌呤核苷酸生物合成调节机制如下。

（1）嘌呤核苷酸生物合成途径的关键酶（key enzyme）有 PRPP 转酰胺酶、IMP 脱氢酶、SAMP 合成酶等。合成途径中第一个酶——PRPP 转酰胺酶受 AMP 和 ADP 完全反馈抑制，而受 IMP、GMP、XMP 和 ATP 的抑制很弱，受 GMP 最大抑制为 60%，如图 6-11 所示。

IMP 合成途径中的 PRPP 转酰胺酶、SAMP 裂解酶、AICAR 转甲酰胺酶受腺嘌呤衍生物、

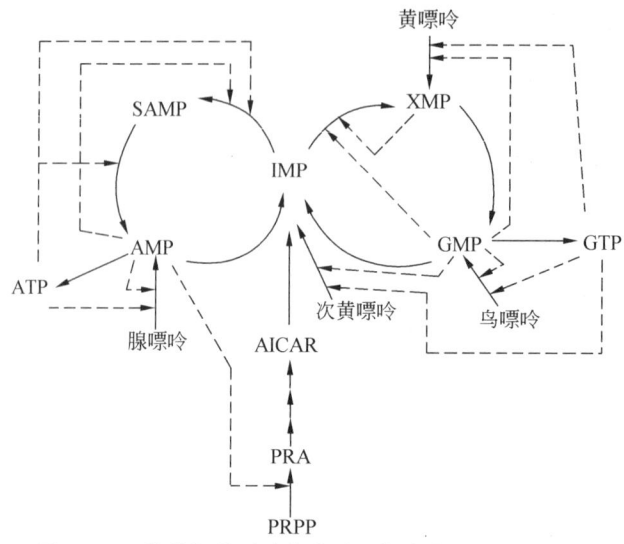

图 6-11 枯草杆菌嘌呤核苷酸生物合成的酶活性调节
----→调节位点

乌嘌呤衍生物的阻遏,略受次黄嘌呤衍生物阻遏,不受黄嘌呤衍生物阻遏。

(2)GMP 合成分支途径中的 IMP 脱氢酶受 GMP 的反馈抑制最强(58%),其次为 ATP(50%)、XMP(39%)和 GTP(26%),该酶还受乌嘌呤衍生物阻遏。AMP 合成分支途径中的 SAMP 合成酶受 AMP 反馈抑制,该酶还受腺嘌呤衍生物阻遏。

(3)从 IMP 途径合成 AMP、GMP,倾向于优先合成 GMP。

(4)在枯草杆菌 K 中,与枯草杆菌马保菌株所不同的是,添加 AMP 系物质会明显削弱 GMP 系物质对 IMP 脱氢酶合成的阻遏。

产氨短杆菌的 PRPP 转酰胺酶受 AMP、ADP、ATP、GMP 反馈抑制,受腺嘌呤阻遏;IMP 脱氢酶受 GMP 反馈抑制,受乌嘌呤阻遏;SAMP 合成酶受 AMP、ADP 和 ATP 反馈抑制,如图 6-12 所示。

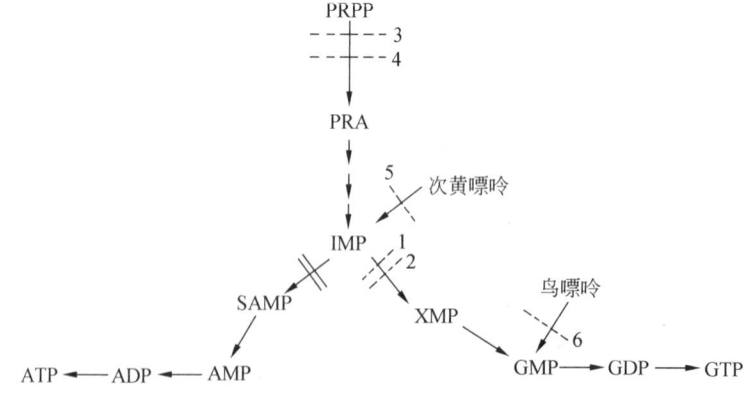

图 6-12 产氨短杆菌嘌呤核苷酸生物合成的调节机制
----调节位点;‖Ade-遗传障碍
1—被乌嘌呤阻遏;2—受 GMP 反馈抑制;3—被腺嘌呤阻遏;4—受 ATP、ADP、AMP 及 GMP 反馈抑制;5—受 GTP 和 ATP 反馈抑制;6—受 GTP 反馈抑制

二、细胞膜通透性调节

在使用产氨短杆菌发酵生产肌苷酸时,Mn^{2+}对核苷酸的细胞膜通透性起着关键性作用,必须严格控制 Mn^{2+} 浓度。当 Mn^{2+} 浓度为"亚适量"时,能积累过量的 IMP;当 Mn^{2+} 过量时,大量生长菌体和积累次黄嘌呤,见图6-13。无论是 IMP 的全合成途径还是补救途径,IMP 积累都受 Mn^{2+} 浓度的显著影响。当 Mn^{2+} 限量时,引起细胞形态的变化,造成细胞伸长和膨胀的异常状态,生长细胞减少,随着异态细胞的出现,培养初期积累的 Hx 和与 IMP 补救途径有关的磷酸核糖焦磷酸激酶、次黄嘌呤焦磷酸转移酶及 5-磷酸核糖等漏出细胞外,催化 5-RP、PRRP 与 Hx 合成 IMP;当 Mn^{2+} 过量时,菌体呈小球状或卵圆形,补救途径中的酶向细胞外分泌受抑制,上述物质留在菌体内,IMP 产量急剧减少。

从 Mn^{2+} 限量引起细胞形态变化来看,Mn^{2+} 的浓度与细胞或细胞壁的合成有关。生物素作为催化脂肪酸生物合成初始乙酰 CoA 羧化酶的辅酶,参与脂肪酸的生物合成,从而影响磷脂的合成,控制细胞膜的通透性。产氨短杆菌也是生物素缺陷型,腺嘌呤和生物素对 KY13105 菌株(Mn^{INS})积累 IMP 的影响如图 6-14 所示,IMP 只在生物素充足、腺嘌呤适量时才积累。

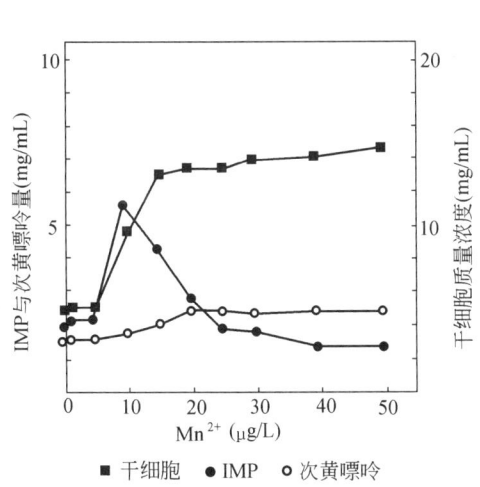

图 6-13 Mn^{2+} 浓度对 IMP 积累的影响

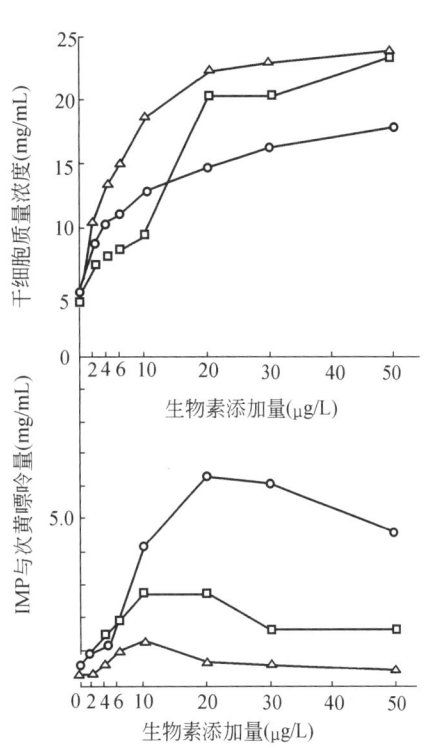

图 6-14 腺嘌呤与生物素对积累 IMP 的影响
□:腺嘌呤 15mg/L;○:腺嘌呤 25mg/L;
△:腺嘌呤 50mg/L
将 KY13105 菌株在添加 500μg/L Mn^{2+} 的培养基中,于不同的腺嘌呤与生物素浓度下,30℃培养 6d

三、菌种选育

（一）肌苷和肌苷酸产生菌的选育

肌苷的生物合成可由次黄嘌呤与核糖反应生成，但一般都是由 IMP 脱去磷酸后生成。从 IMP 生物合成调节机制可知，菌株大量积累肌苷必须具备的条件是：首先应重点选育腺嘌呤缺陷型（Ade^-）和黄嘌呤缺陷型（Xa^-）的双重缺陷型突变株，切断从 IMP→AMP 和从 IMP→XMP 的两条支路代谢，通过对腺嘌呤和鸟嘌呤限量来解除腺嘌呤系和鸟嘌呤系化合物对 IMP 生物合成的酶的反馈抑制；并进一步选育抗腺嘌呤、鸟嘌呤类似物（如 $8AG^r$、$8AX^r$ 等）和（或）抗磺胺剂（如 SG^r、磺胺哒嗪^r 等）突变株，从遗传上解除正常代谢控制。

应注意的是，选育抗 8-AG 或抗 8-AX 突变株时，应使用丧失腺嘌呤脱氢酶（dea^-）的菌株为出发株。因为丧失腺嘌呤脱氢酶能提高出发菌株对 8-AG 或 8-AX 等的敏感性，易于分离得到有效的抗性突变株。当腺嘌呤脱氢酶存在时，腺嘌呤被脱氢而转变为次黄嘌呤，生成的次黄嘌呤解除了 8-AX 对菌体生长的抑制作用。

出发菌株的核苷酸酶活性要强，使生成的 IMP 能转变为肌苷，而核苷磷酸化酶要极弱或缺失，使生成的核苷不再分解。

综上所述，推测肌苷产生菌的定向育种途径为：$Ade^- + Xa^- + dea^- + GMPred^- + 8AG^r$（或 $8AX^r$、AR^r）$+ SG^r + NP^- + AR^r + Sm^r$。例如，用产氨短杆菌 ATCC 21480（$Ade^- + Gu^- + 6MG^r$），在含糖15%培养基中培养48h后再加10%糖，经120h培养，积累肌苷52.4g/L。枯草杆菌 FD8601 在 5L 发酵罐中产肌苷 26.5g/L，在 2 500L 发酵罐中产肌苷 14～15g/L，而次黄嘌呤量仅有 1.36g/L。

5-肌苷酸产生菌的选育，主要是解除反馈调节控制、增强细胞膜通透性和克服所生成的肌苷酸的积累。

（1）解除反馈调节控制。选育腺嘌呤缺陷型和黄嘌呤缺陷型（$Ade^- + Xa^-$），通过限制腺嘌呤和鸟嘌呤（或黄嘌呤）的添加量，既解除腺嘌呤系化合物与鸟嘌呤系化合物对 PRPP 转酰胺酶的反馈抑制，又避免腺嘌呤对 PRPP 转酰胺酶的阻遏，同时切断由 IMP→SAMP 和 IMP→XMP 的支路（丧失 SAMP 合成酶和 IMP 脱氢酶），就可以积累 IMP。而选育 $8-AG^r$、$6MG^r$ 或 $8-AX^r$ 的突变株，从遗传上解除代谢调节，更有利于提高 IMP 产量。

（2）选育分解 IMP 的酶（5′-核苷酸酶、碱性磷酸脂酶和酸性磷酸脂酶等）活性极弱或丧失的突变株。由于枯草杆菌的这些酶的活性很强，所以一般选择这些酶活性很弱的产氨短杆菌或谷氨酸棒杆菌为出发菌株，避免所生成的 IMP 进一步分解。

（3）解除细胞膜通透性障碍。Mn^{2+} 浓度对 IMP 的细胞膜通透性有显著的影响，见图 6-13。为了解除细胞膜的 IMP 通透性障碍，可选育 Mn^{2+} 脱敏突变株（Mn^{INS}），或者控制培养基中 Mn^{2+} 的浓度。在 Mn^{2+} 过量时，通过添加三聚磷酸钠、水杨醛、乙烯二胺、黄原酸盐等螯合剂，可增加 IMP 的生成量，如表 6-1 所示。

表6-1 产氨短杆菌KY13369的诱变结果

菌名(改造标记)	IMP(mg/mL)[a]	Hx(mg/mL)[b]	总量(mg/mL)[c]
产氨短杆菌KY3454(野生型)	—	—	—
↓UV照射			
KY13102(Ade[1])	1～2	8～10	9～12
↓MNNG处理			
KY13171(Ade[1]、Mn[INS])	7～8	4～6	11～14
↓MNNG处理			
KY13184(Ade[1]、Mn[INS]、gua[-])	8～10	7～8	15～18
↓MNNG处理			
KY13198(Ade[1]、Mn[INS]、gua[-])	9～12	5～6	14～18
↓MNNG处理			
KY13361(Ade[1]、Mn[INS]、gua[-])	12～16	2～3	14～19
↓MNNG处理			
KY13363(Ade[1]、Mn[INS]、gua[-])	18～20	痕迹	18～20
↓			
KY13369(Ade[1]、Mn[INS]、gua[-])	20～27	痕迹	20～27

注:a为以5-IMP-Na 7.5 H_2O 表示;b为从Hx积累量计算5-IMP-Na 7.5 H_2O 表示;c为a+b总和。

(二)鸟苷和鸟苷酸产生菌的选育

鸟苷酸(GMP)是嘌呤核苷酸全合成的终产物之一,为了使鸟苷(GuR)或GMP积累,必须解除它们对PRPP转酰胺酶、IMP脱氢酶和GMP合成酶的调节控制,且微生物中还普遍存在分解GMP为GuR、Gu的酶系,直接发酵生产GMP的难度很大。但AICAR和黄苷(XaR)来自生物合成中间体物质,它们的积累并不引起反馈调节,因此可以采用营养缺陷型突变株来生产这些物质。鸟苷酸的生产除RNA降解法外,还有:①利用细菌生产鸟苷,再以酶法或化学合成法将鸟苷进行磷酸化得到GMP;②利用微生物发酵生产AICAR(S),然后再通过化学合成法制成GMP;③利用XMP或XaR产生菌与能将XMP或XaP转化为GMP的菌株进行混合发酵,即双菌混合发酵法;④直接发酵法。

1. 鸟苷产生菌的选育

从鸟苷的生物合成途径及代谢调节机制来看,选育鸟苷产生菌必须满足以下条件:①缺失SAMP合成酶和GMP还原酶,或两种酶的活性极弱,切断由IMP→AMP的通路和由GMP→IMP的反应;②降低核苷酸酶或核苷磷酸化酶等鸟苷分解酶的活性,使所生成的鸟苷不分解;③解除GMP对IMP脱氢酶及GMP合成酶等的反馈抑制和阻遏;④解除AMP、GMP对IMP生物合成有关酶(如PRPP转酰胺酶等)的调节控制,以顺利合成IMP;⑤必须使IMP脱氢酶反应和GMP合成酶反应优先于核苷酸酶反应,即IMP脱氢酶的活性要高于核苷酸酶的活性,以抑制肌苷的生成,提高GuR的生成量。

鸟苷产生菌的选育,首先要选择适合的出发菌株。由于对鸟苷生物合成调节机制研究得比较清楚的是枯草杆菌,同时利用枯草杆菌突变株生产肌苷工艺成熟,产率达20g/L以上,因此许多研究者以枯草杆菌为出发菌株。例如,松井和吉原分别以枯草杆菌肌苷产生菌No. 1411(产IR 11g/L,产GuR 5.5g/L)和AJ 11100(产HxR 16g/L,产GuR 1.5g/L)为出发菌株,经过诱变选育,最终获得 GuR 高产菌株 MG-1 和 AJ 11614,鸟苷产率分别为 16g/L 和 20g/L。育种成功的重要原因之一是出发菌株选择适当。No.1411 菌株为腺嘌呤、组氨酸缺陷型,缺失 SAMP 合成酶和 GMP 还原酶,即缺失鸟苷和肌苷分解能力,且 GMP 对参与 IMP 生物合成的酶的调节机制已部分解除,剩下的问题是解除 GMP 对由 IMP 合成 GMP 的调节抑制。松井等对 No.1411 进行蛋氨酸亚枫抗性突变试验,获得 No.14119,同时积累 GuR 9.6g/L 和 HxR 4.8g/L。进一步,以最高浓度蛋氨酸亚枫抗性突变,得 AG169,不再产肌苷,鸟苷产量为 8g/L,黄苷产量为 6g/L。人们发现,只要 AG169 的 IMP 降解为 HxR、XMP 降解为 XaR 的通路受阻,IMP 就可以顺利地通过 XMP 转换成 GMP,并进一步降解为 GuR,而 GMP 对 IMP 脱氢酶的抑制作用明显降低,当 GMP 为 4mmol/L 时,对 No.1411、No.14119 和 AG169 的 IMP 脱氢酶的抑制程度分别为 80%、55% 和 33%。同时,GMP 对 PRPP 转酰胺酶的抑制和阻遏作用完全解除。将 AG169 进行狭霉素抗性突变得 GP-1 菌株,GuR 产率提高到 10.6g/L,XaR 产率提高到 3.8g/L。再对 GP-1 进行德夸菌素抗性突变,得到 GuR 产率高达 16g/L 的菌株 GM-1,GM-1 中 GMP 对 GMP 合成酶的抑制和阻遏作用完全解除,即使高浓度(4mmol/L)时也没有抑制作用。

所生产的鸟苷可通过磷酸化进一步制成鸟苷酸。

2.5-氨基-4-氨甲酰咪唑核苷(AICAR(S))产生菌的选育

从嘌呤核苷酸的生物合成途径(见图 6-1)及其调节机制来看,要选育 AICAR(S)产生菌应具备以下条件:①嘌呤的生物合成途径强;②丧失 AICAR 转甲酰酶;③解除菌体内核苷酸对 PRPP 转酰胺酶的反馈抑制和阻遏;④降解 AICAR、AICAR(S) 的酶系(核苷酸酶、磷酸酯酶和核苷酶等)活力极弱。

AICAR(S)发酵结束后,用阳离子交换树脂吸附发酵液中的 AICAR(S),经洗脱、浓缩、干燥等工艺精制 AICAR(S),提取率约为 90%,然后再用化学法合成 GMP,见图 6-15。

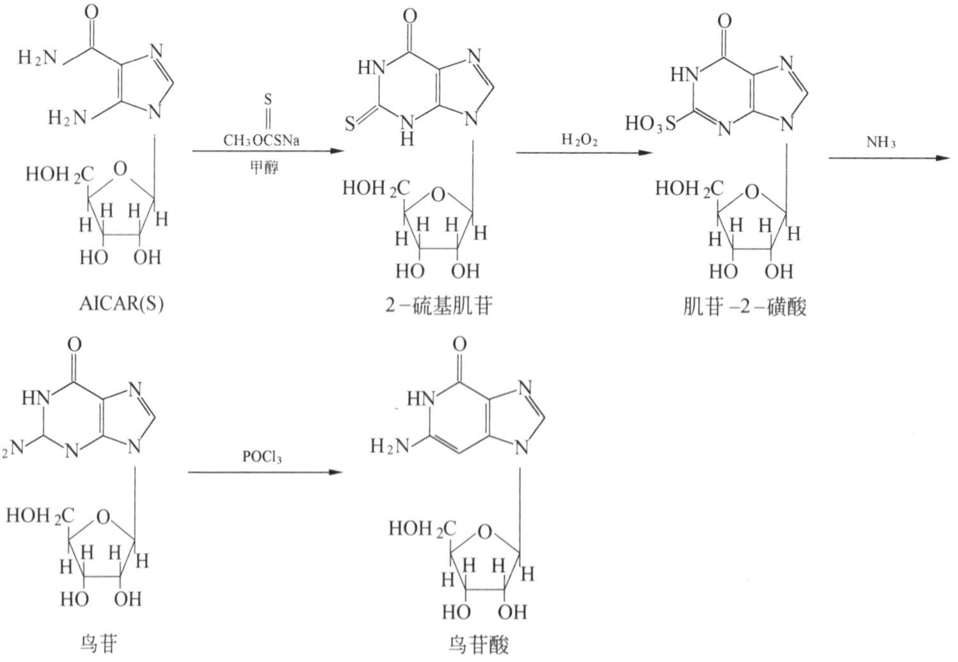

图 6-15 由 AICAR(S)合成 GMP

3. 直接发酵法生产 GMP

直接发酵法生产 GMP 的菌种必须具备以下条件:①解除 GMP 生物合成的调节机制,即解除 GMP 对 IMP 脱氢酶的反馈抑制作用;②改善细胞膜的 GMP 通透性,使 GMP 易于渗出细胞外;③生成的 GMP 不被分解。例如,阿部等使用碱性磷酸酯酶和 5′-核苷酸酶活性较弱的产氨短杆菌为出发菌株,诱变到腺嘌呤缺陷型 ATCC6871,其 GMP 产量为 5.1mg/mL。

4. 黄苷和黄苷酸产生菌的选育

黄苷酸(XMP)是合成 GMP 的一个中间产物,选育丧失 GMP 合成酶的鸟嘌呤缺陷型,可以得到积累黄苷或黄苷酸的菌株。由于 XMP 发酵比 GMP 发酵容易,因此可采用由黄苷或黄苷酸的两步发酵法或混合发酵法制成 GMP。

选育黄苷或黄苷酸产生菌主要具备以下条件:①丧失 GMP 合成酶的鸟嘌呤缺陷型,限制鸟嘌呤含量,解除 GMP 系物质对 IMP 脱氢酶的反馈抑制和阻遏;②腺嘌呤缺陷型,切断从 IMP→AMP 的通路,限制鸟嘌呤和腺嘌呤含量,解除鸟嘌呤对 IMP 脱氢酶及鸟嘌呤和腺嘌呤对 PRPP 转酰胺酶的反馈抑制。究竟积累的是黄苷还是黄苷酸,取决于菌株的核苷酸酶活性,如果核苷酸酶活性极弱,则积累黄苷酸。石井等用 8-氮鸟嘌呤处理丧失 GMP 还原酶、AMP 脱氨酶、SAMP 合成酶的 AMP 和 GMP 不能相互转换的腺嘌呤缺陷型菌株,选育抗低浓度 8-氮鸟嘌呤的突变株,这些抗 8-氮鸟嘌呤突变株均已遗传性地解除了腺嘌呤化合物对 PRPP 转酰胺酶、SAMP 裂解酶等的反馈阻遏。将抗株进一步诱变,选育鸟嘌呤缺陷型,得一株优良的黄苷产生菌 No.75-13(Ade⁻、Gue⁻、GMPred⁻、dea⁻、8-AG^r),在适当条件下(腺嘌呤、鸟嘌呤分别为 $100\mu g/mL$、$150\mu g/mL$),黄苷产量为 17~18g/L。

古屋等利用产氨短杆菌突变株研究由 XMP→GMP 的转化,结果表明,转化应具备以下条件:①应选用分解 5′-核苷酸能力弱的菌株作为出发菌株;②选育抗链霉素或德夸菌素的突变株,以强化 GMP 合成酶的活性;③限制 Mn^{2+} 的浓度;④若 Mn^{2+} 过量,应添加聚氧化乙烯和硬脂酰胺等表面活性剂;⑤供给 NH_4^+,维持 pH 7.5~8.0。当培养基中含磷酸盐较高(2%)时,产物为 GMP、GDP 和 GTP 的混合物,GTP 占 50% 以上;当含磷酸盐较低(0.2%)时,产物主要是 GMP,但转化率很低。而将产氨短杆菌的 XMP 产生菌与能把 XMP 转化为 GMP 的菌种混合培养,可由糖质原料直接发酵生产鸟嘌呤核苷酸。

本章缩写对照表

Ad:腺嘌呤
Gu:鸟嘌呤
Hx:次黄嘌呤
Xa:黄嘌呤
AdR:腺嘌呤核苷,简称腺苷
GuR:鸟嘌呤核苷,简称鸟苷
HxR:次黄嘌呤核苷,简称肌苷
XaR:黄嘌呤核苷,简称黄苷
AMP:腺嘌呤核苷一磷酸,简称腺苷酸
GMP:鸟嘌呤核苷一磷酸,简称鸟苷酸
IMP:次黄嘌呤核苷一磷酸,简称肌苷酸

XMP:黄嘌呤核苷一磷酸,简称黄苷酸
CMP:胞嘧啶核苷一磷酸,简称胞苷酸
  以上核苷酸为 5′-。
ADP:腺苷二磷酸,简称腺二磷
ATP:腺苷三磷酸,简称腺三磷
GDP:鸟苷二磷酸,简称鸟二磷
GTP:鸟苷三磷酸,简称鸟三磷
CDP:胞苷二磷酸,简称胞二磷
CTP:胞苷三磷酸,简称胞三磷
cAMP:环状腺苷酸
SAMP:琥珀酰腺苷酸

UDP:尿苷二磷酸,简称尿二磷
UTP:尿苷三磷酸,简称尿三磷
5-PR:5-磷酸核糖
PRPP:磷酸核糖焦磷酸
PRA:5-磷酸核糖胺
GAR:甘氨酰胺核糖-5-磷酸
FGAR:甲酰甘氨酰胺核糖-5-磷酸
FGAM:甲酰甘氨脒核糖-5-磷酸
AIR:5-氨基咪唑核苷酸
CAIR:5-氨基-4-羧基咪唑核糖-5-磷酸
SAICAR:5-氨基-4-(N-琥珀酰基)-氨甲酰咪唑核糖-5-磷酸
AICAR:5-氨基-4-氨甲酰咪唑核糖-5-磷酸
FAICAR:5-甲酰胺-4-氨甲酰咪唑核糖-5-磷酸
PR-ATP:1-(5′-磷酸核糖基)-三磷酸腺苷
Ade$^-$:腺嘌呤缺陷型
Ade^l:腺嘌呤渗漏缺陷型
Xa$^-$:黄嘌呤缺陷型

dea$^-$:丧失腺嘌呤脱氢酶
GMPred$^-$:丧失 GMP 还原酶
6-MG^r:抗6-巯基鸟嘌呤
8-AG^r:抗8-氮鸟嘌呤
8-AX^r:抗8-氮黄嘌呤
SG^r:抗磺胺胍
AR^r:抗腺苷
AR^s:腺苷敏感
8-AAd^r:抗8-氮腺嘌呤
NP$^-$:丧失核苷磷酸化酶
Nt^w:核苷酸分解酶弱
Nt^{vw}:核苷酸分解酶极弱
Mn^{ins}:锰不敏感型
Mn^s:锰敏感型
pur$^-$:嘌呤缺陷型
Sm^r:抗链霉素
MSO^r:抗蛋氨酸亚枫
8AU^r:抗8-氮尿嘧啶

第七章 抗生素发酵机制

第一节 抗生素发酵机制

一、微生物的次级代谢

1. 菌体代谢方面

抗生素是微生物的次级代谢产物中的一大类。初级代谢是指微生物合成为它们在生长和繁殖中所必需的物质,如糖、氨基酸、脂肪酸、核苷酸以及由这些化合物聚合而成的高分子化合物,如多糖、蛋白质、酯类和核酸等,这些化合物被称为初级代谢产物。微生物还合成一些在微生物生长和繁殖中功能不明确的化合物,如抗生素、酶抑制剂、色素等,生成这些化合物的代谢被称为次级代谢,这些化合物被称为次级代谢产物。次级代谢产物的合成,一部分与初级代谢产物的遗传物质无关,与由这类遗传物质的酶所催化的代谢途径有关。从代谢途径来看,次级代谢产物是以初级代谢产物为前体经进一步代谢而合成的,其产生量受初级代谢产物量的限制。具体关系见图7-1。

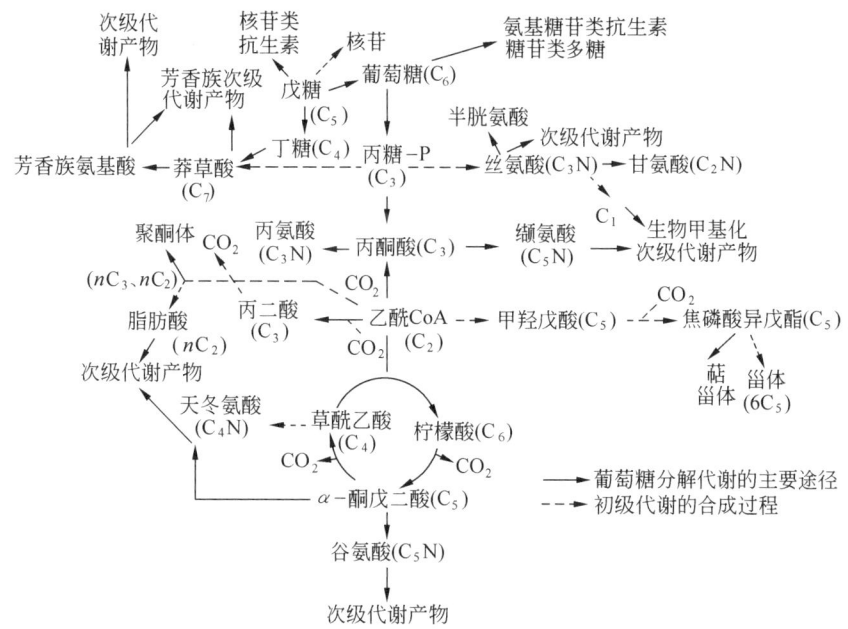

图7-1 从碳代谢流看初级代谢与次级代谢的联系

抗生素的化学结构虽呈多样化,但它们的生物合成途径有相似之处。如在放线菌体内是以丙酰CoA为引子,以甲基丙二酰为伸展者,形成带甲基的多聚乙酰,然后再经过环化,形成各种抗生素的前体而合成不同的抗生素,如四环素、红霉素及利福霉素等。有些抗生素的各部分前体是初级代谢产物,如氨基酸、糖等进行合成的,如 β-内酰胺类抗生素和氨基环醇类抗生素。另外一种是非核蛋白质多肽装配,这是许多杆菌的抗生素合成方式。

糖代谢中间体既可用来合成初级代谢产物,又可用来合成次级代谢产物,这种中间体叫作分叉中间体。如丙二酰 CoA,它可由葡萄糖经 EMP 或 HMP 途径生成的乙酰 CoA 进一步羧化生成,在初级代谢中经脂肪酸合成酶系的催化作用合成脂肪酸,而在次级代谢中则经重复缩合、环化或闭环等生化反应,形成四环类或其他抗生素。类似的分叉中间体见表7-1。

表7-1 初级代谢和次级代谢的分叉中间体

分叉中间体	初级代谢终产物	次级代谢终产物
α-氨基己二糖	赖氨酸	青霉素、头孢菌素
丙二酰 CoA	脂肪酸	利福霉素族、四环素族
乙酰 CoA		大环内酯族、多烯族抗生素、灰黄霉素、橘霉素、环己酰亚胺、棒曲霉素
莽草酸	对氨基苯丙氨酸	氯霉素
	苯丙氨酸	绿脓菌素
	酪氨酸、对氨基苯甲酸、色氨酸	新生霉素

由初级代谢产物衍生的次级代谢产物的生物合成途径见表7-2。在这些次级代谢途径中所涉及的酶有初级代谢酶和次级代谢特有的酶。初级代谢与次级代谢都受菌体的代谢调节,当与抗生素合成有关的初级代谢途径受到控制时,抗生素的生物合成必然受阻。

表7-2 生物合成途径与次级代谢产物

生物合成途径	次级代谢产物
葡萄糖碳架掺入途径	氨基糖苷类抗生素(链霉素、卡那霉素等)
莽草酸途径	氯霉素、新生霉素、绿脓菌素、灰藤黄菌等
与核苷有关的途径	杀结核菌素、蛹虫草菌素
聚酮糖和聚丙酸途径	四环素、制霉菌素、灰黄霉素、展开青霉素、环己酰亚胺
由氨基酸衍生的途径	青霉素类、头孢菌素类、杆菌肽、短杆菌肽 S
甲羟戊酸途径	赤霉素、蜡黄酸、棱链孢酸
其他复合途径	博来霉素、大环内酯抗生素等

2. 遗传代谢方面

初级代谢与次级代谢都受到核内 DNA 的调节控制,而次级代谢产物还受到与初级代谢产物合成无关的遗传物质控制,即受核内遗传物质(染色体遗传物质)和核外遗传物质(质粒)的控制。图7-2 为次级代谢产物生物合成与初级代谢产物的关系,代谢产物的形成取决于由质粒产生的酶所控制的代谢途径,这类物质被称为质粒产物。质粒易在微生物细菌间传递,导致质粒类次级代谢产物多种多样。当然,也有只由染色体 DNA 控制的抗生素产物。

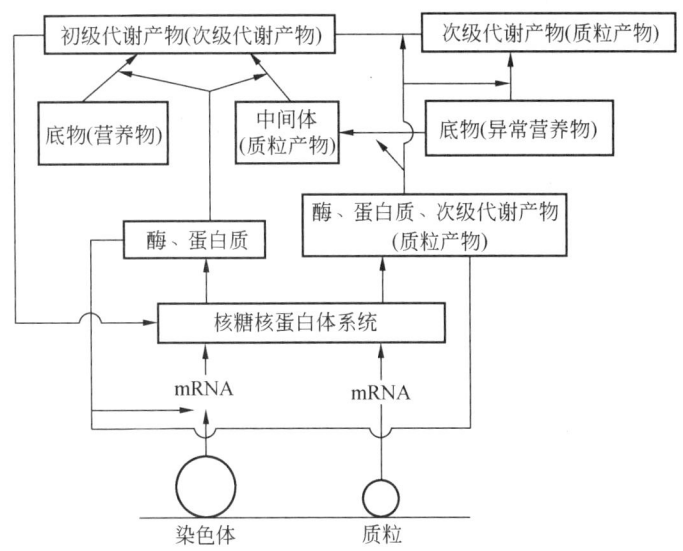

图 7-2 次级代谢产物生物合成与初级代谢产物的关系
注:带括号的为与核内遗传物质有关。

二、抗生素种类及其发酵机制

根据抗生素的生物合成方式及其代谢途径,将抗生素分为以下几类。

1. 蛋白质衍生物

(1)简单的氨基酸衍生物,如环丝氨酸、重氮丝氨酸等;
(2)寡肽抗生素,如青霉素、头孢菌素等;
(3)多肽类抗生素,如多粘菌素、杆菌肽等;
(4)多肽大环内酯抗生素,如放线菌素等;
(5)含嘌呤和嘧啶碱基的抗生素,如曲古霉素、嘌呤霉素等。

2. 糖类衍生物

(1)糖苷类抗生素,如链霉素、新霉素、卡那霉素、巴龙霉素等;
(2)与大环内酯连接的糖苷抗生素,如红霉素、碳霉素等;
(3)其他糖苷抗生素,如新生霉素等。

3. 以乙酸为单位的衍生物

(1)以乙酸为衍生物的抗生素,如四环类抗菌素、灰黄霉素等;
(2)以丙酸为衍生物的抗生素,如红霉素等;
(3)多烯和多炔类抗生素,如制霉素、曲古霉素等。

(一)青霉素、头孢菌素的生物合成

青霉素和头孢菌素是两类结构非常相似的三肽抗生素,它们的化学结构如图 7-3 所示。

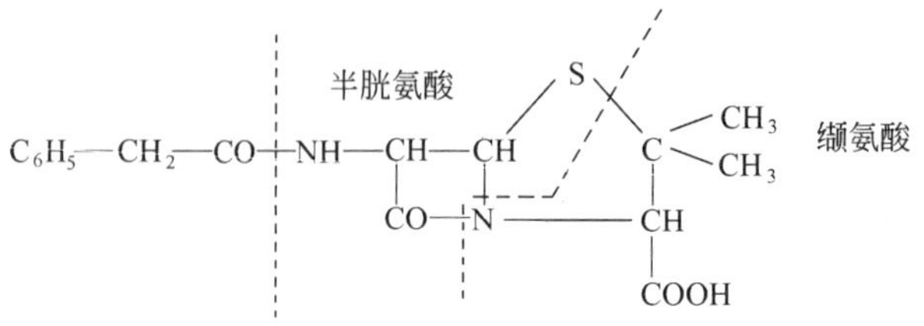

侧链　　母核-(6-APA)

青霉素

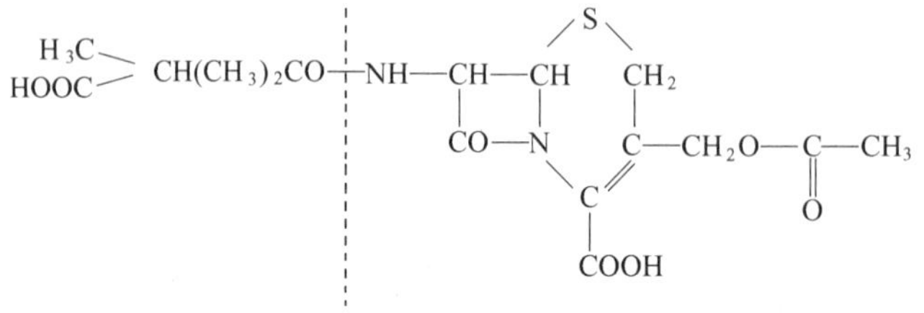

侧链　　母核-(7-ACA)

头孢菌素C

图7-3　青霉素和头孢菌素的结构

青霉素由两部分组成，一部分是带酰基的侧链，另一部分是青霉素的母核，称为6-氨基青霉烷酸(6-APA)。头孢菌素C也由两部分组成，一部分是侧链，为α-氨基己二酸；另一部分是母核，为7-氨基头孢霉酸(7-ACA)。它们都是相同的β-内酰胺环，且在生物合成过程中具有相同的中间体α-氨基己二酰半胱氨酰缬氨酸；所不同的是组成青霉素母核的另一个环是噻唑环，而构成头孢菌素的另一个环为双氢噻唑环。其生物合成途径见图7-4。

青霉素G生物合成的化学计量式如下：

$$1.5\text{葡萄糖} + 2NH_3 + H_2SO_4 + 2NADH_4 + PAA + 5ATP \longrightarrow \text{青霉素G}$$

(二)链霉素的生物合成

链霉素是由链霉胍、链霉糖和N-甲基-L-氨基葡萄糖组成的三糖，其分子结构如图7-5所示。

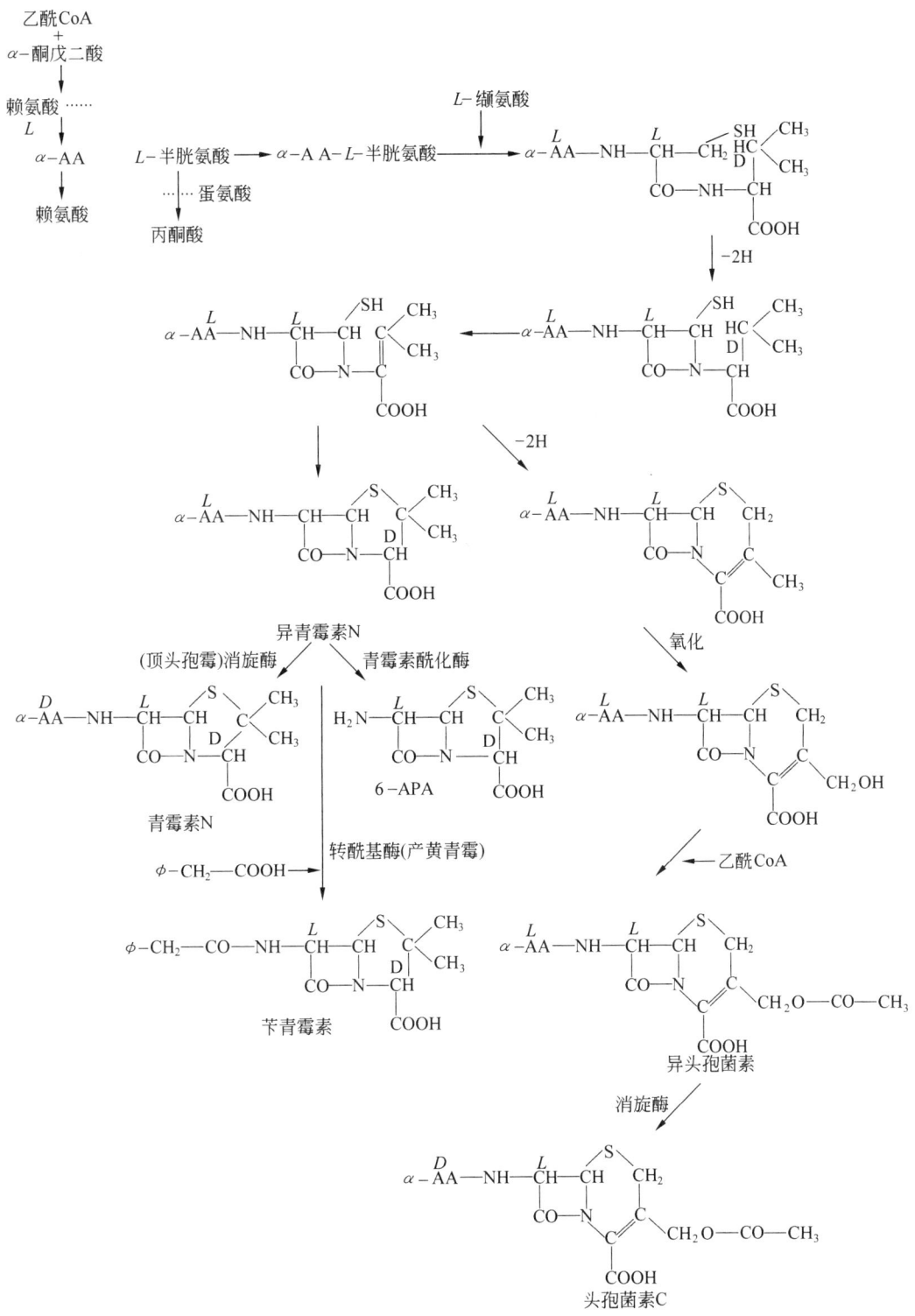

图 7-4 苄青霉素、青霉素 N 和头孢菌素 C 生物合成途径

……反馈抑制　α-AA—α-氨基己二酸；φ—苯基；6-APA—6-氨基青霉烷酸

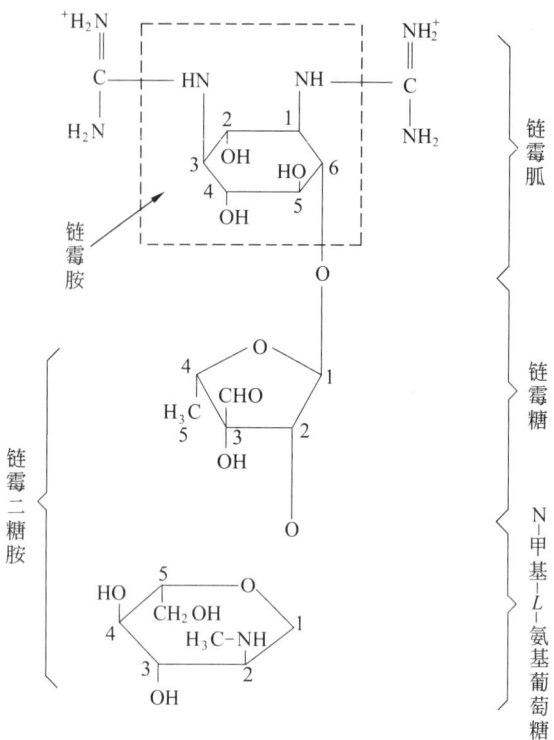

图7-5 链霉素的分子结构

1. 链霉胍的生物合成

从链霉素的分子结构可知,链霉胍部分是由2个胍基和环己六醇组成的。利用同位素实验证明,环己六醇是由 D-葡萄糖经过6-磷酸酯环化成环己六醇-1-磷酸酯,再经脱磷酸生成肌-环己六醇,肌-环己六醇经过氧化作用、氨基化作用、磷酸化作用、胍化作用和去磷酸化作用生成链霉胍,链霉胍的胍基来自精氨酸,精氨酸来自鸟氨酸循环。具体过程如图7-6所示。

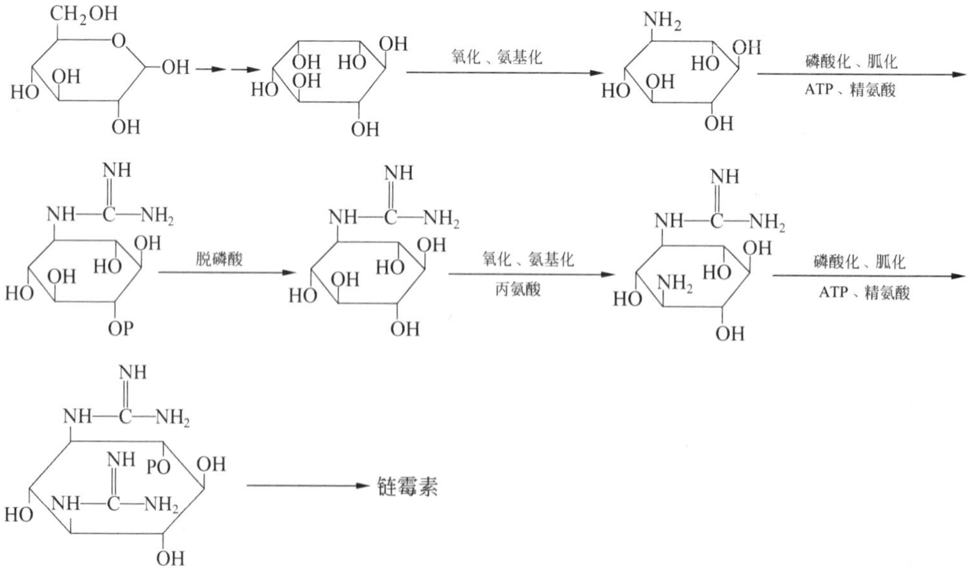

图7-6 肌-环己六醇转变为链霉胍的途径

2. 链霉糖的生物合成

链霉糖由葡萄糖生物合成。葡萄糖 1,2,3 和 6 位碳提供了链霉糖 1,2,3′和 5 位碳,由葡萄糖转变成链霉糖是经过分子中碳-碳重排,并涉及脱氧胸腺核苷 5′-二磷酸葡萄糖(dTDP-葡萄糖),它被转化为 4-酮-4,6-二脱氧-D-葡萄糖,最后转化为二氢链霉糖和鼠李糖,如图 7-7 所示。

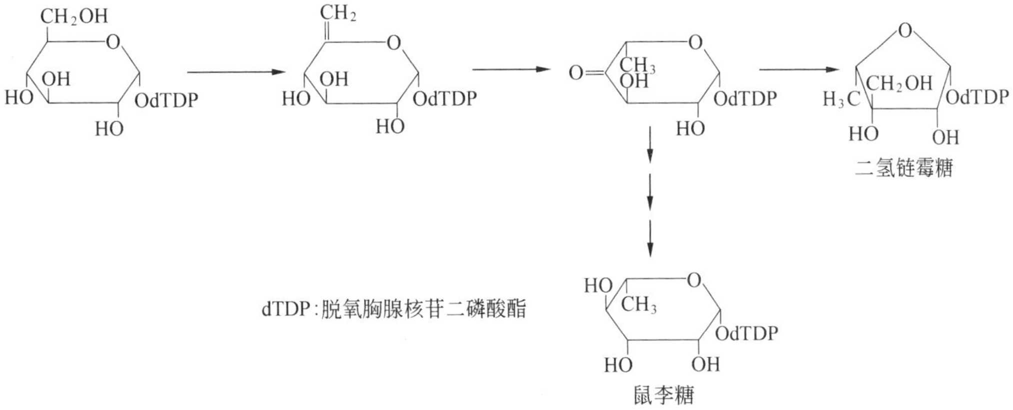

图 7-7 链霉糖的生物合成

3. N-甲基-L-氨基葡萄糖的生物合成

利用不同位置带有 ^{14}C 标记的 D-葡萄糖实验证明了 N-甲基-L-氨基葡萄糖的各个碳来自 D-葡萄糖相对应的碳原子,并且 D-氨基葡萄糖-1-^{14}C 也可进入 N-甲基-L-氨基葡萄糖的相应部分,用同位素证明了其甲基来自蛋氨酸,如图 7-8 所示。

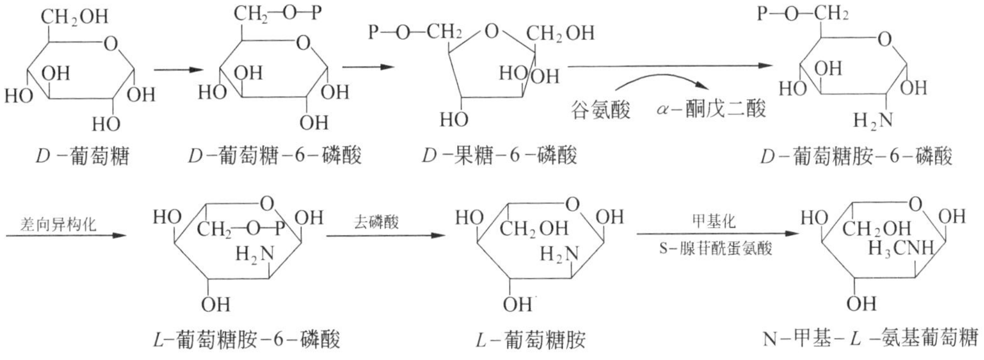

图 7-8 由 D-葡萄糖形成 N-甲基-L-氨基葡萄糖的途径

所生成的 L-链霉糖和 N-甲基-L-氨基葡萄糖分别从它们的核苷二磷酸衍生物输送至链霉胍-6-磷酸,接着输送到 O-2-L-链霉糖(1→4)-链霉胍-6-磷酸,形成链霉素-6-磷酸,再经过脱磷酸作用生成链霉素。

(三)红霉素的生物合成

红霉素是大环内酯类抗生素之一,其分子结构如图 7-9 所示,不同红霉素组成的不同

R 基团,如表 7-3 所示。

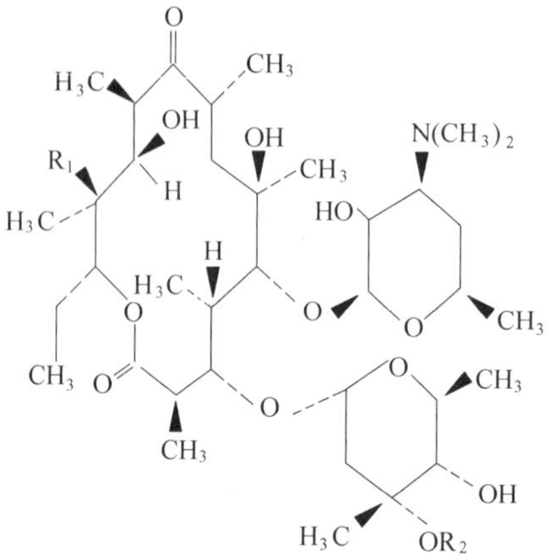

图 7-9 红霉素的分子结构

表 7-3 不同红霉素组成的不同 R 基团

红霉素	R_1	R_2	红霉素	R_1	R_2
A	OH	CH_3	C	OH	H
B	H	CH_3	D	H	H

$$R-\overset{O}{\underset{\|}{C}}-CH_2-\overset{O}{\underset{\|}{C}}-CH_2-\overset{O}{\underset{\|}{C}}-CH_2-\overset{O}{\underset{\|}{C}}-CH_2-\overset{O}{\underset{\|}{C}}-SCoA \text{ (红霉素简式)}$$

其中 R 表示各种启动单元的游离基,如甲基、乙基等。图 7-10 为红霉素合成途径,表明大环内酯配糖体的生物合成与饱和长链脂肪酸的生物合成相似。在与丙二酸、2-甲基丙二酸或 2-乙基丙二酸的一步反应中,单体与活化羧基缩合形成长链的聚脂肪酸,至少有一个酮基经生物还原后,能形成内酯环,而链延长与链延续每一步所引入的 β-酮基是否改变无关。催化大环内酯链缩合的是所谓的脂肪缩合酶。使用 ^{14}C 和 ^{13}C 标记的前体实验证实了红霉素内酯的缩合过程,如图 7-11 所示。

同位素示踪和突变株研究发现,红霉素生物合成反应过程是:丙酰辅酶 A 与 6 分子的 2-甲基丙二酰辅酶 A 缩合产生多聚 β-酮中间体,此中间体经若干修饰得 6-脱氧-红霉内酯 B,在 C_6 羟基化作用后得到红霉内酯 B,发生由 dTDP-L-红霉糖转移 L-红霉糖基于内酯环的 3 位羟基,红霉氨基糖结构部分转移至 C_5 羟基后得红霉素 D,红霉素 D 是代谢的一个分支点,甲基化后得红霉素 B,在 C_{12} 羟基化可得红霉素 C,红霉素 C 再甲基化则得红霉素 A。

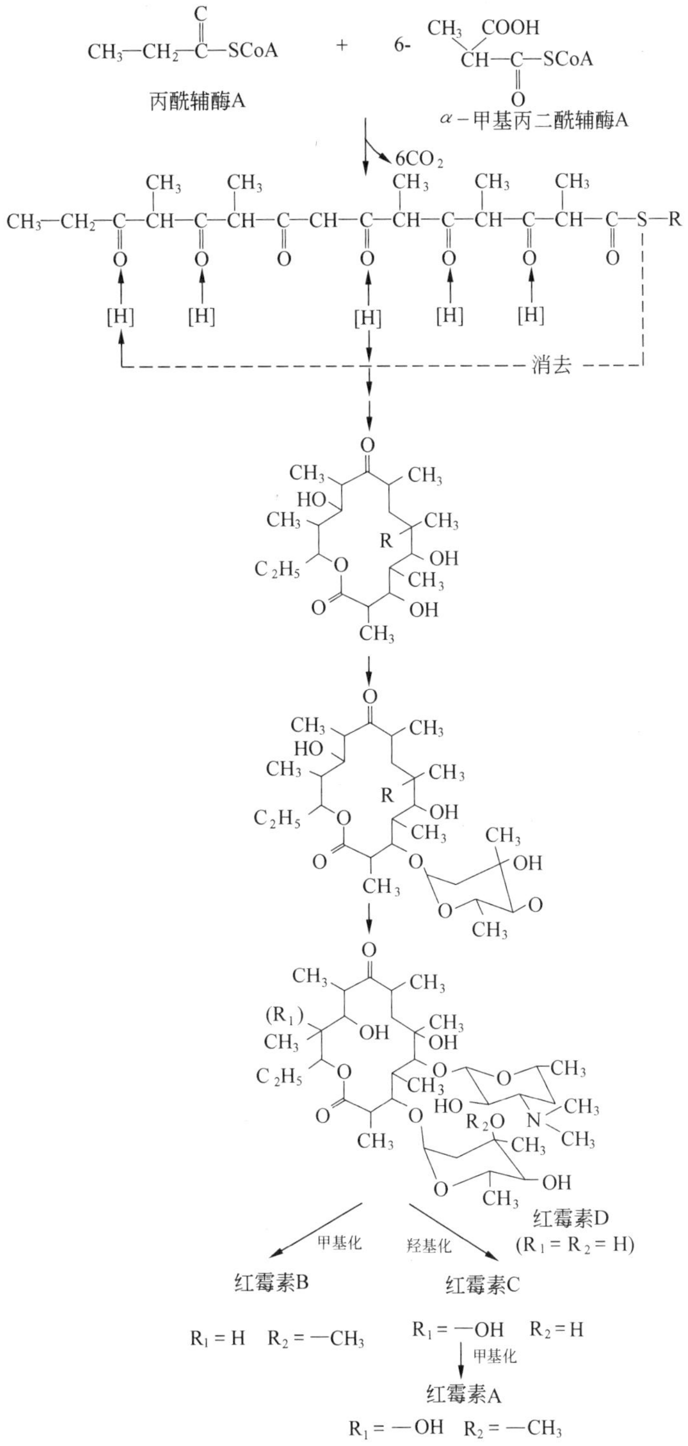

图 7-10 红霉素合成途径

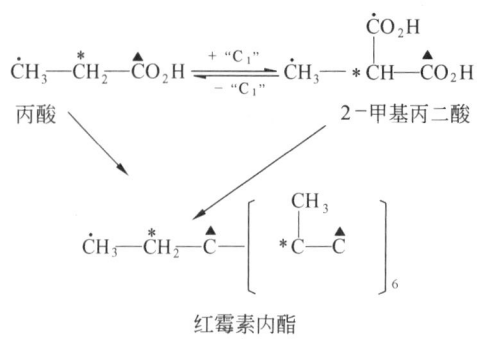

图 7-11 红霉素内酯的缩合过程

第二节 抗生素发酵调控

微生物具有极精细的代谢控制系统,微生物体内的一系列生化反应都是由酶催化的。这些酶既受转录和转译有关基因的表达控制,又受某些营养因素的活化和调控。培养基成分不能改变基因型,但能影响其表型的表达。控制微生物灵活性的主要调节控制,倾向于制止中间物和终产物的过量生成。这涉及几种调节机制,一种调节机制由产生菌生成一种诱导剂或激活剂,或外加以启动生物合成;另一种调节机制由一个小分子物质作为辅助阻遏剂或抑制剂,阻遏或抑制抗生素合成酶,而在抗生素合成前必须耗尽才能合成抗生素,这种调节机制包括碳分解调节、氮分解调节和磷酸盐调节等。

一、细胞生长到抗生素合成

次级代谢产物生成的特点是在菌体生长到达静止期后才产生。在细胞生长阶段,负责次级代谢产物合成的酶处于抑制状态,因而不产生抗生素,一旦生长接近尾声,这些酶便开始被激活或被合成。这种现象在抗生素(如链霉素、青霉素、金霉素、多粘菌素、红霉素、自力霉素、杆菌肽、新生霉素、新霉素和放线菌素等)的合成中相当普遍。在生长期后期解除阻遏的关键酶包括链霉素生物合成的转脒基酶、青霉素生物合成的酰基转移酶和草乙酰活化酶、放线菌素生物合成的酚氧氮杂蒽酮综合酶等。

这里所讲的解除某些抗生素合成酶的阻遏,包括蛋白质合成阻遏作用的解除。蛋白质合成的抑制,阻止了酶的生成和抗生素的合成。这是由于生产抗生素的基因在正常生长中明显地被阻遏。被阻遏的原因如下:

(1)一种诱导因子在生长期末积累或从外源加入以解除生产期的阻遏作用。当诱导物出现并与阻遏物结合时,可使阻遏物发生构型变化,不能再与操纵基因结合,使转录开始,形成抗生素生物合成所需的酶。

(2)初级代谢的终产物对次级代谢途径的反馈阻遏作用,当终产物耗尽后,受阻遏的基因就被解除阻遏。

(3)在一种易被利用的糖源中生长,其分解代谢物对抗生素生物合成有阻遏作用,当这些阻遏剂被利用完后,阻遏作用便解除了。

(4) 抗生素合成途径受高能化合物的阻遏,当 ATP 形成减少后,阻遏作用随即解除。

(5) 在生长期,RNA 聚合酶只能启动生长期基因的转录作用,它不能附着在生产期操纵的促进子的位置上,结果是次级代谢途径的酶合成受阻遏;当生长停止后,酶的结构改变,允许 RNA 聚合酶启动生产期基因的转录作用,负责抗生素合成的酶开始生成。

二、酶的诱导

微生物中的诱导酶只有在培养基中含有底物或底物类似物时才形成,后者是最好的诱导物。结构基因编码控制酶在加入一种底物时,结构基因就开动起来,酶即产生,这一过程被称为"诱导"或"消除阻遏",酶被"诱导"而大量生成。

抗生素的合成是在微生物生长达到平衡后,由于特定营养成分减少而停止快速生长,进入有限的生长期。此时,次级代谢才开始,原因是次级代谢酶被诱导或解除阻遏。例如,色氨酸刺激麦角菌产生麦角灵(ergoline)生物碱。生物碱的合成在发酵后期出现,但必须在生长期加入色氨酸,才能刺激生物碱的生物合成。色氨酸及其类似物诱导合成了生物碱合成的第一个酶——二甲基烯丙基-色氨酸合成酶,从而启动了生物碱的合成途径。

有一种 A 因子(2(S)-异辛酰基-3R-羟甲基-γ-丁酸内酯)强烈影响灰色链霉菌产生链霉素。1mg A 因子加入 A 因子缺失的菌株的培养基中,可生成 50 000mg 链霉素。在突变株中,当加入 A 因子后,即可测定出催化链霉素合成的转氨酶,且只有在接种后立即或不久加入 A 因子,才能表现出促进链霉素产生的效果。

蛋氨酸刺激顶头孢霉生物合成头孢菌素 C,蛋氨酸必须在生长期加入培养基中才能发挥作用。当顶头孢霉经突变得到蛋氨酸类似物硒代谢蛋氨酸抗性突变株时,不加蛋氨酸也可使头孢菌素 C 增产。

三、分解代谢产物的调控

分解代谢产物的调节包括分解产物阻遏和分解产物抑制。人们发现,葡萄糖的迅速分解和利用减少了许多抗生素的生物合成,称为"葡萄糖效应",原因是葡萄糖分解产物阻遏和抑制抗生素合成,称为"分解产物调节",见表 7-4。在含有葡萄糖和第二种碳源的培养基中,葡萄糖首先被利用,葡萄糖分解代谢的中间产物会抑制抗生素的生物合成。只有在葡萄糖耗尽时,利用第二种碳源所需的酶才开始形成,并解除对抗生素生物合成的抑制。葡萄糖对青霉素和头孢菌素生物合成有阻遏作用,是由于葡萄糖分解产物阻遏 ACV 三肽合成酶的合成,如图 7-12 所示。头孢菌素的生物合

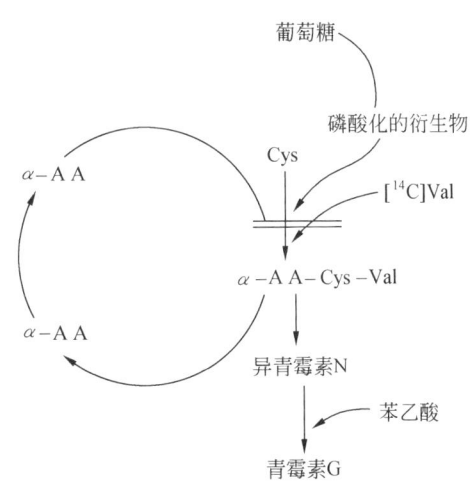

图 7-12 青霉素的生物合成途径

注:假定葡萄糖代谢为磷酸化的衍生物,它能切断酶与 α-AA、半胱氨酸和缬氨酸的连接,以形成 ACV 三肽(α-AA-Cys-Val)。

成明显受葡萄糖阻遏,使青霉素 N 不能转化为头孢菌素 C。葡萄糖也阻遏青霉素环化酶,使它不能把 ACV 三肽转化为青霉素 C。

表7-4 抗生素合成酶的碳分解调节

抗生素	作 用 酶	阻 遏 物	非阻遏物	产 生 菌
青霉素	三肽合成酶	葡萄糖	乳糖	*Penicillium chrysogenum*
头孢菌素	CPC乙酰水解酶	葡萄糖、麦芽糖、蔗糖	甘油、琥珀酸盐	*Cephalosporium acremonium*
	CPC合成酶、青霉素环化酶	葡萄糖	蔗糖	*Cephalosporium acremonium*
链霉素	甘露糖链霉素合成酶、脒基转移酶、链霉胍激酶	葡萄糖、糊精、甘露糖		灰色链霉菌
太乐霉素	胸苷二磷酸葡萄糖氧化还原酶、胸苷二磷酸-4-酮-脱氧葡萄糖甲基酶	葡萄糖	麦芽糖	弗氏链霉菌
新霉素	新霉素磷酸酶	葡萄糖	麦芽糖	弗氏链霉菌
巴龙霉素	O-甲基巴龙霉素甲基转移酶	葡萄糖	甘油	白黑链霉菌
卡那霉素	N-酰基卡那霉素胺基水解酶	葡萄糖、麦芽糖、甘露糖	半乳糖	卡那霉素链霉菌
新生霉素		柠檬酸	葡萄糖	雪白链霉菌
嘌呤霉素	O-去甲基嘌呤霉素合成酶	葡萄糖	甘油	白黑链霉菌
放线菌素	氧化吩噁嗪酮合成酶	葡萄糖、甘油	果糖	抗生链霉菌
	犬尿素甲酰胺酶、色氨酸吡咯酶 羟基犬尿素酶	葡萄糖、甘油	果糖	小小链霉菌
杀念珠菌素	PABA合成酶			灰色链霉菌
丰加霉素				龟裂链霉菌
桑吉瓦霉素	鸟苷三磷酸-8-甲酰水解酶			短芽孢杆菌
短杆菌肽S	短杆菌肽S合成酶			
杆菌肽	杆菌肽合成酶	葡萄糖	柠檬酸	地衣芽孢杆菌
紫苏霉素		葡萄糖	麦芽糖	委内瑞拉链霉菌
氯霉素	β-半乳糖苷酶	葡萄糖	甘油	委内瑞拉链霉菌
头霉素		甘油	淀粉、天冬素	
丝裂霉素		葡萄糖	低浓度葡萄糖	

在放线菌素的合成中,氧化吩噁嗪酮合成酶催化两分子3-羟基-4-甲基邻氨基苯甲酸或其肽衍生物的氧化缩合。当采用含有0.1%葡萄糖和1%半乳糖的谷氨酸无机盐培养基时,在20~24h内葡萄糖已被利用90%,形成75%菌体,30h后葡萄糖耗尽,进入静止期。开始20h内几乎不合成氧化吩噁嗪酮合成酶,在20~36h酶活力增加5~6倍,至40h时酶活力为12倍。放线菌素的合成比酶合成稍晚,24h后才能被检出,在葡萄糖耗尽后才开始缓慢利用半乳糖。

解除分解产物阻遏的方法:一是选育对葡萄糖类似物抗性突变型菌株来解除容易利用的碳分解产物调节,以提高抗生素产量;二是在培养过程中逃避分解产物阻遏,如使用分解缓慢的碳源,或使用连续流加葡萄糖方式来保持培养基中的低浓度葡萄糖,避开它对有关生物合成酶的阻遏。

四、磷酸盐与 NH_4^+ 的调控

高浓度磷酸盐对许多抗生素,如链霉素、新霉素、金霉素、四环素、土霉素、万古霉素、新生霉素、紫霉素、杀假丝菌素等的合成具有阻遏和抑制作用。这些抗生素只有在磷酸盐"亚适量"时才能合成。在高浓度磷酸盐中只长菌体,不合成抗生素;磷酸盐太少时,菌体生长不够,不利于合成抗生素。因此,发酵工艺上要严格控制"亚适量"的磷酸盐浓度。

磷酸盐抑制抗生素合成的机制:

(1) 抑制或阻遏抗生素生物合成途径中有关酶的活力和合成。例如,金色链霉菌合成四环素时,磷酸盐阻遏脱水四环素氧化酶和环化氧化酶;在链霉素合成中抑制链霉素磷酸酯酶;在万古霉素合成中抑制碱性磷酸酯酶活性;阻遏泰乐菌素的 dTDP-葡萄糖-4,6-脱氢酶、dTDP my-Carose 合成酶和 macrocin 甲基酶。这些关键酶被抑制或阻遏,都将引起抗生素生物合成大幅度减产。同样,过量磷酸盐抑制链霉素产生菌、比基尼链霉菌合成中间体链霉胍所需的转脒基酶活性的80%,会大幅度降低链霉素产量。

(2) 改变代谢途径。过量磷酸盐能促使葡萄糖代谢由 HMP 途径转变为 EMP 途径,使一些抗生素的芳香族前体合成减少。例如,过量磷酸盐抑制四环素的生物合成是由于戊糖途径循环减少,而主要通过糖酵解途径进行。

另外,高浓度的无机氨态氮或其他容易被迅速利用的氮源会促进生长,而强烈抑制抗生素的合成。例如,黄豆粉用作放线菌发酵的氮源,消除了氨和氨基酸对抗生素生物合成的氮分解阻遏,这可能是黄豆粉的颗粒被放线菌的蛋白酶逐渐分解,不会抑制抗生素合成的缘故。同样,在红霉素发酵中加入某种氮源,其产量会显著降低;带小棒链霉菌生产头霉素和雪白链霉菌生产新生霉素时,在抗生素生成期流加氮源,会促使细胞生长而抗生素生成量显著降低。可见,受氮分解产物调节合成的抗生素,如氯霉素、头孢菌素、青霉素、棒曲霉素、利福霉素等都有此规律。

五、初级代谢对次级代谢的调控

从图7-1可知,许多次级代谢产物来自初级代谢的关键中间体,因此次级代谢也就受初级代谢调节的影响。

在青霉素的生物合成中,初级代谢调节控制对青霉素生成有很大影响。由图7-2可知,青霉素由 α-AA(α-氨基己二酸)、L-半胱氨酸和 L-缬氨酸合成。合成青霉素的缬氨酸是 D 型,D 型是在形成 ACV 三肽时形成的,真正的前体是 L-缬氨酸。L-缬氨酸的生物合成见图7-13。L-缬氨酸反馈抑制乙酰羟酸合成酶,影响青霉素的合成。选育乙酰羟酸合成酶对 L-缬氨酸的反馈抑制作用不敏感的变异株,菌体内积累较多的内源缬氨酸才能高产青霉素。

α-AA 是产黄青霉生物合成青霉素和赖氨酸的共同前体物,赖氨酸抑制青霉素合成是由于赖氨酸反馈抑制同型柠檬酸合成酶,使 α-AA 生成量减少而影响青霉素的合成。

由图7-14可知,δ-腺苷-α-AA 是 α-AA 的活化型,是一种特殊化合物。生化突变株实验说明,赖氨酸和青霉素代谢途径的分支点是 δ-腺苷-α-AA。

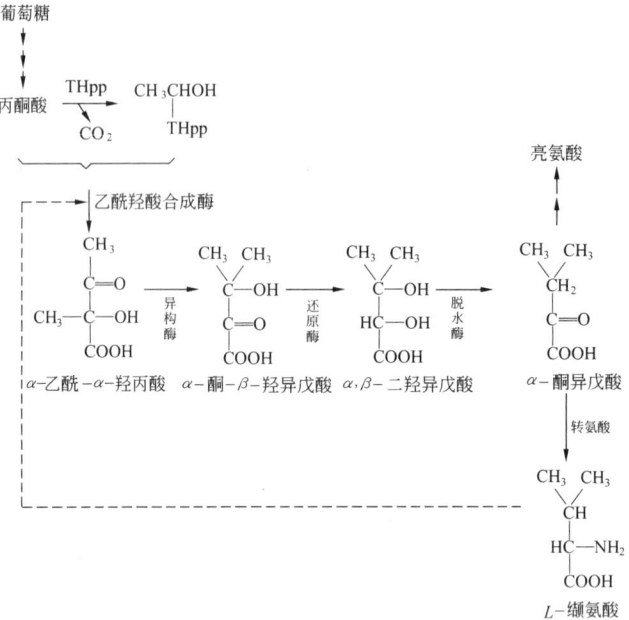

图7-13　L-缬氨酸的生物合成

Thpp:焦磷酸硫胺素；----→反馈抑制

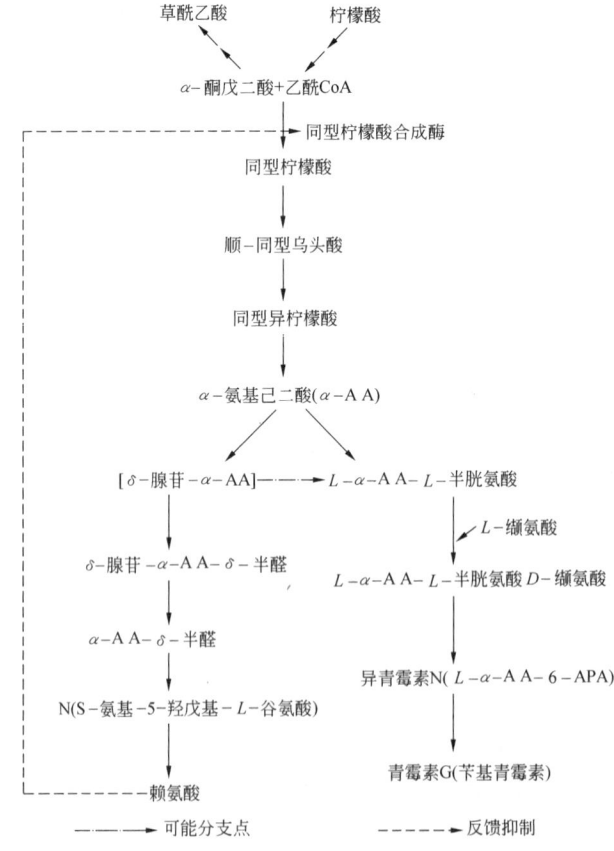

　　──→ 可能分支点　　----→ 反馈抑制

图7-14　产黄青霉生物合成赖氨酸和青霉素的途径

灰黄链霉菌产生的多烯大环内酯抗生素杀假线菌素分子中的氨基苯乙酮部分,由葡萄糖经莽草酸、对氨基苯甲酸(PABA)形成,见图 7-15。芳香族氨基酸是分支途径的终产物,5mmol 的 L-色氨酸、L-酪氨酸和 L-苯丙氨酸混合物能抑制 50% 杀假丝菌素的合成。但是,外源加入的 PABA 则促进 50% 杀假丝菌素的合成。细胞内 PABA 合成受外来的过量芳香族氨基酸的反馈抑制,外源 PABA 可被更高效摄入。静息细胞研究表明,芳香族氨基酸中的 L-色氨酸反馈抑制共同途径的前期酶,即 3-脱氧-D-乙酮-7-磷酸庚糖酸(DAHP)合成酶,而苯丙氨酸和酪氨酸无此作用。

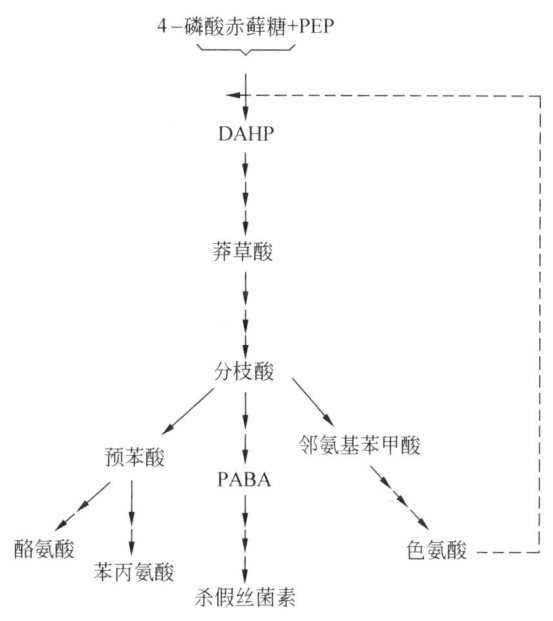

图 7-15　芳香族氨基酸对芳香族多烯大环内酯生物合成的调节机制
- - →调节点

六、次级代谢的反馈抑制与能荷调节

抗生素合成机制类似于初级代谢产物反馈抑制,如氯霉素、雷斯托霉素、嘌呤霉素、放线菌素、维及霉素、霉酚酸、制霉菌素、青霉素等抗生素。氯霉素对自身合成的控制,首先是对分枝酸到氯霉素合成途径中的第一个酶——芳香胺合成酶的阻遏作用。产黄青霉变异株 E-15 的青霉素发酵中,任何时期加入苯氨甲基青霉素(青霉素 V),都会抑制青霉素的进一步合成,但对菌体的生长无影响。青霉素对自身合成的抑制由青霉素酰基转移酶反馈抑制所致。

生物体内酶反应涉及化学能的转移,能荷定量测定以 ATP + 1/2ADP/(ATP + ADP + AMP)表示。高能量负荷抑制某些初级代谢酶,而激活另一些酶。能荷调节机制对次级代谢途径的控制也是有效的。许多次级代谢物的产生受磷酸盐的调节控制,如金霉素发酵,当磷酸盐耗尽后才开始形成抗生素,因为高浓度磷酸盐可增加细胞内 ATP 形成,导致细胞内能荷增加而抑制金霉素合成。金霉素高产菌株的 ATP 含量维持在较低水平,而低产菌株的 ATP 含量始终比高产菌株高 2~4 倍。

在金霉素链霉菌、龟裂链霉菌中,氟代乙酸、亚铁氰化钾可使三羧酸循环活性下降,从而促进四环素的产生。这是由于三羧酸循环活性降低而导致 ATP 含量的下降,促使已积累的乙酸和磷酸烯醇式丙酮酸生成丙二酰 CoA,从而促进四环素的合成。

七、前体物与促进剂的调控

$5'$-核苷酸可从糖在加有化学合成的腺嘌呤为前体的情况下,用腺嘌呤或鸟嘌呤缺陷变异菌株直接发酵生成。此外,抗生素合成的前体物质更是抗生素分子的前身或其组成的一部分,它直接参与抗生素合成而自身无显著变化,在一定条件下前体物质可控制生产菌的合成方向和增加抗生素的产量。

在青霉素发酵过程中,加入苯乙酸或苯乙硫胺不但可使青霉素 G 的比例大为增加(占总青霉素量的 99% 以上),且使青霉素的产量也有所提高(由于前体物质的存在,可使培养基的硫酸盐中的硫原子更多地结合到青霉素分子中去)。在抗生素发酵中常用的前体物质如表 7-5 所示。

表 7-5 抗生素发酵中常用的前体物质

抗生素	前体物质
青霉素 G	苯乙酸或在发酵中能形成苯乙酸的物质,如乙基酰胺等
青霉素 O	烯丙基-硫基乙酸
青霉素 V	苯氧乙酸
链霉素	肌醇、精氨酸、甲硫氨酸
金霉素	氯化物
溴四环素	溴化物
红霉素	丙酸、丙醇、丙酸盐、乙酸盐
灰黄霉素	氯化物
放线菌素 C_3	肌氨酸

前体物质的利用往往与菌种的特性和菌龄有关。例如,两种青霉素产生菌对苯乙酸的利用率不同,形成青霉素 G 的比例也不同,菌龄较长的菌丝对苯乙酰胺的脱胺作用较菌龄短的菌丝为大;青霉素对各种前体物质的利用速率不同,前体物质越易被氧化的,用于构成青霉素分子的比例就越少。

一般来说,当前体物质是合成过程中的限制因素时,前体物质加入量越多,抗生素产量就越高,见表 7-6。但前体物质的浓度越大,利用率越低。在抗生素发酵中,大多数前体物质对生产菌体有毒,故一般采用间歇分批添加或连续滴加的方法加入。

表 7-6 不同浓度的前体物质对青霉素产量的影响

苯乙酸用量(%)	青霉素产量(单位/mL)	青霉素 G 的比例(%)
0.1	7 750	57.3
0.2	8 515	73.0
0.3	9 630	90.6
0.4	9 200	95.6

抗生素工业在发酵过程中加入某些促进剂或抑制剂,常可促进抗生素的生物合成。在不同的情况下,不同的促进剂所起的作用也各不相同。有的可能起生长因素的作用,如某些植物刺激剂可促进放线菌的生长发育,缩短发酵周期或提高抗生素发酵单位;有的可推迟菌体的自溶,如巴比妥药物能增加链霉素产生菌的菌丝抗自溶能力(巴比妥主要对链霉素生成合成酶系统具有刺激作用);有的可抑制某些合成其他产物的途径而使之向所需产物的途径转化(见表7-7);有的可降低产生菌的呼吸,使之有利于抗生素的合成,如四环素发酵中加入硫氰化苄,可降低菌体在三羧酸循环中的某些酶活力,而增强戊糖代谢,使之更利于四环素的合成;有的可改变发酵液的物理性质,改善通气效果,如加入聚乙烯醇、聚丙烯酸钠、聚二乙胺等水溶性高分子化合物或加入某些表面活性剂后改善了通气效果,进而促使发酵单位提高;有的可与抗生素形成复盐,从而降低发酵液中抗生素的浓度而促进抗生素的合成,如在四环素发酵中加入N,N-二苄基乙烯二胺(DBED)碱土金属复盐后与四环素形成复盐,促使四环素发酵向有利于合成的方向进行。

表7-7 抗生素的抑制剂

抗生素	被抑制的产物	抑制剂
链霉素	甘露糖链霉素	甘露聚糖
去甲基链霉素	链霉素	乙硫氨酸
四环素	金霉素	溴化物、巯基苯丙噻唑、硫脲、硫脲嘧啶
去甲基金霉素	金霉素	磺胺化合物、乙硫氨酸
头孢菌素C	头孢霉素N	L-蛋氨酸
利福霉素B	其他利福霉素	巴比妥药物

第三篇 发酵工艺过程控制

第八章 发酵动力学

发酵动力学研究的是发酵过程中菌体生长、基质消耗、产物生成的动态平衡及其规律。研究内容包括微生物生长过程中的质量和能量平衡，发酵过程中菌体生长速率、基质消耗速率和产物生成速率的相互关系，发酵工艺条件对三者及其反应速度的影响。

了解发酵动力学的目的在于通过发酵动力学的研究来进行最佳发酵工艺条件的控制。如研究发酵过程中菌体浓度、基质浓度、产物浓度、温度、pH值、溶解氧等工艺参数的最佳控制方案，要设计合理的发酵过程，必须以发酵动力学模型为依据，利用计算机设计控制程序，模拟最合适的工艺流程和发酵工艺参数，从而使生产控制达到最佳。发酵动力学的研究正成为工厂放大试产、分批发酵过渡到连续发酵及自动化发酵控制的理论依据。

第一节 微生物生长代谢的质量平衡

一、微生物生长代谢的碳平衡

碳源是微生物生长过程中的重要物质，根据培养基组成的不同，碳源有不同的用途，首先作为能源，其次是作为合成产物的组成成分，以及作为构成菌体的材料。

1. 最低培养基与完全培养基

最低培养基，即培养基是由单一碳源葡萄糖与无机盐组成，这时葡萄糖在微生物生长过程中既作为生长过程所需要的能源，又作为构成菌体的材料。完全培养基，即在培养基内不但含有碳源与无机盐，还含有供构成菌体所需要的材料，如酵母浸膏、牛肉浸膏等，一般天然培养基均属后者。因此，碳源在微生物利用过程中是有不同用途的，如图8-1和图8-2所示。

2. 微生物生长代谢过程中基质和产物之间的碳元素平衡

微生物的元素组成是相对稳定的，也是由基质代谢转化而来，即可看成一种特殊产物，表8-1是酵母和细菌的元素组成。

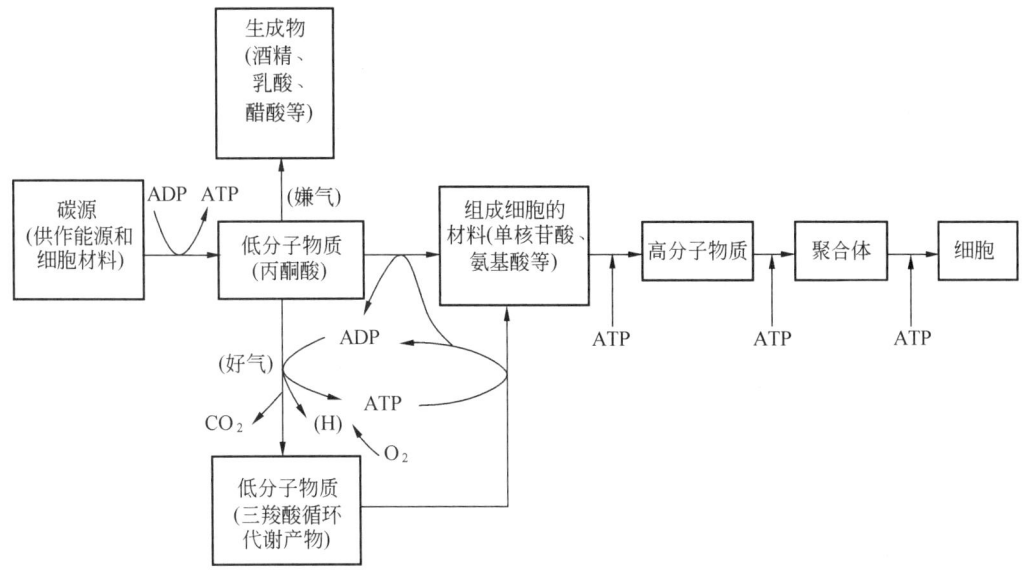

图 8-1 最低培养基碳源利用图

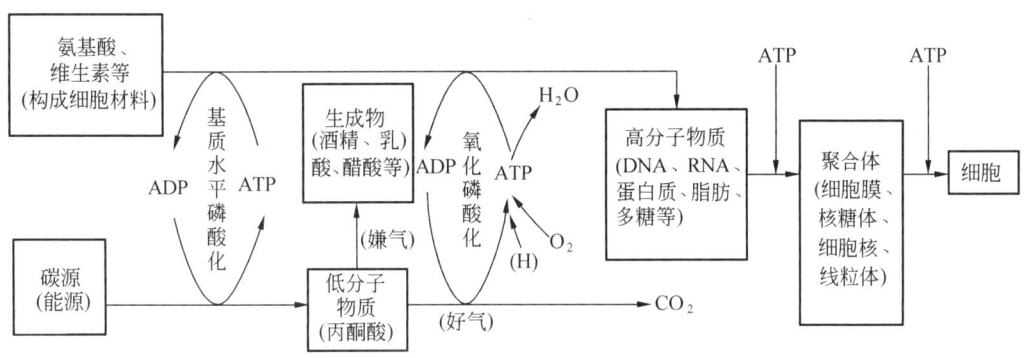

图 8-2 完全培养基碳源利用图

表 8-1 酵母、细菌的元素组成 （质量分数,%）

微生物 \ 元素	C	N	O	P(PO_4^{3-})	S	Mg	H	总灰分[①]
酵母	47	7.5	30	1.5	1	0.5	6.5	8
细菌	53	12	20	3.0	1	0.5	7	7
每克(干)菌体	—	8～13	—	33～66	100	200	—	—

注:①总灰分包括 Cu、Co、Fe、Mn、Mo、Zn、Ca、K、Na、Mg、P。

根据基质(S)、菌体(X)、产物(P)和二氧化碳中碳元素的含量可以写出微生物生长代谢过程中碳元素的平衡关系:

$$\left(-\frac{dc(S)}{dt}\right)\alpha_1 = \frac{dc(X)}{dt}\alpha_2 + \frac{dc(CO_2)}{dt}\alpha_3 + \frac{dc(P)}{dt}\alpha_4 + \cdots \quad (8-1)$$

或

$$\nu\alpha_1 = \mu\alpha_2 + Q_{CO_2}\alpha_3 + Q_P\alpha_4 + \cdots \qquad (8-2)$$

式中,ν 为基质的消耗比速,$\nu = \dfrac{1}{c(X)}\dfrac{dc(S)}{dt}$,mol/(g·h);$\mu$ 为微生物生长比速,$\mu = \dfrac{1}{c(X)}\dfrac{dc(X)}{dt}$,h^{-1};$Q_{CO_2}$ 为二氧化碳生成比速,$Q_{CO_2} = \dfrac{1}{c(X)}\dfrac{dc(CO_2)}{dt}$,mol/(g·h);$Q_P$ 为代谢产物生成比速,$Q_P = \dfrac{1}{c(X)}\dfrac{dc(P)}{dt}$,mol/(g·h);$\alpha_1$ 为每 mol 基质中的含碳量,如 $\alpha_1 = 72g$;α_2 为每 g 干菌体内的含碳量,如 $\alpha_2 = 0.5g$;α_3 为每 mol 二氧化碳内的含碳量,如 $\alpha_3 = 12g$;α_4 为每 mol 产物内的含碳量,如 $\alpha_4 = 24g$。

3. 微生物生长过程中主要基质——碳源平衡

以糖为碳源的微生物生长代谢过程中碳源主要消耗于:①满足菌体生长的需要,可用 $(\Delta c(S))_G$ 表示;②维持菌体生存的消耗(如微生物的运动、物质的传递,其中包括营养物质的摄取和代谢产物的排泄),用 $(\Delta c(S))_m$ 表示;③代谢产物积累的消耗,用 $(\Delta c(S))_P$ 表示。则碳源总消耗 $\Delta c(S)$ 可用下式表示:

$$\Delta c(S) = (\Delta c(S))_G + (\Delta c(S))_m + (\Delta c(S))_P + \cdots \qquad (8-3)$$

或

$$-\dfrac{dc(S)}{dt} = \left[-\dfrac{dc(S)}{dt}\right]_G + \left[-\dfrac{dc(S)}{dt}\right]_m + \left[-\dfrac{dc(S)}{dt}\right]_P + \cdots \qquad (8-4)$$

设 Y_G 表示用于菌体生长的碳源对菌体的得率常数,则有 $\left[-\dfrac{dc(S)}{dt}\right]_G = \dfrac{1}{Y_G}\dfrac{dc(X)}{dt}$;$m$ 表示微生物的碳源维持常数,则 $\left[\dfrac{dc(S)}{dt}\right]_m = mc(X)$;$Y_m$ 表示碳源对代谢产物的得率常数,则 $\left[-\dfrac{dc(S)}{dt}\right]_P = \dfrac{1}{Y_m}\dfrac{dc(P)}{dt}$。所以

$$-\dfrac{dc(S)}{dt} = \dfrac{1}{Y_G}\dfrac{dc(X)}{dt} + mc(X) + \dfrac{1}{Y_m}\dfrac{dc(P)}{dt} + \cdots \qquad (8-5)$$

或

$$\nu = \dfrac{1}{Y_G}\mu + \dfrac{1}{Y_m}Q_P + m + \cdots \qquad (8-6)$$

在以生产细胞物质为目的的发酵过程中(如面包酵母生产、单细胞蛋白生产以及污水生物处理等),在代谢产物的积累可以忽略不计的情况下,式(8-6)可简化为

$$\nu = \dfrac{1}{Y_G}\mu + m + \cdots \qquad (8-7)$$

显然,式(8-7)为一直线方程,通过实验求得微生物生长比速 μ 与所对应的基质消耗比速 ν,并对两个比速的关系进行作图,可以得到一条直线,如图 8-3 所示。此直线在纵坐标上的截距即为维持常数 m,其斜率即为碳源对菌体生长得率常数 Y_G 的倒数。由式(8-7)还可得到

$$\dfrac{\nu}{\mu} = \dfrac{1}{Y_G} + \dfrac{m}{\mu}$$

如设 $Y_{X/S}$ 为发酵过程中基质葡萄糖消耗的同时所生成菌体量之间的比例,则可推导出下式:

$$\dfrac{1}{Y_{X/S}} = \dfrac{m}{\mu} + \dfrac{1}{Y_G} \qquad (8-8)$$

当实验测得微生物生长过程中菌体不同生长比速 μ 所对应的 $Y_{X/S}$ 后,把 μ^{-1} 对 $Y_{X/S}^{-1}$ 作图,也得到一条直线,见图 8-4。此直线在纵坐标上的截距为 Y_G^{-1},其斜率为 m,求得 Y_G^{-1}、m 的具体数据,从而得到微生物在一定条件下生长的具体动力学方程。

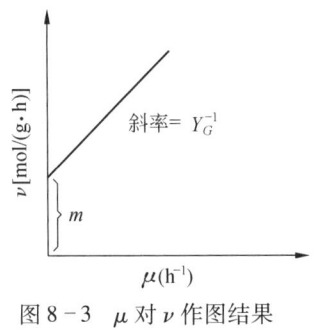
图 8-3 μ 对 ν 作图结果

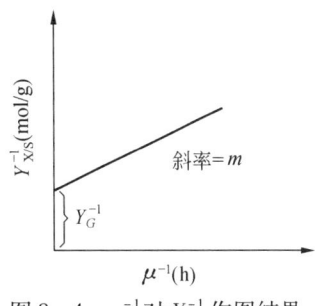
图 8-4 μ^{-1} 对 $Y_{X/S}^{-1}$ 作图结果

4. 细胞物质生产过程中碳源的化学平衡

(1) 酵母与单细胞蛋白工业

面包酵母与单细胞蛋白工业是典型的细胞物质生产。以葡萄糖为碳源通风培养面包酵母时可建立下列化学平衡:

$$6.67CH_2O + 2.1O_2 \longrightarrow C_{3.92}H_{6.5}O_{1.94} + 2.75CO_2 + 3.42H_2O$$
(葡萄糖)　　　　　　　　　(酵母菌体)
200　　　6.2　　　　　　　84.6　　　　121　　　61.6

如果计入酵母菌体内除碳、氢、氧三元素以外的其他元素如磷、氮以及灰分,则每 200g 葡萄糖约可得到 100g 干酵母。这就是说,在酵母生产中若葡萄糖浓度控制适当,通风供给充足条件下,葡萄糖消耗对酵母得率为 $Y_{X/S}=0.5$。当限制性基质浓度较高时,微生物的生长比速较大,这时基质的维持消耗相对要小得多($m \ll \frac{1}{Y_G}\mu$),根据式(8-7),得到

$$\nu \approx \frac{1}{Y_G}\mu \quad Y_{X/S} = \frac{\mu}{\nu} \approx Y_G$$

实际酵母生产过程中为了充分利用设备的生产潜力,在较高碳源浓度下培养酵母(糖的绝对浓度实际上并不高),因此 $Y_{X/S} \approx Y_G = 0.5g/g$。此结论与实际实验结果是一致的。

当以碳氢化合物为碳源,生产单细胞蛋白时,同样可以写出相应的化学平衡式:

$$7.14CH_2 + 6.14O_2 \longrightarrow C_{3.92}H_{6.5}O_{1.97} + 3.22CO_2 + 3.89H_2O$$
(碳氢化合物)　　　　　　　(单细胞蛋白)
99.96　196.48　　　　　　84.6　　　　141.68　　70.02

同样,在菌体内再计入碳、氢、氧以外的其他元素如氮、磷以及灰分,得到 $Y_{X/S} \approx 1g/g$。

(2) 生物法污水处理

污水的生物处理在理论上也属于微生物的培养过程。当用乳糖($C_{12}H_{22}O_{11}$)与酪素($C_8H_{12}N_2O_3$)在通风条件下培养活性污泥(用于污水处理的许多微生物包括原生动物群,简称污泥)时,同样也可建立化学平衡关系:

$$8CH_2O + C_8H_{12}N_2O_3 + 6O_2 \longrightarrow 2C_5H_7NO_2 + 6CO_2 + 7H_2O$$
(乳糖)　　(酪素)　　　　　　(活性污泥)
240　　　184　　　192　　　　226　　　264　　126

则
$$Y_{X/S} = 226/(240+184) = 0.53(g/g)$$

当生物处理有机污水时,污泥生成量均为污水中有机物质含量的50%左右。为了减少污泥的产量(污泥除一部分作循环使用外,绝大部分是废物),当污水内有机物被消耗后,可继续通风使污泥进行内源呼吸(即利用菌体本身的物质分解所进行的呼吸作用),反应式为

$$C_5H_7NO_2 + 5O_2 \longrightarrow 5CO_2\uparrow + NH_3\uparrow + 2H_2O$$
$$113 \qquad\qquad 160 \qquad\qquad 220 \qquad\quad 36$$

结果菌体自溶,最终可把水中的有机污染物全部分解成二氧化碳和氨而放出,从而显著降低废水中的生物需氧量(BOD),达到排放水标准,完成污水处理。

5. 微生物生长代谢过程中碳平衡的意义

(1)碳源是微生物生长和代谢过程中必不可少和最重要的基质之一,无论哪一种发酵,碳源的利用情况或碳源对产物的转化率都是一项极为重要的经济指标。碳平衡可使人们了解碳源在微生物生长和代谢过程中的动向,通过实验和理论计算得到碳源对产物的最大得率,为生产水平不断提高提供可靠依据。

(2)对于一般的发酵过程,往往可以用菌体的生长速率、产物的积累速率和基质的消耗速率这三个数学模型进行描述。而碳平衡所得到的方程式就是其中之一,即基质消耗的数学模型,见式(8-5)。

(3)对于以生产细胞物质为目的的微生物培养过程,由于代谢产物可忽略不计,而二氧化碳的生成速率可以通过发酵废气分析得到,再根据基质(碳源)的消耗速率,通过碳平衡(如应用式(8-2),这时$Q_P=0$),就可以计算出微生物细胞的生成速率。

二、微生物生长代谢的ATP循环与氧平衡

1. ATP循环

微生物生长代谢过程中物质变化是伴随着微生物的生命活动进行的。微生物不能直接利用培养基内物质如葡萄糖的能量,而是通过好气或嫌气呼吸作用首先把葡萄糖分解代谢,同时释放出能量,再通过某些化学反应把这些能量转变成另一种特殊的形式保存起来,以便随时满足微生物生长和代谢的需要。这种特殊形式即以化学能储存在ATP分子的焦磷酸键上,ATP是生物体内最重要的高能化合物,它由一个腺嘌呤分子、一个核糖分子和三个磷酸根组成,因此又称腺三磷。另外,还有腺一磷AMP和腺二磷ADP。微生物的生长代谢过程就是在菌体内自由能被不断地储存和释放的循环过程。因此,可以把ATP比作微生物体内能量的"转运站",微生物在分解培养基中碳源的同时获得能量,并交给能量"转运站",在合成高分子物质或微生物细胞时,向能量"转运站"索取所需的能量。ATP循环可用图8-5简单地表示。

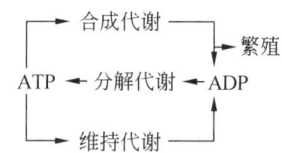

图8-5 微生物生长代谢过程中ATP循环示意图

2. 生物氧化

基质的产能是依靠生物氧化过程释放的,因此生物氧化是微生物生长代谢的关键。在生物氧化过程中具体每一步反应不一定有氧参加,氧往往在一系列反应中最终作为电子的受体。以哺乳动物肝脏细胞中线粒体内所进行的氧化磷酸化反应为例,三羧酸循环的中间代谢产物在细胞内相应的脱氢酶作用下去掉两个氢原子,在这两个氢原子参与下发生电子转移,进行氧化磷酸化反应,其过程由图8-6表示。

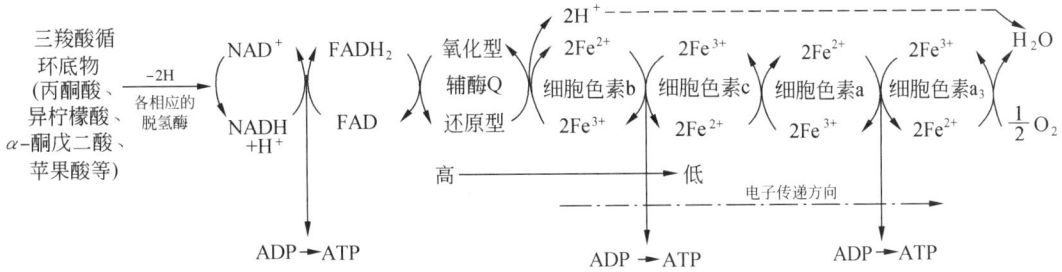

图8-6 线粒体内的电子传递链和氧化磷酸化作用的示意图

在反应链中还原型物质通过质子和电子传递,能量发生了变化,所释放的能量使ADP变为ATP,反应链能量由高到低,还原型物质所脱下的氢依次传递,最终与氧结合生成水。每mol葡萄糖生物氧化时所释放的自由能能够生成38mol的ATP。

在嫌气条件下所进行的是基质水平磷酸化,这是嫌气微生物所具有的能力。以同型乳酸发酵为例,其反应如下:

$$C_6H_{12}O_6 + 2H_3PO_4 + 2ADP \longrightarrow 2CH_3CH(OH)COOH + 2ATP$$

每mol葡萄糖只能生成2mol ATP,故当发酵过程充分供氧时ATP来源于基质的氧化磷酸化。嫌气发酵时,ATP虽亦来自基质的分解,但基质水平的磷酸化所获得的ATP要少得多。

3. 微生物生长代谢过程中的氧平衡

有机物完全氧化的结果被分解成二氧化碳和水。根据单一碳源培养基内微生物生长代谢的基质和产物完全氧化的需氧量,可建立下列平衡式:

$$A(-\Delta c(S)) = B(\Delta c(X)) + \Delta c(O_2) + C\Delta c(P) \tag{8-9}$$

式中,A为基质完全氧化的需氧量,如每mol葡萄糖$A=6$mol;B为菌体完全氧化的需氧量,一般可取每克菌体$B=0.42$mol;C为代谢产物完全氧化的需氧量,如每mol醋酸$C=2$mol,每mol乙醇$C=3$mol,每mol乳酸$C=3$mol。

方程(8-9)中$\Delta c(O_2)$是指微生物生长代谢过程中的耗氧量。它一部分用于微生物维持生命活动的耗氧,若以$c(X)$为菌体的浓度,m_0为氧的维持常数,则在Δt时间内维持耗氧量应为$m_0 c(X) \Delta t$;另一部分为生长菌体的耗氧,若用Y_{GO}表示用于菌体生长的氧对菌体的得率常数,则生长$\Delta c(X)$菌体相应的耗氧量为$\Delta c(X)/Y_{GO}$。若过程中没有代谢产物生成消耗氧,则有

$$\Delta c(O_2) = m_0 c(X) \Delta t + \frac{1}{Y_{GO}} \Delta c(X) \tag{8-10}$$

由式(8-9)可以得到

$$A \frac{1}{c(X)} \frac{\Delta c(S)}{\Delta t} = B \frac{1}{c(X)} \frac{\Delta c(X)}{\Delta t} + \frac{1}{c(X)} \frac{\Delta c(O_2)}{\Delta t}$$

即

$$A\nu = B\mu + Q_{O_2} \tag{8-11}$$

式中,ν、μ分别代表基质消耗比速和菌体生长比速;Q_{O_2}为氧的消耗比速,$Q_{O_2} = \frac{1}{c(X)} \cdot \frac{\Delta c(O_2)}{\Delta t}$ [mol/(g·h)]。

由式(8-10)可得

$$Q_{O_2} = \frac{1}{c(X)} \cdot \frac{\Delta c(O_2)}{\Delta t} = \frac{1}{c(X)}\left[m_0 c(X) + \frac{1}{Y_{GO}}\mu c(X)\right] = m_0 + \frac{1}{Y_{GO}}\mu \quad (8-12)$$

显然为一直线方程,在实验中求得微生物的生长比速 μ 所对应的耗氧比速 Q_{O_2},然后作图为一直线,见图 8-7。此直线在纵坐标上的截距即为微生物生长代谢过程中氧的维持常数 m_0,其斜率即为氧对微生物生长的得率常数 Y_{GO} 的倒数。把式(8-12)代入式(8-11)得

$$A\nu = B\mu + m_0 + \frac{1}{Y_{GO}}\mu$$

$$\nu = \frac{m_0}{A} + \frac{1}{A}\left(B + \frac{1}{Y_{GO}}\right)\mu \quad (8-13)$$

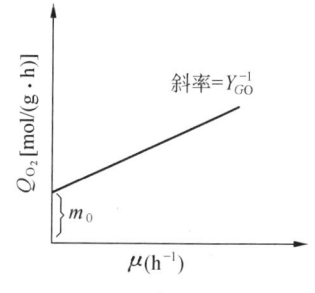

图 8-7 μ 对 Q_{O_2} 作图结果

将式(8-13)与碳源平衡式比较可得到碳源维持常数 m 与氧维持常数 m_0 的关系:$m = \frac{m_0}{A}$;碳源对菌体的得率常数 Y_G 与氧对菌体的得率常数 Y_{GO} 的关系:$\frac{1}{Y_G} = \frac{1}{A}\left(B + \frac{1}{Y_{GO}}\right)$。

4. ATP 对菌体的得率 Y_{ATP} 与 ATP 平衡

ATP 在微生物生长代谢过程中的地位前面已讨论过,但是在微生物生长过程中只有 ATP 还不够,因为它仅仅是能量的来源,同时还必须存在合成细胞的材料。

在微生物生长过程中可能出现两种情况,一种是合成细胞所需的材料大量存在,而分解碳源所生成的 ATP 为限制因素,这时生物合成的情况取决于 ATP 的数量,这种状态称为能量偶联型生长过程。若用 Y_{ATP} 表示每消耗 1mol ATP 所生成菌体的质量(g),则称作 ATP 对菌体的得率。如表 8-2 所示,Y_{ATP} 约为每 mol ATP 生成菌体 10g。

表 8-2 某些微生物 $Y_{X/S}$ 相对应的 Y_{ATP} *

微生物	基质(碳源)	$Y_{X/S}$ (g/mol)	Y_{ATP} (g/mol)
产气气杆菌 (*Aerobacter aerogenes*)	葡萄糖	26.1	10.3
产气气杆菌 (*Aerobacter aerogenes*)	果糖	26.7	10.7
产气气杆菌 (*Aerobacter aerogenes*)	甘露醇	21.8	10.0
产气气杆菌 (*Aerobacter aerogenes*)	葡萄糖酸	21.4	11.0
阴沟气杆菌 (*Aerobacter cloacae*)	葡萄糖	25.8	11.5
地衣放线菌 (*Actinomyces israelii*)	葡萄糖	24.7	12.3
两歧双歧杆菌 (*Bifidobacterium bifidum*)	葡萄糖	37.4	13.1

续表 8-2

微生物	基质(碳源)	$Y_{X/S}$ (g/mol)	Y_{ATP} (g/mol)
两歧双歧杆菌 (*Bifidobacterium bifidum*)	乳糖	52.8	10.4
两歧双歧杆菌 (*Bifidobacterium bifidum*)	半乳糖	27.8	9.9
两歧双歧杆菌 (*Bifidobacterium bifidum*)	甘露醇	27.8	11.8
两歧梭状芽孢杆菌 (*Clostridium bifidum*)	谷氨酸	6.8	10.9
热醋酸梭状芽孢杆菌 (*Clostridium thermoaceticum*)	葡萄糖	20.0	10.0
脱硫弧菌 (*Vibrio desulpuricans*)	丙酮酸	9.6	9.6
大肠杆菌 (*Escherichia coli*)	葡萄糖	24.0	9.4
植物乳杆菌 (*Lactobacillus plantarum*)	葡萄糖	18.8	9.4
粪链球菌 (*Streptococcus faecalis*)	葡萄糖酸	20.0	11.0
粪链球菌 (*Streptococcus faecalis*)	丙酮酸	10.2	10.2
运动发酵单胞菌 (*Zymomonas mobilis*)	果糖	9.2	9.2

注：*嫌气培养，能量偶联型生长。

另一种情况是 ATP 过量存在，而合成细胞材料为限制因素，或存在其他阻遏物质致使生物合成不能顺利进行。这时，ATP 不能充分和有效地用于生物的合成，于是过量的 ATP 将会被相应的酶所分解，能量以废热的形式放出，这时微生物的生长为能量非偶联型，在这种情况下 ATP 对细胞的得率 Y_{ATP} 将大大低于 10g，甚至低到每 mol ATP 生成菌体 1~2g。与此同时，细胞生长速度表现为与菌体内 ATP 数量无关，如表 8-3、表 8-4 所示。

表 8-3 大肠杆菌(*Escherichia coli*)在嫌气培养下不同培养基的 Y_{ATP}

培养基组成	世代时间 (h)	生成菌体量 (g)	基质分解生成 ATP 量 (mol)	Y_{ATP} (g/mol)
最低培养基 + EDTA	—	0.44	0.268	1.6
最低培养基 + 柠檬酸	2.4	1.09	0.262	4.1
最低培养基 + 氨基酸 + 柠檬酸	1.05	1.48	0.284	5.2
最低培养基 + 氨基酸	—	1.89	0.239	7.9
最低培养基 + 氨基酸 + 维生素 + 核酸	1.3	1.72	0.238	7.2
最低培养基 + 氨基酸 + 酵母膏	0.85	2.40	0.255	9.4
最低培养基	—	1.30	0.204	6.4

注：①氨基酸为 20 种不同氨基酸；②最低培养基碳源为葡萄糖；③EDTA 为 3×10^{-3} mol/L，柠檬酸为 0.01mol/L。

从表 8-3 可以看出,当培养基内缺少细胞合成材料(如氨基酸、维生素或酵母膏等)时,Y_{ATP} 比较低,而当加入生物合成的阻遏物质如 EDTA 或柠檬酸时,Y_{ATP} 将大大降低,尽管在所有情况下 ATP 的生成量并没有多大的变化。

表 8-4　用泛酸作为限制因子的培养基在嫌气条件下培养运动发酵单胞菌(*Zymomonas mobilis*)

培养基	泛酸 (mg/mL)	$Y_{X/S}$ (g/mol)	ν [mol/(g·h)]	μ (h^{-1})	ATP 库 (mg/g)
复　合	—	7	0.054	0.37	1.54
合　成	5×10^{-3}	6.4	0.061	0.39	1.55
合　成	1×10^{-7}	2.8	0.067	0.20	3.15
最　低	5×10^{-3}	4.5	0.064	0.28	3.55
最　低	1×10^{-6}	2.9	0.057	0.16	4.52

注:①最低培养基由无机盐与葡萄糖组成,合成培养基在最低培养基内加入 20 种氨基酸;
②在培养进程的对数增殖期,菌体内 ATP 浓度保持稳定。

从表 8-4 可以看出,由于缺乏生物合成所必需的物质——泛酸,菌体生长比速就取决于泛酸的数量。在所有情况下基质的消耗比速 ν 的变化并不大,ATP 的生成速度变化也不大,当生长比速由于泛酸增加而加快时,需要消耗较多的 ATP,故使细胞内 ATP 含量下降。微生物的非偶联型生长使 ATP 在细胞内积累,最终被相应的酶所分解,能量被释放。这种情况对细胞物质生产显然不利,但对污水生物处理很有价值,污水内的有机污染物可以废热的形式被消耗,以此来减少污泥的产量。

5. 在通风培养时氧的消耗与 ATP 生长数量之间的关系

通风培养微生物时,氧的消耗与基质氧化生成 ATP_S 的数量之间存在一定的关系。设氧消耗对 ATP 得率 $Y_{A/O} = (\Delta ATP)_S/\Delta c(O_2)$ (mol/mol),此外氧的消耗与生成 ATP 之间的关系也常用 P/O(mol/g)表示。从图 8-6 的氧化磷酸化作用示意图中可知,一个氧原子接收两个电子与两个质子结合生成 1mol 水,形成了 3mol 的 ATP,因此 P/O = 3,这在哺乳动物肝脏细胞中才成立。酵母菌的 P/O≈1,一般微生物的 P/O = 0.5~1。两得率间的关系为:

$$Y_{A/O} = 2P/O \quad 或 \quad P/O = \frac{1}{2}Y_{A/O}$$

P/O 比值不仅在发酵动力学研究工作中有用,在微生物的生物化学研究方面也很有用,它是一个特征常数,目前还没有直接测定的方法,但可以通过推导计算得到(推导过程略)。

三、物料平衡的应用

物料平衡主要包括碳平衡、氮平衡、氧平衡等,其中碳平衡是基质(底物)碳源与生成产物消耗碳源在理论上和实际生产上的平衡关系,可指导发酵培养基的配制,如不同碳源种类及其添加量。因此,本节将用实例分析厌氧发酵酿造啤酒与碳源的平衡。

啤酒的发酵就是将麦芽汁中的还原性糖降解成乙醇和 CO_2,其中啤酒中残留的 CO_2 质量浓度约为 5g/L,其余发酵生成的 CO_2 都随发酵过程排出(通常 CO_2 可回收使用或出售)。因此,糖发酵乙醇总的反应式:

$$C_6H_{12}O_6 \longrightarrow 2C_2H_6O + 2CO_2$$

将发酵前总糖减去发酵后的残糖,根据上述反应式可计算出发酵啤酒中的乙醇含量。例如,麦芽汁浓度为 $10°P$($°P$ 是麦芽汁单位,指 $100mL$ 麦芽汁中含有固形物的量(g))的啤酒,假设发酵前麦芽汁中糖的质量浓度为 $75g/L$,发酵后的残糖为 $5g/L$(主要是酵母不能够利用的非还原性糖),实际发酵乙醇对糖的利用率按 90% 计算(部分糖生成酵母菌体,部分糖生成其他化合物),得到发酵啤酒中的酒精质量浓度为

$$(75-5) \times 90\% \times 92/180 = 32.2(g/L)$$

转化成酒精体积分数为

酒精质量浓度/酒精密度 $= 32.2/0.79 = 40.76(mL/L) = 4.076\%$

发酵过程中由于酒精的挥发和酵母泥中残存的酒精,导致实际发酵啤酒中约有 5% 的总酒精损失。因此,可计算出啤酒中的酒精度(酒精的体积分数)为 $4.076\% \times (1-5\%) = 3.87\%$,故麦芽汁浓度为 $10°P$、$11°P$ 等啤酒的标签上通常注明的酒精度在 $3\% \sim 4\%$ 之间。例如,麦芽汁为 $10°P$ 的珠江纯生啤酒的酒精度 $\geqslant 3.6\%$,$10°P$ 燕京啤酒的酒精度 $\geqslant 3.6\%$,$10°P$ 青岛啤酒的酒精度 $\geqslant 3.3\%$,等等。

可见,无论是啤酒、白酒或其他酿造酒的发酵过程,淀粉降解发酵成酒精的对应关系为 $1.8 \sim 2.0g$ 糖生成 $1mL$ 酒精。例如,$80g/L$ 的可发酵性糖(主要是单糖、双糖等还原性糖)发酵生成酒精的体积分数约为 4%。对应麦芽汁浓度因糖含量占干物质的 75% 左右,所以 $2.7 \sim 3.0°P$ 麦芽汁可发酵成酒精度为 1% 的啤酒。

麦芽汁发酵啤酒的主要贡献是提供糖发酵生成酒精度 3% 以上的乙醇、$3.5 \sim 5.5g/L$ 的蛋白质及其分解物(形成啤酒泡沫的主要物质)。因此,目前啤酒麦芽汁制备时通常会加入碎米,甚至玉米淀粉、糖浆等,添加量占总碳水化合物的 $40\% \sim 50\%$,与麦芽一起制备成麦芽汁,然后酿造成啤酒。

第二节　微生物发酵动力学

一般将微生物生长和培养方式分为分批培养、连续培养和补料分批培养三种类型。

一、分批培养

分批培养又称分批发酵,即在一个密闭系统内一次性投入有限数量的营养物进行培养的方法。首先是向发酵罐内灭菌的培养基中接入所要培养的微生物,然后在最适宜的生理条件下进行培养。在以后的整个生长繁殖过程中,除加氧气、消泡剂及控制 pH 值外,不再加入任何其他物质。培养过程中微生物得到生长繁殖,培养基营养成分逐渐减少,这是一种非恒态的培养方法。

(一)微生物的生长曲线

在分批培养条件下,随着细胞浓度和代谢物浓度的不断变化,微生物的生长过程可分为四个阶段,即迟滞期、对数期、稳定期和衰亡期。图 8-8 显示了典型的细菌生长曲线。

1. 迟滞期

当细胞由一个培养基转到另一个培养基时,细胞数目并没增减,但要有一个适应过程,

即细胞必须诱导产生新的营养物及其运输系统,参与初级代谢的酶必须准备调节好,以适应新环境的生长。

接种物的生理状态是迟滞期长短的关键。如果接种物处于对数期,很可能不存在迟滞期,而立即开始生长。如果接种物已经停止生长,那么,就需要更长的时间,以适应新环境。此外,接种物的浓度对迟滞期长短也有影响。

迟滞期的细胞特征:细胞数量很少增加,但细胞个体长大并合成新的酶系和细胞物质。因此,当接种饥饿或老龄的微生物,或者新鲜培养基营养不丰富时,迟滞期会变长。

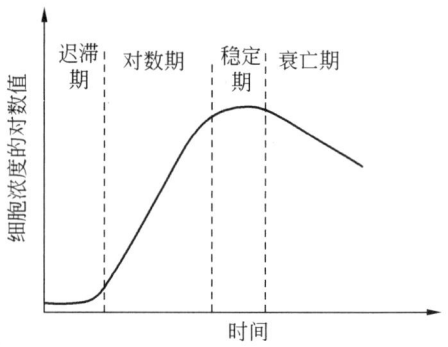

图 8-8 典型的细菌生长曲线

2. 对数期

这个时期细胞的生长速度大大加快,单位时间内细胞的数目或质量的增加维持恒定,并达到最大值。用细胞数目或细胞质量的对数值对时间作图,可得到一条直线。

在对数期,培养基成分虽然发生改变,但细胞的生长速率维持恒定。当培养基中营养物过量时,生长速率与营养物浓度无关。如以细胞质量的增加表示生长速率,有

$$\frac{dc(X)}{dt} = \mu c(X) \tag{8-14}$$

即

$$\mu = \frac{1}{c(X)} \frac{dc(X)}{dt}$$

积分得

$$\ln \frac{c(X_2)}{c(X_1)} = \mu \Delta t$$

于是,用微生物细胞浓度的自然对数对时间作图,得到一条直线,其斜率等于 μ。

如果 $\Delta t = t_d$,即 $c(X_2) = 2c(X_1)$,所需要的时间

$$t_d = \frac{\ln 2}{\mu} = \frac{0.693}{\mu}$$

t_d 为倍增时间,即细胞质量增加 1 倍所需的时间。一般来说,细菌的 $t_d = 15 \sim 60 \text{min}$,酵母的 $t_d = 45 \sim 120 \text{min}$,霉菌的 $t_d = 2 \sim 8 \text{h}$。

应该指出,并不是所有微生物的生长速率都符合方程(8-14),当利用碳氢化合物作为微生物的营养物时,营养物从油滴表面扩散的速度会影响微生物的生长,结果发现 $\frac{dc(X)}{dt}$ 为常数。在某些情况下,丝状微生物(如霉菌、放线菌)进行顶端生长,营养物在细胞组织中扩散,其生长速率也不符合方程(8-14)。

对数期的细胞特征:细胞活力很强,生长速率达到最大值并保持稳定,而生长速率大小取决于培养基的营养情况和环境条件。

3. 稳定期

微生物的生长造成了营养物的消耗和微生物产物的分泌。一旦营养物消耗殆尽或有毒物质开始形成,生长速率就开始下降,直至生长停止。当所有细胞停止分裂,或细胞增加速率与死亡速率达到平衡,就进入了稳定期。由于细胞的溶解作用,新的营养物(糖类、蛋白

质)被释放出来,它们又可作为细胞的能源,使存活的细胞发生缓慢的生长,通常称为二次生长或隐性生长。二次生长的产物主要是次级代谢产物。

稳定期的细胞特征:微生物细胞的生长速率下降到等于死亡速率,活细胞数量基本稳定。

4. 衰亡期

在此阶段,细胞的能量储备已经消耗殆尽,细胞开始死亡。

在稳定期和衰亡期之间时间的长短,取决于微生物的种类和所用的培养基。在工业生产中,通常在对数生长期的末期或衰亡期开始以前,结束发酵过程。

衰亡期的细胞特征:由于自溶酶的作用或有害物质的影响,细胞破裂,死亡加速。

(二)微生物生长动力学

在大多数分批培养中,比生长速率 μ 是个常数,但这是有条件的,只有在特定温度、pH值、营养物类型、营养物浓度等条件下,μ 才是常数,如表 8-5 所示。1942 年,Monod 最先发现,比生长速率与限制性营养物浓度关系符合以下方程:

$$\mu = \frac{\mu_{max} c(S)}{K_S + c(S)}$$

式中,μ_{max} 为微生物的最大比生长速率,h^{-1};$c(S)$ 为限制性营养物的质量浓度,g/L;K_S 为饱和常数,mg/L。K_S 的物理意义为当比生长速率为最大比生长速率一半,即 $\mu = \frac{1}{2}\mu_{max}$ 时,K_S 在数值上等于限制性营养物的质量浓度,其大小表示微生物对营养物质吸收亲和力的大小,即 K_S 越大,微生物对营养物的亲和力越小。当 $\mu = \frac{1}{2}\mu_{max}$ 时,K_S 在数值上等于限制性营养物的质量浓度,此方程称为 Monod 方程,它是纯粹基于经验观察得出的。在纯培养时,只有当微生物细胞生长在一种限制性营养物环境中时,Monod 方程才与实验数据一致。

K_S 的数值是很低的,一般为 0.1~120mg/L 或 0.01~3.0mmol/L,如表 8-6 所示。在对数期初期,营养物质量浓度大大高于 K_S,μ 趋于 μ_{max} 成为常数;在对数期末期,营养物迅速消耗,一旦营养物浓度接近 K_S(这个时期很短),即会转入稳定期。最大比生长速率 μ_{max} 在工业生产中有重要意义,μ_{max} 随微生物和培养条件不同而不同。一般地,细菌的 μ_{max} 值大于真菌,μ_{max} 在 1 以上。就同一细菌而言,培养温度升高,μ_{max} 变大;营养物不同,μ_{max} 也改变。对于易利用的营养物,其 μ_{max} 大,对于难利用的营养物,如碳水化合物的碳链越长,则 μ_{max} 越小。

表 8-5 微生物的比生长速率和倍增时间

微生物	碳源	比生长速率(h^{-1})	倍增时间(min)
大肠杆菌	葡萄糖 + 无机盐 复合物	2.82 1.2	15 35
中型假丝酵母	葡萄糖 + 无机盐 C_6H_{14} + 维生素 + 无机盐	1.23 0.13	34 320
地衣芽孢杆菌	葡萄糖 + 无机盐 葡萄糖 + 水解酪蛋白	0.69 1.2	60 35

表8-6　一些微生物的K_S值

微生物	底物	K_S值(mg/L)	微生物	底物	K_S值(mg/L)
产气肠道细菌	葡萄糖	1.0	多形汉逊酵母	甲醇	120
大肠杆菌	葡萄糖	2.0~4.0	产气肠道细菌	氨	0.1
啤酒酵母	葡萄糖	25.0	产气肠道细菌	镁	0.6
多形汉逊酵母	核糖	3.0	产气肠道细菌	硫酸盐	3.0

除Monod方程外,还有一些类似的动力学方程,表8-7列出了其中的一部分。但在大多数情况下,实验数据与Monod方程更接近。因此,Monod方程的应用也更为广泛。

表8-7　微生物生长的动力学方程

提出者	动力学方程	时间(年)
Monod	$\mu = \mu_{max}\dfrac{c(S)}{K_S + c(S)}$	1942
Teissier	$\mu = \mu_{max}(1 - e^{-c(S)/K_S})$	1936
Moser	$\mu = \mu_{max}\dfrac{c(S)^n}{K_S + c(S)^n}$	1958
Contois	$\mu = \mu_{max}\dfrac{c(S)}{K_S \cdot c(X) + c(S)}$	1959
藤本		1963

当培养基存在抑制剂,或培养基中有多种营养物存在时,Monod方程必须加以修正,才能与实验数据一致。当存在多种限制性营养物时,方程可改写为

$$\mu = \mu_{max}\left[\frac{K_1 c(S_1)}{K_1 + c(S_1)} + \frac{K_2 c(S_2)}{K_2 + c(S_2)} + \cdots + \frac{K_i c(S_i)}{K_i + c(S_i)}\right]\left(\frac{1}{\sum_{i=1}^{n} K_i}\right)$$

如果所有营养物过量,$\mu = \mu_{max}$,细胞处于对数生长期,则生长速率达到最大值。

(三)营养物的利用和产物的形式

在分批培养中,随着时间的推移,营养物逐渐消耗,产物逐渐形成和积累。人们常常用得率系数来描述微生物生长过程的特征,即生成的细胞(或产物)与消耗的营养物的关系,或释放出的能量与消耗的能量的关系,称为生长得率系数(或产物得率系数)。实际得率系数并不是恒定不变的,它取决于生物学参数($c(X)$,μ)和化学参数(培养物中p_{O_2}、C/N比及磷含量)等因素。

目前,常用的生长得率系数可分为三类:

(1)与实际生产过程的效率、成本有关,如$Y_{X/S}$、Y_{X/O_2}、$Y_{X/kJ}$分别表示每消耗1g营养物(或底物)、1mol氧和1kJ能量生成的细胞的质量。

(2)与代谢过程有关,如$Y_{X/C}$、$Y_{X/N}$、Y_{X/Ave^-}分别表示每消耗1g碳、1g氮、一个有效电子生成的细胞的质量。

(3)与能量代谢有关,如$Y_{X/ATP}$表示每消耗1mol ATP生成细胞的质量。

常用的产物得率系数主要有$Y_{P/S}$、$Y_{CO_2/S}$、$Y_{ATP/S}$和Y_{CO_2/O_2}等,在实际工作中最常用的得率

系数是 $Y_{X/S}$ 和 $Y_{P/S}$。在工业上,得率系数的计算是采用在一定时间内,测定细胞或产物的生成量以及营养物的消耗量来进行的:

$$Y_{X/S} = \frac{c(X) - c(X_0)}{c(S_0) - c(S)} = \frac{\Delta c(X)}{\Delta c(S)}$$

$$Y_{P/S} = \frac{c(P) - c(P_0)}{c(S_0) - c(S)} = \frac{\Delta c(P)}{\Delta c(S)}$$

由此得出的数值为表观得率系数。根据产物生成的化学反应式,可计算产物的理论得率系数。尽管对细胞理论得率的意义的评价存在着很多争论,但是细胞理论得率为设计实验、评价实验结果提供了一个有用的指标。

(四)分批培养过程的生产率

在评价发酵过程的成本、效率时,应利用生产率这个概念,其定义为

$$生产率 = \frac{产物产量}{发酵时间}$$

生产率是个综合指标,在讨论分批培养过程时,必须考虑所有的因素。在计算时间时,不仅包括发酵时间,还应包括放罐、清洗、装料和消毒时间以及迟滞期所消耗的时间。图 8-9 表示整个过程所经历时期的典型分析,并显示了平均生产率和最大生产率。发酵总时间为

$$t = \frac{1}{\mu_{\max}} \ln \frac{c(X_t)}{c(X_0)} + t_c + t_f + t_1$$

式中,t_c 为放罐清洗时间;t_f 为装料消毒时间;t_1 为迟滞时间;$c(X_0)$ 和 $c(X_t)$ 分别为细胞最初和最终浓度。

如令 $t_L = t_c + t_f + t_1$,则平均生产率可表示为:

$$平均生产率 = \frac{c(X_t) - c(X_0)}{\frac{1}{\mu_{\max}} \ln \frac{c(X_t)}{c(X_0)} + t_L}$$

通过上述方程可以估算发酵过程中各种因素的变化对平均生产率的影响。接种量大,$c(X_0)$ 大,发酵过程缩短,减

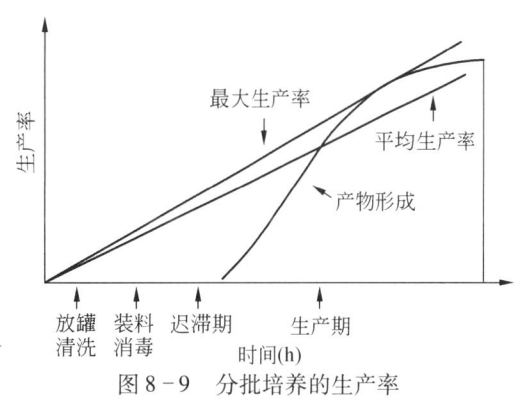

图 8-9 分批培养的生产率

少 t_c 和 t_f,也能缩短周期。对于短发酵周期(18~70h)而言,如谷氨酸发酵,t_c 和 t_f 非常重要;而对长发酵周期(3d 以上)而言,如抗生素生产,t_c 和 t_f 就不太重要了。迄今为止,分批培养是常用的培养方法,广泛用于各种发酵过程。

二、补料分批培养

补料分批培养又称半连续培养或半连续发酵,是介于分批培养和连续培养之间的一种过渡培养方式。补料分批培养是指在分批培养过程中,间歇或连续地补加新鲜培养基的培养方法。尽管分批培养中的补料方法在发酵工业上的应用已很普通,但作为理论研究,直到 1973 年才首次提出"补料分批培养"这个术语,并从理论上推导、建立了第一个数学模型后,才进入理论研究阶段。从此以后,对补料分批发酵的应用、补料方式、动力学模型、最优化、

计算机自动控制、次优化等方面进行了大量的研究。

(一)补料分批培养的类型

近年来,随着理论研究和工业应用的不断发展,补料分批培养的类型从补料方式到计算机最优化控制等方面都取得很大进展。尽管它属于分批培养与连续发酵的过渡类型,但在某些情况下,几乎不再含有分批的概念而逼近连续操作,例如多级的重复补料分批培养。

目前,补料分批培养的类型很多,各个研究者所用术语又不尽相同,因此分类比较混乱,很难统一起来。就补料方式而言,有连续流加、不连续流加和多周期流加;每次流加又可分为快速流加、恒速流加、指数速率流加和变速流加;从反应器中发酵体积来区分,有变体积和恒体积之分;从反应器数目分类,有单级和多级之分;从补加的培养基成分来区分,可分成单一组分补料和多组分补料;也可从物料流入速率和流出速率来分类。具体分类如图 8-10 所示。

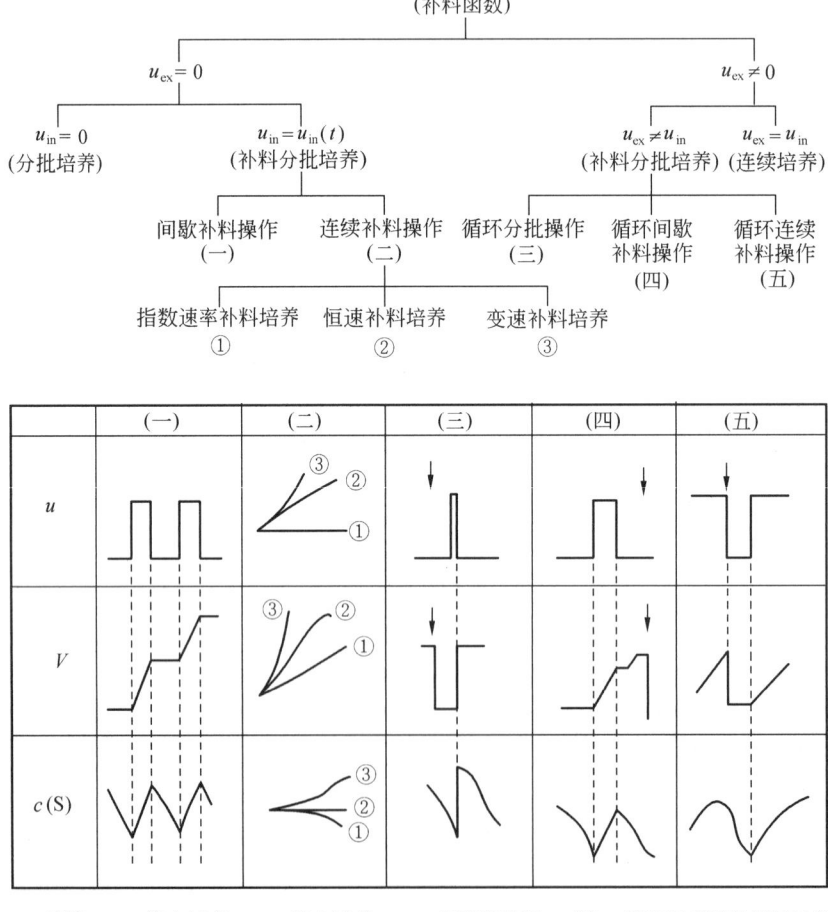

u—流速;u_{in}—流入速率;u_{ex}—流出速率;V—发酵液体积;$c(S)$—限制性营养物质量浓度

图 8-10 微生物培养类型及其操作过程

(二)补料分批培养的动力学

1. 单一补料分批培养

单一补料分批培养是补料分批培养中的一种类型,其特点是补料一直到培养液达到额定值为止,且在培养过程中不取出培养液。假定 $c(S_0)$ 为开始培养时培养基中限制性营养物的质量浓度,则在某一瞬间培养液细胞质量浓度 $c(X)$ 可用下式表示:

$$c(X) = c(X_0) + Y_{X/S}[c(S_0) - c(S)]$$

式中,$c(X_0)$ 为刚接种时培养液中细胞质量浓度(g/L);$Y_{X/S}$ 为细胞生长得率系数(g/g)。

当 $c(S) \approx 0$ 时,细胞最终浓度为 $c(X)_{max}$,假定 $c(X)_{max} \gg c(X_0)$,则

$$c(X)_{max} = Y_{X/S} c(S_0)$$

如果在 $c(X) = c(X)_{max}$ 时,开始以恒定速率补加培养基,这时,稀释率 $D < \mu_{max}$。事实上,随着流加的进行,所有限制性营养物都很快被消耗。

$$\mu c(S_0) \approx \mu \frac{m_X}{Y_{X/S}}$$

式中,μ 为流加的培养基流速(L/h);m_X 为培养液中细胞总量(g),$m_X = c(X)V$,V 为时间 t 时培养液的体积。

由上述方程可以看出,流加的营养物与细胞消耗掉的营养物相等,因此 $dc(S)/dt = 0$。尽管随着时间的延长,培养液中菌体总量 m_X 增加,但实际上细胞质量浓度 $c(X)$ 保持不变,即 $\frac{dc(X)}{dt} = 0$,因而 $\mu \approx D$。这种 $dc(S)/dt = 0$,$dc(X)/dt = 0$,$\mu \approx D$ 的状态,称为"准恒定状态"。在准恒定状态下,同样有

$$c(S) \approx \frac{DK_S}{\mu_{max} - D}$$

$$m_X = m_{X0} + \mu Y_{X/S} c(S_0) t$$

式中,m_{X0} 为开始培养时的菌体总量。

在补料分批培养的准恒定状态下,虽然存在 $\mu = D$,但与连续培养中恒定状态下的 $\mu = D$ 不同。在连续培养中 D 是常数,而在补料分批培养中,随着时间的延长,由于体积增加,稀释率 D 和比生长速率 μ 以相同速率降低,D 可由下式表示:

$$D = \frac{u \Delta t}{V_t + u \Delta t}$$

式中,V_t 为培养时间为 t 时培养液的体积。

2. 重复补料分批培养

重复补料分批培养的特点是在培养过程中每间隔一定时间,取出一定体积的培养液,同时在同一时间间隔内加入相等体积的培养基,如此反复进行。采用这种培养方法,培养液体积、稀释率、比生长率以及其他与代谢有关的参数都将发生周期性的变化。

(三)补料分批培养的优点

补料分批培养技术介于分批培养和连续培养之间,兼有两者之优点。同分批培养相比,补料分批培养的优点是解除底物的抑制、产物反馈抑制和葡萄糖分解阻遏效应。对于好氧

发酵,补料分批培养可以避免在分批发酵中因一次性投糖过多造成细胞大量生长、耗氧过多以致通风搅拌设备不能匹配,减少菌体生成量,提高有用产物的转化率。在真菌培养中,菌丝的减少可以降低发酵液的黏度,便于物料输送及后期处理。在以出芽率作为质量标准的酵母生产中,控制补料速率可以提高产芽孢酵母的比例。用补料分批培养技术可以重复某个时间段细胞培养的过渡态,因此可用作理论研究。同时,研究补料分批培养是达到自动控制和最优控制的前提。

与连续培养相比,补料分批培养不需要严格的无菌条件,不会产生菌种老化和变异问题,其适用范围广,最终产物含量高,有利于产物的分离。

迄今为止,运用补料分批培养技术进行生产和研究的范围十分广泛,包括单细胞蛋白、氨基酸、生长激素、抗生素、维生素、酶蛋白、有机溶剂、有机酸、核苷酸、高聚物等。随着计算机在发酵过程自动控制中应用的扩展,补料分批培养技术必将在发酵工业中得到更广泛的应用,产生更大的经济效益。

三、连续培养

连续培养又称连续发酵,是在开放系统中进行的,指以一定的速率向发酵罐内添加新鲜培养基,同时以相同的速度流出培养液,从而使发酵罐内的液量维持恒定,但这个方法使培养物在近似恒定的状态下生长的培养方法。在恒定的状态下,微生物所处的环境条件,如营养物质浓度、产物含量、pH值以及微生物细胞的浓度、比生长速率等可始终维持不变,甚至还可以根据需要来调节生长速度。连续培养的最大特点是,微生物细胞的生长速度、代谢活性处于恒定状态,达到稳定高速培养微生物或产生大量代谢产物的目的。

(一)连续培养设备的类型

连续培养设备种类很多,可分为以下两个主要类型。

1. 均匀混合的生物反应器

这种反应器又分为恒化器和恒浊器,前者是使培养液中限制性营养物浓度保持恒定,后者是使培养液中细胞浓度维持恒定。

在恒化器内,当处于恒定状态时,细胞的生长速度是通过调节微生物需要的营养物(碳源、氮源、无机盐、溶解氧等)浓度来控制的。任何一种微生物需要的营养物都可以用作限制性营养物。在恒浊器内,则通过调节营养物的流加速度,利用浊度来检测细胞的浓度,使微生物细胞的浓度维持恒定,但这个方法一般较难控制。目前,大多数研究采用恒化器进行连续培养。

2. 活塞流反应器

在这种反应器内,培养液通过一个没有返混现象的管状反应器向前流动。在反应器内的不同部位,营养物的成分、细胞数目、传质(O_2的供应)和生产率都不相同。在反应器的入口,微生物细胞必须和营养液一起被加到反应器内。通常在反应器的出口装有一个回路使细胞返回,或者接另一个连续培养罐。

(二)单级恒化器连续培养的动力学

现以最常用的完全混合型单级恒化器的连续培养为例,介绍恒定状态理论及其特性。

1. 细胞的物料平衡

图 8-11 表示一个典型的单级恒化器示意图。为描述恒定状态下恒化器的特性,必须求出细胞和限制性营养物浓度与培养基流速(主要的独立操作变量)之间的关系。利用物料平衡,建立有关的方程。对发酵罐而言,细胞的物料平衡可表示为:

流入的细胞 - 流出的细胞 + 生长的细胞 - 死去的细胞 = 积累的细胞

即

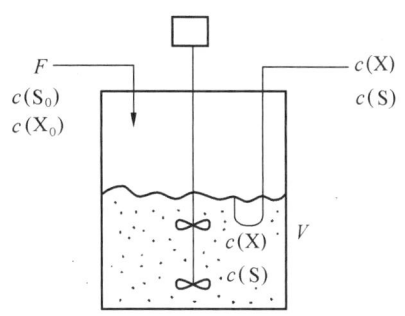

图 8-11 单级恒化器示意图

$$\frac{Fc(X_0)}{V} - \frac{F}{V}c(X) + \mu c(X) - \alpha c(X) = \frac{dc(X)}{dt} \quad (8-15)$$

式中,$c(X_0)$、$c(X)$ 分别为流入和流出发酵罐的细胞质量浓度,g/L;F 为培养基流速,L/h;V 为发酵罐内液体体积,L;μ、α 分别为比生长速率和比死亡速率,h^{-1};t 为时间,h。

普通单级恒化器 $c(X_0)=0$,在大多数连续培养中,$\mu \gg \alpha$,所以方程(8-15)可简化为

$$-\frac{F}{V}c(X) + \mu c(X) = \frac{dc(X)}{dt} \quad (8-16)$$

定义稀释率 $D = \frac{F}{V}(h^{-1})$,在恒定状态时,$\frac{dc(X)}{dt}=0$,所以

$$\mu = \frac{F}{V} \quad (8-17)$$

即在恒定状态时,比生长速率等于稀释率:

$$\mu = D \quad (8-18)$$

这表明在一定范围内,可人为地调节培养基的流加速率,使细胞按需要的比生长速率来生长。

2. 限制性营养物的物料平衡

对发酵罐而言,营养物的物料平衡可表示为:

流入的营养物 - 流出的营养物 - 生长消耗的营养物 - 维持生命需要的营养物 - 形成产物消耗的营养物 = 积累的营养物

即

$$\frac{F}{V}c(S_0) - \frac{F}{V}c(S) - \frac{\mu c(X)}{Y_{X/S}} - mc(X) - \frac{q_P c(X)}{Y_{P/S}} = \frac{dc(S)}{dt} \quad (8-19)$$

式中,$c(S_0)$、$c(S)$ 分别为流入和流出发酵罐的营养物的质量浓度,g/L;$Y_{X/S}$ 为细胞生长的得率系数;q_P 为产物形成的比速率,g/(g·h);$Y_{P/S}$ 为由营养物生成产物的产物得率系数。

在一般条件下,$mc(X) \ll \mu c(X)/Y_{X/S}$,而形成的产物很少,可忽略不计。在恒定状态下,$\frac{dc(S)}{dt}=0$,则方程(8-19)变为

$$D[c(S_0) - c(S)] = \mu c(X)/Y_{X/S} \quad (8-20)$$

因为 $\mu = D$,所以

$$c(X) = Y_{X/S}[c(S_0) - c(S)] \quad (8-21)$$

3. 细胞浓度与稀释率的关系

为了使细胞浓度、营养物浓度与稀释率发生关系,需要利用 Monod 方程。当 Monod 方程应用于连续培养时,则变为

$$D = \frac{D_c c(S)}{K_S + c(S)} = \frac{\mu_{\max} c(S)}{K_S + c(S)} \tag{8-22}$$

式中,D_c 为临界稀释率,即在恒化器中可能达到的最大稀释率。

除极少数外,D_c 相当于分批培养中的 $\mu_{\max}$,由方程(8-22)得到

$$c(X) = Y_{X/S}\left[c(S_0) - \frac{DK_S}{\mu_{\max} - D}\right] \tag{8-23}$$

方程(8-22)和方程(8-23)分别表示 $c(S)$ 和 $c(X)$ 对培养基流率(也就是 D)的依赖关系。当流速低,即 D 小时,营养物全部被细胞利用,$c(S) \to 0$,细胞质量浓度 $c(X) = c(S_0) Y_{X/S}$。如果 D 增加,开始 $c(X)$ 呈线性慢慢下降,然后当 $D = D_c = \mu_{\max}$ 时,$c(X)$ 下降到 0。开始时,$c(S)$ 随 D 的增加而缓慢增加,当 $D = \mu_{\max}$ 时,$c(S) \to c(S_0)$。在方程(8-23)中,当 $c(X) = 0$ 时,达到"清洗点"。

$$D = \frac{\mu_{\max} c(S_0)}{K_S + c(S_0)} \tag{8-24}$$

因为 $\frac{c(S_0)}{K_S + c(S_0)} \approx 1$,所以 $D = \mu_{\max}$。

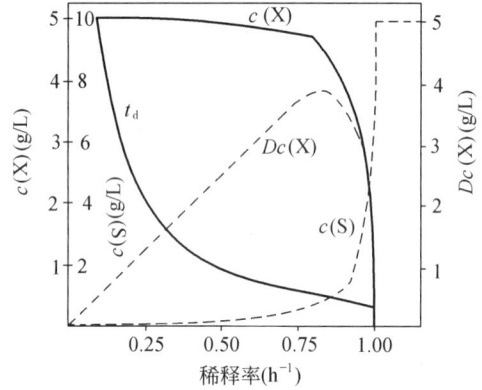

图 8-12 稀释率对营养物浓度 $c(S)$、细胞浓度 $c(X)$、倍增时间 t_d 和细胞生成速率 $Dc(X)$ 的影响

当 $D > \mu_{\max}$ 时,不可能达到恒定状态。如果 D 只稍稍低于 $\mu_{\max}$,那么整个系统对外界环境的变化是非常敏感的。随 D 的微小变化,$c(X)$ 将发生巨大的变化。图 8-12 显示了稀释率对 $c(S)$、$c(X)$、t_d(倍增时间)和 $Dc(X)$(细胞生产速率)的影响。

(三)连续培养生产率与分批培养生产率的比较

目前在工业生产中,连续培养主要用于生产微生物菌体。以此为例,可比较一下连续培养的生产率与分批培养的生产率。连续培养的生产率可表示如下:

$$Q = Dc(X) \tag{8-25}$$

将方程(8-23)代入方程(8-25)得到

$$Q = DY_{X/S}\left[c(S_0) - \frac{\mu K_S}{\mu_{\max} - D}\right] \tag{8-26}$$

为求出最大生产率所需的稀释率,可使方程(8-26)的一阶导数为零来计算,可得到

$$D_m = \mu_{\max}\left(1 - \sqrt{\frac{K_S}{K_S + c(S_0)}}\right) \tag{8-27}$$

将方程(8-27)代入方程(8-23)得到

$$c(X_m) = Y_{X/S_0}\left\{[c(S_0) + K_S] - \sqrt{K_S[c(S_0) + K_S]}\right\} \tag{8-28}$$

由此得到连续培养生产率和分批培养生产率之比为

$$\frac{Q_c}{Q_b} = \frac{D_m X_m}{P_b} = \frac{\mu_{max} Y_{X/S} \left[\sqrt{\frac{K_S + c(S_0)}{c(S_0)}} - \sqrt{\frac{K_S}{c(S_0)}} \right]^2}{[c(X_m) - c(X_0)] / \left[\frac{1}{\mu_{max}} \ln \frac{c(X_m)}{c(X_0)} + t_L \right]} \quad (8-29)$$

因为 $c(S_0) \gg K_S$,所以 $[K_S + c(S_0)]/c(S_0) \approx 1$, $K_S/c(S_0) \approx 0$,方程(8-29)可简化为

$$\frac{Q_c}{Q_b} = \frac{\ln \frac{c(X_m)}{c(X_0)} + \mu_{max} t_L}{c(X_m) - c(X_0)} Y_{X/S} \quad (8-30)$$

由式(8-30)可见,μ_{max} 越大,连续培养生产率与分批培养生产率之比越大,采用连续培养越有利,如 μ_{max} 过小,则不宜采用连续培养。

(四)带有细胞再循环的单级恒化器

如图8-13所示,将单级恒化器的流出液用离心机离心,将流出液中的微生物细胞再部分地回加到发酵罐内,形成再循环系统。这样可以增加系统的稳定性,而且可使恒化器内细胞的浓度增加。$c(X_1)$、$c(X_2)$ 分别代表从发酵罐和离心机流出的细胞浓度。如果引入再循环比率 α 和浓缩因子 C 这两个参数,采取类似方法可推导出恒定状态下,有

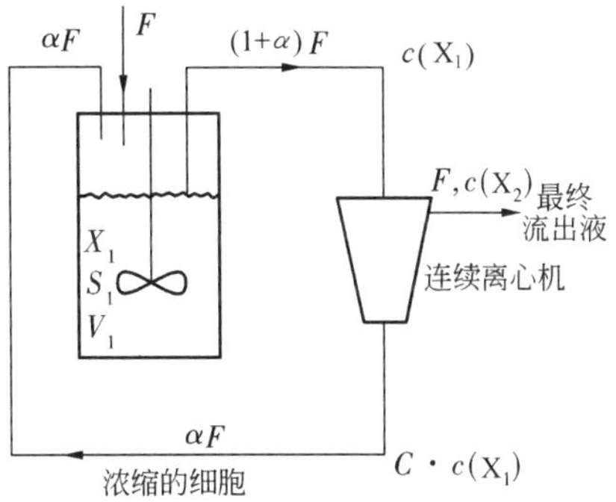

$$\mu = (1 + \alpha - \alpha C) D$$

$$c(X) = \frac{Y_{X/S}[c(S_0) - c(S)]}{1 + \alpha - \alpha C} \quad (8-31)$$

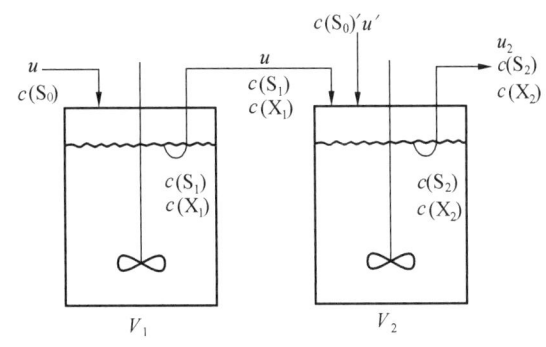

图8-13 带有细胞再循环的单级恒化器
注:C 为菌体浓度 $c(X_1)$ 离心浓缩后的系数,$C>1$。

由此可见,当存在细胞再循环时,μ 不再等于 D_0,因为 $C>1$,所以 $1 + \alpha - \alpha C$ 永远小于1,则 μ 永远小于 D。这就表明,在带有细胞再循环的单级恒化器中,有可能达到很高的稀释率,而细胞没有被"清洗"的危险。

将方程(8-31)代入 Monod 方程,则

$$c(S) = \frac{K_S \mu}{\mu_{max} - \mu} = K_S \frac{D(1 + \alpha - \alpha C)}{\mu_{max} - D(1 + \alpha - \alpha C)} \quad (8-32)$$

$$c(X_1) = \frac{Y_{X/S}}{1 + \alpha - \alpha C} \left[c(S_0) - \frac{K_S D(1 + \alpha - \alpha C)}{\mu_{max} - D(1 + \alpha - \alpha C)} \right] \quad (8-33)$$

(五)多级连续培养

图8-14是一种简单的多级连续培养。图中 u 为由第一个发酵罐流出的培养液的流速(L/h),V_1、V_2 分别为第一和第二个发酵罐的体积(L),u' 是补加到第二个发酵罐的新鲜培养基的流速(L/h),$u_2 = u_1 + u'$,$c(S_0)$、$c(S_0)'$ 分别为加到第一和第二个发酵罐内的限制性营养物浓度,$c(S_1)$、$c(S_2)$ 分别

图8-14 多级连续培养示意图

为第一和第二个发酵罐内剩余限制性营养物的质量浓度,$c(X_1)$、$c(X_2)$ 分别为第一和第二个发酵罐内的细胞浓度。在恒定状态下,两级串联恒化器中每个发酵罐内物料平衡的结果如表 8-8 所示。

表 8-8　恒定状态下两级串联恒化器中每个发酵罐内的物料平衡

	细胞物料平衡	限制性营养物的物料平衡
第一个发酵罐	$\mu_1 = D_1$	$c(X_1) = Y_{X/S}[c(S_0) - c(S_1)]$
第二个发酵罐 (不补加新鲜培养基)	$\mu_2 = D_2\left[1 - \dfrac{c(X_1)}{c(X_2)}\right]$	$c(X_2) = \dfrac{D_2}{\mu_2} Y_{X/S}[c(S_1) - c(S_2)]$
第二个发酵罐 (补加新鲜培养基)	$\mu_2 = D_2 - \dfrac{u_1 c(X_1)}{V_2 c(X_2)}$	$c(X_2) = \dfrac{Y_{X/S}}{\mu_2}\left[\dfrac{u_1}{V_2}c(S_1) + \dfrac{u'}{V_2}c(S_0)' - D_2 c(S_2)\right]$

在第二个发酵罐内,$\mu_2 \neq D_2$,如果不补加新鲜培养基,则第二个发酵罐内的净生长速率就会很小;如果向第二个发酵罐内补加新鲜培养基,不仅可以促进细胞的生长,而且可以使 D 选定比 μ_{max} 更大的数值。

(六)连续培养的优点和缺点

连续培养具有如下优点:①提供了一个微生物在恒定状态下高速生长的环境,便于进行微生物代谢、生理生化和遗传特性的研究。②在工业生产上可减少分批培养中每次清洗、装料、消毒、接种、放罐等操作时间,提高生产效率和自动化程度。③连续培养生产出的发酵产品,质量比较稳定。但是,连续培养也存在菌种易于发生变异并染上杂菌等缺点。

目前,连续培养在工业生产上应用广泛,主要用于生产微生物细胞、一级代谢产物及与能量产生和细胞增殖有关的代谢产物,如酵母、单细胞蛋白、酒精以及处理工业污水等。

第三节　微生物生长代谢动力学模型

动力学模型不但能从动态和本质上反映出各变量之间的关系,而且它是运用计算机自动化控制工业生产的必要条件。

一、连续培养时微生物生长动力学模型

目前虽然对培养基内的基质如葡萄糖如何通过细胞膜进入细胞内部的机制还不十分清楚,但从细胞内己糖激酶催化葡萄糖的磷酸化反应来看,服从 Monod 方程:

$$\nu = \frac{V_m c(S)}{K_m + c(S)}$$

在微生物连续培养过程中,以葡萄糖作为生长的限制性基质,不同的葡萄糖浓度 $c(S)$,就得到相应的葡萄糖被微生物利用的消耗比速 ν。将 $\dfrac{1}{c(S)}$ 对 $\dfrac{1}{\nu}$ 作图所得到的图线与具有线性函

数的莱因威尔-伯克方程：

$$\frac{1}{\nu} = \frac{1}{V_m} + \frac{K_m}{V_m} \cdot \frac{1}{c(S)}$$

的图线是一致的，如图 8-15 所示。因此，得到限制性基质消耗比速与浓度的关系式：

$$\nu = \frac{\nu_{max} c(S)}{K_S + c(S)} \tag{8-34}$$

式中，ν_{max} 为葡萄糖最大的消耗比速；K_S 为饱和常数。

由基质消耗对细胞得率 $Y_{X/S}$ 的定义可得

$$\frac{dc(X)}{dt} = Y_{X/S} \left[-\frac{dc(S)}{dt} \right] \left[\frac{dc(X)}{dt} \right]_{max} = Y_{X/S} \left[-\frac{dc(S)}{dt} \right]_{max}$$

则微生物细胞生长比速 μ 与基质消耗比速 ν 之间存在下列关系：

$$\mu = \frac{1}{c(X)} \frac{dc(X)}{dt} = \frac{1}{c(X)} Y_{X/S} \left[-\frac{dc(S)}{dt} \right] = Y_{X/S} \nu$$

相应地，$\mu_{max} = Y_{X/S} \nu_{max}$，将其代入式(8-34)可得

$$\mu = \mu_{max} \frac{c(S)}{K_S + c(S)} \tag{8-35}$$

式(8-34)便是莫诺(Monod)在 1942 年根据微生物细胞生长比速与限制性基质浓度有关这个事实提出的微生物生长与限制性基质浓度之间关系的数学模型，称为 Monod 方程。

用同一种微生物在不同浓度的限制性基质下测定它们的生长比速，发现当 $c(S)$ 在低浓度时，μ 随 $c(S)$ 的增加而增加，呈线性关系；而当 $c(S)$ 为高浓度时，μ 趋近于纵坐标为 μ_{max} 的一水平线，如图 8-16 所示。在纵坐标 $\frac{1}{2}\mu_{max}$ 处生长曲线对应的横坐标即为饱和常数 K_S。不同的限制性基质有不同的生长曲线，其所对应 K_S 的大小表示微生物对基质亲和力的强弱，K_S 越大，微生物对基质的亲和力越弱，这时菌体生长对基质浓度变化较为不敏感。当用 $\frac{1}{c(S)}$ 对 $\frac{1}{\mu}$ 作图时，所得图线与图 8-15 完全一致，可以准确求得 μ_{max} 和 K_S。

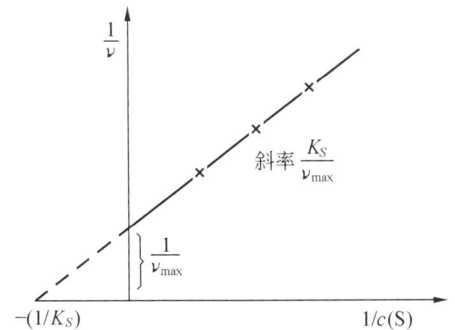

图 8-15　微生物连续培养过程中限制性基质
　　　　浓度与消耗比速的关系

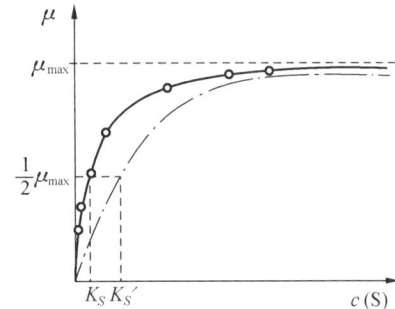

图 8-16　限制性基质浓度与微生物生长比速
　　　　之间的关系

当用葡萄糖作为限制性基质连续培养酵母时，加入不同浓度的山梨醇，在每种山梨醇浓度 $c(I)$ 下分别测定限制性基质浓度 $c(S)$ 与基质消耗比速 ν 之间的关系，并将 $\frac{1}{c(S)}$ 对 $\frac{1}{\nu}$ 作

图,如图 8-17 所示。该图线与酶反应的竞争性抑制图线是一致的,则有

$$\nu = \frac{\nu_{\max}c(S)}{K_S\left[1 + \dfrac{c(I)}{K_i} + c(S)\right]} \tag{8-36}$$

根据微生物生长比速与限制性基质消耗比速之间的关系,可得

$$\mu = \frac{\mu_{\max}c(S)}{K_S\left[1 + \dfrac{c(I)}{K_i} + c(S)\right]} \tag{8-37}$$

式中,K_i 为山梨醇抑制反应的平衡常数。

式(8-37)便是微生物生长竞争性抑制的数学模型。这时,在酵母的培养过程中,$\dfrac{1}{c(S)}$ 对 $\dfrac{1}{\mu}$ 的图线与图 8-18 是一致的。

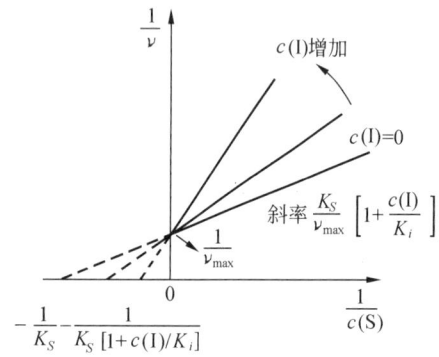

图 8-17 限制性基质浓度与基质消耗
比速之间的关系

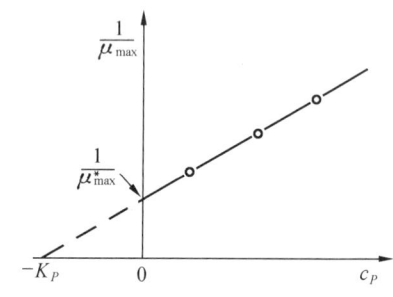

图 8-18 酒精浓度与酵母最大生长比速
之间的关系

微生物生长也存在非竞争性抑制的情况。在用酵母进行酒精发酵时,产物酒精对酵母菌体生长就是非竞争性抑制,可通过实验得到证明。在培养基内添加酵母膏、维生素以及低分子核酸作为组成细胞的材料,以葡萄糖作为能源限制性基质。当加入不同量的酒精(质量浓度为 10～50g/L)时,在连续培养过程中分别测定酵母的最大生长比速 $\mu_{\max}$,将酒精质量浓度 c_P 对酵母最大生长比速的倒数 $\dfrac{1}{\mu_{\max}}$ 作图,得到一直线,可写出该直线方程为

$$\frac{1}{\mu_{\max}} = \frac{1}{\mu_{\max}^*} + \frac{c_P}{\mu_{\max}^* K_P} \tag{8-38}$$

式中,$\mu_{\max}^*$ 为当 $c_P = 0$ 时酵母最大生长比速。

由式(8-38)可得

$$\mu_{\max} = \frac{\mu_{\max}^*}{1 + c_P/K_P} \tag{8-39}$$

将式(8-39)代入式(8-35)得

$$\mu = \frac{\mu_{\max}c(S)}{K_S + c(S)} = \frac{\mu_{\max}^*}{1 + c_P/K_P} \cdot \frac{c(S)}{K_S + c(S)}$$

$$= \frac{\mu_{\max}^* c(S)}{[K_S + c(S)]\left(1 + \dfrac{c_P}{K_P}\right)} \quad (8-40)$$

式(8-40)与酶反应非竞争性抑制动力学模型的形式一样,若将此实验过程所得的数据换算成$\dfrac{1}{c(S)}$对$\dfrac{1}{\mu}$进行作图,结果见图8-19。其中K_P为酒精抑制反应的平衡常数。式(8-40)为微生物生长非竞争性抑制动力学模型。

二、分批培养时微生物生长动力学模型

为保证发酵的接种量,生产中采用逐级扩大的方式。因此,各级种子罐的目的就是培养生长一定数量的微生物菌体供扩大发酵过程

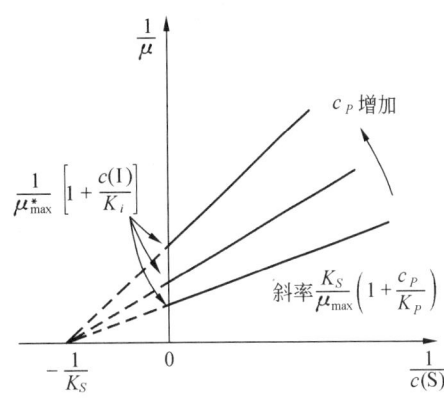

图8-19 不同酒精浓度情况下,限制性基质浓度与酵母生长比速之间的关系

接种的需要。设某发酵种子罐开始接入菌体时浓度为$c(X)_0$,在1h内有一部分细胞一分为二。设细胞的分裂率为μ,则每小时分裂的细胞数为$\mu c(X)$,而未分裂的细胞数应为$c(X) \cdot (1-\mu)$。可得1h后细胞浓度

$$c(X)_1 = 2\mu c(X)_0 + c(X)_0(1-\mu) = c(X)_0(1+\mu)$$

2h后细胞浓度

$$c(X)_2 = c(X)_1(1+\mu) = c(X)_0(1+\mu)^2$$

则th后细胞浓度

$$c(X)_t = c(X)_0(1+\mu)^t$$

因此,得到种子罐内对数生长期菌体浓度与培养时间的关系式:

$$c(X)_t = c(X)_0 e^{\mu t}$$

由此可以得到对数生长期细胞的生长速率:

$$\frac{dc(X)}{dt} = c(X)_0 \mu$$

为了排除原始菌体浓度的干扰,描述菌体真正的生长速率时,应引入相对生长速率,即生长比速,则有$\dfrac{1}{c(X)_0} \cdot \dfrac{dc(X)}{dt} = \mu$,得到微生物比速的另一个含义:单位时间内分裂细胞的比率,单位为时间的倒数。

但是在种子罐内(或分批培养情况下),培养基内营养物质供应不是无限的,实际上在这种情况下,生长比速随菌体浓度的提高而有所降低,故存在下列关系:

$$实际生长比速 = \mu - kc(X)$$

或

$$\frac{1}{c(X)} \cdot \frac{dc(X)}{dt} = \mu - kc(X) \quad (8-41)$$

其中k为常数。要得到种子罐培养时间对菌体浓度的表达式,必须解微分方程。

设

$$u = \frac{1}{c(X)}$$

所以
$$\frac{dc(X)}{dt} = \frac{dc(X)}{du} \cdot \frac{du}{dt} = -\frac{1}{u^2}\frac{du}{dt}$$

则式(8-41)可写作
$$u\left(-\frac{1}{u^2}\frac{du}{dt}\right) = \mu - k\frac{1}{u}$$

对其求解
$$\frac{du}{dt} + \mu u = k$$

$$\begin{aligned} u &= e^{\int \mu dt}\left(A + \int k e^{\int \mu dt} dt\right) \\ &= e^{-\mu t}(A + k^{\mu dt} dt) \\ &= A e^{-\mu t} + k/\mu \end{aligned}$$

即
$$\frac{1}{c(X)} = A e^{-\mu t} + k/\mu \tag{8-42}$$

确定边界条件求出积分常数 A。当 $t = 0, c(X) = c(X)_0$ 时,则求得

$$c(X) = \frac{\mu/k}{1 + \left[\dfrac{\mu/k - c(X)_0}{c(X)_0}\right] e^{-\mu t}} \tag{8-43}$$

即种子罐内培养时间对菌体浓度的数学表达式。此表达式不仅适用于任何微生物的分批培养,还符合动植物的生长规律,实际上是描述了生物生长的共同规律。

图 8-20 是式(8-43)描述的生长曲线。几乎对任何分批发酵来说,菌体浓度随时间的变化都遵循这一规律。不过,不同微生物、不同培养基以及不同培养条件下,常数 μ 和 k 有所不同。图中 $c(X)_0$ 表示接种后菌体的原始浓度。在生产中可随时取样来测定微生物的浓度,作出正常情况下种子罐(或发酵罐)的生长曲线,从而求出常数 μ 和 k。

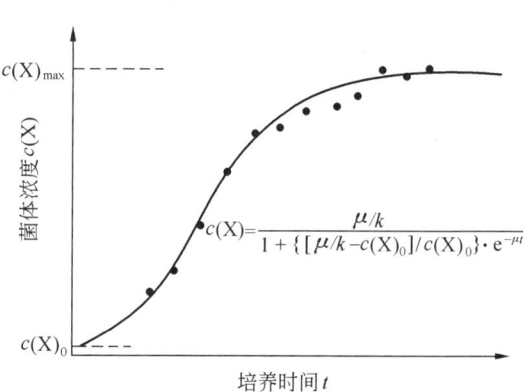

图 8-20 分批培养菌体的生长曲线

三、谷氨酸发酵动力学模型

目前,谷氨酸发酵的机制已经比较清楚,其代谢途径如图 8-21 所示,因此可用一系列酶反应过程来表示:

(I) 基质(S) $\xrightarrow{enz_1}$ P_1 $\xrightarrow{enz_2}$ $P_2 \cdots \xrightarrow{enz_{j-1}}$ P_{j-1}; $\xrightarrow{enz_j}$ $P_j \cdots \longrightarrow P_{pre}$ $\begin{array}{c} \diagup G^H \\ \diagdown P_{i-1} \xrightarrow{enz_i} P_i \end{array}$

式中,P_{pre} 为 G^H 或 P_{i-1} 的前体;G^H 指发酵最终产物谷氨酸;enz_n 表示各阶段的酶;P_i 为菌体生长所必需的前驱物质。菌体生长用 Monod 方程描述:

$$\frac{dc(X)}{dt}\mu c(X) = \mu_{max} \frac{c(S)}{K_S + c(S)} c(X)$$

假定发酵过程以生物素作为菌体生长的限制因素,而生物素有必要的极限浓度,若低于

此浓度,菌体就不可能生长。生物素在菌体内不被分解,而是与相应的酶结合,其作用类似于辅酶。这样,每一个正在生长的菌体内,都同时进行着如下反应:

(Ⅱ) $E_i + A \underset{k_{-S}^i}{\overset{k_S^i}{\rightleftharpoons}} E_i A$; $E_i A + P_{i-1}$

$\underset{k_{-1}^i}{\overset{k_1^i}{\rightleftharpoons}} E_i A P_{i-1} \overset{k_2^i}{\longrightarrow} E_i A + P_i$

式中,A 为体内自由生物素;E_i 为第 i 阶段的酶(即 enz_i);k^i 为第 i 阶段各反应速度常数。

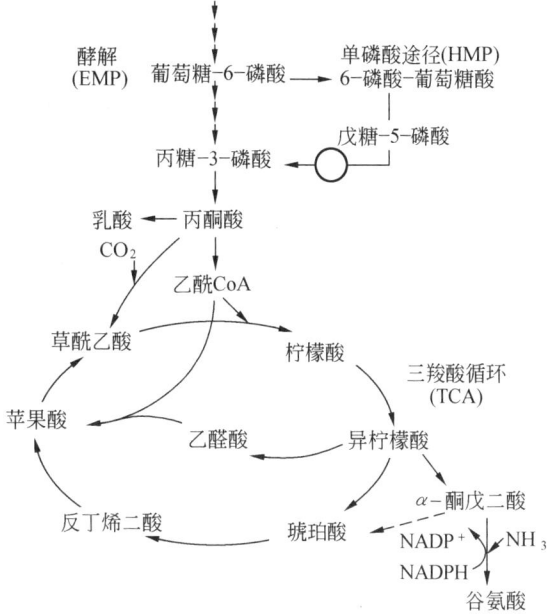

图 8-21 谷氨酸的代谢途径

在这一过程中 $E_i A$ 和 $E_i A P_{i-1}$ 的浓度几乎是不变的,因此可以用恒态法处理,即

$$\frac{dc(E_i A)}{dt} \approx 0 \quad \frac{dc(E_i A P_{i-1})}{dt} \approx 0$$

在第(Ⅱ)反应过程中,设 $c(E_i) = e_1$,$c(E_i A) = e_2$,$c(E A P_{i-1}) = e_3$,则酶的总浓度为

$$c(E_i)_0 = e_0 = e_1 + e_2 + e_3 \tag{8-44}$$

由反应式(Ⅱ)得

$$\frac{de_2}{dt} = k_S^i e_1 c(A) - k_{-S}^i e_2 - k_1^i c(P_{i-1}) e_2 + k_{-1}^i e_3 + k_2^i e_3 = 0 \tag{8-45}$$

P_{i-1} 是代谢过程中间产物,对限制物质 A 而言是大量存在的,反应过程中可以把它视为常数,故设 $k_1^{i'} = k_1^i c(P_{i-1})$,将它与式(8-44)同时代入式(8-45)得到

$$e_2 = \frac{k_S^i e_0 c(A) + e_3 [k_{-1}^i + k_2^i - k_S^i c(A)]}{k_S^i c(A) + k_{-S}^i + k_1^{i'}} \tag{8-46}$$

从反应式(Ⅱ)还可得到

$$\frac{de_3}{dt} = k_1^i e_2 - k_{-1}^i e_3 - k_2^i e_3 = 0$$

则

$$e_3 = \frac{k_1^i e_2}{k_{-1}^i + k_2^i} \tag{8-47}$$

将式(8-46)代入式(8-47)得

$$e_3 = \frac{e_0 c(A) \dfrac{k_1^{i'}}{k_{-1}^i + k_2^i + k_1^{i'}}}{c(A) + \dfrac{k_{-S}^i (k_{-1}^i + k_2^i)}{k_S^i (k_{-1}^i + k_2^i + k_1^{i'})}}$$

而 $\dfrac{dc(P_i)}{dt} = k_2^i e_3$,且设 $k_2^{i*} = \dfrac{k_1^i k_2^i}{k_{-1}^i + k_2^i + k_1^{i'}}$,$k_i = \dfrac{k_{-S}^i (k_{-1}^i + k_2^i)}{k_S^i (k_{-1}^i + k_2^i + k_1^{i'})}$,则菌体生长所必需的前驱

物质 P_i 的生成速率为

$$\frac{dc(P_i)}{dt} = \frac{k_2^{i*} c(E_i)_0 c(A)}{k_i + c(A)}$$

或

$$\frac{dc(P_i)}{dt} = \left[\frac{dc(P_i)}{dt}\right]_{max} \frac{c(A)}{k_i + c(A)} \tag{8-48}$$

菌体内前驱物质生成速率应与菌体的生长比速成正比,则有

$$\mu = \mu_{max} \frac{c(A)}{k_i + c(A)}$$

或

$$\frac{dc(X)}{dt} = \mu_{max} \frac{c(A)}{k_i + c(A)} c(X) \tag{8-49}$$

这里,$c(A)$ 是指菌体内自由生物素浓度,若 $c(A_0)$ 表示菌体内生物素的总浓度,$c(A_m)$ 表示菌体内生物素的极限浓度,则有

$$c(A) = c(A_0) - c(A_m)$$

于是式(8-49)可以写成

$$\frac{dc(X)}{dt} = \mu_{max} \frac{c(A_0) - c(A_m)}{k_i + c(A_0) - c(A_m)} c(X) \tag{8-50}$$

根据前面的假设,发酵液生物素原始浓度为 $c(B)$,分别被菌体所吸收而不分解,故每个菌体内生物素的总浓度应为 $c(A_0) = \frac{c(B_0)}{c(X)}$,代入式(8-50)即可得到以生物素为限制物质的谷氨酸发酵菌体生长的动力学模型:

$$\frac{dc(X)}{dt} = \mu_{max} \frac{[c(B_0)/c(X) - c(A_m)] c(X)}{k_i - c(B_0)/c(X) - c(A_m)} = \mu_{max} \frac{c(B_0) - c(A_m) c(X)}{c(B_0) + (k_i - H_m) c(X)} \tag{8-51}$$

把式(8-51)分离变量积分,可得培养时间与对应的菌体浓度的关系式:

$$\mu_{max} t = \ln \frac{c(X)}{c(X_0)} + \frac{k_i}{c(A_m)} \ln \frac{c(B_0) - c(A_m) c(X_0)}{c(B_0) - c(A_m) c(X)} \tag{8-52}$$

参照反应式(Ⅰ),再假定在菌体内获得产物 G^H 的前驱物质 P_i 的酶反应式为

$$(\text{Ⅲ}) \quad E_j + P_{j-1} \underset{k_{-1}^j}{\overset{k_1^j}{\rightleftharpoons}} E_j P_{j-1} \xrightarrow{k_2^j} E_j + P_j$$

同样运用恒态法:$\frac{dc(E_j P_{j-1})}{dt} = 0$,根据反应式(Ⅲ)得

$$\frac{dc(E_j P_{j-1})}{dt} = k_1^j c(E_j) c(P_{j-1}) - k_{-1}^j c(E_j P_{j-1}) - k_2^j$$

$$c(E_j P_{j-1}) = 0$$

则

$$c(E_j P_{j-1}) = \frac{k_1^i}{k_{-1}^j + k_2^j} c(E_j) c(P_{j-1}) \tag{8-53}$$

设在 j 阶段酶的总浓度为 $c(E_j)_T$,则有 $c(E_j) = c(E_j)_T - c(E_j P_{j-1})$,代入式(8-53)得

$$c(\mathrm{E}_j\mathrm{P}_{j-1}) = \frac{c(\mathrm{E}_j)_\mathrm{T} c(\mathrm{P}_{j-1})}{c(\mathrm{P}_{j-1}) + \dfrac{(k_{-1}^j + k_2^j)}{k_1^j}}$$

设

$$k_i = \frac{k_{-1}^j + k_2^j}{k_1^j}$$

由反应式(Ⅲ)得到 P_i 的生成速度为

$$\frac{dc(\mathrm{P}_i)}{dt} = k_2^j c(\mathrm{E}_j) c(\mathrm{P}_{j-1}) = \frac{k_2^j c(\mathrm{E}_j)_\mathrm{T} c(\mathrm{P}_{j-1})}{k_j + c(\mathrm{P}_{j-1})} \tag{8-54}$$

所生成的 P_j 有两个用途：一部分继续反应，最终变为产物 G^H，另一部分供给菌体生长，则有

$$\frac{dc(\mathrm{G}^H)}{dt} = a_0 \frac{dc(\mathrm{P}_i)}{dt} - a_1 \frac{dc(\mathrm{P}_i)}{dt} \tag{8-55}$$

而每个菌体的生长速率应与菌体内前驱物质的生成速率 $\dfrac{dc(\mathrm{P}_i)}{dt}$ 成正比，即

$$a_1 \frac{dc(\mathrm{P}_i)}{dt} = a\mu = a \frac{1}{c(\mathrm{X})} \frac{dc(\mathrm{X})}{dt} \tag{8-56}$$

同时，$c(\mathrm{P}_{j-1})$ 作为 j 阶段的反应基质浓度，实际上应与产物生成阶段限制性基质浓度 $c(\mathrm{S})$ 相当，将此关系代入式(8-54)，并化简可得

$$\frac{dc(\mathrm{P}_i)}{dt} = b_0 \frac{c(\mathrm{S})}{k + c(\mathrm{S})} \tag{8-57}$$

将式(8-56)、式(8-57)代入式(8-55)得到：

$$\frac{dc(\mathrm{G}^H)}{dt} = b \frac{c(\mathrm{S})}{k + c(\mathrm{S})} - a \frac{1}{c(\mathrm{X})} \cdot \frac{dc(\mathrm{X})}{dt} \tag{8-58}$$

此式是对一个菌体而言的。发酵液内若菌体浓度为 $c(\mathrm{X})$，则产物 Q 的生成速率应为

$$\frac{dc(\mathrm{Q})}{dt} = c(\mathrm{X}) \frac{dc(\mathrm{G}^H)}{dt} = b \frac{c(\mathrm{S})}{k + c(\mathrm{S})} + c(\mathrm{X}) - a \frac{dc(\mathrm{X})}{dt} \tag{8-59}$$

式(8-59)即为谷氨酸积累的动力学模型。上述 a_0, a_1, a, b_0, b 均为相应的比例常数，k 相当于 k_j；$c(\mathrm{Q})$ 为发酵液内产物 G^H 的浓度。

描述一个发酵过程的动力学模型通常有三个数学表达式。对谷氨酸发酵而言，已经推导了菌体生长、产物积累两个动力学模型，还应有一个描述基质——糖消耗的动力学模型，只要对发酵过程进行碳平衡计算就可得到，结果是

$$-\frac{dc(\mathrm{S})}{dt} = \frac{1}{Y_G} \cdot \frac{dc(\mathrm{X})}{dt} + \frac{1}{Y_m} \cdot \frac{dc(\mathrm{P})}{dt} + mc(\mathrm{X}) \tag{8-60}$$

式中 Y_G、Y_m 为碳源用于菌体生长和产物积累的得率常数；m 为微生物碳源的维持常数。

将上面推导所得的动力学模型作图，并与实际发酵过程中所测定的数据进行对比发现，无论是产物的积累、基质的消耗还是菌体的生长，两者数据都十分吻合，如图 8-22 所示。可以说这三个动力学模型准确地描述了谷氨酸的发酵过

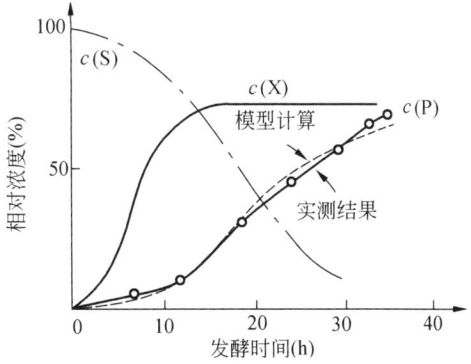

图 8-22 底物、菌体、产物相对浓度的动力学模型计算与实验结果的比较

程。因此,它们可用于预先估计发酵液内不同时间的产物浓度、判断早期出现的异常发酵情况以及预测发酵放罐的时间等。

四、动力学模型与优化控制

建立发酵动力学模型的目的是要在一定程度上精练地描述发酵过程的特征,例如影响因素与过程状态间的对应关系,从而了解微生物生长的本质,预测发酵机理;从宏观角度对发酵体系的微生物生长和代谢产物合成等有关参数的优化和控制,指导生产并预测结果;以优化工艺来提高产量和质量,并降低消耗和成本。

如何建立发酵动力学模型,并进行有效的评价和应用,下面是发酵动力学模型建立和评价的一般规律。

(1)明确建立模型的目的。对发酵动力学模型的工艺参数进行优化和过程控制,主要是从宏观角度出发,实现产物最大生长比速及最短生产周期,以获得最满意的经济效益,同时要求动力学模型尽量简单,并能够用计算机求解和自动控制。

(2)对模型做出合理假设,并确定模型的应用范围。由于发酵过程非常复杂,为得到简单的动力学模型,通常要对系统做出一定的假设。只有对发酵过程有充分的认识,才能使假设合理,例如对培养液的流变性能、培养条件等的设定。假设发酵液流变性(黏度)不变而建立的模型,则其使用范围为发酵液前后流变性变化很小或其变化不会造成对发酵结果的影响。

(3)选择合适的模型参数。由于影响发酵产物生长比速的因素很多,如主要营养物质的浓度、溶氧浓度、氧化还原电位、温度、pH值、发酵液流变性、二氧化碳、泡沫、促进剂、前体、酶、代谢产物等物理化学因素,以及菌体浓度、生长速率、死亡速率、细胞状态等生物因素。因此,要从中确定主要影响参数,且模型中的参数最好容易测定,才能使控制容易进行。

(4)建立模型来实施最佳工艺控制。建立模型才能够通过优化工艺和管理,将发酵控制在最佳状态,如控制温度、pH值、溶氧浓度等,最终实现目标值。

(5)进行模型的校验与修改。任何一个模型是否合理,需要进行实验和生产的检验,以及进行必要、合理的修改,其中修改要从第(2)步重新开始。因此,成功的模型应能够很好地与实验结果吻合,满足生产需要。

(6)对于模型的评价主要考虑在实验范围内,模型是否符合实验结果、是否简单、是否具有一定的通用性,模型参数是否恰当,应以生产中容易应用为基本出发点。

生产过程中,根据可靠的动力学模型实施最优化工艺操作及其参数控制,包括对温度、pH值、溶氧、泡沫等因素的调控,能够提高控制的精确性和可靠性。

第九章 发酵供氧理论与控制

好气性微生物的生长繁殖和合成代谢产物都需要消耗氧气才能完成生物氧化作用,因此,发酵过程中必须供给适量的无菌空气,而氧只有溶解到发酵液并传递到细胞内的氧化酶系后菌体才能够利用,才能完成生长繁殖和合成代谢产物。无菌空气就是将空气中的各种微生物除去或杀死。在工业发酵过程中为维持一定的罐压和克服设备、管道、阀门、过滤介质等的压力损失,需要对空气加压,而压缩空气冷却后带来大量水分及油,为了保持干燥过滤介质的除菌效果,需要除去水(油)。因此,无菌空气的制备构成了一个空气处理系统。

第一节 微生物需氧和溶解氧的控制

一、供氧与微生物呼吸及代谢产物的关系

微生物只能利用溶解于液体中的氧。发酵液中溶解氧的多少,一般以溶氧系数 K_d 值表示。由于各种好气性微生物所含的氧化酶体系(如过氧化氢酶、细胞色素氧化酶、黄素脱氢酶、多酚氧化酶等)的种类和数量不同,在不同环境条件下的吸氧量或呼吸程度是不同的。

微生物的吸氧量常用呼吸强度和耗氧速率两种方法来表示。呼吸强度是指单位质量干菌体在单位时间内所吸取的氧量,以 Q_{O_2} 表示,单位为 mmol/(g·h)。耗氧速率是指单位体积培养液在单位时间内的吸氧量,以 r 表示,单位为 mmol/(L·h)。呼吸强度可以表示微生物的相对需氧量,但当培养液中有固定成分存在时,测定就有困难,这时可用耗氧速率来表示。微生物在发酵过程中的耗氧速率取决于微生物的呼吸强度和单位体积的菌体浓度。

$$r = Q_{O_2} \cdot c(X)$$

式中,r 为微生物耗氧速率,mmol/(L·h);Q_{O_2} 为菌体呼吸强度,mmol/(g·h);$c(X)$ 为发酵液中菌体的质量浓度,g/L。

发酵的不同阶段对氧的要求不同,一般菌体生长繁殖期比谷氨酸生成期对溶氧要求低,长菌阶段供氧为菌体需氧量的"亚适量",要求溶氧系数 K_d 为 $4.0 \times 10^{-6} \sim 5.9 \times 10^{-6}$ mol/(mL·min·MPa),形成谷氨酸阶段要求溶氧系数 K_d 为 $1.5 \times 10^{-5} \sim 1.8 \times 10^{-5}$ mol/(mL·min·MPa)。作为供氧指标与 K_d 比较,用氧的传递速率 r_{ab} 表示更适宜。谷氨酸发酵最适宜的亚硫酸盐耗氧速率为 $1.0 \times 10^{-6} \sim 1.5 \times 10^{-6}$ mol/(mL·min),生物耗氧速率 r 应大于 10×10^{-7} mol/(mL·min)。在长菌阶段,若供氧过量,在生物素限量的情况下,菌体生长受到抑制,表现为耗糖慢,pH 值偏高,且不易下降。在发酵产酸阶段,若供氧不足,发酵的主产物由谷氨酸转为乳酸。这是因为在缺氧条件下,谷氨酸生物合成所必需的丙酮酸以后的氧化反应停滞,导致糖代谢中间体——丙酮酸转化为乳酸;生产上表现为耗糖快,pH 值低,尿素消耗快,长菌而不产谷氨酸。但是,如果供氧过量,则不利于 α-酮戊二酸进一步还原氨基化,导致 α-酮戊二酸的积累。

溶氧浓度是需氧发酵控制最重要的参数之一。由于氧在水、发酵液的溶解度都很小,因

此,需要不断通风和搅拌,才能满足不同发酵过程对氧的需求。溶氧的大小对菌体生长和产物的形成及产量都会产生不同的影响。如谷氨酸发酵,供氧不足时,谷氨酸积累就会明显降低,产生大量乳酸和琥珀酸。如薛氏丙酸菌发酵生产维生素 B_{12} 的组成部分咕啉醇酰胺(又称 B 因子)的生物合成前期的两种主要酶会受到氧的阻遏,限制氧的供给才能积累大量的 B 因子,B 因子又在供氧的条件下才能转变成维生素 B_{12},因而采用厌氧和供氧相结合的方法合成维生素 B_{12}。据实验研究,当溶氧下降到 45% 时,就从好气培养转为厌气培养,酶的活力可提高 6 倍,这说明控制溶氧的重要性。对抗生素发酵来说,氧的供给更为重要。如金霉素发酵,在生长期中短时间停止通风,影响菌体在生产期的糖代谢途径,由 HMP 途径转向 EMP 途径,使金霉素合成的产量减少,而金霉素 C_6 上的氧来源于溶解氧。所以,溶氧对菌体代谢和产物合成都有影响。

二、微生物的临界氧浓度

微生物的耗氧速率受发酵液中氧的浓度的影响,各种微生物对发酵液中溶氧浓度有一个最低要求,这一溶氧浓度叫作临界氧浓度,以 $c_{临界}$ 表示。好气性微生物的临界氧浓度一般为 $0.003 \sim 0.05 \text{mmol/L}$,某些微生物的临界氧浓度见表 9-1。

表 9-1 某些微生物的临界氧浓度

微生物名称	温度(℃)	$c_{临界}$(mmol/L)
固氮菌	30	0.018~0.049
大肠杆菌	37.8	0.0082
大肠杆菌	15	0.0031
粘性赛氏杆菌	31	0.015
粘性赛氏杆菌	30	0.009
酵 母	34.8	0.0046
酵 母	20	0.0037
橄榄型青霉菌	24	0.022
橄榄型青霉菌	30	0.009
米曲霉	30	0.02

不同种类的微生物的需氧量不同,一般为 $25 \sim 100 \text{mmol/(L·h)}$。同一种微生物的需氧量,随菌龄和培养条件的不同而异。菌体生长和形成代谢产物时的耗氧量也往往不同,一般幼龄菌生长旺盛,其呼吸强度大,但是种子培养阶段由于菌体浓度低,总的耗氧量也较低;晚龄菌的呼吸强度弱,但在发酵阶段,由于菌体浓度高,耗氧量较大。据报道,青霉素产生菌培养 80h 的耗氧速率为 40mmol/(L·h);链霉素产生菌培养 12h 的耗氧速率为 45mmol/(L·h);黑曲霉生长时的最大耗氧速率为 $50 \sim 55 \text{mmol/(L·h)}$,而产 α-淀粉酶时的最大耗氧速率为 20mmol/(L·h);谷氨酸产生菌在种子培养 7h 的耗氧速率为 13mmol/(L·h),发酵 13h 的耗氧速率为 50mmol/(L·h),发酵 18h 的耗氧速率为 51mmol/(L·h)。为避免发酵处于限氧条件下,需要知道每一种发酵产物的临界氧浓度和最适氧浓度,并使发酵过程保持在最适浓度。最适溶氧浓度的大小与菌体和产物合成代谢的特性有关,这由实验来确定。

据报道,青霉素发酵的临界氧浓度在 5~10mmol/L 之间,低于此值就会对青霉素合成带来损失,时间愈长,损失愈大。而初级代谢的氨基酸发酵,其需氧量的大小与氨基酸的合成途径密切相关。根据发酵需氧要求不同可分为三类(见图 9-1):第一类包括谷氨酸、谷氨酰胺、精氨酸和脯氨酸等谷氨酸系氨基酸,菌体呼吸充足时产量才最大,如果供氧不足,氨基酸合成就会受到强烈抑制,大量积累乳酸和琥珀酸;第二类包括异亮氨酸、赖氨酸、苏氨酸和天冬氨酸,即天冬氨酸系氨基酸,供氧充足可得最高产量,但产量受供氧影响并不明显;第三类包括亮氨酸、缬氨酸和苯丙氨酸,仅在供氧受限、细胞呼吸受抑制时才能高产。

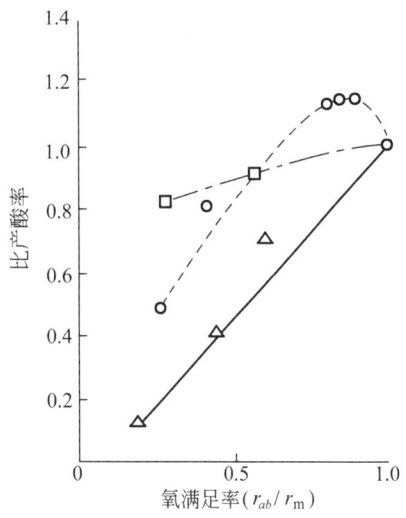

图 9-1 氨基酸的相对产量与氧满足程度之间的相关性

—△— L-谷氨酸; --□-- L-赖氨酸;
--○-- L-亮氨酸; r_{ab}—菌体呼吸速率;
r_m—最大呼吸速率

氨基酸生物合成途径的不同引起需氧不同,因为不同代谢途径产生不同数量的 NAD(P)H,则进行氧化所需溶氧量也就不同。第一类氨基酸是经过乙醛酸循环和磷酸烯醇式丙酮酸羧化系统两个途径形成的,产生的 NADH 量最多。因此,NADH 氧化再生的需氧量也最多,供氧愈多,合成氨基酸愈顺利。第二类氨基酸的合成途径是产生 NADH 的乙醛酸循环或消耗 NADH 的磷酸烯醇式丙酮酸羧化系统,产生的 NADH 量不多,因而与供氧量关系不明显。第三类氨基酸如苯丙氨酸的合成,并不经 TCA 循环,NADH 产量很少,过量供氧反而起抑制作用。因此,供氧大小与产物的生物合成途径密切相关。

三、发酵溶氧变化与调控

正常发酵条件下,每种产物发酵的溶氧浓度变化都有自己的规律,如图 9-2 和图 9-3 所示,在谷氨酸和红霉素发酵前期,产生菌大量繁殖,需氧量不断增大,此时的需氧量超过供氧量,使溶氧浓度明显下降,出现一个低峰,产生菌的摄氧率同时出现一个高峰,发酵液中的菌浓度不断上升,并出现一个高峰。这都说明产生菌正处在对数生长期。过了生长阶段,需氧量有所减少,溶氧浓度经过一段时间的平稳阶段(如谷氨酸发酵)或随之上升(如抗生素发酵)后,就开始形成产物,溶氧浓度不断上升。通常谷氨酸发酵的溶氧低峰在 6~20h,而抗生素的溶氧低峰在 10~70h,低峰出现的时间和低峰溶氧浓度随菌种、工艺条件和设备供氧能力的不同而异。

发酵中后期,对于分批发酵来说,溶氧浓度变化比较小。因为菌体已繁殖到一定浓度,进入静止期,呼吸强度变化不大,如不补加基质,发酵液的摄氧率变化也不大,供氧能力仍保持不变,溶氧浓度变化也不大。当外界进行补料(包括碳源、前体、消沫油)时,则溶氧浓度发生改变,其变化大小和持续时间的长短随补料时的菌龄、补入物质的种类和剂量不同而不同。如补加糖后,发酵液的摄氧率提高,引起溶氧浓度下降,经过一段时间后又逐步回升;继续补糖,溶氧浓度继续下降,甚至降至临界氧浓度以下,因而成为生产上的限制因素。

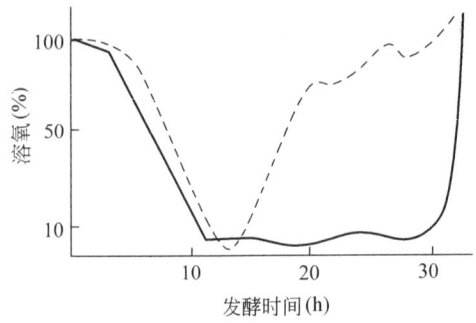

图9-2 谷氨酸发酵时正常和异常的溶氧曲线
——正常发酵溶氧曲线；----异常发酵溶氧曲线

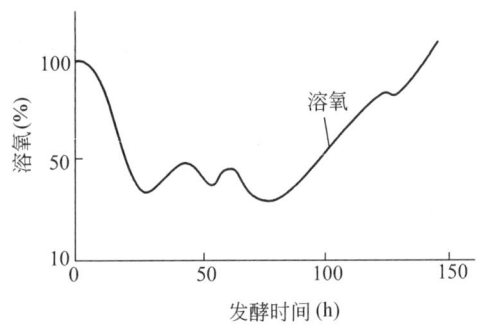

图9-3 红霉素发酵过程中溶氧的变化

生产后期菌体衰老,呼吸强度减弱,溶氧浓度会逐步上升,一旦菌体自溶,溶氧浓度更会明显上升。

在发酵过程中,有时出现溶氧浓度明显降低或明显升高的异常变化,常见的是溶氧浓度下降。造成异常变化的原因有两方面:耗氧或供氧出现了异常或发生了障碍。据已有资料报道,引起溶氧浓度异常下降,可能有下列几种原因:①污染了好气性杂菌,大量的溶氧被消耗掉,可能使溶氧浓度在较短时间内下降到接近零。②菌体代谢发生异常现象,需氧量增加,使溶氧浓度下降。③某些设备发生故障或工艺参数控制不好,引起溶氧浓度下降,如搅拌功率消耗变小或搅拌速度变慢,影响供氧能力,使溶氧浓度降低。又如消泡剂因自动加油器失灵或人为加入量太多,也会引起溶氧浓度迅速下降。其他影响供氧的工艺操作,如停止搅拌、闷罐(罐排气封闭)等,都会使溶氧浓度发生异常下降。引起溶氧浓度异常升高的原因,在供氧条件没有发生变化的情况下,主要是耗氧出现改变,如菌体代谢出现异常,耗氧能力下降,使溶氧浓度上升。特别是污染了烈性噬菌体,导致菌体破裂,完全失去呼吸能力,溶氧浓度就直线上升。

由此可知,从发酵液中溶解氧浓度的变化判断微生物生长代谢是否正常、工艺控制是否合理、设备供氧是否充足等问题,才能更好控制发酵。

发酵过程中微生物只能利用溶解氧(或处在气—液界面处的微生物利用气相中的氧)。在25℃、0.1MPa下,空气在水中的溶解氧浓度为0.25mmol/L,而在发酵液中的溶解氧为0.2mmol/L,例如在谷氨酸发酵液中氧的饱和浓度约为0.313mmol/L,只够维持菌体正常呼吸20~30s。随着高产菌株的选育,高浓度发酵、丰富培养基的采用对通气和搅拌的要求更高,在发酵旺盛期的培养液完全被空气饱和,它所贮存的氧也是很少的,只能维持菌正常呼吸15~30s,之后菌的呼吸就受到抑制。这种随时都有窒息可能的状态,是由于微生物在人工环境内浓度大,而相应培养液中氧的溶解度更小。这就决定了大多数的好气性发酵需要有适当的通气条件才能维持稳定生产。

近年来,许多好气性发酵已发展到超过现有发酵设备的氧传递能力,氧的供应不足可能引起生产菌种的损失,或可能导致细胞代谢转向所不需化合物的产生。因此,溶解氧的控制是极其重要的。

事实上,发酵液中氧的浓度并不需要达到饱和浓度,只要维持在氧的临界浓度以上即可。因此,应尽可能了解发酵过程中菌的临界氧浓度和达到最高发酵产物的临界氧浓度,即菌的生长和发酵产物形成过程中的最高需氧量,以便分别合理地供给足够氧气。通常搅拌可增加通气效果,通气又具有搅拌作用,因此,发酵上常把通气和搅拌看作一个作业。

目前,在发酵工业上氧的利用率是很低的。在抗生素发酵方面,被微生物利用的氧不超过空气含氧量的2%。在谷氨酸发酵方面,氧的利用率为10%～30%,可见大量的经过净化处理的无菌空气被浪费掉。因此,提高供氧效率,就能大大降低空气消耗量,减少动力消耗和染菌机会,提高设备利用率。

五、供氧与高密度培养酵母

供氧的目的是满足微生物生长繁殖的需要,供氧要求氧浓度要高于微生物生长的临界氧浓度。如果供氧不足,酵母菌的有氧快速生长会进入厌氧发酵状态,使菌体生长速度显著降低。目前,酿酒酵母的高密度培养,细胞数可达到 2×10^8 个/mL 以上,甚至有报道发酵液中酵母干重可达 140g/L。酵母高密度培养需要更快、更多地供氧,才会使酵母快速生长,避免进入厌氧发酵阶段。

酿酒酵母高密度培养的临界氧浓度在 34.8℃ 时为 0.0046mmol/L,并随温度降低而降低,在 20℃ 时为 0.0037mmol/L,而 1 个大气压下水中 O_2 的溶解浓度随温度降低而增加,在 35℃ 时为 0.22mmol/L,20℃ 时为 0.28mmol/L。当发酵处于临界氧浓度以上且微生物耗氧速率一定时,随着通气量的增大,对应发酵尾气中 O_2 的体积分数升高,O_2 的利用率下降。因此,通过控制发酵尾气中 O_2 的含量,可实现对发酵溶氧的精确、灵敏控制。

发酵工业中 O_2 的利用率一般在 3%～10%,即空气的通气量是耗氧量的 50～170 倍。其中,糖、氧气经多步生化反应生成酵母,其菌体组成的化学平衡式如下:

$$6.67 CH_2O + 2.095 O_2 \longrightarrow C_{3.92}H_{6.5}O_{1.94}(菌体) + 2.75 CO_2 + 3.42 H_2O$$
$$200 67.2 84.6 \phantom{C_{3.92}H_{6.5}O_{1.94}(菌体) + 2.7}121 61.6$$

氧对酵母菌的理论转化率为

$$\frac{84.6}{67.2} \times 100\% = 125.9\%$$

空气中氧的质量浓度为

$$\frac{32}{29} \times 1.29 \times 21\% = 0.3(g/L)$$

其中,空气密度为 1.29g/L,空气平均相对分子质量为 29,氧气的相对分子质量为 32。

酿酒酵母高密度培养时,假设按照发酵尾气中 O_2 的体积分数为 15% 进行通气,则氧气的利用率为

$$(21\% - 15\%)/21\% = 28.6\%$$

理论上,生成 1g 酵母菌所消耗 O_2 的对应通气量为:

$$\frac{1}{0.3 \times 28.6\% \times 125.9\%} = 9.26(L)$$

实际生产中的通气量还要更大些。

同理,发酵尾气中 O_2 的体积分数为 17.5% 时 O_2 的利用率为

$$(21\% - 18\%)/21\% = 14.3\%$$

1g 酵母菌消耗 O_2 的通气量为

$$\frac{1}{0.3 \times 14.3\% \times 125.9\%} = 18.5(L)$$

发酵尾气中 O_2 的体积分数为 20% 时 O_2 的利用率为

$$(21\% - 20\%)/21\% = 4.76\%$$

1g 酵母菌所消耗 O_2 的通气量为

$$\frac{1}{0.3 \times 4.76\% \times 125.9\%} = 55.6(L)$$

可见,随着通气量的增加,对应发酵液中溶解氧的浓度也提高了,从而提高了氧进入细胞的速度,酵母的生长速度也就增加了。因此,微生物高密度培养时会导致溶解氧浓度降低、氧传递速度变慢,故需要提高通气量,即通过提高氧分压和溶解氧的浓度来加快氧传递速度,以满足菌体快速生长繁殖的需要。

因此,发酵工业要综合考虑通入压缩空气的成本和微生物生长、产物代谢效益之间的关系。如果发酵生产低附加值产品时,首先要考虑提高 O_2 的利用率,如谷氨酸发酵氧的利用率在 10% 以上;发酵生产高附加值产品时,首要考虑微生物的高生长速度或代谢产物的生成速度,即有效提高氧的通气量。当然,也不是通气量越大越好,因为通气量过大,会形成更大的气泡,还会出现氧中毒现象,导致微生物的生长速度和代谢产物的生成速度降低。

第二节 氧传质理论

一、氧传质途径与阻力

在需氧发酵中,首先是气相中的氧溶解到发酵液中,然后传递到细胞内的呼吸酶位置上而被利用。这一传递过程又可分为供氧及耗氧两个方面。供氧是指空气中的氧气在空气泡里通过气膜、气液界面和液膜扩散到液体主流中。耗氧是指氧分子自液体主流通过液膜、菌丝丛、细胞膜扩散到细胞内。氧在传递过程中必须克服一系列阻力,才能被微生物所利用,图 9-4 简单表示了这个过程的情况及各种阻力。

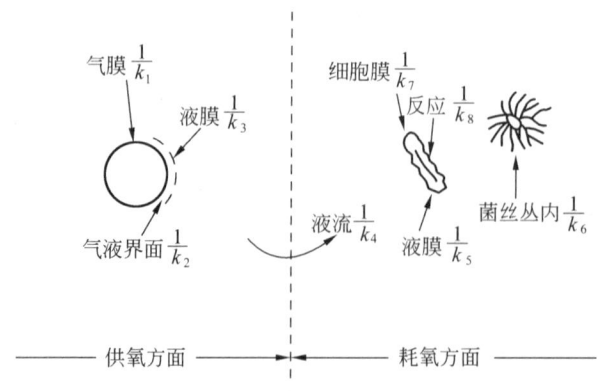

图 9-4 氧传递的各种阻力

1. 供氧方面的阻力

(1) 气膜阻力 $\frac{1}{k_1}$,为气体主流及气—液界面间的气膜阻力,与空气情况有关。

(2) 气液界面阻力 $\frac{1}{k_2}$,与空气情况有关,只有具备高能量的氧分子才能透到液相中去,而其余的则返回气相。

(3) 液膜阻力 $\frac{1}{k_3}$,为从气—液界面至液体主流间的液膜阻力,与发酵液的成分和浓度有关。

(4) 液流阻力 $\frac{1}{k_4}$,液流阻力也是与发酵液的成分和浓度有关的,通常它不作为一项重要阻力,因此在液体主流中氧的浓度是假定不变的。当然,只有在适当搅拌情况下才如此。

2. 耗氧方面的阻力

(1) 细胞周围液膜阻力 $\frac{1}{k_5}$,细胞周围液膜阻力同样与发酵液的成分和浓度有关。

(2) 菌丝丛内或菌丝团内的扩散阻力 $\frac{1}{k_6}$,这种阻力与微生物的种类、生理特性有关。单细胞的细菌和酵母不存在这种阻力,对于菌丝来说,这种阻力最为突出。

(3) 细胞膜的阻力 $\frac{1}{k_7}$,与微生物的生理特性有关。

(4) 细胞内反应阻力 $\frac{1}{k_8}$,是指氧分子与细胞内呼吸酶系反应时的阻力,与微生物的种类、生理特性有关。

由于氧是难溶于水的气体,所以在供氧方面液膜是一个控制过程,即 $\frac{1}{k_3}$ 是较为显著的,使气泡和液体充分混合而产生湍动,从而减少这方面的阻力。在耗氧方面,实验表明,液体主流和细胞壁上氧的浓度相差很小,也就是说,氧通过细胞周围液膜的阻力很小,但此液膜阻力随细胞外径的增加而增大。在有搅拌的情况下,结团现象减少,液体和菌丝间的相对运动增加,因而减小了膜厚,也减小了阻力。通常耗氧方面的阻力主要是 $\frac{1}{k_6}$ 与 $\frac{1}{k_7}$,即由菌丝丛内扩散阻力与细胞膜阻力所引起,但搅拌可以减少逆向扩散的梯度,因此也可降低这方面的阻力。至于细胞内反应阻力 $\frac{1}{k_8}$,可因下列情况而产生:

(1) 培养基成分与其相应的酶的作用失活;
(2) 一些生理条件如温度、pH 值等不适于酶的反应;
(3) 一些代谢物的积累及其不能及时移去。

二、气体溶解的双膜理论

气体溶解于液体是一个复杂的过程,可用双膜理论解释该过程,见图 9-5,氧首先由气相扩散到气液两相的接触界面,再进入液相,界面的一侧是气膜,另一侧是液膜,氧由气相扩散到液相必须穿过这两层膜。

氧从空气扩散到气液界面这一段的推动力是空气中氧的分压与界面处氧的分压之差,

即 $p-p_i$，氧穿过界面溶于液体，继续扩散到液体中的推动力是界面处氧的浓度与液体中氧的浓度之差，即 c_i-c_L。

与这两个推动力相对应的阻力是气膜阻力 $\dfrac{1}{k_G}$ 和液膜阻力 $\dfrac{1}{k_L}$。单位接触界面氧的传递速率为

$$N_A = \frac{\text{推动力}}{\text{阻力}} = \frac{p-p_i}{1/k_G} = \frac{c_i-c_L}{1/k_L}$$
$$= k_G(p-p_i) = k_L(c_i-c_L)$$
(9-1)

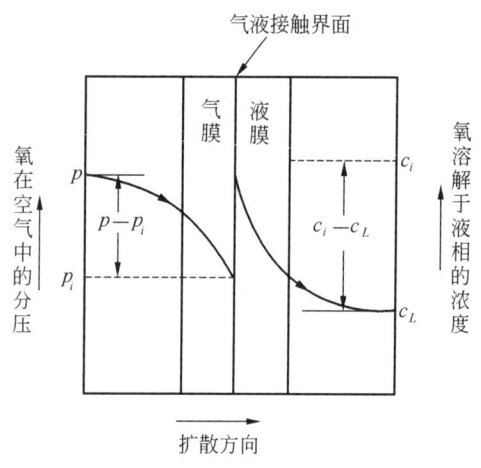

图 9-5 双膜理论的气液接触

式中，N_A 为单位接触界面的氧传递速率，$kmol/(m^3 \cdot h)$；p、p_i 分别为气相中和气液界面处氧的分压，MPa；c_L、c_i 分别为液相中和气液界面处氧的浓度，$kmol/m^3$；k_G 为气膜传质系数，$kmol/(m^2 \cdot h \cdot MPa)$；$k_L$ 为液膜传质系数，$kmol/(m^2 \cdot h \cdot kmol/m^3)$ 或 m/h。

通常情况下，不可能测定界面处的氧分压和氧浓度，所以式(9-1)不能直接用于实际。为了计算方便，并不单独使用 k_G 或 k_L，而改用总传质系数和总推动力，在稳定状态时，

$$N_A = K_G(p-p^*) = K_L(c^*-c_L) \tag{9-2}$$

式中，K_G 为以氧分压差为总推动力的总传质系数，$kmol/(m^2 \cdot h \cdot MPa)$；$K_L$ 为以氧浓度差为总推动力的总传质系数，m/h；p^* 为与液相中氧浓度 c 相平衡时氧的分压，MPa；c^* 为与气相中氧分压 p 达平衡时氧的溶解浓度，$kmol/m^3$。

根据亨利定律，溶解浓度达到平衡的气体分压与该气体所溶解的分子分数成正比，即

$$\left.\begin{array}{l} p = Hc^* \\ p^* = Hc_L \\ p_i = Hc_i \end{array}\right\} \tag{9-3}$$

式中，H 为亨利常数，它表示气体溶解于液体的难易程度。如在亚硫酸盐溶液中，当氧分压为 0.021MPa、溶氧浓度为 0.2mmol/L 时，其亨利常数

$$H = \frac{p}{c^*} = \frac{0.021}{0.2} = 0.105(L \cdot MPa/mmol)$$
$$= 1.05 \times 10^6 (mL \cdot MPa/mol)$$

根据式(9-2)，有

$$K_G = \frac{N_A}{p-p^*}$$

$$\frac{1}{K_G} = \frac{p-p^*}{N_A} = \frac{p-p_i}{N_A} + \frac{p_i+p^*}{N_A} = \frac{p-p_i}{N_A} + \frac{H(c_i-c_L)}{N_A}$$

又根据式(9-1)，有

$$\frac{1}{k_G} = \frac{p-p_i}{N_A}, \quad \frac{1}{k_L} = \frac{c_i-c_L}{N_A}$$

所以
$$\frac{1}{K_G} = \frac{1}{k_G} + \frac{H}{k_L} \quad (9-4)$$

同理可证
$$\frac{1}{K_L} = \frac{1}{Hk_G} + \frac{1}{k_L} \quad (9-5)$$

对于易溶气体,如氨溶于水,H 值甚小,式(9-4)右边第二项可忽略,则 $K_G = k_G$,说明该溶解过程的主要阻力是气膜阻力。对于难溶气体,如氧溶于水,H 值甚大,式(9-5)右边第一项 $\frac{1}{Hk_G}$ 可以略去,则 $K_L = k_L$,说明这一过程液膜阻力是主要因素。

目前双膜理论不足以完全说明气液间传质的现象。例如,膜的存在是以分子扩散为依据,但实际是否存在双膜还有疑问,所以说双膜理论尚不完善。

三、氧传质方程

上述介绍的传质系数 K_L 并不包括传质界面面积。传质设备不可能都存在间壁,故须用两相直接接触的内界面来代替间壁面积进行计算。所谓内界面难以测定的,最好考虑一种传质系数能包括内界面,以便实际应用。设内界面以 a 表示,单位为 (m^2/m^3),即单位体积的内界面。在气、液传质过程中,通常将 $K_L a$、$K_G a$ 作为一项处理,称为体积溶氧系数或体积传质系数。溶氧速率方程为

$$N = K_L a (c^* - c_L) = K_G a (p - p^*) = K_L a \frac{1}{H}(p - p^*) \quad (9-6)$$

式中,N 为单位体积液体氧的传递速率,$kmol/(m^3 \cdot h)$;$K_L a$ 为以浓度差为推动力的溶氧系数,h^{-1};$K_G a$ 为以分压差为推动力的溶氧系数,$kmol/(m^3 \cdot h \cdot MPa)$;$c_L$ 为溶液中氧的实际浓度,$kmol/m^3$;c^* 为与气相中氧分压 p 平衡时溶液中氧的浓度,$kmol/m^3$;p 为气相中氧的分压,MPa;p^* 为与液相中氧浓度 c 平衡时的氧分压,MPa;H 为亨利常数,$m^3 \cdot MPa/kmol$。

要保持发酵液一定的溶氧速率,正是为满足微生物的呼吸代谢活动的耗氧速率。如果溶氧速率小于微生物的耗氧速率,则发酵液中氧逐渐耗尽,当溶液中氧浓度低于临界氧浓度时,就会影响微生物的生长发育和代谢产物生成。因此,供氧与耗氧至少平衡,此时可用下式表示:

$$N = K_L a (c^* - c_L) = Q_{O_2} c(X) \quad (9-7)$$

移项后得
$$K_L a = \frac{Q_{O_2} c(X)}{c^* - c_L} \quad (9-8)$$

式中,Q_{O_2} 为微生物的呼吸强度,即单位菌体细胞(干重)单位时间内的需氧量,$mmol/(g \cdot h)$ 或 $\mu mol/(mg \cdot h)$;$c(X)$ 为菌体细胞的质量浓度,g/L。

但是,在实际发酵过程中,这种平衡的建立往往是暂时的,因发酵过程中培养物生化、物理等性质随时变化,相应氧传递情况也不断变化,平衡不断地被打破,又重新建立。对一个培养物来说,最低的通气条件可由式(9-8)求得。$K_L a$ 亦称为"通气效率",可用来衡量发酵罐的通气状况,高值表示通气条件富余,低值表示通气条件贫乏。在发酵过程中,培养液内某瞬间溶氧浓度变化可用下式表示:

$$\frac{dc}{dt} = K_L a (c^* - c_L) - Q_{O_2} c(X) \qquad (9-9)$$

在稳定状态下，$\frac{dc}{dt} = 0$，则

$$c_L = c^* - \frac{Q_{O_2} c(X)}{K_L a} \qquad (9-10)$$

第三节　氧传递速率的影响因素

根据气液传质方程式(9-6)，影响氧传递速率的因素有溶氧系数 $K_L a$ 和推动力 $c^* - c_L$，液体的高度及发酵液的物理性质等，其中与溶氧系数 $K_L a$ 有关的搅拌、空气线速度、空气分布器形式、发酵液黏度等，与推动力 $c^* - c_L$ 有关的发酵液深度、氧分压、发酵液性质等。

一、搅拌与空气线速度

好气性发酵罐通常设有通风搅拌装置。通风是为了给需氧微生物或兼性需氧微生物提供适量的空气，以满足菌体生长繁殖和积累代谢产物的需要。搅拌的作用是把气泡打碎，强化流体的湍流程度，使空气与发酵液充分混合，气、液、固三相更好地接触，一方面增加溶氧速率，另一方面使微生物悬浮混合一致，促进产物代谢。

(1) 机械搅拌是提高溶氧系数普遍采用的有效方法，这是因为搅拌可从下列几个方面改善溶氧速率：

①搅拌能把大的空气气泡打成微小气泡，增加了接触面积，且小气泡的上升速度要比大气泡慢，因此接触时间增加。

②搅拌使液体做涡流运动，使气泡不是直线上升而呈螺旋运动上升，延长了气泡的运动路线，即增加了气液的接触时间。

③搅拌使发酵液呈湍流运动，从而减小了气泡周围液膜的厚度，减小了液膜阻力，因而 $K_L a$ 值增大。

④搅拌使菌体分散，避免结团，有利于固液传递中的接触面积的增大，使推动力均一。同时，也减小了菌体表面液膜的厚度，有利于氧的传递。

然而，过度强烈的搅拌，产生的剪切作用大，对细胞造成损伤，特别对不同发酵类型的丝状菌，更应考虑剪切力对菌体细胞的损伤。

(2) 搅拌器的形式、直径大小、转速、组数、搅拌器间距以及在罐内的相对位置等对氧的传递速率都有影响。

①搅拌器按液流形式可分为轴向式和径向式两种。浆式、锚式、框式和推进式的搅拌器均属于轴向式，而涡轮式搅拌器则属于径向式。对于气—液混合系统，发酵罐的搅拌器一般采用涡轮式。它的特点是直径小，转速快，搅拌效率高，功率消耗较低，主要产生径向液流，在搅拌器的上下两面形成两个循环的翻腾，可以延长空气在发酵罐中的停留时间，有利于氧在醪液中溶解。根据搅拌器的主要作用，打碎气泡主要靠下组搅拌，上组主要起混合作用，因此，下组宜采用圆盘涡轮式搅拌器，上组宜采用平浆式搅拌器。圆盘涡轮搅拌器的情况可用发酵罐搅拌液体翻动流型图来说明，如图9-6所示。

图 9-6 的右边表示一个不带挡板的搅拌流型,在中部液面下陷,形成一个很深的漩涡,此时搅拌功率降低,大部分功率消耗在漩涡部分,靠近罐壁处流体速度很低,气液混合不均匀。图 9-6 的左边是一个带挡板的搅拌流型,流体从搅拌器径向甩出去后,到罐壁遇到挡板的阻碍,形成向上、向下两部分垂直方向的流动,向上部分经过液面后,流经轴向而转下;同时,向下部分经过液面后,流经轴向而转上。挡板的存在不致发生中央下陷的漩涡,液体表面外观是旋转起伏的波动。在两个搅拌器之间,液体发生向上、向下的垂直流动,流近搅拌器圆盘外随着搅拌器叶轮向外甩出,经罐壁遇到挡板的阻碍,迫使液体又发生垂直运动,这样在两只搅拌器的上、下方各自形成了自中间轴到罐壁的循环流动。在下组搅拌器的下方,罐底中间部分液体被迫向上,然后顺着搅拌器径向甩出,形成循环。

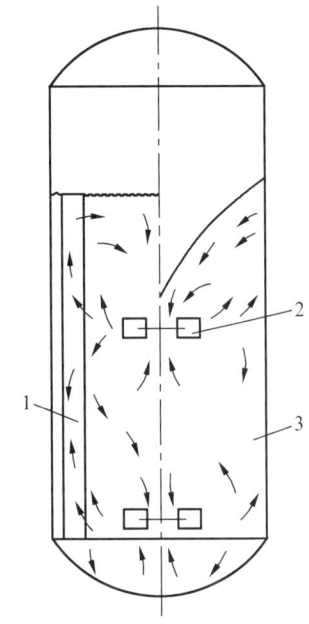

图 9-6 通用式发酵罐搅拌液体翻动流型
1—挡板;2—搅拌叶;3—发酵罐

搅拌器的相对位置对搅拌效果影响很大,主要影响溶氧系数。如下组搅拌器距罐底太远,则罐底部分液体不能全部被提升,造成局部缺氧,距罐底一般为 $0.8d \sim 1d$。两组搅拌器之间距离太大,会使两个搅拌器之间部分搅拌不到,搅拌效果差;距离太小,会发生流体的互相干扰,功率降低,混合效果不好。一般来说,非牛顿型发酵液,黏度大,菌体易结团,搅拌器间距宜小些,在 $2d$ 以下,而对于牛顿型发酵液为 $3d \sim 4d$。

② 搅拌转速 n 和叶径 d 对溶氧水平和混合程度有很大影响。当功率不变时,即 $n^3 d^5 = $ 常数,低转速、大叶径或高转速、小叶径都能达到同样的功率,然而 n、d 对溶氧有不同程度的影响。消耗于搅拌的功率 P 与搅拌循环量 $Q_{搅}$ 和液流速度压头 $H_{搅}$ 的乘积成正比,即

$$P \propto H_{搅} Q_{搅} \qquad (9-11)$$

在湍流状态下,$P \propto n^3 d^5$,其中

$$Q_{搅} \propto nd^3 \qquad (9-12)$$
$$H_{搅} \propto n^2 d^2 \qquad (9-13)$$

从两式可看出,$Q_{搅}$ 与 n 的一次方、d 的三次方成正比,$H_{搅}$ 与 n、d 的二次方成正比。增大 d 对增加循环量 $Q_{搅}$、液体混合均匀有利;增大 n 对提高液流速度压头、加强湍流程度、提高溶氧水平有利。两者必须兼顾,既要求有一定的液体速度压头,以提高溶氧水平,又要有一定的搅拌循环量,使混合均匀,避免局部缺氧现象。当空气流量较小、动力消耗较小时,以小叶径、高转速为好;当空气流量较小、动力消耗较大时,d 的大小对通气效果的影响不太大;当空气流量大、功率消耗小时,以大叶径、低转速为好;当空气流量和动力消耗都较大时,以采用小叶径、高转速为好;对于黏度大、菌丝易结团的非牛顿型发酵液,以采用大叶径、低转速、多组搅拌器较好;对于黏度小、菌体易分散均匀的牛顿型发酵液,以采用小叶径、高转速较好。

③搅拌组数对溶氧的影响。搅拌组数对溶氧也有较大影响,确定装设几组搅拌器既要考虑到有利于提高溶氧水平,又要保证混合均匀。例如,在 $H/D=2.4$ 的发酵罐中,当培养物为牛顿型醪液时,在功率相同的条件下,两组搅拌器的亚硫酸盐法测定的溶氧值 K_d 比三组搅拌器的 K_d 值高。但是,对黏度较高的丝状发酵液,当黏度 $\mu_0 = 700 MPa \cdot s$ 时,三组搅拌器的 K_d 值比两组搅拌器的 K_d 值高;而当 $\mu_0 = 500 MPa \cdot s$ 时,三组和两组搅拌的 K_d 值基本相等。

从图9-6搅拌液体流型可看出发酵罐装有挡板的重要作用。目前国内大发酵罐均用排管代替挡板。挡板宽度一般为罐径的 $\frac{1}{12} \sim \frac{1}{10}$,与罐壁垂直,与罐壁留有空隙 $10 \sim 40 mm$,挡板略高于液面,下端接罐底。一般发酵罐可装置4个挡板,多装则通气效率增加不明显。挡板能使液体形成轴向运动,因而提高了混合效果,在低搅拌转速时更为显著。

机械搅拌通风发酵罐的溶氧系数 $K_L\alpha$ 与空气线速度 v_S 的关系:

$$K_L\alpha \propto v_S^\beta$$

式中,β 为指数,在 $0.4 \sim 0.72$ 之间,随搅拌形式不同而异。这个关系说明通气效率或 $K_L\alpha$ 是随空气量增多而增大的。当增加通风量时,空气线速度相应增加,从而增大溶氧系数;但是,只增加风量而转速不变时,功率会降低,又会使溶氧系数降低。同时,空气线速度过大时,会发生"过载"现象,这时,桨叶不能打散空气,气流形成大气泡在轴的周围逸出,使搅拌效率和溶氧速率都大大降低。

开放式涡轮(无圆盘的)或桨叶搅拌器易发生过载,即气体可不经分散而沿搅拌叶的缓慢运动的中心迅速上升。在空气流速只有 $21 m/h$ 时,平桨式搅拌器就会发生过载。一般来说,用一个搅拌叶时,过载空气流速为 $90 m/h$,用两个搅拌叶时,过载空气流速可增至 $150 m/h$。

二、空气分布管与氧分压

空气分布管的形式、喷口直径及管口与罐底距离的相对位置对氧溶解速率有较大的影响,在发酵罐中采用的空气分布装置有单管、多孔环管及多孔分支环管等几种。当通风量小$(0.02 \sim 0.5 mL/s)$时,气泡的直径与空气喷口直径的 $\frac{1}{3}$ 次方成正比,也就是说,喷口直径越小,气泡的直径越小,溶氧系数就越大。但是,一般发酵工业的通风量都远远超过这个范围。这时,气泡直径与通风量有关,而与喷口直径无关。即在通风量大时,采用单管或环形管,其通风效果不受影响。但是,环形管的小孔极易堵塞,因此,发酵工业大多采用单管空气分布器,空气分布器在搅拌器下方的罐底中间位置,管口向上,使空气喷出后就被搅拌器打碎,从而提高了通气效率。管口与罐底距离根据发酵罐形式等具体确定。根据经验数据,当 $d/D = 0.3 \sim 0.4$ 时,管口距罐底 $20 \sim 40 mm$;当 $d/D = 2.5 \sim 0.3$ 时,管口距罐底 $40 \sim 60 mm$。管径可按空气流速 $20 m/s$ 左右计算,环形管的环径以等于 $0.8d$ 为好,小孔直径为 $5 \sim 8 mm$,小孔总面积大致与通风截面面积相等。

增加推动力 $(c^* - c_L)$ 或 $(p - p^*)$ 可使氧的溶解浓度增加。根据亨利定律:

$$平衡状态时液体中氧的溶解浓度 = \frac{1}{H}p_{O_2}$$

式中,H 为亨利常数,与温度及液体中固形物质的浓度有关;p_{O_2} 为氧的分压。从上式可知,增加空气中氧的分压可使氧的溶解浓度增大,增加空气压力,即增大罐压,或用含氧较多的空气或纯氧都能增加氧的分压。一般微生物在 5 个大气压以下的压力下不会受到损害,因此适当提高空气压力(即提高罐压)对提高通风效果是有好处的。但是,过分增加罐中空气压力,整个设备耐压性和投资增加,氧分压过高也会影响菌体代谢。

三、发酵罐体积与液高

通常,发酵罐体积大的氧利用率高,在几何形状相似的条件下,发酵罐体积大的氧利用率可达7%～10%,而罐体积小的氧利用率只有3%～5%。发酵罐大小不同,所需搅拌转数与通风量不同,大罐的转数较低,通风量较小。因为若溶氧系数 K_d 值保持一定,大罐气液接触时间长,氧的溶解率高,搅拌和通风均可小些。表 9-2 为不同容积发酵罐所需搅拌转速与通风量的关系。

表 9-2 不同容积发酵罐所需搅拌转速与通风量的关系

发酵罐体积(L)	搅拌转速(r/min)	通风量[m³/(m³·min)]
50	550	0.5～0.6
500	300	0.25～0.3
5 000	185	0.18～0.2
10 000	160	0.165
20 000	140	0.15
50 000	110	0.12

保持溶氧系数相等,通风量随发酵罐容积的增大而相对减少,如表 9-3 所示。

表 9-3 发酵罐容积与所需通风量的关系

发酵罐容积(L)	50	500	5 000	50 000
通风量(%)	100	60	30	21.6

一般在不增加功率消耗和空气流量时,增加发酵液体积会使通风效率降低,特别是在通风量较小时更显著。在空气流量和单位发酵液体积消耗功率不变时,通风效率随发酵罐的径高比 H/D 的增大而增加,当罐的径高比 H/D 从 1 增加到 2 时,$K_L a$ 可增加 40% 左右;当罐的径高比 H/D 从 2 增加到 3 时,$K_L a$ 增加 20%。由此可见,罐的径高比 H/D 小则氧的利用率差,因而采用较高的 H/D,如采用 $H/D=3$,使用效果良好。但 H/D 太大,溶氧系数反而增加不大;相反,由于罐身过高,罐内液柱过高,液柱压差增大,且对厂房要求也提高。一般罐的径高比 H/D 为 2～3。

在发酵过程中,微生物分解并利用培养液中的基质,大量繁殖菌体、积累代谢产物等,这些会引起培养液的物理性质的改变,如黏度、表面张力、离子浓度等,从而影响气泡的大小、气泡的稳定性和氧的传递速率。此外,发酵液黏度的改变还影响液体的湍动性、界面或液膜阻力,从而影响溶氧速率,当发酵液浓度增大、黏度增大时,$K_L a$ 值降低。但是大量泡沫可与菌体与泡沫形成稳定的乳浊液,影响氧的传递,此时可加入适量的消泡剂,消除泡沫对氧溶解的不利影响。但是,消泡剂用量过多,消泡剂则会聚集在微生物细胞表面而形成气泡液膜,增加传递阻力,反而降低了氧的传递速率。

第四节 溶氧系数的测定

溶氧系数的测定方法很多,最早采用化学法测定,即亚硫酸盐氧化法,继而是极谱法,目前采用的是复膜电极的溶解氧测定仪,可以测定发酵过程中溶解氧浓度 c、菌的耗氧速率 r 及溶氧系数 $K_L\alpha$。此外,根据发酵过程中基质消耗比速可间接计算出 $K_L\alpha$。

一、亚硫酸盐氧化法

1. 作用原理

此法是利用亚硫酸根在铜或镁离子作为接触剂时被氧迅速氧化的特性来估计发酵设备的通气效率的。因为亚硫酸盐的氧化速率远比氧的溶解速率大,所以氧一溶解于液体中就立即被耗尽,从而使溶液中氧浓度为零。当亚硫酸盐浓度为 0.018～0.47mol/L,温度为 20～45℃时,与氧反应的速率几乎不变,用碘量法测定未经氧化的亚硫酸钠来求得氧的溶解量。计算时采用罐压 p 作为推动力,溶液中的氧分压 p^* 等于零,此时的溶氧系数叫作亚硫酸盐氧化值,以 K_d 表示:

$$K_d = \frac{N}{p} = \frac{cn}{4\ 000 V_S tp} [\text{mol}/(\text{mL} \cdot \text{min} \cdot \text{MPa})] \qquad (9-14)$$

式中,N 为平均溶氧速率,mol/(mL·min);c 为亚硫酸钠的浓度,mol/L;V_S 为取样量,mL;t 为两次取样的时间间隔,min;n 为转速,r/min。

2. 亚硫酸盐氧化法的优缺点

用亚硫酸盐氧化法测定溶氧系数的优点是氧溶解速度和亚硫酸盐浓度无关,且反应速度快,不需要特殊仪器;其缺点是测定的影响因素多,且在 4～80L 测定才比较准确。

二、复膜电极测定 $K_L\alpha$ 和氧分析仪测定 $K_G\alpha$

目前利用复膜电极直接测定发酵过程中溶氧系数的溶氧测定仪已得到广泛应用。其原理是用能透过氧分子的薄膜将电极系统与被测定溶液分隔开来,因而避免了外界溶液的性质及通风搅拌所引起的湍动对测定的影响。现已制成耐高温蒸汽灭菌、灵敏度高的聚全氟乙丙烯复膜银-铅电极。

利用复膜电极测定发酵液中溶解氧浓度、菌的耗氧率 r 及溶氧系数 $K_L\alpha$,这样测出的 r 及 $K_L\alpha$ 可代表发酵过程的实际情况。发酵过程中停止通气片刻,溶解氧浓度因菌体消耗而迅速下降,在该不稳定状态(即溶氧速率和耗氧速率不平衡)下计算 $K_L\alpha$。不稳定状态时发酵液中某一时间间隔的溶氧量为

$$\frac{dc_L}{dt} = K_L\alpha(c^* - c_L) - Q_{O_2} \cdot c(X) \qquad (9-15)$$

可改写成

$$c_L = \left(-\frac{1}{K_L\alpha}\right)\left[\frac{dc_L}{dt} + Q_{O_2}c(X)\right] + c^* \qquad (9-16)$$

当关闭空气进口阀门时,发酵液内的溶氧浓度由 c_1 降至 c_2,经过 t_1 时间后再打开空气

进口阀门,溶氧浓度由 c_2 升至 c_1,其时间为 t_2。这样,就可以求得菌的耗氧速率:

$$r = Q_{O_2} \cdot c(X) = \frac{c_1 - c_2}{t_1}$$

$$\frac{dc_L}{dt} = \frac{c_1 - c_2}{t_2}$$

这里假定发酵液中溶氧浓度的变化并不影响微生物的呼吸速率。用此法不仅能求出菌的耗氧速率 r,还可由式(9-16)求得溶氧系数 $K_L\alpha$。

利用氧分析仪可测定和计算气膜体积溶氧系数 $K_G\alpha$。用氧分析仪测定进口气体中氧的分压 p_1 和出口气体中氧的分压 p_2,那么进、出口气体中单位时间的含氧量分别为

$$(n_{O_2})_1 = \frac{Q}{22.4} \cdot \frac{p_1}{\bar{p}}; \quad (n_{O_2})_2 = \frac{Q}{22.4} \cdot \frac{p_2}{\bar{p}} \quad (9-17)$$

式中,$(n_{O_2})_1$、$(n_{O_2})_2$ 为进、出口气体中单位时间的含氧量,kmol;p_1、p_2 为进、出口气体中氧的分压,MPa;Q 为通风量,m^3/min;$\bar{p}$ 为气体的平均总压力,MPa,可取发酵液平均高度处的压力。

全部发酵中,单位时间的溶氧量是进、出口气体中含氧量之差,即

$$n_{O_2} = (n_{O_2})_1 - (n_{O_2})_2 = \frac{Q}{22.4} \cdot \frac{p_1 - p_2}{\bar{p}} \quad (9-18)$$

溶氧速率:

$$N = \frac{60 n_{O_2}}{V} \quad (9-19)$$

式中,V 为发酵液体积。
由上述两式可得

$$N = 60 \frac{Q}{22.4} \cdot \frac{p_1 - p_2}{\bar{p}V} \quad (9-20)$$

根据式(9-20)就可求得气膜体积溶氧系数:

$$K_G\alpha = \frac{N}{p - p^*} \quad (9-21)$$

式中,p 为空气主流中氧的分压,可近似取出口气体中氧分压的平均值,MPa;p^* 为液体中溶解氧的分压,可用溶氧测定仪测定,MPa。

三、溶氧系数的换算

溶氧系数常见的形式有 $K_L\alpha$、$K_G\alpha$、K_d 和 K_V,它们之间的换算关系如下。

1. K_V 和 K_d 的换算

$$K_d = K_V \times \frac{10^3}{10^6 \times 60} = 1.667 \times 10^{-5} K_V [\text{mol}/(\text{mL} \cdot \text{min} \cdot \text{MPa})] \quad (9-22)$$

2. $K_L\alpha$ 与 $K_G\alpha$ 的换算

用亚硫酸盐氧化法实验时,0.101MPa 下,25℃ 的饱和溶氧浓度为 0.2mmol/L,氧分压为 0.021MPa,根据

$$N = N_A \cdot \alpha = K_L\alpha(c^* - c) = K_G\alpha(p - p^*)$$

则

$$\frac{K_L\alpha}{K_G\alpha} = \frac{p-p^*}{c^*-c} = \frac{0.021}{0.2} = 1.05 \times 10^5 (\text{MPa} \cdot \text{mL/mol}) \qquad (9-23)$$

3. K_d 与 $K_L\alpha$、$K_G\alpha$ 的换算

K_d 是以大气压为推动力,而不是以氧分压为推动力,所以

$$K_d = 0.021 \times \frac{K_G\alpha}{60} [\text{mol}/(\text{mL} \cdot \text{min} \cdot \text{MPa})] \qquad (9-24)$$

式中 $K_G\alpha$ 的单位是 $\text{mol}/(\text{mL} \cdot \text{min} \cdot \text{MPa})$。

$$K_d = \frac{0.021}{60} \times \frac{K_L\alpha}{1.05 \times 10^5} [\text{mol}/(\text{mL} \cdot \text{min} \cdot \text{MPa})] \qquad (9-25)$$

如果 K_d 以氧分压为推动力时,则

$$K_d = \frac{K_L\alpha}{60 \times 1.05 \times 10^5} [\text{mol}/(\text{mL} \cdot \text{min} \cdot \text{MPa})] \qquad (9-26)$$

在搅拌通风发酵中,空气中的氧首先溶解在液体中,这个阶段叫作"供氧";然后微生物才能利用液体中的溶解氧进行呼吸代谢活动,这个阶段叫作"耗氧"。微生物不断消耗溶解氧,同时不断地通入空气,使整个过程达到平衡。

各种微生物的耗氧量与其本身的特性、生理状态有关,发酵设备的任务之一就是要供给足够的溶解氧以满足微生物的需要。各种微生物的耗氧速率因种类不同而异。另外,微生物生长阶段和产物形成阶段的耗氧速率也不同。对于不同类型的微生物,要掌握其各个阶段的需氧情况,并在生产过程中加以控制,才能获得良好的发酵效果。

对溶解氧的检测目前采用装有聚四氟乙烯薄膜的测氧探头(即传感器),在发酵过程中需要进行连续不断的测定。目前国内外已制成多种型号的溶氧测定仪,可连续、准确、自动记录被测发酵液中溶解氧的变化。常用复膜电极的测氧探头有复膜 Pt-Al 电极的测氧探头、复膜 Au-Ag 电极的测氧探头和复膜 Ag-Pb 电极的测氧探头。

在任何需氧的分批发酵过程中,微生物的需氧程度是随着时间而变化的。在发酵过程中连续测定溶解氧,给菌体生长和产物合成提供动力学模型,可实现自动化控制。对供气速度和搅拌转速自动调整来控制溶氧,达到提高发酵产率和溶氧利用率。

第五节 空 气 除 菌

一、空气除菌方法

空气中微生物的含量和种类随地区、离地面高低、季节、空气中尘埃多少和人们活动情况而异。一般寒冷的北方比暖和、潮湿的南方含菌量少,离地面愈高含菌量愈少,工业城市比农村空气含菌量多,如大城市空气中含菌数为 3 000～10 000 个/m^3。空气中的微生物以细菌和细菌芽孢较多,也有酵母、霉菌、放线菌和噬菌体。表 9-4 为空气中细菌和细菌芽孢的典型种类和大小。

表 9-4 空气中常见的细菌种类和大小

菌　　株	直径(μm)	长度(μm)
产气杆菌(*Aerobacter aerogenes*)	1.0~1.5	1.0~2.5
蜡状芽孢杆菌(*Bacillus cereus*)	1.3~2.0	8.1~25.8
地衣芽孢杆菌(*Bacillus licheniformis*)	0.5~0.7	1.8~3.3
巨大芽孢杆菌(*Bacillus megaterium*)	0.9~2.1	2.1~10.0
蕈状芽孢杆菌(*Bacillus mycoides*)	0.6~1.6	1.6~13.6
枯草芽孢杆菌(*Bacillus subtilis*)	0.5~1.1	1.6~4.8
金黄色细球菌(*Micrococcus aureus*)	0.5~1.0	0.5~1.0
普通变形杆菌(*Proteus vulgaris*)	0.5~1.0	1.0~3.0
铜绿假单孢菌(*Pseudomonas aeruginosa*)	0.3~0.5	0.5~0.8
流感嗜血杆菌(*Hemophilus influenzae*)	0.3~0.5	0.5~1.0
噬菌体(*Phage*)	0.02	0.04

一个需要空气量为 40m³/min 的发酵罐(相当于 60m³ 抗生素发酵罐或 200m³ 谷氨酸发酵罐),一天需要 5.76×10^4 m³ 空气。如果空气中含菌量为 10^4 个/m³,即一天将有 5.76×10^8 个菌进入发酵罐,这是一个严重的问题。

空气中的微生物一般附着在尘埃和雾沫上,尘埃含量高的空气中微生物含量亦高。室外空气含细菌芽孢和霉菌孢子较多,而含其他微生物较少。因此,发酵用空气需要灭菌和除菌,常用方法如下:

1. 加热灭菌

即将空气加热至一定温度并维持一定时间,以杀灭空气中的微生物,例如空气中的细菌芽孢在 218℃ 下维持 24s 才会被杀死。

加热方法可用蒸汽、电和空气压缩机产生的热量,经压缩后空气温度达 220℃,保持 15s 即达到灭菌目的。图 9-7 利用压缩后的热空气预热进口空气,达到灭菌的目的。

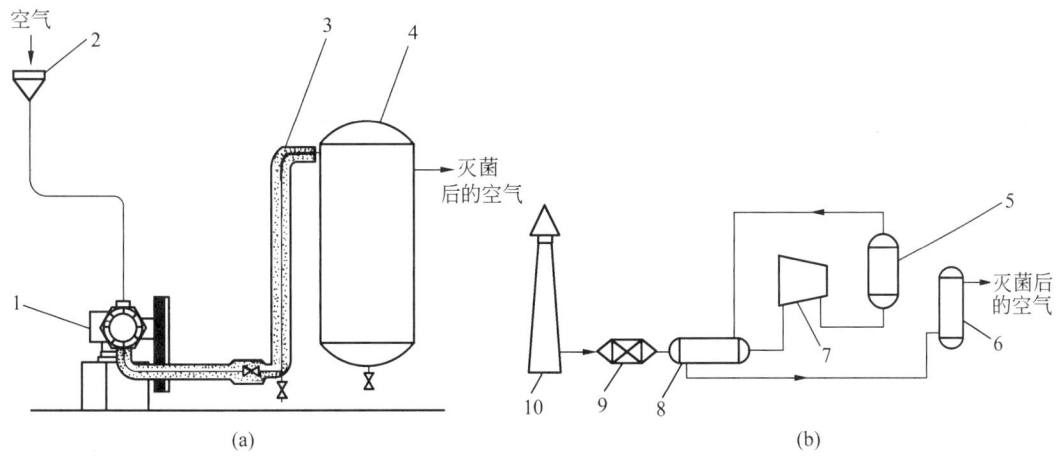

图 9-7 利用空气压缩机产生的热量灭菌
1—空压机;2—粗过滤器;3—保温层;4—贮气罐;5—保温罐;6—列管式冷却器;
7—涡轮压缩机;8—预热器;9—粗过滤器;10—空气吸入管

2. 电除尘

图 9-8 为静电除尘器原理示意图。升压变压器将 220V 的交流电升压至 20k～50kV，再经整流器整流为直流电。将"+"端接在一钢管外壳上，"-"端接在管内一导线上。通电时管内产生一电场，电场的强度与正、负板间的电位差及离中心的距离(半径)有关，可用下式表示：

$$E = \frac{U}{r}\left(\ln\frac{d_2}{d_1}\right)^{-1} \quad (9-27)$$

式中，E 为电场强度，V/cm；U 为两板间电位差，V；r 为距管中心距离，cm；d_1、d_2 为导线和钢管直径，cm。

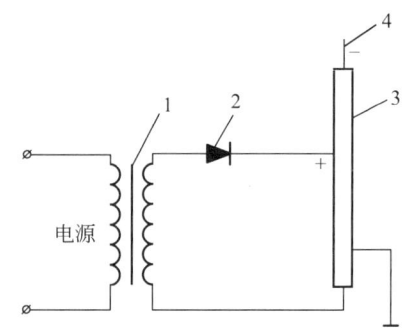

图 9-8 静电除尘器原理示意图
1—升压变压器；2—整流器；3—钢管(沉淀电极)；
4—钢丝(电晕电极)

当正极(钢管)附近的电场强度大于 1kV/cm 时，负极(导线)附近就具有更大的电场强度(因导线直径很小)，这时在负极周围可出现一圈微光和轻微的咝咝声或撕裂声，称为电晕现象。电晕现象的结果使附近中性的空气分子电离为带正电荷和负电荷的空气离子，并分别向两极运动。离子运动的速度和所具有的动量随电场强度的增加而加大，但为了使两极间不致发生电弧而短路，即避免发生"击穿"情况，正极附近的电场强度一般不超过 8kV/cm，$d_2/d_1 \geq 2.72$。带有一定动能的空气离子在向正、负极运动的过程中，遇到空气中的固体微粒(尘埃、微生物)及液体微粒(水雾、油雾)，就会使它们也带上电荷而分别向两极移动。由于电离主要是在负极周围产生的，因此，负离子的移动距离比正离子长，且负离子的运动速度比正离子大 1.37 倍左右，使大多数微粒带有负电荷而向正极沉降，因此正极称为沉淀电极，负极称为电晕电极。沉降至正极上的微粒要定期清除，以免降低绝缘性能和除雾效果。

静电除尘器的除尘效率可用下式表达：

$$\eta = 1 - e^{-K_e u_e} \quad (9-28)$$

$$K_e = 4L/d_2 \cdot u_g \quad (9-29)$$

式中，η 为除雾效率，%；K_e 为除雾速度常数，s/cm；u_e 为带电微粒运动速度，cm/s；L 为静电除尘器管长，cm；u_g 为静电除尘器中气流速度，cm/s；d_2 为静电除尘器管径，cm。

3. 介质过滤除菌

即使空气通过经高温灭菌的介质过滤层，将空气中的微生物等颗粒阻截在介质层中，从而达到除菌的目的。

以上空气除菌、灭菌的方法中，加热灭菌可以杀灭难以用过滤法除去的噬菌体。但用蒸汽或电加热除菌费用昂贵，无法用于处理大量空气。利用空气压缩热灭菌，由于是干热灭菌，必须维持一定时间的高温，即空气温度达到 220℃ 左右，保温 15s，需要较大的维持罐及动力消耗，这在经济上并不划算。

二、介质过滤除菌

过滤除菌是工业生产中广泛使用的除菌方法，按过滤除菌机制的不同分为绝对过滤和介质过滤。绝对过滤是利用微孔滤膜，其孔隙小于 0.5μm，甚至小于 0.1μm(一般细菌大小为 1μm），将空气中的细菌滤除。介质过滤又分为两种，一种是以纤维状介质（棉花、玻璃纤维、尼龙等）或颗粒状介质（活性炭）为过滤层，这种过滤层比较厚，其空隙一般大于 50μm，即远大于细菌，因此，这种除菌不是真正的过滤，而是靠静电、扩散、惯性和阻截等作用将细菌截留在滤层中。另一种是用超细玻璃纤维（纸）、石棉板、烧结金属板、聚乙烯醇、聚四氟乙烯等为介质，这种滤层比较薄，但是孔隙仍大于 0.5μm，因此，仍属于介质过滤的范畴。

（一）绝对过滤

绝对过滤是介质之间的孔隙小于被滤除的微生物，当空气流过介质层后微生物被滤除。绝对过滤易于控制过滤后空气的质量，它采用细小的纤维介质制成，介质空隙小于 0.5μm，如纤维素脂微孔滤膜（孔径≤0.5μm、厚度 0.15mm）、硅酸硼纤维微孔滤膜（孔径 0.1μm）和聚四氟乙烯微孔滤膜（孔径 0.2μm 或 0.5μm、孔率 80%）。Hecker（1976）介绍了一种孔径为 0.2μm 的 Fluoropore（TPFE）微孔滤膜，其阻力小，疏水性好，不受水的影响而堵塞滤孔，耐 125℃ 灭菌蒸汽高温。绝对过滤器有蝶式、单管式和折叠式等多种，壳体为不锈钢的，有四种不同规格，流量最小为 $3m^3/min$，最大为 $3000m^3/min$，使用寿命 8 个月。

我国也已成功研制出微孔滤膜，包括混合纤维素脂微孔滤膜和醋酸纤维素微孔滤膜。后者的热稳定性和化学稳定性均比前者好。经过 98kPa（表压）蒸汽 30min 灭菌处理，孔径不变形。孔径为 0.45μm 的微孔滤膜对细菌的过滤效率达 100%。当微孔滤膜用于滤除空气中的细菌和尘埃时，除有滤除作用外，还有静电吸附作用。在空气过滤之前应将空气中的油、水除去，以提高微孔滤膜的过滤效率和使用寿命。

（二）介质过滤

介质过滤是以棉花、玻璃纤维、尼龙等纤维类或活性炭作为介质填充成一定厚度的过滤层，或者将玻璃纤维、聚乙烯醇、聚四氟乙烯、金属烧结材料制成过滤层，其介质间的空隙大于被滤除的尘埃或微生物，借助惯性碰撞、阻截、静电吸附、扩散等作用，将其尘埃和微生物截留在介质层内，达到过滤除菌的目的。

由于介质的理化性质、填充方法、厚度及空气流速等不同，故其过滤效率有较大差异。介质过滤的设备及操作费用低廉，适用于大量空气的净化处理。

1. 介质过滤机理

介质过滤是以大孔隙的介质过滤层除去较小颗粒，这显然不是面积过滤，而是一种滞留现象。这种滞留现象包含多种作用机制，主要有惯性碰撞、阻截、布朗扩散运动、重力沉降和静电吸附等。而以哪一种作用为主，随条件不同而决定。

（1）惯性碰撞作用。当微生物等颗粒随空气以一定速度流动，在接近纤维时，气流碰到纤维而受阻，气流就改变运动方向绕过纤维继续前进。但微生物等颗粒由于具有一定的质量，在以一定速度运动时具有惯性，碰到纤维时，由于惯性作用离开气流碰在纤维表面上，由于摩擦、粘附作用，颗粒被滞留在纤维表面。

（2）阻截作用。当气流速度在临界速度以下，颗粒不再因惯性碰撞而被滞留。但是，颗粒质量很小，在气流绕过纤维时，颗粒仍然随气流运动，在气流速度低时，在纤维周边形成一层边界滞留区，在滞留区内气流速度更低，在滞留区内的颗粒缓慢接近纤维，并与之接触，由于摩擦、粘着作用而被滞留，这种作用称为阻截作用。它在介质过滤除菌中并非主要功能。

(3) 布朗扩散作用。很小的颗粒在流动速度很低的气流中能产生一种不规则直线运动，称为布朗扩散运动。这种运动使较小微粒凝聚为较大微粒，随即可能产生重力沉降或被过滤介质截留。微粒愈小，分子运动的速度愈大。空气流速低时，分子运动比较显著，微小粒子被除去的机会增加；空气流速大时，凝聚现象为惯性碰撞所取代。

(4) 重力沉降作用。当微粒所受的重力大于气流对它的拖带力时，微粒就沉降。对于小颗粒，只有当气流速度很低时重力沉降才起作用。在空气的介质过滤除菌方面，这一作用很小。

(5) 静电吸附作用。许多微生物和孢子都带有电荷。据测定，枯草杆菌芽孢有70%带1～60个负电单位，15%带5～14个正电单位，其余为中性。当具有一定速度的气流通过介质滤层时，由于摩擦作用而产生诱导电荷，纤维表面特别是用树脂处理过的纤维表面产生电荷更显著。当菌体所带电荷与介质电荷相反时，就发生静电吸附作用。辟尔曼等通过实验证明，带电细菌比中性细菌会更有效地被捕集。

哪种过滤机理起主导作用是由颗粒性质、介质性质和气流速度等决定的，只有静电吸附受尘埃、微生物和介质所带电荷作用，不受外界因素影响。当气流速度小时，以沉降和布朗运动为主，除菌效率随气流速度增大而降低。当气流速度增大到某值时，除菌效率最低，称此速度为临界速度。当气流速度继续增加，惯性碰撞代替沉降和布朗运动，除菌效率随气流速度增加而提高，如图9-9和图9-10所示。该惯性碰撞只适合较大的微粒（1μm以上）。

2. 介质过滤效率

介质过滤效率是指被介质层捕集的尘埃颗粒数与空气中原有颗粒数之比，即

$$\eta = \frac{N_1 - N_2}{N_1} = 1 - \frac{N_2}{N_1} = 1 - P \tag{9-30}$$

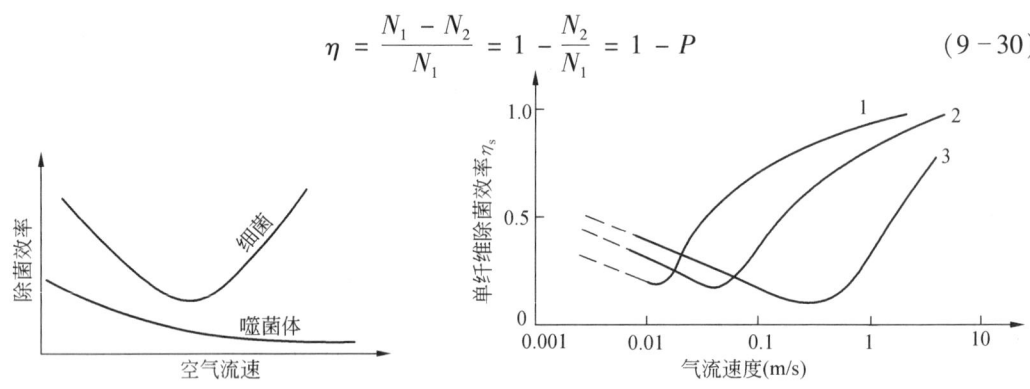

图9-9 空气流速与介质过滤除菌效率的关系

图9-10 气流速度与单纤维除菌效率的关系
1—$d_P = 3\mu m$；2—$d_P = 1\mu m$；3—$d_P = 0.5\mu m$；d_P为粒子直径

式中，N_1为过滤前空气中的尘埃颗粒数；N_2为过滤后空气中的尘埃颗粒数；η为过滤效率，%；P为穿透率，即过滤后空气中残留颗粒数与原有颗粒数之比。

利用式(9-30)时，进入过滤器的空气中的颗粒数以大气中颗粒数为计算基准。根据屠天强等多次测定，在其工作条件下，大气中直径大于0.3μm的尘埃颗粒数一般为100 000个/L，以此为计算基准，经过过滤器过滤后空气中0.3μm的颗粒残留量为1个/L时，其过滤效率为：

$$\eta = \frac{N_1 - N_2}{N_1} \times 100\% = \frac{100\ 000 - 1}{100\ 000} \times 100\% = 99.999\%$$

如果过滤后空气中尘埃颗粒数N_2为10个/L时，其过滤效率仅为99.99%。当进口空气含尘埃颗粒数相同时，可用此方法计算的结果比较过滤器的过滤效率。但是，当进口空气

颗粒数不相同时,如进口空气中颗粒数为 10 000 个/L 时,过滤后空气中残留颗粒数也为 1 个/L,其过滤效率仅为 99.99%,从表面看前者的过滤效率比后者高,但两者出口空气中的含尘埃数是相同的,在这种情况下,用空气中颗粒数为计算基准来评价过滤器是不够准确的。

根据介质过滤除菌机理,即依靠很多层细小的纤维将空气中粒子拦截在介质层中,因此过滤效率是随滤层厚度的增加而提高的,可通过计算来确定过滤层厚度。取滤床厚度中一段微小长度 dL,经过此厚度过滤介质过滤后,空气中颗粒数的减少数 $-dN$ 可以用下式表示:

$$-dN = KNdL \qquad (9-31)$$

式中,N 为空气中尘埃数,个;L 为滤床厚度,cm;K 为常数。

将上式移项后积分得

$$-\int_{N_0}^{N_s} \frac{dN}{N} = K\int_0^L dL \qquad (9-32)$$

$$\ln \frac{N_s}{N_0} = -KL \qquad (9-33)$$

$$L = \frac{1}{K}\ln \frac{N_0}{N_s} \qquad (9-34)$$

式中,N_0、N_s 分别为进口空气和过滤后出口空气中尘埃粒子数。N_0 为连续使用时间内通入的总空气的尘埃数,N_s 为过滤后空气中含尘埃粒子数。

式(9-34)称为"对数穿透定律"。常数 K 值与气流速度、纤维直径、介质填充密度以及空气中颗粒大小等有关。K 值可通过实验测定,也可通过计算求得,可参考有关资料。从式(9-34)可知,当 $N_s = 0$ 时,$L = \infty$,事实上是不可能的,一般取 $N_s = 10^{-3}$。

式(9-34)说明介质过滤不能长期获得 100% 的过滤效率,即经过滤的空气不是长期无菌,只是延长了空气中带菌微粒在过滤器中滞留的时间。当气流速度达到一定值时,或过滤介质使用时间延长,滞留的带菌微粒就有可能穿过,所以过滤器必须定期灭菌。

3. 影响介质过滤效率的因素

介质过滤效率与介质纤维直径关系很大,在其他条件相同时,介质纤维直径越小,过滤效率越高。对于相同的介质,过滤效率与介质填充厚度、介质填充密度和空气流速有关。

(1)介质填充厚度与过滤效率的关系。表 9-5 为棉花过滤介质在装填密度不变时(180~185kg/m³),其填充厚度对过滤效率的影响。

表 9-5 棉花填充厚度对过滤效率的影响

残存粒子数① \ 流量(L/min) 填充厚度(mm)	6	12	18	24	30	36	42	48	54	60
195(70g)	1.0	0.7	1.9	14.5	29.5	83.4	242.1	268.7	429.7	597.0
122.5(46.7g)	1.9	16.0	12.4	7.4	379.3	325.1	563.3	936.8	561.3	8 237.1
85.5(31.1g)	12.0	12.3	13.7	20.8	10.0	11.4	21.3	58.8	135.5	592.8

注:① $d_P > 0.3\mu m$ 的粒子数,个/500mL 样品。

(2)介质填充密度与过滤效率的关系。在不同空气流量时,棉花的填充密度对过滤效率的影响见图9-11。可见,增加填充密度,可以提高过滤效率。

(3)空气流速与过滤效率的关系。空气流速很低时,过滤效率随气流速度增加而降低,当气流速度增加至临界值后,过滤效率随气流速度增加而提高。表9-6为Ju型滤纸在不同空气流速时的过滤效率。可见,当空气流速为0.01m/s时,过滤效率较高;当空气流速达到0.11m/s时,过滤效率最低,仅为99.90%;当空气流速上升到0.2m/s时,过滤效率为99.999%;当空气速度超过2m/s后,过滤效率又降低。

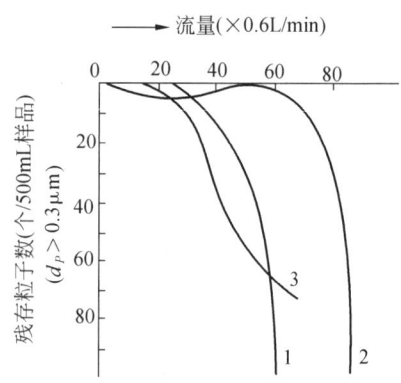

图9-11 棉花的填充密度对过滤效率的影响
1—70g;2—58g;3—44.8g;过滤器直径为500mm;介质厚195mm;d_P—粒子直径

表9-6 不同空气流速通过Ju型滤纸的过滤效率

空气流速(m/s)	$d_P \geq 0.3\mu m$的颗粒数(个/L) 过滤前	过滤后	效率(%)	$d_P \geq 0.5\mu m$的颗粒数(个/L) 过滤前	过滤后	效率(%)
0.01	64 161.3	4.7	99.927	61 164	0	~100
0.11	698.7	0.7	99.90	319.3	0	~100
0.22	698.7	0	~100	319.3	0	~100
0.33	698.7	0	~100	319.3	0	~100
0.44	698.7	0	~100	319.3	0	~100
0.69	91 465.3	0	~100	85 084	0	~100
1.38	91 465.3	0	~100	85 084	0.7	99.999 2
2.07	91 465.3	1.3	99.998 6	85 084	0.7	99.999 2
2.42	91 465.3	62	99.932 8	85 084	56.7	99.933 3

表9-6的结果是符合前面讨论的介质过滤机理的(见图9-12和图9-13)。

空气流过滤层所产生的压力降直接影响操作费用和通气发酵效率。因此,在选择过滤介质时,既要考虑过滤效率高,又要使压力低。

三、空气过滤器

空气过滤器主要有两种。一种是以纤维状物(如棉花、玻璃纤维、腈纶、涤纶、维尼纶等)或颗粒状物(如活性炭)为介质所构成的过滤器,这种过滤器过滤层厚度大,体积大,压力降大,操作麻烦。另一种是以微孔滤纸、滤板、滤棒为介质的过滤器。后者有两种情况:一是以超细玻璃纤维纸、石棉板、聚四氟乙烯、聚乙烯醇、金属烧结材料等为介质,制成旋风式或管式;二是用微孔滤膜为过滤介质,其空隙小于0.5μm,甚至小于0.1μm,能将空气中的细菌真正滤除,称为绝对过滤。

1. 纤维状或颗粒状介质过滤器

以纤维状或颗粒状介质为过滤床的过滤器,如图9-12所示。过滤器内有上、下孔板,过滤介质置于两孔板之间,被孔板压紧。介质主要为棉花、玻璃纤维、活性炭,也有用矿渣棉。一般棉花置于上、下层,活性炭在中间,也可全部用纤维状介质。介质放置时应注意均匀、贴壁、平整,有一定填充密度,以防空气走短路或介质被空气吹翻,并对介质有一定要求。

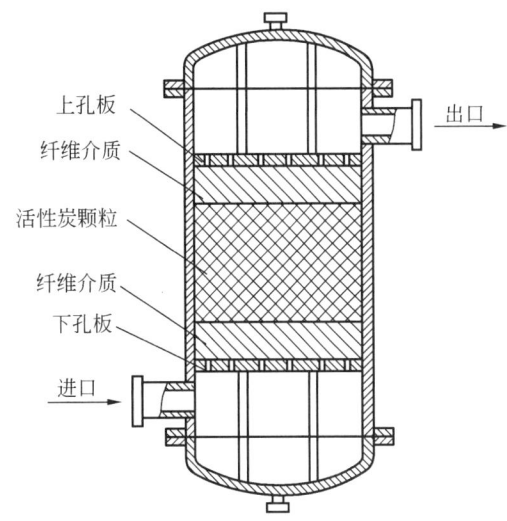

图9-12 棉花(玻璃棉)-活性炭过滤器示意图

(1)棉花。需使用未脱脂棉,有弹性,纤维长度适中,2~3cm,纤维直径为16~20μm,实体密度为1520kg/m³,填充密度为130~150kg/m³,填充率为8.5%~10%,也可先将棉花制成直径比过滤器内径稍大的棉垫后,放入过滤器内。

(2)玻璃纤维。应用无碱的玻璃纤维,纤维直径为5~19μm,实体密度为2600kg/m³,填充密度为130~280kg/m³,填充率为5%~11%。纤维直径小,不易折断,过滤效果好,但空气阻力大,常用直径为10μm的,填充率为8%。

(3)活性炭。常用小圆柱体的颗粒活性炭,直径长度大小为3×(10~15)mm,实体密度为1140kg/m³,填充密度为470~530kg/m³,填充率为44%。要求活性炭质地坚硬,不易被压碎,颗粒均匀,装填前应将粉末和细粒筛去。活性炭的过滤效率较低。

通过过滤器的气流速度一般为0.2~0.5m/s,压力降为0.01~0.05MPa。空气从过滤器下部切线进入,由上部出去。这种过滤器靠惯性碰撞、阻截、布朗运动、静电吸附等作用,对0.3μm以下颗粒的过滤效率仅为99%,难以满足发酵工业的无菌要求,需要再次过滤。其主要缺点是体积大,操作困难,装填介质费时费力,介质灭菌和吹干耗用大量蒸汽和空气。

2. 新型过滤器

现在主要采用玻璃纤维、聚四氟乙烯、聚乙烯醇、玻璃或陶瓷、金属粉末烧结材料制成管式的过滤器,以下介绍几种常用类型。

(1) Bio-x过滤器。英国 Domnick Hunter 公司(DH公司)用直径0.5μm的玻璃纤维制成1mm厚的滤材,卷成3圈,再以较粗的坚韧的玻璃纤维无纺布作内外支衬,再在内、外以不锈钢网状里衬固定,做成滤筒状,如图9-13所示。它能滤除0.01μm颗粒(噬菌体大小为0.02μm),过滤效率可达99.9999%。其填充率仅为6%,空气流量大,压力降小,结构简单,安装使用方便。缺点是强度不大,易损而失效,受潮也失效。国内已有多家工厂引进使用。

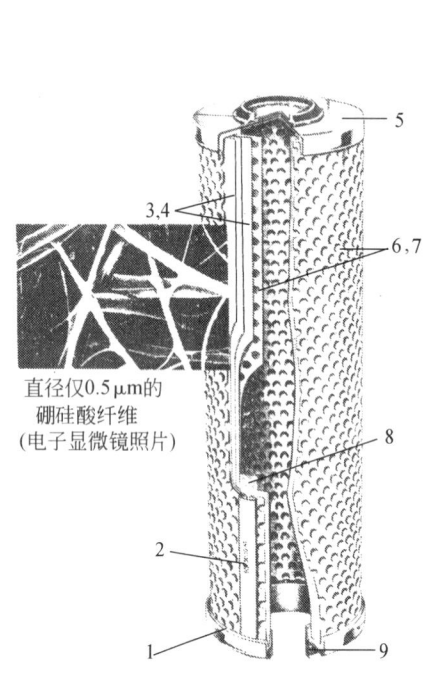
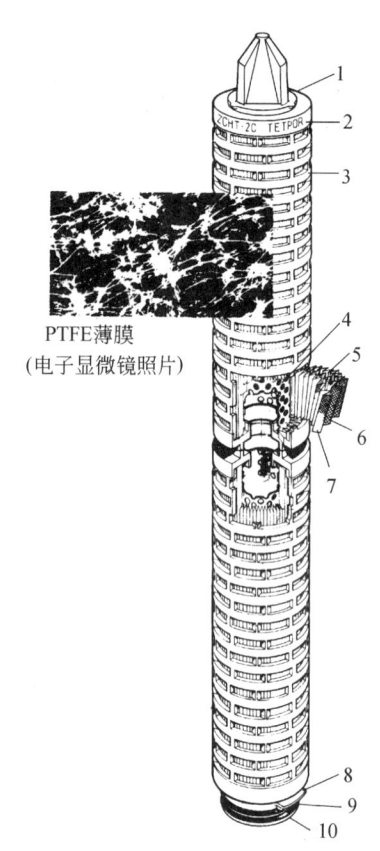

图9-13 Bio-x滤芯

1—耐高温硅胶密封环；2—批号；3,4—内外硼硅酸纤维支衬；5—不锈钢上盖；6,7—不锈钢内外支衬；8—不锈钢网状里衬

图9-14 高流量过滤器的滤芯

1,3—热稳定封胶；2—每支滤芯皆烙印编号；4—316不锈钢中心柱；5—外衬；6—PTFE薄膜；7—里衬；8—防止背压锁扣；9—密封环；10—316不锈钢内衬

(2)高流量过滤器。这是DH公司开发的以聚四氟乙烯(PTFE)材料为滤芯的高流量过滤器,如图9-14所示。其过滤机理和过滤效率均同于Bio-x过滤器,而使用PTFE材料可做成折叠滤芯,增加了过滤面积,使空气流量为Bio-x过滤器的3倍,并进一步缩小了体积。

DH公司开发的这两种过滤器由蒸汽过滤器、预过滤器和精过滤器组成一套。预过滤器的过滤效率为99.97%,能凝集压缩空气中的油、水成液滴予以排除,但不能用蒸汽灭菌。

(3)聚乙烯醇(PVA)过滤器。PVA过滤器是用具有特殊多孔型结构和耐热性能的聚乙烯醇海绵状物质为介质加工制成的,有圆筒形和圆板形两种,如图9-15所示。介质孔隙为$10 \sim 20 \mu m$,过滤效率可达99.9999%,压力降为0.015MPa。

四、空气预处理流程

空气净化处理的目的是除菌,但目前所采用的过滤介质必须在干燥条件下工作,才能保证除菌效率。因此,空气需要预处理以除去油、水和较大的颗粒。空气预处理流程的选择应围绕着提高除菌效率。常用空气预处理流程主要有以下几种,应根据具体情况进行选用。

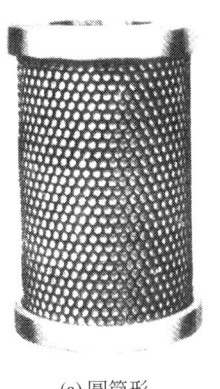

图9-15 PVA过滤器的滤芯

1—底(Al);2—多孔板(SUS-304);3—盖(Al);4—滤衬(PVA海绵);5—保护铁纱(SUS-304)

(1)将压缩空气冷却至露点以上,使进入过滤器的空气相对湿度为60%~70%,如图9-16所示。这种流程适用于北方和内陆气候干燥地区。

(2)利用压缩后的热空气和冷却后的冷空气进行热交换,升高冷空气温度,降低相对湿度,如图9-17所示。此流程对热能利用较合理,热交换器还兼做贮气罐,但由于气—气换热的传热系数很小,故加热面积要足够大。

(3)将压缩后的空气一部分冷却析水,另一部分热空气直接与冷却析水后的空气混合,然后进入空气过滤器,如图9-18所示。此流程适用于空气的湿含量中等的地区。其对热能利用合理,但操作要求较高,要经常根据气候条件调节两部分空气的混合比。

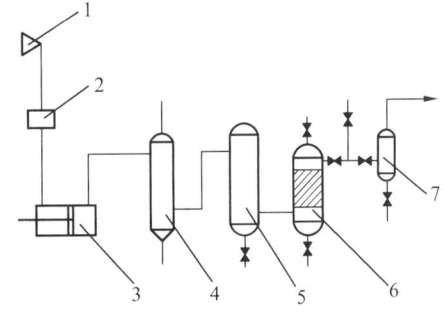

图9-16 将空气冷却至露点以上的流程

1—高空采风;2—粗过滤器;3—空压机;4—冷却器;5—贮气罐;6—空气总过滤器;7—空气分过滤器

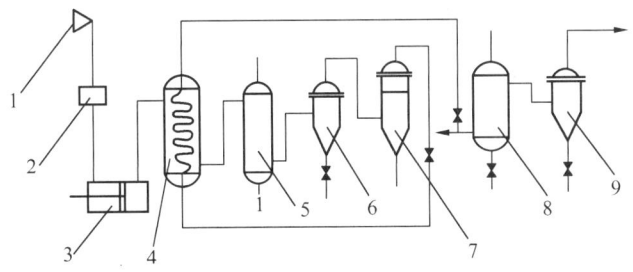

图9-17 利用热空气加热冷空气的流程

1—高空采风;2—粗过滤器;3—空压机;4—热交换器;5—冷却器;6,7—析水器;8—空气总过滤器;9—空气分过滤器

(4)将压缩空气冷却至露点以下,析出部分水分,然后升温使相对湿度为60%左右,进入空气过滤器。根据气候情况有一次冷却一次析水流程(见图9-19)、二次冷却二次析水流程(见图9-20)。这两种流程适用于空气湿含量较大的地区。

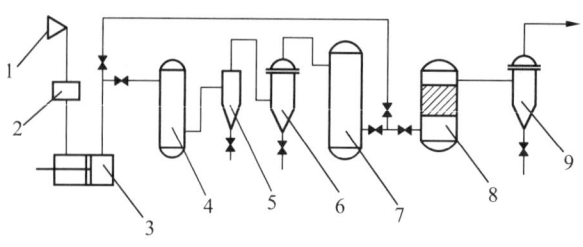

图 9-18 冷热空气直接混合的流程
1—高空采风;2—粗过滤器;3—空压机;4—冷却器;
5,6—析水器;7—贮气罐;8—空气总过滤器;9—空气分过滤器

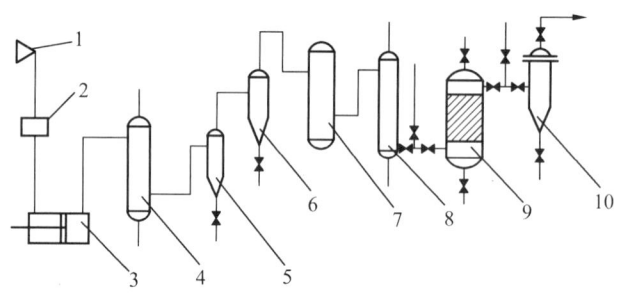

图 9-19 一次冷却一次析水的空气预处理流程
1—高空采风;2—粗过滤器;3—空压机;4—冷却器;5,6—析水器;
7—贮气罐;8—加热器;9—空气总过滤器;10—空气分过滤器

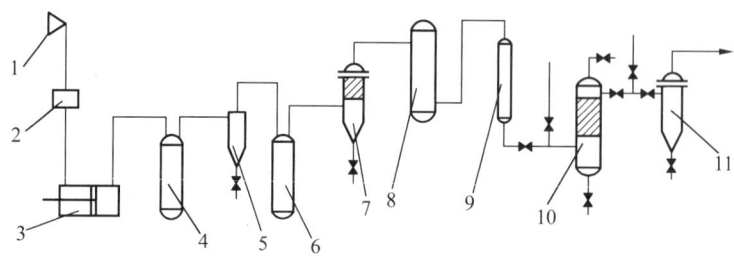

图 9-20 二次冷却二次析水的空气预处理流程
1—高空采风;2—粗过滤器;3—空压机;4,6—冷却器;5,7—析水器;
8—贮气罐;9—加热器;10—空气总过滤器;11—空气分过滤器

第十章　发酵过程控制

微生物发酵是在一定条件下进行的,其代谢变化是通过各种检测参数反映出来的。特别是菌体生长代谢过程中 pH 值的变化,它是菌体生长和代谢的综合表现。一般发酵过程主要控制参数如下:

(1) pH 值(酸碱度)　发酵液的 pH 值是发酵过程中各种生化反应的综合结果,它是发酵工艺控制的重要参数之一。pH 值的高低与菌体生长和产物合成有着重要的关系。

(2) 温度(℃)　这是整个发酵过程或在不同阶段所维持的温度。它的高低与发酵过程的酶反应速率、氧在培养液中的溶解度和传递速率、菌体生长速率和产物合成速率等有密切关系。不同的菌种、不同产品、不同发酵阶段所维持的温度亦不相同。

(3) 溶解氧浓度　溶解氧是需氧菌发酵的必备条件,在第九章已详细讲述,此处略。

(4) 基质含量　这是指发酵液中糖、氮、磷等重要营养物质的浓度。它们的变化对产生菌的生长和产物的合成有着重要的影响,也是提高代谢产物产量的重要控制手段。因此,在发酵过程中,必须定时测定糖(还原糖和总糖)、氮(氨基氮或铵氮)等基质的浓度。

(5) 空气流量　是指每分钟内每单位体积发酵液通入空气的体积,也称为通风比,是需氧发酵的控制参数。它的大小一般控制在 $0.5 \sim 1.0 L/(L \cdot min)$。

(6) 压力　指发酵过程中发酵罐所维持的压力。罐内维持正压可以防止外界空气中杂菌的侵入而避免污染,以保证纯种培养。同时,罐压的高低还与氧和 CO_2 在培养液中的溶解度有关,间接影响菌体的代谢。罐压一般维持在 $(0.2 \sim 0.5) \times 10^5 Pa$。

(7) 搅拌转速　对好氧性发酵,在发酵的不同阶段控制不同的转数,以调节培养基中的溶解氧。搅拌转速是指搅拌器在发酵过程中的转动速度,通常以每分钟的转数来表示。它的大小与氧在发酵液中的传递速率和发酵液的均匀性有关。

(8) 搅拌功率　指搅拌器搅拌时所消耗的功率,常指每立方米发酵液所消耗的功率(kW/m^3)。它的大小与氧传递系数 $K_L a$ 有关。

(9) 黏度　黏度大小可作为细胞生长或细胞形态的一项标志,也能反映发酵罐中菌丝分裂过程的情况,通常用表观黏度表示。它的大小可改变氧传递的阻力,表示相对菌体浓度。

(10) 浊度　浊度是能及时反映单细胞生长状况的参数,对氨基酸、核苷酸等产品的生产是极其重要的。

(11) 料液流量　这是控制流体进料的参数。

(12) 产物浓度　这是发酵产物产量高低或合成代谢正常与否的重要参数,也是决定发酵周期长短的根据。

(13) 氧化还原电位　培养基的氧化还原电位是影响微生物生长及其生化活性的因素之一。对不同的微生物,培养基最适宜的与所允许的最大电位值,应与微生物本身的种类和生理状态相关。氧化还原电位常作为控制发酵过程的参数之一,特别是某些氨基酸发酵是在限氧条件下进行的,氧电极已不能精确使用,这时用氧化还原参数控制较为理想。

(14) 废气中的氧含量　废气中的氧含量与产生菌的摄氧率和 $K_L a$ 有关。从废气中的

氧和 CO_2 的含量可以算出产生菌的摄氧率、呼吸商和发酵罐的供氧能力。

(15)废气中的 CO_2 含量　废气中的 CO_2 就是产生菌呼吸放出的 CO_2。测定它可以算出产生菌的呼吸商,从而了解产生菌的呼吸代谢规律。

(16)菌丝形态　丝状菌发酵过程中菌丝形态的改变是生化代谢变化的反映。常以菌丝形态作为衡量种子质量、区分发酵阶段、控制发酵代谢变化和决定发酵周期的依据之一。

(17)菌体浓度　菌体浓度是控制微生物发酵的重要参数之一,特别是对抗生素次级代谢产物的发酵。它的大小和变化速度对菌体的生化反应都有影响,因此,测定菌体浓度具有重要的意义。菌体浓度与培养液的表观黏度有关,间接影响发酵液的溶氧浓度。在生产上,常常根据菌体浓度来决定适合的补料量和供氧量,以保证生产达到预期的水平。

根据发酵液的菌体量和单位时间的菌体浓度、溶氧浓度、糖浓度、氮浓度和产物浓度等的变化值,即可分别算出菌体的比生长速率、氧比消耗速率、糖比消耗速率、氮比消耗速率和产物比生成速率。这些参数是控制菌体代谢、补料和供氧的主要依据,多用于发酵动力学的研究。

除上述外,还有跟踪细胞生物活性的其他化学参数,如 NAD – NADH 体系、ATP – ADP – AMP 体系、DNA、RNA、生物合成的关键酶等。

第一节　温度控制

一、发酵热

引起发酵过程中温度变化是发酵过程中所产生的热量,这个热量叫发酵热。发酵过程中,随着菌体对培养基的利用,以及机械搅拌的作用,将产生一定的热量,同时,因发酵罐壁散热、水分蒸发等也带走部分热量,包括生物热、搅拌热以及蒸发热、辐射热等。现将发酵过程中产热和散热的因素分述如下:

1. 生物热

微生物在生长繁殖过程中,本身会产生大量的热,称为生物热($Q_{生物}$)。这种热的来源主要是培养基中的碳水化合物、脂肪和蛋白质被微生物分解成 CO_2、水和其他物质时释放出来的。释放的能量部分用来合成高能化合物,供微生物合成和代谢活动的需要,部分用来合成代谢产物,其余部分则以热的形式散发出来。

生物合成热包括呼吸反应热和发酵反应热,例如,葡萄糖彻底氧化会发生以下反应:
$$C_6H_{12}O_6 + 6O_2 \longrightarrow 6CO_2 + 6H_2O - 2817.2 kJ/mol$$
即 1kg 葡萄糖彻底氧化产生的呼吸反应热为
$$1000 \times 2817.2/180 = 15651 (kJ/kg)$$

发酵反应热则根据发酵生成的具体产品而定,以谷氨酸的发酵为例:
$$C_6H_{12}O_6 + NH_3 + 1.5O_2 \longrightarrow C_5H_9O_4N + CO_2 + 3H_2O - 891.5 kJ/mol$$
即 1kg 葡萄糖发酵生成谷氨酸的发酵反应热为
$$1000 \times 891.5/180 = 4953 (kJ/kg)$$

发酵过程中生物热的产生具有强烈的时间性,即在不同的培养阶段,菌体的呼吸作用和发酵作用强度不同,所产生的热量也不同。发酵初期,菌体处在适应期,菌数少,呼吸作用缓慢,产生的热量较少。菌体处在对数生长期,菌体繁殖旺盛,呼吸作用强烈,且菌体也较多,所产生的热量多,温度升高快,此时,必须控制温度。发酵后期,菌体已基本上停止繁殖,主要是靠菌体内的酶进行发酵作用,产生热量不多,温度变化不大。发酵过程中生物热随着菌株及培养基成分的不同而变化。一般来说,菌株对营养物质利用的速度越快,培养基成分越丰富,生物热就越大,发酵旺盛期的生物热大于其他时间的生物热,故这个阶段需要控温。

2. 搅拌热

机械搅拌通气至发酵罐,由于机械搅拌带动发酵液做机械运动,造成液体之间、液体与搅拌器等设备之间的摩擦,因而产生了大量的热量,称为搅拌热($Q_{搅拌}$)。搅拌热与搅拌轴功率有关,计算公式为

$$Q_{搅拌} = 3600P\xi \quad (kJ/h)$$

式中,P 为搅拌功率,kW;3600 为机械能转变为热能的热功当量,即 1kW 搅拌功率所产生的搅拌热,kJ/kW;ξ 为功热转化效率,经验值为 $\xi = 0.92$。

相同发酵的单位体积搅拌热会随发酵罐体积的增大而变小,因为发酵罐体积越大,发酵液高度越高,搅拌转速越小,发酵液之间、发酵液与气体之间的相同混匀程度所需机械能越小。这成为发酵罐体积越变越大的原因之一。

3. 蒸发热

蒸发热($Q_{蒸发}$)是发酵液随气体带走蒸汽(主要是水蒸气)的热量,又叫汽化热。蒸发热的计算公式为:

$$Q_{蒸发} = G(I_{进} - I_{出})$$

式中,G 为干气体的质量流量,kg/h。实际可根据空气的压力和温度将供气的体积通风量 $q(m^3/h)$ 与质量流量 G 进行换算,公式为:

$$G = q/(空气质量体积 + 水蒸气质量体积 \times 空气湿含量) \quad (kg/h)$$

在 0.357MPa、温度 25℃、空气湿含量为 0.87% 时,G 与 q 的转换关系计算如下:

$$G = q/(0.844 + 0.4 \times 0.0087) = q/0.8475 = 1.18q$$

式中,0.844 为空气在 25℃时的质量体积;0.4 为水蒸气在压力为 0.357MPa、温度 25℃时的质量体积;0.0087 为 25℃时空气的湿含量。

$I_{进}$、$I_{出}$ 为进出发酵罐气体的热焓量,kJ/kg(干气体)。空气的热焓要根据空气的压力、温度、湿含量等参数进行计算。由于发酵罐进气、出气都为湿空气,故湿空气焓的计算公式为:

$$I_H = I_{干空气} + H \cdot I_{蒸}$$

式中,I_H 为湿空气的焓,kJ/kg 绝干空气;$I_{蒸}$ 为水蒸气的焓,kJ/kg 水蒸气;H 为湿含量,kg 水汽/kg 绝干空气。

湿空气的焓还与温度有关,温度越高焓值越大。由于焓是相对值,故必须规定基准状态和基准温度,如 0℃时的绝干空气和液态水的焓为零,则对于温度为 t℃、湿度为 H 的湿空气,其焓值的计算公式为:

$$I_H = C_{干空气} \cdot t + H(r_0 + C_{蒸} \cdot t) = (C_{干空气} + H \cdot C_{蒸})t + H \cdot r_0 = (1.01 + 1.88H) \cdot t + 2500H$$

式中,r_0 为 0℃时水的汽化潜热,其值约为 2500kJ/kg。

湿含量的计算式为:

$$H = 0.622 \times (\Phi \cdot p/P - \Phi \cdot p) \quad (kg 水汽/kg 干空气)$$

计算需要收集发酵罐的进气、排气的空气压力 P_1、P_2（绝对压力），相对湿度 Φ_1、Φ_2，温度 T_1、T_2，水的饱和蒸汽压 p_1、p_2 等参数。

4. 显热

显热（$Q_{显}$）是进入发酵罐的空气和排出发酵罐的废气因温度差而带走或带入的热量。显热的计算公式为：

$$Q_{显} = FC(T_{out} - T_{in})$$

式中，F 为空气流量；C 为空气热容；T_{out}、T_{in} 分别为出罐、进罐的空气温度。

5. 辐射热

发酵罐外壁和周围环境大气间的温度存在差异，那么发酵液中的部分热能会通过罐体向大气辐射热量，即为辐射热（$Q_{辐射}$）。

$$Q_{散热} = Fat(T_1 - T_2)$$

式中，F 为设备散热表面积，m^2；a 为散热表面向周围介质的联合传热系数，$kJ/m^2 \cdot h \cdot ℃$，如空气作自然对流且罐外壁温度为 35～50℃时，$a = 8 + 0.05t_1$；T_1 为器壁向四周散热的表面温度；T_2 为周围介质温度；t 为过程持续的时间，h。

辐射热的大小取决于设备表面积、罐内温度与外界气体温度差值，差值愈大，则散热愈多，但一般不会超过发酵热的 5%。

由于 $Q_{生物}$、$Q_{蒸发}$ 和 $Q_{显}$ 特别是 $Q_{生物}$ 在发酵过程中是随时间变化的，其中发酵热在整个发酵过程中变化更剧烈，从而引起发酵温度的波动，在发酵旺盛期因大量产热而会导致发酵温度的快速升高。为了使发酵能在一恒定的温度下进行，就需要采取措施进行发酵温度的控制。例如，在发酵罐的夹套或蛇管内一般通入冷水进行降温控制，但是在冬季和发酵初期，特别是对于小型发酵罐，通常散热量大于产热量而需用热水保温，即此时需要通入热水进行升温控制。

可见，发酵热 $Q_{发酵}$ 的组成为

$$Q_{发酵} = Q_{生物} + Q_{搅拌} - Q_{蒸发} - Q_{显} - Q_{辐射} \tag{10-1}$$

发酵热测定方式：

1）冷却水流量和温度变化测定法

通常选择主发酵旺盛期，此时是产生热量最大的时间段，通过测量一定时间内冷却水的流量和冷却水进口、出口温度，按下式计算发酵热：

$$Q_{发酵} = \frac{q_V c(t_{进} - t_{出})}{V} \tag{10-2}$$

式中，$Q_{发酵}$ 为发酵热，$kJ(m^3 \cdot h)$；q_V 为冷却水质量流量，kg/h；c 为水的比热容，$kJ/(kg \cdot ℃)$；$t_{进}$、$t_{出}$ 分别为进出冷却水的温度，℃；V 为发酵液体积，m^3。

如果需要求生物热时，可由公式（10-1）推导出

$$Q_{生物} = Q_{发酵} + Q_{蒸发} + Q_{显} + Q_{辐射} - Q_{搅拌}$$

2）直接测定计算法

在主发酵最旺盛期，即发酵放热高峰期，可先使罐温恒定，然后关闭冷却水，直接测定发酵液在 30min 内的温度上升值，然后按下式计算发酵热：

$$Q_t = \frac{2(m_1 c_1 - m_2 c_2) \times 2\Delta T}{V_L} [kJ/(m^3 \cdot h)] \tag{10-3}$$

式中,m_1 为发酵液的质量,kg;m_2 为发酵罐的质量,kg;c_1 为发酵液的比热容,kJ/(kg·℃);c_2 为发酵罐材料的比热容,kJ/(kg·℃);ΔT 为 30min 内发酵液的温升,℃;V_L 为发酵液的体积,m^3。

一般抗生素发酵过程中的发酵热为 3000～50 000 kJ/(m^3·h);谷氨酸发酵过程中的发酵热为 7000～8000 kJ/(m^3·h)。实际上,由于测定时的操作条件、发酵条件不同,测定结果也会略有差异,具体发酵的真实数值需要测定才知。

3)根据化合物的燃烧热值计算发酵过程中生物热的近似值

根据 Hess 定律,热效应取决于系统的初态和终态,而与变化的途径无关,即

反应的热效应 = 作用物的生成热总和 - 生成物的生成热总和

可采用物质的燃烧热来计算相应的热效应,例如,对于有机化合物的燃烧热可直接测定,即

总反应的热效应 = 作用物的燃烧热总和 - 生成物的燃烧热总和

$$\Delta H = \sum (\Delta H)_{作用物} - \sum (\Delta H)_{生成物} \qquad (10-4)$$

发酵是一个复杂的生化变化过程,要以主要的物质近似地进行计算。例如,谷氨酸发酵,计算结果与实测值相近,计算方法如下:

(1)发酵过程中主要物质的燃烧热

  葡萄糖: 1.566×10^4 kJ/kg

  谷氨酸: 1.545×10^4 kJ/kg

  玉米浆: 1.231×10^4 kJ/kg

  菌 体: 2.094×10^4 kJ/kg

  尿 素: 1.063×10^4 kJ/kg

(2)根据实测发酵过程中物质平衡计算生物热 例如某味精厂 50m^3 发酵罐测定结果主要物质变化如表 10-1。用式(10-4)计算谷氨酸发酵 12～18h 中平均每小时产生的生物热为

$$\begin{aligned}Q_{生物} =& (消耗葡萄糖的热值 + 消耗玉米浆的热值 + 消耗尿素的热值 - \\ & 生成菌体的热值 - 生成谷氨酸的热值)/6 \\ =& (24 \times 1.566 \times 10^4 + 0.6 \times 1.231 \times 10^4 + 6 \times 1.063 \times 10^4 - \\ & 1.2 \times 2.094 \times 10^4 - 15.4 \times 1.545 \times 10^4)/6 \\ =& 3.07 \times 10^4 (kJ/m^3 \cdot h)\end{aligned}$$

表 10-1 谷氨酸发酵过程主要物质的变化

发酵时间(h)	0～6	6～12	12～18	18～31
糖(kg/m^3)	-37	-30.3	-24.0	-41.7
谷氨酸(kg/m^3)	—	+5.9	+15.4	+23.9
尿素(kg/m^3)	-2.9	—	-6	—
菌体(kg/m^3)	+4.8	+6.0	+1.2	
玉米浆(kg/m^3)	-2.4	-3.0	0.6	

注:表中负值为消耗量,正值为生成量,即 6h 中平均每 1h 产生的生物热。

二、温度对微生物生长的影响

温度对微生物的影响,不仅表现为对菌体表面的作用,而且因热平衡的关系,热量传递到菌体内,对菌体内部所有物质与结构都有作用。由于生命活动可看作是相互连续进行的酶反应,而任何化学反应都与温度有关,通常温度每升高10℃,生长速度就加快一倍。所以,温度直接影响酶反应,从而影响生物体的生命活动。每种微生物各有其生长发育所需的温度,温度愈高,微生物死亡愈快。一般来说,无芽孢杆菌在80~100℃,几分钟内死亡,在70℃需10~15min才能致死,在60℃则需要30min。

高温灭菌原因是高温能使蛋白质变性或凝固,微生物体中蛋白质变性,破坏了酶的活性,从而杀死了微生物。高温灭菌与微生物的种类和数量、微生物菌龄、芽孢、温度以及pH值等因素有关。

微生物对低温的抵抗力一般比高温强。低温只能抑制微生物的生长,其致死作用较差。原因是微生物体积小,在其细胞内不能形成结冰晶体,不能破坏细胞内的原生质。因此,可以利用低温保存菌种。

各种微生物都有一个最适的生长温度范围,在此温度范围内,微生物生长繁殖最快。大多数微生物的最适生长温度在25~27℃,细菌的最适生长温度大多要比霉菌高些。微生物种类不同,所要求的温度也不同。同一种微生物,培养条件不同,所培养的微生物能承受稍高一些的温度进行生长繁殖和发酵,可减少污染杂菌和夏季培养所需的降温辅助设备,因此,培育耐高温的菌种有经济价值。

温度和微生物生长有密切关系,一方面在其最适温度范围内,生长速度随温度升高而增加,发酵温度升高,生长周期就缩短;另一方面,不同生长阶段的微生物对温度的反应不同,处于缓慢期的细菌对温度十分敏感,将其置于最适生长温度环境下,可以缩短其生长的缓慢期和孢子萌发的时间。在最适温度范围内提高对数生长期的培养温度,既有利于菌体的生长,又有利于酶的生长。例如,提高枯草杆菌前期的最适温度,对该菌生长和产酶有明显促进作用。如果温度超过40℃,则菌体生长受到限制。处于生长后期的细菌,其生长速度主要取决于氧,故最好提高通气量。

三、温度对发酵的影响

温度对发酵的影响是多方面的。菌体生长和代谢产物的形成是各种因素综合表现的结果。从酶反应动力学来看,温度升高,反应速度加大,生长代谢加快,产物生成提前。但是,酶是很易热失活的,温度愈高失活愈快,菌体易于衰老,影响产物的生成。温度还通过影响发酵液中溶解氧而影响发酵,此外,温度还能影响生物合成方向。例如,在四环素发酵中,金色链丝菌同时产生金霉素,在温度低于30℃时,该菌种合成金霉素的能力较强,温度越高,所合成四环素的比例越高;温度达35℃时,则只产生四环素而金霉素合成几乎停止。在低于20℃时,氨基酸合成途径的终产物对上游酶的反馈抑制作用比正常生长温度时更大。

温度还能影响酶系组成及酶的特性。例如,用米曲霉制曲时,温度控制在低限,有利于蛋白酶合成,α-淀粉酶活性受到抑制。又如,凝结芽孢杆菌的α-淀粉酶热稳定性受培养温度的影响是极为明显的,在55℃培养所产生的酶在90℃保持60min,其剩余活性为88%~99%;在35℃培养所产生的酶,经相同条件处理,剩余活性仅有6%~10%。

同一菌种的生长和积累代谢产物的最适温度也往往不同。例如,青霉素产生菌的生长温度为30℃,而产生青霉素的最适温度为25℃;黑曲霉生长温度为37℃,产生糖化酶和柠檬酸时都在32～34℃。在许多发酵过程中,发酵液的温度都表现为上升。为了使发酵温度控制在一定的范围内,生产上常在发酵设备上安装热交换设备。例如,采用夹套、排管或蛇管进行调温,冬季时要加热。在发酵过程中最适温度的控制,实际上需要通过实验来确定。

就大多数情况来说,接种后培养温度应适当提高,以利于孢子萌发或加快菌体生长、繁殖,而且此时发酵的温度大多数下降;待发酵液的温度表现为上升时,发酵液温度应控制在菌体的最适生长温度;到主发酵旺盛阶段,温度应控制在代谢产物合成的最适温度;到发酵后期,温度出现下降趋势,直至发酵成熟即可放罐。

因此,在实际发酵过程中,往往不能只选择一个最合适的培养温度,因为最合适于菌体生长的温度不一定最合适于发酵产物的生成;反之,最合适于发酵产物生成的温度亦往往不适于菌体的生长。例如,在生长初期,抗生素还未开始合成,菌丝还未长浓,在此阶段主要是促使菌丝的迅速繁殖,因此,应优先考虑最合适于菌体生长的温度。到抗生素分泌期,要把满足生物合成的最适温度放在首位。

温度的选择还要参考其他发酵条件灵活掌握。例如,在通气条件较差情况下,最合适的发酵温度也可能比正常良好通气条件下低一些。这是由于在较低的温度下,氧溶解度相应大些,菌的生长速率相应小些,从而弥补了因通气不足而造成的代谢异常。又如,培养基成分和浓度也对改变温度的效果有一定的影响。在使用较稀或较易利用的培养基时,提高培养温度,养料往往过早耗竭,导致菌丝过早自溶,抗生素产量降低。

因掌握了适当温度条件而使抗生素产量有较大幅度的提高不乏其例。例如,在四环素发酵中,前期0～30h以稍高温度促使菌丝迅速生长,尽可能缩短非生物合成所占用的发酵周期;此后30～150h以稍低温度尽可能维持较长的抗生素分泌期;150h后升温培养,以刺激抗生素的分泌。

根据计算机对发酵温度最佳点的分段控温,得到青霉素发酵的最适温度是起初5h维持在30℃,随后降到25℃培养35h,再降到20℃培养85h,最后回升到25℃培养40h放罐。比25℃恒温培养所得青霉素产量高14.7%。

第二节 pH 值的控制

一、pH 值对菌体生长和发酵产物合成的影响

微生物正常生长需要一定的酸碱度,酸碱度通常用 pH 值来表示。pH 值对微生物的生长和代谢产物形成都有很大的影响,不同种类的微生物对 pH 值的要求不同。大多数细菌的最适 pH 值为6.5～7.5,霉菌一般为4.0～5.8,酵母为3.8～6.0,放线菌为6.5～8.0,谷氨酸产生菌由于菌种不同,其最适 pH 值也略有差别,例如,黄色短杆菌为7.0～7.5,AS 1.299 为6.5～7.5,T6－13 为7.0～8.0。对 pH 值的适应范围取决于微生物的生态学,如果培养液的 pH 值不合适,则微生物的生长就要受到影响。因此,控制一定的 pH 值不仅是保证微生物正常生长的主要条件之一,而且是防止杂菌污染的一个措施。当 pH 值偏高或偏低时,都会影响微生物的生长繁殖和代谢产物的积累。例如,石油代腊酵母在 pH 值为

3.5~5.0时生长良好且不易染菌;pH值高于5.0时,酵母形态变小,发酵液变黑,且污染大量细菌;pH值低于3.0时,酵母生长受抑制,细胞极不整齐,且出现自溶。

同一种微生物由于pH值的不同,也可能会形成不同的发酵产物。例如,黑曲霉在pH值2~3的情况下,发酵产生柠檬酸;而在pH值接近中性时,则生成草酸。又如,酵母菌最适生长pH值为4.5~5.0,此时发酵产物主要是酒精;但在pH值为8.0时,发酵产物不仅有酒精,还有醋酸和甘油。

微生物生长的最适pH值和发酵的最适pH值往往不一定相同。例如,丙酮丁醇菌生长最适pH值为5.5~7.0,而发酵最适pH值为4.3~5.3。又如,青霉素菌生长最适pH值为6.5~7.2,而青霉素合成最适pH值为6.2~6.8。所以,根据不同微生物的特性,在发酵过程中控制适当的pH值是非常重要的。

pH值对微生物生长繁殖和代谢产物形成的影响的主要原因有下列几方面:

(1) 发酵液pH值的改变,使微生物细胞原生质膜的电荷发生改变　原生质膜具有胶体性质,在一定pH值时原生质膜可以带正电荷,而在另一pH值时则带负电荷,在电荷改变的同时,会引起原生质膜对个别离子渗透性的改变,从而影响微生物对培养基中营养物质的吸收及代谢产物的泄漏,最终影响新陈代谢的正常进行。

(2) 发酵液的pH值直接影响酶的活性　由于酶发挥作用均有其最适pH值,所以在不适宜的pH值,微生物细胞中某些酶的活性受到抑制,从而影响微生物的生长繁殖和新陈代谢。

(3) 发酵液的pH值影响培养基某些重要的营养物质和中间代谢产物的解离,从而影响微生物对这些物质的利用　构成微生物的各种物质大多在水中一边解离,同时又保持一定的平衡。水的解离和氢离子有关,因而氢离子的浓度对这些物质的解离影响很大,从而也影响着微生物的营养吸收、酶的活性,影响其分解和合成代谢。因此,pH值的改变往往引起微生物的代谢过程的改变,从而使代谢产物的质量和比例发生改变。

二、pH值的影响因素及其调控

在发酵过程中,pH值变化取决于微生物种类、基础培养基的组成和发酵条件。在菌体代谢过程中,代谢产物会造成pH值的不断波动。凡是导致酸性物质生成或碱性物质的消耗都会引起发酵液的pH值下降;反之,使发酵液的pH值上升。

例如,在发酵中一次加糖或加油过多,氧化不完全就会使有机酸大量堆积。另外,一些生理酸性盐,如$(NH_4)_2SO_4$,其中NH_4^+被菌体利用后,残留的SO_4^{2-}就会引起发酵液pH值下降。而培养基中的蛋白质、其他含氮有机物或谷氨酸发酵中尿素被尿酶水解放出氨,pH值可迅速上升,又因氨被菌体利用,pH值则又下降。又如,$NaNO_3$中NO_3^-或有机酸被菌利用引起培养液pH值上升。实际上,发酵液内测得的pH值变化是各种反应的综合性结果。

由于微生物不断地吸收、同化营养物质和排出代谢产物,因此,在发酵过程中,发酵液的pH值是变化的。这不但与培养基的组成有关,而且与微生物的生理特性有关。各种微生物的生长和发酵都有各自最适的pH值。为了使微生物能在最适的pH值范围内生长、繁殖和发酵,首先应根据不同的微生物的特性,不仅要在原始培养基中控制适当的pH值,而且要在整个发酵过程中检查pH值的变化而进行相应的调控。

在发酵过程中,微生物本身代谢导致pH值的不断波动。如培养基中糖和脂肪被利用,其pH值便会随氧化的程度而波动。在通气充足时,糖和脂肪得到完全氧化,产物为二氧化碳和水；在通气不充足时，糖和脂肪的氧化不完全，产生有机酸类的中间产物。这些产物会使培养基的 pH 值下降，其差别仅是下降程度不同。属于生理酸性盐（被微生物利用后生酸的盐）的铵盐被利用后，与其结合的酸游离，使 pH 值下降；属于生理碱性盐的硝酸盐（或有机酸盐）被利用后，则释放碱使其 pH 值上升。如果有机氮源被利用，在脱氨的情况下，蛋白质被分解出氨，同时生成酸类物质使 pH 值下降；在脱羧的情况下，蛋白质分解出氨，同时生成碱性物质使 pH 值上升。一般来说，培养基中的碳/氮值（C/N 值）高，则发酵液倾向于酸性，反之则倾向于碱性或中性。总之，发酵液的 pH 值是发酵现象的综合指标。然而，pH 值变化的情况取决于菌体的特性、培养基的组成和工艺条件。菌种不同，所含酶系的活性不同，培养基中糖、氮的种类和配比不同，以及通风、搅拌强度、调节 pH 值方法等不同，pH 值的变化也就不同。但是，正常发酵时，pH 值的变化具有一定的规律性，因此，应根据具体情况调节控制 pH 值。

在实际生产中，调节 pH 值的方法有调节培养基的原始 pH 值，或加入缓冲剂（如磷酸盐）制成缓冲能力强、pH 值改变不大的培养基（注意灭菌对 pH 值的影响），若使盐类和碳源的配比平衡，则不必加缓冲剂。也可在发酵过程中加弱酸或弱碱调节 pH 值，合理地控制发酵条件，尤其是调节通气量来控制 pH 值。如果仅用酸或碱调节 pH 值不能改善发酵情况，进行补料则是一个较好的办法，既可调节培养液的 pH 值，又可补充营养，增加培养基的浓度，提高发酵产物的产率。

氨基酸发酵，在原始培养基中，一般调节 pH 值在 7.0。在斜面培养、种子培养和发酵的长菌阶段，由于产物很少，pH 值变化不很大，一般不用调节 pH 值；而在发酵阶段，由于消耗氮源和积累氨基酸，pH 值变化较大，则必须予以调节和控制。例如，谷氨酸发酵过程中，不同的时期对 pH 值的要求不同。发酵前期，幼龄菌体细胞对氮的利用率高，pH 值变化波动大。如果发酵前期 pH 值偏低，菌体生长旺盛，消耗营养成分快，菌体转入正常代谢，长菌体而不产谷氨酸；当 pH 值偏高，对菌体生长不利，糖代谢缓慢，发酵时间延长。但是，在发酵前期 pH 值稍高些（pH7.5～8.0）对抑制杂菌生长有利。因此，发酵前期宜控制 pH 值在 7.5 左右，发酵中、后期宜控制 pH 值在 7.2 左右，因为谷氨酸脱氢酶的最适 pH 值为 7.0～7.2，氨基酸转移酶的最适 pH 值为 7.2～7.4。

最适 pH 值在微生物生长和产物形成中 3 个参数的相互关系有四种情况：①菌体的比生长速率（μ）和产物比生产速率（Q_p）的最适 pH 值都在一个相似的较宽的适宜范围内，如图 10-1(a) 所示，这种发酵过程易于控制；②第二种情况是 μ（或 Q_p）的最适 pH 值范围很窄，而 μ 的范围较宽，如图 10-1(b) 所示；③第三种情况是 μ 和 Q_p 对 pH 值都很敏感，它们的最适 pH 值又是相同的，如图 10-1(c) 所示，第二、第三这两种模式的发酵 pH 值应严格控制；④第四种情况更复杂，μ 和 Q_p 有各自的最适 pH 值，应分别严格控制各自的最适 pH 值，才能优化发酵过程，如图 10-1(d) 所示。

了解发酵过程合适的 pH 值要求后，就可采

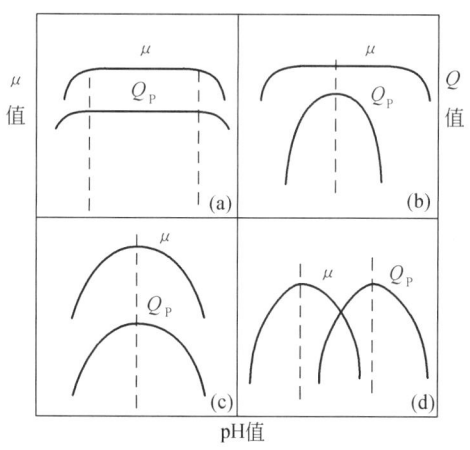

图 10-1　pH 值与比生长速率和比生产速率之间的几种关系

用多种方法进行控制,首先考虑发酵培养基的基础配方,保证发酵过程中的 pH 值变化在合适的范围内。因为培养基中含有代谢产酸[如葡萄糖产生酮酸、$(NH_4)_2SO_4$]和产碱(如 $NaNO_3$、尿素)的物质以及缓冲剂(如 $CaCO_3$)等成分,它们在发酵过程影响 pH 值的变化,特别是 $CaCO_3$ 能与酮酸等反应,而起到缓冲作用。在分批发酵中,常采用此法来控制 pH 值的变化。

利用上述方法调节 pH 值达不到发酵要求时,可用以下方法调节 pH 值。

1. 添加碳酸钙法

采用生理酸性铵盐作为氮源时,由于 NH_4^+ 被菌体利用后,剩下的酸根会引起发酵液 pH 值下降,在培养基中加入碳酸钙,就能调节 pH 值。但是,碳酸钙的用量甚大,在操作上易引起染菌,此法一般不宜采用。

2. 氨水流加法

在发酵过程中,根据 pH 值的变化流加氨水调节 pH 值,且作为氮源,供给 NH_4^+。氨水价格便宜,来源容易。但是,氨水作用快,对发酵液的 pH 值波动影响大,应采用少量多次流加,以免造成 pH 值过高、抑制菌体生长,或 pH 值过低、NH_4^+ 不足等现象。具体流加方法应根据菌种特性、长菌情况、耗糖等情况来决定,一般控制 pH 值在 7.0~8.0,最好采用自动控制连续流加方法。

3. 尿素流加法

此法是目前国内味精厂普遍采用的方法。以尿素作为氮源进行流加调节 pH 值,pH 值变化具有一定的规律性,且易于操作控制。首先,由于通风、搅拌和菌体尿酶作用使尿素分解放氨,pH 值上升;氨和培养基成分被菌体利用并形成有机酸等中间代谢产物,pH 值降低,这时就需要及时流加尿素,以调节 pH 值和补充氮源。当流加尿素后,尿素被菌体尿酶分解放出氨使 pH 值上升,氨被菌体利用和形成代谢产物又使 pH 值下降,流加反复进行以维持一定的 pH 值。流加时除主要根据 pH 值的变化外,还应考虑菌体生长、耗糖、发酵的不同阶段来采取少量多次流加,维持 pH 值稍低些,以利长菌。当长菌快,耗糖快时,流加量可适当多些,pH 值可略高些,发酵后期以有利于促进产谷氨酸,维持 pH 值在 7.2。当接近放罐时,以不加或少加为好,以免造成浪费。

第三节　泡沫的控制

一、泡沫对发酵的影响

在微生物发酵过程中,为了适应微生物的生理特性,并取得较好的生产效果,要通入大量的无菌空气。同时,为了加速氧在水中的溶解度,必须加以剧烈的搅拌,使气泡分割成无数小气泡,以增加气液界面。气泡必须在培养液中有一定的滞留时间,加上发酵液中含有蛋白质等发泡性物质,因此,在通气发酵过程中,产生一定数量的泡沫是必然的正常现象。但是过多的持久性泡沫会给发酵带来很多不利因素,如发酵罐的装料系数(装量与容量之比)的减小;若不加以控制,还会造成排气管有大量逃液的损失,泡沫升到罐顶有可能从轴封渗出,增加污染杂菌的机会;泡沫严重时还会影响通气搅拌的正常进行,妨碍菌体的呼吸,造成代谢异常,导致终产物产量下降或菌体的提早自溶,后一过程还会促使更多的泡沫生成。因此,如何控制发酵过程中产生的泡沫,是能否取得高产的因素之一。

泡沫是气体被分散在少量液体中的胶体体系,泡沫间被一层液膜隔开而彼此不相连通。发酵过程中所遇到的泡沫,其分散相是无菌空气和代谢气体,连续相是发酵液。按发酵液的性质分为两种泡沫:一种存在于发酵液的液面上,这种泡沫气相所占比例特别大,并且泡沫与它下面的液体之间有能分辨的界线,如在某些稀薄的前期发酵液或种子培液中所见到的;另一种泡沫出现在粘稠的菌丝发酵液当中,这种泡沫分散很细、很均匀、较稳定,泡沫与液体间没有明显的液面界限,在鼓泡的发酵液中气体分散相所占比例由下而上逐渐增加。

泡沫的生成不外乎两种原因:一种是由外界引进的气流被机械地分散而生成;另一种是由发酵过程中产生的气体聚结生成,称为发酵泡沫,它只有在代谢旺盛时才比较明显。

好气性发酵过程中泡沫的形成有一定规律。泡沫的多少一方面与通风、搅拌的剧烈程度有关,搅拌所引起的泡沫比通气来得大;另一方面与培养基所用原材料的性质有关,蛋白质原料如蛋白胨、玉米浆、黄豆粉、酵母粉等是主要的起泡因素。通常,培养基的配方含蛋白质多,浓度高,黏度大,容易起泡,且泡沫多而持久稳定。胶体物质多、黏度大的培养基更容易产生泡沫,如糖蜜原料与石油烃类原料,发泡能力特别强,泡沫多而持久稳定。多糖的水解不完全,糊精含量多,也容易引起泡沫的产生。培养基的灭菌方法和操作条件均会影响培养基成分的变化而影响发酵时泡沫的产生。可见,发酵过程中泡沫形成的稳定性与培养基的性质有着密切的关系。

培养液的性质,因微生物的代谢活动而变化,影响泡沫的形成和消长。例如,霉菌在发酵初期,由于培养基浓度大,黏度高,营养料丰富,因而泡沫多且稳定。随着发酵进行,表面黏度下降,表面张力上升,泡沫稳定性减弱。菌体具有稳定泡沫的作用,在发酵最旺盛时泡沫形成比较多,在发酵后期菌体自溶导致发酵液中可溶性蛋白质增加,又有利于泡沫的产生。

微生物工业上消除泡沫常用的方法有化学消泡和机械消泡。

二、化学消泡

化学消泡是一种使用化学消泡剂的消泡法,也是目前应用最广的一种消泡方法。其优点是化学消泡剂来源广泛,消泡效果好,作用迅速可靠,尤其是合成消泡剂效率高,用量少,安装测试装置后容易实现自动控制等。

1. 化学消泡机理

当化学消泡剂加入起泡体系后,由于消泡剂本身的表面张力比较低,使气泡膜局部的表面张力降低,力的平衡受到破坏,此处被周围表面张力较大的膜牵引,因而气泡破裂,产生气泡合并,最后导致泡沫破裂。但是,泡沫形成的因素很多,当泡沫的表面层存在着极性的表面活性物质而形成双电层时,可以加一种具有相反电荷的表面活性剂,以降低液膜的弹性(机械强度),或加入某些具有强极性的物质,与起泡剂争夺液膜上的空间,并使液膜的机械强度降低,进而促使泡沫破裂。当泡沫的液膜具有较大的表面黏度时,可加入某些分子内聚力较弱的物质,以降低液膜的表面黏度,从而促使液膜的液体流失而使泡沫破裂。通常,一种好的化学消泡剂同时具有降低液膜的机械强度和表面黏度的双重性能。

2. 消泡剂选择的依据及常用的消泡剂种类

根据消泡原理和发酵液的性质,消泡剂必须具有以下特点:

(1)消泡剂必须是表面活性剂,具有较低的表面张力,消泡作用迅速,效率高;

(2) 消泡剂在气液界面的扩散系数必须足够大,才能迅速发挥它的消泡活性,这就要求消泡剂具有一定的亲水性;

(3) 消泡剂在水中的溶解度要小,以保持其持久的消泡或抑泡性能;

(4) 对发酵过程无毒,对人、畜无害,不被微生物同化,对菌体生长和代谢无影响,不影响产物的提取和产品质量;

(5) 不干扰溶解氧、pH 值等测定仪表的使用,最好不影响氧的传递。

许多物质都具有消泡作用,但是消泡程度不同。微生物工业上常用的消泡剂主要有四类:①天然油脂类;②高碳醇、脂肪酸和酯类;③聚醚类;④硅酮类(聚硅油类)。

3. 消泡剂的应用和增效作用

消泡剂,特别是合成消泡剂的消泡效果与使用方法密切相关。消泡剂加入发酵罐内能否及时起作用取决于该消泡剂的性能和扩散能力。增加消泡剂扩散可通过机械分散,也可借助某种称为载体或分散剂的物质,使消泡剂更易于分布均匀。

(1) 消泡剂加载体增效　载体一般为惰性液体,消泡剂应能溶于载体或分散于载体中,如聚氧丙烯甘油用豆油为载体(消泡剂:油的体积比为 2:3)有明显增效作用。

(2) 消泡剂并用增效　如用体积分数 0.5%～3% 硅酮、20%～30% 植物油或矿物油、5%～10% 聚乙醇二油酸酯、1%～4% 多元醇脂肪酸酯与水组成的消泡剂,可增强消泡作用。

(3) 消泡剂乳化增效　如聚氧丙烯甘油用吐温 -80 为乳化剂的增效作用,在庆大霉素和谷氨酸发酵中,消泡能力提高 1～2 倍。

三、机械消泡

机械消泡是一种物理作用,靠机械强烈振动、压力的变化,促使气泡破裂,或借机械力将排出气体中的液体加以分离回收。其优点是不用在发酵液中加入其他物质,节省原料(消泡剂),减少由于加入消泡剂所引起的污染机会。但其效果往往不如化学消泡迅速可靠,需要一定的设备和消耗一定的动力。缺点是不能从根本上消除引起泡沫不稳定的因素。

1. 机械消泡装置的选择依据

理想的机械消泡装置必须满足以下几个条件:①动力小;②结构简单;③坚固耐用;④清扫、灭菌容易;⑤维修、保养费用少。

机械消泡的方法有多种:一种是在发酵罐内将泡沫消除,另一种是将泡沫引出发酵罐外,泡沫消除后,液体再返回发酵罐内。

2. 罐内消泡

(1) 耙式消泡桨的机械消泡　罐内消泡简单装置是耙式消泡桨,常用的耙式消泡桨如图 10-2 所示。它装于发酵罐内搅拌轴上,齿面略高于液面,当产生少量泡沫时,耙齿随时将泡沫打碎;但当产生大量泡沫、上升很快时,耙桨来不及将泡沫打碎,就失去消泡作用,此时需添加消泡剂。所以这种装置的消泡作用并不完全,只是一种简单的措施而已。消泡桨的直径一般取 80%～90% 罐径,以不妨碍旋转为原则。

(2) 旋转圆板式的机械消泡　这种设置在发酵槽内气相部分,与发酵醪的液面平行,见图 10-3。圆板旋转,同时将槽内发酵液注入圆板中央部分,通过离心力将破碎成微小泡沫的微粒散向槽壁,以达到消泡的目的。提高圆盘转速及发酵液供给率,可增强消泡效果。

(3) 流体吹入式消泡　这是一种把空气或空气与培养液吹入培养罐中来进行消泡的方

法。气体或气液吹入管是以切线方向与槽内侧相接的,如图10-4所示。

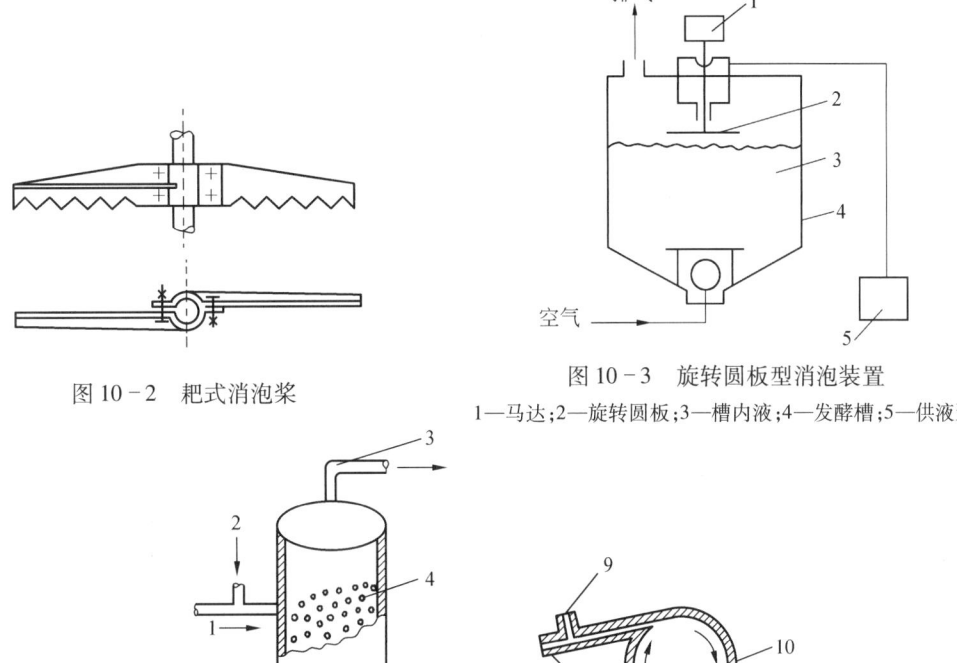

图10-2 耙式消泡桨

图10-3 旋转圆板型消泡装置
1—马达;2—旋转圆板;3—槽内液;4—发酵槽;5—供液泵

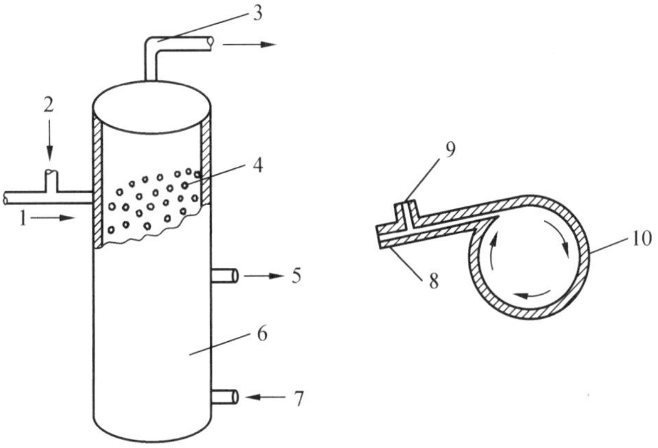

图10-4 流体吹入式消泡
1,8—供液管;2,9—供气管;3—排气管;4—泡沫;5—排液管;6,10—培养槽;7—空气吸入管

（4）气体吹入管内吸引消泡 将发酵槽内形成的气泡群吸引到气体吹入管,利用吹入气体流速消泡,如图10-5所示,在靠近吸入口附近处的气体吸入管内形成增速用的喷头,吸入管用来连接液面上部与增速喷头的负压部位。

（5）冲击反射板消泡 这是一种把气体吹入液面上部,然后通过在液面上部设置的冲击板冲击反射,吹回到液面,将液面上产生的泡沫击碎的方法。冲击板为圆锥状,如图10-6所示,与槽内壁间间隙很小。

（6）超声波消泡 将空气在1.5~3.0MPa下以1~2L/s的速度由喷嘴喷入共振室而达到破泡的目的,这就是超声波消泡的原理。如图10-7所示,喷嘴与共振室之间的间隙可以根据振动次数的需要来进行调整。这种消泡法只适于实验室小型发酵罐的消泡,当发酵罐直径大于0.3m时,消泡效率明显降低,且设备费用高,因此不适于大规模工业发酵的消泡。

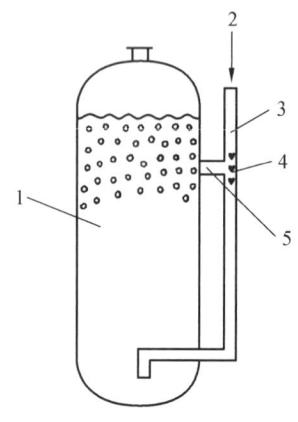

图 10-5　吸引消泡
1—培养槽;2—无菌空气;3—空气吹入管;
4—增速喷头;5—吸入管

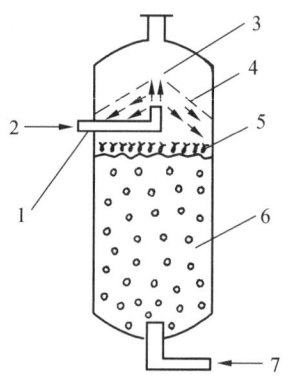

图 10-6　冲击反射板式消泡
1—喷嘴;2—气体;3—小孔;4—冲击板;
5—气泡;6—培养槽;7—空气

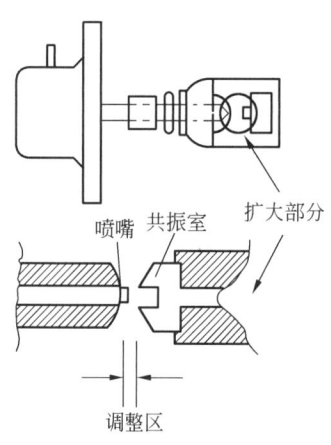

图 10-7　超声波消泡器

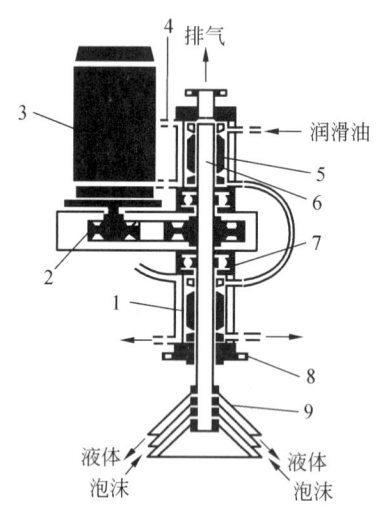

图 10-8　碟片式消泡器
1—夹套;2—皮带轮传动;3—马达;4—冷却水;5—轴封;
6—空心轴;7—滚动轴承;8—固定法兰;9—碟片

(7) 碟片式消泡器的机械消泡　碟片式消泡器的结构如图 10-8 所示,将圆锥形的碟片像碟片式离心机一样叠合在一起,装于空心轴上,碟片上具有径向筋条,两碟片之间的间隙为空气通道,与空心轴相连通,传动皮带轮位于两滚珠轴承中间,空心轴的两端装有端面轴封,以防泄漏。将消泡器装于发酵罐罐顶,碟片位于罐顶的空间内,用固定法兰与排气口相连接,当其高速旋转时,带入碟片间的气泡被打碎,同时将液滴甩回发酵液中,被分离后的气体由空心轴经排气口排出。这种形式的消泡器效果较好,但结构复杂、消耗功率较大。

3. 罐外消泡

(1) 旋转叶片罐外消泡　这是一种最简单的罐外机械消泡装置,如图 10-9 所示。将泡沫引出罐外,罐外消泡装置的旋转叶片由马达带动,利用旋转叶片所产生的冲击力和剪切力进行消泡,消泡后,液体再回流至发酵罐内。

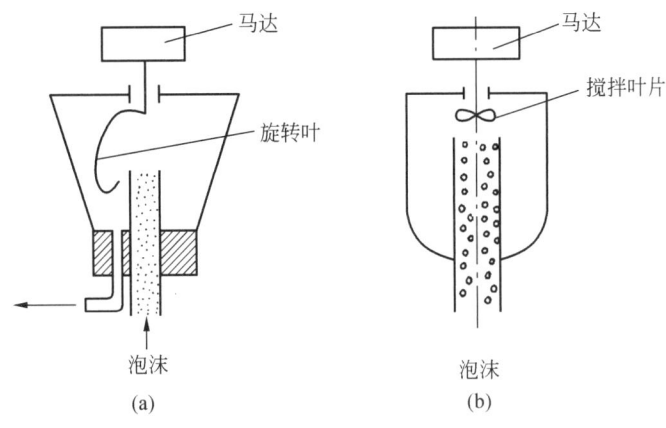

图10-9　旋转叶片罐外消泡

（2）喷雾消泡　将水及培养液等液体通过喷雾器喷出达到消泡的目的。它是利用冲击力、压缩力及剪切力的消泡方法。这种方法广泛应用于废水处理曝气槽的消泡中。

（3）离心力消泡　这是一种将泡沫注入用网眼或筛目较大的筛子做成的筐中,通过旋转产生的离心力将泡沫分散而进行消泡的方法,如图10-10所示。旋转筐直径为10cm,高10cm,转速3800r/min,消泡能力为24L/min。据报道,经这种方法消泡后,还可能有泡沫存在。如果将泡沫灌注在转速为2500r/min以上的旋转圆板上,那么,不管泡沫的供给速度或性质怎么样,都可达到充分消泡的目的,如图10-11所示。

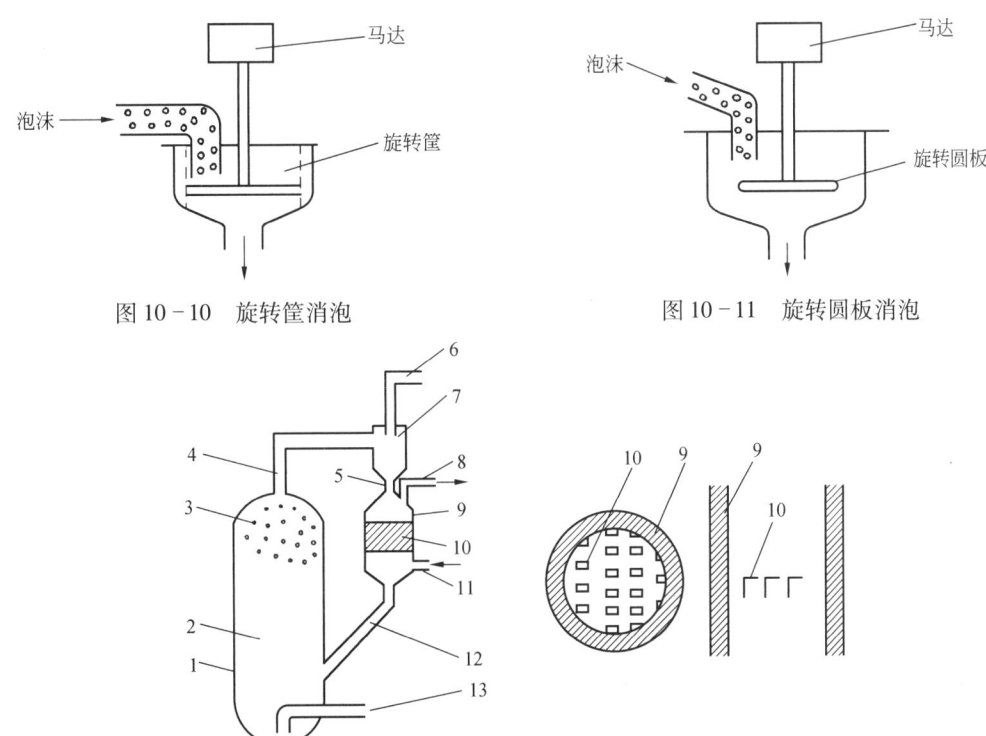

图10-10　旋转筐消泡　　　　　　图10-11　旋转圆板消泡

图10-12　旋风分离器消泡

1—培养槽;2—培养液;3—泡沫;4—排气管;5—旋风分离器破泡器;6—排气管;
7—旋风分离器;8—排气管;9—脱泡器;10—舌盘;11—供气管;12—环流液管;13—供气管

(4) 旋风分离器消泡 如图 10-12 所示，这是一种利用带舌盘的旋风分离器的脱泡器进行消泡的方法。发酵槽内产生的泡沫由旋风分离器上部通入脱泡器，并与脱泡器下方引入气体逆向接触使其破碎。这种方法的特点是，泡沫通过旋风分离器等破碎以后，再将带微小泡沫的液体导入装有充填物的脱泡器中，以增大液体表面积，然后，从脱泡器下方吹入气体，使其与流下的液体逆向接触进行较彻底的脱泡。

(5) 转向板消泡 图 10-13 所示为一种转向板式消泡装置。在这种装置中，泡沫以 30～90m/s 的速度由喷头喷向转向板使泡沫破碎，分离液用泵送回槽内，而气体则排出消泡器外。由于转向板是作为电动测泡装置起作用的，所以，只有在发泡旺盛时才能使泵启动，泵启动后，仅

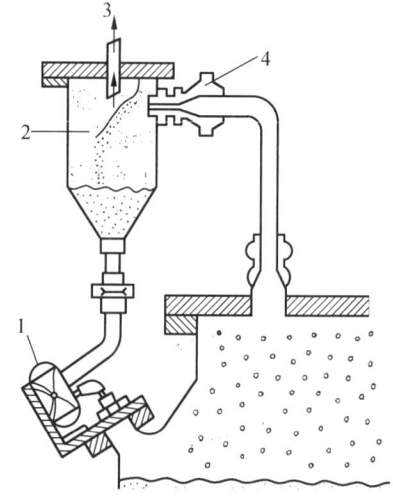

图 10-13 转向板式消泡装置
1—泵；2—缓冲液；3—排气；4—喷头

用喷头就可起破泡作用，转向板在分离泡液时才需要。根据发酵槽容积和通风量不同，喷头大小也随时转换。其优点是设备简单，没有转动部件，可利用一部分通风能量，因此运转费用较低。

第四节 补料的控制

补料分批培养（fed-batch culture，FBC），又称半连续培养或半连续发酵，是指在分批培养过程中，间歇或连续地补加一种或多种成分的新鲜培养基的培养方法。它是分批培养和连续培养之间的培养方式，现已广泛用于发酵工业生产和研究。

同传统的分批培养相比，FBC 具有以下优点：①可以解除底物抑制、产物反馈抑制和分解代谢物的阻遏；②可以避免在分批发酵中因一次投料过多造成细胞大量生长而产生的一切影响，改善发酵液流变学的性质；③可作为控制细胞质量的手段，以提高发芽孢子的比例；④可作为理论研究的手段，为自动控制和最优控制提供实验基础。同连续培养相比，FBC 不需要严格的无菌条件，产生菌不会产生老化和变异等问题，适用范围更广泛。

一、FBC 的作用

FBC 的操作简单，效果明显。研究结果表明，FBC 对微生物发酵有下述作用。

1. 可以控制抑制性底物的浓度

在许多发酵过程中，微生物的生长受到基质浓度的影响。按 Monod 方程，当营养物浓度增加到一定量时，生长就显示饱和型动力学，若再增加底物，就可能产生一种基质抑制区，停滞期延长，比生长速率减小，菌浓下降等。所以，高浓度营养物对大多数微生物生长是不利的，其抑制微生物生长有多种原因：①有的基质过浓使渗透压过高，细胞因脱水而死亡；②高浓度基质能使微生物细胞热致死（thermal death），如乙醇体积分数达 10% 时，可使酵母细胞热致死；③有的是因某种或某些基质对代谢关键酶或细胞组分产生抑制作用，如质量分数 3%～5%

的苯酚可凝固蛋白;④高浓度基质还会改变菌体的生化代谢而影响生长等。

在微生物发酵中,有的基质又是合成产物必需的前体物质,浓度过高,就会影响菌体代谢或产生毒性,使产物产量降低。例如,苯乙酸、丙醇(或丙酸)分别是青霉素、红霉素的前体物质,浓度过大,就会产生毒性,使抗生素产量减少。

为了在分批培养中获得高浓度菌体或产物,必须防止在基础培养基中加入过高浓度的基质或抑制性底物。采用 FBC 方式,就可以控制适当的基质浓度,获得高浓度的产物。

2. 可以解除或减弱分解代谢物的阻遏

在微生物合成初级或次级代谢产物中,有些合成酶受到易利用的碳源或氮源的阻遏,特别是葡萄糖,它能够阻抑多种酶或产物的合成,如纤维素酶、赤霉素、青霉素等。已知这种阻遏作用不是葡萄糖的直接作用,而是由葡萄糖的分解代谢产物所引起的。通过补料来限制基质的浓度,就可解除酶或其产物的阻遏,提高产物产量。例如,缓慢流加葡萄糖,纤维素酶的产量几乎增加 200 倍;将葡萄糖质量分数控制在 0.02% 的水平,赤霉素质量浓度可达到 905mg/L。

3. 可以使发酵过程最佳化

分批发酵动力学的研究,阐明了各个参数之间的相互关系。利用 FBC 技术就可以使菌种保持在最大生产力的状态。FBC 补料方式的不断改进,为发酵过程的优化和反馈控制奠定了基础。随着计算机、传感器等的发展和应用,已有离线方式或用模拟数学模型的在线方式实现优化控制。

二、补料内容与原则

所谓补料,顾名思义就是在发酵过程中补充某些养料以维持菌的生理代谢活动和合成的需要。补料的内容大致分为以下四个方面:

(1)补充微生物能源和碳源 例如,在发酵液中添加葡萄糖、饴糖、液化淀粉,即作为消泡剂,同时也起到了补充碳源的作用。

(2)补充菌体所需要的氮源 例如,在发酵过程中添加蛋白胨、豆饼粉、花生饼、玉米浆、酵母粉和尿素等有机氮源;有的发酵品种还通入氨气或添加氨水。以上这些氮源,由于它本身和代谢后的酸碱度的变化,可用于控制发酵的合适的 pH 值范围。

(3)加入某些微生物生长或合成所需要的微量元素或无机盐,如磷酸盐、硫酸盐、氯化钴等。

(4)对于产诱导酶的微生物,在补料中加入该酶的作用底物,是提高酶产量的重要措施。

菌体的生理调节活动和生物合成,除了取决于菌体自身的遗传特性外,还取决于外界的环境条件。其中一个重要的条件就是培养基的组成和浓度。若在菌体的生长阶段,有过于丰富的碳源和氮源以及适合的生长条件,就会使菌体向着菌丝繁殖的方向发展,使得养料主要消耗在菌丝生长上;而在生物合成阶段,养料便不足以维持正常生理代谢和合成的需要,导致菌丝过早自溶,使生物合成阶段缩短。补料工艺采用之前,工业生产的发酵周期一般只能维持 2~5d,采用补料工艺以后,发酵周期相应延长了。

因此,补料的原则就在于控制微生物的中间代谢,使之向着有利于产物积累的方向发展。为此,要根据菌体的生长代谢、生物合成规律,利用中间补料的措施给予产生菌适当的调节,让它在生物合成阶段有足够而又不过多的养料,供给其合成代谢的需要。

由于对微生物代谢的规律尚未充分掌握,现有的各种补料措施都是通过实验确定的。

三、补糖的控制

在确定补料的内容后,选择适当的时机进行补加相当重要。如图 10-14 所示,以四环素发酵中补加葡萄糖为例,说明三种不同的补加时间所产生的效果。第一种加糖时间过晚[接种62h 后加糖(曲线Ⅰ)];第二种加糖时间过早(接种20h 后加糖),其发酵96h 的单位与不加糖的对照组相近,为 6000U/mL 左右,并没有显示补糖的优越性(曲线Ⅱ);第三种加糖时机适当(接种45h 后加糖),发酵96h,单位在 10 000U/mL 以上(曲线Ⅲ)。可见,补糖时机对发酵的产量有很大的影响。加糖过早,刺激菌丝的生长,加速糖的利用,

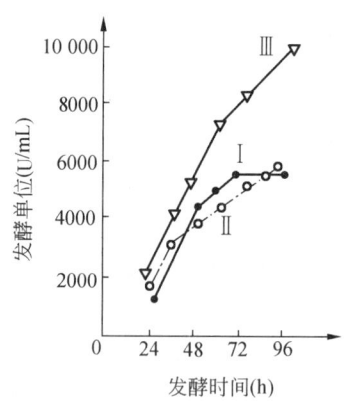

图 10-14　加糖时间对四环素发酵单位的影响
Ⅰ—加糖时间过晚；Ⅱ—加糖时间过早；Ⅲ—加糖时间适当

四环素发酵单位明显低于加糖时间适当的一组;而过晚加糖,不能充分利用,效果更差。

补糖的时机不能单纯以培养时间作为依据,还要根据基础培养基中碳源种类、用量和消耗速度、前期发酵条件、菌种特性和种子质量等因素来判断。因此,根据代谢变化如残糖含量、pH 值或菌丝形态来考虑,比较切合实际。

在确定补糖开始时间后,补糖的方式和控制指标也有讲究。补糖方法不当或控制不好,便收不到应有的效果。例如,在四环素发酵过程中,若以还原糖的水平作为指标,则不同阶段还原糖控制在不同的水平上,补糖效果也不同。一般在加糖后开始的阶段,如能维持较高浓度的还原糖含量,对生物合成有利;但高浓度还原糖含量不宜维持过久,否则导致菌丝大量繁殖,影响发酵单位增加。还原糖维持的水平因具体情况而略有差异,维持在 0.8%～1.5%较为适合。在补加葡萄糖的最适条件下,若能正确控制菌丝量的增加、糖的消耗与发酵单位增长三者的关系,就可获得比采用丰富培养基更长的生物合成期。

除了以还原糖作为控制指标外,也可以总糖作为指标。如土霉素发酵补充原则为,前期少量多次,总糖控制在 5%～6%;中期保持半饥饿状态,残糖控制在 4%～5%;后期,残糖控制在 3%～4%;放罐时为 2%左右。

有的发酵控制,还须参考糖的耗用速度、pH 值变化、菌丝发育情况、用油多少、发酵液黏度、罐内实际体积等参数。

补糖的方式一般都以间歇定时加入为主,但近年来开始注意用定时连续滴加的方式补进所需要的养料。连续滴加比分批加入控制效果更好,这可以避免一次大量加入而引起菌体的代谢受到环境突然改变的影响。有时会出现一次补料过多,十几小时不增加发酵单位的现象,这可能是对于环境的突然变化,菌体需要一个适应的过程。这种突然改变有时还可能导致合成方向的改变,使发酵单位受到影响。为了便于连续滴加,有的工厂采用简单的滴加装置,可计算滴加速率和加入的总量。

四、补氮的控制

通氨是补料工艺在某些发酵生产上的有效措施,它主要起补充菌体的无机氮源和调节 pH 值的作用。通氨时要掌握细流,注意泡沫情况。为了避免一次加入过多,造成局部过碱,也有把氨水管道接到空气分管内,借气流带入,可迅速与培养液混合均匀。

有些工厂根据发酵代谢的具体情况,中间添加某些具有调节生长代谢作用的物料,如磷酸盐、尿素、硝酸盐、$NaSO_4$、酵母粉或玉米浆等。如遇生长迟慢、耗糖低,习惯补充适量的磷酸盐,以促进糖的作用,但需注意培养时间和空气流量的配合。又如,土霉素发酵前期补加 2~3 次酵母粉,结果放罐单位比对照组高出约 1500U/mL。又如,青霉素发酵不正常时,菌丝展不开,成葫芦状,糖不被耗用,这时添加尿素水溶液有一定作用。

总之,补料工艺是控制中间代谢较为灵活的措施。不同微生物的品种或者同一品种培养条件不同,控制方法也略有差异,不能照搬套用,需要根据具体情况,通过实践确定最适的中间控制方法。

在添加补料时应注意以下几个问题:①料液配比要适合,过浓会影响消毒效果及料液的输送,过稀则料液体积增大,会带来一系列问题,如发酵单位稀释、液面上升、加油量增加等;②由于经常添加物料,应注意加强无菌控制,对设备和操作都须从严掌握;③应考虑经济核算,节约粮食,注意培养基的碳氮平衡等。

第五节 菌体浓度与基质对发酵的影响

一、菌体浓度对发酵的影响

菌体浓度(cell concentration)是指单位体积中菌体的含量。它是发酵工业中一个重要的控制参数。它不仅代表菌体细胞的多少,而且反映菌体细胞生理特性不完全相同的分化阶段。在发酵动力学研究中,常利用菌体浓度来计算菌体的比生长速率和产物的比生产速率等动力学参数以及相互关系。

菌体浓度与菌体生长速率直接相关,而菌体生长速率与微生物的种类和自身的遗传特性有关。菌体生长速率首先取决于细胞结构的复杂程度和生长机制,例如,细菌、酵母、霉菌和原生动物的倍增时间分别为 45min、90min、3h 和 6h 左右,即随着物种等级的升高,细胞结构越复杂,细胞增殖速率越慢。其次菌体生长速率与营养物质和环境条件有密切关系,营养物质丰富有利于细胞的生长,但也存在基质抑制作用,即营养物质存在上限,当超过此上限时会引起生长速率的下降,可能引起高渗透压、抑制关键酶或细胞结构的改变。总之,控制营养条件是微生物发酵研究和生产中的重要环节。

菌体浓度大小会对发酵产物的产率产生重要影响。氨基酸等初级代谢产物的产率与菌体浓度成正比,而抗生素等次级代谢产物则存在浓度范围,当菌体浓度过高时,可能引起培养液中营养成分明显改变和有毒物质积累,导致菌体代谢途径改变,特别是溶解氧传递的限制,可引发早期酵母细胞生长停滞、产生乙醇等现象,抗生素发酵受到限制使产量下降。因此,采用临界菌体浓度——摄氧速率与传氧速率相平衡时的菌体浓度,即摄氧速率随菌体浓度变化的曲线与传氧速率随菌体浓度变化的曲线交点所对应的菌体浓度,来获得最高生产率。

在发酵过程中应设法将菌体浓度控制在合适的范围内,主要通过控制培养基中营养物质的含量来控制菌体浓度。首先,确定培养基中各种成分的配比,其次,采用中间补料的方式进行控制。在生产上可采用菌体代谢产生的 CO_2 量来控制生产过程的补糖量,以控制菌体的生长和浓度。总之,可根据不同的菌种和产品,采用不同的方法控制最适的菌体浓度。

二、基质对发酵的影响

基质即培养微生物的营养物质。对于发酵控制来说,基质是生产菌代谢的物质基础,既涉及菌体的生长繁殖,又涉及代谢产物的形成。因此,选择适当的基质和控制适当的浓度是提高代谢产物产量的重要方法。

在分批发酵中,当基质过量时,菌体的生长速率与营养成分的浓度直接相关;对于产物的形成,培养基过于丰富,有时会使菌体生长过旺、黏度增大、传质差,菌体不得不花费较多的能量来维持其生存环境,即用于非生产的能量大量增加。所以,控制合适的基质浓度对菌体的生长和产物的形成都有利。现具体阐述碳源、氮源和无机盐等主要影响因素的控制。

1. 碳源对发酵的影响

按碳源利用快慢程度,分为快速利用的碳源和缓慢利用的碳源。前者能较迅速地参与代谢,合成菌体和产生能量,并产生分解产物(如丙酮酸等),对菌体生长有利,但有的分解代谢产物对产物的合成可能产生阻遏作用;而缓慢利用的碳源多数为聚合物,菌体利用缓慢,有利于延长代谢产物的合成,特别是延长抗生素的分泌期,这为许多微生物药物的发酵所采用。例如,乳糖、蔗糖、麦芽糖、玉米油及半乳糖分别是青霉素、头孢菌素 C、核黄素及生物碱发酵的最适碳源。因此,选择最适碳源对提高代谢产物的产量非常重要。

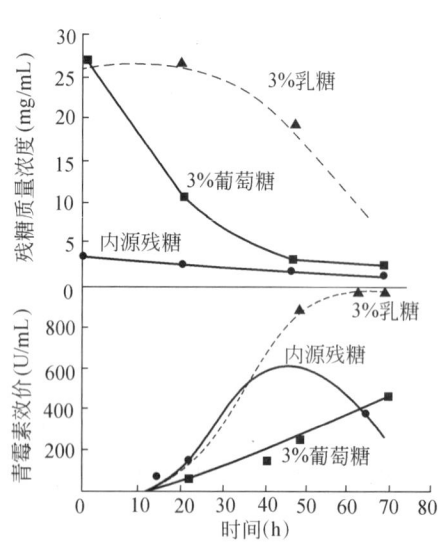

图 10-15 糖对青霉素生物合成的影响

在青霉素发酵的早期研究中,人们就认识到了碳源的重要性,在迅速利用的葡萄糖培养基中,菌体生长良好,但青霉素合成量很少;在缓慢利用的乳糖培养基中,菌体生长缓慢,但青霉素的产量明显地增加。它们的代谢变化如图 10-15 所示。从图可知,糖的缓慢利用是青霉素合成的关键因素。在其他抗生素发酵及初级代谢中也有类似情况,如葡萄糖完全阻遏嗜热脂肪芽孢杆菌产生胞外生物素——同效维生素(其化学构造及生理作用与天然维生素相类似的化合物)的合成。因此,控制使用能产生阻遏作用的碳源是非常重要的。在工业上,发酵培养基中常采用含迅速利用和缓慢利用的混合碳源,就是根据这个原理来控制菌体的生长和产物的合成的。

碳源的浓度对于菌体生长和产物合成有着明显的影响。因此,要优化碳源浓度的控制,可采用经验法和发酵动力学法,即在发酵过程中采用中间补料的方法进行控制。在实际生产中,要根据不同代谢类型确定,如补糖时间、补糖量和补糖方式。而发酵动力学法要根据菌体的比生产速率、糖比消耗速率及产物的比生产速率等动力学参数来控制。

2. 氮源的种类和浓度对发酵的影响

氮源可分为无机氮源和有机氮源两大类,不同种类和不同浓度的氮源都能影响产物合成的方向和产量。例如,在谷氨酸发酵中,当 NH_4^+ 供应不足时,促使形成 α-酮戊二酸;过量的 NH_4^+ 反而促使谷氨酸转变成谷氨酰胺。控制适当量的 NH_4^+ 浓度才能获得谷氨酸的最大产量。在研究螺旋霉素的生物合成中,发现无机铵盐不利于螺旋霉素的合成,而有机氮源(如鱼粉)则有利于产物的形成。

像碳源一样,也有可快速利用的氮源和缓慢利用的氮源。前者如氨基(或铵)态氮的氨基酸(或硫酸铵等)和玉米浆;后者如黄豆饼粉、花生饼粉、棉籽饼粉等蛋白质。它们各有自己的作用,可快速利用的氮源容易被菌体所利用,促进菌体生长,但对某些代谢产物的合成,特别是某些抗生素的合成产生调节作用而影响产量。例如,链霉菌的竹桃霉素发酵中,采用促进菌体生长的铵盐,能刺激菌丝生长,但抗生素的产量反而下降。铵盐对柱晶白霉素、螺旋霉素、泰洛星等的合成产生调节作用。缓慢利用的氮源对延长次级代谢产物的分泌期、提高产物的产量是有好处的。但一次性的投入也容易促进菌体生长和养分过早耗尽,导致菌体过早衰老而自溶,从而缩短产物的分泌期。综上所述,对微生物发酵来说需要优化选择适当的氮源及其浓度。

发酵培养基一般选用含有快速和慢速利用的混合氮源。例如,氨基酸发酵用铵盐(硫酸铵或醋酸铵)和麸皮水解液、玉米浆作为氮源;链霉素发酵采用硫酸铵和黄豆饼粉作为氮源。但也有使用单一铵盐或有机氮源(如黄豆饼粉)的。为了调节菌体生长和防止菌体衰老自溶,除了基础培养基中氮源外,还要通过补加氮源来控制浓度。生产上常采用的方法:

(1) 补加有机氮源 根据产生菌的代谢情况,可在发酵过程中添加某些具有调节生长代谢作用的有机氮源,如酵母粉、玉米浆、尿素等。例如,在土霉素发酵中,补加酵母粉可提高发酵单位;青霉素发酵中,后期出现糖利用缓慢、菌浓变稀、pH 值下降的现象,补加尿素就可改善这种状况并提高发酵产量。

(2) 补加无机氮源 补加氨水或硫酸铵是工业上常用的方法,氨水既可作为无机氮源,又可以调节 pH 值。在抗生素发酵工业中,补加氨水是提高发酵产量的有效措施,如果与其他条件相配合,有些抗生素的发酵单位可提高 50%。但当 pH 值偏高而又需补氮时,就可补加生理酸性物质的硫酸铵,以达到提高氮含量和调节 pH 值的双重目的。因此,应根据发酵控制的需要来选择与补充其他无机氮源。

3. 磷酸盐浓度对发酵的影响

磷是微生物生长繁殖所必需的成分,也是合成代谢产物所必需的。微生物生长良好时,所允许的磷酸盐浓度为 0.32～300mmol/L,但次级代谢产物合成良好时,所允许的最高平均浓度仅为 1.0mmol/L,提高到 10mmol/L 可明显抑制其合成。相比之下,菌体生长所允许的浓度比次级代谢产物合成所允许的浓度要大得多,相差几十倍,甚至几百倍。因此,控制磷酸盐浓度对微生物次级代谢产物发酵来说是非常重要的。磷酸盐对于初级代谢产物合成的影响,往往是通过促进生长而间接产生的,对于次级代谢产物,其影响机制更为复杂。

对磷酸盐浓度的控制,一般是在基础培养基中采用适当的浓度。对抗生素发酵来说,常常是采用生长亚适量(对菌体生长不是最适合但又不影响生长的量)的磷酸盐浓度。其最适浓度取决于菌种特性、培养条件、培养基组成和原料来源等因素,还可能因配制方法和灭菌条件不同而有所变化。在发酵过程中,若发现代谢缓慢的情况,还可补加磷酸盐,例如,在四环素发酵中,间歇添加微量 KH_2PO_4,有利于提高四环素的产量。

总之,控制基质的种类及其各成分的浓度是发酵能否成功的关键,必须根据产生菌的特性和产物合成的要求进行深入研究。

第六节 二氧化碳和呼吸商

二氧化碳(CO_2)是微生物的代谢产物,又是细胞代谢的重要指标,同时也是进行生物合成的必要物质。将 CO_2 生成量与细胞量相关联,通过碳质量平衡可推算细胞生长速率和细胞量。发酵液中溶解的 CO_2 对氨基酸、抗生素等许多产物的生产具有抑制或促进作用。

一、CO_2 对菌体生长和产物合成的影响

CO_2 对菌体的生长有直接作用,影响碳水化合物的代谢及微生物的呼吸速率。CO_2 对生产过程具有抑制作用。当 CO_2 分压为 3×10^2 Pa 时,青霉素合成速度降低40%,当发酵液中溶解 CO_2 的浓度为 1.6×10^{-2} mol/L 时,会严重抑制酵母菌的生长。

一般以 1L/(L·min) 的通气量,发酵液中溶解 CO_2 的浓度即达到抑制水平的10%。

若微生物生长受到抑制,会阻碍基质的异化作用和 ATP 的生成量,从而影响产物的合成。

在氨基糖苷类抗生素——紫苏霉素(sisomicin)的生产中,在 300L 发酵罐的空气进口通以1%的 CO_2,发现微生物对基质的代谢极慢,菌丝增长速度降低,紫苏霉素的产量比对照组降低33%;而通入2%的 CO_2 时,紫苏霉素产量比对照组降低85%;若通入的 CO_2 的量超过3%,则不产生紫苏霉素。

CO_2 对细胞作用的机制是 CO_2 及其产生的 HCO_3^- 都会影响细胞膜的结构。CO_2 主要作用在细胞膜的脂肪核心部位,HCO_3^- 则影响磷脂的亲水头部带电荷表面及细胞膜表面的蛋白质。当细胞膜的脂质相中 CO_2 浓度达到临界值时,膜的流动性及表面电荷密度发生变化,导致膜运输受阻而影响细胞膜的运输效率,细胞生长受到抑制,形态也会发生改变。

CO_2 对发酵的影响很难进行估算和优化,在大规模发酵中,CO_2 的影响将成为突出的问题。因为发酵罐中 CO_2 的分压是液体浓度的函数,10m 深的发酵罐在 1.01×10^5 Pa 气压下操作,底部 CO_2 分压是顶部 CO_2 分压的 2 倍。为了排除 CO_2 的影响,必须考虑 CO_2 在培养液中的溶解度、温度及通气情况。CO_2 溶解度大则对菌体生长不利。

排气中 CO_2 对发酵的影响如下:

1. 检测菌体的生长

分析尾气中 CO_2 的含量,记录培养基体积及通气量的变化,用计算机计算 CO_2 的积累量,并与菌体的干重进行比较,得出对数期菌体生长速率与 CO_2 释放率成正比关系。

一般进口空气中 O_2 占20.85%、CO_2 占0.03%、惰性气体占79.12%,因此连续测得排气中 O_2 和 CO_2 的浓度,可计算出整个发酵过程中 CO_2 的释放率(carbon dioxide release ratio,CRR)。

$$CRR = Q_{CO_2}X = \frac{q_{进}}{V}\left[\frac{\varphi_{惰进}\cdot\varphi_{CO_2出}}{1-(\varphi_{O_2出}+\varphi_{CO_2进})}-\varphi_{CO_2进}\right]f \qquad (10-5)$$

式中,Q_{CO_2} 为比二氧化碳释放率,mol/(g·h);X 为菌体干重,g/L;$q_{进}$ 为进气流量,mol/h;

$\varphi_{惰进}$、$\varphi_{CO_2进}$分别为进气中惰性气体、CO_2的体积分数;$\varphi_{CO_2出}$、$\varphi_{O_2出}$分别为排气中CO_2、O_2的体积分数;V为发酵液的体积,L;f为系数,$f=\frac{273}{273+t_{进}}\times p_{进}$;$t_{进}$为进气温度,℃;$p_{进}$为进气绝对压强,Pa。

从测定排气CO_2浓度的变化,采用控制流加基质的方法来实现对菌体的生长速率和菌体量的控制。

2. 补糖与排气CO_2浓度的关系

发酵液中补加葡萄糖,即增加碳源,排气CO_2浓度增加,pH值下降。原因是葡萄糖被利用产生CO_2,其中溶解的CO_2使培养液pH值下降;另一方面,葡萄糖被利用产生有机酸,使pH值下降。

糖、CO_2和pH值三者的相关性,是青霉素工业生产用于补料控制的参数,且排气CO_2的变化比pH值变化更为敏感,所以采用测定排气CO_2释放率来控制补糖速率。

二、呼吸商对发酵的影响

发酵过程中菌的耗氧速率(oxygen uptake rate, OUR)可通过热磁氧分析仪或质谱仪测量进气和排气中的氧含量而得:

$$\text{OUR} = Q_{O_2}X = \frac{F_{进}}{V}\left[\varphi_{O_2进} - \frac{\varphi_{惰进}\varphi_{O_2出}}{1-(\varphi_{CO_2出}+\varphi_{O_2进})}\right]f \qquad (10-6)$$

式中,Q_{O_2}为呼吸强度,mol/(g·h);OUR为菌耗氧速率,mol/(L·h)。

$$\text{RQ(呼吸商)} = \frac{\text{CRR}}{\text{OUR}}\left(\frac{CO_2\text{释放率}}{\text{菌耗氧速率}}\right)$$

RQ可以反映菌的代谢情况,酵母发酵中,RQ=1时,糖为有氧代谢,仅生成菌体,无产物形成;当RQ>1.1时,糖经EMP路径生成乙醇。

基质不同,菌的RQ也不同。*E. coli*以延胡索酸为基质时,RQ=1.44;以丙酮酸、琥珀酸为基质时,RQ分别为1.26、1.12;以乳酸、葡萄糖为基质时,RQ分别为1.02和1.00。

在抗生素发酵中,菌体生长、维持及产物形成的不同阶段,其RQ值也不同,青霉素发酵的理论RQ值,在菌体生长时为0.909,菌体维持时为1,青霉素生产阶段为4。可看出,在发酵早期,主要是菌体生长,RQ<1;在过渡期,菌体维持其生命活动,并逐渐形成产物,RQ比生长期略有增加。产物形成对RQ的影响较为明显,如产物还原性比基质大,RQ增加;产物氧化性比基质大,RQ就减小。其偏离程度取决于每单位菌体利用基质所形成的产物量。

实际生产中测定的RQ值明显低于理论值,说明发酵过程中存在着不完全氧化的中间代谢物和除葡萄糖以外的其他碳源。

若发酵过程中加入消泡剂,由于它具有不饱和性和还原性,使RQ值偏低,例如,青霉素发酵中,RQ在0.5~0.7之间,且随葡萄糖与消泡剂加入量之比而波动。

可见CO_2在发酵液中的浓度变化没有规律。它的大小受到许多因素的影响,如菌体的呼吸强度、发酵液流变学特性、通气、搅拌程度和外界压力大小等因素。设备规模大小也有影响,由于CO_2的溶解度随压力增加而增大,大发酵罐中的发酵液的静压可达1×10^5Pa以上,若处在正压发酵阶段,可使罐底部压强达$1.5\times^5$Pa。如不改变搅拌转数,CO_2就不容易排出而在罐底形成碳酸,进而影响菌体的呼吸和产物的合成。

CO_2 浓度的控制应视其对发酵的影响而定。如果 CO_2 对产物合成有抑制作用,应设法降低其浓度;若有促进作用,则应提高其浓度。在发酵罐中不断通入空气,既可保持溶解氧在临界点以上,又可随废气排出,使之低于能产生抑制作用的浓度。所以,通气搅拌是控制 CO_2 浓度的一种方法。例如,在 $3m^3$ 发酵罐中进行四环素发酵 40h,通气量减小到 $75m^3/h$,搅拌速率为 80r/min,以提高 CO_2 的浓度;40h 以后,通气量和搅拌速率分别提高到 $110m^3/h$ 和 140 r/min,以降低 CO_2 浓度,四环素产量可提高 25%~30%。

第七节 发酵终点的判断

微生物发酵终点的判断对提高产物的生产能力和降低生产成本很重要。生产能力是指单位时间内单位罐体积的产物积累量。无论是初级代谢产物还是次级代谢产物发酵,到了发酵末期,菌体的分泌能力和生产能力相应下降或停止。有的菌体衰老自溶而释放出体内的分解酶,该酶会破坏产物。因此,需要考虑以下几个因素来确定合理的放罐时间。

首先考虑经济因素,发酵应以最低的综合成本来获得最大生产能力的时间为最适发酵时间。在实际生产中,以发酵周期缩短、设备利用率提高、综合成本低来确定合理发酵时间。

其次是发酵时间长短对后续工艺和产品质量有很大的影响。如果发酵时间太短,必有过多尚未代谢的营养物质(如可溶性蛋白、脂肪等)残留在发酵液中。这些物质对下游操作的分离纯化等工序都不利。如果发酵时间太长,菌体会自溶,释放出菌体蛋白或体内水解酶,又会显著改变发酵液的性质,增加过滤工序的难度,甚至使一些不稳定的活性产物遭到破坏。所有这些都可能导致产物的质量下降及产物中杂质含量的增加,故要考虑发酵周期长短对分离纯化工序的影响。

还要根据具体发酵考虑特殊因素。例如,对老品种的发酵,我们已掌握了它们的放罐时间,在正常情况下,可根据作业计划按时放罐。但在异常情况下,如染菌、代谢异常(糖耗缓慢等)时,就应根据不同情况进行适当处理。为了能够得到尽量多的产物,应该及时采取措施(如改变温度或补充营养等),并适当提前或者拖后放罐时间。

合理的放罐时间是由实验确定的,即根据不同发酵时间所得到的产物量,计算出发酵罐的生产能力和产品成本,采用生产力高而成本低的时间作为放罐时间。

不同的发酵类型要求达到的目标不同,因而对发酵终点的判断标准也不同。

一般来说,对于发酵产品,当原材料成本是整个产品成本的主要部分时,所追求的是提高产物得率;当生产成本是整个产品成本的主要部分时,所追求的是提高生产率和发酵系数;当下游技术成本占整个产品成本的主要部分,而产品价格又较贵时,追求的是高的产物浓度。因此,计算放罐时间还应考虑体积生产率(每升发酵液每小时形成的产物量)和总生产率(放罐时发酵单位除以总发酵生产时间)。这里,总发酵生产时间包括发酵周期和辅助操作时间。这就要求在产物合成速率较低时放罐,以缩短发酵周期;而延长发酵时间虽然略能提高产物浓度,但生产率下降,水电等消耗大,成本反而提高。

放罐过早,会残留过多的养分(如糖、脂肪、可溶性蛋白),对分离纯化不利(这些物质能增加乳化作用,干扰树脂的交换作用);放罐过晚,菌体自溶,会延长过滤时间,还会使产品的数量降低(有些抗生素单位下跌),扰乱分离纯化作业计划。补料可根据糖耗速度计算到放罐时允许的残留量来控制。而一般判断放罐的主要指标有产物浓度、菌体形态、pH值、培养液的氮含量、糖含量、外观、黏度等因素。放罐时间可根据作业计划进行,但在异常发酵时,应当机立断放罐,以免倒罐。总之,发酵终点的判断需要综合考虑各方面的因素。

第十一章　工业发酵染菌的防治

第一节　工业发酵染菌的危害

发酵工业自从采用纯种培养以后,产率有了很大提高,但对防止染菌的要求也更高了。为了防止染菌,使用了一系列的设备、工艺和管理措施,如密闭式发酵罐,无菌空气制备,设备、管道和无菌室的设计,培养基和设备灭菌,以及培养过程的无菌操作等,大大降低了染菌率。但是,现代发酵工业仍遭受染菌的严重威胁,例如抗生素发酵中青霉素发酵染菌率为2%,链霉素、红霉素和四环素发酵染菌率约为5%,谷氨酸发酵噬菌体感染率为1%~2%。染菌轻者影响产率、产物提取收得率和产品质量;严重者造成"倒罐",浪费大量原材料,造成严重的经济损失。

染菌对发酵产率、提取率、产品质量和"三废"治理等都有很大影响。不同的生产品种,污染不同的杂菌,不同的污染时间,不同的污染途径、污染程度,不同的培养基和培养条件,所产生的后果是不同的。

1. 染菌对各种发酵的影响

不同的发酵菌种、培养基、发酵条件、发酵周期以及产物性质等,受污染的危害程度也不同。在青霉素发酵中,由于许多杂菌都能产生青霉素酶,无论是在发酵前期、中期,还是发酵后期,都能产生分泌青霉素酶的杂菌,使青霉素迅速破坏,致使发酵失败。疫苗深层培养一旦受污染,无论污染的是活菌、死菌或内外毒素,都应全部废弃。柠檬酸发酵在产酸后,pH值很低,一般杂菌不易生长,柠檬酸主要防止前期染菌。谷氨酸发酵周期短,生产菌繁殖快,培养基不太丰富,一般较少污染杂菌,但噬菌体污染对谷氨酸发酵的威胁非常大。肌苷、肌苷酸发酵,由于生产菌是多种营养缺陷型,生长能力差,培养基营养丰富等,容易受杂菌污染,且杂菌污染后,营养成分迅速被消耗,严重抑制生产菌生长和代谢产物的生成。无论何种发酵,染菌后都由于糖等基质被消耗,影响发酵产物的生成,降低产量。

2. 不同染菌对发酵的影响

在抗生素发酵中,青霉酸发酵污染细短产气杆菌比污染粗大杆菌危害更大;链霉素发酵污染细短杆菌、假单孢杆菌和产气杆菌比污染粗大杆菌危害更大;四环素发酵最怕污染双球菌、芽孢杆菌和荚膜杆菌。柠檬酸发酵最怕污染青霉菌,肌苷、肌苷酸发酵最怕污染芽孢杆菌。谷氨酸发酵最危险的是污染噬菌体,因为噬菌体蔓延迅速,难以防治,容易造成连续污染。

3. 不同染菌时期对发酵的影响

(1)种子培养期染菌　种子培养主要是生长繁殖菌体,菌体浓度低,培养基营养丰富,比较容易染菌。种子培养期染菌,带进发酵罐中危害极大,应严格控制种子污染。当发现种子受污染时,均应灭菌后弃去,并对种子罐、管道进行检查和彻底灭菌。

(2)发酵前期染菌　发酵前期主要是菌体生长繁殖,代谢产物生成很少,此时容易染菌,污染后杂菌迅速繁殖,与生产菌争夺营养成分和氧气,严重干扰生产菌的生长繁殖和产物的生成,要特别防止发酵前期染菌。发酵前期染菌时,若营养成分消耗不多,应迅速重新灭菌,补充必要的营养成分(如果体积太大,可放出部分受污染发酵液),重新接种发酵。

(3) 发酵中期染菌　发酵中期染菌将严重干扰生产菌的代谢,影响产物的生成。有的杂菌繁殖后产生酸性物质,使 pH 值下降,糖、氮消耗迅速,菌(丝)体自溶,发酵液发粘,产生大量泡沫,代谢产物的积累迅速减少或停止,有的已生成的产物也会被利用或破坏,有的发酵液发臭。发酵中期染菌,由于营养成分大量消耗,一般挽救处理困难,危害性很大。所以应尽力做到早发现、快处理。处理方法应根据各种发酵的特点和具体情况来决定。如抗生素发酵,可将另一罐发酵正常、单位高的发酵液的一部分输入染菌罐中,以抑制杂菌繁殖,同时采取低通风、降低流加糖量等措施。柠檬酸发酵中期染菌,可根据所染杂菌的性质分别处理,如污染细菌,可加大通风量,加速产酸,降低 pH 值,以抑制细菌生长,必要时可加入盐酸调节 pH 在 3.0 以下,以抑制杂菌;如污染酵母,可加入 0.025～0.035g/L 的硫酸铜,以抑制酵母生长,并提高风量,加速产酸;如污染黄曲霉,可加入另一罐将近发酵成熟的醪液,使 pH 值下降,黄曲霉自溶;如污染青霉,危害很大,因为青霉在 pH 值很低的条件下能够生长,如果残糖较低,可以提高风量,促使产酸和耗糖,并提前放罐。

(4) 发酵后期染菌　发酵后期产物积累较多,糖等营养物质即将耗尽。如果染菌量不太多,可继续进行发酵;如污染严重,破坏性较大,可以采取措施提前放罐。发酵后期染菌对不同产物的影响不同,如抗生素、柠檬酸发酵后期染菌影响不大,肌苷、肌苷酸和谷氨酸、赖氨酸等发酵后期染菌则会影响产物的产量、产物提取和产品质量。

在染菌严重时,有人主张加入不影响生产菌正常代谢的某些抗生素、呋喃西林、对苯二酚、新洁尔灭等灭菌剂,抑制杂菌生长。例如,庆大霉素发酵染菌,可加入少量庆大霉素粉或对苯二酸;灰黄霉素发酵染菌时,可加入新霉素。但在发酵开始时加入灭菌剂以防止染菌,似无必要,也增加成本,若当发酵染菌后再加入灭菌剂又为时已晚,实际效果值得探讨。

4. 染菌程度对发酵的影响

染菌程度愈大,即进入发酵罐的杂菌数量愈多,对发酵的危害愈大。当生产菌已迅速繁殖,在发酵液中占有绝对优势时,即使污染了少数杂菌,如每升发酵液中有 1～2 个杂菌,对发酵也不会带来影响,因为这些杂菌需要一定时间繁殖才能达到危害发酵的程度,而且环境对杂菌的繁殖也不利。当 75m³ 发酵液污染 1 个杂菌,到大幅度(如 10^6 个/mL)污染所需要的时间(h)见下表:

条件	污染 10^6 个/mL 所需时间	污染 10^8 个/mL 所需时间
延迟 0h,增代时间 t_g = 0.5h	23h	26h
延迟 6h,增代时间 t_g = 0.5h	29h	32h
延迟 0h,增代时间 t_g = 2h	92h	106h
延迟 6h,增代时间 t_g = 2h	98h	112h

但是污染幅度较大时,特别是在发酵前期和中期污染,将造成严重的危害。例如丝状菌发酵被污染后,有大量菌丝自溶,发酵液发粘,有的甚至发臭。发酵液过滤困难,发酵前期染菌过滤更困难,严重影响产物的提取收率和产品质量。在这种情况下,可先将发酵液加热处理,再加助滤剂,或者先加絮凝剂使蛋白质凝聚,再加助滤剂,有利于过滤。

染菌的发酵液含有较多蛋白质和其他杂质。对于采用沉淀法提取产物,这些杂质随产物沉淀而影响后面工序处理,从而影响产品质量。如谷氨酸发酵染菌后,在等电点出现 β-型结晶谷氨酸,使谷氨酸无法分离,β-型结晶谷氨酸含有大量发酵液,影响下道工序精制处理,从而影响产品质量。采用溶媒萃取的提取工艺,由于蛋白质等杂质多,极易发生乳化反应,很难使水相和溶剂相分离,影响进一步提纯。采用离子交换法提取工艺,由于发酵液发粘,大量菌体等胶体物质粘附在树脂表面或被树脂吸附,使树脂吸附能力大大降低,有的难被水洗掉,在洗脱时与产物一起被洗脱,混在产物中,影响产物的提纯。

第二节 发酵染菌的检测与防治

一、种子培养和发酵异常

种子培养和发酵异常是指发酵过程中的某些物理参数、化学参数或生物参数发生与原有规律不同的改变,而影响发酵水平,使生产蒙受损失。对此,应及时查明原因,加以解决。

1. 种子培养异常

种子培养异常表现在培养的种子质量不合格。种子质量差会给发酵带来较大的影响。然而种子内在质量常被忽视,由于种子培养的周期短,可供分析的数据较少,因此种子异常的原因一般较难确定。种子培养异常的表现主要有菌体生长缓慢、菌丝结团、菌体老化以及培养液的理化参数改变。

(1) 菌体生长缓慢 种子培养过程中菌体数量增长缓慢的原因很多,培养基原料质量下降、菌体老化、灭菌操作失误、供氧不足、培养温度偏高或偏低、酸碱度调节不当等都会引起菌体生长缓慢。此外,接种物冷藏时间长或接种量过低而导致菌体量少,或接种物本身质量差等也都会使菌体数量增长缓慢。

(2) 菌丝结团 在培养过程中有些丝状菌容易产生菌丝团,菌体仅在表面生长,菌丝向四周伸展,而菌丝团的中央结实,使内部菌丝的营养吸收和呼吸受到很大影响,从而不能正常生长。菌丝结团的原因很多,诸如通气不良或停止搅拌,导致溶解氧浓度不足;原料质量差或灭菌效果差,导致培养基质量下降;接种的孢子或菌丝保藏时间长而菌落数少、泡沫多;罐内装料少、菌丝粘壁等会导致培养液的菌丝浓度比较低;接种物种龄短等也会导致菌体生长缓慢,造成菌丝结团。

(3) 代谢不正常 代谢不正常表现出糖、氨基氮等变化不正常,菌体浓度和代谢产物不正常。造成代谢不正常的原因很复杂,除与接种物质量和培养基质量差有关外,还与培养环境条件差、接种量少、杂菌污染等有关。

2. 发酵异常

不同发酵所发生的发酵异常现象,虽然形式不尽相同,但均表现出菌体生长速度缓慢、菌体代谢异常、耗糖慢、pH 值异常变化、泡沫异常增多、发酵液颜色异常变化、代谢产物含量异常下跌、发酵周期异常拖长等。

(1) 菌体生长差 由于种子质量差或种子低温放置时间长,从而导致菌体数量较少、延滞期长、发酵液内菌体数量增长缓慢、外形不整齐。种子质量不好、发酵性能差、环境条件差、培养基质量不好等均会引起糖、氮的消耗少或间歇停滞,出现糖、氮代谢缓慢现象。

(2) pH 值过高或过低 发酵过程中由于培养基原料质量差,灭菌效果差,加糖、加油过多或过于集中,从而引起 pH 值的异常变化。而 pH 值变化是所有代谢反应的综合反映,在发酵的各个时期都有一定规律,pH 值的异常变化就意味着发酵的异常。

(3) 溶解氧水平异常 对于特定的发酵过程要求一定的溶解氧水平,而且在不同的发酵阶段其溶解氧的水平是不同的。如果发酵过程中的溶解氧水平发生了异常的变化,一般就是发酵染菌的表现。

污染的杂菌好氧性不同,产生溶解氧异常现象也不同。当杂菌是好氧性微生物时,溶解氧的浓度在较短时间内下降,直到接近于零,且在长时间内不能回升;当杂菌是非好氧性微生物时,生产菌由于受污染而被抑制生长,使耗氧量减少,溶解氧浓度升高。

(4) 泡沫过多 一般在发酵过程中泡沫的消长是有一定规律的。但是,菌体生长差、代谢速度慢、接种物嫩或种子未及时移种而过老、蛋白质类胶体物质多等,都会使发酵液在不断通气、搅拌下产生大量的泡沫。培养基灭菌时温度过高或时间过长,葡萄糖受到破坏后产生的氨基糖会抑制菌体的生长,也会使泡沫大量产生。

(5) 菌体浓度过高或过低 在发酵生产过程中菌体或菌丝浓度的变化是按其固有的规律进行的。但是如罐温长时间偏高,或停止搅拌时间较长造成溶氧不足,或培养基灭菌不当导致营养条件较差,种子质量差,菌体或菌丝自溶等,均会严重影响培养物的生长,导致发酵液中菌体浓度变化偏离原有规律,出现异常现象。

二、染菌的检测与原因分析

发酵过程是否染菌应以无菌实验的结果为依据进行判断。在发酵过程中,如何及早发现杂菌的污染并及时采取措施加以处理,是避免染菌造成严重经济损失的重要手段。因此,生产上要求能准确、迅速地检查出杂菌的污染。目前常用方法主要有显微镜检查法、肉汤培养法、平板(双碟)培养法、发酵过程的异常观察法等。

1. 显微镜检查法(镜检法)

用革兰氏染色法(Gram's stain)对样品进行涂片、染色,然后在显微镜下观察微生物的形态特征,根据生产菌与杂菌的特征进行区别,判断是否染菌。如发现有与生产菌形态特征不一样的其他微生物存在,就可判断为发生了染菌。

2. 平板划线培养或斜面培养检查法

先将经灭菌的固体培养基倒入灭菌的平板中置于 37℃ 培养箱,保温 24h,检查无菌即可使用。将需要检查的样品在无菌平板上划线,分别置于 37℃、27℃ 培养箱中培养,以适合中温菌、低温菌的生长,一般在 8h 后即可观察。

噬菌体检查可采用双层平板培养法,底层同为肉汁琼脂培养基,上层减少琼脂用量。先将灭菌的底层培养基溶解后倒平板,凝固后,将上层培养基溶解并保持 40℃,加生产菌作为指示菌,和待检样品混合后迅速倒在底层平板上,置于培养箱保温培养 12~20h,观察有无噬菌斑产生。

培养基(pH 7.0)组成(质量分数):

	葡萄糖(%)	牛肉膏(%)	蛋白胨(%)	NaCl(%)	琼脂(%)
上层	0.5	1.0	1.0	0.5	1.0
下层	0.5	1.0	1.0	0.5	2.0

3. 肉汤培养检查法

将需检查样品接入灭菌并经过检查无菌的肉汤培养基中,放置37℃和27℃培养箱中分别培养24h,进行观察,并取样镜检。此法常用于检查培养基和无菌空气是否带菌,也可用于噬菌体检查,此时使用生产菌作为指示菌。

葡萄糖酚红肉汤培养基组成:牛肉膏0.3%,葡萄糖0.5%,氯化钠0.5%,蛋白胨0.8%,添加1%酚红溶液至0.4%,$p=H\ 7.2$。

无菌实验仅取样几毫升,平板画线培养取样更少,当发酵罐污染菌量不多(例如,每毫升发酵液污染1个杂菌)时被发现(一般检出染菌时已超过这数量),如果发酵液为35m³,即污染的总菌数为35×10^6个。设发酵开始时污染1个菌,求繁殖至35×10^6个需要的时间。

设杂菌生长世代时间为0.5h,生长速率常数

$$\mu = \frac{\ln 2}{0.5} = 1.386(h)$$

则从1个菌繁殖至35×10^6个所需的时间

$$t = \frac{\ln 35 \times 10^6}{1.386} = 12.5(h)$$

计算结果表明,35m³发酵液从污染1个菌至35×10^6个菌需要12.5h,即从污染1个菌到能被检出需要12.5h。因此,以上检查方法未发现污染,还不能肯定未染菌。

还可以从发酵过程的异常现象来判断是否染菌,如溶解氧、pH值、排气中CO_2含量和菌体酶活力等变化来判断。

(1)溶解氧水平异常变化显示染菌

好气性发酵均需要不断供氧,特定的发酵具有一定的溶解氧水平,而且在不同发酵阶段其溶解水平不同。图11-1为谷氨酸正常发酵和异常发酵的溶解氧水平曲线。在发酵初期,菌体处于适应期,耗氧量很少,溶解氧浓度基本不变;当菌体进入对数生长期,耗氧量增加,溶解氧浓度很快下降,并且维持在一定水平(5%饱和度以上),这阶段由于操作条件(pH、温度、加料等)变化,溶解氧浓度有波动,但变化不大;发酵后期,菌体衰老,耗氧量减少,溶

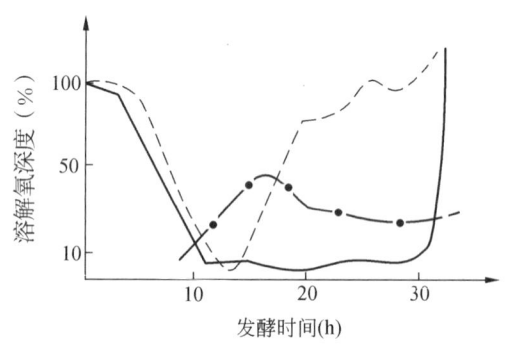

图11-1 谷氨酸发酵时正常和异常的溶解氧曲线
——正常发酵溶解氧曲线;- - - -异常发酵溶解氧曲线;
- · - · -异常发酵光密度曲线

解氧浓度又上升。当感染噬菌体时,生产菌的呼吸作用受抑制,溶解氧浓度很快上升,如图中虚线所示。从图中可见,感染噬菌体时,溶解氧的变化比菌体浓度变化更灵敏,更快地预见受感染。当污染好气性杂菌时,溶解氧浓度在较短时间内下降,并接近零值,且长时间不能回升;当污染的是非好气性菌时,生产菌由于受污染而被抑制生长,使耗氧量减少,溶解氧浓度升高。

(2)排气中CO_2异常变化显示染菌 好气性发酵排气中CO_2含量与糖代谢有关,可以根据CO_2含量来控制发酵工艺(如流加糖、通风量等)。对于某种发酵,在工艺一定时,排气中CO_2含量变化是有规律的。在染菌后,糖的消耗发生变化(加快或减慢),引起CO_2含量

的异常变化。如污染杂菌,糖耗加快,CO_2 含量增加;感染噬菌体,糖耗减慢,CO_2 含量减少。因此,可根据 CO_2 变化来判断是否染菌。

发酵染菌首先要分析发酵染菌率,发酵的总染菌率是指一年内发酵染菌批数与总投料批数之比,即

$$总染菌率 = \frac{发酵染菌批数}{总投料批数} \times 100\%$$

发酵染菌率是指在发酵罐中发生的染菌率,包括染菌后挽救不了导致倒罐的批数,但种子罐培养的染菌不接入发酵罐,未导致发酵染菌的,则需另行计算。

发酵的菌种、培养基、产品性质、发酵周期、生产环境条件、设备和管理技术水平等不同,染菌率也有很大差别。如抗生素发酵周期长,营养比较丰富,染菌率较高。据报道,美国抗生素发酵,20 世纪 50 年代染菌率为 5%,随着技术水平提高,染菌率下降,但现在仍然有 2%。国外大多数公司抗生素发酵染菌率为 2%~5%。

发酵染菌之后,必须分析染菌原因,把发酵染菌消灭在发生之前,防患于未然,是积极克服发酵染菌困难的最重要措施。发酵染菌的主要原因有种子带菌、无菌空气带菌、设备渗漏、灭菌不彻底、操作失误和技术管理不善等。表 11-1 是上海某味精厂谷氨酸发酵染菌原因分析,在发生染菌后,该厂根据无菌实验结果,参考以下方法找出原因,杜绝污染。

表 11-1　上海某味精厂谷氨酸发酵染菌分析

染菌原因	染菌率(%)	染菌原因	染菌率(%)
空气系统染菌	32.05	补料、取样带菌	4.30
设备问题	15.46	种子带菌	1.72
管理和操作不当	11.34	环境污染及原因不明	35.13

4. 染菌种类分析

每一发酵过程所污染的杂菌的种类不同,对发酵影响是不同的。如青霉素发酵污染细短产气杆菌比粗大杆菌的危害更大;链霉素发酵污染细短杆菌、假单胞杆菌和产气杆菌比污染粗大杆菌更有危害;柠檬酸发酵最怕青霉菌污染;谷氨酸发酵最怕噬菌体污染。若污染的杂菌是耐热芽孢杆菌,则可能是由于培养基或设备灭菌不彻底、设备存在死角等引起。若污染球菌、无芽孢杆菌等不耐热杂菌,则可能是由于种子带菌、空气过滤效率低、除菌不彻底、设备渗漏和操作不当等引起。若污染真菌,则可能原因是设备或冷却盘管的渗漏、无菌室灭菌不彻底或无菌操作不当、糖液灭菌不彻底等。

5. 发酵染菌分析

从染菌的规模来看,主要有三种。

(1) 大批量发酵罐染菌　如果染菌发生在发酵前期,则可能是种子带菌或连消(灭菌)系统设备引起染菌;如果染菌发生在发酵中期、后期,且这些杂菌类型相同,则一般是空气净化系统存在诸如系统结构不合理、空气过滤器失效等问题;如果空气带菌量不多,则无菌实验的显现时间较长,这就增加了分析与防治空气带菌的难度。

(2) 部分发酵罐染菌　如果染菌发生在发酵前期,则可能是种子染菌、连消(灭菌)系统灭菌不彻底;如果是发酵后期染菌,则可能是中间补料染菌,如补料液带菌、补料管渗漏。

(3) 个别发酵罐连续染菌(此时如果采用间歇灭菌工艺,一般不会发生连续染菌)　个

别发酵罐连续染菌,大都是由设备渗漏造成的,应仔细检查阀门、罐体或罐器是否清洁等。一般设备渗漏引起的染菌,会出现每批染菌时间向前推移的现象。

6. 污染时间分析

从发生染菌时间来分析,有三种情况。

①染菌发生在种子培养阶段,或称种子培养基染菌。此时通常是由种子带菌、培养基或设备灭菌不彻底,以及接种操作不当或设备因素等原因引起染菌。

②在发酵过程的初始阶段发生染菌,或称发酵前期染菌。此时大部分染菌也是由种子带菌、培养基或设备灭菌不彻底,及接种操作不当或设备、无菌空气带菌等引起。

③发酵后期染菌。大部分是由空气过滤不彻底、中间补料染菌、设备渗漏、泡沫顶盖以及操作问题而引起染菌。

三、染菌途径与防治

1. 种子带菌及其防止

种子带菌的原因主要有以下几方面。

(1)培养基及用具灭菌不彻底　菌种培养基及用具灭菌均在灭菌锅中进行,造成灭菌不彻底主要是灭菌时锅内空气排放不完全,造成假压,使灭菌时温度达不到要求。

(2)菌种在移接过程中受污染　菌种的移接工作是在无菌室中,按无菌操作进行。当菌种移接操作不当,或无菌室管理不严,就可能引起污染。因此,要严格无菌室管理制度和严格按无菌操作要求接种,合理设计无菌室。

(3)菌种在培养过程或保藏过程中受污染　菌种在培养过程和保藏过程中,由于外界空气进入,也使杂菌进入而受污染。为了防止污染,试管的棉花塞应有一定的紧密度,不宜太松,且有一定长度,培养和保藏温度不宜变化太大。每一级种子培养物均应经过严格检查,确认未受污染才能使用。

2. 无菌空气带菌及其防治

无菌空气带菌是发酵染菌的主要原因之一。杜绝无菌空气带菌,必须从空气净化流程和设备的设计、过滤介质的选用和装填、过滤介质的灭菌和管理等方面完善空气净化系统。

3. 培养基和设备灭菌不彻底导致的染菌及其防治

培养基和设备灭菌不彻底的原因,主要与以下几个方面有关。

(1)原料性状　一般稀薄的培养基容易灭菌彻底,而淀粉质原料,特别是有颗粒时,容易由于灭菌不彻底,造成染菌。淀粉质原料在升温过快或混合不均匀时,容易结块,使团块中心部位"夹生",包埋有活菌,蒸汽不易进入将其杀灭,在发酵过程中团块散开,导致染菌。因此,淀粉质培养基灭菌以采用实罐灭菌为好,在升温时先搅拌混合均匀,并加一定量α-淀粉酶使之边加热边液化,有大颗粒的原料应过筛除去。

(2)实罐灭菌时未充分排除罐内空气　实罐灭菌时,罐内空气未完全排除,造成"假压",使罐顶空间局部温度达不到灭菌要求,导致灭菌不彻底而污染。为此,在实罐灭菌升温时,应打开排气阀门及有关连接管的边阀、压力表接管边阀等,使蒸汽通过,达到彻底灭菌。

(3)培养基连续灭菌时,蒸汽压力波动大,培养基温度未达到灭菌温度,导致灭菌不彻底而污染。培养基连续灭菌应严格控制灭菌温度,最好采用自动控制装置。

(4)设备、管道存在"死角" 由于操作、设备结构、安装或人为造成的屏障等原因,引起蒸汽不能有效到达或不能充分到达预定应该到达的局部灭菌部位,从而不能达到彻底灭菌的要求。这些不能彻底灭菌的部位称为"死角"。"死角"可以是设备、管道的某一部位,也可以是培养基或其他物料的某一部分。

常见的设备、管道"死角"如下:

①发酵罐的"死角" 发酵罐内的部件及其支撑件,如拉手扶梯、搅拌轴拉杆、联轴器、冷却盘管、挡板、空气分布管及其支撑件、温度计套焊接处等周围容易积集污垢,形成"死角"。经常清洗并定期铲除污垢,可以消除这些"死角"。

发酵罐制作不当造成"死角"。如不锈钢衬里焊接质量不好,导致不锈钢与碳钢之间有空气,在灭菌时,由于三者膨胀系数不同,使不锈钢鼓起或破裂,造成"死角"(见图11-2)。

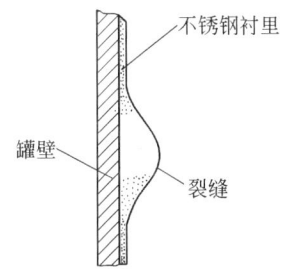

图11-2 不锈钢衬里破裂造成"死角"

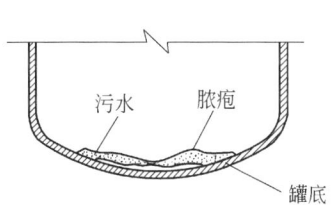

图11-3 发酵罐罐底脓疱状积垢

罐底部堆积培养基中的固体物,形成硬块,包藏着脏物(见图11-3),使灭菌不彻底。应清洗彻底,消除积垢。

罐底的加强板长期受压缩空气顶吹而被腐蚀、受损或出现裂缝,或焊接不当,造成灭菌不彻底(见图11-4)。应煅成与罐底相同弧度,使之吻合紧密,并注意焊接质量。

发酵罐封头上的人孔(或手孔)、排风管接口、灯孔、视镜口、进料管口、压力表接口等都是造成"死角"的潜在之处。一般应安装边阀,使灭菌彻底,并注意清洗。

②管道安装不当形成的"死角" 发酵车间的管道连接的法兰加工、焊接和安装要符合灭菌要求,使衔接处两节管道畅通、光滑、密封性好,垫片内圆恰与法兰内径相等,安装时须对准中心。垫片内径太大、太小或安装未对准中心,都会造成"死角",见图11-5(a)、图11-5(b)。法兰与管子焊接不好,受热不均匀,易使法兰翘曲而形成"死角",见图11-5(c)。

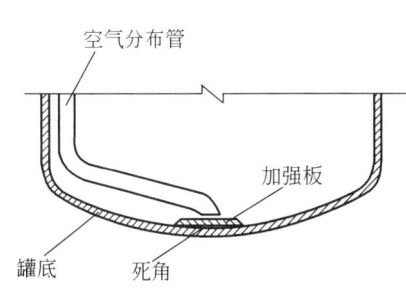

图11-4 罐底的加强板

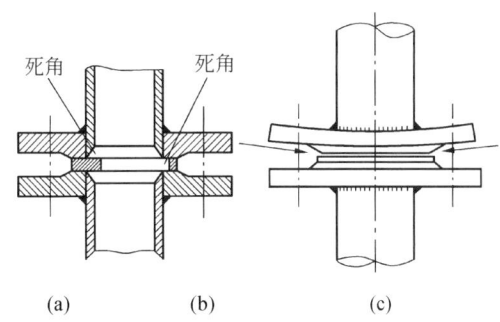

图11-5 法兰的"死角"
(a)垫圈内圆过小;(b)垫圈内圆过大;
(c)法兰不平造成的泄漏与"死角"

某些管道须在发酵过程中或在培养基灭菌后才进行灭菌,如种子罐底部的移种管,易存在蒸汽不易通达的"死角",见图 11-6(a)。消除方法见图 11-6(b)。

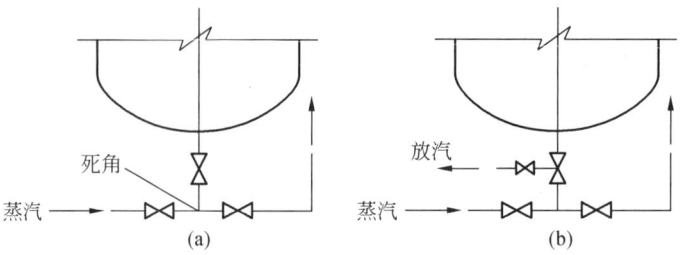

图 11-6 灭菌时蒸汽不易通达的"死角"及其消除方法

压力表安装不合理会形成"死角",见图 11-7(a),消除方法是在近压力表处安装放汽边阀,见图 11-7(b)。

4. 设备渗漏引起染菌及其防治

发酵设备、管道、阀门长期使用,由于腐蚀、摩擦和振动等原因,往往造成渗漏。例如,设备的表面或焊缝处若有砂眼,由于腐蚀逐渐加深,最终导致穿孔;冷却管受搅拌器作用,长期磨损,焊缝处受冷热和振动产生裂缝而渗漏。为了避免设备、管道、阀门渗

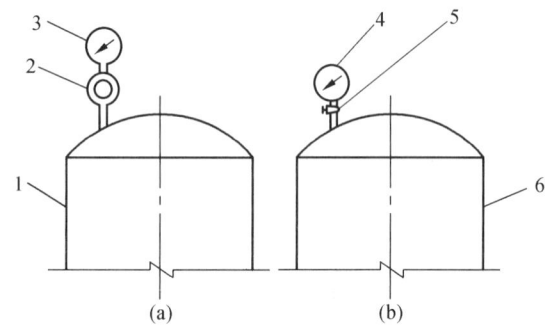

图 11-7 压力表安装不合理形成"死角"
1,6—发酵罐;2—缓冲管;3,4—压力表;5—旋塞

漏,应选用优质的材料,并经常进行检查。冷却蛇管的微小渗漏不易被发现,可以压入碱性水,在罐内可疑地方,用浸湿酚酞指示剂的白布擦拭,如有渗漏,白布显红色。

5. 操作失误导致染菌及其防治

一般来说,稀薄的培养基比较容易彻底灭菌,而淀粉质原料,在升温过快或混合不均匀时容易结块,团块中心部位蒸汽不易进入将杂菌杀死,而造成染菌。同样,由于培养基中诸如麸皮、黄豆饼一类的固形物含量较多,在投料时溅到罐壁或罐内的各种支架上,容易形成堆积,灭菌过程中由于传热较慢,一些杂菌不易被杀灭,灭菌后通过冷却、搅拌、接种等操作,含有杂菌的堆积物将重新返回培养液中,造成染菌。淀粉质培养基采用实罐灭菌要在升温前先搅拌混合均匀,并加入一定量的淀粉酶进行液化。有大颗粒存在时应先过筛除去,再行灭菌。对于麸皮、黄豆饼一类固形物含量较多的培养基,采用罐外预先配料,再转至发酵罐内进行实罐灭菌。

灭菌时由于操作不合理,未将罐内的空气完全排除,造成压力表显示"假压",使罐内温度与压力表读数不一致,培养基的温度以及罐顶局部空间的温度达不到灭菌的要求,导致灭菌不彻底而染菌。因此,在灭菌升温时,要打开排气阀门驱除罐内冷空气,一般可避免此类染菌。

培养基在灭菌过程中很容易产生泡沫,发泡严重时,泡沫可上升至罐顶甚至逃逸,以致泡沫顶罐,杂菌很容易藏在泡沫中,灭菌操作完毕并进行冷却时,这些泡沫破裂,杂菌就会释

放到培养基中,造成染菌。

在连续灭菌过程中,培养基灭菌的温度及其灭菌时间必须符合灭菌的要求,避免蒸汽压力波动过大,应严格控制灭菌的温度,最好采用自动控温过程。

细菌或放线菌进行的发酵生产容易遭噬菌体的污染,由于噬菌体的感染力非常强,传播蔓延迅速,且较难防治,对发酵生产有很大威胁。因此,噬菌体的防治是一项系统工程,只有从培养基的制备、培养基灭菌、种子培养、空气净化系统、环境卫生、设备、管道等诸多方面分段检查把关,才能根治噬菌体的危害。

具体归纳为以下几点:
①严格把控活菌体排放,切断噬菌体的"根源";
②做好环境卫生,消灭噬菌体与杂菌;
③严防噬菌体与杂菌进入种子罐或发酵罐内;
④抑制罐内噬菌体的生长。

生产中一旦污染了噬菌体,可采取下列措施加以挽救。

(1)并罐法　利用噬菌体只能在处于生长繁殖细胞中增殖的特点,当发现发酵罐初期污染噬菌体时,可采用并罐法。即将其他罐批发酵 16~18h 的发酵液,以等体积混合后分别发酵,利用其活力旺盛的种子,不进行加热灭菌,亦不需另行补种,便可正常发酵。但要肯定,并入罐的发酵液未染杂菌,否则两罐都将染菌。

(2)轮换使用菌种或使用抗性菌株　发现噬菌体后,停止搅拌,减小通风量,降低 pH 值,立即培养要轮换的菌种或抗性种子,培养好后接入发酵罐,并补加 1/3 正常量的玉米浆(不调 pH 值)、磷盐和镁盐。如 pH 值仍偏高,不要搅拌,适当通风,至 pH 值正常。OD 值增长后,再开搅拌器正常发酵。

(3)放罐重消法　发现噬菌体后,放罐,调 pH 值(可用盐酸,不能用磷酸),补加 1/2 正常量的玉米浆和 1/3 正常量的水解糖,适当降低温度重新灭菌,不补加尿素,接入 2% 的种子,继续发酵。

(4)罐内灭噬菌体法　发现噬菌体后,停止搅拌,减小通风量,降低 pH 值,间接加热到 70~80℃,并自顶盖计量器管道(或接种管)内通入蒸汽,自排气口排出。因噬菌体不耐热,加热可杀死发酵液内的噬菌体,通蒸汽杀死发酵罐及管道内的噬菌体。冷却后,如 pH 值过高,停止搅拌,小通风,降低 pH 值,接入两倍量的原菌种,至 pH 值正常后开始搅拌。

当噬菌体污染严重而上述方法无法解决时,应调换菌种或停产,全面消毒后再恢复生产。

总之,发酵过程一旦发生染菌,应根据污染微生物的种类、染菌的时期或杂菌的危害程度等进行挽救或处理,同时对有关设备进行相应的处理。

(1)种子培养期染菌的处理　一旦发现种子受到杂菌的污染,该种子不能再接入发酵罐中进行发酵,应经灭菌后弃之,并对种子罐、管道等进行仔细检查和彻底灭菌。同时采用备用种子,选择生长正常、无染菌的种子接入发酵罐,继续进行发酵生产。如无备用种子,则可选择适当菌龄的发酵罐内的发酵液作为种子,进行"倒种"处理,接入新鲜的培养基中进行发酵,从而保证发酵生产的正常进行。

(2)发酵前期染菌的处理　当发酵前期发生染菌后,如培养基中的碳、氮源含量还比较高时,应终止发酵,将培养基加热至规定温度,重新进行灭菌处理后,再接入种子进行发酵;

如果此时染菌已造成较大的危害,培养基中的碳、氮源的消耗量已比较多,则可放掉部分料液,补充新鲜的培养基,重新进行灭菌处理后,再接种进行发酵。也可采取降温培养、调节pH值、调整补料量、补加培养基等措施进行处理。

(3)发酵中、后期染菌处理　发酵中、后期染菌或发酵前期轻微染菌而发现较晚时,可以加入适当的杀菌剂或抗生素以及正常的发酵液,以抑制杂菌的生长速度,也可采取降低培养温度、降低通风量、停止搅拌、少量补糖等措施进行处理。当然,如果发酵过程中的产物代谢已达一定水平,此时产品的含量若达一定值,只要明确是染菌也可放罐。对于没有提取价值的发酵液,废弃前应加热至120℃以上且保持30min。

(4)染菌后对设备的处理　染菌后的发酵罐在重新使用前,必须在放罐后进行彻底清洗,空罐加热灭菌至120℃以上且保持30min。也可用甲醛熏蒸或甲醛溶液浸泡12h以上等方法进行处理。

第四篇　发酵产物的提取与精制

发酵产物的提取与精制属于下游加工过程,即将发酵目标产物进行提取、浓缩、纯化和成品化等的分离纯化过程。发酵产物提取与精制的重要性主要体现在发酵产物的特殊性、复杂性和对产品纯度的严格要求上,导致提取与精制成本占整个发酵产物生产成本的很大比例。例如,青霉素回收成本约占50%,酶的回收纯化成本可占70%,而基因工程发酵产品,特别是生物药品的回收纯化成本可达到85%～90%。可见,发酵产物提取与精制的成本直接决定了企业生产成本和企业利润,设计合理的提取与精制过程来提高产品质量和降低成本,才能实现商业化大规模生产。

第十二章　发酵产物的提取与精制概论

第一节　发酵产物的提取与精制概述

1. 发酵产物的分类

发酵产物通常含量很少,而发酵醪含有各种各样的杂质,要获得纯净的发酵产物必须进行提取与精制。由于菌种、发酵工艺、发酵醪等的特征不同,导致发酵产物多种多样,但从工业发酵范畴来看,可将发酵产物分为下面三类。

1)菌体

以菌体细胞作为主要发酵产品,如单细胞蛋白、面包酵母、饲料酵母等;以菌体细胞中的活性物质为目标产物,如酵母细胞中的辅酶A、核苷酸、SOD等;以细胞菌丝体中存在的有用成分为目标产物,如多种抗生素的生产。

2)酶

发酵产物为酶制剂,包括胞内酶和胞外酶,其中在工业和医药上常用的酶,如各种淀粉酶、各类蛋白酶、纤维素酶、果胶酶、脂肪酶、凝乳酶、氨基酰化酶、青霉素酰胺酶、花青素酶、转化酶、磷酸二酰酶、葡萄糖异构酶,等等。

3)代谢产物

发酵产物为各类代谢产物,包括各种有机酸、有机溶剂、氨基酸、核苷酸类物质、抗生素、多糖、维生素、激素等。

2. 发酵产物提取与精制的过程

发酵产物的类型不同,提取和精制方法也不同。例如,从发酵液中分离菌体、胞内酶、代谢产物,其提取和精制方法步骤就明显不同。尽管发酵产物同是代谢产物这一类型,由于发酵产物的化学结构不同,它们的提取和精制方法也不同。发酵产物大多数属于高分子化合物,其化学性质和物理性质也是各种各样的,有中性物质、酸性物质、碱性物质和两性物质;在各种有机溶剂中的溶解度不同,有的溶于水或有机溶媒,有的难溶或不溶。因此,要从发酵液中提取和精制发酵产品的方法不同。

对发酵液中某种未知的发酵产品进行提取有以下两个步骤:

(1)先研究该发酵产物属于哪一类型,是碱性、酸性、两性物质及其在各种溶剂中的溶解情况等。可用纸上电泳法和纸上层析法,通过不同的溶媒系统进行初步实验,可大致确定属于哪一类型,是单质还是混合物。

(2)通过稳定性研究,如将发酵物在不同温度下,调节至不同的pH值进行处理,来检查有效物质的稳定情况。这样可以了解该发酵产物在哪一种适合的条件下进行提取和精制而不被破坏,尽可能提高得率。

发酵产物的提取与精制过程一般包括四个阶段:

(1)发酵液的预处理　即去除细胞及不溶性物质,主要单元操作方法是离心和过滤。其主要任务是去除发酵液中的固体物质,为后续阶段提供澄清、洁净的原料液。

(2)产品的提取　主要单元操作方法有萃取、吸附、沉淀、蒸发等。此阶段的主要任务是去除与目的产物有较大差异的物质,以提高产品浓度。

(3)产品的精制　主要单元操作方法有层析法、膜分离法、离子交换法、沉淀法、电泳法等。此阶段的主要任务是去除与目的产物有类似化学性质和物理性质的杂质,使产物的纯度有较大程度的提高。

(4)产品的最后加工　主要单元操作方法有结晶、干燥、蒸馏等。最终产品的使用要求决定了此阶段所采用的方法。

3. 发酵产物提取与精制的程序

无论是好气性发酵还是嫌气性发酵,大多数的发酵代谢产物都存在于发酵醪,故可从发酵滤液(有时称原液)中提取和精制。提取和精制的程序如图12-1所示。

各种发酵醪特性不同,含菌体不同,发酵产物的化学结构和物理性质不同,提取和精制的选择也不同。在提取和精制过程中要防止变性和降解现象的发生。例如,酶制剂、抗生素、单细胞蛋白、氨基酸及核酸等,由于大分子空间结构主要依靠氢键、盐键和范德华引力而形成,pH值过高或过低、高温、剧烈的机械作用等都可能导致大分子活性的丧失。因此,在提取和精制过程中要避免pH值过高或过低,避免高温、剧烈搅拌而产生大量泡沫,避免和重金属离子及其他蛋白质变性剂接触。有些酶以金属离子或小分子有机化合物为辅基,在进行提取和精制时,要防止这些辅基的流失。此外,发酵液中会有蛋白酶,要及早除去蛋白酶或使其失活。

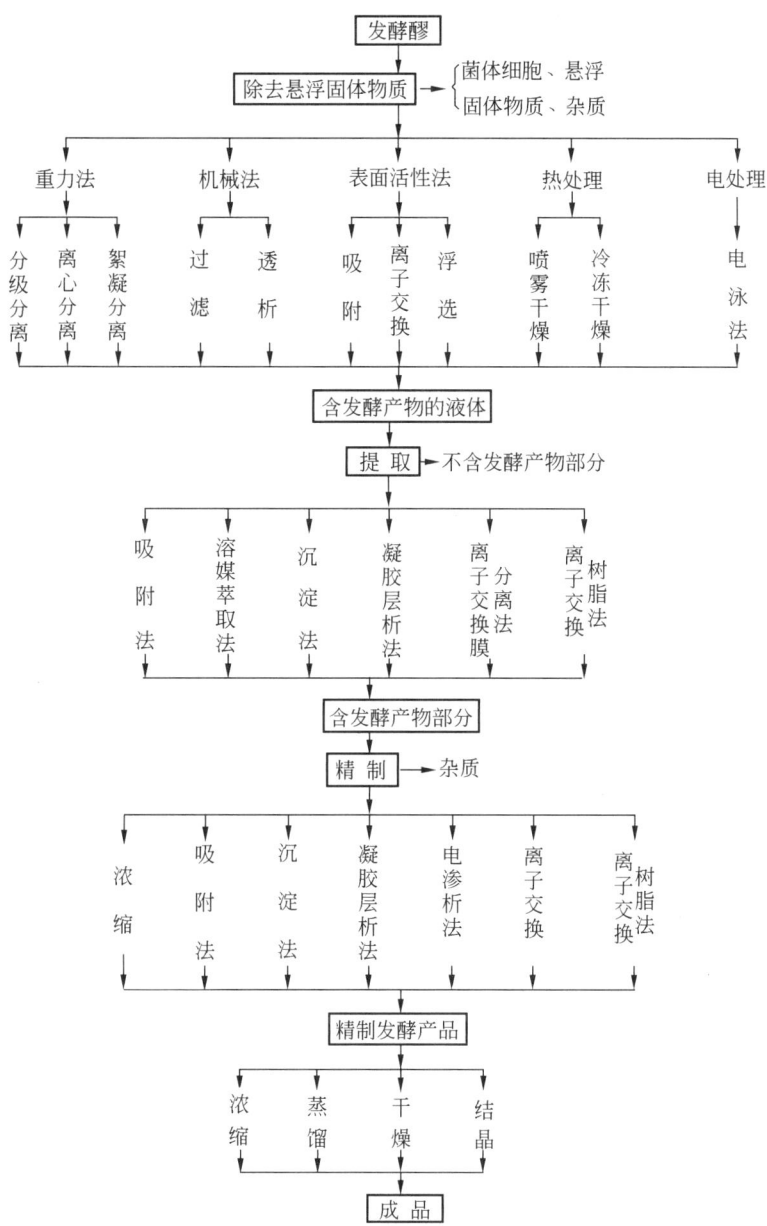

图 12-1　发酵产物提取和精制的程序

第二节　发酵醪的预处理

一、发酵醪的特征与预处理

利用微生物发酵生产各种发酵产品,由于菌种和发酵醪特性不同,其预处理方法和提取、精制方法的选择也有所差异。应针对发酵醪的特性合理选择处理方法,大多数发酵产物存在于发酵醪中,也有少数发酵产物存在于菌体中,或存在于发酵醪和菌体中,如四环类抗生素。因此,要分离提纯发酵产物,首先要针对发酵醪的特性进行预处理。

发酵醪的特性:

(1)发酵醪大部分是水,一般水的含量达90%～99%。

(2)发酵醪中发酵产物含量较低。由于菌种、原料、工艺条件不同,发酵醪中发酵产物含量也有差异,但总的来说,发酵醪中发酵产物含量都较低,如表12-1所示。除了酒精、柠檬酸、葡萄糖酸等发酵产物质量分数在10%以上外,其余的都在10%以下,而抗生素的含量一般在1%以下。

表12-1 各种发酵醪中的发酵产物质量分数

发酵产物	酒精	谷氨酸	赖氨酸	苏氨酸	脯氨酸	鸟氨酸	精氨酸	缬氨酸	DL-丙氨酸
糖质原料发酵产物质量分数(%)	6～12	5～10 4.5～6 (国内)	2.5～4	2.0	2.0	2.6	2.6	1.5	5.0
发酵产物	L-丙氨酸	苯丙氨酸	柠檬酸	葡萄糖酸	α-酮戊二酸	衣康酸	反丁烯二酸	抗生素	青霉素
糖质原料发酵产物质量分数(%)	3.5	1.0	1.3～15(淀粉) 6～7(糖蜜)	27	6～8	8.5	2.7	0.1～2.5	1 (15 000U/mL)

(3)发酵醪中的悬浮固体物主要为菌体和蛋白质胶状物,从而使发酵醪黏度增加,不利于过滤,增加了提取和精制后工序的操作困难,并且在浓缩过程中发酵醪会变得更粘稠,同时容易产生泡沫。采用溶媒萃取法提炼时,蛋白质的存在会发生乳化反应,使溶媒相和水相分层困难;采用离子交换法提炼时,蛋白质的存在会增加树脂的吸附量,加重树脂的负担。

(4)发酵醪的培养基残留成分中含有无机盐类、非蛋白质大分子杂质及其降解产物,它们对提取和精制均有一定的影响。

(5)发酵醪中除了发酵产物外,常有其他少量的代谢产物。发酵过程中除了主代谢产物外,尚伴有一些其他的副代谢产物。这些少量的副产物,有时其结构特性与发酵主产物极为近似,这就给分离提纯操作带来困难。

(6)发酵醪中还含有色素、热原质、毒性物质等有机杂质。尽管它们的确切组成还不十分明了,但它们对提炼影响相当大。为了保证发酵产品的质量和卫生标准,应通过预处理将色素、热原质、毒性物质等有机杂质先除去。

发酵醪中的发酵产物含量较低,杂质组成复杂,对提取和精制的后工序操作有影响,因此在提取前必须对发酵醪进行预处理。发酵醪预处理的目的不仅在于分离菌体,还在于将发酵醪中的杂质除去,并改变滤液性质,以利于提取和精制工序的顺利进行,以便尽可能提高收得率及提取效率。

对于发酵醪的预处理一般有下列要求:

(1)菌体的分离 发酵醪中除了发酵产物外,还含有大量的菌体、菌丝体。将菌体与发酵醪分离的办法可采用离心分离和过滤两种。为了保证离心分离和过滤的顺利进行,对发酵周期要进行控制,周期太长,菌体自溶,使发酵醪粘稠,影响过滤和分离效果。为了保证发酵产品质量和卫生指标,应千方百计提高过滤速度和分离效率。

(2)固体悬浮物的去除　发酵醪中除了含有大量的菌体外,尚含有相当数量的固体悬浮杂质,通过过滤处理,将固形物质基本除去,以保证获得透光度合格的澄清处理液。

(3)蛋白质的去除　发酵醪除去菌体和悬浮固体物质后,一些可溶性蛋白质仍留在滤液中,必须设法除去,要求在一定范围内的pH值下不发生浑浊,否则在溶媒提取时乳化严重,在离子交换提取时,会影响树脂的吸附量。

(4)重金属离子的去除　重金属离子不仅影响提取和精制后继工序的操作,也直接影响发酵产物的质量和收得率,所以必须设法除去发酵醪中的重金属离子。

(5)色素、热原质、毒性物质等有机杂质的去除　对于药用的发酵产品,特别是针剂产品,如抗生素、ATP、核酸、酶、氨基酸等要设法除去色素、热原质和毒素物质等。

(6)改变发酵醪的性质,以利于提取和精制后继工序的操作顺利进行　当发酵终了时,发酵产物可能在发酵醪中,也可能在菌体内部或两相同时存在。预处理时应尽可能使发酵产物转入便于以后处理的相中(多数是液相中)。这常常可用调节pH值至酸性或碱性的方法来达到,例如,四环类抗生素由于能和钙、镁等离子形成不溶解的化合物,故大部分沉积在菌丝体内,用草酸酸化后,就能将抗生素转入水相;链霉素在中性的发酵醪中,约有25%在菌丝体内,当酸化后就能逐步释放出来。

(7)调节适宜pH值和温度　一方面适合提炼工艺的要求,另一方面保证发酵产物的质量,尽量避免因pH值过高或过低而引起发酵产物的破坏损失。

二、菌体的分离

(一)菌体分离方法

为了进行发酵产物的有效分离、提纯和精制,必须首先将菌体、固形物杂质和悬浮固体物质除去,保证处理液澄清。离心分离和过滤都是目前发酵工业上通用的处理方法。

细菌和酵母都是单细胞菌体,且体形较小,球菌大小为$0.2 \sim 1.25 \mu m$,杆菌大小为$(0.5 \sim 1) \mu m \times (1 \sim 3) \mu m$,酵母大小为$(3 \sim 7.5) \mu m \times (5 \sim 14) \mu m$。一般发酵醪中细菌和酵母的菌体大小多采用高速离心分离。而对于细胞体形较大的丝状菌,包括霉菌和放线菌的菌体分离,多采用过滤方法。

(二)离心分离

工业用离心机有沉降式离心机与离心过滤机。沉降式离心机只有管式与碟式两种。而离心过滤机有分批式操作、自动间歇式操作和连续式操作等。

细菌和酵母在深层发酵醪中多呈分散的悬浮状态,因此,工业发酵多采用碟式或管式的沉降离心机。将发酵醪经碟式或管式高速离心机离心分离,菌体等固形物与清液分开。

1. 碟式高速离心机的结构和工作原理

碟式高速离心机广泛应用于发酵工业的菌体和发酵醪的分离。它具有坚固的外壳,底部凸起呈圆锥形,与外壳铸在一起,壳上有圆锥形盖,由螺帽紧固在外壳上。壳由高速旋转的倒锥形金属转鼓带动,转鼓上装有一组倒圆锥形的碟片,共75～79片,碟片用0.8mm的不锈钢板或铝板冲制成型,碟片间距为0.6mm,在转鼓直径最大($\phi = 400mm$)的地方装有直径为 1.2mm 的喷嘴,各碟片有若干孔,各孔位置相同,于是各碟片相互重叠时可形成一个通道,如图 12-2 所示。

当发酵醪由转鼓中心进入高速旋转的转鼓内,转速可达 6000～10 000r/min,由于固、液相对密度不同,在碟片空间内由于离心力的作用,把发酵醪分成固相和液相两部分。相对密度较轻的清液有规则地沿着碟片的上表面向碟片轴心方向移动,由环形轻液出口处排出;而相对密度较大的菌体及浓缩物,则有规则地沿着上一个碟片的底表面滑移到碟片外边缘,经转鼓壁上的喷嘴喷出,收集于菌体收集器内,从而达到分离菌体的目的。

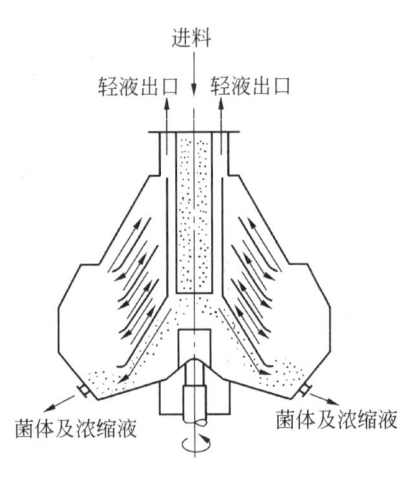

图 12-2 碟式分离机示意图

2. 管式高速离心机的结构和工作原理

为了提高分离效果,必须增加颗粒所受的离心力。但是离心机转速的增加,转鼓的直径必须更小,否则转鼓壁面所受应力对强度极为不利。根据力学原理,设计了一种高速管式离心机,转速达 15 000～50 000r/min,转筒直径为 45～150mm,显然,由于转筒容量有限,生产能力小。上海轻工机械厂产的 GF—150 型高速管式离心机转速为 13 500～15 000r/min,高速旋转的管所产生的离心力可达重力的 16 000 倍,适于发酵工业的菌体分离。

管式高速离心机是由转鼓、分离盘、机壳、机架、传动装置等组成,如图 12-3 所示。

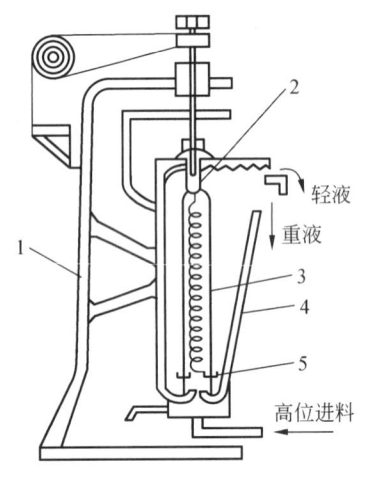

图 12-3 管式离心机示意图
1—机架;2—分离盘;3—转筒;4—机壳;5—挡板

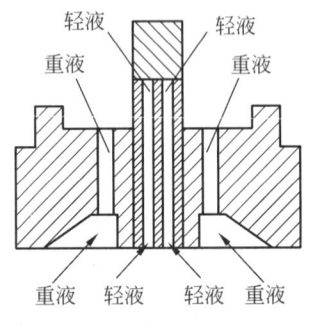

图 12-4 分离盘

将发酵醪由下部送入,经挡板作用分散于转筒底部,受到高速离心力作用而旋转向上,轻液位于转筒中央,呈螺旋形运转向上移动,菌体则靠近筒壁,至分离盘时,轻液沿轻液孔道进入集液槽收集,菌体则附于转筒周壁,停机后即可取出。分离盘的结构如图 12-4 所示。

管式高速离心机设备简单,操作稳定,分离纯度高,分离效果较好。因此,国内发酵工业普遍应用,但对于含菌悬浮液不能进行连续分离,生产能力较低。

(三) 过滤

对于细胞体形较大的霉菌和放线菌的菌体分离、固形物杂质和悬浮杂质的去除,在发酵工业上普遍采用过滤处理。

发酵醪属非牛顿型液体,黏度大、过滤速度慢且劳动强度大,这是目前发酵工业生产中的薄弱环节。因此,必须设法提高发酵液的过滤速度。

1. 影响过滤速度的主要因素

发酵醪的过滤速度和菌种、发酵条件(培养基组成、消泡剂、发酵周期等)有关。即使是同一种发酵液,批号不同,过滤速度也有差别。用黄豆粉、花生粉作为氮源,或用淀粉作为碳源或油脂类消泡剂,都会使过滤困难,特别是酶制剂的发酵醪过滤更困难。

正确选择发酵结束时间对过滤影响很大。在菌体自溶前必须放罐,因为自溶后细胞的分解产物一般很难过滤,有时延长发酵周期虽能使发酵单位有所提高,但严重影响发酵醪质量,导致过滤困难,影响成品质量。

菌种对发酵醪过滤有影响。真菌的菌丝比较粗大,发酵醪容易过滤,常不需特殊处理,如青霉素发酵液菌丝粗长,直径大于 $10\mu m$,其滤渣成紧密饼状,易从滤布上刮下来,可以采用鼓式真空过滤机过滤。放线菌发酵液菌丝细且有分枝,交织成网络状,如链霉素发酵液菌丝大小仅为 $0.5 \sim 1\mu m$,还含有很多多糖类物质,粘性强,过滤较困难,一般需要经过处理,以凝固蛋白质胶体。

2. 提高过滤设备处理能力的途径

提高过滤设备处理能力的途径如图 12-5 所示。

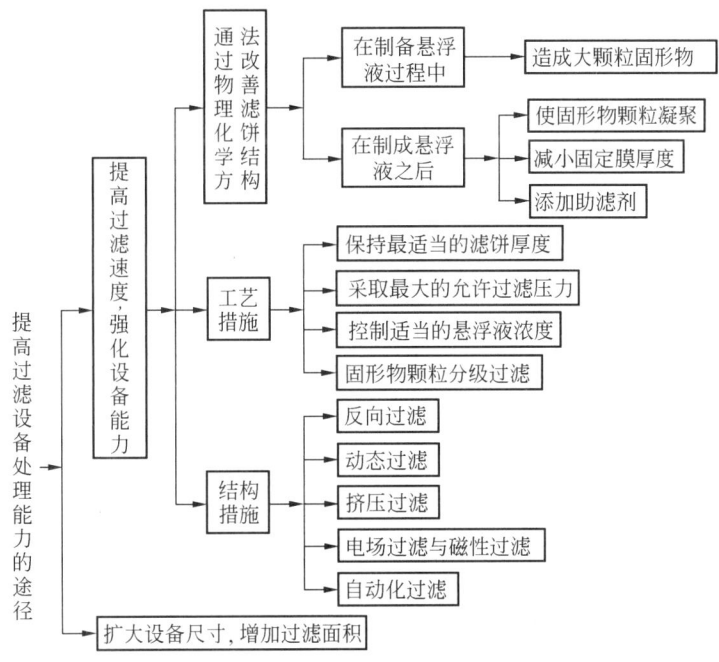

图 12-5 提高过滤设备处理能力的途径

扩大设备尺寸以增加过滤面积会受到设备结构特点和操作条件的限制,通过提高过滤速度来强化设备处理能力,其途径主要有三种,即通过物理化学方法改善发酵醪滤饼结构、采取有利的工艺措施,以及改善设备结构。

影响发酵醪过滤速度的因素主要是醪液的固相结构及其表面性质,其次是液相的胶体性质。组成发酵醪固相的菌体形态与大小,发酵醪中蛋白质胶体的状态是决定滤饼渗透性的关键。因此,改变发酵醪滤饼结构是保证过滤操作顺利进行的重要环节。

从设备结构本身来考虑,可采取反向过滤、动态过滤、挤压过滤、电场过滤、磁性过滤以及自动化过滤等措施来强化过滤设备处理能力。

3. 改善滤饼结构的物理化学方法

(1) 酸化凝结法　又称为等电点法。此法是发酵工业中除去发酵醪中的蛋白质及重金属离子等杂质的有效方法。发酸醪中杂质很多,其中蛋白质一般以胶体状态存在于发酵醪中,胶体粒子的稳定性与其所带电荷有关。蛋白质在酸性溶液中带正电荷,在碱性溶液中带负电荷,而在某一 pH 值下,净电荷为零,溶解度最小,称为等电点。因为羧基的电离度比胺基大,故蛋白质的酸性性质通常强于碱性,因而很多蛋白质的等电点都在酸性范围内(pH4.0~5.5)。利用这一性质,调节发酵醪 pH 值使其达到等电点,可以除去蛋白质和重金属离子,同时对发酵产物破坏较小。常用的酸化剂有草酸、盐酸、硫酸及磷酸等。尤其是草酸,它是一种有机弱酸,腐蚀性小且可与有机物形成络合物,如金霉素等抗生素生产中酸化剂宜用草酸。这是因为在铁罐中发酵时,铁离子被带入发酵醪中与金霉素分子生成络合物,使单位损失,而草酸是较好的络合剂,它与铁离子结合而释放出金霉素,可保证发酵产物不被破坏。

酸化剂的加入有两方面的作用:一是调节发酵醪的 pH 值;另一方面是作为沉淀剂,使发酵醪中的多价无机离子如 Ca^{2+} 能与草酸、磷酸等生成难溶解的化合物而被除去,同时反应生成的草酸钙还能促使蛋白质凝固,进一步提高滤液的质量。通常,滤液的 pH 值要降低到 2 左右,宜采用弱酸如草酸等,酸化后须放置一定时间再过滤。

在酸化后,为了去除铁离子,一般在碱化时加入 KOH 或 NaOH,使生成 $Fe(OH)_3$ 或 $Fe(OH)_2$ 的沉淀而除去。

(2) 热处理法　又称热凝固法。此法是利用加热提高滤液温度,从而使蛋白质凝固。加热不仅能使发酵醪中的蛋白质变性凝固沉降,同时还能使发酵液黏度降低,加快过滤速度。例如,目前链霉素发酵生产中,就采用将发酵液调至酸性(pH 3.0),加热至70℃,维持0.5h 左右的方法来去除蛋白质,能使过滤速度增大 10~100 倍,滤液黏度可降低 6 倍,降低到 1.1~1.2mPa·s。

(3) 添加絮凝剂　酸化凝结法和热处理法并不能使发酵醪中蛋白质等杂质全部除去,而添加絮凝剂则可以将发酵醪中的固形物杂质、悬浮杂质和蛋白质等胶体物质较完全除去。絮凝剂是一种能溶于水的高分子化合物,含有很多离子化基团(—NH_2,—COOH,—OH等)。如上述胶体离子的稳定性和它所带电荷有关,由于同性电荷间的静电斥力而使胶体离子不发生聚沉。絮凝剂分子中电荷密度很高,因此它对胶体溶液的凝固能力很强。

发酵工业中发酵醪预处理常用的絮凝剂有聚丙烯酰胺(PAM)和聚苯乙烯等。聚丙烯酰胺是由约 40 000 个丙酰胺单体(CH_2=CH—$CONH_2$)组成的,化学结构式为

$$\left[\begin{array}{c} CH-CH_2-CH-CH_2-CH-CH_2 \\ | \qquad\qquad | \qquad\qquad | \\ CONH_3^+ \quad CONH_3^+ \quad CONH_3^+ \end{array} \right]_n$$

青霉素和四环素抗生素等发酵醪预处理的絮凝剂,以聚苯乙烯、含有季胺基团、相对分子质量在 26 000~55 000 范围内为好,最适用量为 0.01%~0.03%(质量分数)。

(4)添加助滤剂 为了加速过滤,常在发酵醪预处理过程中加助滤剂,以避免滤布或所生成滤饼的阻塞而影响过滤。助滤剂的功能就在于它能形成一层不可压缩的多孔且极为细密的滤层,截留了悬浮杂质,隔离了固形物和过滤介质的接触,保证过滤操作顺利进行。它能使滤饼疏松,优良助滤剂形成的滤饼具有 85%~90% 的孔隙,细管流道畅通。

发酵工业常用的助滤剂种类很多,包括纸浆、石棉、活性炭、纤维素、硅藻土、珠光岩、酸性白土等。各种助滤剂的表面积和颗粒粒度不同,选用时需加注意。

理想的助滤剂,其微孔组织对于滤液应当是畅通无阻的,并使悬浮物全部得到截留。助滤剂饼还必须具有相当高的孔隙度。助滤剂的使用采用预加助滤层,即预涂层或在发酵醪中直接混入助滤剂,也可两种方法同时兼用。使用时要充分搅拌混合均匀,防止分层。

此外,为了取得良好的过滤效果,应该使用能满足滤液流动要求的最缓慢型助滤剂,这样可以获得澄清滤液。要取得良好的效果还要求助滤剂的用量适当,适宜的助滤剂品种及其用量只能通过实验确定。

(5)添加反应剂 这是一种改善过滤性能较好的办法,它们能相互作用,或和某些溶解盐类发生反应生成不溶解的沉淀,如 $CaSO_4$、$AlPO_4$ 等。沉淀本身可作为助滤剂,还能使胶状物和悬浮物凝固。如新生霉素发酵醪液中加入氯化钙和磷酸钠,生成的磷酸钙既可作为填充凝固剂,又可作为助滤剂,并使某些蛋白质凝固。又如环丝氨酸发酵醪用氧化钙和磷酸处理,生成的磷酸钙沉淀能使悬浮物凝固,多余的磷酸根离子还能除去钙、镁离子,并且在发酵醪中不会引入其他阳离子,以免影响环丝氨酸的离子交换吸附。

(6)添加酶制剂 如发酵醪液中有不溶解的多糖存在,则最好用酶将它转化为单糖,对提高过滤速度有帮助。例如,万古霉素用淀粉作培养基,发酵醪液过滤前加入 0.025% 的细菌淀粉酶,搅拌 30min 后,再加 2.5% 硅藻土助滤,过滤速度提高了 5 倍。

4. 过滤介质

过滤介质按制造的材料划分可分为以下几种:

(1)天然纤维布和合成纤维滤布 如帆布、绢绸、涤纶布、尼龙布、玻璃纤维布等,均是发酵工业上经常使用的过滤织物。

(2)天然毛毡和合成滤毡 它们由三维均匀的纤维团组成,没有粘结剂。微孔大小在制造上经过严格控制,同时可以使助滤剂的涂层和滤饼的形成过程迅速而均匀,广泛应用于发酵工业发酵醪的过滤。

(3)微孔纤维素薄膜和金属薄膜 微孔纤维素薄膜品种很多,主要是醋酸纤维素、聚碳酸酯一类。在发酵工业上广泛应用于透析培养、酶反应罐、酶以及发酵产物的分离和提纯、空气除菌、菌种分离以及微生物快速检验等方面。

近年来开发的非纤维型超滤膜,如金属微孔薄膜,性能优异,耐受高压蒸汽或灼烧灭菌。

(4)多孔陶瓷、金属陶瓷与烧结树脂 这三种制品都有良好的再生能力,通常每次过滤后,可用空气或清水反冲方法使介质部分再生,在发酵工业上广泛应用于发酵醪菌体过滤和半成品的过滤净化等。

(5)连孔性泡沫塑料与泡沫金属 这是一类新兴的过滤介质,如聚酯类型的尿烷泡沫塑料以及镍、铜、镍铬合金类型的泡沫金属等品种。它们的三维空间呈网状组织,因而又称

"骨架"泡沫,组织骨架的纤维只占总体积的3%左右,空隙占将近97%,具有高度的透气、透水性能。发酵工业上可以利用这类介质进行空气除菌,醪液、废槽、菌体等过滤。

其他过滤介质还有滤纸、滤筒、金属筛网、织造金属丝布以及某些非织造材料等。

总之,发酵工业上使用的过滤介质应该具备阻力小、滤液清、价格低、机械强度好、使用寿命长、耐化学腐蚀等特点。

5. 过滤设备

发酵醪液过滤设备型式很多,按过滤的推动力可划分为重力式、压力式、真空式、离心式四种。重力式过滤设备主要用于啤酒糖化醪与麦芽汁分离,发酵醪过滤比较少用。

(1)加压过滤设备 有板框式、厢式、叶片式、多管式、螺旋式等结构类型。

板框式压滤机在发酵工业上应用于发酵醪过滤最普遍。它的优点是结构简单、适应性强、制造方便、造价较低、辅助设备少、动力消耗少、过滤推动力大(一般为294~490kPa)。缺点是间歇操作,劳动强度大。

(2)真空过滤设备 属于连续排渣的真空过滤机有圆盘真空过滤机、转鼓真空过滤机等基本类型,适用于发酵醪液黏度不太高,并要求颗粒粒度较为均匀,只有这样才能充分发挥它处理量大、连续化操作的特点。目前转鼓真空过滤机应用广泛。

①转鼓真空过滤机的结构。转鼓真空过滤机的结构如图12-6所示。其主要构成部分是一转鼓,直径最小的为0.3m,最大的达4.5m,长度为0.3~6m不等。整个转鼓的四周包以织状过滤介质,多数采用金属网、帆布或其他适当的材料。在过滤介质之外,再由金属丝将其紧扎在转鼓上,转鼓装在空心轴上,鼓身约有一半浸于充满醪液的槽中,旋转时上半部仍然露于槽外,槽外有搅拌器使醪液中的悬浮固形物能达到均匀混合。滤布下有多条吸管,各个吸管与抽气装置相连,其作用在于使滤布的内侧形成真空。转鼓的内部分成若干彼此不相通的扇形格子,以便通过装在空心轴上的自动分配盘,使转鼓上每一

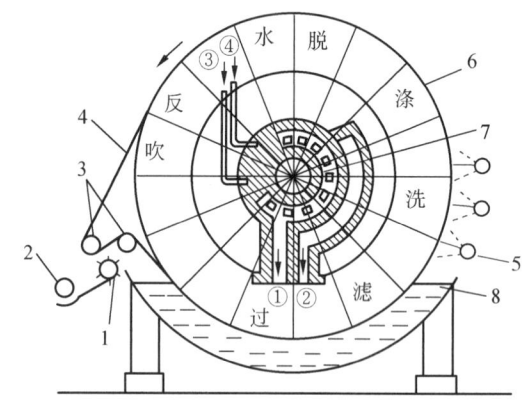

图12-6 折带式转鼓真空过滤机结构简图
1—刷;2—运送机;3—小轮;4—带;5—喷水头;
6—转鼓;7—汽门分配头;8—料液槽;
①真空管;②滤液管;③④通气管

滤段成为独立过滤单元。转鼓转动时,各个滤段按顺序浸入醪液,由自动分配盘将真空逐段接通,使滤段产生负压,形成滤饼。整个转鼓的工作大致可分为以下四个环节:ⓐ首先在过滤区由真空形成滤饼;ⓑ通过喷嘴洗涤滤饼;ⓒ进行脱水,将洗涤水吸走;ⓓ由刮刀去除滤饼。在前三个环节中起作用的滤段仍受真空抽吸,当转鼓转到接近滤饼除去之时,自动分配盘即将真空隔断,将压缩空气接通,把滤饼吹松,由刮刀剥离。滤饼所能达到的厚度与转鼓的回转速度有关。为了使滤饼从滤板上顺利地脱离下来,滤饼应当具有足够的厚度,至少有6mm,一般转鼓的速度为0.1~2.6r/min。

②真空过滤机的类型。真空过滤机一般按卸料方式、过滤面形式及外壳密封与否进行分类。

ⓐ按卸料方式分,有刮刀式和绳索式两种。刮刀式转鼓真空过滤机,就是利用反吹装置

与刮刀配合来进行卸料。绳索式就是依靠绕于转鼓上的绳索经一系列辊子引出鼓外进行卸料,由于没有反吹系统和刮刀装置,所以可减少压缩空气设备和滤布的损耗。

ⓑ按过滤面形式分,有外滤面和内滤面两种。外滤面过滤机分成有格及无格两种类型,它是将转鼓下部浸入料液中,利用真空作推动力,使料液在转鼓外表面上完成过滤操作。内滤面过滤机则在转鼓内壁分成若干互不相通的过滤室,料液盛于转鼓内进行过滤操作,一般适用于沉降速度大的悬浮液的分离。

ⓒ转鼓真空过滤机一般均为敞开式结构。为了适合于易挥发、易爆炸、易污染的场合,也有设计成密闭式的,这类过滤机仅是增加了一个密闭罩,有时还可以在密闭罩内通入惰性气体,使操作完全在密闭条件下进行,但一般以敞开式为主。

但是对于有活性的发酵产品,其发酵醪液过滤时,由于机械损失及破坏等原因,有时活性损失可达10%~20%。用离子交换法提取发酵产物是目前发酵工业广泛采用的不过滤提取的主要方法。如果要回收菌体,综合利用或作为畜用饲料,则不能采用这种方法。

三、细胞破碎

许多发酵产物不能分泌到细胞外的培养液中,而是保留在细胞内,如青霉素酰化酶、碱性磷酸酶等胞内酶。这类发酵产物需要进行细胞破碎,才能使目标产物释放到液相中。

(一)细胞的结构

细胞的结构因细胞种类而异。动物、植物和微生物细胞的结构相差很大,原核细胞和真核细胞也有所不同。动物细胞没有细胞壁,只有由脂质和蛋白质组成的细胞膜,易于破碎。植物和微生物细胞的细胞膜外还有一层坚固的细胞壁,破碎困难。革兰氏阳性菌 G^+ 的细胞壁主要由肽聚糖组成,细胞壁较厚,为 15~50nm,肽聚糖质量分数为 40%~90%。而革兰氏阴性菌 G^- 的细胞壁在肽聚糖层(1.5~2.0nm)外侧还有脂蛋白、脂多糖构成的两层外壁层,厚度为 8~10nm,如图 12-7 所示。因此,革兰氏阳性菌比革兰氏阴性菌的细胞壁更坚固、更难破碎。

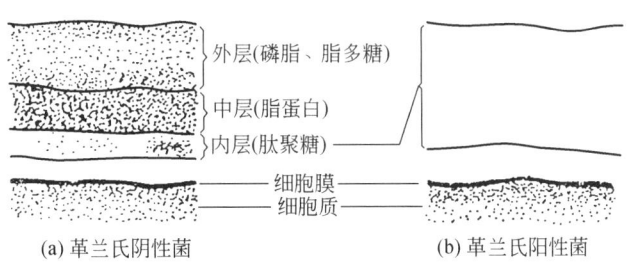

图 12-7 细菌的细胞壁结构

酵母的细胞壁由葡聚糖、甘露聚糖和蛋白质构成,其他真菌的细胞壁亦主要由多糖构成,比革兰氏阳性菌的细胞壁厚,更难破碎。例如,面包酵母的细胞壁厚约 70nm。

原核细胞和真核细胞的细胞膜均由脂质和蛋白质构成,两种物质占细胞膜构成成分的 80%~100%。原核细胞结构简单,无细胞核,一般由细胞浆和核糖体构成。真核细胞的细胞质内含丰富的细胞器,如线粒体、核糖体、叶绿体、内质网和高尔基体等。图 12-8 为真核细胞结构示意图。生物产物存在于细胞壁、细胞膜、细胞浆以及细胞质的细胞器中。破碎细胞的目的就是使细胞壁和细胞膜受到不同程度的破坏(增大通透性)或破碎,释放出目标产物。

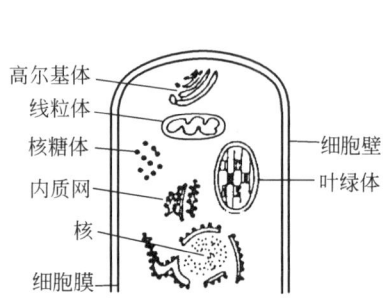

图 12-8 真核细胞结构示意图

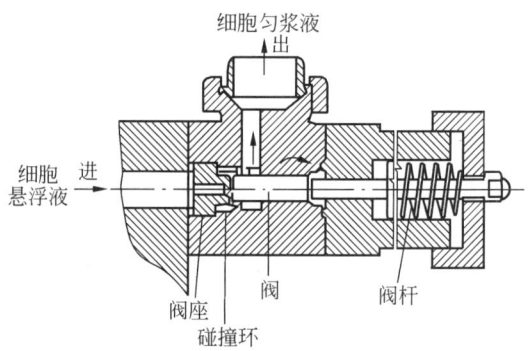

图 12-9 高压匀浆器结构简图

(二)细胞破碎的方法

细胞破碎有机械破碎法和化学破碎法,或两者结合法。机械破碎中细胞所受的机械作用力主要有压缩力和剪切力。化学破碎又称化学渗透,是利用化学或生化试剂(酶)改变细胞壁或细胞膜的结构,增大胞内物质的释放;或者完全溶解细胞壁,形成原生质体后,在渗透压作用下使细胞膜破裂而释放胞内物质。

1. 机械破碎

机械破碎处理量大、破碎效率高,机械破碎方法有高压匀浆、珠磨、撞击破碎和超声波破碎等。

(1)高压匀浆 又称高压剪切破碎。图 12-9 是高压匀浆器的结构简图。高压匀浆器的破碎原理是:细胞悬浮液在高压作用下从阀座与阀之间的环隙高速(可达到 450m/s)喷出后撞击到碰撞环上,细胞在受到高速撞击作用后,急剧释放到低压环境,从而在撞击力和剪切力等综合作用下破碎,操作压力通常为 20~70MPa。

影响细胞破碎的因素主要有压力、循环操作次数和温度,细胞破碎率 S 与操作压力 p 和循环操作次数 N 之间的关系为:

$$\ln \frac{1}{1-S} = kp^{a}N^{b} \qquad (12-1)$$

图 12-10 是利用高压匀浆法破碎面包酵母时,破碎率与操作压力之间的关系。从图可知,式(12-1)中的 $a = 2.9$,$b = 1$。

$$\ln \frac{1}{1-S} = kNp^{2.9} \qquad (12-2)$$

但当细胞浓度较高时,式(12-2)不再成立,其中 N 的指数 b 将变小或增大,即细胞浓度影响破碎速率。此外,不同生长期、不同培养条件的细胞破碎效果也不同。因此,破碎效率随细胞比生长速率减小而降低,原因是缓慢的生长条件更适合细胞发育成坚硬的细胞壁。

高压匀浆法适用于酵母和大多数细菌细胞的破碎,料液细胞质量分数可达到 20%。高压匀浆操作的温度上升为 2～3℃/10MPa，为保护目标产物的生物活性，需对料液作冷却处理，设置相应冷却装置。

高压匀浆器的种类较多，如 Bran and luebbe 公司的 SHL40 型，最大操作压力为 20～63MPa，最大处理量达 2.6～34m³/h。

（2）珠磨　图 12-11 是水平密闭型珠磨机的结构简图。珠磨机的破碎室内填充玻璃（密度为 2.5g/cm³）或氧化锆（密度为 6.0g/cm³）微球（粒径为 0.1～1.0mm），填充率为 80%～85%。在搅拌桨的高速搅拌下微球高速运动，微球和细胞之间发生冲击和研磨，使悬浮液中的细胞受到研磨剪切和撞击而破碎。

珠磨法破碎细胞的破碎动力学为

$$\ln\frac{1}{1-S} = kt \quad (12-3)$$

式中，t 为间歇操作时的破碎时间，连续操作时，t 为细胞悬浮液在破碎室内的平均停留时间：

$$t = \frac{V}{q_v} \quad (12-4)$$

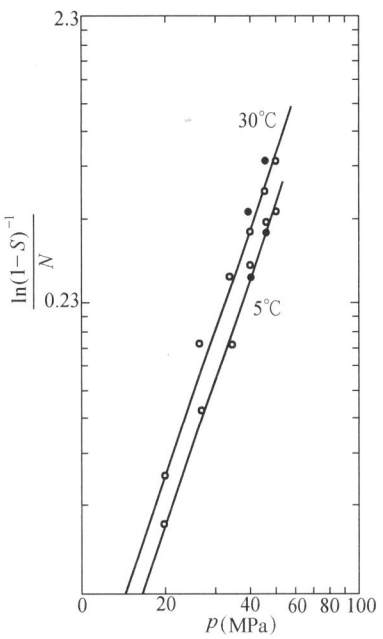

图 12-10　酵母的高压匀浆破碎
$\ln[1/(1-S)]/N$ 与 p 的关系
（○）循环破碎，$N>1$；（●）单级破碎，$N=1$

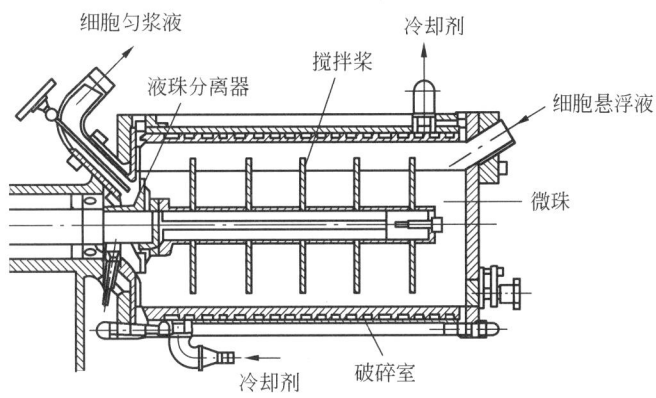

图 12-11　珠磨机结构简图（Dyno Mill）

式中，V 为破碎室的有效体积（即悬浮液的体积），m³；q_v 为悬浮液的体积流量，m³/s。k 与微球粒径、密度、填充率以及细胞浓度、搅拌速度和搅拌桨的形状有关。

珠磨的细胞破碎效率随细胞种类不同而异，但均随搅拌速度和悬浮液停留时间的增大而增大。通常选用的微球粒径与目标细胞的直径比应为 30～100。另外，悬浮液中细菌细胞质量分数为 6%～12%、酵母细胞质量分数为 14%～18% 时破碎效果较理想。

珠磨机的种类很多，如 WAB 公司的 Dyno mill KD45C 型，最大搅拌速度为 1450r/min（圆周速度为 20m/s），破碎室体积为 45dm³。

（3）撞击破碎　将细胞冷冻可使其成为刚性球体，降低破碎的难度，撞击破碎正是基于这样的原理。图 12-12 是撞击破碎器的结构简图。细胞悬浮液以喷雾状高速冻结(冻结速度为数千℃/min),形成粒径小于 50μm 的微粒子。高速载气(如氮气,流速约 300m/s)将冻结的微粒子送入破碎室,高速撞击撞击板,使冻结的细胞发生破碎。细胞破碎仅发生在与撞击板撞击的一瞬间,细胞破碎程度均匀,可避免细胞反复受力发生过度破碎的现象,适用于细胞器(如线粒体、叶绿体等)的回收。

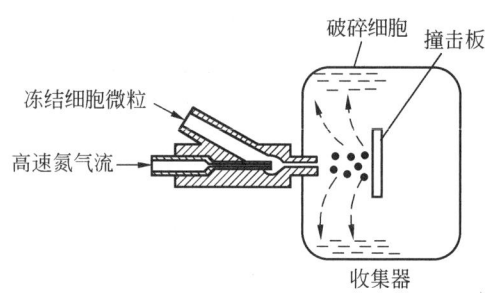

图 12-12 撞击破碎器的结构简图

(4) 超声波破碎法　是利用能发射 15～25kHz 的超声波探头处理细胞悬浮液。超声波破碎机理:在超声波作用下,液体发生空化作用,空穴的形成、增大和闭合产生极大的冲击波和剪切力,使细胞破碎。超声波的细胞破碎效率与细胞种类、浓度和超声波的声频、声能有关。

上述机械破碎法的适用范围包括菌体细胞和目标产物。珠磨和超声波破碎法破碎大肠杆菌来提取质粒 DNA 的研究表明,只有珠磨法的完整质粒收率在 90% 以上,而其他方法的收率低于 50%。因此,要针对目标产物的性质选择细胞破碎器并确定适宜的破碎操作条件。

2. 化学和生物化学渗透

(1) 酸碱处理　蛋白质为两性电解质,改变 pH 值可改变其荷电性质,使蛋白质之间或蛋白质与其他物质之间的相互作用力降低而易于溶解。因此,利用酸碱调节 pH 值,可提高产物溶解度。

(2) 化学试剂处理　用表面活性剂(如十二烷基硫酸钠,Triton X-100 等)、螯合剂(如乙二胺四乙酸,简称 EDTA)、盐(改变离子强度)或有机溶剂(苯、甲苯等)处理细胞,可增大细胞壁通透性。脲和盐酸胍等变性剂能破坏氢键作用,降低胞内产物之间的相互作用,使之容易释放。

(3) 酶溶　酶溶法是利用溶解细胞壁的酶处理菌体细胞,使细胞壁受到部分或完全破坏后,再利用渗透压冲击等方法破坏细胞膜,增大胞内产物的通透性。溶菌酶适用于革兰氏阳性菌细胞壁的分解;溶菌酶应用于革兰氏阴性菌时,需辅以 EDTA 使之更有效地作用于细胞壁。酵母细胞的酶溶需用溶菌酯(几种细菌酶的混合物)、β-1,6-葡聚糖酶或甘露糖酶。

通过调节温度、pH 值或添加有机溶剂,诱使细胞产生溶解自身酶的方法称为自溶。例如,酵母在 45～50℃ 下保温 20h 左右,可发生自溶。

化学渗透法比机械破碎的选择性高,胞内产物的总释放率低,特别是可有效地抑制核酸的释放,料液黏度小,有利于后处理过程。将化学渗透与机械破碎相结合,可大大提高破碎效率。例如,面包酵母用溶解酶预处理后,在 95MPa 下匀浆 4 次,破碎率接近 100%,而单独使用高压匀浆法的破碎率仅为 32%。

3. 物理渗透法

(1) 渗透压冲击法　渗透压冲击是细胞破碎法中最为温和的一种,适用于易破碎的细胞。将细胞置于高渗透压的介质(如较高浓度的甘油或蔗糖溶液)中,达到平衡后,将介质突然稀释或将细胞转置于低渗透压的水或缓冲溶液中。在渗透压的作用下,水通过细胞壁和膜渗透进入细胞,使细胞壁和膜膨胀破裂。

(2)冻结—融化法 将细胞急剧冻结后在室温下缓慢融化,此冻结—融化操作反复进行多次,使细胞受到破坏。冻结的作用是破坏细胞膜的疏水键结构,增加其亲水性和通透性。另一方面,由于胞内水结晶使胞内外产生溶液浓度差,在渗透压作用下引起细胞膨胀而破裂。冻结—融化法对于存在于靠近细胞膜的胞内产物释放较为有效。

上述物理和化学渗透法的处理条件比较温和,有利于目标产物的高活力释放回收,但这些方法破碎效率较低、产物释放速度低、处理时间长,限于实验室规模的应用。

实际的破碎操作需通过实验确定适宜的破碎器和破碎操作条件,获得最佳的破碎效率。提高破碎率意味着延长破碎操作时间或增加破碎操作次数,这往往会引起目标产物的变性或失活,给下游的分离纯化操作增加难度。

(三)目标产物的选择性释放

破碎细胞的目的是要得到一种或几种有用的目标产物。因此,在细胞内选择性释放目标产物且尽量降低细胞的破碎程度,对下游分离纯化操作的顺利实施非常重要。

利用珠磨法破碎酵母细胞时,酵母内各种酶的释放速率常数不同。一般靠近细胞壁和细胞膜的酶释放速度快,而细胞内部或细胞器内的酶随破碎的进行缓慢释放出来。因此,要知道目标产物的性质和在细胞内存在的位置,选择适当的破碎方法和操作条件。选择性释放目标产物的原则:

(1)仅破坏或破碎存在目标产物的位置周围 当目标产物存在于细胞膜附近时,可采用较温和的方法,如酶溶法(包括自溶法)、渗透压冲击法和冻结-融化法等。当目标产物存在于细胞质内时,则需采用强烈的机械破碎法。

(2)选择性溶解目标产物 当目标产物处于与细胞膜或细胞壁结合的状态时,调整溶液pH值、离子强度或添加与目标产物具有亲和性的试剂如螯合剂、表面活性剂等,使目标产物容易溶解释放。

图12-13是利用化学渗透法选择性释放目标产物的示意图。

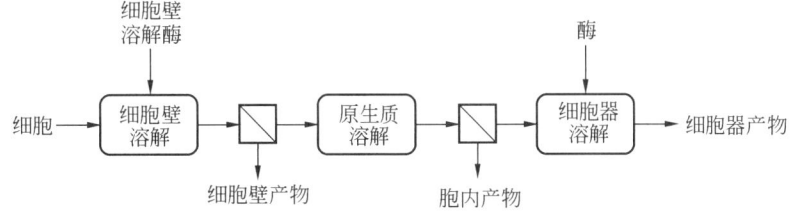

图12-13 化学渗透法选择性释放胞内产物流程图

下面是胞外柠檬酸和细菌胞内酶提取与精制的过程:

图12-14清楚地表明了柠檬酸生产的四个阶段。发酵后先用过滤法去除细胞及不溶性物质,然后加入石灰乳沉淀出柠檬酸钙盐,这一过程可把柠檬酸产品自可溶性杂质中提取出来。接着,再把柠檬酸钙盐转化成游离的柠檬酸,并过滤去除硫酸钙,而获得纯净的柠檬酸,最后的加工过程则由结晶和干燥操作完成。

图12-15为细菌制取胞内酶的流程图,细胞先用离心分离浓缩,然后通过均质作用,把

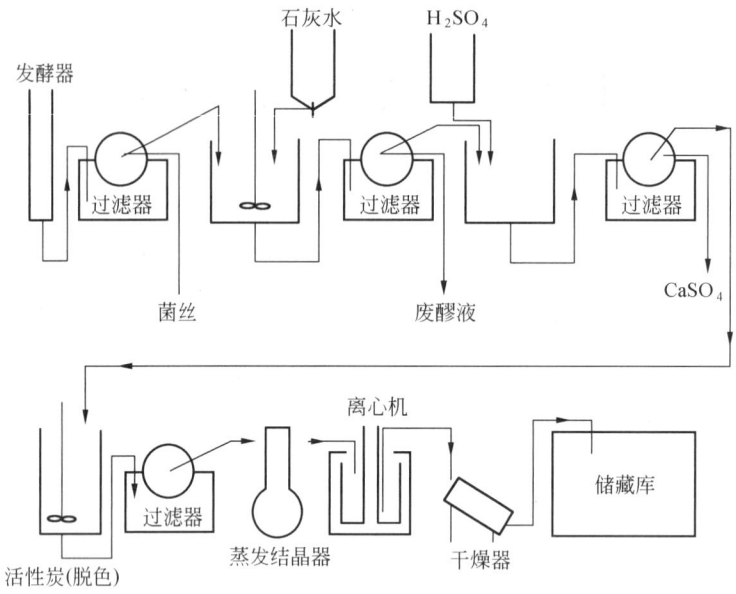

图 12-14 柠檬酸生产过程

细胞破碎而释放出胞内酶,并用离心法除去细胞碎片。其中提取阶段是由初次沉淀和分级沉淀所组成。酶的提纯主要是由超滤及层析法实现。最后的加工包括沉淀、离心分离及冷冻真空干燥等。

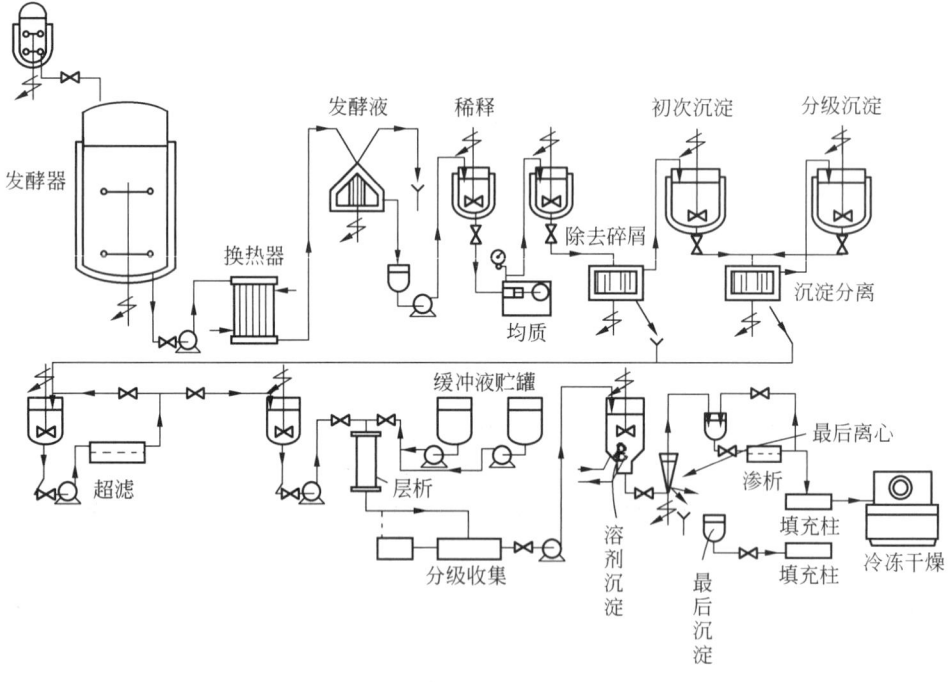

图 12-15 酶制剂的生产流程

第十三章 发酵产物的提取与精制技术

发酵产物的提取与精制大致分为三大类:①产物的提取方法,包括萃取、吸附;②产物的精制方法,包括离子交换法、膜分离法、层析法、浓缩法、沉淀;③成品阶段,包括结晶、干燥、蒸馏等。以上分类方法并不是绝对的,可进行互换。在生产实践中,要根据具体的提取与精制对象来选择合适的方法,选择原则是提高纯化效率和纯度,降低纯化成本,且易于规模化。

第一节 萃 取

利用溶质在互不相溶的两相之间分配系数的不同而使溶质得到纯化或浓缩的方法称为萃取。传统的有机溶剂萃取是石化和冶金工业常用的分离提取技术,在生物产物中,可用于有机酸、氨基酸、抗生素、维生素、激素和生物碱等生物小分子的分离和纯化。20世纪60年代末以来相继出现了萃取和反萃取同时进行的液膜萃取生物大分子如多肽、蛋白质、核酸等分离纯化的反胶团萃取等溶剂萃取法,其中双水相萃取技术迅速发展,为蛋白质特别是胞内蛋白质的提取纯化提供了有效的手段。此外,超临界流体萃取法的出现,使萃取技术更趋全面,适用于各种生物产物的分离纯化。

萃取是一种初步分离纯化技术,包括液固萃取、溶媒萃取、双水相萃取、液膜萃取、反胶团萃取、超临界萃取等,每种方法具有不同的特点而适用于不同产物的分离纯化。本节以溶媒萃取为重点,同时阐述双水相萃取、反胶团萃取、超临界萃取三种方法。

一、溶媒萃取的原理

溶媒萃取法常用于去除杂质及分离混合物,原理是:从溶液中萃取某一成分,利用其在两种互不相溶的溶剂中溶解度的不同而发生溶剂转移,达到提纯去杂的目的。

萃取效率的高低是以分配定律为基础的。在恒温恒压下,一种物质在两种互不相溶的溶剂(A 与 B)中的分配浓度之比是一常数,称为分配系数 K,如下式:

$$\frac{\text{上层溶剂(A)中溶质的浓度}}{\text{下层溶剂(B)中溶质的浓度}} = \frac{c_A}{c_B} = 常数 = K(分配系数)$$

$$\frac{\frac{W_1}{V_0}}{\frac{W_0 - W_1}{V}} = K \quad 或 \quad W_1 = W_0 \frac{KV_0}{KV_0 + V} \tag{13-1}$$

$$\frac{\frac{W_2}{V_0}}{\frac{W_1 - W_2}{V}} = K \quad 或 \quad W_2 = W_1 \frac{K_0 V_0}{KV_0 + V_S} = W_0 \left(\frac{KV_0}{KV_0 + V_S}\right)^2 \tag{13-2}$$

同理可得
$$W_n = W\left(\frac{KV}{KV + V_S}\right)^n \tag{13-3}$$

式中,W_0 为被提取物的总质量,g;V_0 为原溶液的体积,mL;V_S 为每一次提取所用提取溶液的体积;W_1 为提取一次后,被提取物在原溶液中的剩余量;W_n 为提取 n 次后,被提取物在原溶液中的剩余量;n 为提取次数;K 为被提取物在原溶剂和提取溶剂中的分配系数。

从式(13-3)得知,若已知物质在两溶媒内的分配系数,则可算出提取次数。表 13-1 为常用生物萃取系统的 K 值。

提取抗生素时,所用有机溶媒的体积与有效成分的回收率直接相关。有机溶媒用量愈多,回收率愈高。为了尽量使有效成分从发酵液中完全提取,有机溶媒的用量不能太少。

表 13-1 某些生物萃取系统的 K 值

生物质类型	溶 质	溶 剂*	K**	参考条件
氨基酸	甘氨酸	正丁醇	0.01	25℃
	丙氨酸	正丁醇	0.02	
	赖氨酸	正丁醇	0.2	
	谷氨酸	正丁醇	0.07	
	α-氨基丁酸	正丁醇	0.02	
	α-氨基己酸	正丁醇	0.3	
抗生素	天青菌素(celesticetin)	正丁醇	110	
	放线菌酮	二氯甲烷	23	
	红霉素	醋酸戊酯	120	
	林可霉素	正丁醇	0.7	pH4.2
	短杆菌肽	苯	0.6	
		三氯甲烷—甲醇	17	
	新生霉素	乙酸丁酯	100	pH7.0
			0.01	pH10.5
	青霉素 F	醋酸戊酯	32	pH4.0
			0.06	pH6.0
	青霉素 K	醋酸戊酯	12	pH4.0
			0.1	pH6.0
蛋白质	葡萄糖异构酶	聚乙二醇/磷酸钾	3.0	
	延胡索酸酶	聚乙二醇/磷酸钾	3.2	
	过氧化氢酶	聚乙二醇/粗葡聚糖	3.0	

注:*除注明外,另一溶剂为水;**轻、重相的浓度用 mol/L 表示。

二、溶媒萃取的工艺

按所处理物料的性质、分离程度而分为单次提炼、多次提炼及多级对流多次提炼等。

1. 单次提炼法

发酵液与溶剂混合以后,就把溶剂分出进行浓缩。如图 13-1 所示。

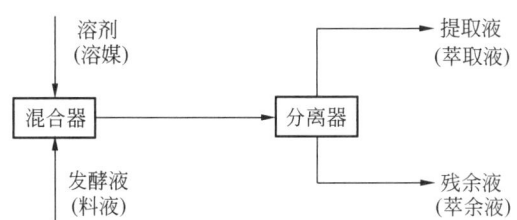

图 13-1　单次提炼法

2. 多次提炼法

发酵液与溶媒分级接触。即发酵液经过第一次溶媒提取后,分离后的残余液再加入新鲜的溶媒加以抽提(萃取),经过多次抽提,把发酵液中的抗生素有效提取出来。如图 13-2 所示。

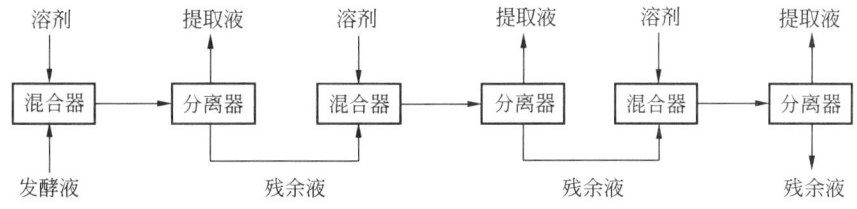

图 13-2　多次提炼法

3. 多级对流萃取

对流提取法用来分离溶液中的各种溶质,以期得到单一纯净的溶质。其原理是:当两种溶质 A 和 B 同时存在于某一溶液中时,若用一种不相溶的溶剂反复提取两种溶质,因分配系数不同而在多次提取液中将 A、B 分开。在 n 次提取液中大部分为溶质 A,溶质 B 留存残余液,从而分离出纯净的溶质 A 或 B。

三级对流多次提取法(图 13-3)属于连续对流提取法,需要专用设备,如对流离心萃取器。

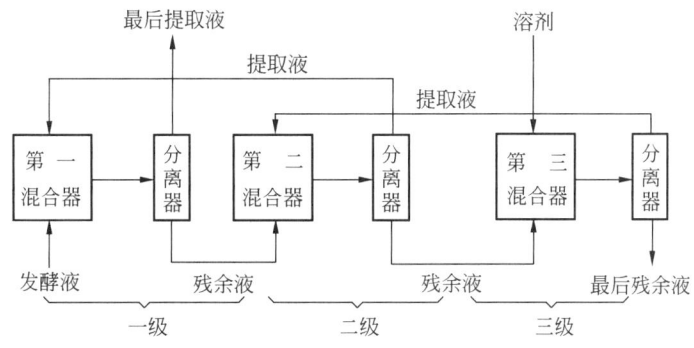

图 13-3　三级对流多次提取法

在多级对流多次提炼法中,对于经提炼后溶液中所剩余的溶质,可用下列公式表示:

$$w = \frac{E-1}{E^{n+1}-1} \times 100\% \tag{13-4}$$

式中,w 为溶液中剩余的溶质的质量分数;n 为提炼级数;E 为提炼系数。

$$E = \frac{KV_S}{V_0} \qquad (13-5)$$

式中,K 为被提取物质在原溶剂和提取溶剂中的分配系数;V_S 为溶媒体积;V_0 为原溶液体积。

当 $n=1$ 时,式(13-4)成为:

$$w = \frac{E-1}{E^2-1} \times 100\% = \frac{1}{E+1} \times 100\% \qquad (13-6)$$

从式(13-6)可以看出,如果要使溶液中残余的溶质的质量分数降至最低程度,必须使 E 值增大,而 $E = \frac{KV_S}{V_0}$,故若使 K 值和上层溶剂的体积增大,即能使残余的溶质量降低。

在不同的 E 值下,提炼级数与残余溶质的关系如图13-4所示。如 $E=10$,需要4级提炼,溶质残余量才能达到10%;但如 $E=20$ 时,则仅要3级提炼。

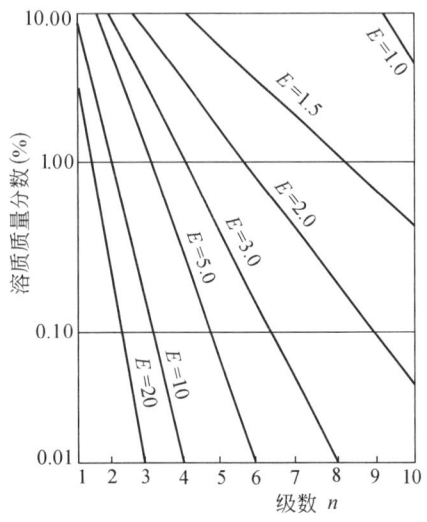

图13-4 在不同的 E 值下,提炼级数与残余溶质的关系

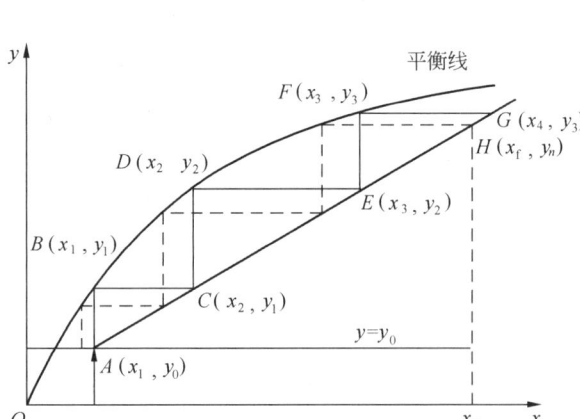

图13-5 多级逆流接触萃取的图解分析示意图

4. 分馏萃取(Fractional Extraction)

分馏萃取是料液从中间的某一级加入,如图13-5所示,萃取剂(L)从左端第一级加入,而从右端第 n 级加入纯重相(H)。此纯重相除不含溶质外,与进料的组成相同,在进料级(k)的右端起洗涤作用,使萃取相中目标溶质纯度增加(但浓度下降),因此第 k 级右侧的各级称为洗涤段,重相 H 称为洗涤剂。在第 k 级的左侧,溶质从重相被萃取进入萃取相。与图13-3的多级逆流萃取相比,分馏萃取可显著提高目标产物的纯度。

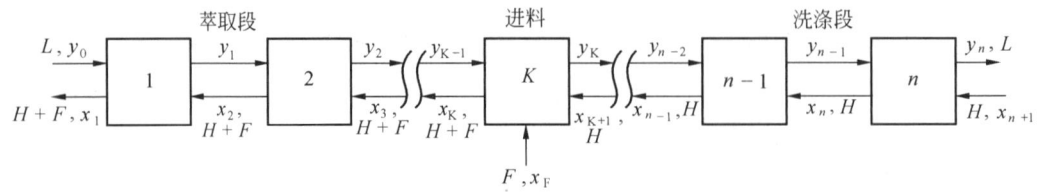

图13-6 分馏萃取流程示意图

5. 微分萃取

微分萃取(又叫塔式萃取)采用塔式萃取操作,即原料和溶媒采取逆流萃取的形式。塔内溶质浓度随流动相连续变化,需要用微分方程描述塔内溶质的质量守恒规律。微分萃取设备如图13-7所示,包括喷淋塔、转盘塔、筛板塔和脉冲筛板塔,以及填料塔、往复振动筛板塔等。

微分萃取具有高的目的产物提取率和高的产物纯度,在发酵工业有很好的应用价值和应用前景。例如,利用醋酸丁酯从澄清的发酵液中萃取青霉素G,可得到95%以上的萃取收率。

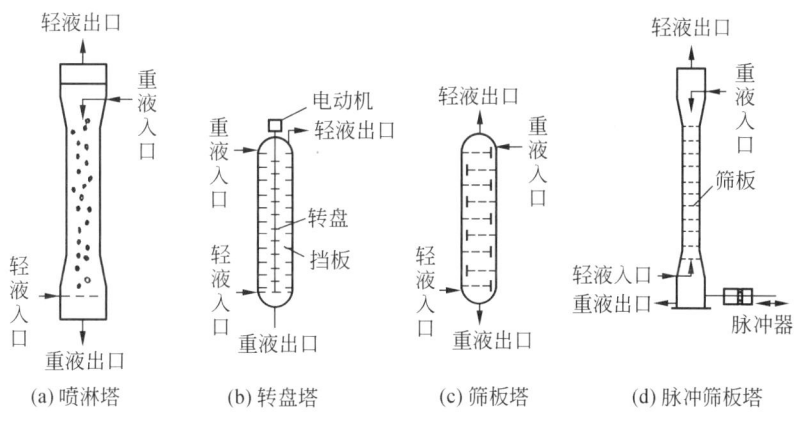

图13-7 部分塔式萃取设备示意图

三、溶媒萃取影响因素

(一)乳化与去乳化

1. 乳化对溶媒萃取的影响

在发酵产品萃取时,常发生乳化现象。乳化是液体分散在另一不相溶的液体中的作用。产生乳化后会使有机溶媒相与水相分层困难,即使采用离心分离机也往往不能将两相完全分离,溶媒相中若夹带发酵液微滴,会给以后的精制造成困难。

2. 乳浊液的形式

当将有机溶媒(通称为油)和水混在一起搅拌时,可能产生两种形式的乳浊液。一种是以油滴散在水中,称为水包油型(或O/W型)乳浊液。另一种是水以水滴分散在油中,称为油包水型(或W/O型)乳浊液。一般有表面活性剂存在时,才容易发生乳化,表面活性剂是一种两性物质,具有亲水、亲油的两重性质,它一端具有亲水基团(如—COONa、—SO$_3$Na、—OSO$_3$Na、—N$^+$(CH$_3$)$_3$Cl、—O(CH$_2$CH$_2$O)$_n$H等),另一端具有亲油基团(烃链),能够把油与水连在一起,降低界面的表面张力,使液体容易分散成微滴而发生乳化。

3. 常用的去乳化方法

破坏乳浊液的常见方法有下列几种:

(1)过滤和离心分离 当乳化不严重时,可用过滤或离心分离的方法,分散相在重力或离心力场中运动而引起碰撞而沉聚。实验时用玻璃棒轻轻搅动乳浊液可促使其破坏。

(2) 加热　加热能使黏度降低,破坏乳浊液。对热稳定性好的发酵产品可考虑此法。

(3) 稀释法　在乳浊液中加入连续相,可使乳化剂浓度降低而减轻乳化。

(4) 加电解质　离子型乳化剂所形成的乳浊液常因分散相带电荷而稳定,可加入电解质,以中和其电荷而促使聚沉。常用的电解质有 NaCl、NaOH、HCl 及高价离子,如 Al^{3+} 等。

(5) 吸附法　例如碳酸钙易为水所润湿,将乳浊液通过碳酸钙层时水分被吸附。生产上将红霉素一次丁酯抽液通过碳酸钙层,以除去微量水分,有利于以后的提取。

(6) 顶替法　加入表面活性更大但不能形成坚固保护膜的物质,将原先的乳化剂从界面上顶替出来,如戊醇的表面活性很大,但碳氢链很短,不能形成坚固的薄膜。

(7) 转型法　在 O/W 型乳浊液中,加入亲油性乳化剂,则乳浊液有从 O/W 型转变成 W/O 型的趋向,但条件还不能形成 W/O 型乳浊液,因而在转变过程中破坏乳浊液。同样,在 W/O 型乳浊液中,加入亲水性乳化剂也会使乳浊液破坏。

4. 常用的去乳化剂

常用的去乳化剂有两种,一种是阳离子表面活性剂溴代十五烷基吡啶,另一种是阴离子表面活性剂十二烷基硫酸钠。

(1) 溴代十五烷基吡啶(PPB)　这是一种棕褐色稠厚液体,在水中溶解度约为 6%,在有机溶媒中溶解度较小,因此适用于破坏 W/O 型乳浊液,去乳化效果很好。使用时要先将其溶解在热水中,用量为 0.01%～0.05%,它的化学结构式如下:

$$\left[\bigcirc\!\!\!\!\!-\!\!N^+\!\!-\!\!C_{15}H_{31} \right] Br^-$$

(2) 十二烷基磺酸钠　这是一种洗涤剂,淡黄色透明液体,含量为 25%,易溶于水,微溶于有机溶媒,因此适用于破坏 W/O 型乳浊液。价格较廉,仅为溴代十五烷基吡啶的 1/20。它的化学结构式如下:

$$CH_3(CH_2)_{10}CH_2SO_3^- Na^+$$

抗生素提炼中的去乳化剂,不仅考虑其去乳化能力,还要考虑不降低活性单位和污染成品。

(二) pH 值

在萃取操作中正确选择 pH 值有很重要的意义。一方面,pH 值影响分配系数,因而对萃取收率影响较大。例如,红霉素在 pH9.8 时,在乙酸戊酯与水相(发酵液)间的分配系数等于 44.7;而在 pH5.5 时,红霉素在水相(缓冲剂)与乙酸戊酯间的分配系数等于 14.4。另一方面,pH 值对选择性也有较大影响。如酸性抗生素一般在酸性条件下萃取到有机溶媒,而碱性杂质则成盐而留在水相。如为酸性杂质,则应根据其酸性强弱,选择合适的 pH 值,以尽最大可能除去杂质。此外,pH 值应控制在使抗生素稳定的范围内。

(三) 温度

温度对发酵产品的萃取也有较大影响。抗生素在温度较高时不稳定,故萃取应在室温或较低温度下进行。但如低温对萃取速度影响较大,可适当升高温度。

（四）盐析

加入盐析剂如硫酸铵、氯化钠等可使抗生素在水中溶解度降低，而易转入溶媒。如在提取维生素 B_{12} 时加入硫酸铵，可使 B_{12} 自水相转移到有机溶媒中，有利于提取；在青霉素提取时加入 NaCl，可使青霉素从水相转移到有机溶媒中，有利于提取。

（五）带溶剂

带溶剂能和抗生素形成复合物而易溶于溶媒中，形成的复合物在一定条件下又容易分解。如抗生素的水溶性很强，在通常所用的有机溶媒中的溶解度很小，若要采用溶媒萃取法来提取，可借助带溶剂。水溶性较强的碱如链霉素可与脂肪酸如月桂酸[$CH_3(CH_2)_{16}COOH$]形成复合物而溶于丁醇、醋酸丁酯、异辛醇中。在酸性条件下(pH5.5～5.7)复合物分解成链霉素而可转入水相。链霉素在中性条件下能与二异辛基膦酸酯相结合，从水相萃取到三氯乙烷中，然后在酸性条件下再萃取到水相。

青霉素作为一种酸，可用脂肪碱作为带溶剂，如能和正十二烷酸、四丁胺等形成复合物而溶于氯仿中，这样萃取收率能够提高，且可以在较有利的 pH 值范围内操作，适用于青霉素的定量测定，这种正负离子结合成对的萃取又称为离子对萃取。

（六）溶媒的选择

溶媒对抗生素有较大的溶解度以及良好的选择性，即分离能力，故应选择与抗生素结构相近的溶媒。

按毒性大小，溶媒可分为：
(1) 低毒性　如乙醇、丙醇、丁醇、乙酸乙酯、乙酸丁酯、乙酸戊酯等。
(2) 中等毒性　如甲苯、环己烷、甲醇等。
(3) 强毒性　如苯、二氧六环、氯仿、四氯化碳等。
故在抗生素发酵工业实际常用的溶媒是乙酸乙酯、乙酸丁酯和丁醇。

此外，溶媒萃取后还需要回收溶媒，如抗生素发酵提取溶媒消耗在成本中占比很高，因此应将溶媒回收再利用。除溶媒萃取法中的废溶媒外，结晶母液中的溶媒（当抗生素从有机溶媒中结晶时）、洗涤晶体的溶媒等应回收。

回收溶媒通常采用蒸馏法及精馏法，例如单组分溶媒，仅需除去其中不挥发性杂质（如色素等），则可采用简单蒸馏的方法。例如，青霉素和红霉素提炼中的废丁酯，仅含水分（20℃时，水在丁酯中溶解度为1.4%），以及有机酸和色素等杂质，可以用简单蒸馏的方法回收。

如溶媒和水形成共沸物，则可利用共沸物组成与溶解度的不同，借简单蒸馏，经多次反复蒸馏回收。如混合溶媒不形成共沸物，则可利用精馏将它们分成纯组分。例如，四环素盐酸盐丙酮洗涤液中含有丁醇，由于沸点相差较大（丙酮沸点56℃，丁醇沸点117℃），故用精馏方法将它们分离。如果混合溶媒需要反复使用，有时也不需要将它们分成纯组分，只需通过蒸馏除去不挥发物质，然后测定溶媒比例，补足溶媒后再用。例如，光辉霉素用乙酯-丁醇(4:1，体积比)混合溶媒的提取，废溶媒可通过简单蒸馏将溶媒全部蒸出，70～80℃间馏出物作为乙酯，其他作为丁醇。

四、新颖萃取技术

溶媒萃取是萃取操作的一种主要手段,具有选择性好、处理量大、设备简单、易放大及可连续操作等优点,所以目前大部分抗生素提取采用此法。但随着基因重组技术的出现,有很多生物制品如干扰素、胰岛素、人白细胞介素及特种酶等产品均无法使用溶媒萃取的方法来进行分离,其原因是有机溶剂对这些生物物质有毒害作用。于是许多新的液—液萃取技术相继涌现,如双水相萃取、反微团萃取、凝胶萃取、膜萃取和超临界萃取等。

(一)双水相萃取

双水相萃取主要用于酶和蛋白质的萃取,特点是用两种互不相溶的聚合物,如聚乙二醇(PEG)和葡萄糖或 PEG-磷酸钾系统进行萃取,而两相均有很高的水含量,一般达70%~90%,故称双水相系统。双水相萃取的主要优点是:每一水相中均含有很高的水量,为生物物质提供了一个良好的环境,并且 PEG、Dex 和无机盐对生物物质无毒害作用,不影响生物活性。双水相萃取不仅可从澄清发酵液中提取生物物质,而且还可从含有菌体的原始发酵液或细胞匀浆液中直接提取蛋白质,免除过滤操作的麻烦。

1. 相平衡关系

Albertsson 等对多水相体系作了详细的研究,他指出,大多数(不是全部)亲水性聚合物均能显示出不互溶性。当聚合物浓度较低时,获得的溶液是均相的;但如浓度增加超过某一值时,溶液便出现分离的两相。如若把相图中的这些点连接起来,便获得所谓的"双结点线"(binodal)TCB(图13-8和图13-9)。该双结点线把整个图面分成两个区域,其左侧是单相区,该处 PEG、Dex(或盐)在同一溶液中,不分层;其右端为两相区。由实验可知,增大聚合物的相对分子质量,可以使两相区的范围扩大。对任何特定的系统而言,均可在图中找到某点 M。如若 M 点位于相图的两相区内(TCB 右端),那么,由 M 点组成给出的混合物将分成两个相,这就是组成为 T 的"上相",又称"顶相",内富含 PEG;组成为 B 的"下相",又称"底相",内富含 Dex 或盐。这时,T、B 在通过 M 点的连接线(tie line)上。该连接线的定义是:连接平衡两相组成的直线。连接线不会相交,并且连接线上所有的点均有着相同的顶相(T)组成和底相(B)组成,只是两相的相对体积量不同而已。这时,顶相和底相的相对体积量,可用线段 MT/MB 来表示。其中,MT 表示顶相量,MB 为底相量,服从杠杆定律。图中的 C 点是临界点,从理论上说,临界点处的两相应该具有同样的组成、同样的体积,且分配系数等于1。

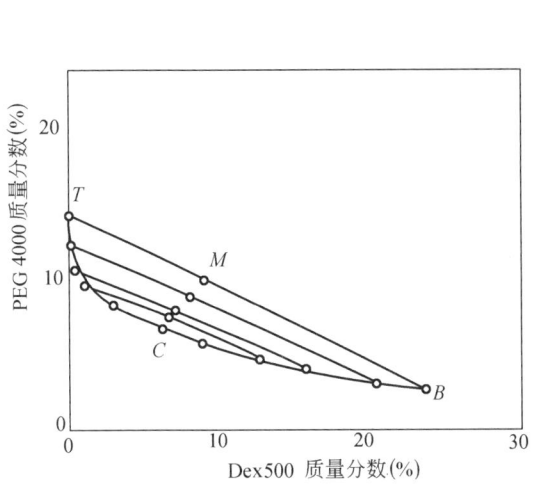
图 13-8 PEG4000-Dex500 系统相图(20℃)

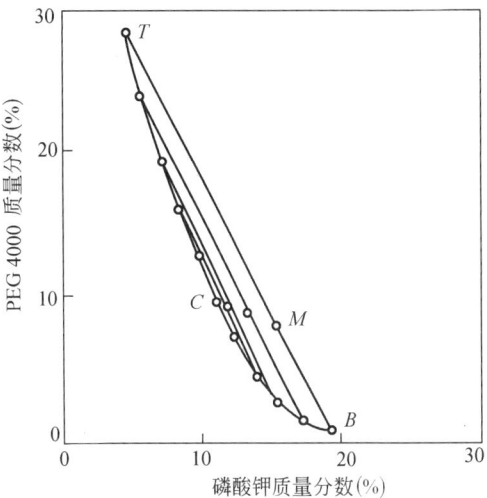
图 13-9 PEG4000-磷酸钾系统相图(20℃)

表 13-2 用双水相萃取法从微生物细胞中提取酶

酶	微 生 物	生物物质质量分数(%)	相系统	分配系数	收率(%)
异亮氨酸-tRNA合成酶	大肠杆菌	20	PEG/盐	3.6	93
延胡索酸酶		25	PEG/盐	3.2	93
天冬氨酸酶		25	PEG/盐	5.7	96
青霉素酰基转移酶		20	PEG/盐	2.5	90
α-葡萄糖苷酶	酿酒酵母	30	PEG/盐	2.5	95
6-磷酸葡萄糖脱氢酶		30	PEG/盐	4.1	91
乙醇脱氧酶		30	PEG/盐	82	96
己糖激酶		30	PEG/盐	—	92
葡萄糖异构酶	链霉菌属	20	PEG/盐	3.0	86
支链淀粉酶	肝炎杆菌	25	PEG/葡聚糖	3.0	91
磷酸化酶		16	PEG/葡聚糖	1.4	85
亮氨酸脱氢酶	球形芽孢杆菌	20	PEG/粗葡聚糖	9.5	98
双醋酸盐脱氢酶	乳酸菌属	20	PEG/盐	4.8	95
L-2 羟基脱氢酶	乳酸杆菌	20	PEG/盐	10.0	94
D-2 羟基脱氢酶	干酪乳杆菌	20	PEG/盐	11.0	95

图 13-8 和图 13-9 分别为双水相体系的典型例子,其中图 13-8 给出了聚乙二醇-葡聚糖系统的相图;图 13-9 为聚乙二醇-磷酸钾系统的相图。由图可见,后者的连接线要比前者更陡一些。双水相萃取的分配系数 K 定义如下:

$$K = c_T/c_B \tag{13-7}$$

式中,c_T 和 c_B 分别为平衡时顶相和底相内蛋白质的质量浓度。表 13-2 给出了某些双水相萃取系统的有关数据。

影响双水相萃取的因素很多,其中最重要的是组成双水相的聚合物种类、聚合物的平均相对分子质量、聚合物的相对分子质量分布、连接线长度(取决于浓度)、离子种类、离子强度及 pH 值。

通常用增加葡聚糖相对分子质量或降低聚乙二醇相对分子质量的方法来提高蛋白质萃取的分配系数,也可用控制聚乙二醇相对分子质量分布的途径来改变分配系数。例如,改变不同相对分子质量的聚乙二醇配比,即可达到这一目的。

如图 13-10 所示,若改变 PEG 4000 和 PEG 400 两种聚合物的相对比例,延胡索酸酶分配系数的变化将超过 6 个数量级。

分配系数对操作温度不敏感,所以大规模的双水相萃取,常在室温下进行,而无需对系统进行控温,这样可免去冷却装置和降低能耗,有利于分离设备的操作。

2. 亲和萃取

当前,双水相萃取的一个重要研究方向是亲和萃取,该法可有效地提高分离选择性和产品的纯度。亲和萃取又称亲和分配,系使用具有生物特异性的配基(ligand)来提高分离选择性。配基或以游离状态存在于系统中,或以共价结合方式与聚合物连接在一起,旨在提供较高的选择性。表 13-3 给出了某些亲和萃取的例子,其中以三嗪染料配基最受人们的重视。

用双水相体系分离酶及其他活性蛋白质,是一项极有潜在应用前景的技术。它不仅可用于澄清发酵液的分离,而且也可处理含有固体细胞的发酵液和带有细胞碎片的细胞匀浆液。

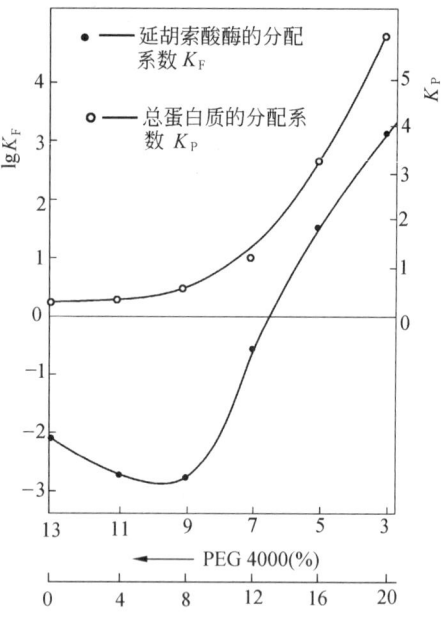

图 13-10 延胡索酸酶及总蛋白质的分配系数随 PEG4000-PEG400 含量比的变化(在 PEG/磷酸盐系统中)

表 13-3 亲和萃取蛋白质实例

蛋 白 质	配 基
胰蛋白酶	胰蛋白酶抑制物
磷酸果糖激酶	三嗪染料
甲酸脱氢酶	三嗪染料
葡萄糖-6-磷酸脱氢酶	三嗪染料
血清白蛋白	脂肪酸
乳清蛋白	脂肪酸
白蛋白	三嗪染料
甲种胎儿球蛋白	三嗪染料

(二)反微团萃取

所谓反微团,又称反胶束(reversed micelles),是指当有机溶剂中加入表面活性剂并令其浓度超过某临界值时,表面活性剂便会在有机溶剂中形成一种稳定的大小为纳米级的聚集体。从表面活性剂的分子结构可知,表面活性剂是一种两亲分子,它具有一条或数条长长的憎水性烷基链尾巴,同时又有一个亲水性基团的极性头部。例如,表面活性剂十二烷基苯磺酸钠,其憎水性尾巴是十二烷基链,它的亲水性头部是苯磺酸钠基团。图 13-11 为反微团的示意图。该聚集体的内腔(或称极性核)含有水分,称之为"水池"(water pool),具有溶解诸如蛋白质、核酸等极性物质的能力。因此,当含有此种反微团的有机溶剂与蛋白质的水溶液接触时,蛋白质就会溶解于此水池中,从而实现对蛋白质的有机溶剂萃取。由于反微团内的蛋白质受到周围水层和表面活性剂极性头部的保护,使之不受有机溶剂的"伤害",因此,不会变性、失活。

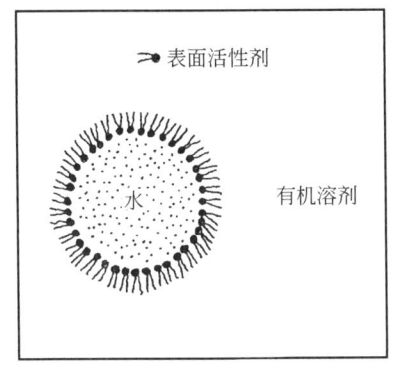

图 13-11 反微团模型

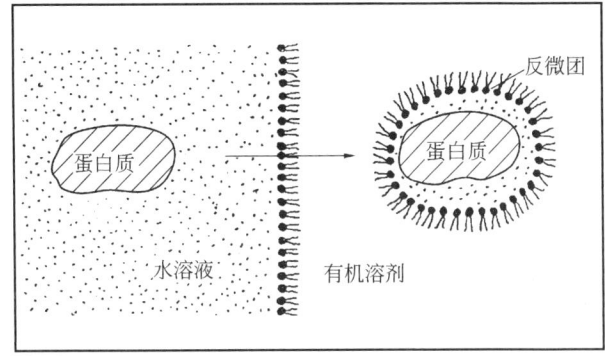

图 13-12 在含反微团的有机溶剂中溶解蛋白质

蛋白质溶解于反微团内的典型状况,如图 13-12 所示。已经进入反微团内的蛋白质,通过改变水相的 pH 值和盐浓度等条件,可使之重返水相,从而实现对蛋白质的反萃取。因此,反微团萃取扩大了有机溶剂萃取的适用范围,可用于活性蛋白质、酶、氨基酸及核苷酸等的分离。

1. 萃取机理

表面活性剂按其亲水性基团的电性质,可分为阴离子表面活性剂、阳离子表面活性剂和非离子表面活性剂等数种。但目前用于反微团萃取的主要是阴离子表面活性剂——丁二酸-2-乙基己基酯磺酸钠(sodium di -2 -thylhexglsulphosuccinate),商品名为气溶胶 OT 或 AOT,结构式如图 13-13 所示。除此之外,阳离子表面活性剂——氯化三辛基甲基铵(triotylmethylammonium chloride,TOMAC)也有使用,这是一种季铵盐。反微团萃取所用的有机溶剂主要是异辛烷。

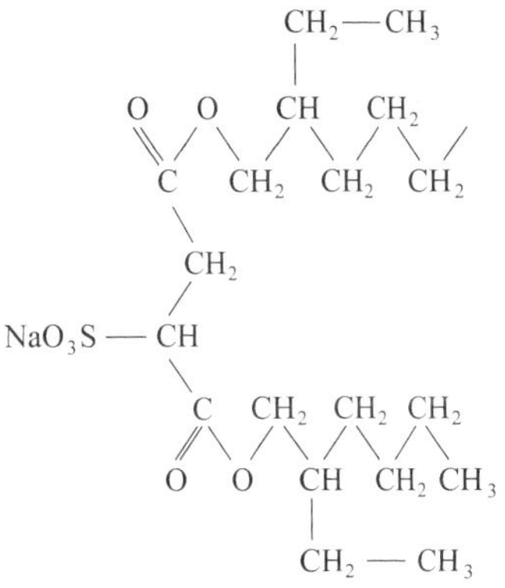

蛋白质之所以会从水相迁移入有机溶剂的反微团内,乃是带电蛋白质与反微团极性头之间的静电作用力所造成的。换言之,仅当蛋白质与微团极性头两者之间有着相反的电特

图 13-13 气溶胶 OT 结构式

性时,才能引起增溶溶解作用。由此可见,若是使用阴离子表面活性剂 AOT,那么,增溶溶解作用仅在 pH 值低于该蛋白质的等电点时才会发生。因为此时蛋白质带正电,表面活性剂的极性头带负电。Goklen 及 Haton 等的实验结果也证实了这一假设。

微团的大小(通常用水含量 $W_0 = [H_2O]/[表面活性剂]$ 表示)对萃取也十分重要,因为它可以影响微团对蛋白质是接受抑或排斥。

影响反微团大小的因素,除了水和表面活性剂的浓度比之外,还有离子强度。因为离子强度决定了表面活性剂中电荷极性头之间彼此排斥力的强弱,离子强度大,排斥力强,微团就增大,反之变小,所以离子强度会影响微团的大小。

2. 影响反微团萃取的因素

影响反微团萃取的因素很多,归纳起来主要有溶液的 pH 值、溶液的离子强度值、表面活性剂的浓度和结构(种类)、有机溶剂的种类、表面活性剂与溶剂体积比、温度等。

(1)溶液的 pH 值　pH 值影响蛋白质的电荷数量和电荷性质,从而决定了蛋白质与反微团极性头之间的静电作用力大小。例如,α-淀粉酶用氯化三辛基甲基铵为表面活性剂传递(萃取)时,最佳 pH 近乎为9,而在逆向传递(反萃取)时,最佳 pH 为5。

(2)溶液的离子强度　离子强度影响微团的静电状态。Goklen 等发现,细胞色素 c 从水相传递至有机相时,低离子强度有利,而在逆向传递时,则需高离子强度。因此,可以得出结论:凡是对蛋白质所含电荷有影响的因素,如 pH 值,以及对反微团的静电状态有影响的因素,如表面活性剂种类和电介质的离子强度等,均能改变蛋白质的增溶作用。

(3)表面活性剂的浓度和种类　表面活性剂的浓度对反微团萃取也有明显影响。因为溶剂能够容纳蛋白质的能力,取决于系统中反微团的数量,也就是说,系统中反微团越多,能够增溶的蛋白质也就越多;而反微团数量的多少,又取决于表面活性剂的浓度。

表面活性剂种类与反微团萃取的关系:蛋白质增溶的前提是蛋白质与表面活性剂极性基团两者必须有着相反的电特征,还要考虑蛋白质的变性问题,即操作 pH 值一般应在5~8的范围之内。如果蛋白质的等电点很高,如溶菌酶、胰凝乳蛋白酶等,那么应选用阴离子表面活性剂。这时操作 pH 值低于 pI,蛋白质带正电荷,阴离子表面活性剂带负电荷,于是就产生增溶作用。反之,对等电点很低的蛋白质,应选用阳离子表面活性剂。

(4)其他　Goklen 等的研究结果表明,选用正己烷、异辛烷及正辛烷要比选用正十二烷、环己烷、二甲苯、四氯化碳或氯仿等溶剂效果更佳,因为前者能获得较大的微团(W_0 = [水]/[表面活性剂] = 75~115),后者仅为5~20。Luisi 的实验结果表明,在以氯化三辛基甲基铵(TOMAC)为表面活性剂的系统中,温度对α-胰凝乳蛋白酶的传递有着明显的影响。例如,温度从25℃增至40℃,蛋白质的传递量提高将近50%。

3. 亲和分离

为了进一步提高反微团萃取分离的选择性,通常可在反微团表面活性剂分子的烷基链上"移植"一个对欲分离蛋白质具有生物专一性的配基,以实现对反微团亲和萃取的分离。这个复合分子通常穿越微团的界面,并伸入微团的内部,见图 3-14;如此,该配基便可选择性地与混合物中的目的蛋白质结合,并把它拉入反微团内。

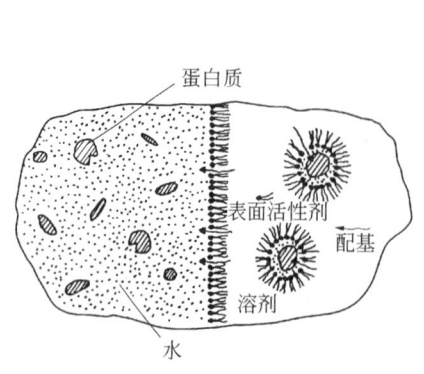

图 13-14　反微团系统中的亲和分离

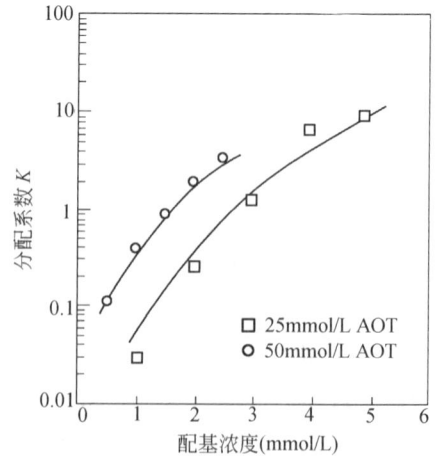

图 13-15　配基浓度对伴刀豆球蛋白 A 分配系数的影响

Woll 等以辛基-β-D 吡喃葡萄糖苷为配基,在异辛烷-AOT 系统中,研究了伴刀豆球蛋白 A 和核糖核酸酶 A 这两种蛋白质的反微团萃取分离。实验结果表明,辛基-β-D-吡喃葡萄糖苷能显著提高伴刀豆球蛋白 A 的分配系数(图 13-15);然而,对核糖核酸酶 A 却无作用。这表明,辛基-β-D 吡喃葡萄糖苷对伴刀豆球蛋白 A 有专一的生物结合能力,可明显提高伴刀豆球蛋白 A 萃取的选择性。

总之,反胶团萃取将具有良好的工业应用前景。

(三)超临界液体萃取

超临界液体萃取也是一种溶剂萃取方法,它使用的是一种在超临界状态下的液态气体,如超临界液态二氧化碳、超临界液态甲烷、超临界液态乙烷、超临界液态乙烯等。其中,尤以超临界液态二氧化碳最受人瞩目,它有很多优点,例如,液体二氧化碳自身无毒、不燃、无腐蚀、低黏度、价廉,而且液体二氧化碳渗入物质的能力极强,因此扩散系数大,由它作溶剂的萃取操作,可获得高的传递速率。此外,溶剂容易从产品中分离出来。二氧化碳的临界点是 31℃和 73 个大气压,操作应在此临界值条件下进行。萃取的主要应用领域是抗生素生产,其最大不足是不能用于分离酶和活性蛋白质。

第二节 吸 附

一、吸附原理与吸附平衡

吸附法是利用吸附剂与杂质、色素物质、有毒物质(如热源)、抗生素之间的分子引力而吸附在吸附剂上。此法广泛应用于发酵产品的提取和精制过程,尤其广泛应用于发酵产品的除杂、脱色、有毒物质(如热源)的分离、提纯、精制和抗生素的提取和精制方面。

吸附的目的一方面是将发酵液中的发酵产品吸附并浓缩于吸附剂上,另一方面是利用吸附剂除去发酵液中的杂质或色素物质、有毒物质(如热源)等。例如,抗生素的吸附提取是把发酵液中的抗生素有效成分吸附于吸附剂上,然后以有机溶剂把有效成分从吸附剂上洗脱下来,再经浓缩后即可得到抗生素的粗制品。而杂质、色素或有毒物质被吸附剂吸附,抗生素则被纯化。吸附剂通常在酸性情况下吸附杂质或色素,而在中性的情况下则可把抗生素吸附,如活性炭对链霉素的吸附。

吸附法具有操作简单,原料易解决,便于土法生产的优点。但也有较多缺点,如吸附剂吸附性能不稳定,即使由同一工厂生产的活性炭,也会随批号不同而性质有所改变;选择性不高,即许多杂质也会吸附上去,洗涤时有一定损失,并且纯度不易达到要求。吸附剂吸附容量有限,而洗脱剂用量一般不能太少,因而使洗脱液中抗生素浓度不高,需要浓缩加工。收率不稳定而且不高,且不能连续操作,劳动强度较大,炭粉还会影响环境卫生。由于这些原因,目前吸附法逐渐为其他方法所取代,尤其为离子交换树脂法所取代。只有当其他方法都不适用或对新抗生素,才考虑用吸附法。例如,维生素 B_{12} 用弱酸 122 树脂吸附,自力霉素用活性炭吸附等。但是在许多发酵产品的提取和精制过程中,特别是在发酵产品除杂质提纯、脱色和分离有毒物质(如热原)等方面的提纯精制过程中,吸附法仍有广泛的应用。

吸附平衡关系是指吸附达到平衡时,吸附剂的平衡吸附溶质浓度 q' 与液相游离溶质浓

度 c 之间的关系。一般 q' 是 c 和温度的函数，即

$$q' = f(c, T) \tag{13-8}$$

一般吸附过程温度固定，此时 q' 只是 c 的函数，q' 与 c 的关系曲线称为吸附等温线。q' 与 c 之间呈线性函数关系，即

$$q' = mc \tag{13-9}$$

这个关系称为亨利（Henry）型吸附平衡，其中 m 为分配系数。式（13-9）一般在低浓度范围内成立，当溶质浓度较高时，吸附平衡常呈非线性，式（13-9）就不成立。利用佛罗因德利希（Freundlich）经验方程，即

$$q' = kc^{1/n} \tag{13-10}$$

其中，k 和 n 为常数，一般 $1 < n < 10$。

此外，兰格缪尔（Langmuir）的单分子层吸附理论在很多情况下可解释溶质的吸附现象。即在吸附剂上具有许多活性点，每个活性点具有相同的能量，只能吸附一个分子，且被吸附的分子间无相互作用。基于兰格缪尔单分子层吸附理论，可推导兰格缪尔型吸附平衡方程：

$$q' = \frac{q_m c}{K_d + c} \tag{13-11a}$$

或

$$q' = \frac{q_m K_b c}{1 + K_b c} \tag{13-11b}$$

其中，q_m 为饱和吸附容量，K_d 为吸附平衡的解离常数，K_b 为结合常数（$K_b = 1/K_d$）。

当 n 个相同溶质分子在一个活性点上发生吸附时，可得式（13-11b）的一般形式：

$$q' = \frac{q_m K_b c^n}{1 + K_b c^n} \tag{13-12}$$

对于 n 个组分的单分子层吸附，式（13-11b）变为另一种一般形式：

$$q_i^* = \frac{q_{mi} K_{bj} c_i}{1 + \sum_{j=1}^{n} K_{bj} c_i} \tag{13-13}$$

式（13-13）为组分 i 的吸附浓度与各组分浓度之间的关系式，表明了各个组分在同一个活性点上竞争性吸附的结果，使组分 i 的吸附浓度下降。

当吸附剂对溶质的吸附作用非常大时，式（13-10）中的 n 常大于10，或式（13-11a）中的 Langmuir 吸附解离常数 K_d 非常小，接近不可逆吸附，吸附等温线为矩型，q 为常数。各种吸附平衡关系如图13-16所示。

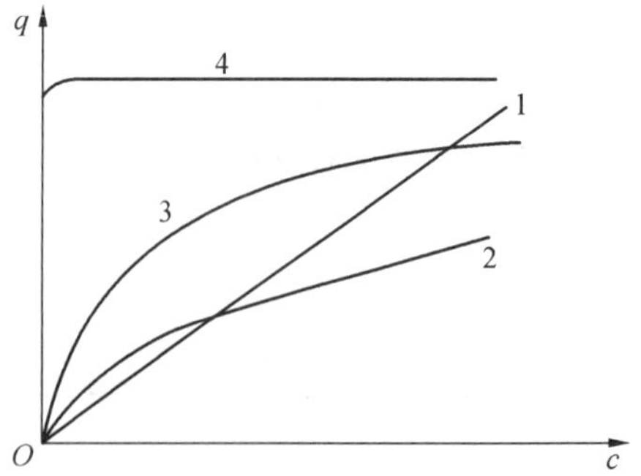

图13-16 几种常见的吸附等温线
1—Henry 型；2—Freundlich 型；3—Langmuir 型；4—矩型

二、吸附剂种类与吸附脱色

吸附剂种类很多，只要它们不溶于吸附操作中所用的溶液，且不使被吸附的化合物受破坏或分解即可。吸附剂必须具备的条件：

(1)吸附剂本身是一种多细孔粉末状的物质,其颗粒密度小,表面积大,但孔隙也不能太多,否则孔隙中的溶质不易被解吸出来;

(2)吸附剂必须颗粒大小均匀;

(3)吸附能力大,但也要容易洗脱下来。

工业发酵常用的吸附剂主要可分为三种类型:

1. 疏水或非极性吸附剂

最好的是从极性溶媒,尤其是从水溶液内吸附溶质,这类的典型吸附剂是活性炭。

作为分子吸附剂的活性炭,在工业发酵中许多发酵产品的提取、精制和分离过程中,应用较广泛,例如,谷氨酸钠等发酵产品的脱色和多种抗生素的精制等。活性炭是疏水性物质,它最适宜从水溶液中吸附非极性物质,它吸附芳香族化合物的能力大于无环化合物。

活性炭有碱性、酸性或中性之分,在应用于抗生素的提取过程中,要对活性炭进行必要的处理,如干燥去水,除去无机盐中钙、镁、铁离子等,使吸附剂的活性表面活化。由于活性炭作为吸附剂的选择性差,故常用于初步提炼和溶液脱色。

2. 亲水或极性吸附剂

适用于非极性或极性较小的溶媒,如硅胶、氧化铝(用作吸附的氧化铝,其组成不是Al_2O_3,而是氧化铝的部分去水物)、活性土皆属此类。

另外,吸附剂可以是中性、酸性或碱性的。碳化钙、硫酸镁等属中性吸附剂;氧化铝、氧化镁等属碱性吸附剂;酸性硅胶、铝硅酸(活性土)属酸性吸附剂。碱性吸附剂适宜于吸附酸性物质,而酸性吸附剂适宜于吸附碱性物质。应该指出,氧化铝及某些活性土为两性化合物,因为经酸或碱处理后很容易获得其他性质。

氧化铝属无机离子交换剂,常用于色层分离。通常活化处理是将氧化铝用稀酸洗涤,洗净后在150~200℃下(一般不超过500℃)烘16h,随着灼烧愈完全,其含水量愈低,则吸附容量愈大。

氧化铝除具有分子吸附剂的性质外,还具有离子交换剂的性质,这是因为它是两性化合物。氧化铝经酸处理后,成为$(Al_2O_3)_m^+ \cdot NO_3^-$,为阴离子交换剂;而以NaOH处理后,则成为$(Al_2O_3)_m AlO_2^- \cdot Na^+$,为阳离子交换剂。氧化铝的吸附选择性较差,主要应用于色层分离法精制和分离抗生素,动态地进行着吸附和解吸的平衡过程。

3. 各种离子交换树脂吸附剂

各种有机离子交换树脂也属于极性吸附剂,因为它是两性化合物,具有离子交换剂的性质,工业发酵中常用于发酵产品的脱色和杂质分离。用于脱色的离子交换树脂有大孔的#717强碱性季胺型树脂及多孔弱碱#390苯乙烯伯胺型弱碱性阴离子交换树脂。

应用主要有活性炭吸附脱色,发酵产品常用活性炭吸附脱色,例如味精溶液用活性炭脱色。活性炭脱色能力与pH值有关,一般在pH5.0左右活性炭脱色能力较高。倘若pH值低,溶液中有谷氨酸与谷氨酸钠共存,溶解不完全。味精溶液在脱色过程中同时还要加硫化钠溶液去铁。

$$FeCl_2 + Na_2S \longrightarrow 2NaCl + FeS \downarrow$$

硫化亚铁在18℃时溶解度积为3.7×10^{-9},在中性或微碱性溶性中可以沉淀完全。为脱色完全,一般进行两次中和,先在pH6.7~7.0加Na_2S除铁,并利用再生废炭过滤后在pH6.4~6.7脱色。脱色标准要求透光率在85%~90%,硫化钠要求稍过量(含硫质量分数

为 200×10^{-6} 以下),可用 10% $FeSO_4$ 溶液及 Na_2S 溶液分别校正。

发酵产品用离子交换树脂脱色作用原理,离子交换树脂脱色作用主要是靠树脂的多孔隙表面对色素进行吸附作用。吸附作用是树脂的基团与色素的某些基团形成共价键,也有交换作用。它的作用原理如下:

脱色　　　$R\equiv NCl + MF \longrightarrow R\equiv NF + MCl$ 　　(F 为带负电荷的色素或杂质)

再生　　　　　　　　　　$R\equiv NF + NaCl \longrightarrow R\equiv NCl + NaF$

目前脱色常用的离子交换树脂,主要有大孔#717强碱性季胺型树脂及多孔弱碱#390苯乙烯伯胺型弱碱性阴离子交换树脂。#717 与#390 离子交换树脂的特性如表 13-4 所示。

表 13-4　#717 与#390 树脂的特性

树脂特性 \ 树脂型号	#717	#390
型　式	氯　型	氯　型
相对密度	1.05～1.08	0.7
粒度(目)	20～60	16～50
水　分(%)	50	
总交换当量	1.1mmol/mL	4mmol/g 干树脂

应用离子交换树脂的味精脱色工艺:

①预处理及转型。4% NaOH 溶液去杂质,先洗至 pH 8,4% HCl 转型,无离子水洗至流出液 pH7 左右,用 5% NaCl 溶液洗至进出液 pH 值相同。

②上柱脱色及水洗。16%的中和液低流速上柱,完毕后用热水洗至流出液 0%。

③再生。用 10% NaCl + 10% NaOH 混合液再生,水洗至 pH8,无离子水洗至进出液的氯离子含量相同,调 pH6.4,再用 5% NaCl 溶液洗至进出液 pH 值相同。

④#717 树脂上柱脱色液量约为树脂体积的 60 倍,#390 树脂上柱脱色液量约为树脂体积 10 倍以上。

三、吸附操作工艺

(一)固定床吸附操作

一般多采用固定床吸附设备——吸附塔。如图 13-17 所示,吸附塔内填充吸附剂,料液连续输入吸附塔中,溶质被吸附剂吸附。从吸附塔入口开始,吸附剂的吸附质浓度不断上升,其饱和(最大)吸附浓度 q_0 与入口料液浓度 c_0 相平衡,即 $q_0 = f(c_0)$。当吸附塔内溶质的吸附接近饱和时,溶质开始从塔中流出,出口浓度逐渐上升,最后达到入口料液的溶质浓度,即吸附达到完全饱和,输入的溶质全部流出吸附塔。吸附过程中吸附塔出口溶质浓度的变化曲线称为穿透曲线,如图 13-18 所示。出口处溶质浓度开始上升的点称为穿透点,达到穿透点所用的操作时间称为穿透时间。由于穿透点难以准确测定,故一般习惯上将出口浓度达到入口浓度的 5%～10% 的时间称为穿透时间。

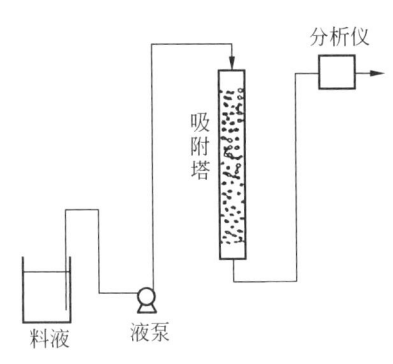

图 13-17 固定床吸附操作

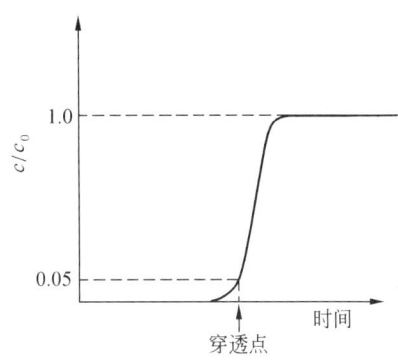

图 13-18 穿透曲线

当吸附操作达到穿透点时,继续进料不仅对吸附量的增加效果不大,而且由于出口溶质浓度急剧增大,造成目标产物的损失。故需在穿透点处停止吸附操作,转入吸附质洗脱和吸附剂再生操作。

吸附过程中,吸附塔内某位置处溶质的吸附达到饱和,即 $q_0 = f(c_0)$ 时,该位置处的液相浓度 c_0 和固相浓度 q_0 不再改变。而在该位置的下游区域,由于尚未达到饱和吸附,液固相溶质浓度均低于饱和浓度。因此,吸附塔内液固两相均存在近似同步的浓度分布。

利用固定床吸附操作过程中溶质的穿透曲线可以测定溶质的吸附平衡关系,这种方法称为动态法。如图 13-19 所示,对于不发生吸附的溶质,穿透曲线为曲线 1,其流出体积应为固定床空隙体积和吸附剂孔隙体积之和(V_0);对于被吸附的溶质,由于吸附剂的吸附作用,穿透曲线滞后(曲线 2),流出体积为 V。因此,吸附溶质量为图 13-19 的斜线部分的面积,或近似等于 $c_0(V-V_0)$。利用不同浓度的溶液反复进行吸附操作,即可获得吸附平衡关系 $q' = f(c)$。

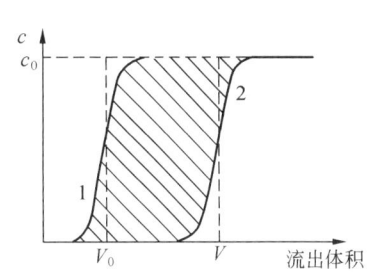

图 13-19 动态法测定吸附溶质量(斜线部分面积为吸附溶质量)

但必须指出,由于内扩散等传质阻力的存在,动态法的测定精度受流速影响,适当小的流速使穿透曲线陡直,测定结果准确。

图 13-17 所示的吸附操作仅使用一个固定床,在吸附剂再生操作过程中需停止吸附操作。如果同时使用多个吸附床,进行多床串联操作,则可不必停止吸附操作而使其中一床得到再生。图 13-20 为使用 4 个吸附床的多床串联操作示意图。首先 1 号床直接输入料液,故其先于 2 号床和 3 号床达到吸附平衡,此时 4 号床再生完毕(图 13-20a);将料液输入口切换至 2 号床,同时 1 号床开始再生(图 13-20b);如此,逐次转入(图 13-20c)其后的状态,循环往复。显然,整个操作过程中进料(吸附)从未间断,属于半连续操作,而从整体上流体的流动更接近平推流,有利于提高吸附效率。

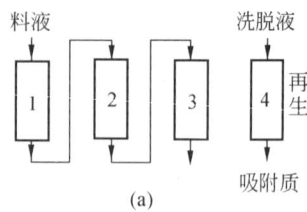 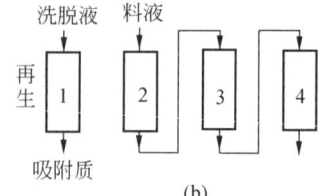 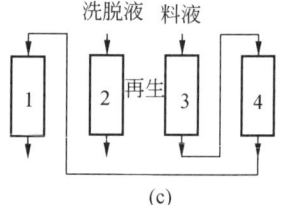

图 13-20 多床串联吸附操作

(操作顺序为:(a)→(b)→(c)……)

(二)膨胀床吸附操作

1. 膨胀床吸附操作原理

膨胀床的床层上部安装有可调节床层高度的调节器,当液体(料液或清洗液等)从床底以高于吸附剂最小流化速率的流速输入时,吸附剂床层膨胀,高度调节器上升,如图 13-21 所示。膨胀床状态下床层高度一般为固定床状态的 2～3 倍,床层孔隙率高,允许菌体细胞或细胞碎片自由通过。因此,膨胀床吸附操作可直接处理菌体发酵液或细胞匀浆液,回收其中的目标产物,从而可节省离心或过滤等预处理过程,提高目标产物收率,降低分离纯化过程成本。这是膨胀床吸附操作的最大优点。

2. 膨胀床的形成

膨胀床并非传统的流化床,两者的区别在于:后者的吸附剂粒子和液体在床层内混合程度高,吸附效率低;而前者的吸附剂粒子基本悬浮于固定的位置,液体的流动与固定床相似,接近平推流,吸附效率高。因此,膨胀床的形成需要特殊的吸附剂和设备结构。

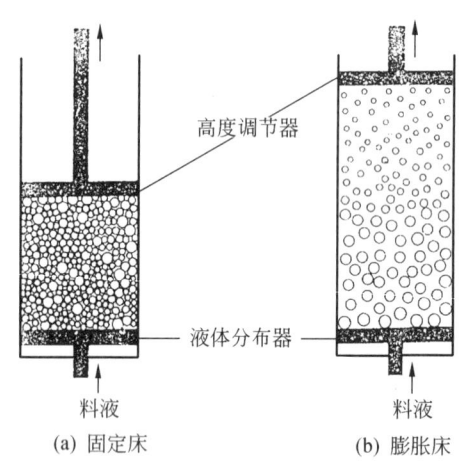

图 13-21 固定床和膨胀床状态的比较

(1)吸附剂 可形成稳定膨胀床的吸附剂主要有两类:一类是磁性粒子,在外部磁场作用下,磁性粒子呈现稳定的膨胀状态。但存在设备复杂、稳定性较差等缺点。另一类吸附剂有一定粒径和(或)密度分布,在液体流速的分级作用下,大粒径或高密度吸附剂分布于床层底部附近,而小粒径或低密度吸附剂分布于床层的顶部,从而在床层内形成稳定的吸附剂分布(图 13-21b)。市售交联琼脂糖凝胶类吸附剂存在一定粒径分布,可形成稳定的膨胀床,但由于多糖凝胶与水溶液的密度差很小,形成膨胀床的液体流速很低(10～30cm/h)。为此,Pharmacia 生物技术公司等开发了膨胀床专用的高密度吸附剂,如多孔玻璃和 STREAMLINE™(交联琼脂糖凝胶内包埋晶体石英,以提高吸附剂密度)等。在较高流速下进行膨胀床吸附操作,使流速远高于菌体细胞或其碎片的终端速率,有利于微粒子透过膨胀床。

(2)膨胀床的结构 膨胀床底液体分布器对膨胀床的流体力学特性即吸附操作特性有重要影响。液体分布器应保证床截面的流速分布均匀,透过料液内的微粒子(如菌体细胞或其碎片)而截留吸附剂。床层高度调节器的位置能自由改变,吸附操作过程中需恰好在膨胀床层的顶部,以减小吸附死区。

3. 膨胀床吸附操作

由于膨胀床的床层结构特性和处理原料的特点(主要为微粒悬浮液)不同,其吸附操作方式与固定床不尽相同。处理细胞悬浮液或细胞匀浆液的一般操作流程如图 13-22 所示。首先用缓冲液膨胀床层(图 13-22a),以便于输入悬浮液,开始膨胀床吸附操作(图 13-22b)。当吸附接近饱和时,停止进料,转入清洗过程。在清洗过程初期,为除去床层内残留的微粒子,仍需采用膨胀床操作(图 13-22c)。待微粒子清除干净后,则可恢复固定床操作,以降低床层体积,减少清洗剂用量和清洗时间(图 13-22d)。清洗操作之后的目标产物洗脱过程亦采用固定床方式(图 13-22e)。

清洗操作(图 13-22c)可利用一般缓冲液或粘性溶液。利用粘性溶液清洗时,流体流动更接近平推流,清洗效率高,清洗液用量少。目标产物的洗脱操作采用固定床方式不仅可节省操作时间,而且可提高回收产物的浓度。另外,洗脱液流动方向可与吸附过程相反(图 13-22e),以提高洗脱速率。

由于各个操作阶段液相的黏度和密度等物性不同,若采用恒速操作,床层高度将发生变化。例如,料液黏度和密度高于普通缓冲液,恒速进料时床层高度增加,为保持一定的膨胀率,需降低进料流速;吸附操作后期由于吸附蛋白质,吸附剂密度上升,此时又需提高流速。

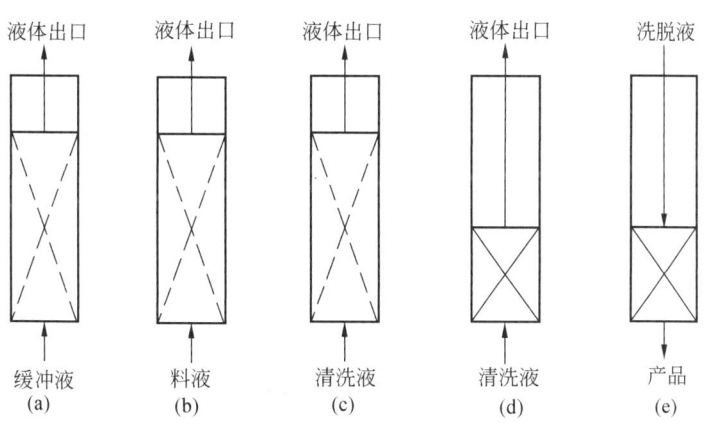

图 13-22 膨胀床吸附操作过程
(a)缓冲液膨胀(膨胀床);(b)进料(吸附)(膨胀床);(c)清洗微粒(膨胀床);
(d)清洗可溶性杂质(固定床);(e)洗脱(固定床)

(三)流化床吸附操作

流化床内吸附剂粒子呈流化状态。利用流化床的吸附过程可间歇或连续操作,图 13-23 为间歇流化床吸附操作示意图。吸附操作时料液从床底以较高的流速循环输入,使固相产生流化,同时,料液中的溶质在固相上发生吸附或离子交换作用。连续操作中吸附剂粒子从床上方输入,从床底排出。料液在出口仅少量排出,大部分循环返回流化床,以提高吸附效率。

流化床的主要优点是压降小,可处理高黏度或含固体微粒的粗料液。流化床处理含菌体细胞或细胞碎片的粗料液时,操作方式同膨胀床(图 13-22),但不同的是,流化床不需特殊的吸附剂,设备结构设计也比膨胀床容易,操作简便。而与移动床相比,流化床中固相的连续输入和排出方便,即流化床的连续化操作较容易实现。

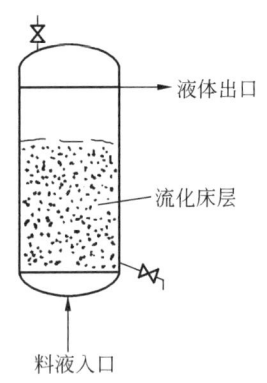

图 13-23 流化床吸附操作

流化床的缺点是床内固相和液相的返混剧烈,特别是高径比较小的流化床。所以,流化床的吸附剂利用效率远低于固定床和膨胀床。在生物产物的分离过程中,为提高吸附剂的利用率,流化床吸附过程中料液需循环输入(图 13-23 中出口液体返回入口)。使用小规模流化床并采取多床串联操作,可一定程度地减轻返混,提高吸附效率。

(四) 移动床和模拟移动床吸附操作

如果像气体吸收操作的液相那样,吸附操作中固相可连续输入和排出吸附塔,与料液形成逆流接触流动,则可实现连续稳态的吸附操作。这种操作法称为移动床操作。图 13-24 为包括吸附剂再生过程在内的连续循环移动床操作示意图;在稳态操作条件下,吸附床和再生床内吸附质的轴向浓度分布示于图 13-25 中。

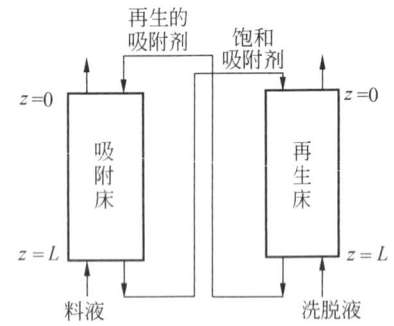

图 13-24 移动床吸附操作

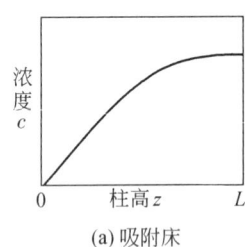

图 13-25 吸附床和再生床内吸附质的轴向浓度

因为稳态操作条件下移动床吸附操作中溶质在液固两相中的浓度分布不随时间改变,设备和过程的设计与气体吸收塔或液液萃取塔基本相同。但在实际操作中,最大的问题是吸附剂的磨损和如何通畅地排出固体粒子。为防止固相出口的堵塞,可采用床层振动或用球形旋转阀等特殊装置排出固相。

上述移动床易发生堵塞,固相的移动操作有一定的难度。因此,固相本身不移动,而移动切换液相(包括料液和洗脱液)的入口和出口位置,如同移动固相一样,产生与移动床相同的效果,这就是模拟移动床。

图 13-26 为移动床和模拟移动床吸附操作示意图,其中图 13-26a 为真正的移动床操

作,料液从床层中部连续输入,固相自下向上移动。被吸附(或吸附作用较强)的溶质 P(简称吸附质)和不被吸附(或吸附作用较弱)的溶质 W 从不同的排出口连续排出。溶质 P 的排出口以上部分为吸附质洗脱回收和吸附剂再生段。图13-26b 为由12个固定床构成的模拟移动床,b1 为某一时刻的操作状态,b2 为 b1 以后的操作状态。如将12个床中最上一个看作是处于最下面一个床的后面(即12个床循环排列),则从 b1 状态到 b2 状态液相的入口和出口分别向下移动了一个床位,相当于液相的入口、出口不变,而固相向

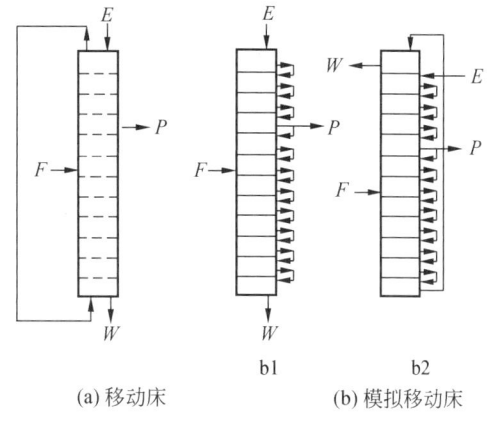

图13-26 移动床和模拟移动床
F—料液;P—吸附质;E—洗脱液;W—非(弱)吸附质

上移动了一个床位的距离,形成液固逆流接触操作。由于固相本身不移动而通过切换液相的入口、出口产生移动床的分离效果,故称该操作法为模拟移动床。其在生物产物分离方面,可实现葡萄糖和果糖的连续分离,图13-27为该分离过程示意图。

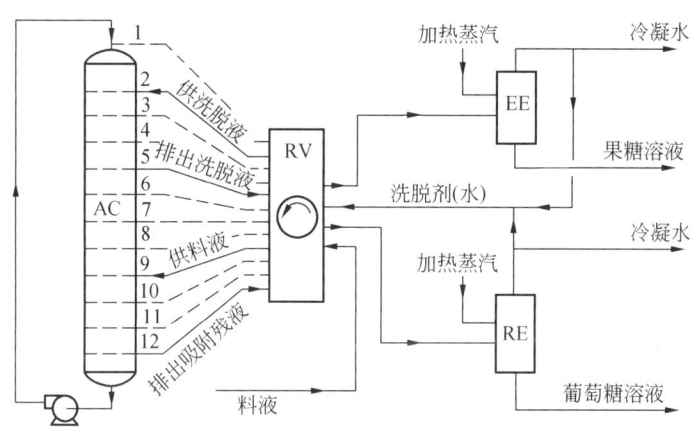

图13-27 模拟移动床连续分离葡萄糖和果糖流程
AC—模拟移动床;RV—旋转阀;EE—果糖浓缩器;RE—葡萄糖浓缩器

第三节 离子交换法

离子交换技术是根据物质的酸碱度、极性和分子大小的差异而予以分离的技术。从使用天然的有机化合物——结晶硅铝酸钠(俗称泡沸石)作为离子交换剂开始,到20世纪40年代末采用不溶性高分子化合物作为离子交换树脂,这一技术得到迅速发展,还广泛应用于发酵工业、化学工业及医药工业。近年来,与其他技术相结合,制成了固相肽合成自动装置、氨基酸自动分析仪、核苷酸自动分析仪、气相色谱仪、蛋白质合成仪等,离子交换层析技术已经成为生化与发酵领域的基本技术之一。

在发酵工业中,利用离子交换树脂法分离提纯蛋白质、氨基酸、核酸、酶及抗生素等生化

活性代谢物质日益广泛,该方法具有成本低、工艺操作方便、提炼效率较高、设备结构简单等优点。

一、离子交换原理

离子交换树脂是具有一定孔隙度,有酸性或碱性功能的高分子化合物,因而能交换阴、阳离子。而大多数有活性的发酵产物都具有酸性或碱性功能团,在溶液中能以离子状态存在,并能与树脂的活性功能团交换。离子交换的原理包括复杂的吸附、吸收、穿透、扩散、离子交换、离子亲和力等物理化学过程。离子交换的过程是:①发酵醪中的离子经吸附或扩散到树脂的表面;②穿透树脂的表面,被吸收或扩散到树脂内部的活性中心;③这些离子与树脂中的原有自由离子互相交换;④交换出来的离子自树脂内部的活性中心扩散到树脂表面;⑤再从树脂表面扩散到溶液中去。可见,离子交换过程是复杂的物理化学综合作用的过程。因此,在讨论如何正确利用不溶性高分子化合物作为离子交换剂提取发酵产物的同时,首先要了解物理吸附、穿透、扩散、离子交换、离子亲和力等有关基本原理。

1. 物理吸附

离子交换法是利用人造的离子交换树脂作为吸附剂,将发酵醪中的发酵产物吸附在树脂上,然后在适宜的条件下洗脱下来,这样能使在第一步提取时,体积就缩小到原来的几十分之一。同时,利用对发酵产物有特殊选择性的树脂,使纯度也得以提高。

固体的离子交换树脂和液体一样,具有一定的表面自由能,并力图降低这一能量到最小值。固体的表面自由能由于吸附某些物质而降低,条件是被吸附的质点所具有的力场强度比吸附剂顶点的力场强度要小。具有吸附作用的物体称为吸附剂,被吸附的物质称为吸附物。最好的吸附剂必须具有极大的孔隙率以形成巨大的内表面,活性炭即是一例。因此,人造的离子交换树脂必须具有较大的孔隙率。吸附的最大特征就是被吸附的分子在吸附剂表面上的浓度大于它们在吸附剂内部的浓度,因为被吸附的离子具有动能,所以过一些时间以后,它们能够脱离吸附剂的表面而转移到液相中去,把自己的位置让给别的分子。分子停留在吸附剂表面时间的长短,表示该物质被吸附在表面的能力大小,分子在吸附剂表面停留的时间越长,被吸附的能力就越大。在单位时间内扩散到吸附剂某一表面积上的分子和同一单位时间内离开此表面的分子之间可以建立动态平衡,称为吸附平衡。平衡时吸附作用的速度和解吸作用的速度相等,吸附平衡和其他的动态平衡一样,与温度及吸附物的浓度有关。

吸附作用是放热的过程。物质被吸附剂的表面吸附时随之放出热量,相反,物质从吸附剂的表面脱附时(即解吸作用)吸收热量,因此和一切可逆反应过程一样,遵守理查德吕原理:"温度升高,平衡移向吸热过程的方向。"这意味着,随着温度的升高,吸附平衡移向解吸作用的方向。换句话说,被吸附的物质随着温度的升高而减少,随着温度的降低而增多,因此常在离子交换树脂再生时加热甚至煮沸,而上柱时最好在低温下进行。

吸附作用与吸附物浓度的关系是浓度越大,吸附物在单位时间内扩散到吸附剂表面上的数目越大。因此,浓度越大,吸附作用也就越大,反之亦然。

2. 晶格理论

由于晶格结构的特点,晶体的质点不同于液体和气体,它只能相当微弱地在固定点的附近作振动运动,这些点有秩序地排列在空间中,相当于某种晶格上的交点。这些交点的本质并不一致,有的是由原子组成,称为点阵,其晶体名为原子型;有的是由离子组成,称为离子型;还有分子型和金属型等。作为离子交换树脂的固体可视为离子型,这里详细介绍离子点阵。

所谓离子型,简单地说就是占据晶格交叉点的是离子而不是原子或分子。这种离子型固体物完全处于解离子状态,每个离子与所有直接围绕着带有相反电荷的离子,如 NaCl 中 Na^+ 离子半径为 0.098 nm,Cl^- 离子半径为 0.181 nm。这两种离子可视为装在晶体 NaCl 中的相间排列的圆球。

如图 13-28 所示,晶体中的每一离子被具有相反电荷的离子所包围。由于库仑引力的作用,离子间有一定的距离,离子本身也带上了一定的电荷。如果把离子型晶体放在水中,因水是极性很大的介质,使得晶体离子之间的引力削弱而发生解离,晶体逐渐消失。

离子交换法中所应用的离子交换树脂固体,尽管许多是由离子聚合物所组成,但它们必须带有可离解的基团。例如,聚苯乙烯磺酸性阳离子交换树脂组成中的聚苯乙烯只能是人为地造成的骨架,它们所带的磺酸基($—SO_3H$)在水中同样地能离解为氢离子和磺酸根,且二者的电荷也相平衡,犹如离子型晶体那样。所不同的是,负根被苯乙烯所牢牢控制,不能自由移动,只有氢离子才可以与水中其他离子互相置换。此种交换反应是可逆的。一般都遵循化学平衡的规律,如下式所示(式中 R 代表不溶性高分子化合物):

阳离子交换反应:
$$R—SO_3^-H^+ + Na^+Cl^- \rightleftharpoons R—SO_3^-Na^+ + H^+Cl^-$$

阴离子交换反应:
$$R_4—N^+OH^- + Na^+Cl^- \rightleftharpoons R_4—N^+Cl^- + Na^+OH^-$$

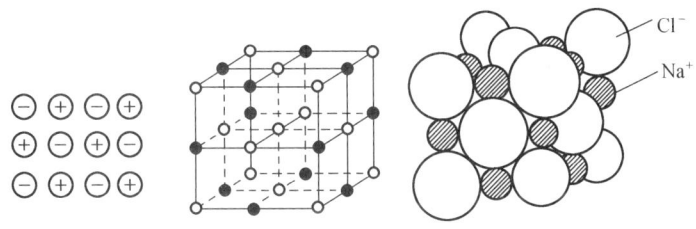

图 13-28 离子型晶体示意图

使用离子交换柱时,由于连续添加新的交换溶液,使平衡不断向正反应方向进行,直至交换平衡。因而可以把离子交换树脂上原有的离子全部或大部分洗脱下来。同理,一定量的溶液通过交换柱时,由于溶液中的离子不被交换,其浓度逐渐减小,因而也可全部或大部分被交换而吸附在树脂上。如果有两种以上的成分被交换吸附在离子交换剂上,当用洗脱液洗脱时,其被洗脱的能力取决于各自洗脱反应的平衡常数。这也就是离子交换法分离提纯发酵产物的基本原理。

3. 双电层理论

一切能被含有电解质的溶液润湿的固体表面,都可以吸附这种溶液中某一异性离子而形成双电层,如图 13-29 所示。

内层(即吸附层)和固体粒子因是异性电荷,联系是牢固的,甚至固体粒子运动时,此内层也随之运动。外层(即扩散层)距固体离子较远,能够和粒子脱离而扩散。在扩散外层中的离子浓度不断地随着外面溶液浓度和 pH 值的变化而改变着,如果加入了另一种离子到外面溶液中,改变了外面溶液中离子的浓度时,平衡被破坏了,并重新建立新的平衡。某些新来的离子将进入扩散层以替代某些原来存在于此层中的离子。

双电层理论解释了吸附现象。重要的吸附层能随带电颗粒一起运动,而溶液中的离子浓度会影响双电层,使之厚度发生改变。当离子浓度减少时,由于离子离开固体表面较远,使得双电层的厚度增大;当离子浓度增大时,由于离子向固体表面靠拢,双电层的厚度就减少。这是因为固体颗粒所显的电性是有

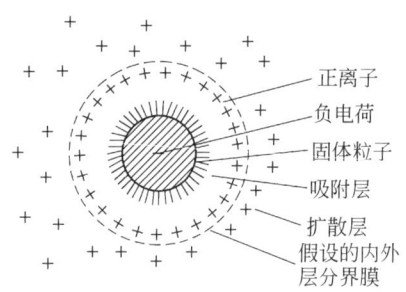

图 13-29 双电层示意图

一定数值的。同理,溶液中离子价数越高,吸引力就越强,双电层厚度就越小,反之增大。也就是说,双电层越小,外加离子要进入双电层就越困难。在实际应用中要设法扩大双电层,例如不断用水洗,随着溶液浓度的降低,双电层厚度增大。

4. 膜理论

膜理论是 20 世纪 50 年代新发展的理论。什么叫作膜呢?广义来说,允许直径较小的分子、离子透过,不允许直径较大的分子透过的物质叫作膜。离子交换剂具有疏松的孔隙,这些孔隙有一定大小,空隙内有巨大的内表面积供离子交换。因此,可以把离子交换剂颗粒所具有一定直径孔隙的表面看作是膜,它容许小于此孔隙的物质进入,不容许超过此直径的物质进入。同时,交换剂有一定的型号,在水中,阳性交换剂可能解离基团中能自由行动的阳离子,留下的部分显阴性。根据同性相斥的原理,只允许阳离子进入而排斥阴性基团。因此,在应用上,一方面要注意被分离提纯的物质带有何种电荷,是阳性的选择阳离子交换树脂,是阴性的选择阴离子交换树脂;另一方面,必须考虑欲分离物相对分子质量的大小,以选用适合的树脂。但是必须指出,我们是围绕粒状离子交换树脂的作用机理进行区分的,粒状离子交换树脂的作用机理是树脂和溶液中的离子间进行交换,即离子之间的交换是它的主要机理;而离子膜是利用溶液中离子具有选择透过的特性,即离子选择透过是它的主要机理。尽管粒状离子交换树脂与离子交换膜从其化学组成来说几乎相同,没有本质的区别,但在应用方法上则不尽相同。例如,离子交换树脂的使用过程包括处理、交换、再生等步骤,而离子交换膜在应用时可以连续地进行作用,而不必再生。

上面介绍了与离子交换技术有关的一些理论,这些都基于离子交换平衡。在没有待分离的溶质存在时,离子交换剂表面的离子基团或可离子化的基团 R(R^+ 或 R^-)一直被其反离子(counterion)覆盖,液相中的反离子浓度为常数。溶质与反离子带有相同的电荷,溶质的吸附是基于其与离子交换基间相反电荷的静电引力。典型的离子交换过程发生下列反应:

阴离子交换 $\qquad R^+U^- + X^- \rightleftharpoons R^+X^- + U^-$ \qquad (13-14a)

阳离子交换 $\qquad R^-U^+ + X^+ \rightleftharpoons R^-X^+ + U^+$ \qquad (13-14b)

其中,R^+ 和 R^- 分别表示阴离子交换基和阳离子交换基,U 表示反离子,X 表示溶质。上述离子交换的平衡常数 K_{XU} 分别为:

$$K_{XU^-} = \frac{[RX][U^-]}{[RU][X^-]} \qquad (13-15a)$$

$$K_{XU_+} = \frac{[RX][U^+]}{[RU][X^+]} \qquad (13-15b)$$

在离子交换过程中,反离子 U 的浓度对溶质在固液两相间的分配系数 m 具有重要影响。以阴离子交换剂为例,单价强电解质 XH 完全解离,分配系数

$$m = \frac{[RX]}{[X^-]} \qquad (13-16)$$

由式(13-15a)和式(13-16),可得到分配系数与反离子浓度的关系:

$$m = \frac{K_{XU_-}[RU]}{[U^-]} \qquad (13-17)$$

即分配系数与反离子浓度成反比,表明离子交换的分配系数随离子强度的增大而下降。

式(13-17)适用于可完全解离的强电解质。对于单价弱电解质 XH,仅发生部分解离,

$$XH \rightleftharpoons X^- + H^+$$

解离平衡常数

$$K_{ax} = \frac{[X^-][H^+]}{[XH]} \qquad (13-18)$$

分配系数

$$m = \frac{[RX]}{[X^-] + [XH]} \qquad (13-16a)$$

故从式(13-15a)、式(13-16a)和式(13-18)得到

$$m = \frac{K_{xu_-}[RU]}{[U^-]} \frac{1}{1 + [H^+]/K_{ax}} \qquad (13-17a)$$

可见,式(13-17)是式(13-17a)的一种特殊情况(当 $K_{ax} \to \infty$ 时)。

$$m = \frac{m_1}{[U^-]} \qquad (13-19)$$

其中,m_1 是反离子浓度为 1(任意单位)时溶质 X 的分配系数。从上式可知,$\ln m$ 与 $\ln[U^-]$ 呈线性关系,其斜率为 -1。事实上,该斜率与溶质和反离子的种类无关,只与反离子和溶质的离子价有关。若反离子和溶质的离子价分别为 a 和 b(a,b 可为正或负)的一般情况,则离子交换反应为

$$bRU + aX^b \rightleftharpoons aRX + bU^a \qquad (13-20)$$

离子交换平衡常数

$$K_{XU} = \frac{[RX]^{|a|}[U^a]^{|b|}}{[RU]^{|b|}[X^b]^{|a|}} \qquad (13-21)$$

利用式(13-21)可得分配系数

$$m = \frac{m_1}{[U^a]^{|b/a|}} \qquad (13-22)$$

二、离子交换剂的结构与种类

离子交换剂是不溶于酸、碱和有机溶媒,化学稳定性良好(具有网状交联结构),具有离子交换能力的固态高分子化合物。其具有巨大的分子,可分成两部分:一部分是不能移动的、多价的高分子基团,构成了树脂的骨架,使树脂具有不溶解的稳定的化学性能;另一部分

是可移动的离子,构成了树脂的活性基团,活性基团可移动的离子在骨架中进进出出,就产生了离子交换现象。高分子的惰性基团和单分子的活性基团带有相反的电荷,共处于一个统一体——离子交换树脂中。因此,离子交换树脂是一种不溶解的多价离子,其周围包围着可移动的、带有相反电荷的离子,活性离子是阳离子的称为阳离子交换树脂,活性离子是阴离子的称为阴离子交换树脂。

离子交换树脂通常采用相对分子质量大的高分子聚合物,以达到具有不溶性和化学稳定性的目的。这些大聚合物形成网状结构,具有疏松多孔的结构,网的每一空隙都带有足够量的可交换离子,如聚苯乙烯磺化型阳离子树脂便是由碳化苯乙烯和二乙烯苯聚合而成的,其反应式如下:

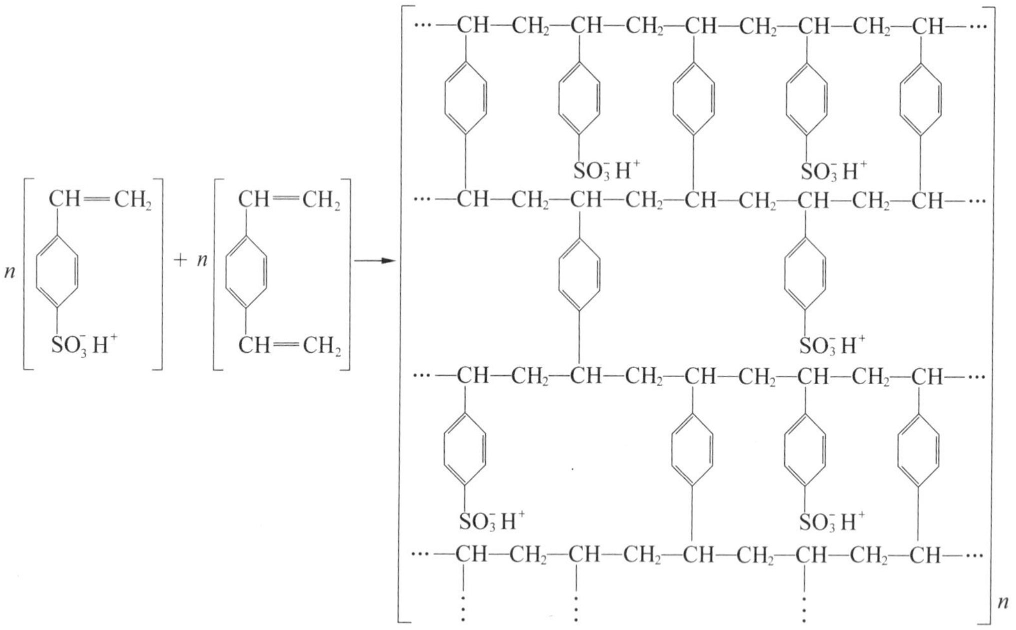

苯乙烯形成网的直链,其上带有可离解的磺酸基,二乙烯苯把直链交联起来形成网状,既得到不易破碎的疏松的网状结构,又获得了许多可解离基团的特性。

值得指出的是,交联结构多少会影响到离子交换树脂内部网状结构中孔隙的大小,交联结构多时,分子结构紧密,孔洞就小些。相对分子质量大的离子由于本身体积大,不能进入颗粒内发生交换作用。这种交联程度在分离物质上是重要的。各种离子交换树脂都附有"交联度"规格,例如"201×8"意思是指强碱型阳离子交换树脂,交联度是8%,即制备树脂时,二乙烯苯占单位总量的8%。

另一种常用的离子交换树脂母体是聚酚甲醛,称为酚醛树脂,结构如下:

它是由对羟基苯磺酸和甲醛缩合而成,交换量一般比苯乙烯树脂小,遇碱或氧化剂时,性能易变化。此外,在碱性溶液中酚的羟基也能进行交换,所以这种树脂在不同 pH 值的溶液中离子交换的作用亦不同。酚醛树脂都是块粒状的,而聚苯乙烯树脂都是圆球形的,二者易于区别。

目前还使用离子交换纤维素和离子交换葡萄糖分离蛋白质、核酸与抗生素等性质不稳定的生化物质,效果尤为理想。这两类多糖骨架都来源于生物材料,具有亲水性,对生物活性物质是温和而适宜的。目前常用的离子交换纤维素如表 13 - 5 所示。

表 13 - 5 常用的离子交换纤维素

类型		离子交换树脂名称	简写	活性基团
阳离子交换树脂	强酸型	磷酸纤维素	P	$-O-\overset{\overset{\displaystyle O}{\|}}{\underset{\underset{\displaystyle C^-}{\|}}{P}}-O-$
		甲基磺酸纤维素	SM	$-O-CH_2-\overset{\overset{\displaystyle O}{\|}}{\underset{\underset{\displaystyle O}{\|}}{S}}-O^-$
		乙基磺酸纤维素	SE	$-O-CH_2-CH_2-\overset{\overset{\displaystyle O}{\|}}{\underset{\underset{\displaystyle O}{\|}}{S}}-O^-$
	弱酸性	羧甲基纤维素	CM	$-O=CH_2-\overset{\overset{\displaystyle O}{\|}}{C}-O^-$

续表 13-5

类型		离子交换树脂名称	简 写	活 性 基 团
阴离子交换树脂	强碱型	三乙基氨基乙基纤维素	TEAE	$-O-CH_2-CH_2-N^+ \begin{smallmatrix} C_2N \\ -C_2H_5 \\ C_2H_5 \end{smallmatrix}$
	弱碱型	二乙基氨基乙基纤维素	DETA	$-O-CH_2-CH_2-NH^+ \begin{smallmatrix} C_2H_5 \\ C_2H_5 \end{smallmatrix}$
		氨基乙基纤维素	AE	$-O-CH_2-CH_2-NH_3^+$
		Ecteola 纤维素 (epichlor hydrin 十三乙醇胺)	OLA	$-N^+(CH_2 \cdot CH_2 \cdot OH)_3$

以葡聚糖凝胶作为离子交换剂母体引入不同活性基团制成了多种离子交换葡萄糖。它可引入大量活性基团而骨架不被破坏,交换容量很高;其外形呈球状,装柱后,流动相在柱内流动的阻力较小。现有的离子交换葡萄糖是由葡聚糖凝胶 G25 及 A50 两种规格的母体制成的,共有四种阳离子交换剂和四种阴离子交换剂,如表 13-6 所示。

表 13-6 国内已生产的离子交换葡聚糖凝胶种类及活性基团

类 型	名 称	活 性 基 团
强酸型	CM -葡聚糖凝胶 G25	羧甲基
	CM -葡聚糖凝胶 G50	羧甲基
	SP -葡聚糖凝胶 G25	磺丙基
	SP -葡聚糖凝胶 G50	磺丙基
强碱型	DEAE -葡聚糖凝胶 A25	二乙基氨基乙基
	DEAE -葡聚糖凝胶 A50	二乙基氨基乙基
	QAE -葡聚糖凝胶 A25	二乙基(α-羟丙基)氨基乙基
	QAE -葡聚糖凝胶 A50	二乙基(α-羟丙基)氨基乙基

目前主要根据离子交换剂的性能而分为阳离子交换剂、阴离子交换剂、两性离子交换剂、吸附性交换剂、选择性交换剂、氧化还原交换剂等。

1. 阳离子交换剂

这种交换剂可分为强酸型、中强酸型和弱酸型三类。强酸型含有磺酸基团($-R-SO_3H$),中强酸型含有磷酸基($-PO_3H_2$)、亚磷酸基($-HPO_2H$),弱酸型含有羧基($-COOH$)或者酚羟基($-OH$)。以上这些交换剂在交换时反应式如下:

强酸型 $\qquad R-SO_3^- H^+ + Na^+ \rightleftharpoons R-SO_3^- Na^+ + H^+$

中强酸型 $\qquad R-\underset{\underset{O}{\|}}{P}(OH)(OH) + Na^+ \rightleftharpoons R-\underset{\underset{O}{\|}}{P}(OH)(ONa) + H^+$

弱酸型 $\qquad R-COOH + Na^+ \rightleftharpoons R-COONa + H^+$

2. 阴离子交换剂

阴离子交换剂也可分为强碱性、中强碱性和弱碱性三类。阴离子交换剂都含有氨基。如含季铵盐[—N$^+$(CH$_3$)$_3$]为强碱性；叔胺[—N(CH$_3$)$_2$]、仲胺(—NHCH$_3$)、伯胺(—NH$_2$)类都属弱碱性；含强碱性基团的交换剂便是中强碱性交换剂。交换时反应式如下：

强碱性　　　R—N$^+$(CH$_3$)$_3$OH$^-$ + Cl$^-$ ⇌ R—N$^+$(CH$_3$)$_3$Cl$^-$ + OH$^-$

弱碱性　　$\begin{cases} \text{R—N(CH}_3)_2 + \text{H}_2\text{O} \rightleftharpoons \text{R—N}^+(\text{CH}_3)_2\text{H} + \text{OH}^- \\ \text{R—N}^+(\text{CH}_3)_2\text{H·OH}^- + \text{Cl}^- \rightleftharpoons \text{R—N}^+(\text{CH}_3)_2\text{HCl} + \text{OH}^- \end{cases}$

3. 两性离子交换剂

两性离子交换树脂的母体上同时带有酸性基团和碱性基团。如苯乙烯—氯乙烯型两性离子交换树脂的结构如下：

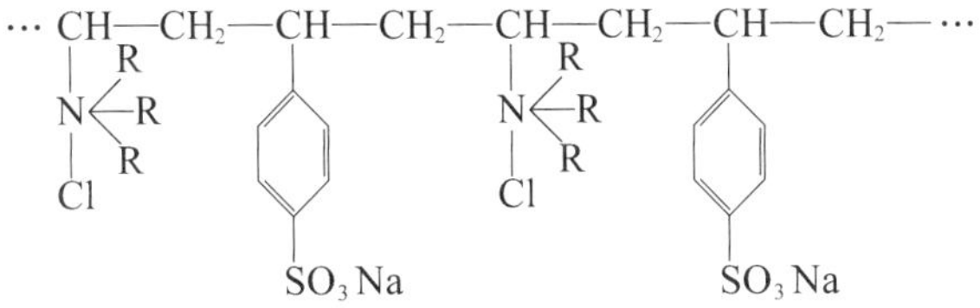

4. 选择性离子交换树脂

选择性离子交换树脂又称螯合型离子交换树脂。它与金属离子形成螯合物的基团，是一种对某些离子有特殊选择性的树脂，其选择性高于一般的强酸性和弱酸性树脂。树脂内如含有可与某一离子生成螯合物的有机分子基团时，则在交换时可选择性地优先与这种离子结合。利用这种选择性反应，可制备含某一金属离子的树脂来分离含有某些有机功能基的化合物，如用含汞的树脂分离含巯基的化合物，即可分离辅酶 A、半胱氨酸、谷胱甘肽等。

5. 吸附树脂

吸附树脂又称为"脱色树脂"。它有较大的表面积，具多孔性，吸附能力强，但交换离子的能力很小，甚至不能交换。在发酵工业多用于脱色、吸附大分子的产物和除去蛋白质等。

6. 电子交换树脂

电子交换树脂的作用不是进行离子交换而是电子转移，能起氧化还原作用，所以也称为氧化还原树脂。根据活性基团的性质，可分为两种类型：一种其活性基团是树脂母体的一部分，如乙烯酸的聚合物，其电子交换反应式如下：

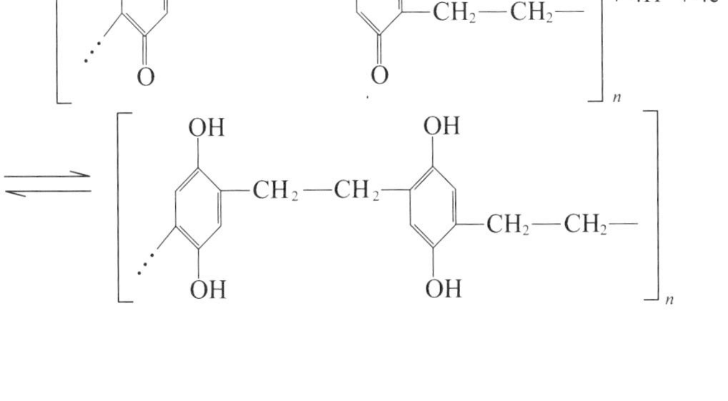

另一种类型的活性基是一种加在树脂上的离子,反应时离子不发生交换,但可进行氧化还原反应,如吸附有亚硫酸根的强碱性阴离子交换树脂,反应后可用氧化剂或还原剂再生。

在上述离子交换剂中,应用最广泛的是阳离子交换树脂和阴离子交换树脂这两种类型。我国拟定了关于统一名称的合成树脂命名原则草案:

(1)依其酸、碱性的强度作以下的分类名称,并以此名称作为命名之首。

强酸型($—SO_3H$)

弱酸型($—COOH$)

强碱型($—N^+R_3$)

中等酸度($—PO_3H_2$)以磷酸命名

中等碱度称为"弱碱型"

弱碱型($—NR_2$)

具两种活性根时以最强的酸或碱命名,如:$\genfrac{}{}{0pt}{}{COOH}{SO_3H}$ 为强酸型

$\genfrac{}{}{0pt}{}{N^+R_3}{NR_2}$ 为强碱型

(2)以主要活性基团分类,各予一编号作为命名的中部,如确知其"交联度"时(交联度为交联剂的质量分数),可在编号的后面再加"×交联度数",其编号规定如下:

强酸:1～100   弱酸:101～200

强碱:201～300   弱碱:301～400

磷酸:401～500

现将国内常用树脂的规格、性质、名称等列于表13-7,以供参考。

表13-7 常用国产离子交换树脂的物理常数

分类		产品牌号	功能基	形状	粒度(目)	含水量(%)	全交换量(mmol/g)	最高操作温度(℃)	允许pH范围	视密度(g/mL)	树脂母体或原料	相应的国际产品
阳离子交换树脂	强酸型	大孔型强酸1号	$—SO_3^-$	球形	16～50	45～55	4.5	Na^+与H^+ 130～150	0～14	—	交联聚苯乙烯	Amberlite 200(美) Amberlyst 15
		上海化工学院强酸 1×8	$—SO_3^-$	球形	100～120	44～50	4.8	Na^+与H^+ 120	0～14	—	交联聚苯乙烯	Amberlite IR-120
		强酸1×7 (732)	$—SO_3^-$	球形	16～50	40～52	≥4.5	Na^+与H^+ 120	0～14	0.75～0.05	交联聚苯乙烯	Amberlite Ir-120 Zerelir 225(英) Dowex 50
		上海化工学院强酸 42号	$—SO_3^-$ $—OH$	粒状	16～50	20～32	20～22	Na^+,90 H^+,40	1～10	—	酚醛	Amberlite Ir-100 Zerolit 315

续表 13-7

分类		产品牌号	功能基	形状	粒度(目)	含水量(%)	全交换量(mmol/g)	最高操作温度(℃)	允许pH范围	视密度(g/mL)	树脂母体或原料	相应的国际产品
阳离子交换树脂	弱酸型	弱酸 101×128 (724)	—COO⁻ (甲基丙烯酸型)	球状	16~50	≥60	≥9	Na⁺与H⁺ 150~190	5~14	—	聚丙烯酸	Amberlite IRC-50 Zerolit 226
		弱酸 110	—COO⁻ (丙烯酸型)	球状	16~50	—	≥12	—	5~14	—	交联聚甲基丙烯酸	Amberlite IRC-84
		弱酸 122	—COO⁻ —OH	球状	16~50	—	≥3.9	—	—	—	水杨酸苯酚甲醛缩聚体	
阴离子交换树脂	强碱型	201×7(717)	—N⁺(CH₃)₃	球状	16~50	40~50	≥3.0	Cl⁻,70 OH⁻,80	0~14	—	交联聚苯乙烯	Amberlite IRA-400 Zerolit FF
		201×4 (711)	—N⁺(CH₃)₃	球状	16~50	50~60	≥3.5	Cl⁻,70 OH⁻,60	0~14	—	同上	Amberlite IRA-401
		大孔强碱 201	—N⁺(CH₃)₃	球状	16~50	40~50	2.7~3.5	Cl⁻,70 OH⁻,80	0~14	—	同上	Amberlite IRA-900
		上海化工学院 强碱 1×8	—N⁺(CH₃)₃	球状	100~200	40~50	≥3.0	Cl⁻,70 OH⁻,60	0~14	—	同上	Amberlite IRA-400
		大孔强碱 202(763)	—N⁺(CH₂—CH₂—OH)(CH₃)₂	球状	16~50	48~58	≥3.4	OH⁻,50	0~14	0.65~0.75	同上	Amberlite IRA-911
	弱碱型	弱碱 301	—N⁺(CH₃)₂	球状	16~50	—	≥3.0	Cl⁻,100	0~9	—	同上	
		大孔弱碱 301(701)	—N⁺(CH₃)₂	球状	16~50	55~65	≥4.0	Cl⁻,100	0~9	—	同上	
		弱碱 330(701)	—N= —NH₂	不规则粒状	16~50	≤65	≥9.0	OH⁻,50	0~9	0.6~0.75	多乙胺环氧氯丙烷聚缩体	Amberlite IRA-93
		大孔弱碱 (702)	—N= —NH₂	球状	16~50	57~63	≥7.0	OH⁻,50	0~9	0.6~0.75	聚丙烯酰胺	Doulite A-30B(美)
		大孔弱碱 (703)	—N= —NH₂	球状	16~50	58~64	≥6.5	OH⁻,50	0~9	0.7~0.75	同上	

三、离子交换树脂的理化性能

1. 离子交换树脂的处理、再生及保存

离子交换树脂在制造过程中,常因容器腐蚀而带有各种金属离子,或者由于多余的原料未能参与反应,或制造时一部分高聚物发生分解而带有各种杂质,因此要先进行处理。新出厂的离子交换树脂是干树脂,要用水浸透使之充分吸水膨胀,又因含有一些水不溶性的杂质,所以要用酸、碱处理除去。一般程序如下:新出厂干树脂用水浸泡2h后减压抽去气泡,倾倒出水,再用大量无离子水洗至澄清;去水后加4倍量2mol/L HCl搅拌4h,除去酸液,水洗至中性;再加4倍量2mol/L NaOH搅拌4h,除去碱性,水洗至中性备用。

用过的离子交换树脂使其恢复原状的方法俗称"再生"。再生并非每次都用酸碱反复处理,往往只要进行转型处理就行了。所谓"转型"就是说使用时希望树脂上带有何种离子,如希望阳离子交换树脂带Na^+,则用4倍量2mol/L NaOH搅拌浸泡2h以上;如希望树脂带H^+,则用HCl处理;希望它带NH_4^+,则用NH_4OH处理。阴离子交换树脂转型也是同样的道理,若希望树脂带H^+,则用HCl处理;若希望带OH^-,则用NaOH处理。总之,离子交换树脂处理、再生和转型的结果是使树脂带上所需要的离子。注意采用酸或碱进行转型处理后必须用水洗至中性。

上述是一般处理,如树脂长期使用,杂质含量过高,则可在酸碱处理前用沸水处理,或用热酸或热碱处理,甚至用低级的醇或酮等有机溶剂处理,但不要引起树脂破解,应使树脂保持原来的交换量。

一般强酸性阳离子交换树脂和强碱性阴离子交换树脂对一定浓度的酸、碱稳定。阴离子交换树脂比阳离子交换树脂的稳定性差,尤其是耐热性差,但在50℃时仍稳定。无论阴、阳离子交换树脂,在含水分时,略受冰冻,就会引起颗粒崩解,反复干燥也会引起破坏。

离子交换树脂一般可反复使用上千次。使用过的离子交换树脂必须用水充分洗涤干净,以中性的盐型保存。阴离子交换树脂Cl^-型较OH^-型稳定,故HCl处理后,水洗成中性密封保存。阳离子交换树脂Na^+型稳定,故用NaOH处理后,水洗至中性,密封保存,防止干燥、长霉。

2. 离子交换树脂的理化性能

表征离子交换树脂理化性能的因素很多,如颗粒度、含水量、视比重、耐磨损强度(机械强度)、化学稳定性、交换容量和交换速度等。

(1)颗粒度 树脂颗粒大小对树脂交换能力、树脂层中溶液流动分布均匀程度、溶液通过树脂层的压力降低,以及交换反冲时树脂的流失等都有影响。一般树脂颗粒小,交换速度快,但溶液通过树脂层的压力降损失大,反冲时困难。

树脂的颗粒度是指出厂的交换基团在水中充分膨胀的颗粒直径,用筛孔数目或颗粒直径(mm)表示,两者的关系见表13-8。国产树脂的颗粒孔径一般为16~50目(1.2~0.3mm),也有100~300目的,多用于医药和科研方面。

表13-8 筛目表

筛 目	8	10	12	14	16	18	20	25	30
孔径(mm)	2.38	2.00	1.68	1.41	1.19	1.00	0.84	0.71	0.59
筛 目	40	45	50	60	70	80	100	200	325
孔径(mm)	0.42	0.35	0.297	0.25	0.21	0.177	0.149	0.074	0.044

(2)含水量 树脂通常是亲水性的,因此,在树脂交联网孔内都含有一定的水分。树脂交联度小,内部孔隙率大,含水量也大。树脂含水量是在树脂充分膨胀情况下测定的,一般为40%~60%。

(3)密度 树脂的密度在理论和应用上都很重要,有干真密度、湿真密度和视密度等。

①干真密度。即干燥状态下树脂合成材料本身的密度。

$$干真密度 = \frac{树脂的干燥重}{减去树脂内空隙的真体积} \quad (g/mL)$$

一般为 1.6 左右,但没有实用意义。

②湿真密度。是指树脂充分膨胀后,树脂颗粒本身的密度。

$$湿真密度 = \frac{树脂湿重}{树脂颗粒所占体积} \quad (g/mL)$$

湿真密度与树脂反洗强度大小及混合床柱再生前分层的好坏有关,一般为 1.04~1.3。一般阳离子交换树脂比阴离子交换树脂大。

③视密度。是指树脂充分吸水膨胀后的堆积密度。

$$视密度 = \frac{树脂湿重}{树脂层的体积} \quad (g/mL)$$

一般为 0.6~0.85。根据比值,计算树脂柱需装树脂量。

(4)膨胀性　树脂在水中由于交换基团的离解,并形成水合离子,使树脂的交联网孔增大,发生膨胀,以溶胀率表示。交联度较小的树脂,膨胀性大。同一种树脂、同一型号的交换基团(如磺酸型),当可交换的离子(如 H^+、Na^+ 等)不同时,树脂的溶胀率就不同。水合度大(水合离子半径大)的离子,相应的树脂溶胀率高,交换基团的离解能力愈强。

一般强酸性阳离子交换树脂由 Na^+ 型变为 H^+ 型,强碱性阴离子交换树脂由 Cl^- 型变为 OH^- 型,体积都大约增加 5%。由于树脂具有这些性质,在混合床再生前先通入 NaOH,使阴、阳离子交换树脂的湿真比重差增加,以利迅速分层。同时,由于树脂具有这种性质,树脂在进行交换和再生时,体积发生胀缩,反复多次胀缩会使树脂老化。所以应减少再生次数。

(5)耐磨损强度　离子交换树脂在使用过程中会产生磨损,一般为每年 3%~7%。

(6)耐热性　各种离子交换树脂都有一定的耐热性能。温度过高或过低,对树脂的强度和交换容量都有很大影响。温度过低,易使树脂的机械强度降低,低于 0℃ 时,树脂内部的水分冻结,使树脂膨胀破裂。温度过高时,易使树脂交换基团分解,影响交换容量和寿命。

一般阳离子交换树脂较阴离子交换树脂的耐热性高,盐型离子交换树脂较游离酸型的耐热性高,而盐型中又以钠型的耐热性最高。

(7)　交换容量　是指树脂交换能力的大小,是衡量树脂性能的一个重要指标,有以下两种表示方法:

①理论交换量。又称全交换量,指单位重量或单位体积树脂中所含有可交换离子的物质的量,通常用 mmol/g 干树脂或 mmol/mL 湿树脂表示。理论交换量由离子交换树脂的特性所决定,与操作条件无关。商品离子交换树脂出厂时都有一定规格,如提取谷氨酸用的 732 树脂的全交换量为 4.5mmol/g 干树脂或 1.8mmol/mL 湿树脂。

②工作交换量。是指在一定操作条件下,离子交换树脂所能利用的交换容量。也称为操作交换量。它受操作条件如柱的长度、树脂颗粒度、离子性质、浓度、流速及其交换基团等因素影响,一般工作交换量比理论交换量要低些。

一般来说,同性离子交换树脂中,弱酸或碱离子交换树脂比强酸或碱离子交换树脂的交换容量大。同一类离子交换树脂中,交联度小的离子交换树脂交换容量大。

3. 离子交换树脂的选择性

离子的吸附选择性是指树脂对某种离子的吸附量较大。在实际应用时,溶液中常常存在着很多种离子,而研究离子交换树脂的选择吸附作用很有意义。

(1)晶体解离的难易决定了组成晶体的离子间引力的大小 就交换剂而言,能和溶液中其他离子置换的难易取决于所带的可解离基团中离子间的引力的大小。在制造交换剂时要注意,并非任何基团都可以用来制造交联剂,要尽量选择应力较小、容易解离的基团。

(2)取代交换剂中离子的难易又取决于溶液中可交换离子的浓度 浓度越大越易交换,所以在树脂再生时常用2mol/L的酸和碱去浸泡,就是为了造成足够大的浓度。

(3)离子和树脂间亲和力愈大,就愈容易被吸附 离子交换的难易与进行交换的离子所带电荷的强弱也有关系。一般来说,电性越大越易交换,如在常压常温低浓度的溶液中,交换量随交换离子电价的增加而增大:$Na^+ < Ca^{2+} < Al^{3+} < Ti^{4+}$。

若在常温常压下低浓度溶液中的离子、原子价相同,则交换量随交换离子的原子序数的增加而增大。例如,一价离子为 $Li^+ < Na^+ < K^+ < Rb^+ < Cs^+ < Ag^+ < Ti^+$;二价离子为 $Mg^{2+} < Cu^{2+} < Ca^{2+} < Sr^{2+} < Ba^{2+} < Ra^{2+}$。

阴离子也有一定的规律,在常温常压低浓度条件下,强碱性交换剂的各负性基团的离子亲和力有如下序列:$CH_3COO^- < F^- < OH^- < HCOO^- < Cl^- < SCN^- < Br^- < CrO_4^{2-} < NO_3^- < I^- < Cr_2O_4^- < SO_4^{2-} <$ 柠檬酸根。

弱碱性交换剂各负性基团的离子亲和力有如下序列:$F^- < Cl^- < Br^- = I^- = CH_3COO^- < MoO_4^{2-} < PO_4^{3-} < AsO_4^{3-} < NO_3^- <$ 酒石酸根 $<$ 柠檬酸根 $< CrO_4^{2-} < SO_4^{2-} < OH^-$。

从上述顺序可看出:次序在后面的离子能取代次序在前面的离子。对于 H^+ 和 OH^-,这两个重要的离子在上列次序中的位置要看树脂的性质。对于强酸性树脂,H^+ 和树脂的结合力弱,其地位和 Li^+ 相当;反之,对于弱酸性树脂,H^+ 具有最强的置换能力。同样,OH^- 的位置也取决于树脂碱性的强弱。

这些规律对选择合适的交换剂是重要的,但影响离子交换的因素是多种多样的,离子亲和力也随着其他因素的影响而改变。例如,在高浓度时不同价离子的亲和力差异减少,甚至低价离子的交换能力大于高价离子($Na^+ > Ca^{2+}$);酸或碱愈强,离子的交换能力也愈低;高相对分子质量的有机离子和金属络合阴离子的亲和力也大不相同。因此,必须综合各种因素,分析判断选择适当的交换剂。

(4)在低温度(水溶液)和普通温度时,离子的化合价愈高,就愈易吸附,例如,两价金属离子比一价金属离子容易吸附,三价的又比二价的容易。高价的有机物离子也是这样,但必须说明,高价离子选择性好这一现象要受到浓度的限制。在低浓度下,高价离子的吸附量也随着增大。在抗生素生产上,树脂优先吸附溶液中的链霉素(三价离子);在净化水时,树脂优先吸附硬水中的钙、铁离子。

(5)溶液的pH值对各种树脂的影响是不同的 对于弱酸型树脂,在酸性和中性条件下,它的电离度很小,H^+ 不易游离出来,因此交换容量很低,只有在碱性情况下,才能起交换作用。而对强酸型树脂,一般在所有的pH值范围内都能起交换作用。同样,对于弱碱型树脂,只有在酸性情况下才起作用。而对强碱型树脂,pH值的范围没有限制。

提纯链霉素不采用H型羧基树脂,而用Na型羧基树脂(我国用101×4-Na即490-Na)就可以用上述理论来解释。链霉素在碱性条件下很不稳定,只能在中性条件下进行吸附,但H型羟基树脂在中性介质中的交换容量很小,在开始时采用较高的pH值,但在交换过程中会放出 H^+,这就阻碍了树脂继续吸附链霉素,所以只能用Na型来吸附。

四、影响离子交换速度的因素

离子交换速度在不同的系统中差别很大,影响离子交换速度的因素很多,只有了解这些因素,才能正确地选择适当的操作条件,进而提高产品的回收率。

(1) 树脂颗粒大小　树脂颗粒愈细,单位体积树脂表面积愈大,愈有利于树脂交换基团与离子的接触,交换速度就愈快。

(2) 树脂的交联度　树脂交联度愈低,树脂愈易膨胀,网孔直径愈大,在树脂内部扩散就愈容易,所以在一定条件下,降低树脂交联度能提高交换速度。

(3) 溶液中离子浓度　离子的交换是可逆的,当溶液中离子浓度在一定范围内增加时能加快交换速度。

(4) 温度　提高温度能使固相或液相的扩散系数增大,交换速度增加,但必须注意分离物和树脂对温度的稳定性。

(5) 离子的大小　交换小离子的速度比较快,而对大分子的交换则较慢,利用这种交换速度的不同而达到分离的目的,也就是"分子筛"方法。

(6) 离子价　对于离子价大的离子,吸附速度要比离子价小的离子来得慢。

(7) 树脂的强弱　一般来说,强酸型或强碱型树脂的交换速度要比弱酸型或弱碱型树脂来得快,其原因是和活性基团的电离程度有关。金属离子和羟基树脂上的氢离子的交换速度,一般来说是很慢的。

(8) 树脂层装填的松紧度　树脂层装填疏松,有利于扩散,使交换速度提高。

根据离子交换速度及其应用,离子交换的操作方式主要有三种,即分批法、固定床法(包括混合床法)和流动床法,在工业生产上广泛应用的是前两种方法。

1. 分批法

在分批法中,交换是在静态下进行,即将树脂与溶液共置于同一容器中,或静止或搅拌,令其达到平衡。分批法的效果虽不如动态吸附好,但静态吸附有简化提炼工艺的优点。

2. 固定床法

固定床法也称柱过滤法,交换是在动态下进行的(动态吸附),即将树脂放置在柱中,而使欲交换的溶液流经树脂层。目前工业上多用此法进行生产。

用分批法操作时,因受到平衡的限制,树脂的饱和度不高。而在固定床法中,树脂的饱和度较高,因为液体在流动,平衡状态被新流入的流体所打破。此外,在固定床操作中,离子交换的速度要比分批法快。

利用固定床进行洗盐时,通常需分别通过阳离子交换柱与阴离子交换柱(串联),如将阴阳两种树脂共置于一个柱中,称为混合床法。通常用双柱式脱盐时,反应受到平衡的限制:

$$RSO_3H + MeX \rightleftharpoons RSO_3Me + HX \quad ①$$

$$ROH + HX \longrightarrow RX + H_2O \quad ②$$

$$RSO_3H + ROH + MeX \longrightarrow RSO_3Me + RX + H_2O \quad ③$$

如式①所示,达到平衡时,流出液中仍有 Me^+(代表金属离子)存在,这些 Me^+ 通过阴离子交换树脂时,无法除去。而在混合床操作中,如式③所示,反应可进行到底,且可避免溶液 pH 值的变化,可用来制造无离子水,质量也较高。制备高纯度无离子水的流程为:

自来水──→阳树脂柱──→阴树脂柱──→阴、阳树脂混合柱──→高纯度无离子水

阳离子交换树脂一般用强酸型树脂(氢型弱酸型树脂在水中不起交换作用),阴离子交换树脂可以用强碱型或弱碱型树脂,弱碱型树脂再生剂用量少,交换容量也高于强碱型树脂,但弱碱型树脂不能除去弱酸性阴离子,如硅酸、碳酸等。在实际应用时,可根据原水的质量和供水的要求,视具体情况,采取不同的组合。

在离子交换操作中,正确选择液体流速是很重要的,流速愈小愈易得到明显的离子层分界线,促使泄漏最小或洗脱高峰集中。

在固定柱操作中,一般液体是自上而下流动,这样可使吸附后的液体不断与新树脂相接触,相当于多次接触,吸附效果好。但在洗涤松动树脂时,方向就要相反。

五、离子交换法提取谷氨酸

(一)原理

利用离子交换树脂吸附发酵液中的谷氨酸,然后再进行洗脱,以使发酵液中妨碍谷氨酸结晶的残糖及糖的聚合物、蛋白质、色素等非离子性杂质得以分离。

1. 常用的离子交换树脂

常用于谷氨酸提取的离子交换树脂规格如表13-9所示。

表13-9 谷氨酸提取常用的离子交换树脂规格

牌号	#732	#730	#724
类型	苯乙烯型强酸型阳离子交换树脂	苯乙烯型强酸型阳离子交换树脂	甲基丙烯酸弱酸型阳离子交换树脂
产品结构	—CH—CH$_2$—CH—CH$_2$— (苯环)—CHCH$_2$—SO$_3$H		—CH—CH$_2$— —CH CH$_3$ CH$_2$=CH$_2$—C—COOH
交换基团	—SO$_3$H	—SO$_3$H	—COOH
全交换量(mmol/g 干树脂)	≥4.8	≥4.5	≥9
水分(%)	46~52	45~55	≤60
粒度(目)	16~50 (1.19~0.3mm)	10~20 (1.19~0.84mm)	20~50 (0.84~0.3mm)
视密度(g/mL)	0.75~0.85	—	—
真密度	1.24~1.29	—	—
出厂型式	—Na	—Na	—Na
最高使用温度(℃)	120	120	70
pH范围	0~14	0~14	5~10

2. 化学反应

（1）吸附

$$RSO_3H + NH_4Cl \longrightarrow RSO_3NH_4 + HCl$$

$$NH_2CHR'COONH_4 \xrightarrow{[H^+]} NH_2CHR'COOH + NH_4^+$$

$$RSO_3^-H_3^+NCHR'COOH \longrightarrow RSO_3 \cdot H_3NCHR'COOH$$

（2）洗脱

$$RSO_3^-H_3 + NCHR'COOH + NaOH \longrightarrow RSO_3Na + H_2NCHR'COOH + H_2O$$
$$\text{谷氨酸}$$

$$RSO_3NH_4 + NaOH \longrightarrow RSO_3Na + NH_4OH$$

（3）再生

$$RSO_3Na + HCl \longrightarrow RSO_3H + NaCl$$

（二）工艺

1. 工艺流程

（1）上柱

发酵液──→稀释并调 pH 为 5.0～5.5 ──→倒上柱──→ #732 阳离子交换──→水洗──→60℃ 4% NaOH 液洗脱──→高流分收集──→调 pH 为 3.2──→结晶──→离心分离──→谷氨酸。

（2）树脂处理

离子交换柱──→水洗（反洗、正洗）──→5.4% HCl 再生──→水洗。

（3）树脂再交换

母液
漏液（倒冲水） ⎫──→树脂再交换
低流分

2. 提取工艺要点

（1）发酵液上柱量与树脂体积有关　根据发酵液中谷氨酸当量与氨当量，分别用华勃法及蒸氨法测定。带菌体倒上柱属于一级交换，正上柱属于多级交换，故倒上柱总交换当量要低一些。一般正上柱每 $1m^3$ 树脂上 1.0～1.1kmol，倒上柱每 $1m^3$ 树脂上 0.9～1.0kmol，发酵液上柱量约为 $60kg$ 谷氨酸$/m^3$ 湿树脂，母液上柱量为 $40kg$ 谷氨酸$/m^3$ 湿树脂。

（2）交换效率　#732 树脂的交换容量为 4.5（mmol/g 干树脂），湿视密度为 0.85g/mL，树脂水分为 50%。

理论交换容量 = 4.5kmol/t 干树脂 = 2.25kmol/t 湿树脂 = 1.91kmol/m^3 树脂

实际交换容量 = 64kg 谷氨酸/m^3 树脂 = 0.435kmol/m^3 树脂

$$\text{交换效率} = \frac{0.435}{1.91} \times 100\% = 22.76\%（\text{对谷氨酸}）$$

发酵液中氨离子的浓度为谷氨酸浓度的 1.3～1.8 倍，其他氨基酸及金属离子约为谷氨酸浓度的 0.1 倍，故总交换效率及有效交换容量为树脂能力的 55%～70%。

（3）离子交换柱的树脂充填量　为保证倒冲水洗完全且具有一定的膨胀度，正上柱有效树脂体积约为柱的 70%，倒上柱为 60%，即充填高度 H 分别为柱高度 H 的 70% 及 60%。

(4)离子交换柱的尺寸及参数　径高比 H/D,体积流速 u_V(单位时间通过 $1m^3$ 树脂的液体体积)以 $m^3/(m^3·min)$ 表示,线速度 u_l(单位时间单位面积的体积流量)以 $m^3/(m^2·min)$ 或 m/min 或 m/h 表示。

中型试验柱

$D=0.425m, H=1.9m$,流量为 $11.4L/min, H/D=4.5$,

$u_V=0.042m^3/(m^3·min)=2.5m^3/(m^3·h), u_l=4.82m/h=0.0803m/min$。

大型交换柱

$D=1.2m, H=3.15m$,流量为 $90L/min, H/D=2.63$,

$u_V=0.025m^3/(m^3·min^{-1})=1.5m^3/(m^3·h^{-1}), u_l=4.77m/h=0.0796m/min$。

(5)交换时树脂交换基团—SO_3H 电离,而在树脂内部的 pH 值约等于 1,氨基酸等电点 pH 值均高于 1,故被树脂吸附。上柱发酵液调节 pH5.0~5.5(正上柱时 pH 小于 7,赶出 CO_2,避免上柱时产生气泡,发生短路堵柱)。

(6)一般洗脱流速要比上柱流速慢,但谷氨酸溶解度低,浓度高时流速过慢要发生堵柱。流速越慢,吸附越完全。

(7)上柱量足时,洗脱高峰集中,但有漏液流失,要进行回收。上柱量少时,洗脱液浓度低,体积大。

(8)使用 0.5% 茚三酮丙酮溶液的显色反应,可检验谷氨酸是否漏失(灵敏度 $2\mu g/mL$)。

(9)发酵液中氨浓度与谷氨酸浓度的比 1.2~1.5 为正常,1.5~2.0 为不正常,可调节上柱量使之正常。如果比值在 2.0 以上,则影响交换。

(10)若发酵液 pH 值过高,则游离氨过高,影响谷氨酸吸附。发酵液中有残尿时,尿素能形成氢键,使谷氨酸被洗脱出。

(三)双柱法与单柱法的比较

双柱法是将发酵液先通过弱酸性阳离子交换树脂(氢型),以除去阳离子杂质(NH_4^+、K^+、Mg^{2+} 等),不吸附谷氨酸,再通过磺酸型阳离子交换树脂,以吸附谷氨酸,用碱自第二柱(强酸型)洗脱谷氨酸,则因浓度集中,谷氨酸含量可达到 16%。再分别用酸使第一柱、第二柱进行再生。双柱法与单柱法的对比见表 13-10。

表 13-10　双柱法与单柱法的对比　　　　　　　　　　(单位:L)

	发酵液组成	NH_4^+	Na^+	谷氨酸	SO_4^{2-}	Cl^-	Mg^{2+}
双柱法	再生盐酸	—	—	—	—	450	—
	洗脱用碱	—	415	—	—	—	—
	流出液#1	38	0.1	300	1.8	6.5	25
	流出液#2	0	0	0	1.8	5.5	25
	洗脱液	19	24	298	0	3.9	0
单柱法	再生盐酸	—	—	—	—	1090	—
	洗脱用碱	—	850	—	—	—	—
	流出液	0	0.9	0	1.8	9.8	23
	流出液	130	89	269	0	6.5	2

例如,400L发酵液(含谷氨酸4.2%)加热至60℃,过滤去悬浮物质,流经200L羧酸型树脂(氢型),此时u_V为$6\sim7m^3/(m^3\cdot h)$,即流速达到1200~1400L/h。当流出液的pH值自3升到5时,将流出液导入400L磺酸型树脂(氢型)中,u_V为$3\sim4m^3/(m^3\cdot h)$;当此流出液pH值大于2时停止上柱,水洗,再用0.04kg/L热NaOH溶液400L洗脱,u_V为$4m^3/(m^3\cdot h)$;收集开头的约100L洗脱液,其pH值为3.0,调pH值到3.2,冷却结晶,100L收集液中含谷氨酸16.6kg;在5℃下放置14h,析出结晶离心分离,得谷氨酸干重15.7kg,纯度98%;母液再浓缩,又得纯度为96%的谷氨酸0.5kg,总收率为95.5%。

根据表13-10中数据计算,单柱法洗脱用碱34kg(850L×0.04kg/L=34kg),再生盐酸128kg(按31%HCl计算,再生盐酸质量浓度0.0364kg/L,1090L×0.0364kg/L÷31%=128kg),洗脱率为269÷300×100%=89.67%。而双柱法洗脱用碱16.6kg(为单柱法的49%),再生用酸53kg(为单柱法的41.4%),洗脱率为298÷300×100%=99.3%(比单柱法提高18%),双柱上柱量(对磺酸树脂)为0.845(kmol/m³)。

第四节 膜分离

早在1748年,A. Nelkt就发现水能自发地扩散到装有酒精溶液的猪膀胱内,这一发现开创了膜渗透的研究。19世纪,人们对渗透现象有了明确的认识,发现天然橡胶对某些气体有不同的渗透率,提出利用多孔膜分离气体混合物的思想,并确定了利用具有微细孔的滤膜分离细菌、蛋白质、胶体等微细粒子的超过滤概念。1918年,Zsigmondy制成了微孔滤膜。20世纪40年代发明了基于渗析原理的人工肾;50年代初,离子交换膜研制成功,电渗析获得了工业应用,与此同时,开始了反渗透的研究;60年代,Loeb和Saurirujan研制成醋酸纤维素非对称性膜,它对膜分离技术的发展起到了推动作用,使反渗透与超滤进入实用阶段;70年代中,出现了一大批耐高温、耐酸碱的非醋酸纤维膜。目前,膜分离技术已广泛应用于化工、食品、生物发酵、制药、电子、纺织和环保等领域。就生物发酵工业而言,膜技术已用于酶、蛋白质、生物制品等物质的分离、浓缩和纯化。

我国1958年开始研究电渗析,1968年开始研究反渗透,20世纪80年代以来,对各种新型膜分离过程展开了研究。目前已有多种反渗透、超滤、微滤和电渗膜与膜器定型产品,在工业、科研、医疗部门广泛应用。

一、膜分离原理与操作特性

膜分离技术主要包括透析、超滤、反渗透、微滤、电渗析、液膜技术、气体渗透和渗透蒸发等方法,应用最广泛的是超滤和反渗透,表13-11列出了多种膜分离法。

表13-11 各种膜分离法的原理和应用范围

膜分离法	传质推动力	分离原理	应 用 举 例
微滤(MF)	压差 (0.05~0.5MPa)	筛分	除菌,回收菌,分离病毒
超滤(UF)	压差 (0.1~1.0MPa)	筛分	蛋白质、多肽和多糖的回收和浓缩

续表 13-11

膜分离法	传质推动力	分离原理	应用举例
反渗透(RO)	压差 (1.0~10MPa)	筛分	盐、氨基酸、糖的浓缩,淡水制造
透析(DS)	浓差	筛分	脱盐,除变性剂
电渗析(ED)	电位差	荷电、筛分	脱盐,氨基酸和有机酸分离
渗透气化(PV)	压差、温差	溶质与膜的亲和作用	有机溶剂与水的分离,共沸物的分离(如乙醇浓缩)

1. 透析

如图 13-30 所示,利用具有一定孔径大小、高分子溶质不能透过的亲水膜,将含有高分子溶质和其他小分子溶质的溶液(左侧)与纯水或缓冲液(右侧)分隔,由于膜两侧的溶质浓度不同,在浓差的作用下,左侧高分子溶液中的小分子溶质(例如无机盐)透向右侧,右侧中的水透向左侧,这就是透析。图 13-30 所示的透析操作中,通常将右侧纯水或缓冲液称为透析液,所用亲水膜称为透析膜。透析过程中透析膜内无流体流动,溶质以扩散的形式移动,物质透过通量

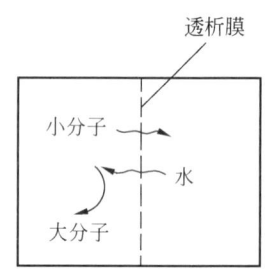

图 13-30 透析原理

$$N = K_0(c_1 - c_2)$$

式中,K_0 为包括膜内扩散和膜两侧表面液膜传质阻力在内的总传质系数,c_1 和 c_2 分别为膜两侧的溶质浓度。

透析膜一般为孔径 5~10nm 的亲水膜,如纤维素膜、聚丙烯腈膜和聚酰胺膜等。生化实验室中经常使用的透析袋直径为 5~80mm,将料液装入透析袋中,封口后浸入到透析液中,一定时间后即可完成透析,必要时需更换透析液。

透析法在生物分离方面,主要用于生物大分子溶液的脱盐。由于透析过程以浓差为传质推动力,膜的透过通量很小,不适于大规模生物分离过程,在实验室中应用较多。

2. 超滤和微滤

超滤(UF)和微滤(MF)都是利用膜的筛分性质,以压差为传质推动力,主要用于截留高分子溶质或固体微粒。UF 膜的孔径较 MF 膜小,主要用于处理不含固形成分的料液,其中相对分子质量较小的溶质和水分透过膜,而相对分子质量较大的溶质被截留。因此,超滤是根据高分子溶质之间或高分子与小分子溶质之间相对分子质量的差别进行分离的方法,操作压力一般为 0.1~1.0MPa。微滤一般用于悬浮液(粒子粒径为 0.1 至数微米)的过滤,在生物分离中,广泛用于菌体的分离和浓缩。微滤过程中膜两侧的渗透压差可忽略不计,由于膜孔径较大,操作压力比超滤更小,一般为 0.05~0.5MPa。UF 法适用于分离或浓缩直径为 1~50nm 的生物大分子(蛋白质、病毒等)。MF 法适用于细胞、细菌和微粒子的分离,目标物质的大小范围为 0.01~10μm。

3. 反渗透

如图 13-31 所示,在一个容器中间用一张可透过溶剂(水),但不能透过溶质的膜隔开,两侧分别加入纯水和含溶质的水溶液。若膜两侧压力相等,在浓差的作用下,作为溶剂

的水分子从溶质浓度低(水浓度高)的一侧(A侧,纯水)向浓度高的一侧(B侧,水溶液)透过,这种现象称为渗透。促使水分子透过的推动力称为渗透压,溶质浓度越高,渗透压越大。如果欲使B侧溶液中的溶剂(水)透过到A侧,在B侧所施加的压力必须大于此渗透压,这种操作称为反渗透(图13-31b)。一般反渗透的操作压力常达到几十个大气压。

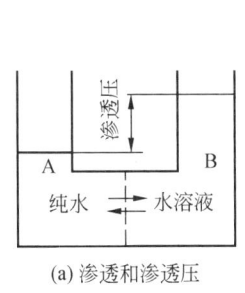
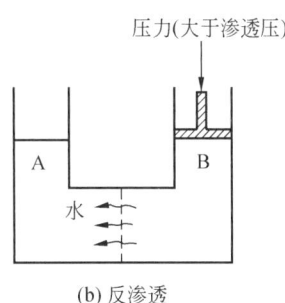

(a) 渗透和渗透压　　　　　(b) 反渗透

图13-31　渗透与反渗透

RO膜无明显的孔道结构,其透过机理尚不十分清楚。目前多采用热力学方法解释RO膜的透过机理,而不考虑膜的结构和性质,其中溶解-扩散模型简单实用。该模型假设溶剂或溶质首先溶解在膜中,然后扩散通过RO膜,提高反渗透操作压力有利于实现溶质的高度浓缩。RO法适用于1nm以下小分子的浓缩。

4. 电渗析

电渗析是利用分子的荷电性质和分子大小的差别进行分离的膜分离法,可用于小分子电解质(例如氨基酸、有机酸)的分离和溶液的脱盐。电渗析操作所用的膜材料为离子交换膜,即在膜表面和孔内共价键合有离子交换基团,如磺酸基($-SO_3^-$)等酸性阳离子交换基和季铵基($-N^+R_3$)等碱性阴离子交换基。键合阳离子交换基的膜称作阳离子交换膜,键合阴离子交换基的膜称作阴离子交换膜。在电场的作用下,前者选择性透过阳离子,后者选择性透过阴离子。如图13-32所示,阳离子交换膜C和阴离子交换膜A各两张交错排列,将分离器隔成5个小室,两端与膜垂直的方向加电场,即构成电渗析装置。以溶液脱盐为目的时,料液置于脱盐室(1、3、5),另两室(2、4)内放入适当的电解液。在电场的作用下,电解质发生电泳,由于离子交换膜的选择性透过特性,脱盐室的溶液脱盐,而2、4室的盐浓度增大。电渗析过程也可连续操作,此时料液连续流过脱盐室(1、3、5),而低浓度电解液连续流过2、4室。从脱盐室出口得到脱盐的溶液,从2、4室出口得到浓缩的盐溶液。

电渗析在工业上多用于海水和苦水的淡化以及废水处理。作为生物分离技术,电渗析可用于氨基酸和有机酸等生物小分子的分离纯化,生物反应-分离耦合过程的应用研究是电渗析技术发展的方向之一。

5. 渗透气化

渗透气化的原理示于图13-33。疏水膜的一侧通入料液,另一侧(透过侧)抽真空或通入惰性气体,使膜两侧产生溶质分压差。在分压差的作用下,料液中的溶质溶于膜内,扩散通过膜,在透过侧发生气化,气化的溶质被膜装置外设置的冷凝器冷凝回收。因此,渗透气化法根据溶质间透过膜的速度不同,使混合物得到分离。膜与溶质的相互作用决定溶质的渗透速度,根据相似相溶的原理,疏水性较大的溶质易溶于疏水膜,因此渗透速度高,在透过

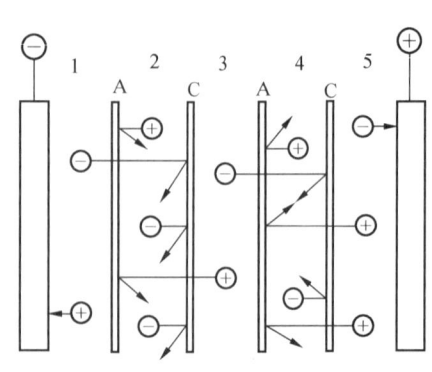

图 13-32　电渗析原理
A:阴离子交换膜;C:阳离子交换膜

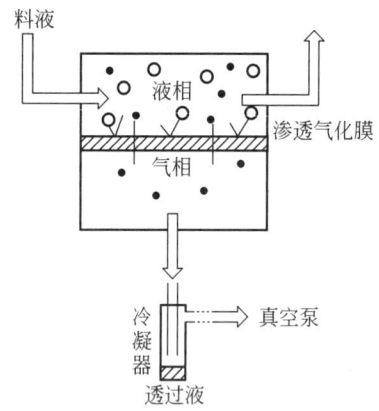

图 13-33　渗透气化示意图

一侧得到浓缩。气化所需的潜热用外部热源供给。

与反渗透相比,渗透气化过程中溶质发生相变,透过侧溶质以气体状态存在,因此消除了渗透压的作用,从而使渗透气化在较低的压力下进行,适于高浓度混合物的分离。渗透气化法利用溶质之间膜透过性的差别,特别适用于共沸物和挥发度相差较小的双组分溶液的分离。例如,利用渗透气化法浓缩乙醇,由于膜选择性透过乙醇的特性,可消除共沸现象,得到高浓度乙醇。

渗透气化膜主要为多孔聚乙烯膜、聚丙烯膜和含氟多孔膜等。由于膜材料的进步,20世纪80年代以后渗透气化技术实现了产业化,对乙醇、丁醇等挥发性发酵产物的发酵—分离耦合应用开发研究非常活跃。

6. 液膜技术

液膜是液体固定成膜状用于选择性分离,液膜技术是液液萃取与膜技术的结合。液膜的传质是萃取与反萃取相结合的过程,物质分离依赖于在膜内溶解度的差别,并且液膜分离过程有化学反应参与,它能显著影响吸收容量和渗透物在膜相中的溶解度,使其浓缩,产物浓度较高,能耗较小。

液膜按其结构可分为乳化液膜和支撑液膜两大类。乳化液膜技术在有机酸分离过程中已有研究。

7. 气体渗透

气体渗透即气体膜分离,它是利用气体组分在膜内溶解和扩散性能的不同,即渗透速率不同来实现分离的技术。目前主要用于氢的分离、空气中氧和氮的分离。在生物发酵工业中仍未见有应用。

以上膜分离方法应用时具有以下操作特性。

1)浓度极化模型

反渗透、超滤和微滤操作各具特点,影响透过通量的因素很多,但这三种膜分离操作的透过通量基本上都可用浓度极化或凝胶极化模型描述。浓度(凝胶)极化模型的要点是:在膜分离操作中,所有溶质均被透过液传送到膜表面上,不能完全透过膜的溶质受到膜的截留作用,在膜表面附近浓度升高,如图 13-34 所示。这种在膜表面附近浓度高于主体浓度的现象称为浓度极化或浓差极化。膜表面附近浓度升高,增大了膜两侧的渗透压差,使有效压差减小,透过通量降低。当膜表面附近的浓度超过溶质的溶解度时,溶质会析出,形成凝胶层。当分离含有菌体、细胞或其他固形成分的料液时,也会在膜表面形成凝胶层,这种现象称为凝胶极化。在稳态操作条件下,溶质的透过通量与滞留底层内向膜面传送溶质的通量和向主体溶液反扩散通量之间达到平衡,积分后的透过通量(J_V)表示为

$$J_V = k\ln\left(\frac{c_m - c_p}{c_b - c_p}\right) \tag{13-23}$$

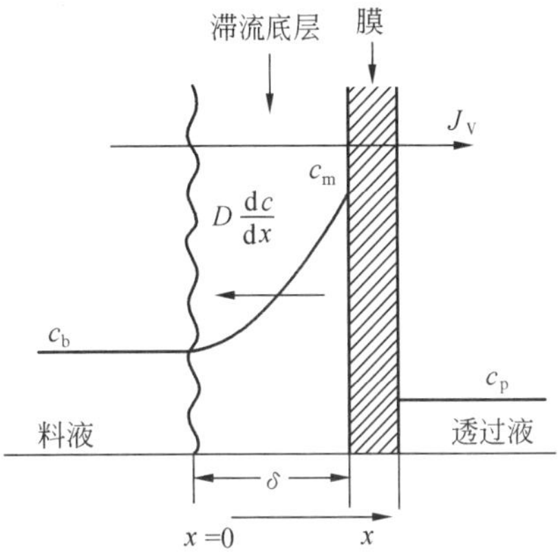

图13-34 浓度极化模型

这是生物料液透过通量的浓度极化模型方程,式中,c_m为膜表面浓度;c_b为主体料液浓度;c_p为透过液浓度;k为传质系数

$$k = \frac{D}{\delta} \tag{13-24}$$

其中,D为溶质大小。当D为固体颗粒时,指其直径大小;当为液体溶质时,指其相对分子质量。

当压力很高时,溶质在膜表面形成凝胶极化层,此时式(13-23)变为

$$J_V = k\ln\left(\frac{c_g - c_p}{c_b - c_p}\right) \tag{13-25}$$

式中,c_g为凝胶层浓度。形成凝胶层时,溶质的透过阻力极大,透过液浓度c_p很小,可忽略不计,故式(13-25)可改写成

$$J_V = k\ln\frac{c_g}{c_b} \tag{13-26}$$

式(13-26)是菌体悬浮液和高压条件下生物大分子溶液透过通量的凝胶极化模型方程。

2)超滤膜的分子截留作用

在表13-12和表13-13中,微滤膜用膜的平均孔径标志膜的型号,而超滤膜则用截留相对分子质量标志膜的型号。

截留率表示膜对溶质的截留能力,可用小数或百分数表示。在实际膜分离过程中,由于存在浓度极化现象,真实截留率

$$R_0 = 1 - \frac{c_p}{c_m} \tag{13-27}$$

由于膜表面的极化浓度c_m不易测定,通常只能测定料液的体积浓度,因此常用来表观截留率R,其定义为:

$$R = 1 - \frac{c_p}{c_b} \tag{13-28}$$

显然,如果不存在浓度极化现象,则$R \equiv R_0$。如果$R = 1$,则$c_p = 0$,即溶质完全被截留,不能

透过膜;如果 $R=0$,则 $c_p=c_b$,即溶质可自由透过膜,不被膜截留。

通过测定相对分子质量不同的球形蛋白质或水溶性聚合物的截留率,可获得膜的截留率与溶质相对分子质量之间关系的曲线,即截留曲线,如图 13-35 所示。一般将截留率为 0.90(90%) 的溶质相对分子质量定义为膜的截留相对分子质量(relative molecular mass cut-off, MMCO)。

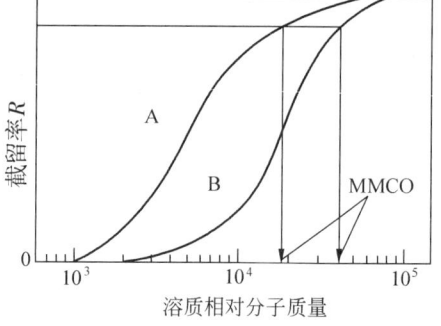

图 13-35 截留率 R 与溶质相对分子质量的关系

理想情况下超滤膜的截留曲线应为通过横坐标的一条垂直线,相对分子质量小于 MMCO 的溶质截留率为 0,大于 MMCO 的溶质截留率为 1。但实际上,膜孔径均有一定的分布范围,范围较小则截留曲线较陡直,反之则斜坦。生产膜的厂商不同,截留曲线不同。因此不同厂商生产的同一种膜,对某一溶质的截留率不同。同一厂商的不同批号的膜,对同一溶质的截留情况也可能不同。所以,相同溶质相对分子质量的超滤膜可能表现出完全不同的截留曲线。因此,MMCO 只是表征膜特性的一个参数,不能作为选择膜的唯一标准。

实际膜分离过程中,影响截留率(表观截留率)的因素除相对分子质量外,还有:

(1)分子特性 相对分子质量相同时,呈线状的分子截留率较低,有支链的分子截留率较高,球形分子的截留率最大。对于荷电膜,具有与膜相反电荷的分子截留率较低,反之则较高。若膜对溶质具有吸附作用时,溶质的截留率增大。

(2)其他高分子溶质 当两种以上的高分子溶质共存时,其中某一溶质的截留率要高于其单独存在时,如图 13-36 所示。原因是浓度极化现象使膜表面的浓度高于主体浓度。

(3)操作条件 温度升高,黏度下降,则截留率降低。膜面流速增大,则浓度极化现象减轻,截留率减小。此外,当料液的 pH 值等于某蛋白质的等电点时,由于蛋白质的净电荷数为零,蛋白质间的静电斥力最小,使该蛋白质在膜表面形成的凝胶极化层浓度最大,即透过阻力最大。此时,溶质的截留率高于其他 pH 下的截留率。例如,β-乳球蛋白的等电点为 5.2,从图 13-36 可以看出,在 pH=5.2 的溶液中,β-乳球蛋白浓度对 α-淀粉酶截留率的影响程度明显高于 pH=6.0 时的情况。

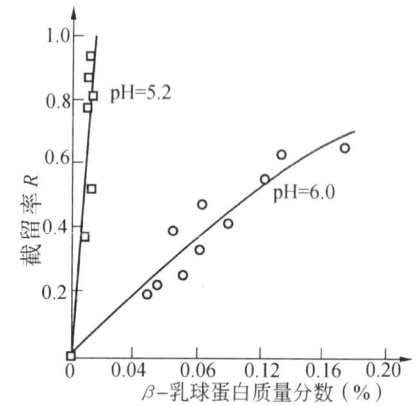

图 13-36 β-乳球蛋白浓度对 α-淀粉酶截留率的影响

溶液:$10\text{mmol}/\text{dm}^3$ 醋酸盐,$2\text{mmol}/\text{dm}^3$ $CaCl_2$,搅拌转数 $=900\text{r}/\text{min}$;$\Delta p=0.1\text{MPa}$

3. 膜电位

理想的离子交换膜只允许一种离子通过,而完全排斥另一种离子,实际上这种膜是不存在的。离子交换膜的选择性可以通过膜的离子迁移数来表示,由于离子迁移数和膜电位有一定的关系,故离子交换膜的选择性也可以用膜电位来表示。

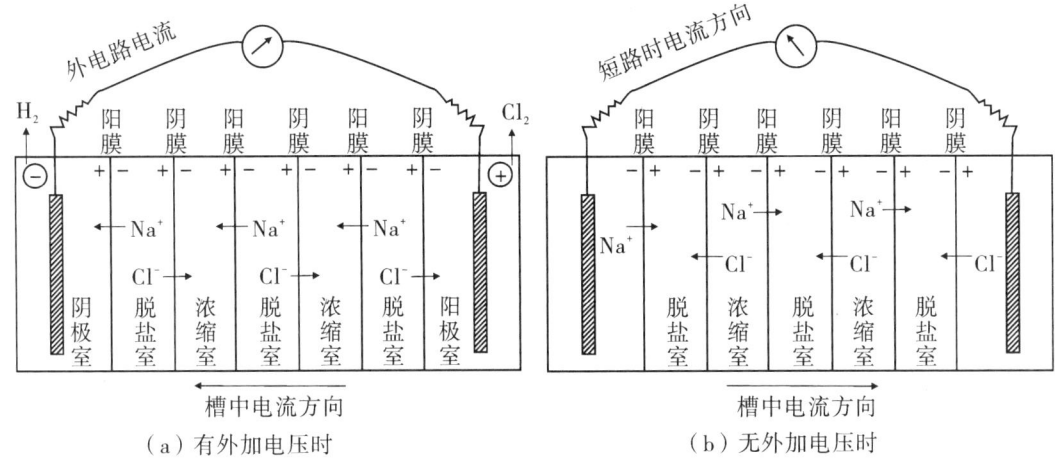

图 13-37 多槽电渗析示意图

膜电位是由膜两侧溶液浓度不等和膜的选择透过性能所引起。无外加电压时,当一层阳膜将浓度不等的 NaCl 溶液隔开时,由于浓度不等,Na^+ 就自高浓度溶液通过阳膜向低浓度溶液扩散,而 Cl^- 则不能透过薄膜,这样就造成电性不中和,稀溶液一侧带正电荷,而造成电位差,称为膜电位。膜电位形成后会抑制 Na^+ 的扩散,从而达到平衡,即电位差与离子浓度差导致 Na^+ 扩散力互相抵消。当多槽的阴离子交换膜存在时,膜电位将随电解液(NaCl)浓度差的消失而消失。

膜电位 E 可用下式表示:
$$E = (2n^+ - 1)\frac{RT}{2F}\ln\frac{\alpha_1}{\alpha_2}$$

式中,n^+ 为阳离子的迁移数;R 为气体常数;T 为绝对温度;F 为法拉第常数,(96 500C);α_1,α_2 分别为膜两侧溶液中离子的活度。

测定了膜电位,就可求出离子的迁移数。

利用多槽电渗析设备进行脱盐处理(如海水淡化)时,外加电压应略高于渗析池所产生的反电压(膜电位),才能使槽中的 Na^+、Cl^- 离子移动形成电流,从而进行脱盐,如图 13-37a 所示。由于阴离子交换膜、阳离子交换膜将电解液分成不同浓度,即 Na^+ 按正极向负极方向穿过阳离子交换膜,在膜左侧带正电荷,右侧带负电荷;而 Cl^- 按负极向正极方向穿过阴离子交换膜,在膜左侧带正电荷,右侧带负电荷。两者形成方向一致的膜电位,且与外电压相反,故外加电压将有一部分消耗在克服膜电位上。当电渗析的外电压断开时,由于膜电位的存在,导致伏特计的指针不能立刻回到零点。

多槽电渗析设备脱盐处理将形成不同浓度的电解液,即脱盐室和浓缩室。当外电路断开时,浓缩室的 Na^+ 会经过阳离子交换膜进入脱盐室,浓缩室的 Cl^- 也会经过阴离子交换膜进入脱盐室,两者产生同向膜电位,即相当于一组浓差电池。如果将电渗析槽两端电极连接成短路,在外电路中电流从右向左流动,槽中电流从左向右流动,如图 13-37b 所示。

二、膜的种类及特性

1. 膜的种类

由于膜的应用范围很广,因此要求具有较宽范围的性质和操作特性,在选择膜时,应考虑的几个主要指标是:分离能力(选择性和脱除率),分离速度(透水率),抵抗化学、细菌和机械力的稳定性(对操作环境的适应性),以及膜材料的成本。

目前,用于制膜的有机聚合物很多,有各种纤维素酯、脂肪族和芳香族聚酰胺、聚砜、聚丙烯腈、聚四氯乙烯、聚偏氟乙烯、硅橡胶等。这些聚合物膜按结构和作用特点分为如下五类:

(1)均质膜或致密膜 该类膜为均匀的致密的薄膜,物质通过这类膜是依靠分子扩散,因为物质在固体中的扩散系数很小,所以为了达到有实用意义的传质速率,这类膜必须很薄。

(2)微孔膜 这类膜的平均孔径为 0.02~10μm,包括多孔膜和核孔膜两种。多孔膜呈海绵状,孔道曲折,膜厚 50~250μm,应用较普遍。核孔膜是反应堆产生的裂变碎片轰击 10~15μm 的塑料薄膜,再经化学试剂侵蚀而成,膜孔呈圆柱直形,孔短,开孔率小但均匀。

(3)非对称膜 此膜的断面不对称,由表面活性层与支撑层两层组成。表面活性层很薄,厚 0.1~1.5μm,决定分离效果。支撑层厚 50~250μm,起支撑作用,呈多孔性。制作此膜的材料有醋酸纤维素、聚丙烯腈、聚酰亚胺和聚芳香胺等。这类膜可用于反渗透、气体分离和超滤。

(4)复合膜 复合膜与不对称膜不同,它是由一种以上的膜材料制得的,一般是在非对称性超滤膜表面加一层 0.25~15μm 厚的致密活性层而制成。膜的分离作用主要取决于这层致密活性层,可以用各种材料制得,适用于反渗透、气体膜分离和渗透汽化等过程。

(5)离子交换膜 由离子交换树脂制成,主要用于电渗析,有阳离子交换膜和阴离子交换膜,多为均质膜,厚 200μm 左右。如在膜内加强化剂,可增加膜的强度,制成半均质膜。

除上述聚合膜以外,还有无机膜、液膜和气膜,目前已有使用,虽然应用范围不如前者,但在特殊的环境中,具有聚合膜无法代替的作用。

无机膜的制作材料有无机化合物、金属、玻璃或陶瓷。已有的多数膜为动态膜,即膜材料颗粒形成的沉积层与溶液处于动态平衡。此类膜由三部分组成,即膜层支持物、无机膜材料和成膜添加剂。它的优点主要是对温度和pH值稳定、渗透流速高、膜的更新容易。目前多用于热水处理中。

液膜是一种特殊的液相,可促进两相间溶质的选择性渗透。图 13-38 和图 13-39 所示的乳化液膜和支撑液膜是两种最常见的液膜系统。

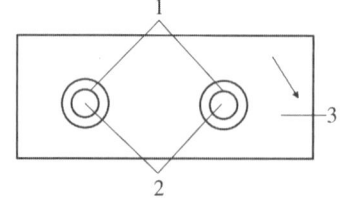

图 13-38 乳化液膜系统
1—液膜;2—产品相;3—进料液相

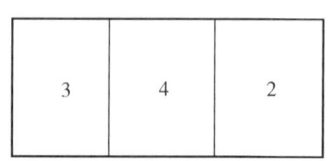

图 13-39 支撑液膜系统
4—支撑物+液膜;2,3 同上图

在乳化液膜中,液膜分界面存在于乳化产品的液滴相表面,这种液滴分散在进料液相中,经过足够长的时间后,将乳化的进料液相和产品液相分开,对产品液相破乳,回收被转移的溶质。而支撑液膜是用聚合物或其他合适的材料来支撑着液膜,这种固定的支撑面保持着液膜,并使进料液相和产品液相互相分开。支撑液膜体是由料液、支撑液膜和反萃液三个相连接的相组成。支撑液膜本身又由萃取剂(称载体)、有机溶剂(又称稀释剂)和多孔性高分子膜(称支撑体)三个组分组成。

气膜类似于有支持物的液膜,它包含在固体聚合物材料中,气膜两边涂挂有液相。只要通过膜的压力差小于膜中气体逸出的临界压力,膜气体就一直保留在支持物中,并使两个液相互相分开,气膜允许两液相间的化合物选择性渗透而达到分离的目的。因为物质通过气体间的扩散系数很大,所以气膜的透水率很高。

2. 膜的结构特性

(1) 孔道结构　膜的孔道结构因膜材料和制造方法而异。膜的孔道结构对膜的透过通量、耐污染能力等操作性能具有重要影响。早期的膜多为对称膜,即膜截面的膜厚方向上孔道结构均匀,如图13-40所示。对称膜的传质阻力大,透过通量低,并且容易污染,清洗困难。20世纪60年代开发的不对称膜解决了上述对称膜的弊端,不对称膜(asymmetric membrane)主要由起膜分离作用的表面活性层(0.2~0.5μm)和起支撑强化作用的惰性层(50~100μm)构成。惰性层孔径很大,对透过流体无阻力。由于不对称膜起膜分离作用的表面活性层很薄,孔径微细,因此透过通量大、膜孔不易堵塞、容易清洗。目前的超滤和反渗透膜多为不对称膜。

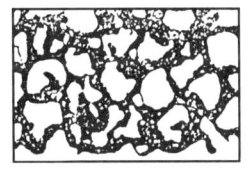

图13-40　对称膜的弯曲孔道结构示意图

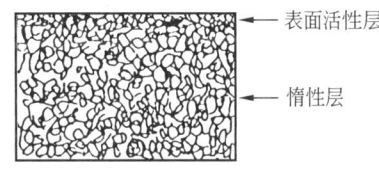

(a) 指状结构　　(b) 海绵状结构

图13-41　不对称膜的截面结构示意图

图13-41a所示的不对称膜为指状结构,多用于超滤膜,而反渗透膜的结构多为海绵状,如图13-41b所示。高分子微滤膜以对称膜为主,新型无机陶瓷微滤膜多为不对称膜。另一种微滤膜是采用电子技术制造的核孔微滤膜(nuclepore membrane),孔形规整,孔道直通并呈圆柱形结构,孔径分布范围小,在透过通量、分离性能及耐污染方面均优于弯曲孔道型微滤膜,但造价较高。

(2) 膜的孔道特性　膜的孔道特性包括孔径、孔径分布和孔隙率。超滤和微滤膜的孔径、孔径分布和孔隙率可通过电子显微镜直接观察测定。此外,微滤膜的最大孔径还可通过泡点法(bubble point method)测量,即在膜表面覆盖一层水,用水湿润膜孔,从下面通入空气,当压力升高到有稳定气泡冒出时称为泡点,此时的压力称为泡点压力。

(3) 水通量　膜的另一特性是其纯水的透过通量,统称水通量。水通量是在一定的条件下(一般压力为0.1MPa,温度为20℃)通过测量透过一定量纯水所需的时间来测定。表13-12和表13-13分别列出了部分超滤膜和微滤膜的水通量。可以看出水通量随着膜的截留溶质相对分子质量(超滤膜,表13-12)或膜孔径(微滤膜,表13-13)的增大而增大。同时,膜材料的种类对水通量影响显著,不同厂商生产的膜水通量差别很大。

表13-12 部分超滤膜的水通量

截留溶质相对分子质量	厂商	膜型号	膜材料	水通量($m^3 \cdot m^{-2} \cdot h^{-1}$)
3	Amicon	P3	PS	0.018
8	D.D.S.	CA800PP	CA	0.014
10	Amicon	Ioplate	C	0.034
10	Amicon	Ioplate	PS	0.136
10	Daicel	DUY-H	PAN	0.035
20	Daicel	DUY-M	PAN	0.070
20	NITTO	NUT-2120	PO	0.037
20	NITTO	NTU-3250	PS	0.25
50	D.D.S.	GR51PP	PS	0.062
100	Amicon	Y100	C	0.097
100	Amicon	Ioplate KSLP100	PS	0.062
200	Amicon	Ioplate KSLP200	PS	0.085
500	D.D.S.	GR10PP	PS	0.10

注:压力0.1MPa;PS:聚砜;CA:醋酸纤维;C:纤维素;PAN:聚丙烯腈;PO:聚烯烃。

表13-13 部分微滤膜的水通量

膜孔径(μm)	膜材料	水通量($m^3 \cdot m^{-2} \cdot h^{-1}$)	膜孔径(μm)	膜材料	水通量($m^3 \cdot m^{-2} \cdot h^{-1}$)
0.01	CER	0.056	1.0	CER Al_2O_3	3~10
0.02	CER	0.080	1.0	PTFE	40~200
0.05	PE	0.80	3.0	PES	1~3
0.05	PTFE	2.4	3.0	PTFE	200~450
0.1	PO	1.2	5.0	PP	80~200
0.1	PTFE	3~6	5.0	PTFE	130~1070
0.2	PTFE	4~20	10.0	PP	80~1200
0.2	CA	7~14	10.0	PTFE	200~400
0.45	PTFE	10~60	30.0	PP	250~700

注:压力0.1MPa;CER:陶瓷;PE:聚乙烯;PES:聚酯;PTFE:聚四氟乙烯;CER.Al_2O_3:氧化铝陶瓷;PP:聚丙烯。

由于纯水并非实际物系,因此水通量不能用来衡量和预测实际料液的透过通量。在实际膜分离操作中,由于溶质的吸附、膜孔的堵塞以及浓度极化或凝胶极化现象的产生,都会造成透过的附加阻力,使透过通量大幅度降低。一般来讲,在菌体或蛋白质的膜分离浓缩过程中,随着操作的进行,透过通量急剧下降,根据操作条件和料液性质不同,5~20min即降至最低。许多实验研究证明,膜孔径越大,通量下降速度越快,大孔径微滤膜的稳定通量比小孔径膜小,有时甚至微滤膜通量比超滤膜还要小。这主要是由于溶质微粒容易进入到孔径较大的膜孔中堵塞膜孔造成的。最佳膜孔径与菌体大小有关,用膜分离法处理含菌体细胞或悬浮微粒的料液时,要根据料液性质选择膜孔径适当、不易堵塞、溶质吸附作用小的亲水膜,这样不仅可提高分离速度,还可以提高分离质量和目标产物的回收率。

三、膜分离设备

选择膜分离设备时应考虑的问题:①分离类型;②生产量;③操作时的应变性;④保养难易程度;⑤操作方便与否。目前膜分离设备主要有板框式、螺旋盘绕状、管式和空心纤维状。

1. 板框式膜器

这种膜器的结构类似于板框过滤机,所用的膜为平板式,厚度为 $50\sim500\mu m$,将之固定在支撑材料上。支持物呈多孔结构,对流体阻力很小,对欲分离的混合物呈惰性,支持物还具有一定的柔软性和刚性。

板框式膜器由导流板、膜和支承板交替重叠组成。图 13-42 为一种板框式膜器的部分示意图。料液从下部进入,由导流板导流流过膜面,透过液透过膜,经支撑板面上的多孔流入支撑板的内腔,再从支撑板外侧的出口流出;料液沿导流板上的流道

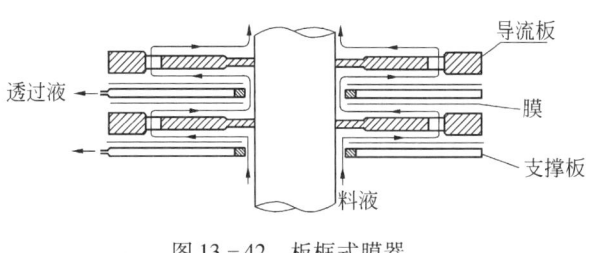

图 13-42 板框式膜器

与孔道一层层往上流,从膜器上部的出口流出,即得浓缩液。

在板框式膜器中,料液平均流速为 0.5m/s,与膜接触路程约为 150mm,流动为层流。

2. 管式膜器

管式膜器由管式膜制成,其结构原理与管式换热器类似。有支撑的管状膜可以制成排管、列管、盘管等型式的膜器。由于外压式管要求外壳耐高压,料液流动状况差,因此一般多用内压式管,如图 13-43 所示。这类膜器的主要缺点是单位体积膜器内的膜面积小,一般为 $33\sim330m^2/m^3$。

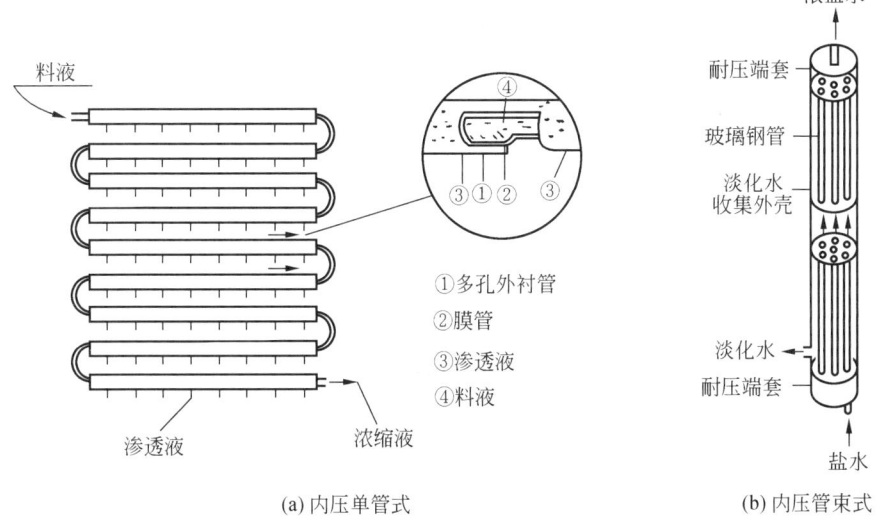

(a) 内压单管式 (b) 内压管束式

图 13-43 有支撑的管状膜器

3. 螺旋卷式膜器

平板膜沿一个方向盘绕则成螺旋盘绕膜,其结构与螺旋板式换热器类似。典型装置包括两个进料通道、两张膜和一个渗透通道。渗透通道为多孔支撑材料构成,置于两张膜之间,两侧封死,同时封死两个袋口中的一个,则开口的袋口与中央多孔管相接,膜下再衬上起导流作用的料液隔网,一起盘绕在中央管周围,形成一种多层圆筒状结构。如图 13-44

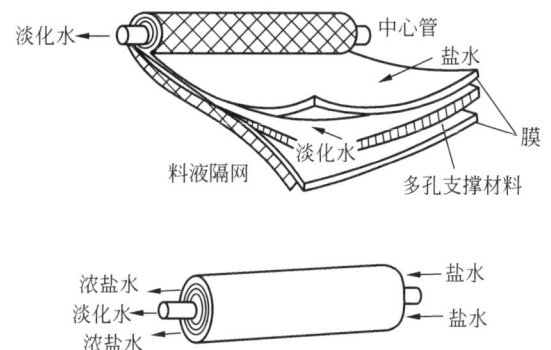

图 13-44 螺旋盘绕状反渗透膜组件示意图

所示,进料液沿轴向流入膜包围成的通道,渗透液呈螺旋状流入多孔中心,再呈管状流出。

螺旋盘绕状膜器在反渗透中应用广泛,大型组件直径 300mm,长 900mm,有效膜面积达 $51m^2$。与板框式膜器相比,它的填充密度高,膜面积大,但清洗不便,更换不易。

4. 中空纤维膜器

空心纤维膜器为列管式,分毛细管膜器(图 13-45)和中空纤维膜器(图 13-46)。一般情况下,超滤、微滤等操作压力差小的过程可采用毛细管膜器,料液从一端进入,通过毛细管内腔,浓缩液从另一端排出,透过液通过管壁,在管间汇合后排出。

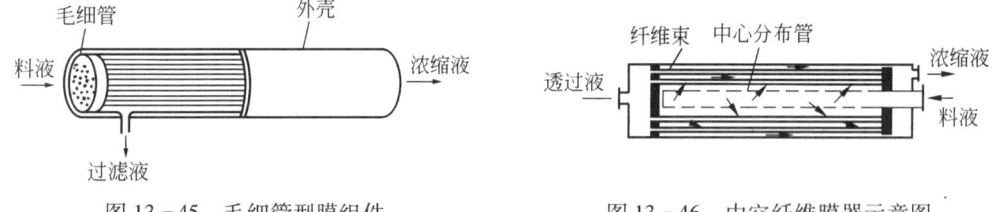

图 13-45 毛细管型膜组件　　图 13-46 中空纤维膜器示意图

反渗透等压差较大的过程宜采用中空纤维膜器。该膜器由几十万甚至几百万根纤维组成,这些中孔纤维与中心进料管捆在一起,一端用环氧树脂密封固定,另一端也用环氧树脂固定,却留有透过液流出的通道,即纤维孔道。料液进入中心管,并经中心管上小孔均匀地流入中空纤维的间隙,透过液进入中空纤维管内,从纤维的孔道流出,浓缩液从纤维间隙流出。

中空纤维膜器设备紧凑,膜面积高达 $16\,000 \sim 30\,000 m^2/m^3$,但由于纤维内径小,阻力大,易堵,因而料液走管间,透过液走管内。这类膜器膜面去污困难,因此对料液预处理要求较高,中空纤维一旦破损,无法更换。

四、影响膜分离速度的因素

1. 操作形式

传统的过滤操作主要用滤布为过滤介质,采用终端过滤形式(图 13-47)回收或除去悬浮物,料液流向与膜面垂直,膜表面的滤饼阻力大,透过通量很低。由于新型膜材料和膜组件的研究开发,目前的超滤和微滤操作主要采用图 13-47 所示的错流过滤形式。例如,啤酒厂、黄酒厂采用的是错流膜过滤(超滤)技术,即通过循环泵使要过滤的物质在不同孔径的滤膜孔道中做高速循环运动,由于滤膜两侧的压力不同,滤清液以切线方向流进预先准备好的容器中,而由于未滤液的高速循环运动,未滤液可将附着在膜上的固形物带走,从而避免固形物在滤膜上沉积,有效解决了膜浓差极化现象。错流膜过滤操作示意图如图 13-48 所示。由于错流膜过滤与膜面平行运动,剪切作用大大减小而对啤酒酵母泥细胞的破坏较小,细胞自溶少和不良风味物质释放出较少,从而提高了回收啤酒的质量,同时还提高了过滤效果,比传统板框式压滤机压滤可多回收酵母泥中啤酒的 1%(按总发酵啤酒量计算)。黄酒经孔径为 0.18μm 膜过滤后,酒中蛋白质下降 17.3%,OD 值下降 16.0%,总多酚略有下降,黄酒的非生物稳定性显著提高。

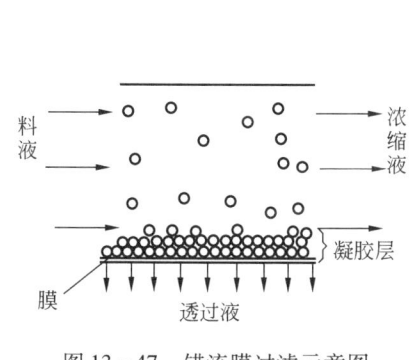

图 13-47 错流膜过滤示意图

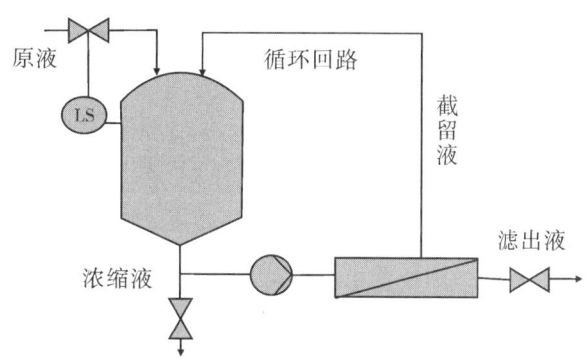

图 13-48 错流膜过滤操作示意图

不同种类的膜可滤除不同的物质,因此错流膜过滤设备采用的膜有微孔过滤膜、超滤膜、纳滤膜、反渗透膜等,根据膜的形状可分为中空纤维膜、毛细管膜、管状膜、螺旋卷式膜等。

2. 流速

流速对透过通量的影响反映在式(13-23)或式(13-26)中的传质系数上。传质系数随流速的增大而提高,因此,流速增大,透过通量亦增大。对于蛋白质溶液以及相对分子质量小于蛋白质的物质的溶液,用式(13-23)推算的 J_V 值基本上与实际测量值相符。但对于菌体或胶体粒子的悬浮液,推算出的 J_V 值比实际测量值低,并且流速对 J_V 的实际影响程度更高。一般认为,J_V 的实测值高于利用式(13-26)计算的理论值是由于在膜面流体的平行流动使凝胶层剥离和流动,从而使实际的凝胶层比凝胶极化模型的计算值小。另外,不同菌体的物理性质(如形状、大小、硬度和填充状态等)和生物性质(如是否分泌粘性物质、细胞膜和壁的结构及构成成分、可否自溶以及菌体的运动性等)不同,形成的凝胶层的性状也不一样。因此,在相同的流速(剪切作用)下,菌体凝胶层被剥离的难易程度不同,使实际的 J_V 对流速的依赖程度各异。

3. 压力

图 13-49 为 J_V 与压力降 Δp_1 的关系。当压力较小时,膜面上尚未形成浓度极化层,J_V 与 Δp 成正比;当 Δp 逐渐增大时,膜面上出现浓度极化现象,J_V 的增长速率减慢,此时 J_V 可用式(13-23)表示;当 Δp 继续增大,出现凝胶层时,由于凝胶层厚度随压力增大而增大,所以 J_V 不再随 Δp 增大,此时的 J_V 为此流速下的极限值 J_{lim},用式(13-26)表示。另外,J_{lim} 随料液浓度增大而降低,随流速(搅拌速度)提高而增大。

4. 料液浓度

从式(13-23)可知,J_V 与 $-\ln(c_b - c_p)$ 呈线性关系,随 c_b 的增大而减小,图 13-50 的实验研究结果证实了这一点。当 c_b 与凝胶层浓度 c_g 相等时,$J_V = 0$。因此,利用式(13-26)和稳态操作条件下 J_V 与 c_b 的关系数据,可推算溶质形成凝胶层的浓度 c_g 值。

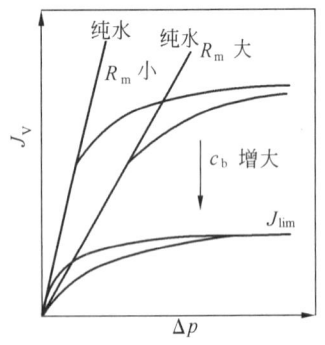

图 13-49　透过通量与 Δp 的关系

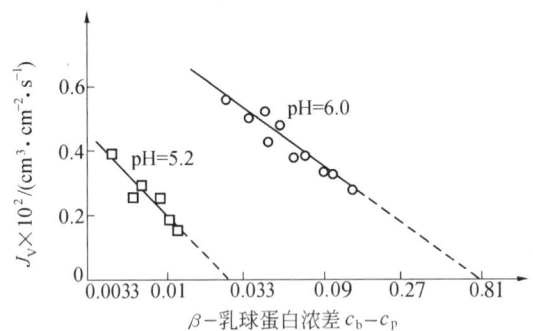

图 13-50　β-乳球蛋白浓度透过通量的影响
(实验条件同图 13-36)

当料液中含有多种蛋白质时,由于与单组分相比,总蛋白浓度升高,因此透过通量下降。从另一个角度来看,由于其他蛋白质的共存使蛋白质的截留率上升(图 13-36),代入 $w = c_p/c_m$ 和式(13-28)后,式(13-23)可改写为

$$J_V = k\ln\left[\left(\frac{1-w}{w}\right)\left(\frac{1-R}{R}\right)\right]$$

因此,截留率上升,透过通量下降,J_V 与 $\ln[(1-R)/R]$ 呈线性关系。

5. 膜污染与清洗

膜分离过程中遇到的最大问题是膜污染,膜污染的主要原因有:
(1) 凝胶极化引起的凝胶层;
(2) 溶质在膜表面的吸附层;
(3) 膜孔堵塞;
(4) 膜孔内的溶质吸附。

膜污染不仅造成透过通量的大幅度下降,而且影响目标产物的回收率。为保证膜分离操作高效稳定地进行,必须对膜进行定期清洗,除去膜表面及膜孔内的污染物,恢复膜的透过性能。

膜的清洗一般选用水、盐溶液、稀酸、稀碱、表面活性剂、络合剂、氧化剂和酶溶液等为清洗剂。具体采用何种清洗剂要根据膜的性质(耐化学试剂的特性)和污染物的性质而定,即所用的清洗剂要具有良好的去污能力,同时又不能损害膜的过滤性能。因此,选择合适的清洗剂和清洗方法不仅能提高膜的透过性能,而且可延长膜的使用寿命。如果用清水清洗就可恢复膜的透过性能,则不需使用其他清洗剂。对由于蛋白质的严重吸附所引起的膜污染,用蛋白酶(如胃蛋白酶、胰蛋白酶等)溶液清洗,效果较好。

中空纤维膜组件是常用的膜分离设备,利用中空纤维膜的不对称性和膜组件的结构特点,经常采用反洗和循环清洗。反洗的具体操作方法是,对于内压式中空纤维膜组件,清洗液从壳方通入,与正常膜分离操作(图 13-51a)时的透过方向相反(图 13-51b)。反洗操作中,清洗液从膜孔较大的一侧透向膜孔较小的一侧,可除去堵塞膜孔的微粒。将透过液出口密封,可进行循环清洗(图13-51c),注意组件上下透过液的方向不同)。一次循环清洗操作可清洗组件的1/2,将组件倒置可清洗另一半,一般反复顺倒两次,即可使透过通量恢复到原通量的90%以上。一般反洗操作适合于回收高价蛋白质产物,而循环清洗适于处理含细胞或固体颗粒的料液。

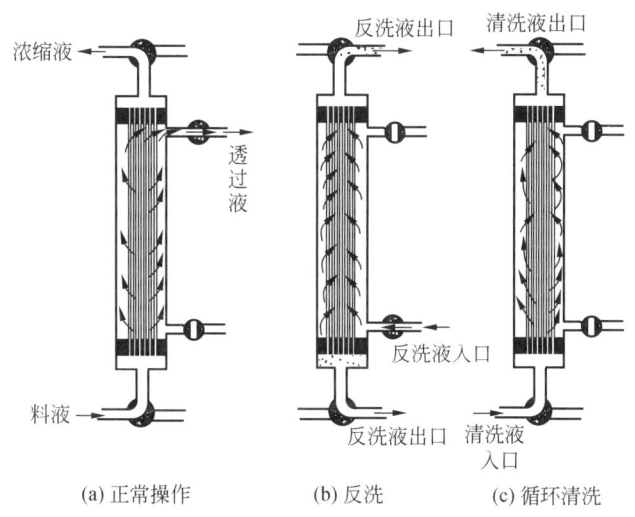

图13-51 内压式中空纤维膜组件的操作

清洗操作是膜分离过程不可缺少的步骤,但又是造成膜分离过程成本增高的重要原因。因此,在采用有效的清洗操作的同时,需采取必要的措施防止或减轻膜污染。例如,选用高亲水性膜或对膜进行适当的预处理(如聚砜膜用乙醇溶液浸泡,醋酸纤维膜用阳离子表面活性剂处理),均可缓解污染程度。此外,对料液进行适当的预处理(如进行预过滤、调节pH值),也可相当程度地减轻污染的发生。

而研究表明,膜分离过程存在临界操作压力,在临界压力以下进行膜分离操作,可长时间维持较高的透过通量,降低对清洗操作的依赖程度,提高膜分离效率。

五、膜分离的应用

目前膜分离技术在发酵产物分离领域中得到日益广泛的应用,现介绍如下:

1. 超滤和微滤

超滤和微滤对大分子物质截留的机理是吸附、阻塞和筛分。影响截留率的因素除分子的大小外,还有分子的形状、吸附作用、吸附温度、液流方向以及影响蛋白质构象和形状的离子强度和pH值等。发酵过程中超滤主要用于去除葡萄酒中热变性蛋白质,制造澄清、味美的葡萄酒;从悬浮状发酵液中去除悬浮的细胞或细胞碎片和其他的粒状或胶体状的杂质;用于对微生物酶的浓缩,去除粗酶液中无机盐和相对分子质量低的糖或氨基酸;去除酿造葡萄酒的原料葡萄汁中的果胶和水溶性半纤维素等物质以及啤酒超滤除菌等。微滤一般用于去除水中的细菌和各种固体颗粒;用孔径小于0.5μm的微孔滤膜过滤啤酒、黄酒等各种酒类,去除其中的酵母、霉菌等;微滤还用于对发酵产品(如抗生素)的无菌检验。一般先用微滤膜过滤各种检样,微生物被截留在膜上,用相应的培养基在适宜培养条件下培养。

工业中超滤分单段间歇操作、单段连续操作和多段连续操作三种流程(见图13-52~图13-54)。由于超滤过程中,水渗过膜的同时,大分子溶质被截留并积聚在膜面,造成浓差极化,使水渗透压增高,减少过程中的有效压差,最终导致渗透通量降低,所以在超滤过程中应避免浓差极化。

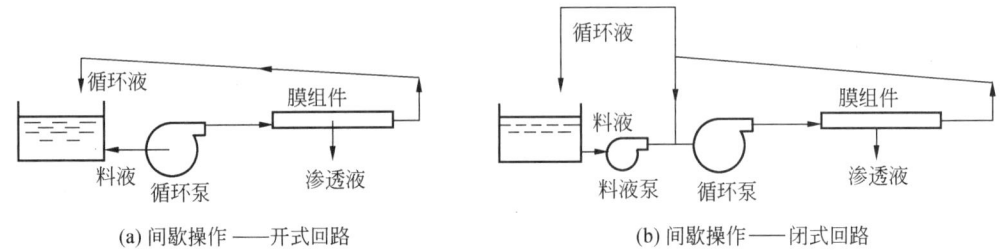

图 13-52　单段间歇操作

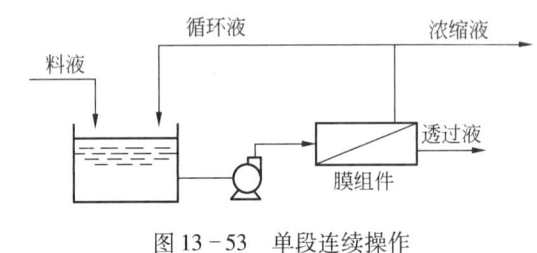

图 13-53　单段连续操作

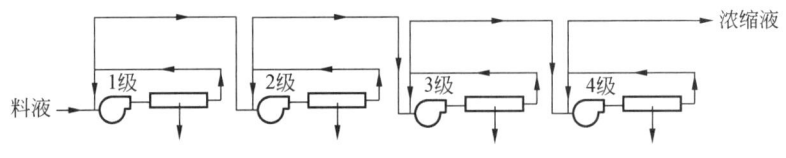

图 13-54　多段连续操作

单段间歇操作中,为了减轻浓差极化,料液流速较高,则膜的通透量必然减少,所以料液要在膜组件中循环多次才能达到浓缩的要求。操作过程中,一批料液进入循环,必须等达到要求浓度时,才能释放,再加入新料液进行下一批操作。在图13-52两种间歇操作中,它们的区别在于闭孔回路中料液从膜组件出来后不经料液槽而直接流入循环泵口,可减少能量损失。此操作适于小规模间歇生产产品的处理。

单段连续操作(图13-53)与间歇操作相比较,其特点是超滤过程始终处于接近浓缩液的浓度下进行,造成渗透量较低,因此需采用多段连续操作克服这个缺点。

多段连续操作(图13-54)各段循环液的浓度依次升高,最后一段引出达到要求的浓缩液,因此前几段循环液浓度较低,渗透量较大,适用于大规模生产。

微滤过程主要采用板框式膜器。为了减少浓差极化,可先对料液预处理,如在微滤膜组件中加一层预滤层,或用纤维一类物质构成的深层过滤器先除去大颗粒物质。

2. 反渗透

反渗透在发酵工程中主要用于酒和啤酒中酒精的去除、葡萄酒中酒石的沉淀,还可用于低度酒的除浊、催陈,黄酒的保香等,也可用来浓缩分子量低的氨基酸。目前仍在研究的是对乙醇、丙酮等水溶液的浓缩,其主要问题在膜的选择性方面。

反渗透膜的组件可使用板框式、管式、螺旋盘绕式和中空纤维式。如用螺旋盘绕式的膜组件在30℃温度下处理Burgundy酒,这种酒的乙醇含量在5%～8%,由于膜对乙醇的截留能力较差,所以反渗透后有71%～89%的乙醇通过膜进入渗透液中,而渗透液中不含色素,无风味物质,因此这种方法既可保证原酒的风味,又可去除酒精。

若运用反渗透法来生产低度啤酒,质量很好。啤酒首先经反渗透浓缩,一定量的酒精同透过液一起被分离出来,然后用不含酒精的溶液(或新鲜水)稀释浓缩液,使啤酒酒度降低。如将透过液用蒸馏法脱去酒精后,再将其作为无醇液返回浓缩液中,则可得到质量更高的产品,避免用淡水稀释浓缩液使产品带来水样的品位。目前,丹麦已用反渗透法生产出含酒精2.5%的啤酒,口味良好;日本也已研制出了膜面积为171m^2、透水率2.5t/h的反渗透装置用于工业化生产低度啤酒。

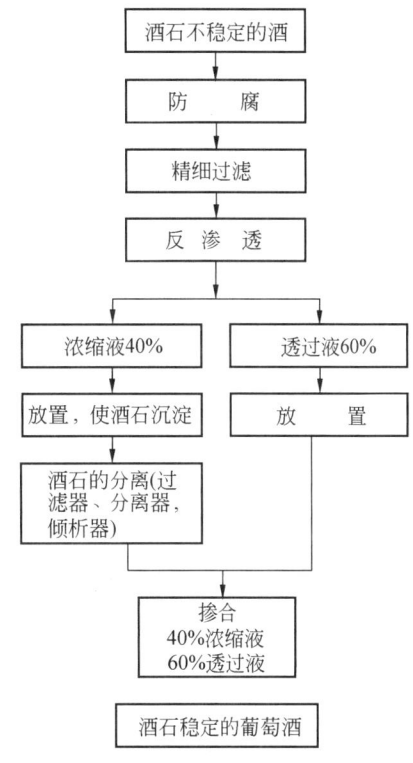

图13-55 酒石稳定葡萄酒的工艺流程

用反渗透法沉淀葡萄酒中酒石的工艺流程如图13-55所示。通过反渗透法使葡萄酒浓缩造成过饱和状态,加速酒石的结晶,使酒石在后续的中间罐中沉淀分离出来,最后再将浓缩液和透过液混合即可。实验表明,透过液占总酒液的体积达60%时,较为适宜,因为此值过高,酒石会在膜上沉析,降低透水率;此值过低,酒石难以达到过饱和状态。当然这个数值还要以葡萄酒的种类为依据而定。

反渗透过程的工艺流程按料液的情况不同,可分为以下四种方式:①一级一段循环式;②一级多段连续式;③一级多段循环式;④多级多段循环式。

一级一段循环式(图13-56)采用循环部分浓缩液的流程。此过程中由于经过膜组件的料液浓度较高,所以透过水中所含的其他小分子物质较多。如乙醇液反渗透中,采用此法时透过液中所含酒精浓度较高。

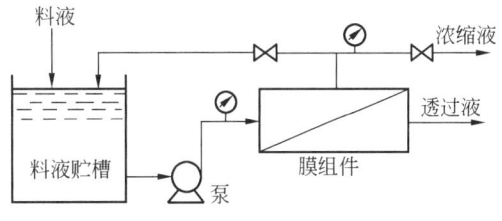

图13-56 一级一段循环式

一级多段连续式(图13-57)采用多个膜组件串联操作的方法。从第一段出来的浓缩液作为第二段的进料液,第二段浓缩液再作为下一段的进料液,每经过一段,料液浓缩一步,从而提高了料液的浓缩率。但由于后续膜要渗析的料液浓度较高,如各段膜组件同样大小,料液通过膜组件的流速将减小,浓差极化加重。因此,应选择较小的膜器接在后段操作中,或采用锥形排列、前段并联较多的膜组件,后续依次减少,以保证膜器中流速较高,减少浓差极化现象。

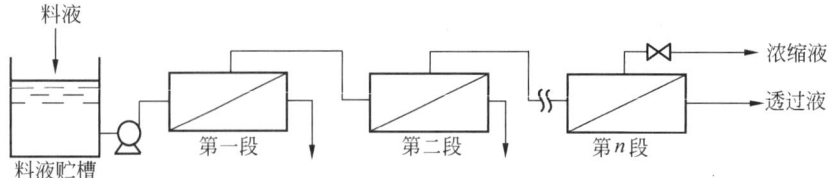

图 13-57　一级多段连续式

一级多段循环式(图 13-58)可以克服一级多段连续式后续料液过浓而影响透过液质量的缺点,它将后续的浓缩液返回料液槽来克服浓差极化,此流程适于料液浓缩。

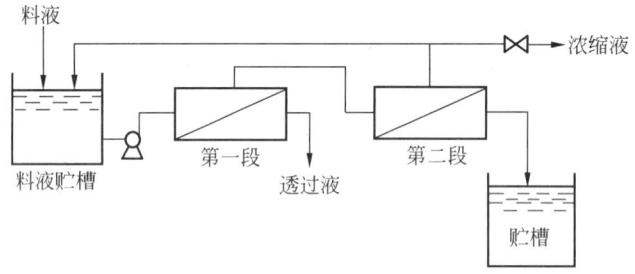

图 13-58　一级多段循环式

多级多段循环式流程图(图 13-59)中,第一级透过液作为第二级的料液,第二级透过液作为第三级的料液,第三级的透过液为产品。每一级浓缩液可返回前一级,将在第一级流出的浓缩液作为产品。

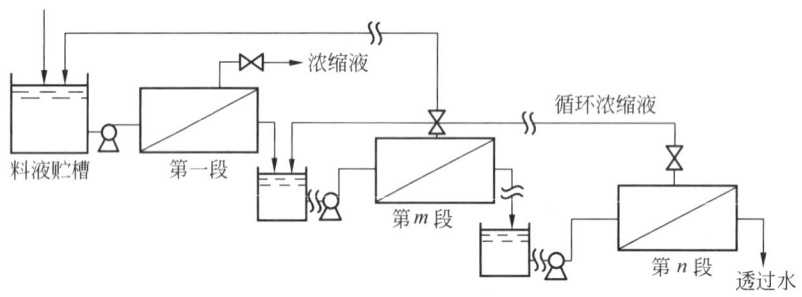

图 13-59　多级多段循环式

在反渗透过程中,料液中的颗粒物等易污染膜的物质应除去。一般采用的预处理方法有以下五种:①用物理、化学方法对料液进行沉淀、凝絮、过滤、澄清,脱除颗粒状悬浮物;②用氯化法灭菌,消除料液中微生物,以防止微生物侵蚀;③加六偏磷酸钠之类的沉淀抑制剂,防止钙、镁离子在反渗透过程中形成沉淀;④控制料液的 pH 值,减少膜的破坏,如醋酸纤维膜在 pH4.5～5.0 时,水解最慢;⑤在料液中加百万分之一量级的表面活性剂,可在膜面上形成拟液膜,既可增加对盐的阻力,又可保护膜表面。

在长期使用反渗膜的过程中,或多或少会使膜受到污染,所以膜应定期清洗。清洗法有以下三种:①用草酸、柠檬酸、EDTA 或其他清洗剂配成清洗液,对膜进行清洗与冲洗,以脱除金属氧化物沉淀;②用含酶除垢剂脱除膜上的有机物沉淀;③用机械清洗技术,如对管式膜组件可采用泡沫冲洗法。

3. 渗透蒸发

渗透蒸发研究和应用的重要领域是恒沸液分离。乙醇和水的分离是最主要的对象,因为无水乙醇不仅是一种重要的原料和溶剂,而且是重要的汽油代用品,乙醇可以从淀粉质原料、植物纤维(如蔗渣)发酵制得,因而是最有前途的再生能源。乙醇-水恒沸液中含水少,可以直接运用易透水膜的渗透汽化过程制取无水乙醇。目前用渗透汽化法制取无水乙醇在法国已经工业化,日处理量为 $15m^3$。

渗透蒸发过程原理可用图 13-60 来说明。膜上部为要分离的混合液,下部为空腔,可接真空泵,混合液中的易透过物依靠膜两侧表面间浓度差向膜的下部空腔扩散,被真空泵抽出,最终冷凝成透过液。

渗透蒸发过程虽然分离系数高,操作方便,但仍有缺点,渗透量小,透过物有相变,需要汽化热。因此它适用于难分离的近沸组分的混合物、恒沸物和混合物中少量杂质的分离。渗透蒸发可与其他分离方法配合使用,效果较好。图 13-61 是渗透蒸发与精馏联合使用流程图,混合物先在精馏塔 1 中分离,塔底得水,塔顶得恒沸液。恒沸液用渗透蒸发法分离成含水量低于和高于恒沸液的两个产物,后者返回精馏塔 1,前者到精馏塔 2,则可分离得到被分离的有机物(丙醇、乙醇等)和恒沸液,恒沸液返回渗透器再分离。

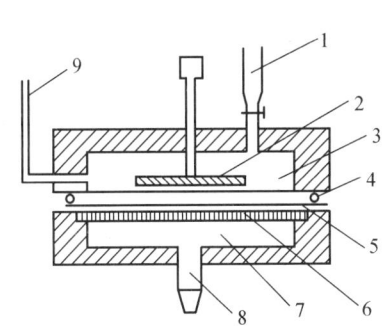

图 13-60 渗透蒸发器
1—加料管;2—搅拌器;3—液室;4—垫圈;5—膜;6—多孔支撑板;7—气室;8—蒸汽出口;9—液位计

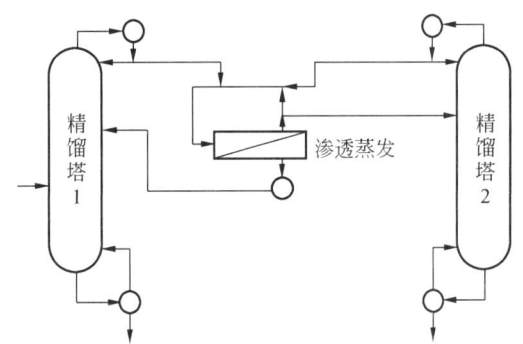

图 13-61 渗透蒸发与精馏联合使用流程图

4. 液膜技术

目前国内外对柠檬酸的提取,均采用传统的钙盐法,即钙盐沉淀-硫酸酸解工艺。该工艺流程长、收率低、大量消耗原料,且产生的石膏废渣污染环境。液膜分离技术可用于分批或连续地萃取发酵产物,如图 13-62 和图 13-63 所示。

液膜分离过程中选用 Alamine 336 三元胺作为萃取剂,正庚烷为稀释剂,Na_2CO_3 为反萃剂,乳化稳定剂用表面活性剂 Span 80,该液膜体系萃取柠檬酸的机理如图 13-64 所示。

第一步反应为在外相与膜相的界面间由三元胺萃取柠檬酸形成铵盐:

$$6R_3N + 2C_6H_8O_7 \longrightarrow 2(R_3NH)_3C_6H_5O_7$$

第二步反应为所形成的铵盐在膜相内转移,然后在膜相与内相界面间由 Na_2CO_3 反萃取形成柠檬酸钠:

$$2(R_3NH)_3C_6H_5O_7 + 3Na_2CO_3 \longrightarrow 2C_6H_5O_7Na_3 + 3(R_3NH)_2CO_3$$

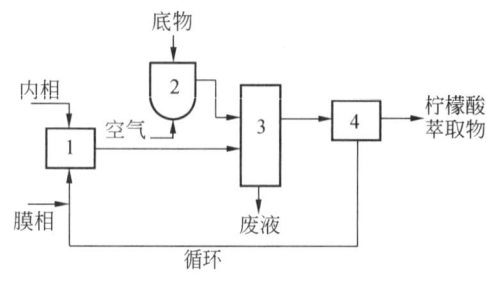
图 13-62 液膜分批萃取柠檬酸
1—乳化装置;2—发酵罐;3—混合/分离装置;4—破乳装置

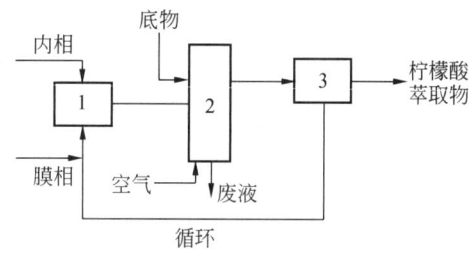
图 13-63 液膜连续萃取柠檬酸
1—乳化装置;2—发酵/分离装置;3—破乳装置

第三步反应为碳酸胺盐在膜相与外相界面间转移并释放出 CO_2,胺得到再生:

$$3(R_3NH)_2CO_3 \longrightarrow 6R_3H + 3CO_2 + 2H_2O$$

用乳化液膜分离乳酸的研究也有报道,膜相组成为 Span 80(占膜相体积的 1%～6%)和 Alamine 336(2%～10% 体积分数),有机溶剂为正庚烷(70% 体积分数)和煤油(30% 体积分数),乳化时间 10min,分离效果较好。

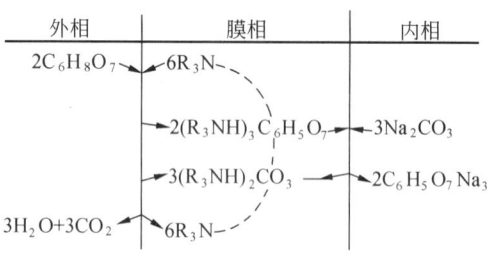
图 13-64 液膜萃取分离柠檬酸的机理

乳化液膜技术也可用于氨基酸的分离,如分离 L-苯丙氨酸,可采用表 13-14 所示的液膜组成。

表 13-14 用于分离 L-苯丙氨酸的液膜组成

内相(70mL)	2.0mol/L KCl,用 KOH 调节 pH 至 11.0
膜相(100mL)	92% solvent 100(煤油类溶剂,平均相对分子质量 365) 5% 癸醇(辅助表面活性剂) 4% paranox 100(非离子型表面活性剂,相对分子质量 1 500) 1% Aliquat 336(三辛胺氯化物)
外相(700 mL)	11.5 g L-苯丙氨酸,用 NaOH 调 pH 至 11.0

支撑液膜技术同样可用于分离有机酸和氨基酸。如分离 L-缬氨酸时,有人选萃取剂为三辛胺 Aliquat 336,稀释剂为癸醇,支撑体为微孔聚丙烯膜。结果表明,产物的回收与精制可一步完成,液膜具有较好的稳定性。

目前,液膜分离技术在发酵产物的分离方面仍处于研究阶段,其主要障碍是膜的稳定性问题,有待进一步解决。

5. 膜反应器

由于膜反应器的应用仍处于实验阶段,所以我们只简单介绍两种膜反应器:膜循环反应器和膜渗析反应器。

(1)膜循环反应器 通过连续分离反应物,去除产物的反馈抑制作用,可以提高产量。如乳酸发酵剂的生产,当菌达到一定浓度时,其代谢产物乳酸具有抑制自身增殖的作用,如用适当的膜将乳酸分离掉,则可得到高浓度活性乳酸发酵剂。此法还可用于酒精、醋酸发酵。分离用膜根据需要可选用超滤膜、反渗透膜、电渗析膜等。

(2)膜渗析反应器　这种反应器在酸奶生产中很有发展前途。酸奶常用混合菌种进行发酵,这些菌种一般都有共生作用,但各有不同的发酵条件,如果各独立的培养反应器通过物质循环的形式以膜连接起来,既能保持它们的共生作用,又便于各反应器最适培养条件的控制。由保加利亚乳杆菌生成的短肽、氨基酸可作为嗜热链球菌营养源,由后者生成的甲酸酯可作为前者的增殖因子,如分别培养,各自生成物透过膜促进对方生长、发酵,可生产高质酸乳。

膜反应器的主要应用障碍是基质残渣阻碍产物透过和浓差极化,解决办法为采用混合酶制剂、提高原料纯度等。

六、电渗析分离

离子交换膜电渗析技术是利用可解离基团,在外电场作用下,经有选择透过性的高分子膜,使各种带电物质得以分离的技术,其关键是离子交换膜。

对于不同的应用要求,即使是同一类型的离子交换膜在性能和结构上有差异,所以应用不同,对离子交换膜的要求不同。大致可以分为下述几种:

(1)电渗透浓缩用膜　要求膜电阻小,在高浓度电解质溶液中,相对离子(即具有与膜的固定离子相反电荷符号的离子)的选择透过性要好,并且水的渗透量要小。

(2)电渗透脱盐用膜　要求膜的表面要平滑,水的渗透量要小,机械强度要大。即使膜的电阻稍大一些或在高浓度电解质溶液中,膜相对于离子的选择透过性稍差一些对脱盐效果影响也不大。

(3)电解隔膜　因为电解隔膜常常接触电极室的溶液,所以除一般要求以外,还要求用作电解隔膜的离子交换膜具有较好的耐酸性、耐碱性以及抗氧化性等。

(4)对特定离子具有选择透过性的离子交换膜。

(5)扩散渗透用的离子交换膜。

(6)反渗透用的离子交换膜。

在离子交换膜的分类中,习惯上按"结构"和"作用"分类的较多。

1. 适合工业应用的离子交换膜所应具备的条件

离子交换膜是构成电渗析和扩散渗透等设备的重要组成部分,其性能的好坏直接影响到应用的成败。特别是在大规模的应用上,对离子交换膜的要求更高。一般来说应具有下列各项要求:

(1)具有高的离子透过性　在电渗析过程中,对于非相对离子(即与膜的固定离子具有相同电荷符号的离子),其透过性应小。因为溶液的导电作用主要依靠相对离子来输送电荷。通常可以用相对离子在膜的迁移数表示膜对于相对离子的选择透过性。随着溶液电解质的浓度增加,选择透过性就会降低,对于适用的离子交换膜,要求在高浓度电解溶液中仍能保持较高的离子选择透过性。

(2)具有好的导电性　膜的导电性差时,电渗析过程中由于膜的电位降,将带来必要的电耗,适用的离子交换膜的膜电阻越小越好。

(3)电解质的扩散量要小　在电渗析浓缩时,浓缩室的电解质由于浓度差有向淡化室扩散的趋势,这一作用与电渗透过程相反,因而要求膜的电解质扩散量要小。

(4)水的迁移量要小　在电渗析过程中,由于水的迁移(包括电渗析的量)往往对浓缩液的浓度和淡化时的淡水产量等有较大的影响,因而希望水的迁移量尽量小。

(5)具有一定的机械强度。

(6)化学稳定性要好　要求能耐较高强度的酸碱腐蚀,作为电解质隔膜,还要求有一定的抗氧化性,在实际应用中有较长的寿命。

(7)要求即使在大面积的情况下,膜的全部结构均匀一致,表面光洁。

(8)膨胀性小,在使用条件下稳定。

(9)价格便宜。

上述所要求的条件,有些是相互矛盾的。例如,要求具有较高的离子选择透过性,往往膜的电阻就要增大。所以,实际上对膜的要求不可能十全十美。一般应用时,对离子交换膜只要求在具备一般性能外,针对应用的实际情况对某些性能有比较高的要求。

2. 离子交换膜电渗析流程

电渗析的流程有三种方式:①二段电渗析器操作;②多台电渗析器串联连续操作;③循环式脱盐。因为在电渗析器的淡化室中电流密度不能很高,水流速度较高(5～15cm/s),所以水流通过淡化室一次能除去的离子量是有限的。因此,用电渗析脱盐时,应根据原水溶液含盐量与脱盐要求采用不同的流程。

二段电渗析器(图13-65)操作时,先将含盐原水液流经淡化室淡化一次,再串联流经另一组淡化室淡化,完成操作。

为达到较高的脱盐率,可将多台电渗析器串联使用。图13-66是三台电渗析器连续操作的流程,原水液在第一台电渗析器脱盐后又继续在第2、3台电渗析器中进一步脱盐。

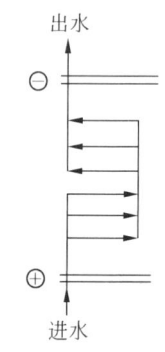

图13-65　二段电渗析器

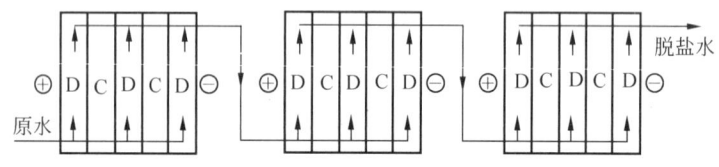

图13-66　串联连续脱盐流程图

C—浓缩室；D—脱盐室

图13-67是循环式脱盐流程的一种。原水液一次加入循环槽,用泵送入电渗析器进行脱盐,从电渗析器流出的水返回循环槽,然后再用泵送入电渗析器,如此循环的原水液每经电渗析一次,脱盐率提高一步,直至达到要求为止。

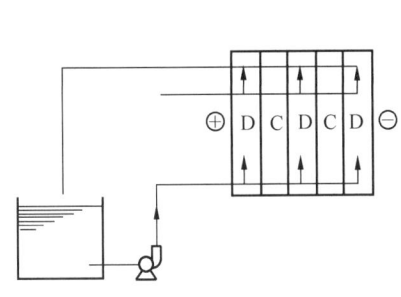

图 13-67 循环式脱盐操作流程图

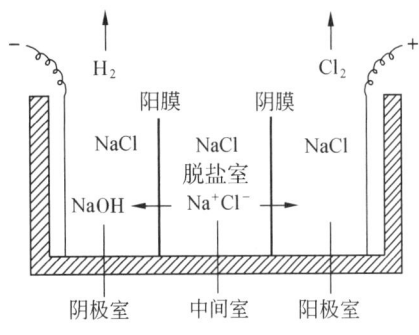

图 13-68 三槽电渗析池示意图

3. 离子交换膜电渗析制备无盐水

离子交换膜电渗析制备无盐水的原理以三槽电渗析池为例(见图 13-68)来说明。

如果三室中开始时都放有氯化钠溶液,当通直流电后,中间室的 Cl^- 通过阴膜,趋向阳极,在阳极上发生电极反应产生 Cl_2;中间室的 Na^+ 通过阳膜,趋向阴极,在阴极上发生电极反应,产生 H_2 和 NaOH。这样通电的结果是,中间室的 NaCl 不断减少,直到获得无盐水。

和通常用离子交换树脂制备无盐水不同,用离子交换膜时不需要再生,脱盐系统是连续地靠电能来实现的,因而节省酸碱,操作方便。

在三槽电渗析池中,电极反应消耗电能很大。为了节省电能,工业上常用多槽式装置。因为电极反应所消耗的能量,不论层数多少,都为定值,故工业上电渗析装置多由几百对离子交换膜组成。根据法拉第电解定律,透过 1mol 电解质,需 96 500C 电量,因为 1A 是 1s 通过 1C 的电流强度,故 96 500C = 26.8A·h。如果电渗析装置有 n 对膜串联组装,无盐水产量为 $Q(L/h)$,且水中电解质浓度为 c_0(mol/L),若要使无盐水中电解质浓度降低到 c_1(mol/L),理论上需操作电流:

$$I_A = \frac{26.8Q(c_0-c_1)}{n} \text{ (A)}$$

显然,n 越大,所需电流就越小。

实际过程中,电能除作为离子迁移的推动力以外,还消耗于克服溶液的电阻所产生的热量、电极反应和电流的泄漏等方面,所以实际需施加的电流比理论值要大。我们将理论上需施加的电流值 I_A 与实际上需施加的电流值 I_B 之比称为该电渗析装置的电流效率 η:

$$\eta = \frac{I_A}{I_B} = \frac{26.8Q(c_0-c_1)}{nI_B} \times 100\%$$

上海第三制药厂利用离子交换膜电渗析装置制备无盐水,原水电阻为 1500~1700Ω,可淡化到 $1\times10^5\Omega$,每吨水成本比用离子交换树脂可降低 34%。

4. 离子交换膜电渗析提取柠檬酸与氨基酸

提取柠檬酸的旧工艺比较复杂,且需消耗大量的 H_2SO_4 等化工原料,其流程为:

发酵液→碳酸钙中和→甩水→酸解→甩水→脱色→上阳柱→浓缩→柠檬酸

用离子交换膜电渗析技术后,流程缩短为:

发酵液→电渗析纯化器→脱色→上阳柱→浓缩→柠檬酸

柠檬酸($C_6H_8O_7$)结构中带有(H^+)和负性柠檬酸根,因此在脱盐室中 H^+ 透过阳膜向阴极迁移而被阻留在右侧室中,柠檬酸根则透过阴膜向阳极迁移进入左侧浓缩室。结果浓缩室中柠檬酸越来越多,脱盐室中柠檬酸越来越少。柠檬酸发酵液中尚有淀粉及其他杂离子,它们进入脱盐室后,有的是因大分子不能透过膜而被留于脱盐室中,有的是中性物质,在电场中不发生迁移也被阻留在脱盐室中;但一些离子如带负电的 Cl^-、SO_4^{2-} 及草酸($C_2H_4^{2-}$),带正电的 Ca^{2+}、Mg^{2+}、Na^+、Fe^{3+} 等则随同柠檬酸而进入浓缩室,这需在电渗析后再经离子交换树脂净化。纯化柠檬酸所用的离子交换膜电渗析纯化装置如图 13-69 所示。

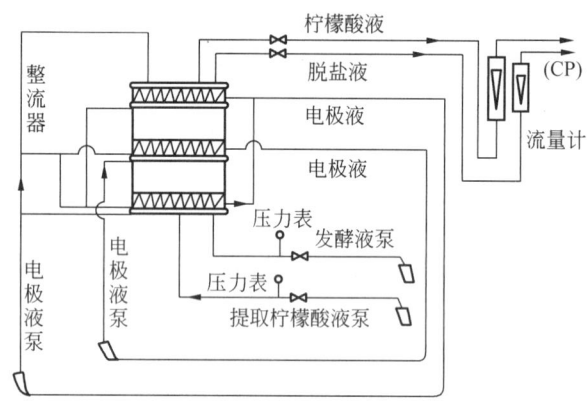
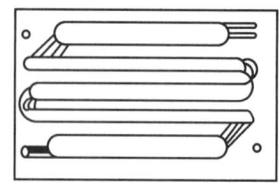

图 13-69 高分子交换膜电渗析提取柠檬酸装置示意图　　图 13-70 长流程隔板

正如上述,板框的设计是相当重要的。在柠檬酸的纯化中,为提高效率,采用了长流程隔板,如图 13-70 所示,用 2mm 厚聚氯乙烯板制成,平面规格为 340mm×640mm,隔板流程为 2.18m,有效面积为 1227.5cm²,占总面积的 60%。

七、膜生物反应器

膜生物反应器是膜分离过程与生物反应过程耦合的生物反应装置,可应用于动植物细胞的高密度培养、微生物发酵和酶反应过程。

图 13-71 为中空纤维膜生物反应器,用于动物细胞的培养,细胞密度可达 10^9 个/cm³,而利用一般的培养器细胞密度只能达到 $10^6 \sim 10^7$ 个/cm³。在培养过程中,动物细胞生长于中空纤维膜组件的壳程,小分子产物(废弃物)不断排出,新鲜培养基连续灌注,可保证细胞长期稳定并且高速度生产有用物质。利用中空纤维膜生物反应器培养杂交瘤细胞是工业生产单克隆抗体的主要方法之一。

图 13-71 所示的中空纤维膜生物反应器也可用于酶反应过程。

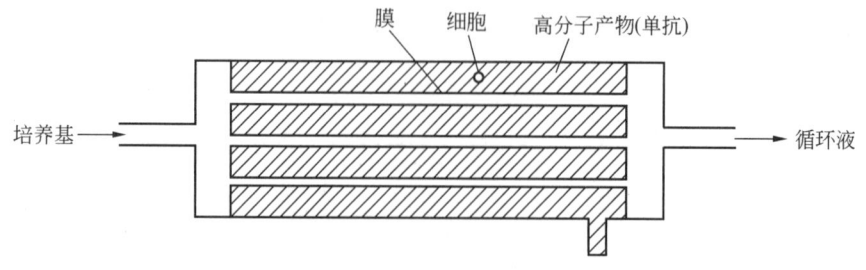

图 13-71 中空纤维膜生物反应器

图 13-72 是生物反应器与膜分离装置分体设置的外循环式膜生物反应器。外部膜组件截留酶或微生物菌体,而使小分子产物透过。外循环式膜生物反应器是一种连续全混釜型反应器(CSTR),适用于连续微生物发酵和连续酶反应过程。例如,利用这种膜生物反应器进行 *S. cremoris* 的连续培养,菌体浓度可比普通反应器提高 30 倍。此外,外循环式膜生物反应器还适用于淀粉和纤维素等高

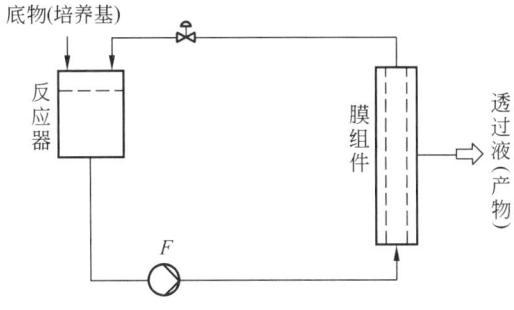

图 13-72 外循环式膜生物反应器

分子物质的酶解。由于高分子底物和酶被超滤膜完全截留,可以提高反应的转化率和酶的使用效率。当然,外循环式膜生物反应器也适用于其他酶反应过程的连续操作,相当于一种固定化酶反应器。

利用膜生物反应器进行连续酶反应时,选用的超滤膜需对酶有足够大的截留率。这是因为,即使不考虑酶的失活,反应器内酶的半衰期 $t_{1/2}$ 与截留率 R 的关系为

$$t_{1/2} = \frac{\tau \ln 2}{1 - R}$$

式中,τ 为料液的平均停留时间(即反应器体积与料液流量之比)。若 $\tau = 1\text{h}$,即使酶的截留率很大,$R = 0.995$,酶的半衰期仅为 138h,即不足 6 天。此外,酶的自然失活也会造成反应器内酶活力的降低,虽然定期补充酶液可以保持稳定的转化率,但反应器内酶蛋白浓度升高会使膜的透过通量下降,因此仍需定期更换反应液。

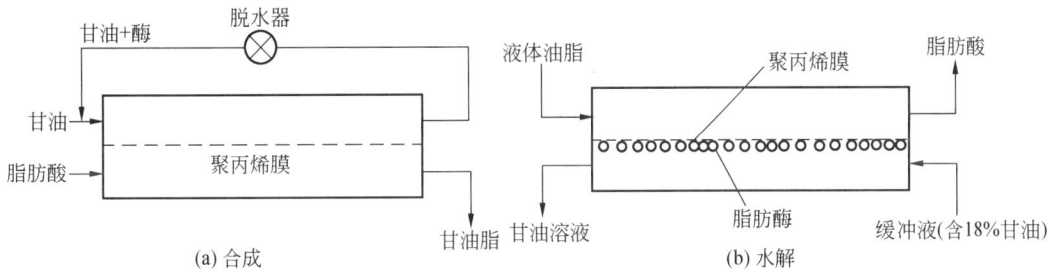

图 13-73 脂肪酶的膜生物反应器

膜生物反应器的形式还有很多,以适应不同生物反应的需要或提高生物反应速率。例如,利用脂肪酶合成或水解油脂时,利用疏水性微孔膜固定或截留脂肪酶,膜的一侧供应亲水性底物(如甘油),另一侧供应亲油性底物。以油脂合成为目的时,酶溶于甘油溶液中(图 13-73a);以油脂水解为目的时,酶自动固定在膜表面(图 13-73b)。酶反应生成的油脂或脂肪酸从亲油性底物一侧连续排出,使反应和分离同时进行。由于使用疏水膜分隔油相和水相,避免了油水直接接触引起的乳化现象,有利于反应的进行和产物的回收。

第五节 层 析

层析法又称为色谱法或色层法,它是根据溶质在互不相溶的两相之间分配行为的差异,导致移动速度的不同而进行分离的方法。层析法具有分离精度高、设备简单、操作方便等特点,而且根据各种原理进行的层析分离既普遍应用于物质成分的定量分析与检测,又广泛应用于生物物质的制备分离和纯化,成为生物下游加工过程最重要的纯化技术之一。层析法从1903年开始,有100多年的历史,有多种类型。根据溶质分配机理的不同,可将层析法分为凝胶层析、离子交换层析、疏水性相互作用层析、反相层析、亲和层析等。本节除了介绍各种层析方法的原理,还重点讲述凝胶过滤层析。

一、各种层析法原理

1. 离子交换层析

离子交换层析利用离子交换剂为固定相,是根据荷电溶质与离子交换剂之间静电相互作用力的差别进行溶质分离的洗脱层析法。荷电溶质在离子交换剂上的分配系数公式为:

$$m(I) = \frac{A}{I^B} + m_\infty \tag{13-29}$$

式中,I 为流动相的离子强度,A 和 B 为常数,m_∞ 为离子强度无限大时溶质的分配系数,是静电相互作用以外的非特异性吸附引起的溶质在离子交换剂上的分配。对于不同的溶质,式(13-29)中的常数 A 和 B 不同,即在离子交换剂上的分配行为不同,因此在洗脱过程中彼此之间得以分离。常用于蛋白质等生物大分子分离的阴离子交换基有 DEAE(二乙胺乙基,适用范围 pH<8.6)、QAE(季铵乙基);阳离子交换基为 CM(羧甲基,适用范围 pH>4)、P(膦酸基)和 SP(磺丙基)。

对于蛋白质等两性电解质,式(13-29)中的常数 A 和 B 为 pH 的函数。由于蛋白质等生物大分子为多价电解质,在 pH 偏离等电点的溶液中净电荷常为两位数以上,故 B 值比较大。这样,一方面蛋白质的分配系数对离子强度非常敏感,即离子强度的微小改变,就会引起分配系数的很大变化;另一方面,不同蛋白质的 B 值可能相差很大,即在同一离子强度下不同蛋白质分配系数可能相差非常大(几个数量级)。因此,如果采用离子强度不变的流动相进行恒定洗脱,两种蛋白质的洗脱体积相差很大(图13-74),甚至分配系数大的蛋白质很难洗脱,造成洗脱剂的大量消耗和洗脱时间的大幅度增加。所以,IEC 操作多采用流动相离子强度线性增大的线性梯度洗脱法或离子强度分段增大的逐次洗脱法。

归纳而言,IEC 具有如下特点:

(1)料液处理量大,具有浓缩作用,可在较高流速下操作;
(2)应用范围广泛,优化操作条件可大幅度提高分离的选择性,所需柱长较短;
(3)产品回收率高;
(4)商品化的离子交换剂种类多,选择余地大,价格也较低。

总之,影响离子交换层析分离特性的因素非常复杂。这些复杂的因素给目标产物的选择性高度纯化带来了机遇,同时也增加了过程设计和规模放大的难度。小型层析柱的实验数据一般不能直接用于规模(包括柱体积和处理量)放大,而必须实施必要的探索性实验。

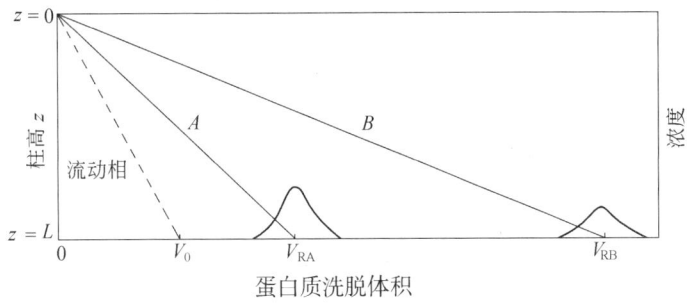

3-74 恒定洗脱过程中溶质 A 和 B 在离子交换层析柱内的移动和洗脱曲线
（溶质移动速度一定，柱内溶质之间距离逐渐增大）

2. 疏水性相互作用层析

疏水性相互作用层析利用表面偶联弱疏水性基团（疏水性配基）的疏水性吸附剂为固定相，是根据蛋白质与疏水性吸附剂之间的弱疏水性相互作用的差别进行蛋白质类生物大分子分离纯化的洗脱层析法。亲水性蛋白质表面均含有一定量的疏水性基团，疏水性氨基酸（如酪氨酸、苯丙氨酸等）含量较多的蛋白质疏水性基团多，疏水性也大。尽管在水溶液中蛋白质具有将疏水性基团折叠在分子内部而表面显露极性和荷电基团的作用，但总有一些疏水性基团或极性基团的疏水部位暴露在蛋白质表面。这部分疏水基团可与亲水性固定相表面偶联的短链烷基、苯基等弱疏水基发生疏水性相互作用，被固定相（疏水性吸附剂）所吸附。在离子强度较高的盐溶液中，蛋白质表面疏水部位的水化层被破坏，裸露出疏水部位，疏水性相互作用增大。所以，蛋白质在疏水性吸附剂上的分配系数随流动相盐析盐浓度（离子强度）的提高而增大。因此，疏水性相互作用层析与离子交换层析不同，蛋白质的吸附（进料）需在高浓度盐溶液中进行，洗脱则主要采用降低流动相离子强度的线性梯度洗脱法或逐次洗脱法。

疏水性相互作用层析主要用于蛋白质类生物大分子分离纯化。具有以下特点：

（1）由于在高浓度盐溶液中疏水性吸附作用较大，因此，疏水性相互作用层析可直接分离盐析后的蛋白质溶液；

（2）可通过调节疏水配基链长和密度调节吸附力，因此，可根据目标产物的性质选择适宜的吸附剂；

（3）疏水性吸附剂种类多，选择余地大，价格与离子交换剂质量相当。

3. 层析聚焦

层析聚焦是基于离子交换的原理，根据两性电解质分子间等电点的差别进行分离纯化的洗脱层析法。可用于蛋白质、多肽和核酸等生物大分子的分离纯化。

层析聚焦利用离子交换剂为固定相，因此是一种离子交换层析法。但是层析聚焦是以在较宽 pH 值范围内具有缓冲作用的多缓冲离子交换剂为固定相，同时利用在较宽 pH 值范围内具有缓冲作用的多缓冲剂为流动相。所以，当向层析柱内通入与柱内初始 pH 值不同的多缓冲剂时，柱内 pH 值缓慢改变，在轴向形成连续的 pH 梯度，使料液中的溶质依据各自的等电点或者吸附，或者脱附，逐次向下移动，彼此之间得到分离。下面以阴离子交换剂为固定相来介绍层析聚焦的分离原理。

设料液中含有 A、B 两种蛋白质，等电点分别为 pI_A 和 pI_B，并且 $pI_A > pI_B$。首先用 pH 值

高于 pI_A 的缓冲剂(pH 值为 pH_0)冲洗层析柱,使柱内 pH 值为 pH_0,然后加一定料液。由于 $pH_0 > pI_A > pI_B$,所以 A 和 B 均带负电荷,被阴离子交换剂吸附。加料液后,用 pH 值调节到小于 pI_B 的多缓冲剂(pH 值为 pH_e)为流动相进行洗脱,使柱内形成 pH 梯度。如图 13 - 75 所示,入口处 pH 逐渐降低。当入口处 pH 降到 $pI_B < pH < pI_A$ 时(图中时间 t_1),A 带正电荷而从离子交换剂上脱附,开始下降。因为从入口向下 pH 值逐渐增大,所以当 A 降至 $pH \geqslant pI_A$ 处时因为又被吸附而停止

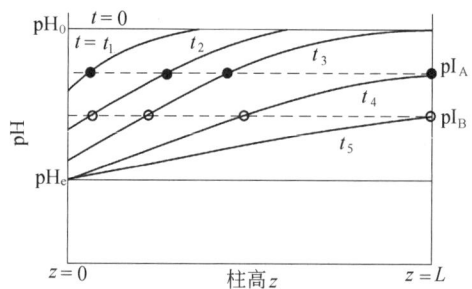

图 13 - 75　层析聚焦柱内 pH 梯度和溶质
　　　　　位置随时间变化过程示意图

下降。此时 B 仍带负电荷,被吸附在入口处。当入口处 pH 降至 $pH < pI_B$ 时(图中时间 t_2),B 也开始下降,直至在 $pH \geqslant pI_B$ 处停止。此时 A 和 B 已有所分离。这样,A 按图中实心圆的次序向出口移动,B 按图中空心圆的次序向出口移动。当出口处 pH 值降至溶质的等电点时,溶质从柱内洗脱出来。图中 A 的洗脱时间为 t_4,B 的洗脱时间为 $t_5(t_5 > t_4)$,彼此之间得到分离。在洗脱过程中,由于溶质区带后部 pH 低于前部,所以区带后部总是先于前部开始移动,区带受到压缩。因此,层析聚焦具有浓缩溶质的作用。

4. 反相层析

反相层析利用非极性的反相介质为固定相,极性有机溶剂的水溶液为流动相,是根据溶质极性(疏水性)的差别进行溶质分离纯化的洗脱层析法。反相层析中溶质亦通过疏水性相互作用分配于固定相表面,固定相表面完全被非极性基团所覆盖,表现为强烈的疏水性,因此必须采用极性有机溶剂(如甲醇、乙腈等)或其水溶液进行溶质的洗脱分离。

反相层析主要用于相对分子质量低于 5000,特别是 1000 以下的非极性小分子物质的分离和纯化,也可用于蛋白质等生物大分子的分离和纯化。由于反相介质表面有强烈的疏水性,并且流动相为低极性有机溶剂,所以生物活性大分子在反相层析分离过程中容易变性失活。

溶质在反相介质上的分配系数取决于溶质的疏水性。一般来说,疏水性越大,分配系数越大。例如,烃类化合物的分配系数与其分子所含碳原子数成正比。当反相层析固定相一定时,可通过调节流动相的组成调整溶质的分配系数。流动相的极性越大,溶质的分配系数越大。因此反相层析多采用降低流动相极性(水含量)的线性梯度洗脱法。

反相介质的商品种类繁多,其中最具代表性的是以硅胶为载体,通过硅烷化反应在硅胶表面键合非极性分子层。硅烷化反应式为:

$$\begin{array}{ccccc} & & R_1 & & R_1 \\ & & | & & | \\ -Si-OH & + & Cl-Si-R & \longrightarrow & -Si-O-Si-R \\ & & | & & | \\ & & R_2 & & R_2 \end{array}$$

(硅胶)　　　(硅烷化试剂)　　　　(反相介质)

硅烷化试剂中的 R_1 和 R_2 多为甲基,R 为 C_4、C_8、C_{18} 烷基或苯基,其中,以利用 C_{18} 硅烷化试剂制备的反相介质最多,统称 ODS(Octadecyl silica),其次是 C_8 和 C_4。

除硅胶外,高分子聚合物也可作为反相介质的载体,如反相色谱柱用载体 TSK gel

Octadecyl-4PW 和 TSK gel Octadeeyl-NPR 等。

反相介质性能稳定,分离效率高,可分离蛋白质、肽、氨基酸、核酸、甾类、脂类、脂肪酸、糖类、植物碱等含有非极性基团的各种物质。因此,反相色谱作为定量分析手段,广泛应用于科学研究、临床诊断、工业检测和环境保护等行业。但作为产品纯化制备手段,由于反相介质价格较高,多限于实验室规模的应用,在大规模工业生产中应用较少。

5. 羟基磷灰石层析(Hydroxyapatite,HAP)

羟基磷灰石是一种磷酸钙晶体,基本分子结构为 $Ca_{10}(PO_4)_6(OH)_2$。利用 HAP 的片状晶体颗粒为固定相分离纯化蛋白质的液相层析技术最早于 1956 年提出,1970 年以后取得迅速发展。一般认为,HAP 的吸附主要基于钙离子和磷酸根离子的静电引力,即在 HAP 晶体表面存在两种不同的吸附晶面,各存在吸附点 C 和 P,前者起阴离子交换作用,后者起阳离子交换作用。因此,在中性 pH 环境下酸性蛋白质(pI<7)主要吸附于 C 点,碱性蛋白质(pI>7)主要吸附于 P 点。利用磷酸盐缓冲液($K_2HPO_4 + KH_2PO_4$)为流动相洗脱展开时,磷酸根离子在 C 点竞争性吸附,交换出酸性蛋白质,而 K^+ 在 P 点竞争性吸附,交换出碱性蛋白质。所以,HAP 层析通常以磷酸盐缓冲液为流动相,采用提高盐浓度的线性梯度洗脱法。

商品化的 HAP 吸附剂或其预装柱种类很多,如日本的高研(Koken)、旭光学(Asashi Optical)、东压染料(Toatsu)和美国的 Bio-Rad 等公司的产品,我国开发出了球形 HAP 吸附剂。

由于 HAP 晶体表面结构特别,吸附机理特殊,因此可用于识别 DNA 及 RNA 的单链和双链,分离 IEC 和 HIC 难以分离的蛋白质物系。例如,人肿瘤坏死因子(human tumour necrosis factor,hTNE)的构成,蛋白质分子差异很小,利用 IEC 法、高效反相色谱法和电泳法只能得到一个洗脱峰或电泳带,而利用 HAP 层析可分离得到 4 个洗脱峰,如图 13-76 所示。

HAP 吸附剂价格便宜,远低于离子交换剂,适用于大规模分离纯化过程,已成为单克隆抗体的主要纯化手段。

6. 超临界流体层析(Supercritical Fluid Chromatography,SFC)

超临界流体层析是利用超临界流体为流动相的洗脱层析法。制备型层析柱多采用反相介质(如 ODS)为固定相的固定床,以分析为目的时,则可利用内径 50~100μm,长度 1~10m 的硅胶毛细管柱。图 13-77 为制备型 SFC 设备示意图。

超临界流体的黏度低于液体,自扩散系数高于液体,而密度与液体接近,溶解能力远高于气体。因此,利用超临界流体作为流动相参与溶质在固定相上的分配,可提高溶质在固定相中的扩散速率,提高分离速度和柱效。SFC 过程中常用的超临界流体为 CO_2(T_c = 304.2K,p_c = 7.38MPa),操作温度为 1~1.2T_c,压力可达 50MPa。由于超临界流体的溶解能力随压力升高而增大,即压力升高,溶质在固定相上的分配系数降低,所以 SFC 常采用增大压力的压力梯度洗脱法。此外,也可与其他溶剂混合使用,采用改变溶剂浓度(极性)的浓度梯度洗脱法(图 13-77)。操作是在高压下进行,分离产物的回收也须采用高压容器。

与超临界流体萃取一样,SFC 可用于脂肪酸和植物碱等非极性小分子物质的分离纯化。图 13-78 为 SFC 分离碳原子数不同的脂肪酸的实例。可见,与通常的反相层析一样,分子内碳原子数越多(疏水性越大),保留时间越长,分配系数越大。

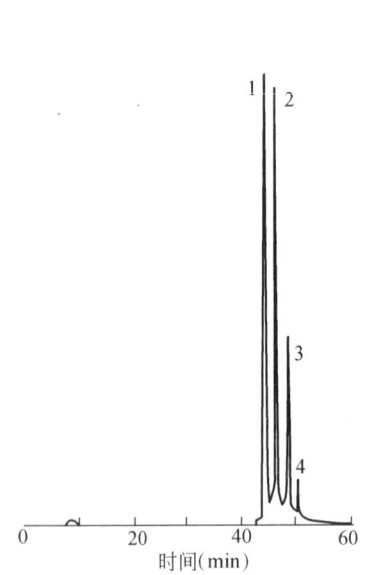

图 13-76 HAP 层析分离 hTNF
HAP 柱:$\phi=7.5\times100$;
线性梯度:$10\sim40$mmol/L
磷酸钠缓冲液,流速为 0.5cm/min

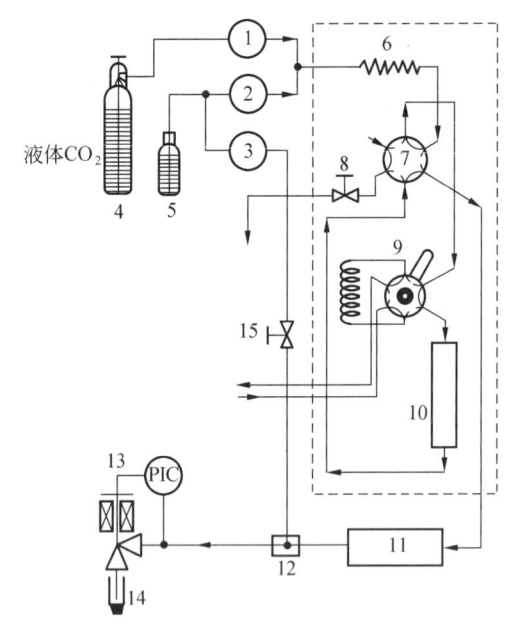

图 13-77 超临界流体层析设备
1—CO_2 泵;2—调合泵;3—溶剂泵;4—液态 CO_2 瓶;
5—溶剂;6—预热器;7—六通阀;8—针阀;9—六通进样阀;
10—层析柱;11—检测器;12—接头;13—背压调节阀;
14—产品储槽;15—停止阀

7. 灌注层析

灌注层析是美国 PerSeptive Biosystems 公司于 1989 年开发的层析分离技术。灌注层析的关键是其以 POROS 命名的固定相粒子的特殊结构:POROS 的基质是聚苯乙烯-二乙烯苯,含有两种大小不同的孔道。大孔直径为 $0.6\sim0.8\mu m$,流体以对流形式通过,称为穿透孔;小孔直径与一般介质一样,直径为 $500\sim1000Å$,流体以扩散的形式通过,称为扩散孔。如图 13-79 所示,穿透孔之间以扩散孔相连,保证了 POROS 介质的大比表面积和溶质吸附容量。同时,扩散孔道长度小于 $1\mu m$,溶质扩散所需时间极短,大大降低了利用传统介质进行层析分离的扩散传质阻力。

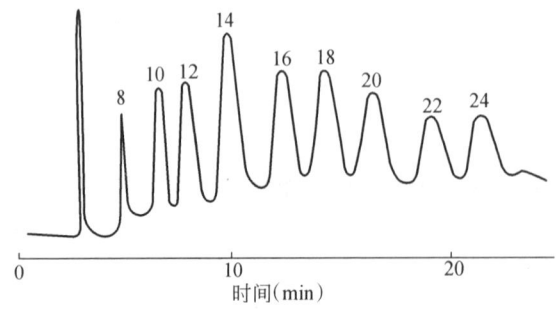

图 13-78 SFC 分离游离脂肪酸(ODS 柱)
图中数字为各溶质分子的碳原子数

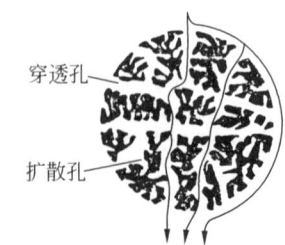

图 13-79 POROS 的孔道结构示意图

为使流体以对流的形式通过穿透孔,灌注层析要求在较高流速下操作,以使每个粒子两端产生足够的压差,推动流体进入穿透孔。对于 POROS 粒子,层析操作线速度超过

300cm/h时,穿透孔内对流流动即占主导地位。PerSeptive Biosystems 公司的灌注层析的操作线速度在 500～5000cm/h,比包括高效液相层析(HPLC)在内的传统层析法高 10～100倍。因为流体以对流形式透过穿透孔,并且扩散孔道很短(小于 1μm),在如此高的流速下操作并不影响灌注层析的柱效。可见,灌注层析的最大特点是分离速度快,一般可在数分钟内完成。

二、凝胶层析

(一)凝胶层析原理

凝胶层析法又称为凝胶过滤层析法、分子筛过滤法、凝胶过滤法、凝胶渗透过滤法以及排阻层析、阻滞扩散层析等。它是 20 世纪 60 年代发展起来的一种快速而又简便的分离分析技术,由于设备简单、操作方便、对高分子物质分离效果好,可用于高分子物质的相对分子量测定和分析。凝胶层析法原则上属于一种分子筛过滤。不同相对分子质量的物质通过凝胶床(柱)时,相对分子质量低的物质由于可以在凝胶内扩散,因此移动速度较慢,而相对分子质量高的物质则容易通过。

当含有各种组分的样品溶液缓慢流经凝胶层析柱时,各物质在柱内同时进行着两种不同的运动,即垂直向下的运动和无定向的扩散运动。大分子物质由于直径较大,不能进入凝胶颗粒的微孔,而只能分布于颗粒间隙中,所以向下移动的速度较快。小分子物质除了可在凝胶颗粒间隙中扩散之外,还可以进入凝胶颗粒的微孔之中,即进入凝胶相内,因此在向下移动的过程中,必须等它们从凝胶内扩散至颗粒间隙后再进入

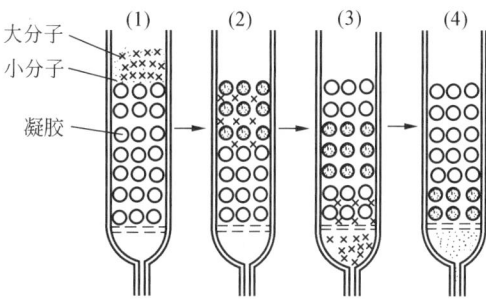

图 13-80 凝胶层析分离层析图

另一凝胶颗粒,如此不断地进入和扩散的结果,使小分子的物质下移速度落后于大分子物质,使得样品中分子大小不同的物质顺序地流出柱外而得到分离。凝胶层析法的分离过程如图 13-80 所示。

为了精确地衡量混合物中某一被分离成分在一支指定的凝胶层析柱内的洗脱行为,常采用分配系数 K_d 这个量来度量。K_d 的定义如下:

$$K_d = \frac{V_e - V_0}{V_i} \tag{13-30}$$

式中,V_e 为某一成分从层析柱内完全被洗脱出来时洗脱液的体积,mL;V_0 为层析柱内凝胶颗粒之间空隙的总容积,mL;V_i 为层析柱内凝胶颗粒内部微孔的总容积,mL。

当某种成分的 K_d 值为 0 时(即 $V_e = V_0$),意味着这种成分完全被排阻于凝胶颗粒的微孔之外而最先被洗脱。当另一种成分的 K_d 值为 1 时(即 $V_i = V_e - V_0$),意味着这一成分完全不被排阻,它可以自由地扩散进入凝胶颗粒内部的微孔中,在洗脱过程中它将最后流出柱外。处于上述极端情况(即分子最大与分子最小)之间的那些部分,它们的 K_d 值在 0～1 之间变化。这种由小到大的 K_d 值序列决定了物质的流出顺序,K_d 值小的先流出,K_d 值大的后流出。具体地说,假定有一支装填好了的凝胶层析柱,柱内凝胶所占的总体积(V_t)是可以通

过测定柱的内径计算出来的:

$$V_t = \frac{1}{4}\pi R^2 h$$

式中,R 为柱内壁的直径;h 为凝胶圆柱的高度。

总体积 V_t 实际上是三种体积的总和,即凝胶颗粒间隙的总容积 V_0,凝胶颗粒基质所占的容积 V_r 和凝胶颗粒内部微孔的总容积 V_i,其中 V_i 和 V_r 之和也即是层柱层固定相的总体积,可用 V_s 表示。即

$$V_t = V_0 + (V_i + V_r) = V_0 + V_s \tag{13-31}$$

式(13-31)中的 V_0、V_i 和 V_r 是可以测量的。层析柱装填好后充满了水,即 V_0 和 V_i 都充满了水。为使讨论简化起见,假定向此层析柱加入一份体积很小的溶液,而且其中只含一种很大分子的物质(它完全被排阻于凝胶微孔之外),在加完样品之后立即加入 V_0 mL 的水洗柱。由于溶质不能进入 V_i,而只能在 V_0 中运动,当加入等于 V_0 mL 的水时,即将柱内原有体积等于 V_0 的含有样品的水全部推出柱外,此时该样品物质的洗脱体积

$$V_e = V_0$$

代入式(13-30)得

$$K_d = \frac{V_e - V_0}{V_i} = \frac{V_0 - V_0}{V_i} = \frac{0}{V_i} = 0$$

$K_d = 0$,说明该种物质全部分布于流动相里,固定相里分布为 0。

同理,假定向层析柱内加入一份体积很小的另一种溶液,溶液中只含有一种分子很小的溶质(完全不受凝胶微孔的排阻),它能自由扩散进入 V_i 内,加完样品后立即加入 $(V_0 + V_i)$ mL 的水洗柱,当这些水全部流入凝胶柱内,而将柱内原有的体积为 V_0 和 V_i 的水都推出柱外时,样品也会流出柱外。也就是说,这种溶质的洗脱体积 V_e 为

$$V_e = V_0 + V_i$$

代入式(13-30)即得

$$K_d = \frac{V_e - V_0}{V_i} = \frac{(V_0 + V_i) - V_0}{V_i} = \frac{V_i}{V_i} = 1$$

$K_d = 1$,表示该种溶质能均等地分布在流动相和固定相里,在两相间分配的比值为 1。

式(13-30)还可以用来计算某一已知 K_d 值的成分的洗脱体积:

$$V_e = V_0 + K_d(V_i) \tag{13-32}$$

但是,在正常的凝胶层析中,K_d 值的范围应在 0 至 1 之间,而且有时也会遇到 V_d 值大于 1 的情况,这种现象说明层析过程不只是分子筛过滤作用,还有吸附和离子交换等作用。

(二)凝胶层析常用凝胶

凝胶是由胶体溶液凝结而成的固体物质,不论是天然凝胶还是人工合成凝胶,它们的内部都具有很微细的多孔网状结构。以下介绍凝胶层析法中常用的几种凝胶。

1. 天然凝胶

马铃薯淀粉凝胶是早期使用的一种凝胶,目前已经很少使用,常用的是琼脂和琼脂糖凝胶。琼脂来源于一种海藻,其结构为 β-D-半乳呋喃糖和 3,6-脱水-α-L-半乳呋喃糖两种糖的残基所组成的多聚糖。它在热水中易溶解,低温时呈胶状。琼脂凝胶有较大的孔隙,

允许较大的分子渗入,因而其工作范围远大于交联葡聚糖凝胶和聚丙烯酰胺凝胶。在凝胶层析中它能分离较大分子量的物质,弥补了交联葡聚糖凝胶和聚丙烯酰胺凝胶的不足。琼脂凝胶的最大弱点是它带有大量电荷(主要是磺酸基,也带有一定量的羧基),层析时常需使用较高离子强度的洗脱液,这使得洗脱物中含有一定量的盐分而影响产品纯度。

有人认为,琼脂主要由两部分组成:带电荷的琼脂胶和不带电荷的琼脂糖。前者是一种横向的酸性粘多糖,可用十六烷基吡啶盐沉淀除去,过量的沉淀剂再用白土吸附,就得到层析所需的琼脂糖。琼脂糖凝胶的商品名,因不同国家不同工厂而异。瑞典出品的名为Sepharose,分为2B、4B和6B三种型号,所用阿拉伯数字为凝胶中干胶的质量分数。

2. 人工合成凝胶

1)聚丙烯酰胺凝胶

其商品名为生物凝胶-P(Bio-Gel P),产品为颗粒状干粉,在溶剂中能自动吸水溶胀成凝胶。聚丙烯酰胺的组成单位是丙烯酰胺($CH_2=CH—CONH_2$),如果把丙烯酰胺加热使其乙烯基相互聚合,即成线性多聚物,它再与甲叉双丙烯酰胺($CH_2=CHCONH—CH_2CONH—CH=CH_2$)共聚,能生成交联的聚丙烯酰胺,经干燥粉碎或加压成形处理即成生物凝胶-P。控制单体用量和交联剂的比例可得到不同型号的生物凝胶-P。

由于聚丙烯酰胺凝胶全由碳—碳骨架构成,因而它是完全惰性的,适宜作为凝胶层析的载体。缺点是不耐酸,遇酸时酰胺键会水解成羟基,使凝胶带有一定的离子交换基团,一般只在pH 2~11的范围内使用。聚丙烯酰胺凝胶曾用于蛋白质分配系数的鉴定、核苷及核苷酸的分离纯化,结果较理想。

2)交联葡聚糖凝胶

1959年Flodin首先合成了交联葡聚糖凝胶,因它有良好的化学稳定性等许多优点,目前已成为凝胶层析中最常用的凝胶了。这类凝胶中最著名的是商品名称为Sephedex型的交联葡聚糖凝胶。

(1)Sephadex交联葡聚糖的结构 交联葡聚糖的基本骨架是葡萄糖,由许多右旋葡萄糖单位通过1,6-糖苷键联结成链状结构,再由3-氯-1,2-环氧丙烷$\left(\begin{matrix}Cl—CH_2—CH—CH_2\\ \diagdown\quad\diagup\\ O\end{matrix}\right)$作交联剂,将链状结构连接起来形成具有多孔网状结构的高分子化合物。其网孔大小可通过调节交联剂和葡萄糖的比例以及反应条件来控制,交联度越大,网孔结构越紧密,交联度越小,网孔结构越疏松,其结构如图13-81所示。

(2)Sephadex交联葡聚糖凝胶的性质 交联葡聚糖凝胶能吸入大量水分而膨胀,交联度小的膨胀率较大(见表13-15和表13-16)。Sephadex LH-20是将Sephadex G-25的羟基取代成羧丙酰基($HOCH_2CH_2CH_2O—$),这样的凝胶在水中和有机溶剂中都能溶胀,故可用于疏水性物质的分离(如固醇类)。Sephadex G类凝胶也能在乙二醇、甲酰胺及二甲基亚砜等有机溶剂中溶胀。在纯酒精中不能溶胀的Sephadex G-25分子中,羟基被羟丙基取代后,便成另一类凝胶,称为Sephadex LH。这类凝胶在水中和在有机溶剂中都能溶胀,只是不同溶剂中它的溶胀体积各不相同。

葡聚糖凝胶是一种化学性质比较稳定的物质,不溶于水、弱酸、弱碱和盐溶液。低温时,在0.1mol/L HCl中能保持1~2h而性质不变,在0.1mol/L HCl中放置半年也无反应。在强酸中凝胶的糖苷键可被水解。在中性pH值的湿态环境中它可耐消毒处理,如干凝胶可

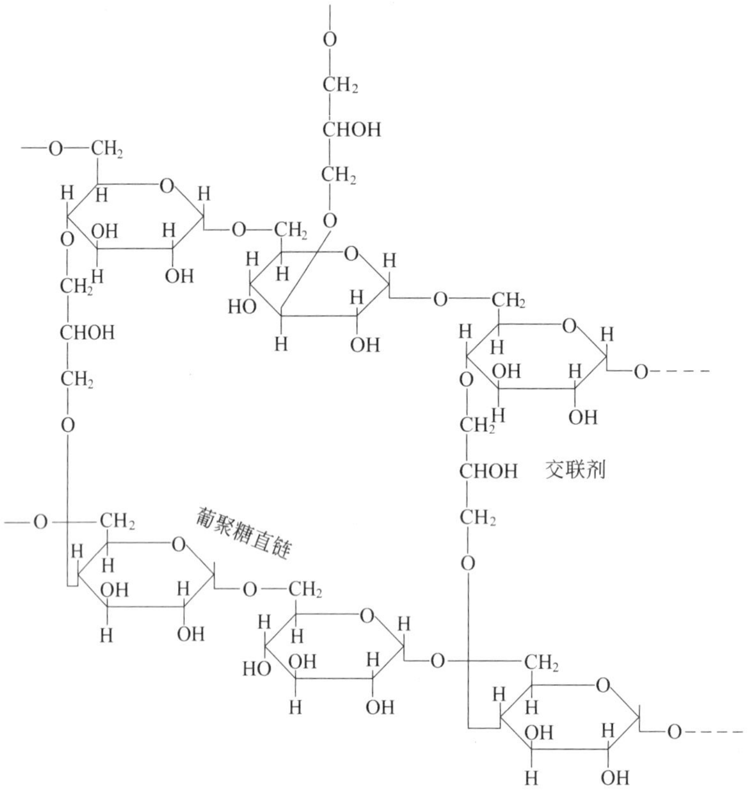

图 13-81 交联葡聚糖的化学结构

经受120℃的加压消毒而性质不变,但加热温度高于120℃时即变成焦糖。

表 13-15　各种型号葡聚糖凝胶的规格、性质

型 号 G-X	颗粒大小(目)	吸水量 (g水/g干胶)	溶胀度 (mL/g干胶)	浸泡时间 (常　温)	能分级的 相对分子质量
Sephadex					
G-10	40～120	1.0±0.1	2～3	2h	至700
G-15	40～120	1.5±0.2	2.5～3.5	2h	至1500
G-25	(无定形)20～80	2.5±0.0	5	2h	100～5000
	(球形)100～300	2.5±0.2	5	2h	100～5000
G-50	(无定形)20～80	5.0±0.3	10	3h	500～10 000
	(球形)100～300	5.0±0.3	10	3h	500～10 000
G-75	40～120	7.5±0.5	12～15	24h	1000～50 000
G-100	40～120	10±1.5	15～20	3d	5000～100 000
G-150	40～120	15±1.5	30～40	3d	5000～200 000
G-200	40～120	20±2.0	30～40	3d	5000～200 000
LH-20	25～100	2.1(H$_2$O) 1.8(乙醇氯仿)	4(H$_2$O) 3～3.5(乙醇氯仿)		100～4000(在乙醇中) 100～2000(在氯仿中)

表 13-16 离子交换葡聚糖凝胶的性状

类别	型号	离子交换基团	溶胀度	能分级的相对分子质量	交换量 总能力 (mmol/g)	交换量 血红蛋白 (g/g)
强酸阳离子	Se—葡聚糖凝胶 C—25 / C—50	磺酸乙基 —$C_2H_4SO_3$—	5~9 / 28~32	<30 000, >200 000 / 30 000~200 000	2.0~2.5	0.7 / 2.4
	SP—葡聚糖凝胶 C—25 / C—50	磺酸丙基 —$C_3H_6SO_3$—			2.3±0.3	0.2 / 7.0
弱酸阴离子	CM—葡聚糖凝胶 C—25 / C—50	羧甲基 —CH_2—COO—	6~10 / 32~40	<30 000, >200 000 / 30 000~20 000	4.5±0.5	0.4 / 9
强碱阴离子	QAE—葡聚糖凝胶 A—25 / A—50	二乙(乙羧基丙基)氨基乙基 —$C_2H_4N^+(C_2H_5)_2$ $CH_2CH(OH)CH_3$	5~8 / 30~40	<30 000, >200 000 / 30 000~20 000	3.0±0.4	0.3 / 6
弱碱阴离子	DEAE—葡聚糖凝胶 A—25 / A—50	二乙氨基乙基 —$C_2H_4N^+(C_2H_5)_2H$	5~9 / 25~83	<30 000, >200 000 / 30 000~200 000	3.0±0.4 / 3.5±0.5	0.5 / 5

(三) 凝胶柱的制备及操作技术

1. 凝胶柱的制备

(1) 凝胶的预处理　商品凝胶是干燥的颗粒，使用前需将凝胶干颗粒悬浮于 5~10 倍量的洗脱液中充分溶胀，然后装柱。溶胀必须彻底，否则会影响层析的均一性，甚至有使柱破裂的危险。自然溶胀往往需要 24h 甚至数天，加热可使溶胀加速，即在沸水中将湿凝胶浆逐渐升温到接近沸点，此时只需 1~2h 即可使凝胶充分溶胀。加热法溶胀既节约时间，又可消毒，除去凝胶中污染的细菌以及排除凝胶内部包藏的气泡。凝胶在装柱前，需用倾泻法除去影响流速的细颗粒，并需减压抽气排除气泡，然后才能装柱。

(2) 凝胶的装填　取一支适当容积的玻璃管或有机玻璃管，底部熔接一支内径 1mm、长约 5cm 的毛细管作为流出口，管底内部放置一层玻璃纤维或砂芯滤玻，其上再装 2cm 厚的玻璃珠（球径 0.5cm），柱顶部连接一个长颈漏斗，长约 100cm，直径约为柱径的两倍，漏斗中安装搅拌器，如图 13-82 所示。

然后在玻璃柱和漏斗中加满水或洗脱剂，在搅拌下缓缓加入凝胶悬浮液，毛细管出口的流速维持在 50~10mL/min，凝胶粒沉积管底后关紧毛细管，使其自然沉积厚达 1~2cm 时再打开毛细管。在严格的操作下，凝胶粒将逐层水平式上升，直到所需高度为止。最后拆除漏斗，用较小的滤纸片轻轻盖住凝胶床的表面，再用大量的水或洗脱剂将凝胶床洗涤

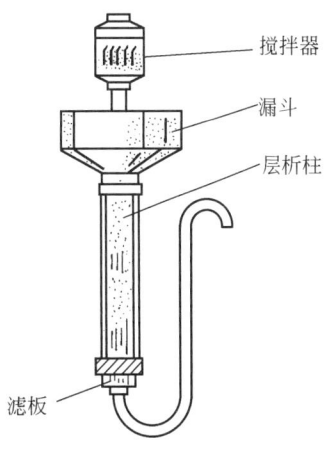

图 13-82 凝胶层析柱装置

过夜。

(3) 层析床的检查　分离效果取决于装填好的层析床是否均匀。为了确保凝胶床的分离效能,使用前应检查装柱的质量,检查层析床质量最简单的方法是用肉眼观察层析床是否均匀,是否有"纹路"或气泡。由于凝胶是一种透明介质,在柱旁放一支与柱垂直的日光灯,就可以检查层析床的均匀性;或向层析床加入大分子的有色物质如铁蛋白或印度墨水等,观察色带的移动,如果观察到色带狭窄、均匀平整,即说明层析柱的性能良好;若色带出现歪曲、散乱、变宽,必须重新装填凝胶柱。

层析床的精确校正常用一些标准有色高分子物质来进行。通常用完全被凝胶排阻的物质,如蓝葡聚糖。蓝葡聚糖是一种平均相对分子质量为 2×10^6 的大分子物质,它在265nm和610nm处各有一个吸收峰。最常用的是蓝葡聚糖-2000。在校正琼脂糖凝胶时也有用有色大肠杆菌细胞。这些物质的相对分子质量都比较高,使用时浓度不要太大以免产生粘性。蓝葡聚糖用量为0.2%~0.3%时已能显出足够强度的色带。校正低于6%的琼脂糖凝胶时,则用0.5%的蓝葡聚糖-2000,每 $1cm^2$ 柱横截面用量为0.5~1mL。Flodin曾测定了一个理想柱的定量标准,他提出参照物的体积应用相当于凝胶床体积的10%,而洗脱体积为样品体积的2倍,在这个范围内可预期得到满意的分离效果。如果用NaCl溶液使凝胶膨胀时,必须洗净 Cl^-,用洗脱剂洗涤后的凝胶柱,必须测定流出液的电导率,使其值不变。

2. 样品的加入和洗脱

加样品也是凝胶层析的一个重要步骤。加样时如果引起样品稀释或不均匀渗入凝胶床,就会造成区带扩散,直接影响层析效果。目前还没有一个标准化的样品加入方法,只要按分离要求和实际的条件,选择适宜的操作方法即可。凝胶床经平衡后,在凝胶床顶部留下数毫升洗脱剂使凝胶床饱和,再用滴管加入已初步提纯的样品液,打开流出口,使样品液渗入凝胶床内,当样品液面恰与凝胶床表面平齐时,立即加入数毫升洗脱剂冲洗管壁。这一步骤的关键是既要使样品恰好全部渗入凝胶床,又不致使凝胶床面干燥而发生裂缝。然后继续用大量洗脱剂洗脱。如果样品相对密度不够大,为了缩短加样时间,可在样品中加入1%的葡萄糖或蔗糖(糖不会干扰层析效果),以调节其相对密度,使之稍大于洗脱剂。样品加完后,将层析床与洗脱液贮瓶及收集器相连。根据被分离物质的性质,预先估计好一个适宜的流速,定量地分部收集洗脱液,每份1至数毫升。各部分可用光学、化学或生物化学等方法进行定性和定量测定。

3. 操作注意事项

(1) 首先要选择合适的凝胶　如果凝胶用于脱盐,即从相对分子质量高的溶质中除去相对分子质量低的无机盐,则可选择型号较小的凝胶如G-10、G-15,以及G-25。

(2) 市售凝胶的粒度分为粗(相当于50目)、中(100目)、细(200目)、极细(300目)四种,粗、中者用于生产上凝胶层析;细者用于提纯和科研;极细者因装柱后容易堵塞,影响流速,一般用于薄层层析。

(3) 市售凝胶必须先经充分溶胀后才能使用　如果溶胀不充分,装柱后则会继续溶胀,造成填充层不均匀,影响分离效果。将干燥凝胶加水或缓冲剂在烧杯中搅拌,静置,倾去上层混悬液,除去过细的粒子,如此反复数次,直至上层澄清为止。G-75以下凝胶只需浸泡1天;G-75以上型号,至少需3天,加热能缩短浸泡时间。

(4) 凝胶层析法和一般柱层析法不同的操作在于装柱后,要用展层溶剂充分洗涤,使溶剂和凝胶达到平衡。也可以将凝胶直接浸泡在展层剂中,这样操作可简化。

(5)凝胶层析时,凝胶本身无变化,所以无再生的必要,柱可反复使用,但使用次数增加时,由于混入杂质,过滤速度因而减慢,此时可将柱反冲以除去杂质。

(6)凝胶使用后,短期不用,可加防腐剂,如0.02%叠氮化钠(NaN$_3$)等。若长期不用,则可逐步以不同浓度的酒精浸泡,末一次脱水需用95%酒精,然后在60~80℃下烘干。

(四)影响凝胶层析的因素

1. 凝胶的选择

目前应用的各种凝胶,如交联葡聚糖、琼脂糖和交联聚丙烯酰胺等,在结构上是很相似的,它们都是三维空间网状交织的高分子聚合物。混合物的分离程度取决于凝胶颗粒的各微孔的孔径和混合物相对分子质量的分布范围这两个因素。微孔半径(r)的大小与凝胶物质在凝胶相中的浓度(c)的平方根成反比,而与凝胶聚合物分子的平均直径(d)成正比(将聚合物分子近似地当作球形),它们之间的关系可近似地用下式表示:

$$r = \frac{1.5d}{\sqrt{c}}$$

实验证明,琼脂凝胶的质量分数以8.9%为宜。安德鲁斯(Andrews)等以各种浓度的琼脂(2.5%~12%)测定了多种蛋白质的洗脱行为,发现用质量分数为9%的琼脂时,蛋白质洗脱的"峰体积"与其相对分子质量的对数值呈直线关系。其他研究者也得出相似的结论。斯梯尔(Streere)建议,为了有效地分离相对分子质量分布范围很宽的物质,可将各种浓度的琼脂凝胶从柱的底部依次分层装入。

和凝胶孔径大小有直接关联的是凝胶的交联度,凝胶的交联度越高,孔径越小;反之,孔径就越大。交联度决定了被排阻物质相对分子质量的下限。移动缓慢的小分子物质,在低交联度的凝胶上是不易分离的。大分子物质和小分子物质的分离也宜用高交联度的凝胶。葡聚糖凝胶的交联度是依每克干燥凝胶的吸水量(又称为得水值)的增加而逐减。各种交联葡聚糖凝胶的分离下限列于表13-17。

表13-17 交联葡聚糖凝胶的性质

交联葡聚糖	得水值W_r(g)	相对分子质量的分离下限
Sephadex G-25	2.5	3500~4500
Sephadex G-50	5.0	8000~10 000
Sephadex G-75	8.0	40 000~50 000

2. 凝胶粒度对分离效果的影响

一般可将凝胶的粒度分为三级:40~60目的属于粗粒,100~200目的属于细粒,250~400目的属于最细粒。其中以细粒的应用较多,因为它能使洗脱曲线的峰区变得对称和狭窄。粗粒的凝胶(10筛号)能使色层带散宽,且彼此重叠。使用过细的凝胶时,因洗脱阻力大而延长操作时间。

3. 洗脱液流速对分离效果的影响

适当的流速需根据实验决定,一般用的流速在30~200mL/h。流速过快会使色谱层变形,影响分离效果。流速的调节可采用图13-83所示的静液压(又称为操作压)装置。

4. 离子强度和pH值

非水溶性物质的洗脱都采用有机溶剂(如苯和丙酮等),水溶性物质的洗脱一般采用水或具有不同离子强度和pH值的缓冲液。离子强度(或盐类浓度)的变化对于物质的分离有不同影响。在洗脱碱性蛋白质时,洗脱剂中必含有一定浓度的无机盐,并随着盐浓度的增加移动加快。许多等电点低于pH7.0的蛋白质的洗脱行为,却很少受离子强度变化的影响。有时为了使样品溶解而使用含盐的洗脱剂。盐类的另一个重要作用是抑制交联葡聚糖和琼脂凝胶的吸附性质。洗脱剂中不宜含有硼酸盐,因它能同凝胶发生吸附作用。

pH值的影响与分离物质的酸碱性有关。在酸性pH值时,碱性物质易于洗脱;在碱性pH值时,酸性物质易于洗脱。多糖类物质的洗脱以水为最佳。为了更好地避免在洗脱过程中离子交换性能的产生,可采用挥发性缓冲剂,如乙酸:吡啶:水为65:15:25(体积比)。各类物质洗脱剂的选择实例如表13-18所示。

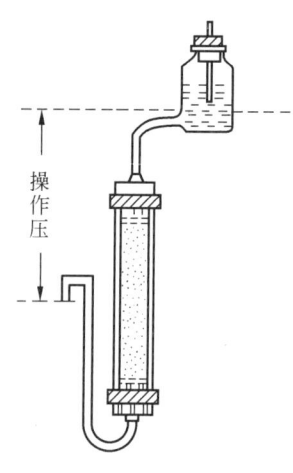

图13-83 操作压装置

表13-18 各类物质洗脱剂选择实例

分离物质	凝胶相	洗脱剂
多肽、氨基酸	Sephadex G-25	乙酸:吡啶:水 = 65:15:25
血红蛋白、血清蛋白	7%琼脂	0.067mol/L磷酸缓冲剂(pH 7.2)
球蛋白类	Sephadex G-25	0.15mol/L含磷酸盐缓冲剂(pH 8.0)
蛋白质类	9%琼脂	0.04mol/L磷酸钾-0.2mol/L KCl缓冲剂(pH 7.0)
酸性膦酸酯酶	Sephadex G-75	1 mol/L乙酸溶液
葡聚糖	9%琼脂	水
维生素B_{12}	Sephadex G-25	水
聚苯乙烯	硅胶	苯
酚胺等	聚丁二烯苯	丙酮、乙酸乙酯

5. 样品液体积对分离效果的影响

样品液的体积比其浓度更影响分离效果。要求样品液的体积与凝胶床的体积相适应,通常样品液约为凝胶床总体积的5%～10%,样品体积过大,分离效果不理想。

6. 凝胶柱的长度、直径和分离效果的关系

凝胶柱的长度与直径之比通常为10:1或7:1,但对移动缓慢的物质,宜使用较长的柱(30:1或40:1)。实际上所使用的柱,其长度为10～150cm,直径在1～4cm之间。玻璃柱在使用前,内壁应用甲醛纤维素处理,以免由于"器壁效应"而使色层带变成凸形。

7. V_0和V_i

装填良好的凝胶柱,其V_0和V_i值的比率应为40%～60%。要求每次装柱完成,都必须进行V_0和V_i的测定。测定的方法有重量法和过滤法。

(1)重量法 V_i值等于干凝胶的总质量m_x(g)与每克干凝胶吸水量(W_r)的乘积,即

$$V_i = m_x W_r$$

凝胶颗粒间的空隙体积(V_0)则利用下式间接计算：
$$V_0 = V_t - V_i - V_g$$
式中，V_g 为凝胶的干体积；V_t 为总的凝胶床体积，可由圆柱形层析柱的体积计算出来，即
$$V_t = 1/4\pi D^2 h$$

（2）过滤法　一般都采用过滤法。方法是将某些相对分子质量高的物质，如血红蛋白、铁蛋白、印度墨水等流过凝胶柱，当洗脱液中发现这些物质时，洗脱液的体积就是 V_0 值。

（五）防止微生物污染凝胶的方法

交联葡聚糖和琼脂糖都是多糖类物质，极易染菌，由于菌分泌的酶能水解多糖的糖苷键，致使凝胶变质。聚丙烯酰胺凝胶虽不是微生物的生长介质，但其溶胀胶的悬浮液内常染菌而改变凝胶的层析特性。防止微生物污染的最常用的方法是在凝胶中加入一些抑菌剂，如甲苯、酚、甲酚、甲醛和氯仿等。

所选择的凝胶防腐剂必须具备下列条件：
①防腐剂不与凝胶发生作用；
②所用防腐剂的浓度不会引起溶质的变化、沉淀和丧失生物活力。
③防腐剂不会使凝胶色泽变化；
④防腐剂在紫外光部分尽可能没有吸收等。

根据这些要求，常用的防腐剂有：

（1）叠氮化钠（NaN_3）　在凝胶层析中用 0.02% 的叠氮化钠已足以防止微生物生长。

（2）可乐酮　即三氯丁醇，在凝胶层析中使用的质量分数为 0.01%～0.02%，在微酸性溶液中灭菌效果最好，在强碱性溶液中或温度高于 60℃ 时易分解而导致层析失败。

（3）乙基汞代巯基水杨酸钠　在凝胶层析中，它作为抑菌剂使用的质量分数为 0.005%～0.01%，它在微酸性溶液中最有效。但重金属离子可沉淀乙基汞代巯基水杨酸钠，在缺乏螯合剂乙二胺四乙酸二钠时，微量的铜离子就可能引起它的分解；它还能与带巯基的物质结合，因而包含巯基的蛋白质能降低它的抑制效果；而且乙基汞代巯基水杨酸钠也能与橡胶反应，逐渐降低其抑菌效果。

（4）苯基汞代盐　包括苯基汞代醋酸盐、硝酸盐、硼酸盐，在凝胶层析中作为抑菌剂使用时质量分数为 0.001%～0.01%，在微碱性溶液中其抑菌效果最佳。长时间放置可与卤素和硝酸根离子作用产生沉淀，尤其在浓溶液中沉淀更明显。还原剂可引起苯基汞代盐的分解，含有巯基的物质如蛋白质亦降低（或抑制）它的抑菌效果。

（5）Chlorhexidin　简称 IC_2，商品名称为 Hibitane，其使用量在 0.0013% 时几乎能抑制所有被试验的细菌生长，但 IC_2 抗真菌的作用并不显著。凝胶层析中作为抑菌剂的使用量为 0.002%。IC_2 具有阳离子的性质，不能与阳离子交换剂同时使用。

（六）凝胶的再生和干燥

凝胶的再生是指用适当的方法除去凝胶中的一些污染物，恢复凝胶原来的性质。凝胶柱经若干次使用后，如果凝胶色泽改变，流速减慢，表面有污染物等，都表示需要进行再生处理。交联葡聚糖凝胶常用温热的 0.5mol/L NaOH 和 0.5mol/L HCl 的混合液处理。聚丙烯酰胺凝胶和琼脂糖凝胶由于遇酸碱不稳定，常用盐溶液处理，尤其是琼脂糖凝胶处理比较困难。

经常使用的凝胶以湿态保存为主,只要在其中加入适当的防腐剂就可以放置几个月甚至一年,因而并不需要干燥。尤其是琼脂糖凝胶,干燥操作比较麻烦,干燥后又不易溶胀,一般都以湿态保存。如果必须进行干燥时,应首先将凝胶按一般再生处理彻底浮选,除去碎颗粒,并在过滤漏斗上用大量水洗涤,以除去盐和污染物,然后用逐步提高酒精浓度的方法使之皱缩(切不可突然皱缩,以免引起结块),在 60～80℃下干燥,或最后用乙醚快速干燥,在整个过程中,蒸馏水、器皿和房间都必须干净,以免杂质或灰尘再度污染凝胶。

三、凝胶层析的应用

1. 凝胶层析法脱盐

高分子(如蛋白质、核酸、多糖等)溶液中的小分子杂质,可以借助凝胶层析法将其除去,这一操作称为脱盐。与透析法脱盐相比较,凝胶层析法脱盐的速度更快、更完全。所谓完全是指蛋白质、酶类等成分在分离过程中不易变性。葡聚糖凝胶 Sephadex G-25 因流动阻力小,交联度适宜,常用于蛋白质溶液的脱盐。

进行蛋白质样品的脱盐时,应注意蛋白质溶液在去除电解质后因溶解度显著下降,以致成为沉淀物析出,从而被吸附在柱上不能洗脱下来。解决办法是先使用含有挥发性盐类,如甲酸胺、醋酸胺等的缓冲溶液使层析柱平衡,然后加入样品并用同种缓冲剂洗脱,取得洗脱液后再用冷冻干燥法除去挥发性盐类。

2. 凝胶层析法去除热源物质

热源物质是微生物产生的某些使其发热的物质,如某些多糖蛋白质复合物等。DEAE-A25 型葡聚糖凝胶对热原物质有较强的吸附能力,用这种凝胶处理无离子水,可以得到适于制备注射剂的无热源水。

3. 凝胶层析法浓缩高分子溶液

干燥的葡聚糖凝胶颗粒内部,有总值等于 V_i 的孔隙容积。当把干燥的凝胶颗粒投入稀的高分子溶液中时,水分和低相对分子质量物质就会进入凝胶粒子内部的孔隙,直到充满 V_i 为止,而高分子物质则排阻于凝胶颗粒之外,因此经十几分钟后通过离心或过滤就可分离出膨胀的凝胶颗粒,得到了浓缩的高分子溶液,其中离子强度和 pH 值都能保持不变。这种浓缩方法特别适用于不稳定的生物高分子溶液的浓缩。

4. 凝胶层析法应用于分析

相对分子质量相差比较大的混合物,可以用凝胶层析法进行分析,所以在工业发酵中对不同相对分子质量的物质进行凝胶层析的具体例子不少。在凝胶层析的基础上,配合使用纸层析或薄层析还可以鉴别出各个分离组分。

5. 凝胶层析法测定高分子物质的相对分子质量

用一系列已知相对分子质量的标准样品放入同一凝胶层析柱内,在同一条件下进行分离,记下每一种成分的洗脱体积,并以洗脱体积对相对分子质量的对数作图,在一定相对分子质量范围内可得一直线,即相对分子质量的标准曲线,如图 13-84 所示。

测定未知物的相对分子质量时,可将此样品加在测定了标准曲线的凝胶柱内,洗脱后根据此物的洗脱体积,可在标准曲线上查出它的相对分子质量。测定高分子物质的相对分子质量时不需要复杂的仪器设备,操作简便,样品用量少,有一定的实用价值。

6. 凝胶层析法纯化青霉素

青霉素致敏原因据认为是由于产品中存在一些高分子杂质,如青霉素聚合物或青霉素降解物青霉烯酸与蛋白质相结合而形成的青霉噻唑蛋白质,是具有强烈致敏性的全抗原。

这种高分子杂质可用凝胶层析法分离。方法如下:取葡聚糖凝胶 G-25,粒度为 20~80 目,层析柱直径为 1.7cm,高 37cm,带有冷却夹层,冷却水温度 8~10℃,层析剂采用 pH7.0,0.1mol/L 磷酸盐缓冲剂,样品加入量为凝胶床体积的 4%~10%,青霉素浓度为 1:1.2 或 1:1.5(即 1g 青霉素溶于 1.2 或 1.5mL 缓冲液),流速为 0.33mL/min,每 5mL 收集一管洗脱液。分离出的高分子杂质含有噻唑基反应产物。

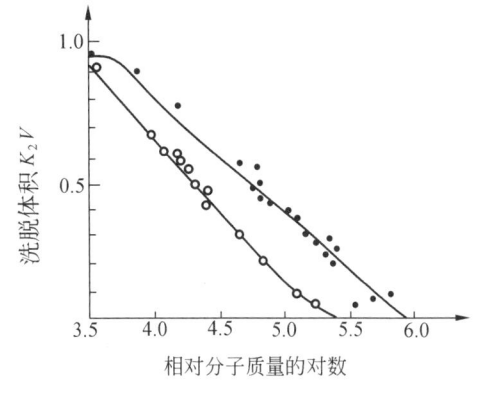

图 13-84 洗脱体积和相对分子质量之间的关系
—·—·— 交联葡聚糖 G-200
—○—○— 交联葡聚糖 G-100

第六节 浓　缩

浓缩过程是工业发酵提取过程中常用的单元操作,通常在发酵成熟后或提取后及结晶前进行,有时也贯穿在整个发酵产品提炼过程中。浓缩的任务是将低浓度溶液通过除去溶剂(包括水)变为高浓度溶液。通过浓缩过程可使浓度大大提高。它用于工业发酵生产各种有机酸、氨基酸、核苷酸、酶制剂及抗生素的发酵液和发酵产品提取液的浓缩。

工业发酵中常用的浓缩方法有蒸发浓缩、冰冻浓缩、吸收浓缩及超滤浓缩等。沉淀法(包括盐析和有机溶剂沉淀)广义上讲是一种浓缩方法,经沉淀后溶解,浓度可显著提高。

一、蒸发浓缩

(一)蒸发机理

蒸发是工业发酵生产过程中常用的产品浓缩方法之一。在蒸发过程中,发酵产品中水的含量逐渐减少。蒸发的任务是将溶液加热沸腾,使溶剂气化除去,从而提高溶液中溶质的浓度。这里所指的溶液是由不挥发性溶质与液体溶剂所组成,蒸发过程只有溶剂汽化而溶质不汽化。例如,味精生产中,谷氨酸钠脱色液就是一种溶液,其中水是溶剂,谷氨酸钠是溶质,用煮晶锅将谷氨酸钠溶液加热,则只有水分(溶剂)汽化,而谷氨酸(溶质)不汽化,从而使谷氨酸钠溶液的浓度比原来提高,进而制得味精成品。

液体在任何温度下都在蒸发,蒸发是溶液表面的溶剂分子获得的动能超过了溶液内溶剂分子间的吸引力而脱离液面逸向空间的过程。当溶液受热,液体中溶剂分子动能增加,蒸发过程加快。因此,蒸发的快慢首先与温度有关,其次与蒸发面积有关,液体表面积越大,单位时间内汽化的分子越多,蒸发越快,还和液面蒸汽分子密度,即蒸汽压大小有关。各种液体在一定温度下都具有一定饱和蒸汽压,当液面上的溶剂蒸汽分子密度很小,经常处于不饱和的低压状态,液相与气相的溶剂为了维持其分子密度的动态平衡状态,溶液中的溶剂分子就必须不断地汽化逸出空间,以维持其一定的饱和蒸汽压力。因此,根据上述原理,蒸发浓缩装置常按照加热、扩大液体表面积、减压(抽真空)和加速空气流动等因素而设计;对于热敏性的发酵产品的浓缩,常采用真空蒸发和薄膜蒸发过程。

(二)蒸发浓缩分类

工业发酵生产中常用的蒸发浓缩过程可分为常压蒸发浓缩和真空蒸发浓缩过程。按其结构类型不同,常压蒸发设备有中央循环管式蒸发器、横管式蒸发器、夹套蒸发器、夹套带搅拌外循环蒸发器、强制循环蒸发器、薄膜蒸发器等。真空蒸发设备根据二次蒸汽的利用情况,可分为单效蒸发和多效蒸发。工业发酵生产中较常用的薄膜式蒸发器又分为管式、刮板式、旋风式和离心式等,其中管式薄膜蒸发器又有升膜式、降膜式和升—降膜式之分。

(三)蒸发浓缩的选择

工业发酵生产中蒸发浓缩过程的选择,通常是根据被蒸发溶液的性质,如溶液的黏度、热敏性、发泡性、腐蚀性以及是否容易结垢或析出晶体等方面来考虑的,使选择的蒸发浓缩过程能够保证发酵产品的质量,具有较大的生产强度和经济上的合理性。

例如,对于热敏性的味精、酶制剂、抗生素等发酵产品的蒸发浓缩,应尽量采用蒸发温度低、滞留时间短的设备,这类发酵产品所能经受的温度,通常都有一定的极限值,而且这种极限值还随受热时间不同而变。超过该极限值,酶制剂和抗生素等发酵产品的活性便被破坏,同时,虽然温度不高,但受热时间过长也会使之破坏。味精在温度过高时会生成无鲜味的焦谷氨酸钠,从而降低产品质量。所以在选择热敏性发酵产品的蒸发浓缩过程时,应尽量设法降低溶液在蒸发器中的沸点,缩短发酵产品在蒸发器中的滞留时间。薄膜式蒸发器是气液成膜状以高速度通过加热管壁,传热系数高,溶液在蒸发器中的温度差损失较小,而且气液单程流过而不再循环,物料在蒸发器中滞留时间仅几秒或数十秒钟,因此,选用薄膜式蒸发器蒸发对具有热敏性的物料是适宜的。

对于高黏度的溶液,须选用能使溶液流动速度高的蒸发器,或者能使液膜不停地搅动,并不停地进行再分配,这样能提高蒸发器的传热系数。这种情况下,不宜选用自然循环型,选用强制循环型、刮板式或降膜式薄膜蒸发器较为合适。

对于易结垢或易析出晶体的溶液蒸发,须选用在加热管壁面上不产生气泡(如管外沸腾式蒸发器)或溶液循环速度较大的蒸发器,使垢层或晶体能被溶液冲刷而不致粘附在加热管壁面上。对于一般容易生成垢层的料液,选取管内流速较大的强制循环型或升膜式薄膜蒸发器为宜。对于有晶体析出的料液,宜采用夹套搅拌蒸发器或强制循环蒸发器。

对于发泡性的溶液,在蒸发过程中须使产生的泡沫破裂或添加消泡剂。蒸发过程是在剧烈的气液接触情况下进行的,溶液发泡是难免的现象,如果不除去泡沫,溶质随气泡上胀而带出蒸发室外,则将引起产品损失并破坏蒸发操作。强制循环型和长管膜式蒸发器的管内流速都比较大,能起破坏泡沫的作用,可适用于蒸发发泡性的溶液。变更蒸发条件(如蒸发温度)能引起发泡情况的变动,故在考虑设备型号时,还要考虑操作条件,也可适当加入消泡剂。对于腐蚀性的料液,蒸发设备的材料必须能抗腐蚀,如使用不锈钢、石墨、玻璃或采用搪瓷及防腐涂层等。

蒸发浓缩过程对设备有如下的要求:传热强度大,即要求传热系数 K 和有效温度差大;

汽液分离效果好,设备的特性能适应被蒸发料液的性质,符合生产工艺要求,结构紧凑、操作方便,有足够的机械强度,金属耗量少,易于制造、检修和清洗等;对设备的制造、操作及投资都比较合理。

(四)工业发酵常用的蒸发浓缩

工业发酵中所浓缩的发酵液和发酵产品的物料大多数为热敏性、黏度大和易生成泡沫的物料,有些则为结晶析出或易结垢的物料,因此,实际生产中常采用强制循环蒸发器、薄膜式蒸发器、刮板式薄膜蒸发器、离心式薄膜蒸发器和板式蒸发器等。

1. 强制循环蒸发浓缩

在一般自然循环蒸发器中,循环速度较低,为了处理黏度大或容易析出结晶与结垢的发酵液和发酵产品的物料,必须加大循环速度来提高传热系数。因此,工业发酵生产中较多采用强制循环蒸发器,其结构如图 13-85 所示。溶液循环是依靠泵的汲压作用,迫使溶液沿着一定的方向循环,速度一般为 1.5~3.5m/s,加热室和循环管都在分离室的外面,所以属于外加热式的蒸发器。循环管是一垂直的空管子,它的截面积约为加热管总截面积的 150%,管子的上端通蒸发室,下端与泵的进口相连,泵的出口连接在加热室底部。循环过程是溶液由泵送入加热室底部,沸腾的气液混合物以高速进入蒸发室进行汽液分离,蒸汽经捕沫器后排出,溶液沿循环管下降被再次泵入加热室。这种蒸发器的传热系数比一般自然循环蒸发器的要大得多,可达 16 000kJ/(m²·h·℃)以上,较薄膜蒸发器要大,因此,对于相同的生产能

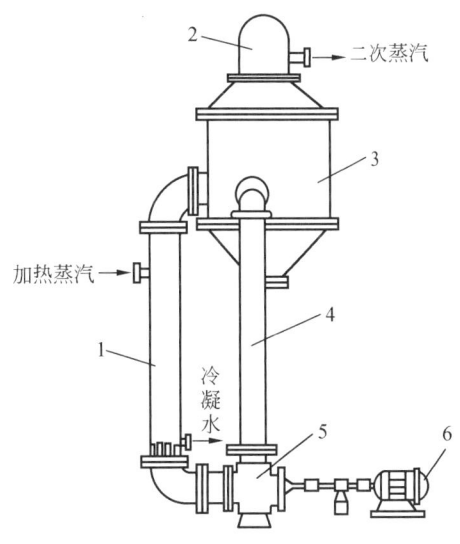

图 13-85 强制循环蒸发器
1—加热室;2—捕沫器;3—蒸发器;
4—循环管;5—强制循环系统;6—电动机

力,蒸发器的传热面积比自然循环蒸发器的要小。强制循环蒸发浓缩过程的特点是料液流速大,传热系数高,加热管壁不易为固体粘附,因此适宜于浓缩黏度大、易结晶析出与易结垢的发酵产物;缺点是动力消耗较大,每 1m² 加热面积需 0.4~0.8kW。

2. 薄膜式蒸发浓缩

薄膜式蒸发浓缩过程是工业发酵生产较常用的蒸发浓缩过程之一。一般的蒸发浓缩过程,料液的操作时间过长,极易分解而被破坏,特别是间歇操作时,停留时间达几小时之久,对于连续操作也长达 1h,即使循环式蒸发浓缩过程,也有数十分钟之久。虽然在真空下操作能降低其沸腾温度,但对于热敏性物料,如味精、酶制剂、抗生素及维生素等发酵产品仍然会遭到破坏损失。因此,在工业发酵生产提炼过程中,特别是对热敏性发酵产品,就有必要采用受热时间仅几秒钟,而蒸发速度极快的薄膜式蒸发浓缩过程。

薄膜式蒸发浓缩过程最大的特点,除了设备构造简单,传热系数高,能处理黏度大、易生泡沫的料液外,因其能使料液形成一层薄膜状的流动液层,液层迅速加热汽化,蒸发速度极快,传热效率甚高,通常蒸发时间仅为几秒至几十秒,因此能使发酵产品保持原有特性。

薄膜式蒸发浓缩设备的类型很多,根据设备结构的特点可分为管式薄膜蒸发器、回转式薄膜蒸发器、旋风式薄膜蒸发器、离心式薄膜蒸发器及板式蒸发器等。管式薄膜蒸发器又可分为自然循环升膜式蒸发器、单流型降膜式蒸发器及升—降膜蒸发器。回转式薄膜蒸发器又可分为刮板式、转盘式及转子式等。

(1)升膜式蒸发浓缩过程 升膜式蒸发浓缩过程适用于蒸发量较大、有热敏性和易生泡沫的料液,要求料液的黏度不大于 $50\text{mPa} \cdot \text{s}$,而不适用于有结晶析出或易结垢的物料。升膜蒸发器如图13-86所示,是由很长的加热管束组成,管束装在外壳中,相当于一台立式的固定管板换热器。其加热室一般由直径为2.5~5cm,长4~8m的管束组成,也可以由单套管组成,传热系数一般为4200~16 800kJ/($\text{m}^2 \cdot \text{h} \cdot \text{℃}$)。

在蒸发器中,加热蒸汽在管外,料液由蒸发器底部进入加热管,受热沸腾后迅速汽化,在加热管中央出现蒸汽柱,蒸汽密度急剧变小,蒸汽在管内高速上升,料液则被上升的蒸汽所带动,沿管壁成膜状迅速上升,并继续蒸发,汽液在顶部分离器内分离,浓缩液由分离器底部排出,二次蒸汽由分离器顶部逸出。

在升膜式蒸发浓缩过程中,一般使料液预热到接近沸点的状态(比沸点低2℃左右),以便进入加热室即达沸腾状态。同时,应保持一定的上升蒸汽以便迅速将料液拉成膜状。在

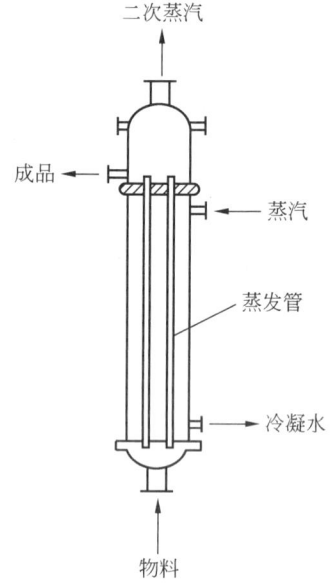

图13-86 升膜式蒸发器

常压下,出口管内汽流不少于10m/s,比较适宜的出口汽速为20~50m/s,甚至更高。如果料液中溶剂量不大,蒸发后的出口汽速不能达到适宜汽速的要求,则应考虑改用降膜蒸发器。升膜式蒸发器加热管的管长与管径之比一般在常压下为100~150,在减压下为130~180,目前常用的管径是19.05mm(3/4″)和25.4mm。

升膜式蒸发器的优点是构造简单,操作、清理与维修管子都非常方便,传热效率高,蒸发速度快,停留时间短(仅数秒至数十秒),特别对热敏性物料、黏度大的物料和发泡的物料蒸发有显著效果。

(2)降膜式蒸发浓缩过程 降膜式蒸发器如图13-87所示,它的结构基本上与升膜式相同。主要区别是在降膜式蒸发器中,料液由顶部经液体分布装置均匀地进入加热管内,在重力作用下,料液沿管内壁成膜状下降,进行蒸发,在底部进入汽液分离器,浓缩液由分离器底部排出,二次蒸汽由分离器顶部逸出。由于二次蒸汽的流向与料液的流向一致,所以对料液沿管向下的运动与分布成薄膜起了进一步的促进作用。

从传热效率及流体力学观点看,降膜式蒸发器较升膜式蒸发器好,但降膜蒸发浓缩操作时控制比较困难。在工业发酵实际生产中,降膜式或升膜式浓缩过程都得到了广泛应用。亦有些工厂采用两者混合,称为升—降膜蒸发浓缩过程。

(3)回转式薄膜蒸发浓缩过程 回转式薄膜蒸发器具有一个加热夹套的壳体,壳体内转动轴上装有旋转的搅拌器,所以也称为搅拌薄膜蒸发器。搅拌器的形式很多,常用的有刮板式、转盘式、转子式等。刮板式薄膜蒸发器如图13-88所示,刮板固定在旋转轴上,刮板紧贴壳体内壁,原料液由蒸发器上部沿切线方向进入蒸发器内,被旋转的叶片带动旋转,使

液膜不停地被搅动,并不停地进行再分配,由于受离心力、重力以及叶片的刮带作用,料液在管内壁上形成旋转下降的薄膜。刮板式薄膜蒸发器适用于易结晶、易结垢的物料以及高黏度的热敏性物料,传热系数最高达 8400kJ/(m²·h·℃),蒸发强度可达 160~180kg/(m²·h)。但由于消耗功率大,只能用在传热面积较小的场合,一般为 3~4m²,最大的也不超过 20m²。

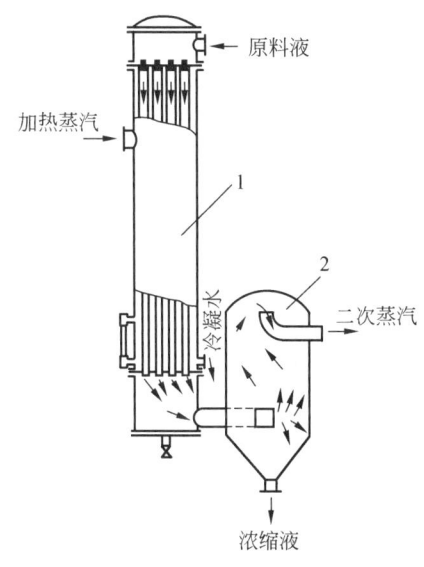

图 13-87 降膜式蒸发器
1—加热蒸发室;2—分离器

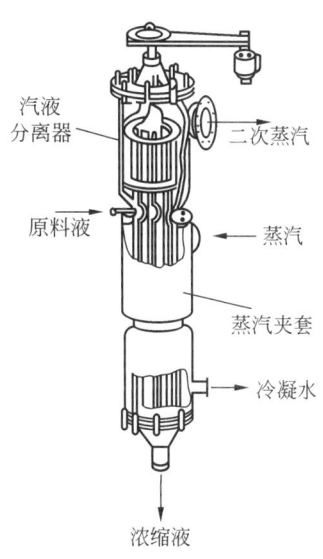

图 13-88 刮板式蒸发器

(4)离心式薄膜蒸发浓缩 离心式薄膜蒸发浓缩过程的特点是:传热效率高,蒸发强度大,适用范围较广,可用于中等热敏性、高度热敏性、粘稠、假塑性(非牛顿性液体)等物料的浓缩。离心式薄膜蒸发器是利用离心力的作用,对物料施加的离心力大约是重力的 200 倍,使物料在传热面上形成一层非常薄的液膜(约 0.1mm),由于液膜迅速旋转,使物料在加热面上停留时间极短,仅约 1s。设备流程如图 13-89 所示。

将物料用料泵橡胶管送入蒸发器内,通过旋转锥体分布散开,借助离心力的作用,液体立即形成薄膜,迅速通过周围的加热面。液体通过锥体的极短时间内就达到了所要求的浓度,然后浓缩液经橡胶管引出,二次蒸汽进入冷凝器冷凝,冷凝液经水环泵抽出,以便收集。加热蒸汽由蒸发器底盘的连接处进入,生成的冷凝水从锥体出来后,通过真空泵排出。

瑞典 Alfa-laval 公司生产的 Centri Therm CT-6 离心薄膜蒸发器,蒸发水量 800kg/h,圆锥体转速为 1410r/min,该机占地面积 12m²,每蒸发 1kg 水耗电 0.035kW,蒸汽耗量 1.87kg,传热系数为 $1.22 \times 10^4 \sim 2.06 \times 10^4$ kJ/(m²·h·℃)。大型的离心式薄膜蒸发器的直径可达 1m,蒸发量可达 2500kg/h,物料通过停留时间仅 1s 左右,传热和蒸发浓缩效率都极高。

(5)板式蒸发浓缩过程 为了改进加热管的表面形状以提高传热效果,最近几年发展起来的板式蒸发器,如图 13-90 所示,实质上是一种升膜式蒸发器,具有溶液滞留时间短、体积小、传热总系数高、加热面可按需要增减以及拆卸和清洗方便等优点。

板式蒸发器平行的板面间的液体和蒸汽的通道分布合理,并且可以很方便地调整或切换液体和蒸汽的通道。例如,经过一段时间蒸发操作后,液侧传热面结有垢层时,切换液体

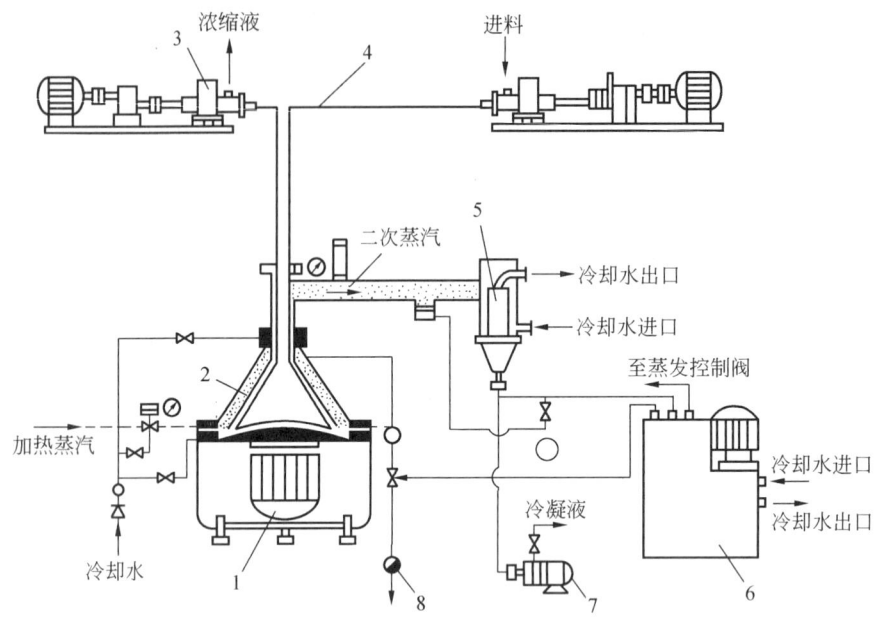

图 13-89 离心式薄膜蒸发流程

1—马达;2—薄膜蒸发器;3—浓缩泵;4—橡皮管;5—冷凝器;6—真空泵;7—水环泵;8—汽水分离器

和蒸汽通道,使结垢面作为加热蒸汽的冷凝面,还可利用冷凝水溶解附着的垢层,从而消除结垢对蒸发器生产强度的影响。

板式蒸发器由于结构简单、传热效率高、拆卸和清洗方便的优点,目前正在发酵工业生产中推广使用。

二、冰冻浓缩

冰冻浓缩法是工业发酵中浓缩生物大分子和具有生理活性的发酵产品常用的一种有效方法。例如,酶制剂和蛋白质在冰冻时,水分子结成冰,盐类及上述发酵产品不进入冰内而留在冰外,浓缩时先将待浓缩的溶液冷却使之变成固体,然后再缓慢地融化,利用溶剂与溶质融点的差别而达到除去大部分溶剂的目的。再如,利用冰冻法浓缩酶制剂的盐溶液时,不含酶的纯水结晶浮于液面,酶则集中于下层溶液中,移去上层冰块即可得到酶的浓缩液。

三、吸收浓缩

吸收浓缩法是一种通过吸收剂直接吸收除去溶液中溶剂分子使溶液浓缩的方法。使用的吸收剂必须与溶液不起化学反应,对生物大分子和发酵产品不起吸收作用,易与溶液分开,吸收剂除去溶剂后能重复使用。

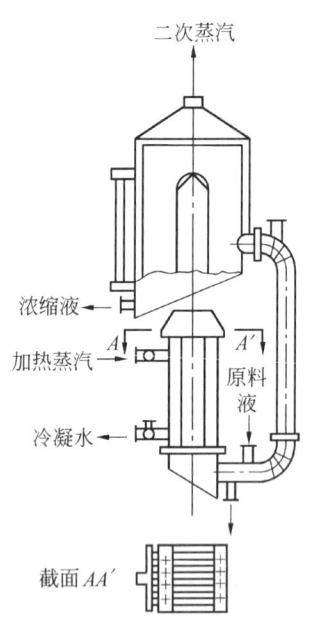

图 13-90 板式蒸发器

实验室中常用的吸收剂有聚乙二醇、聚乙烯吡咯酮、蔗糖和凝胶等。使用凝胶时,首先选择凝胶粒度大小恰好使溶剂及低分子物质能渗入凝胶内,而生物大分子和发酵产品都完全排除于凝胶之外的;然后将洗净和干燥的凝胶直接投入待浓缩的稀溶液中,凝胶亲水性强,在水中溶胀时,溶剂及小分子物质被吸附到凝胶内,生物大分子等发酵产品留在剩余的溶液中,离心或过滤除去凝胶颗粒,即得已浓缩的生物大分子发酵产品溶液。凝胶溶胀时吸收水分及小分子物质,可同时起到浓缩及分离纯化两种作用,对生物大分子结构和生物活性都没有影响,是近几年来微生物工程和生化工程日益广泛使用的浓缩和分离方法之一。

使用聚乙二醇等吸收剂时,需先将生物大分子的发酵产品溶液装入半透膜袋里,外加聚乙二醇覆盖吸收袋里渗出溶剂。

四、超滤浓缩

超滤浓缩法是使用一种特制的薄膜对溶液中各种溶质分子进行选择性过滤的方法。当溶液在一定压力下(外源氮气或真空泵压)通过膜时,溶液和小分子物质透过,大分子物质受阻保留于原来溶液中,其原理如图13-91所示。

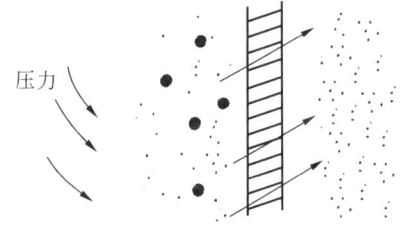

图13-91 超滤法示意图

超滤法适用于生物大分子发酵产品的分离,尤其是酶和蛋白质的浓缩或脱盐,具有成本低、操作方便、条件温和、能较好地保持生物大分子发酵产品的生理活性、回收率高等优点。除浓缩、脱盐外,还可用于生物大分子发酵产品的分离纯化,是目前广泛采用的生化技术之一。

超滤所用的材料是一种半透性的(或选择性透过的)薄膜,在一定压力下,酶液中的溶剂(一般是水)、无机盐类和低分子有机物质通过薄膜,而酶和其他大分子物质被截留而得到浓缩。

通常的超滤操作过程是把滤膜安装在一惰性的多孔支持物上,使用一定的压力(或离心力)将滤液压过滤膜,从而使酶蛋白在滤膜上积聚。随着酶蛋白在滤膜上的积聚,将出现"浓差极化"现象,进而影响过滤速度,使过滤速度迅速下降。为了消除浓差极化,设计可采用搅拌式、湍流式和薄层层流式等多种超滤方式,以便提高超滤的过滤速度。常见超滤方式:

(1)末端封闭式系统 把滤膜安装在支持物上,对系统加压,或从反面减压,超滤进行到发生浓差极化现象时,过滤速度显著下降,此时终止超滤。

(2)搅拌式系统 可以通过任何方式使膜表面的大分子物质重新返回主体溶液中,以便减少浓差极化,使超滤继续顺利进行。常用一个马达或电磁搅拌器,在膜表面进行搅拌。

(3)湍流式系统 酶液以高速度在与膜平行的方向上流过,形成湍流,从而减少浓差极化。它的优点是有较高的处理容量,更适宜于工业应用。

(4)薄层层流式系统 液体流过一个薄室(高度小于0.318m),形成一个高速流动的薄层,即使使用高浓度的酶液也能进行超滤。

各种形式的超滤法比较,可以从图13-92、图13-93看出。图13-93中溶质(酶)浓度达到形成凝胶的浓度时,过滤速度为0。由图13-93可知,显然最好的过滤方式是薄层层流式系统,其次是搅拌式系统,最差的是末端封闭式系统。目前国内外生产这几种不同类型的超滤膜浓缩设备,可适用于实验室、中间试验规模及工业规模级酶的浓缩。在工业发酵中,超滤法可用来处理大量的酶液或浓缩不同相对分子质量(350~300 000)的生物大分子发酵产品。

通过超滤法,酶和蛋白质的稀溶液一般可浓缩到原来的10%~50%,回收率高达90%。应用超滤法关键在于膜的选择。不同类型和规格的膜,水的流速[在规定压力下以mL/(cm²·h)或mL/(cm²·min表示)]、相对分子质量截止值(即大体上能被膜保留的最小相对分子质量数值)等参数均不同,必须根据工作的需要来选用。此外,超滤装置形式、溶质成分及性质、溶液密度及黏度等都对超滤的效果有一定影响。

图13-94是用醋酸纤维素膜分离、浓缩胰蛋白酶装置简图,初步精制的酶液1通过氮气瓶的压力压至浓缩室3,此时溶剂(水)通过膜被除去,留下大分子的酶及部分溶剂。

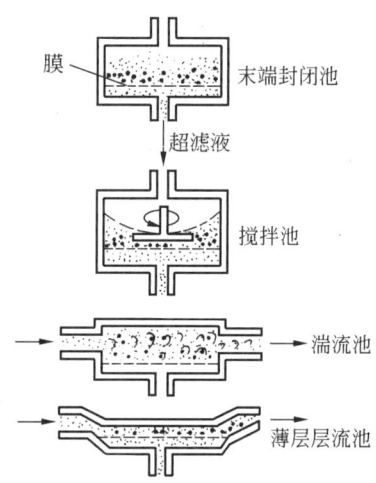

图13-92 各种滤池超滤原理示意图

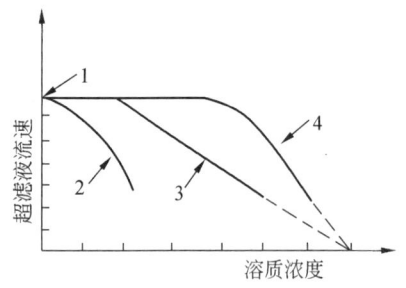

图13-93 各种滤池超滤速度与溶质浓度关系曲线图
1—纯水流;2—末端封闭;3—搅拌;4—薄层层流

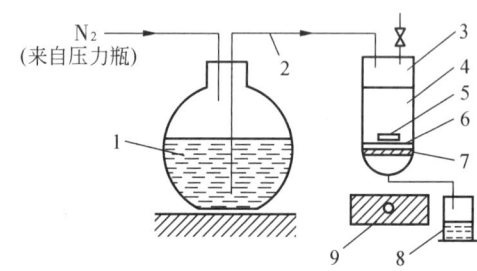

图13-94 超滤装置简图
1—粗酶液;2—导管;3—浓缩室;4—浓缩酶液;5—搅拌棒;6—超滤膜;7—多孔板;8—滤出溶剂及杂质;9—电磁搅拌器

第七节 沉 淀 法

沉淀法是工业发酵中最常用的一种提取方法。沉淀法是利用某些发酵产品能与某些酸、碱或盐类形成不溶性的盐或复合物而从发酵滤液或浓缩滤液中沉淀下来或结晶析出的一种提取方法。目前广泛应用于氨基酸、酶制剂及抗生素的提取。

对于两性电解质的氨基酸可以直接添加酸调pH值至等电点,使氨基酸溶解度最小而呈过饱和状态结晶析出。对于碱性和两性的抗生素可以用不同种类的酸作为沉淀剂,使其沉淀下来。酸性抗生素可以与某些有机碱形成盐而沉淀析出。对于各种酶制剂和多肽类蛋白质的抗生素可采用盐析法,使溶解度降低,进而沉淀析出。沉淀下来的发酵产品可用水或稀酸溶解后,再用有机溶剂提取,然后经过浓缩或用另外的溶剂使发酵产品结晶出来,即可得到较纯的发酵产品。沉淀法主要包括等电点法、盐酸盐法、金属盐法和有机溶剂法等。

一、等电点沉淀法

等电点沉淀法是氨基酸提取方法中最为简单的一种,适用于在水中溶解度较低的氨基酸的提取,如谷氨酸、天冬氨酸、胱氨酸、色氨酸和苯丙氨酸等。

(一)等电点原理

氨基酸是两性电解质,在溶液中可离解为阳离子($R-NH_3^+$)和阴离子($R-COO^-$)。

$$R-CH(NH_3^+)-COOH \underset{H^+}{\overset{OH^-}{\rightleftharpoons}} R-CH(NH_3^+)-COO^- \underset{H^+}{\overset{OH^-}{\rightleftharpoons}} R-CH(NH_2)-COO^-$$

$$pH<pI \qquad pH=pI \qquad pH>pI$$

两种离子的浓度随溶液 pH 值的变化而变化。当两种离子的浓度相等时,溶液的静电荷为零,此时的 pH 值称为氨基酸的等电点 pI。在等电点时,氨基酸的溶解度最小。

不同的氨基酸有不同的等电点。中性氨基酸分子中含有相同数目的氨基酸和羟基,等电点为 pI4~7,大多数氨基酸属于这一类,如表 13-19 所示。

表 13-19　各种中性氨基酸的等电点

氨基酸名称	pI	氨基酸名称	pI
甘氨酸	6.06	异亮氨酸	5.98
丙氨酸	6.11	缬氨酸	5.96
丝氨酸	5.68	苯丙氨酸	5.91
胱氨酸	5.02	酪氨酸	5.66
半胱氨酸	5.07	脯氨酸	6.30
蛋氨酸	5.44	羟脯氨酸	6.83
亮氨酸	6.02	色氨酸	5.88

酸性氨基酸分子中含羧基的数目多于氨基的数目,等电点在 pI4 以下,如表 13-20 所示。

表 13-20　酸性氨基酸的等电点

氨基酸名称	pI
天冬氨酸	2.78
谷氨酸	3.22

表 13-21　碱性氨基酸的等电点

氨基酸名称	pI
精氨酸	10.67
赖氨酸	9.47
组氨酸	7.59

碱性氨基酸分子中含氨基的数目多于含羧基的数目,等电点在 pI7 以上,如表 13-21

所示。等电点原理是等电点沉淀法提取氨基酸的理论根据。

(二) 等电点沉淀法提取谷氨酸

等电点沉淀法提取谷氨酸,是将发酵液直接加酸调 pH 值至等电点,使谷氨酸溶解度最小而呈过饱和状态结晶析出,再加以分离即得到谷氨酸。

1. 谷氨酸的 pI 值

谷氨酸在等电点时,正负电荷相等,总静电荷等于零,形成偶极离子,此时溶解度最小,谷氨酸呈结晶形态。谷氨酸在水中的解离常数 $pK_1 = 2.19$,$pK_2 = 4.28$,故等电点

$$pI = \frac{pK_1 + pK_2}{2} = \frac{2.19 + 4.28}{2} = 3.23 \approx 3.2$$

2. 等电点沉淀法提取谷氨酸的工艺流程(图 13-95)

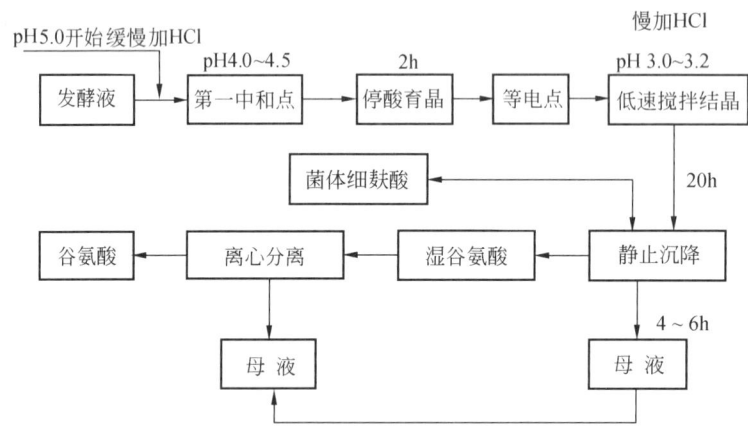

图 13-95 等电点沉淀法提取谷氨酸的工艺流程

3. 影响谷氨酸结晶的主要因素

谷氨酸有两种晶体:一种为 α 型斜方晶体,晶粒大,易分离,提取收率高;另一种为 β 型鳞片状结晶,晶粒细小,质轻,分离困难,并且往往与发酵液中胶杂质相结合,沉淀物细腻轻滑,工厂常称为"打浆子"或"轻质细麸酸"。发酵液的纯度与中和结晶操作是影响谷氨酸结晶的主要因素。控制生成 α 型结晶的条件有:

(1) 控制加酸速度 加酸不能太快,避免生成大量晶核。在加酸调等电点操作中,应根据发酵液及高流分的谷氨酸浓度来观察晶核生长情况,根据经验,形成晶核的 pH 值一般在 4.0~4.5,称为第一中和点。为了控制一定数量的晶核,并使其养晶长大,在晶核出现之前加酸要慢,pH 值下降要缓,发现晶核或投入晶种后要停酸育晶 2h,此后,缓降 pH 值直到等电点为止。一般以 pH3.0~3.2(略低于等电点)为好,有利于谷氨酸析出。

注意不宜用 H_2SO_4 中和,因为 H_2SO_4 与 Ca^{2+} 生成 $CaSO_4$ 沉淀,影响谷氨酸的纯度。

(2) 谷氨酸晶粒形成温度为 25~30℃,温度不要太低,也不要高于30℃。降温不能太快,中和结束后,终端温度越低越好,以减少谷氨酸的溶解度,使之充分结晶析出。

操作过程中,温度不能回升,由于结晶是放热反应,故温度较难控制。一般是控制酸的流加速度,防止温度回升。

(3) 添加 α 型晶种　添加晶种一般在晶核形成之前,投种量为发酵液中谷氨酸总量的 0.2%～0.3%,控制接种时的溶液过饱和状态处于刺激起晶区。实际操作是根据谷氨酸含量和 pH 值来决定投种时间。一般在含谷氨酸 5%以上,pH4.0～4.5 时投种;或含谷氨酸 4%～5%,pH4.0 时投种。

(4) 搅拌有利于均匀调节发酵液温度和 pH 值,促进晶体长大,避免"晶簇"生成,但搅拌太快易形成大量晶核,对晶体生长不利。因此,转速要求适当,一般以转速 30～35r/min、桨式二挡交叉搅拌为宜。

(5) 发酵液产酸愈高,溶液的过饱和率愈大,结晶生成速度愈快,结晶愈好。反之,发酵液中残糖高,胶体物质多,菌体多,均妨碍谷氨酸的结晶与沉降。尤其是在噬菌体污染时,导致形成胶体的物质增加,黏度大,泡沫多,味酸臭,易形成伪晶或轻质细麸酸,并且往往在晶体内包藏母液,降低了谷氨酸的纯度。

(6) 发酵液中有其他氨基酸存在时,如天冬氨酸、苯甲氨酸、酪氨酸、脯氨酸、胱氨酸等,能促进 α 型结晶的生成。

此外,钙盐、镁盐等杂质对谷氨酸结晶影响也大。据报道,谷氨酸发酵液中 Ca^{2+} 含量每 100mL 达到 0.34g 时,就会影响谷氨酸的结晶析出。

综上所述,等电点沉淀法提取谷氨酸,其收率与晶体生成情况有关,控制 α 型晶体生成需要注意三个方面:一是发酵液纯度要高,要求谷氨酸与残糖比值高,胶体物质少,提取前能除去菌体最好;二是发酵液要及时处理,保证新鲜不腐败,不染菌,并要加强等电点时罐的清洁、消毒、灭菌工作;三是加酸调节 pH 值至等电点的操作必须服从结晶规律,严格遵守温度、pH 值均匀缓慢下降,必要的育晶养晶时间,低速搅拌均匀和终端温度越低越好的条件。

等电点沉淀法提取谷氨酸,设备、工艺均较简单,操作方便。但是,由于发酵液中含有残糖和其他胶体物质,影响谷氨酸结晶析出,在母液中还留有相当一部分谷氨酸。一般常温等电点,母液约含 1.8%谷氨酸,低温等电点,母液含 1.2%～1.3%的谷氨酸,这些谷氨酸还必须采用其他方法进行提取。因此,等电点沉淀法还要与其他方法配合使用,如采用等电点—离子交换法,总提取率可达 90%。

二、盐析沉淀法

盐析沉淀法又称为中性盐沉淀法。此法是添加中性盐析剂,破坏酶蛋白的胶体性质,消除微粒周围的水化膜和微粒上的电荷,促使酶蛋白沉淀,可广泛用于酶制剂工业的发酵提取。

(一) 盐析原理

酶的盐析原理和一般蛋白质的盐析原理一样,在蛋白质颗粒的表面分布着各种不同的亲水基,这些亲水基吸聚着许多水分子(这种作用称水合),这些水分子在颗粒的表面形成一层水膜,由于水膜的存在,各颗粒便被隔开,并且蛋白质分子中含有不同数目的酸性和碱性氨基酸,其肽链的两端又含有不同数目的自由羧基(—COOH)和氨基(—NH_2)。这些基团使蛋白质颗粒的表面带有一定的电荷,因相同电荷的排斥作用,也使这些颗粒彼此相分离。所以,蛋白质的水溶液是一种稳定的亲水胶体溶液。如果在此溶液中加入一定量的中性盐,则因中性盐的亲水性要比蛋白质的亲水性大,它能与大量水分子结合,使蛋白质胶体颗粒周围的水膜逐渐退化消失而使颗粒脱水,同时,中性盐的解离,中和了蛋白质颗粒所带的电荷,蛋白质颗粒间便失去相互的排斥力。于是,各颗粒因不规则的布朗运动互相碰撞,在分子亲和力的影响下,结合形成巨大的结合物,先是溶液发生浑浊,然后便析出絮状沉淀。这就是在中性盐作用下促使酶蛋白沉淀的原理。

(二)影响酶制剂盐析的主要因素

影响盐析的主要因素有盐析剂的种类和用量、盐析的温度和 pH 值、酶液中的杂质等。

1. 盐析剂的种类

盐析剂的种类很多,如硫酸铵、硫酸钠、硫酸镁、磷酸二氢钠、氯化钠、氯化铵等。不同的盐,盐析效果各不相同,效果较好的序列一般是 $MgSO_4$、Na_2SO_4、$(NH_4)_2SO_4$ 及 NaH_2PO_4。一般来说,含有多价阴离子的中性盐的盐析效果最好。

目前最常用的盐析剂是$(NH_4)_2SO_4$,其溶解度大,40℃时溶解度为 81%,而 Na_2SO_4 的溶解度只有 48.3%,NaH_2PO_4 只有 54.1%。20℃的常温下,$(NH_4)_2SO_4$ 的溶解度为 75.4%,而 Na_2SO_4 和 NaH_2PO_4 分别为 18.9% 和 7.8%。所以用$(NH_4)_2SO_4$盐析可不必加温使盐溶解。$(NH_4)_2SO_4$ 的饱和溶液可使大多数的酶沉淀下来,且对酶无破坏作用,压滤废液可直接作农肥利用。

2. 盐析剂的用量

盐析剂的用量与所沉淀的酶的种类和酶液中的杂质性质、数目有关,应以最高的用量为标准。其具体的用量须通过对比实验研究和生产实践摸索,才能确定。如目前生产的 BF7658 淀粉酶盐析剂$(NH_4)_2SO_4$的用量为 40%(夏天增加 2% 可使酶更好地沉淀),而对 AT3.942 栖土曲霉蛋白酶进行盐析时,$(NH_4)_2SO_4$ 用量达 60%,如果在发酵液压滤困难时再增加一些盐量,往往可以提高过滤速度。

由于$(NH_4)_2SO_4$的用量较大,要粉碎成粉末后边溶解边加入酶液中,应根据尽可能避免盐析剂积聚罐底的标准来决定加盐的速度。搅拌能加快盐的溶解和加速胶体溶液的破坏,有利于酶的沉降,采用 100r/min 的速度搅拌均匀即可,盐析 1h 左右,酶已完全沉淀。

3. 盐析的温度

盐析温度的选择,主要考虑不影响酶活力,即在酶活性稳定的温度下盐析,另外还要适当顾及盐析效果,所以一般都在常温下盐析。

4. 盐析的 pH 值

盐析 pH 值的选择需通过实验确定,主要考虑不影响酶活力。加过盐的酶液,其形成酶沉淀的 pH 值(即其等电点)改变不大,而且大量中性盐的存在破坏了蛋白质溶液的胶体状态,使其颗粒沉淀,所以盐析 pH 值对沉淀的形成影响不大。盐析的 pH 值大多选在使酶稳定的 pH 值范围内。

5. 酶液中的杂质

酶液中杂质的成分很复杂,对盐析的效果影响也很复杂,尤其是杂蛋白质和杂酶与所要提取的酶相互作用,影响就更复杂。如果杂质的影响较大,则盐析条件的选择应通过具体实验确定。在杂质中,特别是重金属的存在会导致酶活损失,例如十万分之一的 $CuSO_4$ 会使脂肪酶液的活力损失 90% 左右。

此外,发酵液最好及时盐析,否则会进一步发酵和滋生杂菌,会降低酶液的活力。

(三)盐析沉淀法提取四环素

应用盐析沉淀法提取抗生素的方法有多种,使用较普遍。例如,四环素类抗生素在碱性条件下能和 Ca、Ba、Mg 及某些季胺碱形成复合物而沉淀下来。具体步骤为:将四环素发酵滤液调 pH 至 9.0 左右,加入一定量的 CaO,形成钙盐沉淀;将沉淀用草酸溶解,同时有草酸钙析出;过滤,滤液调 pH 至 4.6~4.8,析出四环素粗碱;粗碱再溶于草酸水溶液中,经活性炭脱色,然后调 pH 至 4.0,即得到四环素碱成品。

三、有机溶剂沉淀法

有机溶剂沉淀法常用于酶制剂、氨基酸、抗生素等的提取。

1. 有机溶剂沉淀法的原理

有机溶剂分子能与大量的水分子结合,减少了蛋白质胶体溶液单位体积的含水量,因此高浓度有机溶剂会破坏蛋白质颗粒周围的水化层。失去水化层的蛋白质胶体颗粒便因不规则的布朗运动而相互碰撞,并在分子亲和力的影响下结合成巨大的聚集物,蛋白质便从溶液中沉淀析出。

由于有机溶剂沉淀某种蛋白质的浓度范围较大,因此用有机溶剂提取酶制剂所得的产品纯度较高。这种产品较适于食品、医药等方面的应用。但此法的缺点是需要耗用大量的溶剂,低温提取率要比盐析沉淀法低。

为获得较高的收率,常在有机溶剂沉淀提取时加入吸附剂(如淀粉、酪蛋白、氧化铝、硅藻土等),将有机溶剂沉淀法和吸附法联用。如提取 BF7658 淀粉酶时,酶液先用 0.8% Na_2HPO_4 和 1% $CaCl_2$ 在 pH6.1~6.5、45℃热处理 30min,然后在 60℃时加入 1% 的淀粉吸附,搅拌数分钟;再在温度 20℃以下慢慢加入浓乙醇,使乙醇的最后浓度为 70%(体积分数),轻轻搅匀,待沉淀完全后即可压滤、烘干、粉碎、混粉、包装;滤液经精馏回收乙醇。

2. 有机溶剂沉淀法提取酶制剂的影响因素

有机溶剂沉淀法提取酶制剂的影响因素很多,如有机溶剂的种类和用量、温度、pH 值、时间、溶液中的盐类、吸附剂的性质和用量等。

不同的有机溶剂沉淀蛋白质的效率受温度、pH 值、蛋白质的种类及杂质等因素的影响,要选择有机溶剂及其沉淀条件,应做实验来确定所用有机溶剂及其最适浓度,其中以丙酮为最好,乙醇次之,甲醇更次。

乙醇是最常用的沉淀剂。在沉淀过程中,乙醇与水混合后,放出大量的稀释热,能使溶液的温度显著升高,这对不耐热的酶来说影响较大,因此生产上常采用搅拌时少量多次加入有机溶剂的办法,以免温度骤升,损害酶的活力。有机溶剂对酶的沉淀能力也受温度的影响,一般温度越低,沉淀越完全,所以沉淀过程中必须注意冷却降温,使沉淀过程在较低的温度下进行。BF7658 淀粉酶在氧化钙保护下能耐较高的温度,而 AS1.839 蛋白酶的耐热性较差。对于某些极不耐热的酶,沉淀提取时可采用制冷剂,使温度下降至 0℃左右。

使用有机溶剂沉淀,有使酶变性的可能,特别是在酶还没有沉淀之前,这种可能性较大。所以在酶液中加入有机溶剂要搅拌均匀,其量不宜一下过多,以防局部浓度过高,引起酶失活;并且要在形成沉淀之前,尽可能快速地加完有机溶剂,以缩短形成沉淀的时间;沉淀完全后,应立即压滤和烘干,以除去湿酶中的有机溶剂。

在沉淀过程中,加入一些对酶有保护作用的盐类,则对减少酶的损失、提高收得率十分有利,并且还可使沉淀物凝聚而易于过滤。所以,在沉淀酶前先用适量的磷酸氢二钠和氯化钙进行热处理,再用乙醇沉淀,有利于过滤的进行。

如果在使用有机溶剂沉淀的同时还使用吸附的方法,则要注意吸附剂种类、用量及吸附温度的选择。由于酶的作用底物对酶有保护作用,所以一般都用底物作吸附剂。不同吸附剂的吸附能力不同,在淀粉吸附剂中,玉米淀粉的吸附能力较大。增加吸附剂用量应采用较低的吸附温度,吸附的效果则较好。湿淀粉作吸附剂时,应先经 80～100℃加热或加 10% Na_2SO_4 98℃处理 20min。

3. 有机溶剂沉淀法提取氨基酸

有机溶剂沉淀法提取氨基酸是将发酵液除去菌体等杂质后,加进能够和水混溶的有机溶剂(如甲醇、乙醇、丙酮等),然后调 pH 值至氨基酸的等电点,使氨基酸析出。使用过的溶剂可蒸馏回收,循环使用。

最常使用的溶剂是乙醇。若有些氨基酸在乙醇中溶解度大,则宜选用其他的有机溶剂,如脯氨酸易溶于乙醇,因此宜采用甲醇。

有机溶剂沉淀法提取氨基酸的提取效率高,但耗用有机溶剂的量大。在实际生产中,这一方法经常与离子交换法联合,尤其是用在氨基酸精制过程,效果较好。

四、热沉淀

在较高温度下,热稳定性差的蛋白质将发生变性沉淀,利用这一现象,可根据蛋白质间的热稳定性的差别进行蛋白质的热沉淀(thermal precipitation),分离纯化热稳定性高的目标产物。热沉淀基于蛋白质的变性动力学,假设变性过程符合一级反应定律,即

$$-\frac{dc}{dt} = k_D c \qquad (13-33)$$

将上式积分得

$$c = c_0 \exp(-k_D t) \qquad (13-34)$$

式中,c 为蛋白质浓度;c_0 为蛋白质的初始浓度;t 为时间;k_D 为变性速率常数,用阿累尼乌斯(Arrhenius)方程表示为

$$k_D = Z\exp\left(-\frac{E}{RT}\right) \qquad (13-35)$$

式中,Z 为频率因子;E 为变性活化能;R 为气体常数;T 为绝对温度。

从式(13-35)可以看出,若 Z 值相差较小,变性活化能小的蛋白质热敏性高,在较高温度下变性速率快。因此,变性活化能差别较大的蛋白质可利用热沉淀法分离。由于变性活化能可通过调节 pH 值或添加有机溶剂来改变,故调节 pH 值或添加有机溶剂是诱使杂蛋白变性沉淀的重要手段。例如,纯化红细胞酶(erythrocyte enzymes)可采用添加氯仿振荡的方法,其中的主要杂蛋白——血红蛋白发生快速沉淀而被除去。

必须指出,热沉淀是一种变性分离法,带有一定的冒险性,使用时需对目标产物和共存杂蛋白的热稳定性有充分的了解。

除以上沉淀法外,工业生产中,非离子型聚合物(nonionic polymers)、聚电解质(polyelectrolytes)和某些多价金属离子(polyvalent metal ions)也可用作蛋白质的沉淀剂。例

如,非离子型聚合物聚乙二醇是蛋白质稳定剂,也可促进蛋白质的沉淀。其作用机理尚不清楚,类似有机溶剂的作用机理,即降低蛋白质的水化度,增大蛋白质间的静电引力而使蛋白质沉淀;或认为是 PEG 的空间排斥作用使蛋白质被迫挤靠在一起而沉淀。

聚电解质对蛋白质的沉淀作用机理与絮凝作用类似,是在蛋白质间起桥梁作用。同时,聚电解质还兼有盐析和降低水化程度的作用。聚电解质的沉淀方法主要用于酶和食用蛋白的回收,目前常用于回收食品蛋白的聚电解质还有酸性多糖、羧甲基纤维素、海藻酸盐、果胶酸盐和卡拉胶等。

某些金属离子可与蛋白质分子上的某些残基发生相互作用而使蛋白质沉淀。例如,Ca^{2+} 和 Mg^{2+} 能与羧基结合,Mn^{2+} 和 Zn^{2+} 能与羧基、含氮化合物(如胺)以及杂环化合物结合。金属离子沉淀法的优点是可使浓度很低的蛋白质沉淀,沉淀产物中的重金属离子可用离子交换树脂或螯合剂除去。

第八节 结 晶

结晶是工业发酵生产过程中重要的操作单元之一,广泛应用于氨基酸发酵、有机酸发酵、核苷酸发酵、酶制剂发酵和抗生素发酵中。结晶是制备纯物质的有效方法。结晶过程具有高度选择性,只有同类分子或离子才能结合成晶体,因此析出的晶体很纯粹。在工业发酵中许多发酵产品如柠檬酸、味精、核苷酸、酶制剂和抗生素等是纯净而又呈固体状态的,且具有一定结晶形状,结晶就是为了获得更纯净的固体发酵产品。

一、结晶生成原理

结晶是使溶质呈晶态从溶液中析出的过程。晶体系化学性均一的固体,具有一定规则的晶形,是以分子(或离子、原子)在空间晶格的结点上的对称排列为特征。按照结晶化学的理论,晶体是由许多性质相同的单位粒子有规律地排列而成,在宏观上具有连续性、均匀性。区别一个物质是晶态还是非晶态,最主要的特点在于晶体的许多性质(如电学性质和光学性质)具有方向性或向量性,也就是说晶体在同一方向上具有相同性质,而在不同方向上具有相异性质,称为晶体的各向异性。一切晶体都有各向异性,此外,晶体还具有对称性。晶体具有这些特性都是因为组成晶体的粒子排列具有空间点阵式周期性。因此,晶体的一般定义是:许多性质相同的粒子(包括原子、离子、分子)在空间有规律地排列成格子状的固体,叫作晶体。每个格子称为晶胞,每个晶胞中所含原子或分子数可依据测量计算求出。结晶态物质一般是固体。由于水合作用,物质在溶液中形成一定晶形的晶体水合物而析出,晶体水合物含有一定数量的水分子,称为结晶水。例如,味精的晶体是带有一个结晶水的棱柱形八面体。

为了进行结晶,必须先使溶液达到过饱和状态,过量的溶质才会以固体态结晶出来。晶体的产生最初是形成极细小的晶核,然后这些晶核再成长为一定大小形状的晶体。溶质达到饱和浓度时,溶质的溶解速度与结晶速度相等,尚不能使晶体析出。当浓度达到一定的过饱和程度时,才可能析出晶体。过饱和溶液的浓度与饱和溶液浓度之比称为过饱和率。因此,结晶的全过程包括形成过饱和溶液、晶核形成和晶体生长三个阶段。

物质在溶解时一般吸收热量,在结晶时放出热量,这一热量称为结晶热。结晶是一个同时有质量变化和热量传递的过程。

溶解度与温度的关系可以用饱和曲线来表示,开始有晶核形成的过饱和浓度与温度的关系可以用过饱和曲线来表示(见图13-96)。

根据实验,饱和曲线和过饱和曲线大体上相互平行。这样就把温度—浓度图分成三个区域:

(1)稳定(不饱和)区:不会进行结晶;
(2)不稳定(过饱和)区:结晶能自动进行;
(3)介稳区:在稳定区与不稳定区之间。结晶不能自动进行,但如加入晶体,能诱导结晶产生,这种加入的晶体称为晶种。

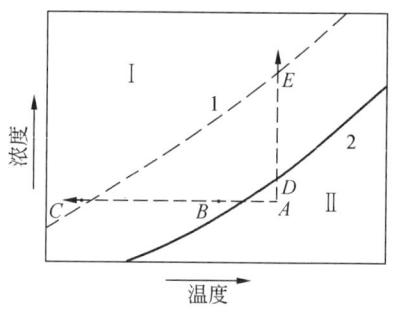

图13-96 饱和曲线与过饱和曲线
Ⅰ—不稳定区;Ⅱ—稳定区;
1—过饱和曲线;2—饱和曲线

图13-96中的A表示不饱和溶液,当将溶液A冷却,虽然溶媒量保持不变,但是沿直线ABC到达C点(过饱和区)时,结晶才能自动进行。另一方面,如将溶液在等温下蒸发(直线ADE),则当达到E点时,结晶方能自动进行。进入不稳定区的情况很少发生,因为蒸发表面的浓度一般超过主体浓度,在这种表面上首先形成晶体,这些晶体能诱导主体溶液在到达E点或C点前就发生结晶。在实际操作中,有时将冷却和蒸发合并进行。

对于等量结晶,结晶过程若晶核的形成速率大于晶体的成长速率,则产品中的晶体小而数目多;若晶核的形成速率小于晶体的成长速率,则产品中的晶体大而数目少。介稳区决定晶体的成长,而不稳定区决定晶核的形成。介稳区的概念对工业发酵生产中结晶操作很重要。在结晶过程中,如将溶液控制在介稳区且在较低的过饱和率之下,则在较长时间内只有少量的晶体产生,主要是原有晶核的成长,于是可得到颗粒较大而整齐的结晶;如将溶液控制在介稳区,但是在较高的过饱和率之内,或者使之到达不稳定区,则将有大量的晶核产生,导致结晶体很小。所以要通过适当控制溶液的过饱和程度来控制结晶。

二、影响结晶生成的因素

1. 过饱和率

过饱和率直接影响晶核的形成速度和晶体的生长速度,同时也影响晶核的大小。过饱和率增加,能使成核速度和晶体生长速度增大,而过饱和率对成核速度的影响大于对晶体生长速度的影响。当过饱和率达到某一定值时,有最大的成核速度,超过这一定值时,过饱和率继续增加,而成核速度反而减小(见图13-97)。这是由于过饱和率过高时,系统黏度大,分子运动减慢,成核受阻,因此使成核速度降低。一般过饱和率在不大的情况下,对晶体颗粒大小的影响往往不甚显著,只有当过饱和率很高时才影响显著。实际上,当过饱和率较大时,得到的晶体就较细小。

2. 黏度

黏度大时,溶质分子扩散速度慢,妨碍溶质在晶体表面上的定向排列,这时晶体生长速度与溶液的黏度成反比。

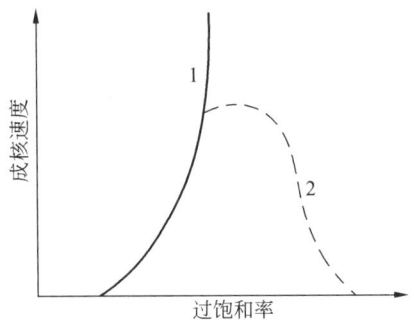

图 13-97 过饱和率对成核速度的影响
1—理论曲线；2—实际曲线

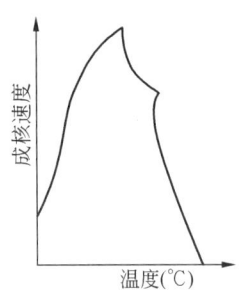

图 13-98 温度对成核速度的影响

3. 温度

温度的高低也能直接影响成核速度和晶体生长速度。温度升高，可使成核速度和晶体生长速度增快。经验表明，温度对晶体生长速度的影响比对成核速度的影响更为显著。因为温度升高，成核速度也升高。但温度又对过饱和率有影响，一般当温度升高时，过饱和度降低。所以，温度对成核速度的影响由温度与过饱和率之间相互消长的速度来决定。根据实验，一般成核速度开始时随温度升高而上升，当成核速度达到最大值后，温度再升高，成核速度反而降低，见图 13-98。温度对晶体的大小也影响较大。在较高温度下结晶，实际形成的晶体也较大；在较低温度下结晶，得到的晶体较细小；温度改变过大时，常会导致晶形和结晶水的变化。

4. 搅拌

搅拌能促进成核和扩散。提高晶核生长速度，搅拌可使晶体与母液均匀接触，使晶体长得更大和更均匀。但当搅拌强度达到一定程度后，再提高搅拌强度，效果就不显著，相反还会将晶体打碎。搅拌转速的快慢应根据不同发酵产品对晶体的要求不同以及浓度高低而异。例如，味精煮精锅的搅拌转速为 6r/min；粉状味精结晶缸的搅拌转速为 20～28r/min；柠檬酸结晶槽的搅拌转速约为 8r/min；葡萄糖结晶箱的搅拌转速约为 0.45r/min 或 1.6r/min；普鲁卡因青霉素的微粒结晶采用的搅拌转速为 1000r/min；而普鲁卡因青霉素制备晶种时则采用高达 3000r/min 的转速。

5. 冷却速度

冷却速度能直接影响晶核的生成和晶体的大小。迅速冷却和剧烈搅拌能达到的过饱和率较高，有利于大量晶核的生成，而析出的晶体较细小，而且常导致生成针状结构。当结晶速度过大时（即过饱和率很高，冷却速度很快时），常易形成晶簇而包含母液等杂质，或晶格中包含溶媒。对于这种杂质，用洗涤的方法不能除去，只能通过重结晶来除去。缓慢冷却、适当搅拌，有利于晶体的均匀生长。例如，相对密度为 1.35～1.37 的柠檬酸溶液在结晶过程中会放出热量，浓缩液温度升高，因此必须降温，但降温不能太快，特别是在 50℃ 以下降温过快容易形成过小的晶体，很难与母液分离，甚至得到粉末状的细粒，从而降低产量。粉末在分离时会形成硬块，因而夏季须用冰水冷却至 20℃，结晶才容易分离。

6. pH 值和等电点

pH 值对结晶生成的影响较大，因此结晶过程要注意选择适宜的 pH 值。结晶溶液的

pH值一般选择在被结晶的溶质的等电点的附近,有利于晶体的析出。因为在接近等电点的pH条件下,所带的阴离子与阳离子相等,两性电解质的发酵产品(溶质)便形成结晶而析出。例如,在谷氨酸钠溶液中加入盐酸调节pH值至3.2,则析出纯谷氨酸结晶。

7. 晶种

加入晶种能诱导结晶,晶种可以是同种物质或相同晶型的物质。为了较易控制晶粒的数目、大小及均匀度,往往在结晶将要开始前投入晶粒作为晶种,再通过缓慢冷却来控制,以便系统始终处于介稳区中。系统不会自动成核,因未达到不稳定区,这样能得到一定大小且较均匀的晶体。加入晶种能控制晶体的形状、大小和均匀度。为此首先要求晶种有一定的形状,而且大小比较均匀。例如,味精于1500L煮晶锅结晶时,投入20目的晶种230kg,可获得结晶大小均匀的针状味精。又如,要使普鲁卡因青霉素微粒结晶获得成功,适宜的晶种是一关键问题,用于普鲁卡因青霉素的晶种为2μm左右的椭圆形晶体,最大不超过5μm,晶种用量为青霉素总单位的0.03%~0.15%。

8. 晶浆浓度

晶浆浓度越高,单位体积结晶器中结晶表面积越大,则固液接触的比表面积越大,结晶生长速率就越快,越有利于提高结晶生产速度。但是,晶浆浓度过高时,悬浮液的流动性差,混合操作困难。因此,晶浆浓度应在操作条件允许的范围内取最大值。在间歇操作中,晶种的添加量应根据最终结晶产品的大小来决定,以满足晶浆浓度最大的高效生产要求。

9. 循环流速

循环流速对结晶操作的影响主要体现在以下几个方面:①提高循环流速有利于消除设备内的过饱和度分布,使设备内的结晶成核速率及生长速率分布均匀;②提高循环流速可增大固液表面传质系数,提高结晶生长速率;③外部循环系统中设有换热设备时,提高循环流速有利于提高换热效率,抑制换热器表面晶垢的生成;④循环流速过高会造成结晶的磨损破碎。因此,循环流速应在无结晶磨损破碎的范围内取较大的值。

10. 结晶系统的晶垢

结晶操作中常伴有在结晶器壁及循环系统中产生晶垢的现象,严重影响结晶效率。

采用下述方法可防止晶垢的产生或除去已产生的晶垢:①器壁内表面采用有机涂料,尽量保持壁面光滑,可防止在器壁上的二维成核现象发生;②提高结晶系统中各个部位的流体流速,并使流速分布均匀,消除低流速区;③若外循环液体为过饱和溶液,应使其中含有悬浮的晶种;④采用夹套保温方式防止壁面附近过饱和度过高;⑤增设晶垢铲除装置,或定期添加溶剂溶解产生的晶垢;⑥蒸发结晶器的蒸发室壁面极易产生晶垢,可采用喷淋溶剂的方式溶解晶垢。

11. 共存杂质的影响

结晶的对象一般是多组分物系,目的是选择结晶目标产物。如果共存杂质的浓度较低,一般对结晶影响小。如果杂质含量不断升高(如采用蒸发式结晶操作时),杂质的积累会严重影响目标产物结晶的纯度。另外,杂质对结晶过程的影响还表现为:①改变目标产物的溶解度,从而使在相同目标产物浓度下的过饱和度改变,直接影响结晶成核速率和生长速率;②杂质在目标产物结晶表面的吸附等作用导致结晶体各晶面生长速率的不同,从而改变结晶的晶习,即晶体的外部形态。能够改变结晶晶习的物质称为晶习修改剂或媒晶剂。③如果杂质进入到晶体的晶格中,会影响目标产物结晶的理化性质(如导电性、催化反应活性)

以及生物活性(如抗生素的药效)。因此,结晶操作中需要控制杂质的含量,往往在结晶系统中增设除杂质设备,如在外部循环系统中增设离子交换柱等分离设备,或者设废液排放口,连续排放部分溶液,降低结晶器中杂质的浓度。

12. 晶习修改剂

晶习修改剂可改变结晶行为,包括晶体外部形态(晶习)、粒度分布和促进生长速率等。因此,为促进生长速率或获得某种希望出现的晶习,可向结晶系统中添加晶习修改剂。晶习修改剂通常在一定浓度下发挥作用,具体浓度因结晶物系不同而异。一般认为晶习修改剂的作用机理有两种:①不参与目标溶质的结晶,只是集中在晶体表面附近,导致晶体表面层发生变化,从而影响结晶行为;②不但存在于母液,而且被吸附于晶体表面,进入晶格,目标溶质与晶格连接前,首先替换晶面上的杂质,从而影响晶面生长速率,导致晶习的改变。

三、重结晶

由结晶获得的物质通常是很纯的,但事实上,总难免有杂质夹带其中。例如,若杂质与产品有着相同的溶解度,那么,此时杂质便会与产品发生共结晶现象。此外,杂质有时也会并入产品的基体中。在其他场合下,如洗涤不彻底,母液未被全部除尽等,也会引起产品的污染。重结晶可以减少晶体中杂质的含量。

重结晶的操作程序可以多种方式进行,其中最简单的形式就是把含杂质的晶体溶解在少量热的纯溶剂中,然后冷却至新的晶体生成。这些新晶体一般要比原有晶体更纯一些。按此步骤重复操作,直至晶体达到规定的纯度为止。

这种操作被称为简单重结晶,如图 13-99 所示。在该图中,新鲜溶剂用 S 表示,母液则用 L_i 表示,原始晶体为 AB;晶体的纯度从 $X_1 \rightarrow X_2 \rightarrow X_3$ 逐渐提高,母液的纯度则从 $L_1 \rightarrow L_2 \rightarrow L_3$ 逐渐增加。

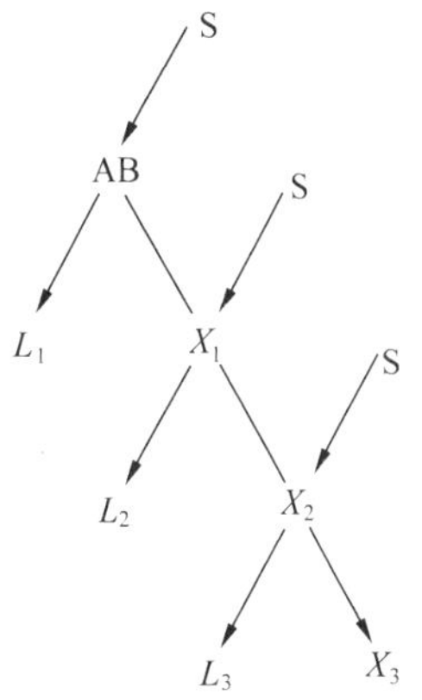

采用这样的操作方式,产品的收率一般很低,在最终的"纯"晶体中,回收得到所需要的溶质仅是很小的一部分。例如,溶质 A 经过 N 次重结晶后,最终获得的回收率

$$Y_A = [E_A/(1 + E_A)]^N \quad (13-36)$$

式中,E_A 为溶质 A 的提纯度。

若按图 13-100 所示的三角形路线图进行重结晶,可以较好地利用母液。此时,AB 仍表示原始晶体,通常 A 表示难溶溶质,B 为易溶溶质。AB 晶体被溶解在少量新鲜的热溶剂中后进行冷却,析出晶体 X_1,得到母液 L_1。当晶体和母液分离之后,晶体再一次溶解在少量热溶剂中,并获得新晶体 X_2 和新母液 L_2。如此重复进行,直至晶体达到规定的纯度为止。这样的操作,与上述简单重结晶并无区别,所不同的是,此时增加了一些附加操作,以便从母液中提取 A。如母液 L_1 进一步浓缩,获得晶体 X_3 与母液 L_3,晶体 X_3 接着再溶解在热的母液 L_2 中,由此得到晶体 X_5 和母液 L_5。母液 L_3 经浓缩,得到晶体 X_6 和母液 L_6……该流程被称为分级重结晶。由图 13-100 可见,每经过一次操作,纯度较高的晶体向右移动,而杂质较多的母液则向左移动。因此溶解度低的产品,如 A,将集中在图的右侧;溶解度高的溶质,如 B,则集中在图的左边;中等溶解度的物质,将积聚在图的中央部分。

图 13-99 简单重结晶

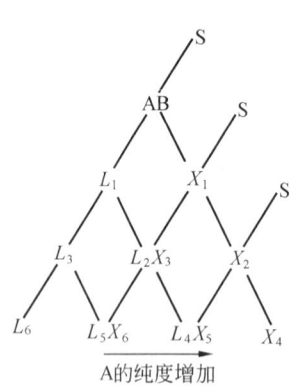 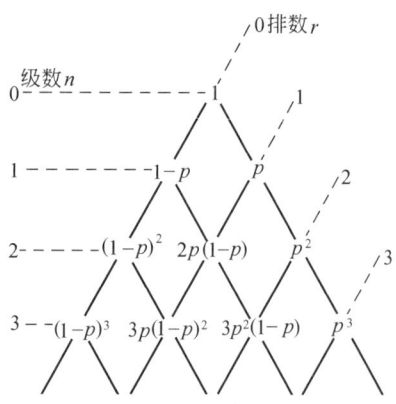

图 13-100　分级重结晶　　　　图 13-101　分级重结晶的逐级计算

对这种结晶流程,可作如下的定量描述,并用图 13-101 中所示的符号表示。现规定在此三角形路线图中,凡处在同一层上的操作皆用 n 级描绘。另外,用另一指数即排数 r 代表路线图中的斜向位置。如果开始时料液中含有单位质量的溶质,并且每经一次结晶操作后,将有 p 部分溶质进入晶体内,则最后有 $(1-p)$ 部分溶质遗留在母液中。于是,在图 13-100 中的某一步,如 n 级 r 排,溶质的分率 $f(r,n)$ 将由下列二项式表示:

$$f(r,n) = \frac{n!}{r!(n-r)!} p^r (1-p)^{n-r} \tag{13-37}$$

如果各溶质之间的 p 值差 4 倍以上,那么重结晶操作后可得到满意的结果。

四、结晶器

工业结晶设备主要分冷却式结晶器和蒸发式结晶器两种,后者又根据蒸发操作压力分常压蒸发式结晶器和真空蒸发式结晶器。因真空蒸发效率较高,所以蒸发式结晶器以真空蒸发式结晶器为主。特定目标产物的结晶具体选用何种类型的结晶器主要根据目标产物的溶解度曲线而定。如果目标产物的溶解度随温度升高而显著增大,则可采用冷却式结晶器或蒸发式结晶器,否则只能选用蒸发式结晶器。

(一)冷却式结晶器

1. 搅拌槽

图 13-102 和图 13-103 是冷却式搅拌槽结晶器的基本结构,其中图 13-102 为夹套冷却式,图 13-103 为外部循环冷却式,此外还有槽内蛇管冷却式。搅拌槽结晶器结构简单,设备造价低。夹套冷却式结晶器的冷却比表面积较小,结晶速度较低,不适于大规模结晶操作。另外,因为结晶器壁的温度最低,溶液过饱和度最大,所以器壁上容易形成晶垢,影响传热效率。为消除晶垢的影响,槽内常设有除晶垢装置。外部循环式冷却结晶器通过外部热交换器冷却,由于强制循环,溶液高速流过热交换器表面,通过热交换器的溶液温差较小,热交换器表面不易形成晶垢,交换效率较高,可较长时间连续运转。

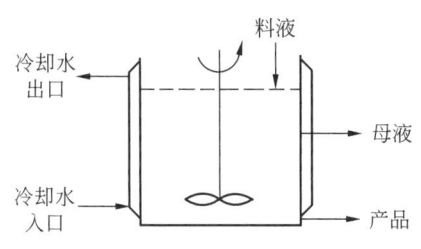
图13-102 夹套冷却式搅拌槽结晶器

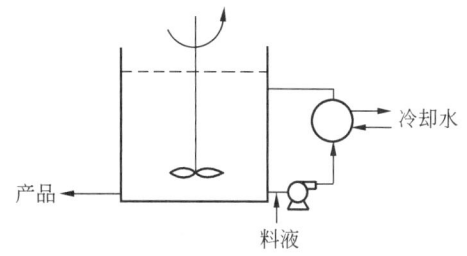
图13-103 外部循环冷却式搅拌槽结晶器

2. Howard 结晶器

如图13-104所示,Howard结晶器也是夹套冷却式结晶器,但结晶器主体呈锥形结构。饱和溶液从结晶器下部通入,在向上流动的过程中析出结晶,析出的晶体向下沉降。由于下部流速较高,只有大颗粒晶体能够沉降到底部排出,因此Howard结晶器是一种结晶分级型连续结晶器。由于采用夹套冷却,结晶器的容积较小,故适用于小规模连续生产。

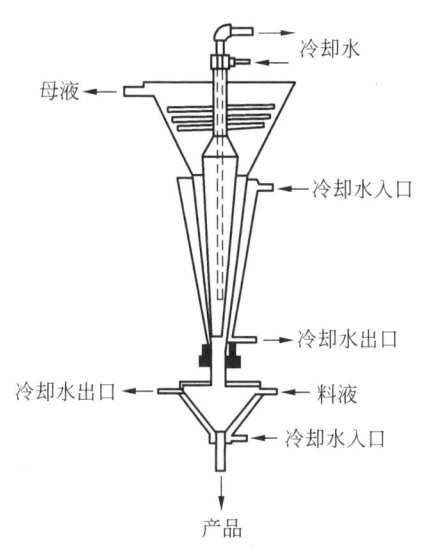

图13-104 Howard 结晶器

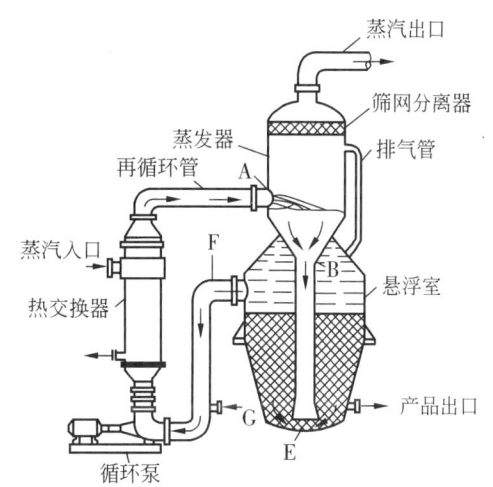

图13-105 Krystal-Oslo 结晶器
A—闪蒸区入口;B—介稳区入口;E—床层区入口;
F—循环流出口;G—结晶料液入口

(二)蒸发式结晶器

1. Krystal-Oslo 结晶器

蒸发式结晶器由结晶器主体、蒸发室和外部加热器构成。图13-105是一种常用的Krystal-Oslo型常压蒸发结晶器。溶液经外部循环加热后送入蒸发室蒸发浓缩,达到过饱和状态,通过中心导管下降到结晶生长槽中。在结晶生长槽中,流体向上流动的同时结晶不断生长,大颗粒结晶发生沉降,从底部排出产品晶浆。因此,Krystal-Oslo结晶器也具备结晶分级能力。将蒸发室与真空泵相连,可进行真空绝热蒸发。与常压蒸发式结晶器相比,真空蒸发结晶器不设加热设备,进料为预热的溶液,蒸发室中发生绝热蒸发。因此,在蒸发浓缩的同时,溶液温度下降,操作效率更高。此外,为使结晶槽内处于常压状态,便于结晶产品的排出和澄清母液的溢流在常压下进行,真空蒸发结晶器还设有大气腿。

2. DTB 结晶器

另一种常用的蒸发结晶器称为 DTB 结晶器,内设导流管和钟罩形挡板,导流管内又设有螺旋桨,驱动流体向上流动进入蒸发室,如图 13-106 所示。在蒸发室内达到过饱和的溶液沿导流管与钟罩形挡板间的环形表面缓慢向下流动,而在挡板与器壁之间的流体则向上流动,其间细小结晶沉积,澄清母液循环加热后从底部返回结晶器。另外,结晶器底部设有淘洗腿,细小结晶在淘洗腿内溶解,而大颗粒结晶作为产品被排出回收。若对结晶产品的粒度要求不高,则可不设淘洗腿。

DTB 结晶器的特点是:由于结晶器内设置了导流筒和高效搅拌螺旋桨,形成内循环通道,故内循环效率高,过饱和度均匀,且较低(一般过冷度小于 1℃)。因此,DTB 结晶器的晶浆密度可达到成品晶粒的 30%～40% 水平,生产的强度高、粒度达 600～1200μm 的大颗粒结晶产品。

3. DP 结晶器

DP 结晶器即双螺旋桨结晶器,如图 13-107 所示。DP 结晶器是对 DTB 结晶器的改良,内设两个同轴螺旋桨。其中之一与 DTB 型一样,设在导流管内,驱动流体向上流动;而另一个螺旋桨比前者大一倍,设在导流管与钟罩形挡板之间,驱动液体向下流动。由于是双螺旋桨驱动流体内循环,所以在低转数下即可获得较好的搅拌循环效果,功耗较 DTB 结晶器低,有利于减少结晶的机械破碎。

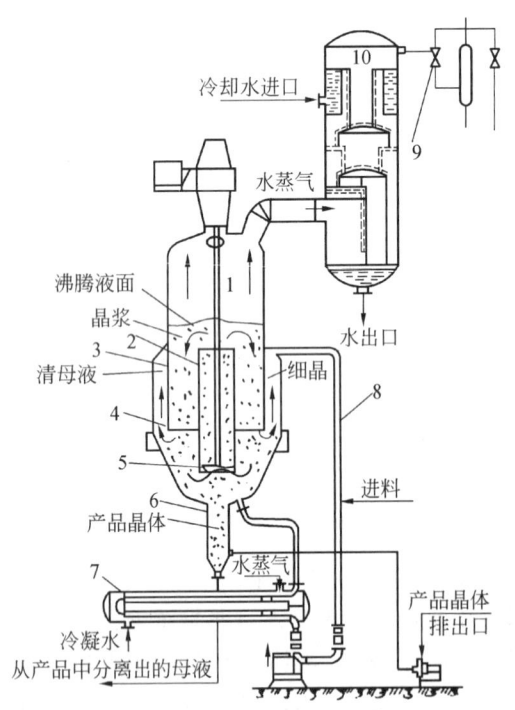

图 13-106 DTB 结晶器

1—结晶器;2—导流管;3—环形挡板;4—澄清区;5—螺旋桨;6—淘洗腿;7—加热器;8—循环管;9—喷射真空泵;10—大气冷凝器

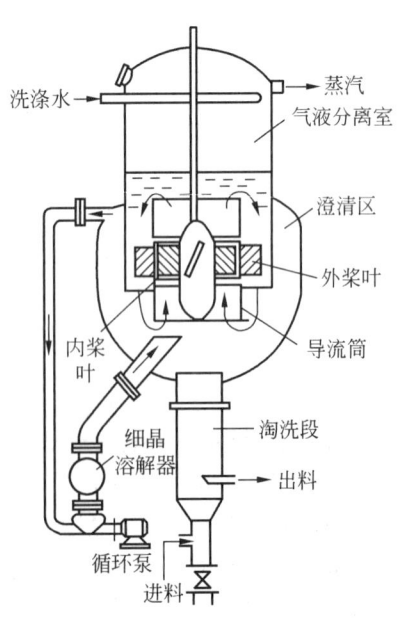

图 13-107 DP 结晶器

五、工业发酵常用结晶法的应用

结晶具有成本低、设备简单、操作方便等优点,因此在大规模生产中得到广泛应用。结晶的首要条件是过饱和,常用的创造过饱和条件的方法是:将热饱和溶液冷却,添加晶种结晶;将部分溶媒蒸发结晶;添加有机溶剂结晶;盐析结晶;等电点结晶。

1. 将热饱和溶液冷却,添加晶种结晶

将接有晶种的热饱和溶液缓慢冷却,进行温度控制,以使系统始终处于介稳区,系统因未能达到不稳定区,不会自动生成晶核,也就是图13-96中直线 ABC 所示的过程,当到达 C 点时,结晶才能自动进行。因为添加了晶种而不能达到 C 点,也即未能达到不稳定区,系统不会自动成核,这样就能得到一定大小的较均匀的晶体。此法适用于溶解度随温度降低而显著减小的发酵产品的结晶,例如谷氨酸和柠檬酸等发酵产品的结晶。

2. 部分溶媒蒸发结晶

此法也就是图13-96中直线 ADE 所示的过程,适用于溶解度随温度变化不显著的发酵产品的结晶,例如,灰黄霉素的丙酮萃取液真空浓缩除去丙酮后即可得结晶析出。此法又可分为直接添加有机溶剂法、挥发性有机溶剂蒸发法以及冷冻真空干燥法等。

3. 添加有机溶剂结晶

此法是调节溶液的 pH 值或添加有机溶剂使生成新物质,使其浓度超过它的溶解度从而被结晶析出。例如,土霉素经122树脂脱色后的酸性滤液,调 pH 至4.5~4.6,即有土霉素游离碱结晶析出。又如在青霉素丁酯提取液中加入乙醇—醋酸钾溶液,即生成青霉素钾盐,后者难溶于丁酯中而结晶析出。

4. 盐析结晶

添加一种物质于溶液中,以使溶质的溶解度降低,形成过饱和溶液而结晶的方法,通常称为盐析法。这种物质可以是有机溶剂或能溶于溶液的物质。加入的有机溶剂必须能与原溶剂互溶。例如,利用卡那霉素易溶于水、不溶于乙醇的性质,将卡那霉素脱色液加入95%的乙醇中,添加量为脱色液的60%~80%,搅拌6h,卡那霉素硫酸盐即结晶析出。普鲁卡因青霉素结晶时,加入一定量的食盐,可以使晶体容易析出。

5. 等电点结晶

此法是调节溶液的 pH 值使之接近等电点,从而使溶质结晶析出。此法广泛应用于酶制剂、氨基酸及抗生素等发酵产品的结晶提纯。例如,溶菌酶的结晶是在5%溶菌酶水溶液中加入 NaCl 5g,以 NaOH 溶液调 pH 值至9.5~10.0,4℃静止8h,溶菌酶的结晶即可生成。

第九节 干 燥

干燥的主要目的是除去发酵产品中的水分,使发酵产品能够长期保存而不变质,方便包装和运输。对于具有生理活性的、药用的和食用的发酵产品,如酶制剂、维生素和抗生素等,在干燥过程中必须注意保存其活性、营养价值和药效,宜采用低温干燥或冷冻升华干燥。

一、干燥原理

干燥是将潮湿的固体、半固体或浓缩液中的水分(或溶剂)蒸发除去的过程。根据水分在固体中的分布情况,可分为表面水分、毛细管水分和被膜所包围的水分三种。表面水分又称为自由水分,它不与物料结合而附着于固体表面,干燥最快、最均匀。毛细管水分是一种结合水分,如化学结合水和吸附结合水,存在于固体极细孔隙的毛细管中,水分子逸出比较困难,蒸发时间慢并需较高温度。膜包围的水分,如细胞中被细胞质膜所包围的水分,需经缓慢扩散至膜外才能蒸发,最难去除。

被干燥的物质其温度与周围空气的湿度具有动态平衡关系,若使被干燥的物质所含水分低于周围空气中的水分,则必须放在严密封盖的容器中进行干燥,才能得到含水量极低的发酵产品。

干燥常常是发酵产品提取过程最后的单元操作,它要借助加热汽化的方法来除去水分,因此要耗热而且耗费较大。如干燥方法排除1kg水分的费用比用过滤、压榨等机械方法的费用高十余倍。故在干燥之前,通常先经沉降、过滤、离心分离、压榨等过程使物料先脱水。

干燥过程和蒸发过程都要加热水分使之汽化,而蒸发时是液态物料中的水分在沸腾状态下汽化,干燥通常是含有水分的固态物料,且水分低于沸点的条件下进行汽化。被干燥物料的水分运动和汽化会受到物料层的影响。既然水分未达沸点,其蒸汽压就比周围气体压强小,能否使蒸汽大量排出,就要受到周围气体条件的影响。因此,干燥过程实质是在不沸腾的状态下用加热汽化方法驱除湿物料中所含液体(水分)的过程。这个过程受传热规律、水分性质、物料与水分结合的特性、水汽运动和转化规律的影响。由于空气与物料表面的温度相差很大,传热速率很快;又由于物料表面水分的蒸汽压大大超过热空气中的水蒸气分压,故水分汽化的速度也很快。物料表面的水分汽化后,物料内部与表面间形成湿度差,于是物料内部的水分便不断地从中心向表面扩散,然后又在表面汽化。随着内部扩散速率减慢,微粒表面被蒸干,蒸发面向物料内部推移,直到干燥过程结束。可见,干燥过程是传热与传质同时进行的过程。

二、常用干燥方法与干燥速度影响因素

目前工业生产中所用的干燥方法有对流加热干燥法、接触加热干燥法、辐射加热干燥法、介电加热干燥法和冷冻升华干燥法五类。由于辐射加热干燥法(或称为红外线干燥法)耗电量大、间歇干燥劳动强度大,故较少采用;介电加热干燥法(或称为高频电干燥法)设备复杂、耗电量大,同样比较少用。工业发酵中干燥方法常用以下三种:

1. 对流加热干燥法

此法又称为空气加热干燥法,即空气通过加热器后变为热空气,将热量带给干燥器并传给物料。这种方法是利用对流传热方式向湿物料供热,使物料中的水分汽化,形成的水汽同时被空气带走,故空气是载热体又是载湿体。这种方法在工业发酵中获得广泛应用,常用的有气流干燥、沸腾干燥、喷雾沸腾造粒干燥和喷雾干燥等。

2. 接触加热干燥法

此法又称为加热面传热干燥法,即用某种加热面与物料直接接触,将热量传给物料,使其中水分汽化。在工业发酵中也较普遍使用,如箱式干燥和真空干燥等。

3. 冷冻升华干燥法

此法是先将物料冷冻至冰点以下,使水分结冰,然后在较高的真空条件下(保持压力在27~267Pa),使冰直接升华为水蒸气而被除去。整个过程分为三个阶段:①发酵产品温度

降低,水分结晶及部分冻结阶段;②升华阶段;③剩余水分的蒸发阶段。此法适用于具有生理活性的生物大分子和酶制剂、维生素及抗生素等发酵产品的干燥。

影响干燥速度的因素很多,如不同种类的物料和干燥条件,它们的作用大小各不相同,所以到目前为止,还不能够用一定的数学函数关系式来表示。主要影响因素如下:

(1)湿物料的性质和形状　它是指物料的物理结构、化学组成、形状和大小,物料层的厚度,水分的结合方式等。

(2)湿物料本身的温度　物料本身的温度越高,干燥速度就越大。

(3)干燥介质的温度　通常,干燥介质温度高,干燥的速度就大,但是,干燥介质的温度不是可以无原则地提高的,一般应低于物料的变质温度(如分解、焦化、熔融等温度)。对于具有生理活性的发酵产品,其干燥介质温度尤其不能过高。干燥介质进口和出口温度越接近,干燥器内干燥介质的平均温度也越高,干燥速度就越大。但是考虑到热的利用效率,在实际操作中不能把干燥介质出口温度提得太高,因为过高的出口温度会引起干燥过程的热效率下降。

(4)物料的最初、最终和临界湿含量　如果物料的最终湿含量高于临界湿含量,由于干燥在恒速阶段进行,所以干燥速度较快。如果物料的最终湿含量很低,且和物料在干燥介质条件下平衡水分相接近时,往往干燥速度很慢。

(5)干燥介质的湿度和流动情况　如果干燥介质是空气,则相对湿度越低,水分汽化越快,这在等速干燥阶段影响更加明显,加快空气流速可以提高干燥速度。

(6)干燥介质与被干燥物料的接触情况及干燥器的类型,对干燥速度也有一定的影响。

三、工业发酵常用干燥方法的应用

(一)气流干燥

随着干燥技术的发展,古老的干燥设备已逐步被流态化的气流干燥和沸腾干燥设备所代替。流态化的气流干燥技术发展迅速,目前已广泛应用于工业发酵、制药和食品等工业中。

气流干燥就是利用热的空气与粉状或粒状的湿物料接触,使水分迅速汽化而获得干燥物料的方法。由于气流干燥时间很短,一般为1～5s,故又称为瞬间干燥。

1. 气流干燥的特点

(1)气流干燥的最大特点是干燥强度大,干燥时间短。流态化干燥充分改善了气固接触条件,由于物料在热风中呈悬浮状态,因而使物料最大限度地与热空气接触。另外,由于干燥时的分散与搅动作用,使气化表面不断更新,因此干燥强度大。同时,由于流态化干燥流速较快,一般为10～20m/s,使物料剧烈搅动,大大减少了汽膜阻力,热容量系数高达$8.37 \times 10^3 \sim 2.51 \times 10^4 kJ/(m^3 \cdot h \cdot ℃)$,故干燥时间很短,仅数秒,而通常利用箱式干燥器干燥味精要2h以上,干燥四环素要8～16h,如果采用旋风气流干燥,则仅需1～3s就可以了。因此,气流干燥适用于热敏性物料的干燥。

(2)气流干燥由于具有干燥时间短的特点,因此可采用较高温度的热空气来干燥物料,而物料却不发生变化,甚至热敏性物料也不发生变化,原因在于瞬时高温对物料变质的影响较小。例如,酶制剂厂利用130±5℃的热空气干燥淀粉酶;制药厂利用140℃的热空气干燥赤霉素,利用130±5℃的热空气干燥四环素,对产品质量均无影响;味精厂用280℃的热空气干燥生粉,同样可获得优质的产品。

(3)气流干燥设备简单,生产能力大,特别是旋风气流干燥器更为简单,可节省钢材和土地,投资费用少,加工方便。例如,味精厂的旋风干燥器,φ560mm×1370mm,生粉产量为630kg/h;制药厂的旋风干燥器,φ400mm×1370mm,四环素干粉产量为40kg/h。

(4)气流干燥可以把干燥、粉碎、筛分、输送及包装合为一个工序。又由于整个过程在密封条件下进行,减少物料的飞扬,防止杂物污染,故不仅可以保证生产车间的环境卫生,还可以保障工人身体健康,同时也提高了产品的质量及收率。

(5)气流干燥的缺点 对于要求有一定形态的颗粒或非常粘稠的液体物料,气流干燥不太适用,热利用效率较低。一般如果保温良好,热气体温度在450℃以上时,热利用效率在60%~75%之间。

2. 气流干燥器的类型

气流干燥器的类型很多,目前我国常用的可分为:长管式气流干燥器,其长度在10~20m;短管式气流干燥器,其长度为4m左右;旋风气流干燥器和短管旋风气流干燥器等。

3. 长管式气流干燥流程

图13-108是长管式气流干燥器干燥味精流程。空气被鼓风机抽吸,经过过滤器、空气加热器后温度为80~90℃,送入气流干燥管。含水分约4%的味精经料斗和分配器均匀地由干燥管下部送入,被热空气流送入干燥管脱水干燥后,经旋风分离器分离后进入振筛进行分级,得含水率约为0.2%的味精产品。尾气经幼粉回收器回收味精粉末后由排气机排入大气。与味精接触的设备用不锈钢或陶瓷制作,均能保证产品的质量。设备的缺点是:采用列管式热交换器耗钢材较多,传热系数较低,由于器壁对味精的磨损,产品光亮度稍差。该流程干燥管的直径为150mm,高为7000mm,空气加热器传热面积为11m²,加热蒸汽压力为343~441kPa,鼓风机功率为22kW,转速为2900r/min,风量为1975~3840m³/h,风压为1245Pa,分配器功率为0.6kW,变速后的转速为16r/min,旋风分离器直径为400mm,设备生产能力(以产品计)为每8h 1.3~1.4t。

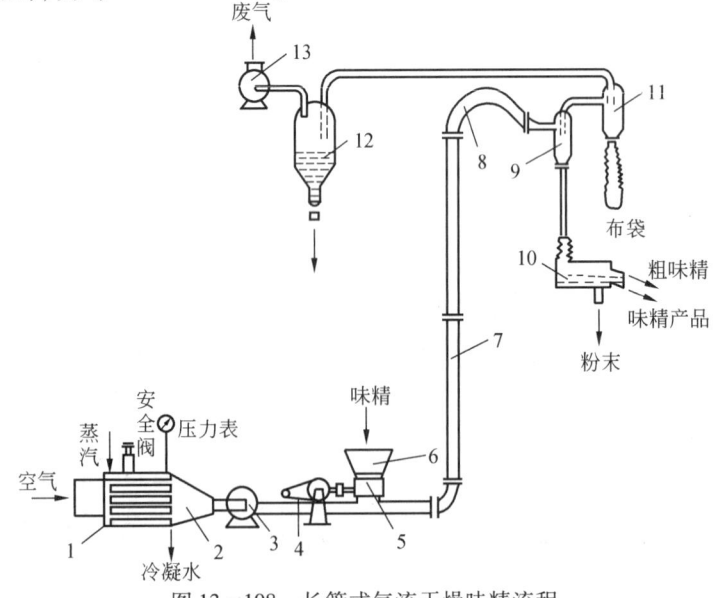

图13-108 长管式气流干燥味精流程

1—过滤器;2—空气加热器;3—鼓风机;4—皮带轮;5—螺旋分配器;6—料斗;7—气流干燥管;8—缓冲管;9—一级旋风分离器;10—振筛;11—二级旋风分离器;12—湿式收集器;13—排风机

4. 短管式气流干燥流程

短管式气流干燥器降低了设备及厂房的高度,减少了设备材料的消耗,提高了产品质量及产量。短管道负压气流干燥流程如图13-109所示:干燥管长4500mm,直径为10mm,第一级旋风分离器直径为400mm,第二级旋风分离器直径为300mm,鼓风机风量为619m³/h,风压3413Pa,功率为1.7 kW,转速为3000r/min。

5. 旋风式气流干燥流程

旋风式气流干燥是利用流态化与壁传导热的原理,当气流夹带粉粒物料从切线方向进入旋风干燥器,沿热壁产生

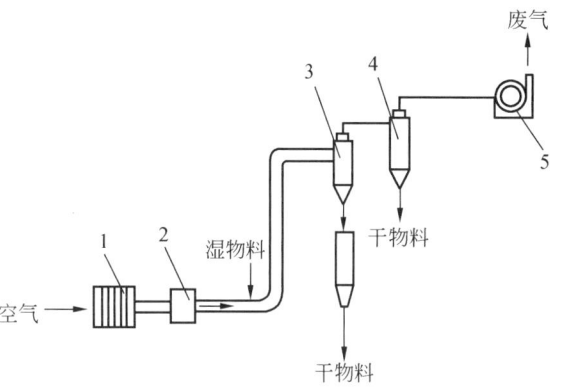

图13-109 短管负压气流干燥流程
1—蒸汽加热器;2—电加热器;3,4—旋风分离器;5—鼓风机

旋流运动,便有良好的传热。物料在气流中处于半悬浮及悬浮状态,因此,在雷诺数较低的情况下,颗粒周围的气体边界层亦能呈高度湍流状态。另外,物料在旋转碰撞运动过程中会被粉碎,使气固相的接触面积加大,强化了干燥,在负压下仅几秒钟就达到干燥的目的。

图13-110是干燥四环素的旋风式气流干燥流程:气流管长1500mm,直径为200mm;旋风干燥器高1370mm,直径为400mm;一级旋风分离器高1060mm,直径为300mm;二级旋风分离器高1100mm,直径为300mm;袋滤器面积为4.5m²;加热器加热面积为40m²;鼓风机功率为10kW,转速200r/min;干燥室温度75~80℃;物料在干燥室停留时间约3s;生产能力有40kg/h。可见,旋风式气流干燥的优点是设备简单,占地面积小,干燥速度快,干燥时间短,降低了劳动强度,提高了产品质量和收得率;缺点是热的利用效率较低。

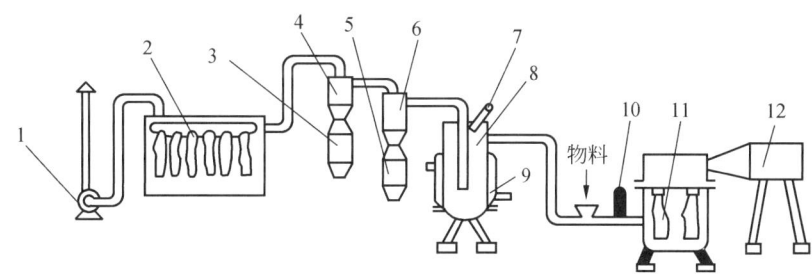

图13-110 旋风式气流干燥流程
1—鼓风机;2—袋滤器;3,5—干料箱;4,6—旋风分离器;7,10—热电偶;
8—干燥室;9—加热夹套;11—空气过滤器;12—空气加热器

(二)沸腾干燥

气流干燥因其干燥时间短,故只适用于表面水的脱除,不适用于含水分较多的颗粒状物料的干燥。沸腾干燥的时间稍长,适用于颗粒物料的干燥。沸腾干燥是一种高效的新型干燥方法,近年来在工业发酵、制药和食品等领域广泛应用。

1. 沸腾干燥的原理

沸腾干燥是利用热的空气流体使孔板上的粉粒状物料呈流化沸腾状态,水分迅速汽化,从而达到干燥的目的的干燥方法。干燥时,使气流速度与颗粒的沉降速度相等,脱水后的颗粒则浮动在上层,由溢流装置排出成为干燥颗粒的产品,这种干燥装置可以连续进料、出料。

强化两相传质最有效的方法之一是使多相系统湍流,如果使重相呈浮态、轻相呈上升态,则两相呈湍动相混合状态。

在气固、气液、液固和溶液系统中,当重量较小的一相(气相或液体)以一定的速度自下而上通过较大的相层(固体颗粒或液体)时,即形成悬浮床,又称为流态化床(沸腾床)。对于多相系统,悬浮床的原理几乎都是相同的。当气流速度较低时,固体颗粒在多孔板上,而气体则分成很多小流在颗粒之间上升;当气体速度增高时,气体与颗粒或液体之间的摩擦加剧;而当气流速度达到固体颗粒的速度,或液体的重力与上升气体的摩擦力相平衡时,就形成了沸腾床。在沸腾床中,固体颗粒或液体都实现脉动或湍动,使水分迅速汽化挥发逸出,从而固体物料获得干燥。

沸腾床可以强化相间的传质和传热过程,反应物与器壁和沸腾床中热交换器之间的传热过程。与固定床相比,沸腾床的压力降较低,传热系数大,干燥速度快,设备简单,从而获得广泛的应用。

2. 沸腾干燥的特点

沸腾干燥一般适用于 $30\mu m \sim 6mm$ 颗粒物料的干燥,同时要求物料结团现象不严重。所以,沸腾干燥常作为气流干燥或喷雾干燥后的物料进一步干燥,或对溶液或悬浮液的物料进行干燥和造粒。沸腾干燥的热容量系数很大,可达 $8370 \sim 25\ 100 kJ/(m^3 \cdot h \cdot ℃)$,处理能力从几 kg/h 到数百 t/h,物料的停留时间可调,所以沸腾干燥适合产品含水量低的产品。

沸腾干燥的主要优点:

(1)由于物料和干燥介质接触面积大,同时物料在床层内不断地进行搅拌,表面更新机会多,所以传热效果好,热容量系数大,设备生产能力高,可以实现小设备大生产。

(2)沸腾干燥器内物料干燥速度大,干燥时间往往比厢式干燥器或回转干燥器短,物料在设备内停留时间短,所以适用于某些热敏性物料的干燥。

(3)沸腾床内纵向返混激烈,所以沸腾床层温度分布均匀,对主要是表面水分的物料可以使用比较高的温度。

(4)物料在干燥器内的停留时间,可以按需要进行调整,所以对产品含水量要求有变化或原料含水量有波动的情况更适宜。

沸腾干燥的主要缺点:

(1)对被干燥物料的颗粒度有一定的限制,一般要求 $30\mu m \sim 6mm$,当几种不同物料混合在一起干燥时,各物料的颗粒质量应当接近。

(2)在物料的湿含量高而且粘的场合,一般不适用。

(3)对于易粘壁和结块的物料来说,容易发生设备的粘壁和堵床现象。

(4)沸腾干燥的物料,纵向返混激烈,对单级性连续式沸腾干燥器,物料在设备内停留时间不均匀,有可能发生未经干燥的物料随着产品一起排出床层的现象。

3. 沸腾干燥设备的分类

沸腾干燥设备的种类很多,按照被干燥物料的形态分为三类:第一类是粒状物料,第二类是膏状物料,第三类是悬浮液和溶液等具有流动性的物料。按照设备结构和形式可分为单层沸腾干燥器、多层沸腾干燥器、卧式多室沸腾干燥器、喷动床干燥器、振动沸腾干燥器和脉动沸腾干燥器及喷雾沸腾造粒干燥器等。

4. 单层沸腾干燥

单层沸腾干燥器结构简单,操作方便,生产能力大,风速较低,粉尘夹带较少,物料干燥时可调节,可获得含水量较低的成品,所以在大规模生产中获得广泛应用。其生产流程如图 13-111 所示。湿物料由料斗 4 经螺旋加料器 3 连续加入干燥室 5,干燥室是一圆筒形沸腾床,气体由鼓风机 1 经加热器 2 进入干燥室底部,通过分布板进入沸腾床;产品通过接于分布板的卸料管 9,由星形卸料器 10 控制排出;带有粉尘的废气经旋风分离器 6 和袋滤器 7 除尘后排出。

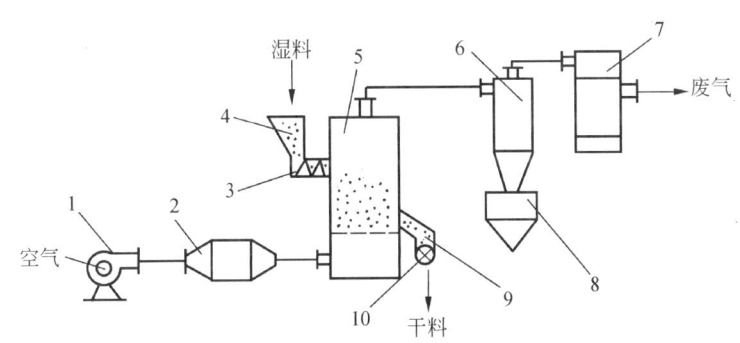

图 13-111 单层沸腾干燥流程
1—鼓风机;2—加热器;3—螺旋加料器;4—料斗;5—干燥室;
6—旋风分离器;7—袋滤器;8—料斗;9—卸料管;10—星形卸料器

单层沸腾干燥器一般都在 300~400mm 高的床层操作。根据所用干燥介质不同,生产强度可达每 $1m^2$ 分布板脱水 500~1000kg/h,空气消耗量为 3~12kg/kg 水,适用于较易干燥或干燥要求不高的粒状物料。对于一些分布较广并有一定粘性、难于流化的物料,可在沸腾床内加搅拌装置,以改善流化质量和避免物料局部堆积。

工业发酵柠檬酸常采用单层沸腾干燥器。设备由沸腾床及干燥室两部分组成。沸腾床为一长条形的螺旋槽,槽底为半圆形,每隔 5cm 开有缝隙,缝宽度为 1mm。空气被加热管加热至 60℃ 左右,被离心抽风机抽吸穿过缝隙使物料呈沸腾状态干燥而脱水,物料由料斗经螺旋运输机送入沸腾床,产品被螺旋输送机送至出口排出,废气经导管以切线方向导入水捕集器,回收粉状柠檬酸后经离心抽风机排入大气中。干燥室长 200mm,宽 115mm,高 1500mm,螺旋输送机转速为 46r/min,功率为 1kW,螺旋槽直径为 115mm,长度为 2500mm,螺距为 50mm,生产能力为 75~100kg/h。

5. 喷雾沸腾造粒干燥

溶液、悬浮液等具有流动性的物料,近年来采用喷雾沸腾造粒干燥技术,直接得到干的固体产品,这完全是一种新工艺。这种新工艺使溶液的蒸发、结晶、干燥一步完成,大大缩减了生产工艺流程,降低了生产成本,提高了生产效率。目前在工业发酵中已用于酶法葡萄糖和颗粒味精等物料的生产。图 13-112 为葡萄糖喷雾沸腾造粒干燥生产流程。

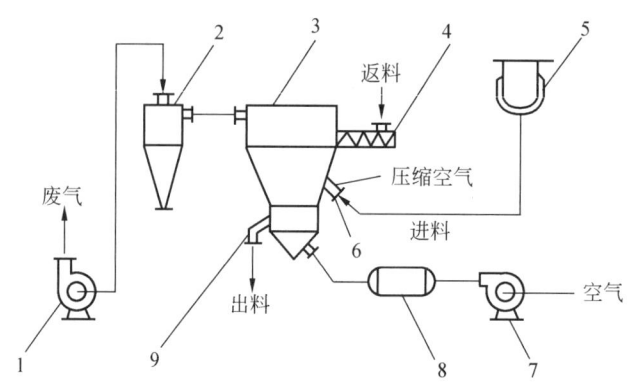

图 13-112　葡萄糖喷雾沸腾造粒干燥流程
1—抽风机；2—旋风分离器；3—沸腾干燥器；4—螺旋加料器；
5—保温高位槽；6—喷雾器；7—鼓风机；8—加热器；9—卸料管

空气经过滤器过滤后，由鼓风机 7 进入加热器 8，加热至一定温度后进入沸腾干燥器 3，用作流化物料和蒸发水分。料浆由保温高位槽 5 经气流式喷嘴 6 喷成雾状，送入沸腾床中进行干燥。产品由卸料管 9 卸出，经筛分成大粒、成品和晶种。晶种由螺旋加料器 4 返回沸腾床，废气经旋风分离器 2 由抽风机 1 排入大气。

喷成雾状的葡萄糖溶液进入沸腾干燥器后分成两种情况：一种情况是在其碰到沸腾床中流化的粒子前便已蒸发、结晶、干燥，成为微粒，这部分微粒即成为晶种；另一种情况是雾化的溶液未来得及蒸发、结晶、干燥，便与沸腾床中流化的粒子碰撞而涂布于其表面，在其表面蒸发、结晶、干燥，使流化的粒子不断长大。将小粒子不断加入沸腾床内作为晶种，用调节返料量的方法来控制床层的粒度分布。

（三）喷雾干燥

在工业发酵中，对于某些悬浮液和粘滞液体，如酶制剂粉、酵母粉、链霉素粉及其他药品或各种热敏性物料，需要干燥而又不允许较高温度时，多采用喷雾干燥方法。

1. 喷雾干燥的原理

喷雾干燥是利用不同的喷雾器，将悬浮液或粘滞的液体喷成雾状，使其在干燥室中与热空气接触，由于物料呈微粒状，表面积大，蒸发面积大，微粒中水分急速蒸发，在几秒或几十秒钟内获得干燥，干燥后的粉末状固体则沉降于干燥室底部，由卸料器排出而成为产品。

2. 喷雾干燥的特点

（1）喷雾干燥最大的特点是干燥速度快，产品质量高，整个喷雾干燥过程进行得非常迅速。液料一般被分散为 $10\sim100\mu m$ 的微粒，具有很大的表面积，与高速的热空气接触，一般在 $15\sim30s$ 内完成干燥过程。微粒在干燥时的温度接近于液体的绝热蒸发温度，在等速干燥阶段不会超过空气的湿球温度。由于干燥迅速，虽干燥介质温度相当高，产品也不致发生过热现象。所以产品质量高，复水性能好，几乎完全保存物料原来的特征。

（2）喷雾干燥所得的产品为粉末状，可在接近无菌的情况下进行包装。

（3）喷雾干燥可以通过改变喷雾干燥的工艺条件而改变产品的质量指标。例如，可以在一定范围内调节粉末的颗粒大小和最终的湿含量。

(4)喷雾干燥生产可连续进行,其干燥过程可实行机械化、连续化以及自动化生产,大大降低劳动强度。

(5)喷雾干燥的缺点是干燥强度较小,故干燥设备比较庞大,投资费用较大,热利用率较低,通常每蒸发1kg水分需要2~3kg加热蒸汽。

3. 喷雾干燥的分类

按喷雾方法分为:

(1)压力式喷雾干燥 又称机械喷雾法。此法是利用喷嘴在高压之下将物料喷成雾状,所用的压力为5.1~20.3MPa,将物料用高压的往复泵送至喷嘴,由喷嘴喷出而获得均匀的雾滴。一般喷距的角度为60°~80°,喷距长1m左右,喷孔的直径为0.5~1.5mm,因此不适用于悬浮液的喷雾。

(2)气流式喷雾干燥 此法是利用147~490kPa(表压)的压缩空气通过气流式喷雾器而使液体喷成雾状,适用于各种料液的喷雾。

(3)离心喷雾干燥 此法是将料液注于急速旋转的喷雾盆上,借离心力的作用使料液分散成雾状。离心喷雾盘的转速为4000~20 000r/min,其周速达100~160m/s,形成喷距圆直径为2~3m。这种方法适用于各种料液喷雾,应用较广,但功率消耗大。

按干燥空气流和溶液微粒运动情况不同,喷雾干燥可分为:①溶液微粒和气流顺流操作的干燥;②逆流操作干燥;③错流操作干燥。

按干燥室内的压力不同,喷雾干燥分为:①常压喷雾干燥;②真空喷雾干燥。

4. 工业发酵中常用的喷雾干燥流程

(1)压力喷雾干燥流程 压力喷雾干燥设备比较简单,电能消耗较少,在工厂中获得广泛的应用,如干燥酵母、乳粉以及洗涤剂等。常用的喷雾干燥设备有箱式干燥器及喷雾干燥塔。箱式干燥器容积较小,多应用于批量较小的产品生产中。塔式设备较高大,直径为3.66~6.1m,高度为18.3~36.6m,多用于较大批量产品的生产。酵母厂的箱式喷雾干燥流程,如图13-113所示。

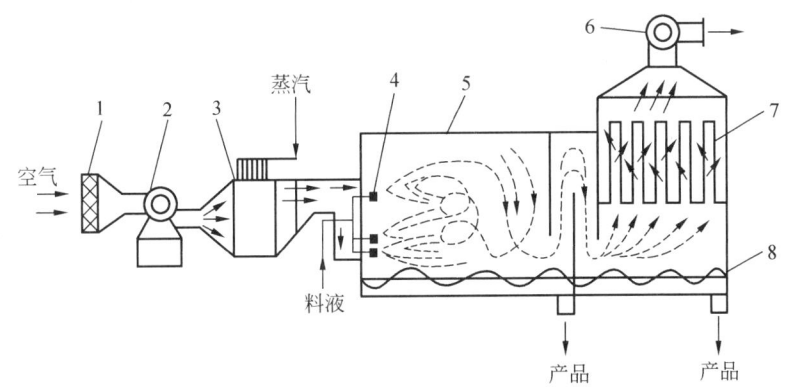

图 13-113 压力喷雾干燥流程

1—过滤器;2—鼓风机;3—加热器;4—喷雾器;5—干燥室;6—排风机;7—袋滤器;8—螺旋输送机

该流程是用三缸往复式高压泵,在2.0~4.9MPa的压力下,将质量分数约为30%的酵母浆沿不锈钢管送入压力喷雾器,使酵母浆喷成雾状,与150℃的热风接触而进行干燥。废气经袋滤器由排风机排出,排风温度为75~80℃,湿度约为12%。产品则由螺旋输送机排出,产品含水量约为5%。干燥室的底面积为20.2m², 高为3m,装有8个喷雾器,分成两排,干燥室的蒸发强度为5.75kg/(m³·h),生产能力为2.68kg/(m²·h)。

设备的适用范围:除憎水性大的悬浊液和粒度大的悬浮液不适宜外,其他类型溶液均适宜。设备简单易做,价廉,电能消耗较少,1t溶液只需4～10kW,管理维护容易;但是设备的生产能力不可调节,由于喷孔小,容易被杂质阻塞,且喷嘴要经常调换。

(2)离心喷雾干燥流程　这个流程的干燥装置是并流式,如图13-114所示。

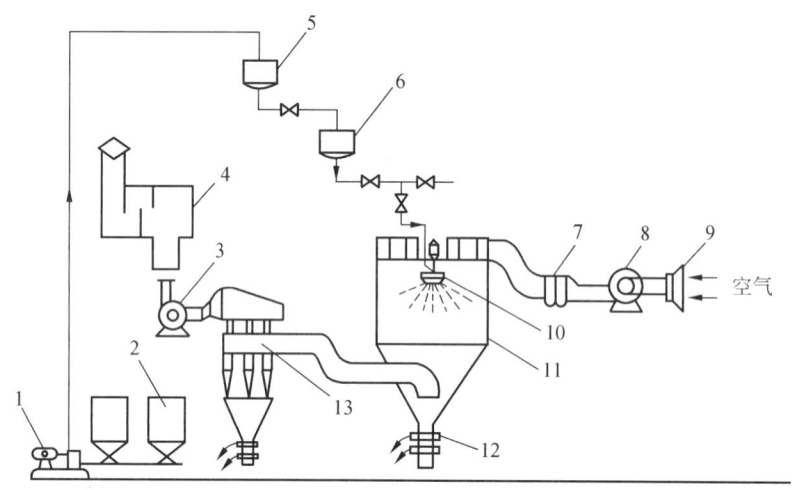

图13-114　BF 7658 α-淀粉酶离心喷雾干燥流程
1—泵;2—贮料槽;3—排风机;4—集尘室;5—高位槽;6—进料液位槽;7—加热器;
8—鼓风机;9—过滤器;10—喷雾离心盘;11—干燥塔;12—出粉闸门;13—旋风分离器

液料从发酵罐(或真空浓缩后)放到贮料槽2,用泵运至高位槽5,流入液位槽6,在液位槽6控制一定的液位,以保持进料均匀,料液经分配环进入离心盘10,干燥后的粗粉粒从干燥塔底部排出,气流带走的细粉末从旋风分离器底部进入集粉室而被收集。

空气经过滤器9进入鼓风机8,再经加热器7加热至148～150℃,从干燥塔顶部分内外二圈以斜向送入干燥塔11。湿的空气从塔底的风管排出,经过旋风分离器13、排风机3、集尘室4,由集尘室的顶部排入大气。

喷雾塔直径为5500mm,圆筒高4000mm,底锥角60°,总容积130m³;离心盘直径为450mm,喷嘴长160mm,喷嘴孔径为5mm,离心盘转速为6100r/min,功率为10kW,马达转速为2900r/min;鼓风机进风量为21 300m³/h,排风机排风量为27 000m³/h,翅片加热面积为480m²。

离心喷雾干燥操作条件为:热风温度约为144℃,排风温度约为85℃,塔内压力为负压137Pa,潮湿天气时为157～167Pa,进料温度为32℃,进料质量分数为7%～8%,喷雾量为500～550kg/h,干燥产品产量为50～55kg/h,蒸发强度为3.46kg/(m³·h)。

设备的缺点是:粘壁现象比较严重,产品的粉粒过小容易吸水。

(3)气流喷雾干燥流程　气流喷雾干燥多应用于抗生素产品的干燥,如链霉素、庆大霉素等的干燥中。由于产品量较少,故采用气流干燥设备比较简单,操作比较方便,产品质量好。链霉素的干燥流程如图13-115所示。物料在罐内保压69kPa,经料管送入喷雾器,喷雾器的另一管送入177kPa的压缩空气,使物料喷成雾状。125～135℃的热空气(800～900m³/h)经过滤器及空气分配板均匀分布于干燥器中与雾粒接触,使其水分蒸发后,干燥的粉末落入产品瓶中,空塔时的气流速度为0.15～0.2m/s。废气沿回风管导入袋滤器,经回收粉末后被排除。干燥时,干燥室的中部压力为5.3～9.3kPa,料液的流量为8～10kg/h,干燥时间为5～8s,回风管空气流速为10～12m/s,温度要求大于70℃,设备生产能力为2.5kg/h,产品含水量小于1%。

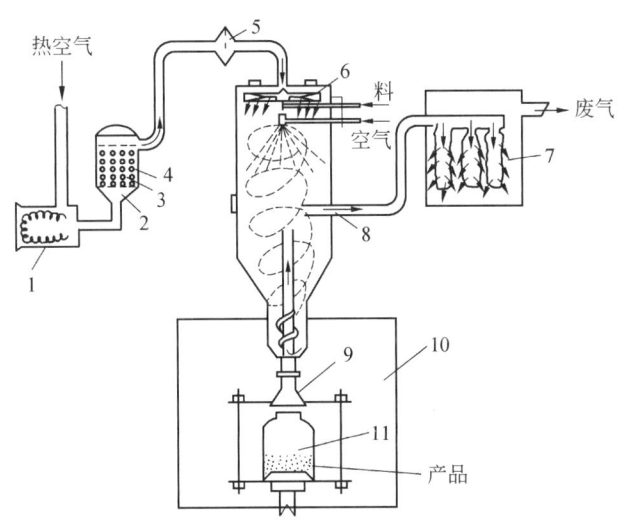

图13-115 链霉素干燥流程
1—电加热器;2,5—过滤器;3—瓷环;4—棉花;6—空气分配盘;
7—袋滤器;8—回风管;9—压头;10—恒温无菌室;11—瓶

(四)冷冻升华干燥

1. 冷冻升华干燥原理

冷冻升华干燥过程是将湿物料在较低的温度(-50～-10℃)下冻结成固态,然后在高度真空(0.133～133Pa)下将其中水分不经液态而直接升华成气态的干燥过程。冷冻升华干燥特别适合于处理青霉素、链霉素等抗生素、人造血浆、精制酶及生化药品等热敏性物料。

从水的物态三相图(图13-116)中可以看出,冰的蒸汽压是与温度有关系的,即固态的水在不同温度下,具有不同的饱和蒸汽压。在相同压力下,水蒸气压随温度下降而下降,故在低温低压下,冰很易升华为气体。因此,不仅物料在常温以上可以进行干燥,物料在0℃以下也可以干燥。不过在低温下蒸汽压很低,须在极干的空气中或在高度真

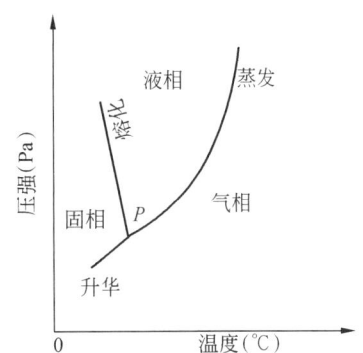

图13-116 水的物态三相图

空的条件下才能进行干燥,如固态的水在低于其饱和蒸汽压的真空下就会升华。一般在冷冻升华干燥时,所采用的真空压力为相应温度下水的饱和蒸汽压的1/4～1/2。

冷冻升华干燥也可不事先将物料进行预冻结,而是利用高度真空时汽化吸热而将物料

自行冻结,这种方法称为蒸发冻结。其优点为能量的消耗更为合理,但这种操作法易使溶液产生泡沫或飞溅现象而致物料损失,且不易获得均匀的多孔性干燥物。

2. 冷冻升华干燥的特点

冷冻升华干燥的优点有:

(1)可以有效地干燥热敏性物料,而不影响其生物活性或效价。在工业发酵中,冷冻升华干燥除了用来干燥抗生素、精制酶、人造血浆等热敏性的发酵产品外,还常用来保藏菌种。

(2)物料在干燥时处于冻结状态,各个分子的位置固定,不会有收缩和移动现象,冷冻升华干燥后物料呈多孔的海绵状结构,保持完整的形态、生物活性和溶解度,并可长期保存。

冷冻升华干燥的缺点有:

(1)由于冰的蒸汽压低,故冷冻干燥的速率较低。

(2)要求高度真空的条件和制冷的条件,这两个条件均导致冷冻升华干燥设备复杂,消耗动力大,操作要求高,投资和管理耗费均大,因而使成品的生产成本增高。

3. 冷冻升华干燥的设备

冷冻升华干燥的设备大致由四部分组成。

(1)冷冻部分　一般被处理物料应在 -50 ~ -10℃下预冻结,冻结可以在干燥室外进行,也可在干燥室内进行。

(2)真空部分　系统中的真空度是通过真空泵抽吸空气来维持的。真空泵从系统中预先排出空气,在操作开始前造成必需的真空度,以后则排除由产品析出的、在器壁上吸入的以及从外界环境渗入的空气。

(3)水汽去除部分

①直接抽出法。即利用真空泵将升华后的水汽抽出,但此法很不经济,因在真空条件下,水汽的质量体积很大。

②冷凝法。用一种特殊设计的具有刮刀的夹套冷凝器(见图 13 - 117)将水汽冷凝成霜后结在夹套表面上,然后用旋转的刮刀不断将其除去。

③使用化学吸水剂法。如用甘油、乙醇氨等化学吸水剂将水汽除去。

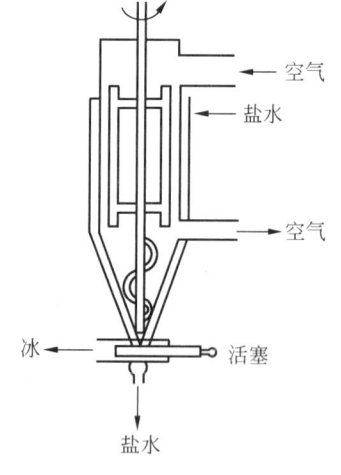

图 13 - 117　具有刮刀的夹套冷凝器

④使用物理吸水剂法。如用氧化铝、氧化硅等吸附水汽。

(4)加热部分。加热部分一般为干燥室部分,加热的目的是供给升华水分所需的热量,加热的方法有借夹层加热板的传导加热和借热辐射面的辐射加热两种。

(五)真空干燥

1. 真空干燥原理

真空干燥是在真空泵抽真空使系统形成负压的条件下,将固体或晶体等物料加热,使水分汽化而被除去,从而获得干燥成品。其干燥温度较常压干燥低,其传热方式多为热传导。

2. 真空干燥的特点

真空干燥最大的特点是,由于在负压条件下汽化,因而干燥温度远比常压干燥低。在低温条件下进行干燥,可以防止物料过热,避免物料分解。因此工业发酵中热敏性物料多采用真空干燥。例如,α-淀粉酶的真空干燥可在40℃下进行。真空干燥的速度较常压干燥快。采用真空干燥可以回收物料中挥发性的溶剂,可以减少空气对物料的氧化,从而保证和提高了产品质量。

3.真空干燥的分类

真空干燥可分为间歇式和连续式两种。间歇式真空干燥可分为真空干燥箱、橱式和隧道式的真空干燥设备等。连续式真空干燥器可分为滚筒式真空干燥器、转筒式真空干燥器和链带式真空干燥器。工业发酵中酶制剂厂和味精厂多采用真空干燥箱,酵母厂多采用滚筒式真空干燥器。

第十节 蒸 馏

蒸馏是分离液体混合物的一种有效方法,精馏是使液体混合物达到较完善分离的一种蒸馏操作。发酵工业要将液体混合物进行分离,或提纯,或从溶液中回收某种溶剂,常用蒸馏方法。例如,白酒是先经酒醅的蒸馏,再经陈酿和勾兑而制得的;酒精发酵是发酵醪的蒸馏和精馏制得医药酒精和高纯度酒精,通过恒沸蒸馏而制得高纯度酒精;丙酮丁醇生产是发酵醪的蒸馏和精馏而分别获得丙酮、丁醇和酒精等溶剂。

一、蒸馏原理

分离提纯液体混合物中的各组分的蒸馏原理可以通过图13-118气液相平衡图(y-x图)加以说明。例如,酒精—水混合液在一定的压力和沸点温度下,液相组成与气相组成的对应值 x、y 可由实验测定。

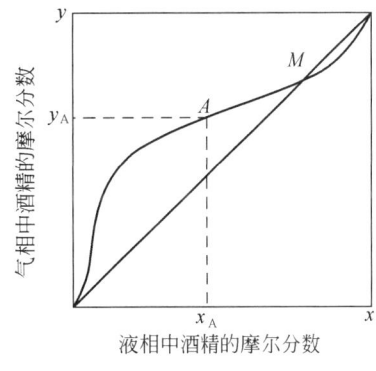

图13-118 气液相平衡图(y-x图)

x 代表混合液中酒精(易挥发组分)的摩尔分数,y 代表沸点汽化后与 x 相平衡的气相中酒精的摩尔分数。在气相中易挥发组分含量较多,即 $y>x$,这种物理性质使得酒精—水混合液能利用蒸馏方法进行分离提纯,最终获得较高浓度的酒精产品。

如果原来混合液组成为 x,沸点时汽化一部分,由于汽化的气相组成 $y>x$,所以剩下的混合液的组成 $x_1<x$,将这种部分汽化的操作一直进行下去,最后的混合液则含有绝大部分难挥发组分——水,从而达到分离混合液的目的。

如果原来混合液组成为 y,使某部分冷凝,则得到混合液的组成 $x<y$,混合液中含有难挥发的组分较多,减少了气相中的难挥发组分,相对地增加了气相中的易挥发组分,使 $y_1>y$,将这种部分冷凝的方法一直进行下去,最后剩下的气相再全部冷凝,就得到含有绝大部分的易挥发组分——酒精产品。这样单独使用部分汽化或部分冷凝的方法来分离液体混合物的操作称为简单蒸馏。如果多次地运用部分汽化和部分冷凝的方法使混合液分离为纯组分,这样的操作称为精馏。多层塔板的精馏塔的精馏过程就是同时并多次地运用部分汽化和部分冷凝的原理使混合液得到分离提纯的。

气液相平衡曲线与对角线有个交点 M，M 点气相与液相的组成是相同的，此点称为示性点，对应的混合液称为恒沸混合液。恒沸混合液由于两相组成相同，蒸馏操作的物理基础已不存在，所以不能用普通的蒸馏方法来分离，而需采用特殊的分离方法——恒沸蒸馏法。

二、蒸馏方法与蒸馏流程

工业发酵生产常用的蒸馏方法很多，通常可分为简单蒸馏、精馏及特殊蒸馏。根据操作方式，简单蒸馏分为间歇式简单蒸馏（微分蒸馏）及连续式简单蒸馏（平衡蒸馏）。根据压力，可分为常压蒸馏、加压蒸馏和真空（减压）蒸馏等。常压蒸馏一般适用被分离混合液的沸点低，在常温常压下是气体混合物或者在加压下混合物中各组分的挥发度相差较大的情况。真空蒸馏是某些物质沸点较高，沸腾需消耗大量的热量，或高温蒸馏会引起分离物变性失活时使用。

发酵产品不同、产品质量要求不同，所采用的蒸馏方法也不同。例如甘油发酵需采用真空蒸馏。又如，有的溶液相对挥发度大，而有的则小，有的溶液有恒沸组分，有的则无，有的溶液沸点很高，有的要求分离出纯组分。所以，必须针对不同情况选择蒸馏方法，选择依据为：

(1) 根据生产原料和成熟醪特性的不同，选择相应的流程　例如，薯类淀粉质原料经高压蒸煮、糖化、发酵后，成熟醪含甲醇和杂醇油均较高，故宜采用醪塔—精馏塔—甲醇塔的三塔式流程；糖蜜原料酒精发酵成熟醪中含醛酯头级杂质多，宜采用双塔式液相过塔（间接的）连续蒸馏流程，一般不宜采用气相过塔（直接的）流程。对于生产精馏酒精的糖蜜酒精发酵工厂，多采用醪塔—排醛塔—精馏塔的三塔式流程，则产品质量更容易保证。

(2) 根据产品质量的实际要求选定蒸馏流程　同一原料，其产品质量要求不同，选定的蒸馏流程也不同，要求保证产品质量稳定。例如，糖蜜原料生产酒精度为 50%～60%（体积分数，下同）白酒时，可选用单塔式蒸馏流程或塔、釜式结合蒸馏流程；生产酒精度为 96% 的工业酒精时，选用两塔式蒸汽过塔蒸馏流程；生产酒精度为 96% 的医药酒精时，选用两塔式液相过塔蒸馏流程；生产精馏酒精时，选用三塔式液相过塔蒸馏流程，同时具有排醛、抽提杂醇油的设备，通常在塔顶稍下 4～6 层抽出成品酒精，以保证成品酒精质量。

(3) 根据尽可能节约蒸汽的原则来选择蒸馏流程　蒸馏过程消耗蒸汽量大，特别是选用多塔式蒸馏流程耗汽量更大。选定蒸馏流程要在保证产品质量的同时尽可能节约热量，使之能够再生利用。例如，成熟醪经预热器（分凝器）预热至 75℃ 并分离 CO_2 气体后进塔，洗涤杂醇油的酒液经塔底废液预热后入塔，尽可能将余热再生利用。

(4) 根据尽可能节约用水的原则来选定蒸馏流程　蒸馏流程中的冷凝和冷却设备耗水量甚大，选定蒸馏流程要求尽可能节约用水，例如，成品冷却器及冷凝器用过的水均应送回生产用水分配站使用。

(5) 选定蒸馏流程要求尽可能节省厂房建筑和设备的投资，要注意节约钢材。

(6) 根据分离方便和操作方便的原则来选定蒸馏流程。

三、蒸馏法的应用

1. 酒精发酵的蒸馏

酒精发酵生产的原料有淀粉质原料、糖蜜原料和纤维质原料等，例如，淀粉质原料如果蛋白质含量较高，则生成的杂醇油较多；薯类原料含有果胶，因而经高压蒸煮和发酵后，生成的甲醇较多,木薯原料发酵生成的氰酸和甲醇较多,所以蒸馏和精馏过程要分离甲醇、氰酸和杂醇油等杂质。糖蜜原料酒精发酵,生成的醛较多,蒸馏时要注意醛酯馏分的分离。

糖蜜酒精蒸馏多采用间接式液相过塔的双塔式蒸馏流程,淀粉质原料酒精多采用三塔式蒸馏流程。

实际蒸馏和精馏过程中,醛类的挥发度最大,故可在酒精塔最后的冷凝器或醛塔提取;甲醇当浓度较低时,常混入头级酒中,当浓度高时,则混在尾级酒中,故可在最终精馏塔提取;杂醇油在85~90℃的塔板层含量最多,故在此板层的气相或液相提取;酸类和酯类则用 0.1mol/L NaOH 溶液(含少量 $KMnO_4$ 溶液)由精馏塔下部第10块塔板滴入,使酯类皂化、酸类中和;酒精成品从精馏塔近顶端几块塔板处流出,这样酒精的纯度高、杂质少。精馏的头级杂质多集中在冷凝液中,从冷凝器排出,中级杂质则在塔中间提取。

2. 白酒蒸馏

白酒蒸馏不仅要把酒醅中的酒精成分提取出来,使成品酒具有一定的酒精浓度,同时通过蒸馏还要把有害物质除掉,使白酒符合卫生指标。由此可见,白酒蒸馏的任务与酒精蒸馏的任务有所不同,酒精蒸馏要求尽可能完全分离所有杂质并得到高浓度的纯净乙醇,而白酒蒸馏不仅要求具有一定的酒精浓度,还要求提酸、提酯效率高,使成品酒具有独特的香味和风味。由于蒸馏任务不同,因而采用的蒸馏方法、设备和工艺操作均有所不同。例如,固态白酒蒸馏和酒精蒸馏均有所不同,在白酒精馏中,乙醇在被蒸溶液中所占比例较低,水占绝大部分,水分子有极强的氢键作用力,可以吸附其他分子,在对乙醇和异戊醇分子吸引时,由于异戊醇分子大,且具有侧链空间结构,妨碍它和水分子之间的氢键缔合,故异戊醇比乙醇容易挥发。水分子对甲醇的缔合力比对乙醇的缔合力强,因此异戊醇等高级醇在酒精精馏时是尾级杂质,而在白酒精馏中成为头级杂质;甲醇在酒精精馏时是头级杂质,而在白酒精馏时成为尾级杂质。影响组分在蒸馏时分离的决定因素不是组分的沸点,而是物质分子间引力不同所表现出的蒸馏系数大小。白酒中水分子与醇、酸、酯各种成分的氢键作用力,一般是酸>醇>酯。

麸曲白酒一般采用间歇蒸馏,在蒸馏时,被蒸溶液和馏液的浓度随时变化,因此组分的挥发系数也在变化。固态间歇蒸馏和液态酒精精馏塔的挥发系数 $k=1$ 的组分不同,例如,异戊醇在酒精精馏时集中在酒精体积分数为55%,而在白酒固态间歇蒸馏时集中在酒精体积分数为75%~80%。

白酒固态蒸馏成分的分布情况:酒头中以乙醛、丙酮、甲酸乙酯、乙酸乙酯、杂醇油为多,酒身中除乙醇以外,较多地集中着乙酸、乙酸乙酯类物质,酒尾中甲醇、有机酸、糖醛及金属离子较多。

3. 丙酮丁醇蒸馏

丙酮丁醇发酵属于专性嫌气性发酵,发酵成熟醪中含有丁醇、乙醇、丙酮等溶剂(总量约为2%)和少量的有机酸、残糖、蛋白质、纤维素以及丙酮丁醇梭状芽孢杆菌的残体等。蒸馏的目的是将醪液内所含的丙酮、丁醇、乙醇等产品提纯。因为醪液内存在两个以上的组分,所以它属于多元混合物的蒸馏,多采用五塔式或五塔以上的多塔式蒸馏流程。为了使多元混合物的组分简化,首先经醪塔进行粗馏,将醪液内的固形物和大部分水分在醪塔的底部排出,而在醪塔的顶部则蒸出溶剂。因其中含有丙酮、丁醇、乙醇、水等四个组分,故需要进一步分馏和提纯,分馏时所需的最少塔数为三个。因为每个塔只能馏出一个目的产品,只有最后一个塔的塔顶和塔底可以分离两个组分。通常总溶剂进一步分馏的流程可分为先分离丙酮法和先分离丁醇法,对应的蒸馏流程如图 13-119 和图 13-120 所示。

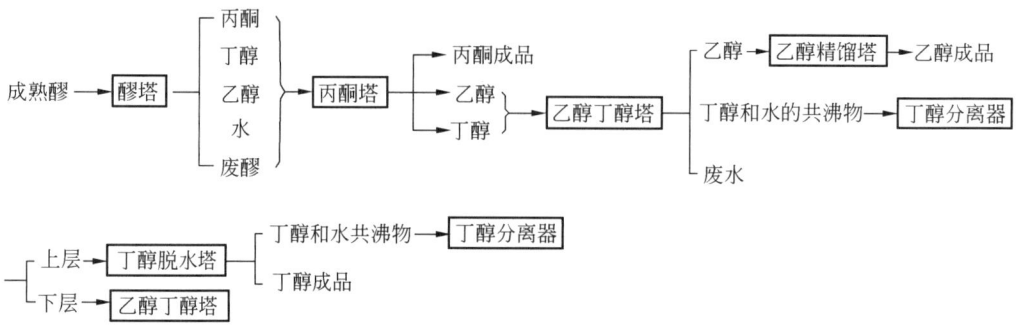

图 13-119　先分离丙酮流程示意图

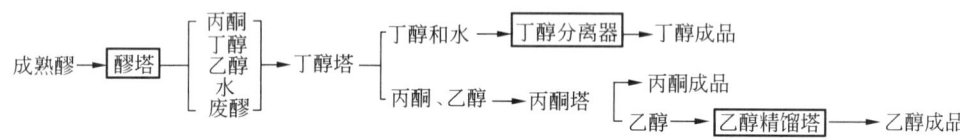

图 13-120　先分离丁醇流程示意图

参 考 文 献

[1] James E, Bailey, et al. Biochemical Engineering. Fundamentals, 2nd[M]. New York: McGraw-hill International Editions,1986.
[2] Owen P, Ward. Fermentation Biotechnology: Principles, Processes, Products[M]. London: Open University Press,1989.
[3] PAk Lam Yu. Fermentation Techuology: Industrial Applications[M]. New York: Elsevier Science Publishers Ltd,1990.
[4] Leigh J R. Modelling and Control of Fermentation Processes[M]. UK: Peter Peregrinus Ltd,1987.
[5] Arnold L, Demain Julian, Davies E. Industrial Microbiology and Biotechnology[M]. USA: American Society for Microbiology Press,1999.
[6] 周世水.控制啤酒中高级醇含量的研究[J].酿酒,2005,32(3):51-53.
[7] 杨汝德.现代工业微生物学[M].广州:华南理工大学出版社,2001.
[8] 陈洪章,李佐虎.纤维素原料微生物与生物量全利用[J].生物技术通报,2002(2):25-29,34.
[9] 张德强,黄镇亚,张志毅.木质纤维生物量一步法SSF转化成乙醇的研究(Ⅰ,Ⅱ)[J].北京林业大学学报,2000,22(6):43-49.
[10] 梁世中.生物工程设备[M].北京:中国轻工业出版社,2002.
[11] 贾士儒.生物工艺与工程实验技术[M].北京:中国轻工业出版社,2002.
[12] 王树青.生化反应过程模型化及计算机控制[M].杭州:浙江大学出版社,1998.
[13] 戚以政,汪叔雄.生化反应动力学与反应器[M].2版.北京:化学工业出版社,1999.
[14] 孙 彦.生物分离工程[M].北京:化学工业出版社,1998.
[15] 顾其丰.生物化工原理[M].上海:上海科学技术出版社,1997.
[16] 王树青,元英进.生化过程自动化技术[M].北京:化学工业出版社,1999.
[17] 伦世仪,陈坚,等.环境生物工程[M].北京:化学工业出版社,2002.
[18] 张景来,王剑波,等.环境生物技术及应用[M].北京:化学工业出版社,2002.
[19] David Besanbko, et al. Economics of Strategy[M].北京:北京大学出版社,1997.
[20] Robert S Pindyck Danie L Rubinfeld. Microeconomics. 3th ed. USA: Printice-hall International, Inc. 1997.
[21] 武晓娜,周世水.甘氨酸与酿造酒中甲醇生成关系的研究[J].酿酒科技,2012(7):80-81.
[22] Yan Tongshuai Wang Zexiang, Zhou Shishui. Effects of Four Critical Gene Deletions in Saccharomyces cerevisiae on Fusel Alcohols during Red Wine Fermentation[J]. Fermentation-Basel, 2023.9(4):379-384.
[23] Wu Liang, Wenying Chen, Zhou Shishui. Simultaneously deleting *ADH2 and THI3* genes of Saccharomyces cerevisiae for reducing the yield of acetaldehyde and fusel alcohols[J]. *FEMS Microbiology Letters*, 2021, 368(15):1-9.
[24] Chen Wenying, Zhou Shishui, Yan Tongshui. Construction of *THI3/BAT2 Gene-Deleted Saccharomyces cerevisiae* and Its Application in Preparing Chinese Rice Wine[J]. *Mod. Food Sci. Technol.* 2022(11):55-62.
[25] 闫统帅,周世水,等.BAT2基因缺失葡萄酒酵母的构建及其对葡萄酒高级醇的影响[J].中国酿造,2022,41(9):37-42.
[26] Masato Ikeda; Ryoichi Katsumats. Hyperproduction of Tryptophan by Corynebacterium glutamicum with the Modified Pentose Phosphate Pathway[J]. Applied and Environmental Microbiology,1999(65),6:2497-2502.
[27] Brian M N, Linda H. Practical Fermentation Technology[M]. New York: John Wiley Sons, Ltd.,2008.
[28] 韦革宏,杨祥.发酵工程[M].北京:科学出版社,2008.
[29] 宋存江.发酵工程原理与技术[M].北京:高等教育出版社,2014.
[30] 陈坚,堵国成.发酵工程原理与技术[M].北京:化学工业出版社,2012.